STM32Cube
高效开发教程（高级篇）

王维波 鄢志丹 王钊 编著

人民邮电出版社
北京

图书在版编目（CIP）数据

STM32Cube高效开发教程. 高级篇 / 王维波，鄢志丹，王钊编著. -- 北京：人民邮电出版社，2022.3
ISBN 978-7-115-55251-8

Ⅰ. ①S… Ⅱ. ①王… ②鄢… ③王… Ⅲ. ①微控制器－教材 Ⅳ. ①TP332.3

中国版本图书馆CIP数据核字(2020)第219675号

内 容 提 要

本书介绍STM32开发的一些高级内容。第一部分详细介绍嵌入式操作系统FreeRTOS的使用；第二部分介绍使用FatFS管理SPI-Flash芯片、SD卡和U盘上的文件系统；第三部分介绍BMP和JPG图片的获取与显示，触摸屏的使用，DCMI接口和数字摄像头等。全书使用STM32CubeMX和STM32CubeIDE软件开发例程，讲解FreeRTOS、FatFS、LibJPEG、USB_Host、USB_Device等中间件以及SDIO、USB-OTG、DCMI等外设的原理和使用方法，并针对一个STM32F407开发板编写了完整示例项目。通过阅读本书，读者可以掌握STM32开发中的嵌入式操作系统、文件系统、触摸屏等高级软硬件的开发方法。

本书适合已经掌握STM32CubeMX和STM32CubeIDE软件的使用以及STM32常用外设的STM32Cube开发等相关基础内容的读者阅读，可以作为高等院校电子、自动化、计算机类专业的教学用书，也可作为STM32嵌入式系统开发的参考书。

◆ 编　著　王维波　鄢志丹　王　钊
责任编辑　吴晋瑜
责任印制　王　郁　焦志炜

◆ 人民邮电出版社出版发行　北京市丰台区成寿寺路11号
邮编　100164　电子邮件　315@ptpress.com.cn
网址　https://www.ptpress.com.cn
北京七彩京通数码快印有限公司印刷

◆ 开本：787×1092　1/16
印张：32.5　　　　　　2022年3月第1版
字数：831千字　　　　2025年7月北京第17次印刷

定价：129.90元

读者服务热线：(010)81055410　印装质量热线：(010)81055316
反盗版热线：(010)81055315

前　言

编写目的和成书历程

STM32 系列 MCU 是国内应用非常广泛的一种 32 位 MCU，市面上介绍 STM32 开发的图书比较多，基于 STM32 MCU 的开发板也比较多。但是不知不觉中，STM32 的开发方式已经发生了很大的变化。2014 年，ST 公司推出了 HAL 库和 MCU 图形化配置软件 STM32CubeMX。2017 年年底，ST 公司收购了 Atollic 公司，将专业版 TrueSTUDIO 转为免费软件。2019 年 4 月，ST 公司正式推出了自己的 STM32 程序开发 IDE 工具软件 STM32CubeIDE 1.0.0，形成了一个完整的 STM32Cube 生态系统。

STM32Cube 生态系统已经完全抛弃了早期的标准外设库，STM32 系列 MCU 都提供 HAL 固件库以及其他一些扩展库。STM32Cube 生态系统的两个核心软件是 STM32CubeMX 和 STM32CubeIDE，且都是 ST 官方免费提供的。使用 STM32CubeMX 可以进行 MCU 的系统功能和外设图形化配置，可以生成 STM32CubeIDE 项目框架代码，包括系统初始化代码和已配置外设的初始化代码。如果用户想在生成的 STM32CubeIDE 初始项目的基础上添加自己的应用程序代码，只需要将用户代码写在代码沙箱段内，就可以在 STM32CubeMX 中修改 MCU 设置，重新生成代码，而不会影响用户已经添加的程序代码。

本书将使用 STM32CubeMX 和 STM32CubeIDE 的开发方式称为 STM32Cube 开发方式，这种开发方式有如下几个优点。

- 使用的软件都是 ST 公司提供的免费软件，可以及时获取 ST 官方的更新，而且避免了使用商业软件可能出现的知识产权风险。
- 使用 STM32CubeMX 进行 MCU 图形化配置并生成初始化代码，可大大提高工作效率，并且生成的代码准确性高，结构性好，降低了 STM32 开发的学习难度。
- 在 STM32CubeIDE 中基于 HAL 库编程，只需要遵循一些基本编程规则（例如中断处理的编程规则、外设初始化与应用分离的规则），就可以编写出高质量的程序，比纯手工方式编写代码效率高、质量高。

HAL 库和 STM32CubeMX 是 2014 年推出的，介绍这方面的书很少，且有的书在介绍 HAL 库编程时还带有标准库的印记，并没有完全发挥 STM32CubeMX 的作用。市面上一些开发板提供的例程甚至还是基于标准库的，学生在购买开发板自学时还在学习标准库开发方式，或者自学 HAL 开发的过程中因缺乏系统的资料而总遇到问题。

我在 2018 年年初关注到"ST 公司收购 Atollic，并将专业版 TrueSTUDIO 转为免费软件"的消息，意识到使用 STM32CubeMX 和 TrueSTUDIO 进行 STM32 开发是一个良好的组合方式，便计划编写一本书系统地介绍如何用 STM32CubeMX 和 TrueSTUDIO 进行 STM32 开发。

前言

2019 年年初，为准备本科生教学内容，我开始编写本书，并用 STM32CubeMX 和 TrueSTUDIO 设计例程。2019 年 4 月，ST 公司发布了 STM32CubeIDE 1.0.0，最初试用时我发现了较多 bug，甚至使用 STM32CubeMX 生成的 STM32CubeIDE 初始项目就出现构建错误，于是继续用 TrueSTUDIO 完成全书示例设计。在 2020 年年初完成全书示例和初稿后，我用 STM32CubeIDE 的最新版本转换了所有示例程序，没有发现构建和运行错误。于是我用 STM32CubeIDE 重写了全部示例（不是从 TrueSTUDIO 示例转换），在重写的过程中，又对程序进行了重构和优化，并且根据最后的 STM32CubeIDE 示例代码改写了全书内容。

最终成书时锁定的软件版本是：STM32CubeMX 5.6.0；STM32CubeIDE 1.3.0；STM32F4 MCU 固件库版本是 1.25.0。使用的系统平台是 64 位 Windows 7 系统，示例项目都在普中 STM32F407 开发板上验证测试过，开发板的 MCU 型号是 STM32F407ZGT6。

涵盖内容和示例程序

两本书（《STM32Cube 高效开发教程（基础篇）》，以下称为《基础篇》；《STM32Cube 高效开发教程（高级篇）》，以下称为《高级篇》）以 STM32CubeMX 和 STM32CubeIDE 作为开发工具，以 STM32F407 和一个开发板为例，全面介绍 STM32Cube 开发方式和 HAL 库的使用，包括 STM32F407 常用外设的编程使用，以及 FreeRTOS、FatFS 等中间件的使用。鉴于所涵盖内容较多，故分为《基础篇》和《高级篇》两册。

《基础篇》介绍了 STM32Cube 开发方式所用的开发软件，以及 STM32F407 系统的功能和常用外设的用法。《基础篇》共 22 章，分为两大部分。

- 第一部分是软硬件基础，介绍 STM32Cube 生态系统的组成，STM32CubeMX 和 STM32CubeIDE 软件的使用，STM32F407 的基本架构和最小系统电路原理，以及普中 STM32F407 开发板的功能。两个软件的使用是 STM32Cube 开发方式的基础。
- 第二部分是系统功能和常用外设的使用，包括中断系统原理和使用、DMA 原理和使用、低功耗原理和使用，以及定时器、RTC、ADC、USART、SPI、I2C 等常用外设的使用。

《高级篇》介绍固件库中一些中间件的使用，以及一些高级接口的使用。《高级篇》共 22 章，也从第 1 章开始编号，内容分为以下三大部分。

- 第一部分是嵌入式操作系统 FreeRTOS 的使用，包含 11 章内容。这一部分全面介绍了 FreeRTOS V10 版本几乎全部功能的使用，包括任务管理、中断管理、进程间通信技术、软件定时器、低功耗模式等，其中进程间通信技术不仅介绍了常规的队列、信号量、互斥量、事件组、任务通知等，还介绍了 V10 版本中才引入的流缓冲区和消息缓冲区技术。
- 第二部分是 FatFS 管理文件系统的使用，包含 6 章内容。这一部分介绍了在 SPI-Flash 芯片上移植 FatFS 的过程，在 SD 卡、U 盘上使用 FatFS 管理文件系统的方法，以及在 FreeRTOS 中使用 FatFS 的方法。这部分内容涉及 SDIO 接口的使用方法，以及 USB-OTG 作为主机或外设的使用方法。
- 第三部分是图片的获取与显示，包含 5 章内容。这一部分介绍了 BMP 图片文件的读写和显示，通过中间件 LibJPEG 实现 JPG 图片文件的读写和显示，电阻式触摸屏和电容式触摸屏的使用，以及简单的 GUI 程序设计方法，还介绍了通过 DCMI 接口连接摄像头获取图像的方法。

《基础篇》是 STM32 开发的基础内容，包括软件使用和常用外设的编程，如果只是学习

STM32 的裸机开发和常用外设的使用，学习《基础篇》就足够了。《高级篇》包括 FreeRTOS、FatFS、USB_Host、USB_Device、LibJPEG 等中间件，以及 SDIO、USB-OTG、DCMI 等高级接口的使用。《高级篇》的很多示例需要用到《基础篇》中的内容和程序，所以要学习《高级篇》的内容，读者必须先学习《基础篇》的内容。

在介绍具体外设或知识点的每一章中，我们会先介绍技术原理和 HAL 驱动程序，然后通过一个或多个完整的示例项目演示功能实现，所有示例都在开发板上测试验证过。本书提供所有示例项目的源代码下载，读者可以到人民邮电出版社异步社区网站下载本书的资源。

本书的示例项目都是针对普中 STM32F407 开发板设计的，如果读者使用的开发板与此不同，那么需要根据开发板的实际电路修改 STM32CubeMX 项目文件的 MCU 配置，或修改源代码。在设计本书示例程序时，我考虑了不同开发板的移植问题，尽可能减少了硬件相关的配置。好在 STM32Cube 开发方式将外设初始化和外设使用分离，涉及硬件的修改基本在 STM32CubeMX 里完成，软件部分的改动较小。

另外，本书的示例项目大多要用 LCD 显示信息，因此 LCD 驱动程序是所有示例项目设计和运行的基础。本书提供普中 STM32F407 开发板使用的 LCD 的驱动程序，并且介绍了用 STM32Cube 方式改写 LCD 标准库驱动程序的方法。如果读者使用的开发板与本书使用的开发板不同，可以根据《基础篇》第 8 章介绍的方法自行改写 LCD 的驱动程序。

本书的示例项目程序结构清晰，代码质量高。即使无法在自己的开发板上运行测试，结合本书的讲解，读者也能很容易地理解程序设计原理。

本书特点和使用约定

阅读本书的读者需要学过"数字电路""微机原理""C 语言"等课程，最好还学过 MCS-51 或 MSP430 单片机的相关知识，对单片机开发有一定的基础。本书不会从 STM32 的汇编语言编程讲起，一般也不会具体讲一个寄存器的各个位的作用和设置，因为 HAL 库用函数封装了寄存器级别的操作。

本书侧重于应用软件编程，对 STM32 内部硬件结构和寄存器的分析只是为了解释 HAL 驱动程序工作原理，一般不会全面深入地进行内部硬件分析。在介绍 FreeRTOS 的使用时，本书也主要是介绍 FreeRTOS 的 API 函数的功能和使用，在不需要的情况下，不会深入剖析 FreeRTOS 的源代码。当然，对于一些需要理解原理的内容，本书会详细分析，例如，HAL 中断处理程序的一般流程、中断事件与回调函数关联的程序原理、DMA 中断与外设回调函数的关联原理等。

因出现的缩略词比较多，本书不能保证每个缩略词首次出现时给出解释，有些通用的缩略词无须解释，可查阅附录 E。

本书的示例程序使用的是 C 语言，未使用 C++语言，虽然 STM32CubeIDE 编程是支持 C++语言的。在本书中，我将 STM32CubeMX 简称为 CubeMX，将 STM32CubeIDE 简称为 CubeIDE。

服务与支持

本书由异步社区出品，社区（https://www.epubit.com/）为读者提供后续服务。异步社区为读者提供本书的源代码，读者如有需要，请登录异步社区，在本书详情页下载。为方便读者，异步社区联合本书作者开设了读者交流群（QQ 群号：916369789，群名称：STM32Cube 交流群),欢迎广大读者入群交流。

致谢

我从 2019 年年初开始编写本书,曾以部分内容初稿作为课程讲义,给中国石油大学(华东)自动化 16 级和 17 级、测控 16 级和 17 级学生在"嵌入式系统开发"课程中使用,给测控 17 级学生在"仪器设计技术基础"课程中使用。不少同学(刘嘉文、赵鲁明、蓝元等)帮助找错,对书稿内容提出了有益的修改意见,摆海龙同学还为《基础篇》编写了部分示例程序。部分学生在应用所讲授的开发方法完成课程大作业时表现出了很强的创造力,设计出了一些比较好的作品,让我也受到启发。在此一并感谢这些可爱的学生们!

感谢实验室李哲、刘希臣老师为课程实验做的贡献。由于实验内容是新的,他们花了更多的时间做准备,还根据学生完成实验的情况重新设计了实验内容。我相信,在他们的努力下,实验设计会更合理、更有挑战性,实验效果会更好。

非常感谢人民邮电出版社和异步社区的大力支持,特别要感谢杨海玲编辑和吴晋瑜编辑。人民邮电出版社已经出版了我的两本书,分别是 2018 年 5 月出版的《Qt 5.9 C++开发指南》和 2019 年 9 月出版的《Python Qt GUI 与数据可视化编程》。这两本书都比较成功,这与出版社的支持和编辑的尽心负责是分不开的。在本书的编辑和出版过程中,杨海玲编辑和吴晋瑜编辑做了大量工作,在此深表感谢。

我常年从事教学工作,知道学生的学习特点,也知道该怎么教他们学习编程和开发。为师者,唯恐学生学不会,唯恐自己讲得不清楚。我将自己擅长的一点东西认认真真写出来,一遍一遍地优化程序,一遍一遍地完善文字,只为写出一本好书。

每次看到读者评价说我的书对他们的学习和工作有帮助,解决了实际问题,我就感到非常高兴。所以,最后要感谢读者们,感谢你们的支持与肯定,也欢迎大家给出反馈(E-mail: wangwb@upc.edu.cn)。

王维波
2021 年 3 月

目 录

第一部分 嵌入式操作系统 FreeRTOS

第1章 FreeRTOS 基础 ··· 2

1.1 FreeRTOS 概述 ·· 2
 1.1.1 FreeRTOS 的发展历史 ··· 2
 1.1.2 FreeRTOS 的特点和许可方式 ·· 2
 1.1.3 FreeRTOS 的一些概念和术语 ·· 3
 1.1.4 为什么要使用 RTOS ·· 4
1.2 FreeRTOS 入门示例 ··· 4
 1.2.1 CubeMX 项目配置 ··· 5
 1.2.2 含 FreeRTOS 的项目的文件组成 ·· 8
 1.2.3 程序分析和功能实现 ·· 9
1.3 FreeRTOS 的文件组成和基本原理 ·· 15
 1.3.1 FreeRTOS 的文件组成 ·· 15
 1.3.2 FreeRTOS 的编码规则 ·· 20
 1.3.3 FreeRTOS 的配置和功能裁剪 ··· 21

第2章 FreeRTOS 的任务管理 ·· 29

2.1 任务相关的一些概念 ·· 29
 2.1.1 多任务运行基本机制 ·· 29
 2.1.2 任务的状态 ·· 30
 2.1.3 任务的优先级 ··· 31
 2.1.4 空闲任务 ··· 32
 2.1.5 基础时钟与嘀嗒信号 ·· 32
2.2 FreeRTOS 的任务调度 ··· 32
 2.2.1 任务调度方法概述 ··· 32
 2.2.2 使用时间片的抢占式调度方法 ·· 33
 2.2.3 不使用时间片的抢占式调度方法 ··· 34
 2.2.4 合作式任务调度方法 ·· 35
2.3 任务管理相关函数 ··· 36

2.3.1 相关函数概述 36
　　2.3.2 主要函数功能说明 38
2.4 多任务编程示例一 40
　　2.4.1 示例功能与 CubeMX 项目设置 40
　　2.4.2 初始程序分析 42
　　2.4.3 编写用户功能代码 44
2.5 任务管理工具函数 49
　　2.5.1 相关函数概述 49
　　2.5.2 获取任务句柄 50
　　2.5.3 单个任务的操作 51
　　2.5.4 内核信息统计 53
2.6 多任务编程示例二 55
　　2.6.1 示例功能与 CubeMX 项目设置 55
　　2.6.2 程序功能实现 56

第 3 章 FreeRTOS 的中断管理 62

3.1 FreeRTOS 与中断 62
3.2 任务与中断服务例程 64
　　3.2.1 任务与中断服务例程的关系 64
　　3.2.2 中断屏蔽和临界代码段 65
　　3.2.3 在 ISR 中使用 FreeRTOS API 函数 66
　　3.2.4 中断及其 ISR 设计原则 67
3.3 任务和中断程序设计示例 67
　　3.3.1 示例功能和 CubeMX 项目设置 67
　　3.3.2 基本功能代码 69
　　3.3.3 各种特性的测试 71

第 4 章 进程间通信与消息队列 74

4.1 进程间通信 74
4.2 队列的特点和基本操作 75
　　4.2.1 队列的创建和存储 75
　　4.2.2 向队列写入数据 76
　　4.2.3 从队列读取数据 77
　　4.2.4 队列操作相关函数 78
4.3 队列使用示例 79
　　4.3.1 示例功能和 CubeMX 项目设置 79
　　4.3.2 初始代码分析 80
　　4.3.3 实现用户功能 82

第 5 章 信号量 86

5.1 信号量和互斥量概述 86
5.1.1 二值信号量 86
5.1.2 计数信号量 87
5.1.3 互斥量 87
5.1.4 递归互斥量 88
5.1.5 相关函数概述 88

5.2 二值信号量使用示例 90
5.2.1 二值信号量操作相关函数详解 90
5.2.2 示例功能和 CubeMX 项目设置 92
5.2.3 程序功能实现 94

5.3 计数信号量使用示例 98
5.3.1 计数信号量操作相关函数详解 98
5.3.2 示例功能和 CubeMX 项目设置 99
5.3.3 程序功能实现 100

第 6 章 互斥量 104

6.1 优先级翻转问题 104

6.2 互斥量的工作原理 105
6.2.1 优先级继承 105
6.2.2 互斥量相关函数详解 105

6.3 优先级翻转示例 106
6.3.1 示例功能和 CubeMX 项目设置 106
6.3.2 程序功能实现 107

6.4 互斥量使用示例 111
6.4.1 示例功能和 CubeMX 项目设置 111
6.4.2 程序功能实现 111

第 7 章 事件组 115

7.1 事件组的原理和功能 115
7.1.1 事件组的功能特点 115
7.1.2 事件组的工作原理 115

7.2 事件组相关函数 116
7.2.1 相关函数概述 116
7.2.2 部分函数详解 117

7.3 事件组使用示例 120
7.3.1 示例功能和 CubeMX 项目设置 120
7.3.2 程序功能实现 120

7.4 通过事件组进行多任务同步 125

7.4.1　多任务同步原理 ·················· 125
　　　7.4.2　示例功能和 CubeMX 项目设置 ·················· 126
　　　7.4.3　程序功能实现 ·················· 127

第 8 章　任务通知 ·················· 132

　8.1　任务通知的原理和功能 ·················· 132
　8.2　任务通知的相关函数 ·················· 133
　　　8.2.1　相关函数概述 ·················· 133
　　　8.2.2　函数详解 ·················· 134
　8.3　示例一：使用任务通知传递数据 ·················· 137
　　　8.3.1　示例功能与 CubeMX 项目设置 ·················· 137
　　　8.3.2　程序功能实现 ·················· 138
　8.4　示例二：将任务通知用作计数信号量 ·················· 141
　　　8.4.1　示例功能 ·················· 141
　　　8.4.2　CubeMX 项目设置 ·················· 141
　　　8.4.3　程序功能实现 ·················· 142

第 9 章　流缓冲区和消息缓冲区 ·················· 145

　9.1　流缓冲区功能概述 ·················· 145
　9.2　流缓冲区操作的相关函数 ·················· 146
　　　9.2.1　相关函数概述 ·················· 146
　　　9.2.2　部分函数详解 ·················· 146
　　　9.2.3　表示发送完成和接收完成的宏 ·················· 149
　9.3　流缓冲区使用示例 ·················· 149
　　　9.3.1　示例功能与 CubeMX 项目设置 ·················· 149
　　　9.3.2　程序功能实现 ·················· 151
　9.4　消息缓冲区功能概述 ·················· 154
　9.5　消息缓冲区操作相关函数 ·················· 154
　　　9.5.1　相关函数概述 ·················· 154
　　　9.5.2　部分函数详解 ·················· 155
　9.6　消息缓冲区使用示例 ·················· 157
　　　9.6.1　示例功能与 CubeMX 项目设置 ·················· 157
　　　9.6.2　程序功能实现 ·················· 158

第 10 章　软件定时器 ·················· 162

　10.1　软件定时器概述 ·················· 162
　　　10.1.1　软件定时器的特性 ·················· 162
　　　10.1.2　软件定时器的相关配置 ·················· 163
　　　10.1.3　定时器服务任务的优先级 ·················· 163
　10.2　软件定时器的相关函数 ·················· 164

10.2.1　相关函数概述 ··· 164
10.2.2　部分函数详解 ··· 165
10.3　软件定时器使用示例 ·· 169
10.3.1　示例功能和 CubeMX 项目设置 ··· 169
10.3.2　程序功能实现 ··· 170

第 11 章　空闲任务与低功耗 ·· 174

11.1　HAL 和 FreeRTOS 的基础时钟 ··· 174
11.1.1　使用 SysTick 作为 HAL 的基础时钟 ································· 174
11.1.2　使用其他定时器作为 HAL 的基础时钟 ····························· 177
11.1.3　FreeRTOS 的基础时钟 ··· 179
11.2　空闲任务与低功耗处理 ·· 182
11.2.1　实现原理 ··· 182
11.2.2　设计示例 ··· 183
11.3　Tickless 低功耗模式 ··· 186
11.3.1　Tickless 模式的原理和功能 ··· 186
11.3.2　Tickless 模式的使用示例 ··· 187

第二部分　FatFS 管理文件系统

第 12 章　FatFS 和文件系统 ·· 192

12.1　FatFS 概述 ··· 192
12.1.1　FatFS 的作用 ·· 192
12.1.2　文件系统的一些基本概念 ··· 193
12.1.3　FatFS 的功能特点和参数 ··· 194
12.1.4　FatFS 的文件组成 ··· 195
12.1.5　FatFS 的基本数据类型定义 ··· 196
12.2　FatFS 的应用程序接口函数 ··· 197
12.2.1　卷管理和系统配置相关函数 ·· 197
12.2.2　文件和目录管理相关函数 ··· 200
12.2.3　目录访问相关函数 ··· 203
12.2.4　文件访问相关函数 ··· 204
12.3　FatFS 的存储介质访问函数 ··· 208
12.4　针对 SPI-Flash 芯片移植 FatFS ··· 209
12.4.1　SPI-Flash 芯片硬件电路 ··· 209
12.4.2　CubeMX 项目基础设置 ·· 210
12.4.3　在 CubeMX 中设置 FatFS ··· 210
12.4.4　项目中 FatFS 的文件组成 ··· 216
12.4.5　FatFS 初始化过程 ··· 218

12.4.6　针对 SPI-Flash 芯片的 Disk IO 函数实现 226
　12.5　在 SPI-Flash 芯片上使用文件系统 231
　　12.5.1　主程序功能 231
　　12.5.2　磁盘格式化 234
　　12.5.3　获取 FAT 磁盘信息 234
　　12.5.4　扫描根目录下的文件和子目录 236
　　12.5.5　创建文件和目录 237
　　12.5.6　读取文本文件 239
　　12.5.7　读取二进制文件 239
　　12.5.8　获取文件信息 241
　　12.5.9　文件 file_opera.h 的完整定义 242

第 13 章　直接访问 SD 卡 245

　13.1　SD 卡简介 245
　　13.1.1　SD 卡的分类 245
　　13.1.2　常规 SD 卡的接口 246
　13.2　SDIO 接口硬件电路 247
　　13.2.1　STM32F407 的 SDIO 接口 247
　　13.2.2　开发板上的 microSD 卡连接电路 248
　13.3　SDIO 接口和 SD 卡的 HAL 驱动程序 249
　　13.3.1　SD 驱动程序概述 250
　　13.3.2　初始化和配置函数 251
　　13.3.3　读取 SD 卡的参数信息 251
　　13.3.4　获取 SD 卡的当前状态 255
　　13.3.5　以轮询方式读写 SD 卡 255
　　13.3.6　以中断方式读写 SD 卡 256
　　13.3.7　以 DMA 方式读写 SD 卡 256
　13.4　示例一：以轮询方式读写 SD 卡 257
　　13.4.1　示例功能与 CubeMX 项目设置 257
　　13.4.2　主程序与 SDIO 接口/SD 卡初始化 259
　　13.4.3　程序功能实现 260
　13.5　示例二：以 DMA 方式读写 SD 卡 264
　　13.5.1　示例功能与 CubeMX 项目设置 264
　　13.5.2　主程序与外设初始化 265
　　13.5.3　程序功能实现 268

第 14 章　用 FatFS 管理 SD 卡文件系统 272

　14.1　SD 卡文件系统概述 272
　14.2　示例一：阻塞式访问 SD 卡 272
　　14.2.1　示例功能与 CubeMX 项目设置 272

  14.2.2 项目文件组成和初始代码分析 ································· 274
  14.2.3 SD 卡的 Disk IO 函数实现 ··································· 278
  14.2.4 SD 卡文件管理功能的实现 ··································· 284
 14.3 示例二：以 DMA 方式访问 SD 卡 ·································· 288
  14.3.1 示例功能和 CubeMX 项目设置 ································ 288
  14.3.2 Disk IO 函数实现代码分析 ···································· 289
  14.3.3 SD 卡文件管理功能的实现 ··································· 291

第 15 章 用 FatFS 管理 U 盘文件系统 ································· 295

 15.1 USB 概述 ··· 295
  15.1.1 USB 协议 ··· 295
  15.1.2 USB 设备类型 ··· 296
  15.1.3 USB 接口类型 ··· 296
 15.2 STM32F407 的 USB-OTG 接口 ····································· 298
  15.2.1 USB-OTG 概述 ·· 298
  15.2.2 USB-OTG FS ·· 299
  15.2.3 开发板上的 USB 接口电路 ···································· 302
 15.3 作为 USB Host 读写 U 盘 ·· 303
  15.3.1 示例功能和 CubeMX 项目设置 ································ 303
  15.3.2 项目文件组成和初始代码分析 ································· 307
  15.3.3 USBH 状态变化测试 ··· 316
  15.3.4 U 盘文件管理功能实现 ······································ 318

第 16 章 USB-OTG 用作 USB MSC 外设 ······························· 324

 16.1 开发板作为 USB MSC 外设的原理 ·································· 324
 16.2 示例一：SD 卡读卡器 ·· 326
  16.2.1 示例功能和 CubeMX 项目设置 ································ 326
  16.2.2 项目文件组成和初始代码分析 ································· 328
  16.2.3 程序功能实现 ··· 333
 16.3 示例二：增加 FatFS 管理本机文件功能 ······························ 336
  16.3.1 示例功能和 CubeMX 项目设置 ································ 336
  16.3.2 程序功能实现 ··· 337
  16.3.3 运行测试 ··· 340

第 17 章 在 FreeRTOS 中使用 FatFS ·································· 341

 17.1 在 RTOS 中使用 FatFS 需考虑的问题 ······························· 341
  17.1.1 可重入性问题 ··· 341
  17.1.2 FatFS 的可重入性 ·· 341
 17.2 FreeRTOS 中使用 FatFS 的示例 ····································· 343
  17.2.1 示例功能和 CubeMX 项目设置 ································ 343

17.2.2　项目文件组成和初始代码分析 346
17.2.3　FatFS API 函数的重入性实现原理 350
17.2.4　添加用户功能代码 354

第三部分　图片的获取与显示

第 18 章　BMP 图片 360

18.1　LCD 显示图片的原理 360
18.1.1　像素颜色的表示 360
18.1.2　根据图片的 RGB565 数据显示图片 360

18.2　图片显示示例 362
18.2.1　示例功能与 CubeMX 项目配置 362
18.2.2　程序功能实现 363

18.3　BMP 图片文件的格式 368
18.3.1　BMP 图片文件的数据分段 368
18.3.2　位图文件头 368
18.3.3　位图信息头 369
18.3.4　位图数据 370

18.4　BMP 图片文件的读写操作示例 370
18.4.1　示例功能和 CubeMX 项目设置 370
18.4.2　程序功能实现 372
18.4.3　BMP 文件操作驱动程序 377

第 19 章　JPG 图片 387

19.1　JPEG 和 LIBJPEG 387
19.2　JPG 图片文件的读写操作示例 388
19.2.1　示例功能和 CubeMX 项目设置 388
19.2.2　程序功能实现 389
19.2.3　JPG 文件操作驱动程序 395

第 20 章　电阻式触摸屏 405

20.1　电阻式触摸屏的工作原理 405
20.2　电阻式触摸屏的软硬件接口 406
20.3　示例一：轮询方式检测触摸屏输出 407
20.3.1　示例功能 407
20.3.2　CubeMX 项目设置 407
20.3.3　主程序功能实现 409
20.3.4　GUI 界面的创建与交互操作 413
20.3.5　电阻式触摸屏驱动程序 420

20.4 示例二：中断方式获取触摸屏输出·················426
   20.4.1 示例功能和 CubeMX 项目设置·················426
   20.4.2 程序功能实现·················427

第 21 章 电容式触摸屏·················431

21.1 电容式触摸屏的工作原理·················431
21.2 电容式触摸屏的软硬件接口·················431
   21.2.1 电容式触摸屏接口·················431
   21.2.2 电容式触摸屏控制芯片功能·················433
21.3 电容触摸屏的使用示例·················437
   21.3.1 示例功能和 CubeMX 项目设置·················437
   21.3.2 程序功能实现·················438
   21.3.3 电容触摸屏驱动程序·················443

第 22 章 DCMI 接口和数字摄像头·················455

22.1 数字摄像头·················455
   22.1.1 数字摄像头概述·················455
   22.1.2 OV7670 图像传感器的功能和接口·················456
   22.1.3 OV7670 数据输出时序和格式·················457
   22.1.4 SCCB 通信·················458
   22.1.5 OV7670 的寄存器·················460
22.2 DCMI 接口·················461
   22.2.1 DCMI 接口概述·················461
   22.2.2 DCMI 接口传输时序·················462
   22.2.3 DCMI 数据存储格式·················463
   22.2.4 DCMI 图像采集方式·················464
   22.2.5 DCMI 的中断·················465
22.3 DCMI 的 HAL 驱动·················465
   22.3.1 主要驱动函数概述·················465
   22.3.2 DCMI 接口初始化·················466
   22.3.3 DCMI 的采集控制·················467
22.4 DCMI 和摄像头使用示例·················467
   22.4.1 摄像头模块·················467
   22.4.2 开发板与摄像头模块的连接·················468
   22.4.3 示例功能与 CubeMX 项目设置·················470
   22.4.4 程序功能实现·················474

附录 A CubeMX 模板项目和公共驱动程序的使用·················487

A.1 公共驱动程序的目录组成·················487
A.2 CubeMX 模板项目·················488

A.3　新建CubeMX项目后导入模板项目的配置 ································· 488
　　A.4　复制模板项目以新建CubeMX项目 ··· 490
　　A.5　在CubeIDE中设置驱动程序搜索路径 ······································ 490

附录B　复制一个项目 ··· 493

附录C　开发板功能模块 ·· 494

附录D　本书示例列表 ··· 498

附录E　缩略词 ··· 501

参考文献 ·· 503

第一部分　嵌入式操作系统 FreeRTOS

- 第 1 章　FreeRTOS 基础
- 第 2 章　FreeRTOS 的任务管理
- 第 3 章　FreeRTOS 的中断管理
- 第 4 章　进程间通信与消息队列
- 第 5 章　信号量
- 第 6 章　互斥量
- 第 7 章　事件组
- 第 8 章　任务通知
- 第 9 章　流缓冲区和消息缓冲区
- 第 10 章　软件定时器
- 第 11 章　空闲任务与低功耗

第 1 章 FreeRTOS 基础

FreeRTOS 是一个完全免费和开源的嵌入式实时操作系统，已被作为一个中间件集成到 STM32 MCU 固件库中。在 STM32Cube 开发方式中，用户可以很方便地使用 FreeRTOS。在本章中，我们将介绍 FreeRTOS 的特点和主要功能，通过一个简单的示例介绍 FreeRTOS 的文件组成，并介绍 FreeRTOS 的基本编程使用方法。

1.1 FreeRTOS 概述

1.1.1 FreeRTOS 的发展历史

FreeRTOS 是一个完全免费和开源的嵌入式实时操作系统（Real-time Operating System，RTOS）。FreeRTOS 的内核最初是由 Richard Barry 在 2003 年左右开发的，后来由 Richard 创立的一家名为 Real Time Engineers 的公司管理和维护，使用开源和商业两种许可模式。2017 年，Real Time Engineers 公司将 FreeRTOS 项目的管理权转交给 Amazon Web Service（AWS），并且使用了更加开放的 MIT 许可协议。

AWS 是世界领先的云服务平台。2015 年，AWS 增加了物联网（Internet of Things，IoT）功能。为了使大量基于 MCU 的设备能更容易地连接云端，AWS 获得了 FreeRTOS 的管理权，并在 FreeRTOS 内核的基础上增加了一些库，使得小型的低功耗边缘设备也能容易地编程和部署，并且安全地连接到云端，为物联网设备的开发提供基础软件。

Amazon 接管 FreeRTOS 后，发布的第一个版本是 V10.0.0，它向下兼容 V9 版本。V10 版本中新增了流缓冲区、消息缓冲区等功能。Amazon 承诺不会使 FreeRTOS 分支化，也就是说，Amazon 发布的 FreeRTOS 的内核与 FreeRTOS.org 发布的 FreeRTOS 的内核是完全一样的，Amazon 会对 FreeRTOS 的内核维护和改进持续投资。

FreeRTOS 支持的处理器架构超过 35 种。由于完全免费，又有 Amazon 这样的大公司维护，FreeRTOS 逐渐成为市场领先的 RTOS 系统，在单片机应用领域成为一种事实上标准的 RTOS。STM32 MCU 固件库提供了 FreeRTOS 作为中间件，可供用户很方便地在 STM32Cube 开发方式中使用 FreeRTOS。

1.1.2 FreeRTOS 的特点和许可方式

FreeRTOS 是一个技术上非常完善和成功的 RTOS 系统，具有如下标准功能。
- 抢占式（pre-emptive）或合作式（co-operative）任务调度方式。
- 非常灵活的优先级管理。

- 灵活、快速而轻量化的任务通知（task notification）机制。
- 队列（queue）功能。
- 二值信号量（binary semaphore）。
- 计数信号量（counting semaphore）。
- 互斥量（mutex）。
- 递归互斥量（recursive mutex）。
- 软件定时器（software timer）。
- 事件组（event group）。
- 时间节拍钩子函数（tick hook function）。
- 空闲时钩子函数（idle hook function）。
- 栈溢出检查（stack overflow checking）。
- 踪迹记录（trace recording）。
- 任务运行时间统计收集（task run-time statics gathering）。
- 完整的中断嵌套模型（对某些架构有用）。
- 用于低功耗的无节拍（tick-less）特性。

除了技术上的优势，FreeRTOS 的开源免费许可协议也为用户扫除了使用 FreeRTOS 的障碍。FreeRTOS 不涉及其他任何知识产权（Intellectual Property，IP）问题，因此用户可以完全免费地使用 FreeRTOS，即使用于商业性项目，也无须公开自己的源代码，无须支付任何费用。当然，如果用户想获得额外的技术支持，那么可以付费升级为商业版本。

FreeRTOS 还有两个衍生的商业版本。

- OpenRTOS 是一个基于 FreeRTOS 内核的商业许可版本，为用户提供专门的支持和法律保障。OpenRTOS 是由 AWS 许可的一家战略伙伴公司 WITTENSTEIN 提供的。
- SafeRTOS 是一个基于 FreeRTOS 内核的衍生版本，用于安全性要求高的应用，它经过了工业（IEC 61508 SIL 3）、医疗（IEC 62304 和 FDA 510(K)）、汽车（ISO 26262）等国际安全标准的认证。SafeRTOS 也是由 WITTENSTEIN 公司提供的。

1.1.3　FreeRTOS 的一些概念和术语

1. 实时性

RTOS 一般应用于对实时性有要求的嵌入式系统。实时性指任务的完成时间是确定的，例如，飞机驾驶控制系统，必须在限定的时间内，完成对飞行员操作的响应。日常使用的 Windows、iOS、Android 等是非实时操作系统，非实时操作系统对任务完成时间没有严格要求。例如，打开一个网页可能需要很长时间，运行一个程序还可能出现闪退或死机的情况。

FreeRTOS 是一个实时操作系统，特别适用于基于 MCU 的实时嵌入式应用。这种应用通常包括硬实时（hard real-time）和软实时（soft real-time）。

软实时，指任务运行要求有一个截止时间，但即便超过这个截止时间，也不会使系统变得毫无用处。例如，对敲按键的反应不够及时，可能使系统显得响应慢一点，但系统不至于无法使用。

硬实时，指任务运行要求有一个截止时间，如果超过了这个截止时间，可能导致整个系统的功能失效。例如，轿车的安全气囊控制系统，如果在出现撞击时响应缓慢，就可能导致严重的后果。

FreeRTOS 是一个实时操作系统，基于 FreeRTOS 开发的嵌入式系统可以满足硬实时要求。

2. 任务

操作系统的主要功能就是实现多任务管理，而 FreeRTOS 是一个支持多任务的实时操作系统。FreeRTOS 将任务称为线程（thread），但本书还是使用常用的名称"任务"（task）。嵌入式操作系统中的任务与高级语言（如 C++、Python）中的线程很相似。例如，任务或线程间通信与同步都使用信号量、互斥量等技术，如果熟悉高级语言中的多线程编程，对 FreeRTOS 的多任务编程就很容易理解了。

一般的 MCU 是单核的，处理器在任何时刻只能执行一个任务的代码。FreeRTOS 的多任务功能是通过其内核中的任务调度器来实现的，FreeRTOS 支持基于任务优先级的抢占式任务调度算法，因而能满足硬实时的要求。

3. 移植

FreeRTOS 中有少部分与硬件密切相关的源代码，需要针对不同架构的 MCU 进行一些改写。例如，针对 MSP430 系列单片机或 STM32 系列单片机，就需要改写相应的代码，这个过程称为移植。一套移植的 FreeRTOS 源代码称为一个接口（port）。

针对某种 MCU 的移植，一般是由 MCU 厂家或 FreeRTOS 官方网站提供的，用户如果对 FreeRTOS 的底层代码和目标 MCU 非常熟悉，也可以自己进行移植。初学者或一般的使用者最好使用官方已经移植好的版本，以保证正确性，减少重复工作量。

在 CubeMX 中，安装某个系列 STM32 MCU 的固件库时，就已经有移植好的 FreeRTOS 源代码。例如，对于 STM32F4 系列，其 STM32CubeF4 固件库就包含针对 STM32F4 移植好的 FreeRTOS 源代码，用户只需知道如何使用即可。

1.1.4 为什么要使用 RTOS

在开始学习 MCU 编程时，一般都是从裸机编程开始，一般的嵌入式系统，如果功能要求不是太复杂或者程序设计比较精良，裸机系统也能很好地实现功能。但是如果功能要求比较复杂，需要分解为多个任务才能实现，就必须使用 RTOS，或者对实时性要求比较高时，也必须使用 RTOS。

此外，使用 RTOS 并且将功能分解为多个任务，可以使程序功能模块化，程序结构更简单，便于维护和扩展，也便于团队协作开发，提高开发效率。熟悉了 FreeRTOS 的使用后，用户会发现使用 FreeRTOS 开发嵌入式系统，功能更强，使用更方便，在应用开发中，会习惯于使用 FreeRTOS。

1.2 FreeRTOS 入门示例

在 CubeMX 中，安装的 MCU 固件库中已经有 FreeRTOS，在 CubeMX 组件面板的 Middleware 组里有 FreeRTOS，可以像配置 MCU 的外设一样配置 FreeRTOS。在本节中，我们通过一个非常简单的示例讲解 FreeRTOS 使用的基本方法，并且剖析 FreeRTOS 的文件组成和一些关键概念。

本书将 STM32CubeMX 软件简称为 CubeMX，将 STM32CubeIDE 软件简称为 CubeIDE。

1.2.1 CubeMX 项目配置

在 CubeMX 中，我们选择 STM32F407ZG 创建一个项目，并将其保存为文件 Demo1_1Basics.ioc。先完成如下的一些系统基本设置：在 SYS 组件中，设置 Debug 接口为 Serial Wire；在 RCC 组件中，设置 HSE 为 Crystal/Ceramic Resonator；在时钟树上，设置 HSE 为 8MHz，选择 HSE 作为主锁相环（Main PLL）的时钟源，设置 HCLK 为 168MHz。时钟树的主要部分如图 1-1 所示。

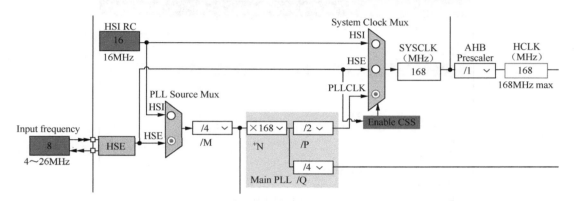

图 1-1 时钟树的主要部分

 在本书后面的 FreeRTOS 相关的示例中，如果没有特殊说明，HSE 和时钟树都采用这样的设置。使用 HSE 作为系统时钟源是因为外部晶振频率更精确。本书使用的开发板上的 HSE 晶振为 8MHz，若换用其他的开发板，需要根据电路上实际的晶振频率设置 HSE 频率。

这个示例只使用了开发板上的 LED1 和 LED2，它们连接的引脚分别是 PF9 和 PF10，如图 1-2 所示。我们将这两个引脚都设置为 GPIO_Output，推挽输出，无上拉或下拉。

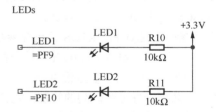

图 1-2 开发板上 LED1 和 LED2 的电路连接图

在组件面板的 Middleware 组里有 FreeRTOS，启用 FreeRTOS 并进行模式和参数设置，如图 1-3 所示。在模式设置（Mode）部分只有一个参数 Interface，其右侧的下拉列表框里有 3 个选项。

- Disable，表示不使用 FreeRTOS。
- CMSIS_V1，启用 FreeRTOS，并且使用接口 CMSIS_V1。
- CMSIS_V2，启用 FreeRTOS，并且使用接口 CMSIS_V2。

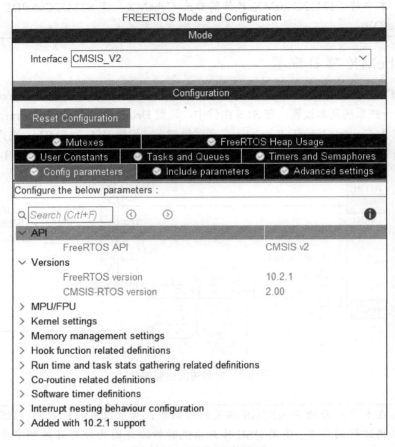

图 1-3　FreeRTOS 的设置

这里的接口指的是 CMSIS-RTOS 接口，也就是 ARM 公司定义的 RTOS 接口，有 V1 和 V2 两个版本。对于新的设计，我们应该使用新的版本，所以选择 CMSIS_V2。

FreeRTOS 的配置部分有 8 个页面，配置的内容比较多。

- Configure parameters，参数配置。配置 FreeRTOS 的多组参数，如图 1-3 所示，这些参数对应于文件 FreeRTOSConfig.h 中的一些宏定义。
- Include parameters，包含参数。配置 FreeRTOS 的包含参数，是一些函数的条件编译设置，这些包含参数对应于文件 FreeRTOSConfig.h 中的一些宏定义。
- Advanced settings，高级设置。一些高级参数设置。
- Tasks and Queues，任务和队列。任务和队列的管理，包括创建、删除和编辑等操作。
- Timers and Semaphores，定时器和信号量。管理软件定时器，二值信号量和计数信号量。
- Mutexes，互斥量。管理互斥量和递归互斥量。
- FreeRTOS Heap Usage，FreeRTOS 堆空间使用情况统计。
- User Constants，用户常数。用户自定义常数的设置。

这几个页面的设置涉及 FreeRTOS 中的一些主要功能的使用，例如任务、信号量、互斥量等。在后续章节里介绍这些内容时，我们会结合 CubeMX 中的设置界面详细解释。

在本示例项目中，先保持 FreeRTOS 的所有参数设置为默认值。图 1-3 显示了 FreeRTOS

的一些版本信息。例如，FreeRTOS 的版本是 10.2.1，CMSIS-RTOS 的版本是 2.00。本书使用的 CubeMX 版本是 5.6.0，STM32F4 固件版本是 1.25.0，其中的 FreeRTOS 是比较新的版本。

在 FreeRTOS 中，用户至少需要创建一个任务。CubeMX 在启用 FreeRTOS 时，就定义了一个默认的任务，如图 1-4 所示。任务名称是 defaultTask，任务函数名称是 StartDefaultTask，这个任务的所有设置暂时保持默认值，我们在后面会结合代码介绍每个参数的意义。

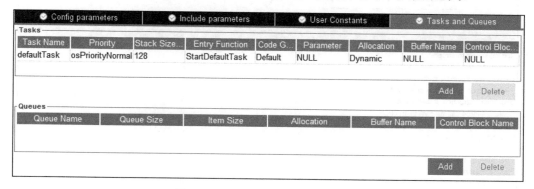

图 1-4　CubeMX 中定义的默认任务

完成这些设置后，我们来生成 CubeIDE 项目代码。注意，要选择为外设初始化生成.h/.c 文件对。在首次生成代码时，界面上会出现图 1-5 所示的对话框，提示在使用 FreeRTOS 时，应该使用一个独立的定时器作为 HAL 基础时钟源，而不是使用 SysTick 定时器。

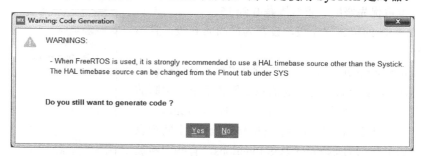

图 1-5　提示在使用 FreeRTOS 时不要使用 SysTick 定时器作为 HAL 基础时钟源

按照对话框中的建议，返回 SYS 组件的模式设置，设置 Timebase Source 为某个定时器，如基础定时器 TIM6，如图 1-6 所示。在不使用 FreeRTOS 的时候，这个 Timebase Source 默认是 SysTick。在使用 FreeRTOS 时，FreeRTOS 会将 SysTick 用作基础时钟，所以需要设置一个定时器作为 HAL 的基础时钟。设置后再生成代码，就不会出现图 1-5 所示的对话框了。

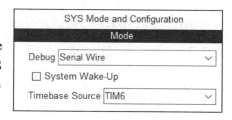

图 1-6　SYS 组件的模式设置

 本书在使用 FreeRTOS 的示例中都使用图 1-6 所示的设置，将 TIM6 作为 HAL 基础时钟。所以，HAL 的基础时钟是定时器 TIM6，FreeRTOS 的基础时钟是 SysTick 定时器。这两个定时器的定时周期都是 1ms，但是各自的作用不同。我们会在第 11 章详细介绍这两个基础时钟的作用和初始化过程。

在启用了 FreeRTOS 并完成这些设置后，NVIC 的自动设置会有较多修改，如图 1-7 所示。

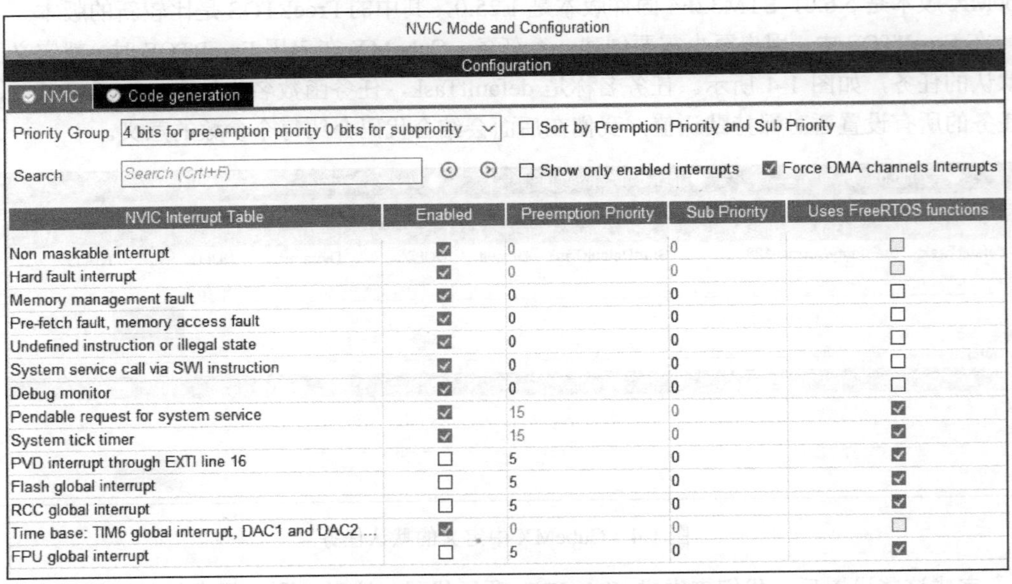

图 1-7　启用了 FreeRTOS 后 NVIC 的自动设置

- 优先级分组策略，设置为 4 位全部用于抢占优先级，所以抢占优先级的设置范围是 0 到 15。
- TIM6 中断的抢占优先级，设置为最高的 0 级，且不能修改。
- System tick timer（SysTick 定时器）和 Pendable request for system service（可挂起的系统服务请求）中断的抢占优先级，设置为最低的 15，且都不能修改。
- 相对于未开启 FreeRTOS 的 CubeMX 项目，中断列表中增加了一列 Uses FreeRTOS functions，有些中断被勾选了这一项，TIM6 的中断则没有勾选这一项。

关于这些中断设置的原因和作用将在第 3 章讲 FreeRTOS 的中断管理时详细介绍。

1.2.2　含 FreeRTOS 的项目的文件组成

完成设置后，我们在 CubeMX 中生成 CubeIDE 项目代码。在 CubeIDE 中打开项目 Demo1_1Basics，其文件目录树如图 1-8 所示。

项目中新增了与 FreeRTOS 相关的程序文件，包括可修改的用户程序文件和不可修改的 FreeRTOS 源程序文件。用户可修改的文件分布在\Inc 和\Src 目录下，包括以下几个文件。

- \Inc 目录下的文件 FreeRTOSConfig.h，是 FreeRTOS 的配置文件，包含很多宏定义，这些宏定义大多与

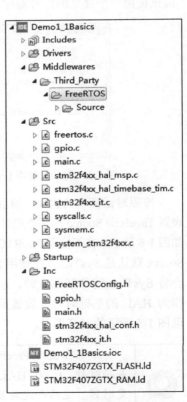

图 1-8　项目的文件目录树

CubeMX 中 FreeRTOS 的可视化设置参数对应。
- \Src 目录下的文件 stm32f4xx_hal_timebase_tim.c，是设置 HAL 基础时钟的文件。我们在 CubeMX 中设置了 TIM6 作为 HAL 基础时钟源，这个文件里的代码就是对 TIM6 的一些设置，使基础时钟的中断周期为 1ms。TIM6 替代了原来 SysTick 定时器在 HAL 中的作用，而 SysTick 定时器由 FreeRTOS 使用。
- \Src 目录下的文件 freertos.c，是 CubeMX 生成的 FreeRTOS 初始化文件，主要在这个文件里创建任务，编写用户功能代码。

FreeRTOS 的源程序文件在目录\Middlewares\Third_Party\FreeRTOS\Source 下，已经针对所选择的 MCU 型号做好了底层代码移植，所以，这个目录下的 FreeRTOS 源代码不需要用户做任何修改。

这里先不具体介绍这些文件，先完成示例功能，在后面剖析 FreeRTOS 的文件组成和源代码时，我们再详细介绍这些文件的作用。

1.2.3 程序分析和功能实现

1. 主程序

在 main()函数中，加入用户功能代码，主程序的代码如下，删除了一些没有用到的沙箱代码段注释：

```
/* 文件: main.c  -----------------------------------------------------------*/
#include "main.h"
#include "cmsis_os.h"
#include "gpio.h"

/* Private function prototypes ---------------------------------------------*/
void SystemClock_Config(void);      //系统时钟配置，在main.c里实现
void MX_FREERTOS_Init(void);        //FreeRTOS对象初始化函数，在freertos.c里实现

int main(void)
{
    HAL_Init();            //HAL初始化，复位所有外设，初始化Flash和HAL基础时钟
    SystemClock_Config();             //系统时钟配置
    /* Initialize all configured peripherals */
    MX_GPIO_Init();                   //LED1和LED2引脚的GPIO初始化

    /* USER CODE BEGIN 2 */
    HAL_GPIO_WritePin(GPIOF, GPIO_PIN_10, GPIO_PIN_RESET);   //PF10=LED2，点亮
    /* USER CODE END 2 */

    osKernelInitialize();     //CMSIS-RTOS函数，初始化FreeRTOS的调度器
    MX_FREERTOS_Init();       //FreeRTOS对象初始化函数，在freertos.c中实现
    osKernelStart();          //CMSIS-RTOS函数，启动FreeRTOS的任务调度器

    /* 程序不会运行到这里，因为RTOS的任务调度器接管了系统的控制   */
    /* Infinite loop */
    /* USER CODE BEGIN WHILE */
    while (1)
    {
        HAL_GPIO_TogglePin(GPIOF, GPIO_PIN_10);    //PF10=LED2
        HAL_Delay(500);
    /* USER CODE END WHILE */
    }
}
```

main()函数的开头部分依然是调用函数 HAL_Init()进行 HAL 初始化。函数 HAL_Init()内部会调用函数 HAL_InitTick()对 HAL 基础时钟进行初始化,也就是根据图 1-6 中设置的基础时钟源进行设置。默认情况下,HAL 基础时钟源使用 Cortex-M4F 内核的 SysTick 定时器,调用文件 stm32f4xx_hal.c 中的弱函数 HAL_InitTick()。在图 1-6 中设置为使用定时器 TIM6 后,CubeMX 生成代码时创建了一个文件 stm32f4xx_hal_timebase_tim.c,在这个文件中重新实现了函数 HAL_InitTick(),对 TIM6 进行初始化,使用 TIM6 生成 HAL 的嘀嗒时钟信号。这里暂不具体解释了,在第 11 章有详细代码分析。

已配置外设的初始化只有 MX_GPIO_Init(),是对 LED1 和 LED2 连接的两个引脚 PF9 和 PF10 进行 GPIO 初始化。为了简化程序结构,本示例没有使用 LCD,也不使用 KEY_LED 驱动程序。

系统和外设初始化完成后,调用函数 osKernelInitialize()进行 FreeRTOS 调度器的初始化。

函数 MX_FREERTOS_Init()是 FreeRTOS 中创建对象的初始化函数,这个函数在文件 freertos.c 中实现。注意,文件 freertos.c 没有对应的头文件 freertos.h,所以在文件 main.c 的私有函数原型定义部分,声明了这个函数的原型。函数 MX_FREERTOS_Init()的主要功能是创建用户定义的任务、信号量、队列等在 FreeRTOS 中用到的对象。

之后调用了函数 osKernelStart(),这是 CMSIS-RTOS 标准接口函数,其内部调用 FreeRTOS 的函数 vTaskStartScheduler(),功能是启动 FreeRTOS 内核的任务调度器。执行这个函数后,FreeRTOS 就接管了系统的控制权,处理器循环执行 FreeRTOS 中各个任务的代码,FreeRTOS 进行任务调度与其他功能管理。处理器不会再执行 osKernelStart()之后的代码行,也就是不会执行 main()函数最后的 while()循环里的代码。程序下载运行测试时,会发现复位后 LED2 亮了,但是 LED2 不会闪烁。

2. FreeRTOS 对象初始化函数和任务创建

函数 MX_FREERTOS_Init()是 CubeMX 生成的文件 freertos.c 中的一个函数,用于创建 FreeRTOS 中的任务、信号量、队列等对象。FreeRTOS 要运行起来,必须至少创建一个任务。应用程序中需要用户编写的涉及 FreeRTOS 操作的代码,主要写在这个文件里。

文件 freertos.c 没有对应的头文件 freertos.h。文件 freertos.c 的初始化代码如下,这里删除了文件公共部分的一些沙箱代码段注释,保留了函数内沙箱代码段的注释,翻译了部分注释。

```
/* 文件: freertos.c    ---------------------------------------------*/
#include "FreeRTOS.h"
#include "task.h"
#include "main.h"
#include "cmsis_os.h"
/* 私有变量 ---------------------------------------------------------*/
/* 任务 defaultTask 的定义 */
osThreadId_t  defaultTaskHandle;         //任务 defaultTask 的句柄变量

//任务 defaultTask 的属性
const osThreadAttr_t  defaultTask_attributes = {
        .name = "defaultTask",          //任务的注释名称
        .priority = (osPriority_t) osPriorityNormal,     //任务优先级
        .stack_size = 128 * 4           //栈存储空间大小,即 128×4=512 字节
};

/* 私有函数原型声明 -------------------------------------------------*/
void StartDefaultTask(void *argument);
```

1.2 FreeRTOS 入门示例

```c
void MX_FREERTOS_Init(void);   /*(MISRA C 2004 rule 8.1), 一种代码规则 */

void MX_FREERTOS_Init(void)    //FreeRTOS 对象初始化函数
{
    /* USER CODE BEGIN Init */

    /* USER CODE END Init */

    /* USER CODE BEGIN RTOS_MUTEX */
    /* add mutexes (互斥量), ... */
    /* USER CODE END RTOS_MUTEX */

    /* USER CODE BEGIN RTOS_SEMAPHORES */
    /* add semaphores (信号量), ... */
    /* USER CODE END RTOS_SEMAPHORES */

    /* USER CODE BEGIN RTOS_TIMERS */
    /* start timers, add new ones, ... */
    /* USER CODE END RTOS_TIMERS */

    /* USER CODE BEGIN RTOS_QUEUES */
    /* add queues (队列), ... */
    /* USER CODE END RTOS_QUEUES */

    /* 创建 CubeMX 中设计的任务*/
    /* 创建任务 defaultTask */
    defaultTaskHandle = osThreadNew(StartDefaultTask, NULL, &defaultTask_attributes);

    /* USER CODE BEGIN RTOS_THREADS */
    /* add threads (任务), ... */
    /* USER CODE END RTOS_THREADS */
}

/*   任务 defaultTask 的任务函数   */
void StartDefaultTask(void *argument)
{
    /* USER CODE BEGIN StartDefaultTask */
    /* Infinite loop */
    for(;;)
    {
        osDelay(1);          //RTOS 的延时函数，单位 ticks
    }
    /* USER CODE END StartDefaultTask */
}

/* Private application code --------------------------------*/
/* USER CODE BEGIN Application */

/* USER CODE END Application */
```

我们在程序开头部分定义了一个 osThreadId_t 类型的变量 defaultTaskHandle。osThreadId_t 类型实际上是 void 类型指针，是文件 cmsis_os2.h 中的一个类型定义。

```c
typedef void *osThreadId_t;
```

我们把某个对象的指针类型变量称为句柄变量，所以，把 defaultTaskHandle 称为表示任务 defaultTask 的句柄变量。

我们在程序开头部分还定义了一个 osThreadAttr_t 结构体类型变量 defaultTask_attributes，并且为其成员变量赋值。defaultTaskHandle 和 defaultTask_attributes 这两个变量，在函数 MX_FREERTOS_Init()

里创建任务 defaultTask 时会用到。

我们在程序的开头部分还声明了两个函数的原型，因为文件 freertos.c 没有对应的头文件 freertos.h，所以需要在文件开头部分声明函数原型。

函数 MX_FREERTOS_Init()用于创建 FreeRTOS 中的任务、信号量、互斥量等对象，所以可以称这个函数为 FreeRTOS 对象初始化函数。这个函数里有多个沙箱段，用于创建互斥量、信号量、任务等对象，如果在 CubeMX 中可视化地设计了这些对象，就会在这里自动生成相应的代码。用户也可以在这些沙箱段内自己添加代码创建对象，因为某些对象不能在 CubeMX 里可视化设计，如事件组。

FreeRTOS 要运行起来，至少要有一个用户任务，MX_FREERTOS_Init() 调用函数 osThreadNew()创建了 CubeMX 中定义的默认任务 defaultTask。函数 osThreadNew()是在文件 cmsis_os2.h 中定义的，也就是由 CMSIS-RTOS V2 标准定义的接口函数。其原型定义如下：

```
osThreadId_t osThreadNew(osThreadFunc_t func, void *argument, const osThreadAttr_t *attr)
```

其中，func 是任务函数名称，argument 是向任务函数传递的参数，attr 是任务属性结构体指针。

参数 func 是 osThreadFunc_t 类型，这是一个函数指针类型，定义了任务函数的输入/输出参数形式，在文件 cmsis_os2.h 中的定义如下：

```
typedef void (*osThreadFunc_t) (void *argument);
```

函数 MX_FREERTOS_Init()中创建任务 defaultTask 的代码如下：

```
defaultTaskHandle = osThreadNew(StartDefaultTask, NULL, &defaultTask_attributes);
```

第 1 个参数 StartDefaultTask 是任务 defaultTask 的任务函数名称，每一个任务实际上就是一个函数；第 2 个参数值为 NULL，是传递给任务函数的参数；第 3 个参数是 defaultTask_attributes 的指针，是任务的属性定义，在文件 freertos.c 的私有变量部分定义了任务属性变量 defaultTask_attributes。

函数的返回值是 defaultTaskHandle，也就是任务 defaultTask 的句柄变量。

任务 defaultTask 的任务属性变量 defaultTask_attributes 在定义时就为成员变量赋值了，这些赋值与 CubeMX 中设计的任务属性是对应的。在图 1-4 所示的界面上，双击任务 defaultTask 的条目后进行设置，会打开图 1-9 所示的 Edit Task 对话框。

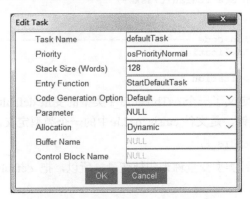

图 1-9　CubeMX 中的 Edit Task 对话框

表示任务属性的结构体 osThreadAttr_t 的定义如下，每个成员变量的意义见注释：

```
typedef struct {
    const char          *name;           //任务的名称，只是用于备注
    uint32_t            attr_bits;       //属性位
    void                *cb_mem;         //用于控制块的存储空间
    uint32_t            cb_size;         //控制块存储空间的大小，单位：字
    void                *stack_mem;      //栈的存储空间
    uint32_t            stack_size;      //栈存储空间的大小，单位：字
    osPriority_t        priority;        //任务的初始优先级，默认值：osPriorityNormal
    TZ_ModuleId_t       tz_module;       //TrustZone 模块标识符
    uint32_t            reserved;        //保留变量，必须是 0
} osThreadAttr_t;
```

结合结构体 osThreadAttr_t 的定义和变量 defaultTask_attributes 的实际赋值代码，图 1-9 所示对话框中的几个参数的作用解释如下。

- Task Name，任务名称。仅用于备注。
- Priority，优先级。每个任务都需要设置一个优先级，优先级和任务调度有关。优先级个数由文件 FreeRTOSConfig.h 中的宏定义 configMAX_PRIORITIES 决定，默认是 56 个。任务的优先级数字越小，优先级越低。枚举类型 osPriority_t 定义了常用的一些优先级，如 osPriorityLow、osPriorityNormal、osPriorityHigh 等，一个任务在创建时，其默认优先级是 osPriorityNormal。
- Stack Size，栈空间大小。每个任务其实就是一个内部有死循环的函数，FreeRTOS 在进行任务切换时，要进行场景的保存与恢复，这就需要使用栈（stack）。栈实际上就是一个内存空间，每个任务都需要分配一个栈空间。在 FreeRTOS 中，栈空间存储元素类型是 uint32_t，栈空间的大小单位是字（word）。图 1-9 中设置的栈空间大小是 128 字。Cortex-M 是 32 位处理器，一个字的长度是 4 字节。但是结构体 osThreadAttr_t 的成员变量 stack_size 表示栈的存储空间大小，单位是字节，所以在文件 freertos.c 中为任务 defaultTask 的任务属性结构体变量 defaultTask_attributes 的成员变量赋值时，相当于如下的语句：

```
defaultTask_attributes.stack_size = 128 * 4    //栈存储空间大小，即 128×4=512 字节
```

- Entry Function，入口函数，也就是任务函数。一个任务就是一个内部有死循环的函数，这个参数设置实现这个任务的函数名称，如 StartDefaultTask。任务函数名称不是结构体 osThreadAttr_t 的成员变量，而是任务创建函数 osThreadNew() 的参数。
- Code Generation Option，生成代码的选项。有 Default 和 As weak 两个选项。如果选择 As weak，就将任务函数定义成一个弱函数，也就是函数名前面有修饰符 __weak。选择 Default，就是生成正常的函数。
- Parameter，参数。为任务函数传递的参数，如果不需要传递参数，就设置为 NULL。
- Allocation，内存分配方式。是指任务的栈和控制块内存的分配方式，选项包括 Dynamic 和 Static。Dynamic 表示由 osThreadNew() 函数内部为任务动态创建栈存储空间 stack_mem 和任务控制块存储空间 cb_mem。如果选择为 Static，则需要在调用 osThreadNew() 函数之前，为 stack_mem 和 cb_mem 赋值，即静态分配内存。

 在图 1-9 所示的对话框中设置的栈空间大小单位是字，而任务属性结构体 osThreadAttr_t 的成员变量 stack_size 表示栈的存储空间大小，单位是字节。在文件 freertos.c 中为 stack_size 赋值时，自动将对话框中设置的栈空间大小乘以了 4，表示栈的存储空间大小。

如果在图 1-9 中设置 Allocation 为 Static，设置 Buffer Name（缓冲区名称）为 defaultTaskBuffer，设置 Control Block Name（控制块名称）为 defaultTaskControlBlock，则在 freertos.c 的私有变量部分，会定义如下的一些变量，生成如下的任务属性赋值代码：

```
osThreadId_t  defaultTaskHandle;                        //任务句柄变量
uint32_t  defaultTaskBuffer[ 128 ];                     //栈空间数组
osStaticThreadDef_t  defaultTaskControlBlock;           //控制块结构体变量
//任务属性赋值
const osThreadAttr_t  defaultTask_attributes = {
      .name = "defaultTask",                  //任务名称
      .stack_mem = &defaultTaskBuffer[0],     //栈数组地址
      .stack_size = sizeof(defaultTaskBuffer),//栈数组大小
      .cb_mem = &defaultTaskControlBlock,     //控制块地址
      .cb_size = sizeof(defaultTaskControlBlock), //控制块大小
      .priority = (osPriority_t) osPriorityNormal,//任务优先级
};
```

可见，使用静态分配内存时，稍微麻烦一点。但不管是动态分配内存，还是静态分配内存，函数 MX_FREERTOS_Init()还是调用 osThreadNew()创建任务。函数 osThreadNew()会根据任务属性中的内存分配方式，分别调用 FreeRTOS 的两个不同的函数创建任务：动态分配内存时，调用函数 xTaskCreate()创建任务；静态分配内存时，调用函数 xTaskCreateStatic()创建任务。

3. 编写任务功能实现代码

本示例只有一个任务，任务函数是 StartDefaultTask()。CubeMX 生成了这个函数的基本框架，可以看到这个函数的主体就是一个死循环。本示例中，我们希望在此任务里让 LED1 闪烁，在函数 StartDefaultTask()里添加用户代码，完成的函数代码如下：

```
void StartDefaultTask(void *argument)
{
    /* USER CODE BEGIN StartDefaultTask */
    /* Infinite loop */
    for(;;)
    {
        HAL_GPIO_TogglePin(GPIOF, GPIO_PIN_9);       //LED1 输出翻转
        osDelay(500);            //延时 500 个 tick（时钟节拍）
    }
    /* USER CODE END StartDefaultTask */
}
```

在 for 循环中，使用的延时函数是 osDelay()，这是 CMSIS-RTOS 标准接口函数，内部调用 FreeRTOS 的延时函数 vTaskDelay()，延时单位是时钟节拍（tick）。FreeRTOS 的基础时钟产生的嘀嗒信号的周期是 1ms，所以一个节拍就是 1ms。

在 FreeRTOS 的任务管理中，延时函数 vTaskDelay()是非常重要的。任务函数的主体一般就是一个死循环，任务函数在执行延时函数 vTaskDelay()时，会交出 CPU 的使用权，由 FreeRTOS 进行任务调度，使其他任务可以获得 CPU 的使用权，否则，高优先级任务将总是占用 CPU，其他任务就无法执行。关于任务的优先级和任务调度等内容在第 2 章有详细介绍。

构建项目后，我们将其下载到开发板上并运行测试，会发现 LED1 闪烁，而 LED2 只是点亮。这说明执行了任务函数 StartDefaultTask()，但没有执行 main()函数中最后的 while()死循环里的代码。因为在 main()函数中，执行 osKernelStart()函数时，FreeRTOS 就接管了 CPU 的控制权，所以执行不到 while()循环中的代码。

1.3　FreeRTOS 的文件组成和基本原理

1.3.1　FreeRTOS 的文件组成

在示例 Demo1_1Basics 中，与 FreeRTOS 相关的程序文件主要分为可修改的用户程序文件和不可修改的 FreeRTOS 源程序文件。前面介绍的 freertos.c 是可修改的用户程序文件，FreeRTOS 中任务、信号量等对象的创建，用户任务函数都在这个文件里实现。项目中 FreeRTOS 的源程序文件都在目录\Middlewares\Third_Party\FreeRTOS\Source 下，这些是针对选择的 MCU 型号做好了移植的文件。使用 CubeMX 生成代码时，用户无须关心 FreeRTOS 的移植问题，所需的源程序文件也为用户组织好了。

虽然无须自己进行程序移植和文件组织，但是了解 FreeRTOS 的文件组成以及主要文件的功能，对于掌握 FreeRTOS 的原理和使用还是有帮助的。FreeRTOS 的源程序文件大致可以分为 5 类，如图 1-10 所示。

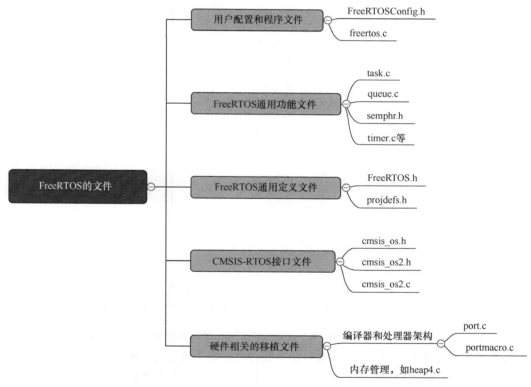

图 1-10　FreeRTOS 的文件组成

1. 用户配置和程序文件

用户配置和程序文件包括如下 2 个文件，用于对 FreeRTOS 进行各种配置和功能裁剪，以及实现用户任务的功能。

- 文件 FreeRTOSConfig.h，是对 FreeRTOS 进行各种配置的文件，FreeRTOS 的功能裁剪就是通过这个文件里的各种宏定义实现的，这个文件内的各种配置参数的作用详见后文。

- 文件 freertos.c，包含 FreeRTOS 对象初始化函数 MX_FREERTOS_Init()和任务函数，是编写用户代码的主要文件。

2. FreeRTOS 通用功能文件

这些是实现 FreeRTOS 的任务、队列、信号量、软件定时器、事件组等通用功能的文件，这些功能与硬件无关。源程序文件在\Source 目录下，头文件在\Source\Include 目录下。这两个目录下的源程序文件和头文件如图 1-11 所示。

图 1-11 \Source 目录和\Source\Include 目录下的源程序文件和头文件

这些通用功能文件及其功能见表 1-1。在一个嵌入式操作系统中，任务管理是必需的，某些功能是在用到时才需要加入的，如事件组、软件定时器、信号量、流缓冲区等。CubeMX 在生成代码时，将这些文件全部复制到了项目里，但是它们不会被全部编译到最终的二进制文件里。用户可以对 FreeRTOS 的各种参数进行配置，实现功能裁剪，这些参数配置实际就是各种条件编译的条件定义。

表 1-1 FreeRTOS 通用功能文件及其功能

文件	功能
croutine.h/.c	实现协程（co-routine）功能的程序文件，协程主要用于内存非常小的 MCU，现在已经很少使用
event_groups.h/.c	实现事件组功能的程序文件

续表

文件	功能
list.h/list.c	实现链表功能的程序文件，FreeRTOS 的任务调度器用到链表
queue.h/queue.c	实现队列功能的程序文件
semphr.h	实现信号量功能的文件，信号量是基于队列的，信号量操作的函数都是宏函数，其实现都是调用队列处理的函数
task.h/tasks.c	实现任务管理功能的程序文件
timers.h/timers.c	实现软件定时器功能的程序文件
stream_buffer.h/stream_buffer.c	实现流缓冲区功能的程序文件。流缓冲区是一种优化的进程间通信机制，是在 V10 版本中才引入的功能
message_buffer.h	实现消息缓冲区的文件。实现消息缓冲区功能的所有函数都是宏函数，因为消息缓冲区是基于流缓冲区实现的，都调用流缓冲区的函数。消息缓冲区是在 V10 版本中才引入的功能
mpu_prototypes.h mpu_wrappers.h	MPU（内存保护单元）功能的头文件。该文件定义的函数是在标准函数前面增加前缀"MPU_"，当应用程序使用 MPU 功能时，FreeRTOS 内核会优先执行此文件中的函数

3. FreeRTOS 通用定义文件

目录\Source\include 下有几个与硬件无关的通用定义文件。

（1）文件 FreeRTOS.h。这个文件包含 FreeRTOS 的默认宏定义、数据类型定义、接口函数定义等。FreeRTOS.h 中有一些默认的用于 FreeRTOS 功能裁剪的宏定义，例如：

```
#ifndef configIDLE_SHOULD_YIELD
    #define configIDLE_SHOULD_YIELD 1
#endif

#ifndef INCLUDE_vTaskDelete
    #define INCLUDE_vTaskDelete 0
#endif
```

FreeRTOS 的功能裁剪就是通过这些宏定义实现的，这些用于配置的宏定义主要分为如下两类。

- 前缀为"config"的宏表示某种参数设置，一般地，值为 1 表示开启此功能，值为 0 表示禁用此功能，如 configIDLE_SHOULD_YIELD 表示空闲任务是否对同优先级的任务让出处理器使用权。
- 前缀为"INCLUDE_"的宏表示是否编译某个函数的源代码，例如，宏 INCLUDE_vTaskDelete 的值为 1，就表示编译函数 vTaskDelete()的源代码，值为 0 就表示不编译函数 vTaskDelete()的源代码。

在 FreeRTOS 中，这些宏定义通常称为参数，因为它们决定了系统的一些特性。文件 FreeRTOS.h 包含系统默认的一些参数的宏定义，不要直接修改此文件的内容。用户可修改的配置文件是 FreeRTOSConfig.h，这个文件也包含大量前缀为"config"和"INCLUDE_"的宏定义。如果文件 FreeRTOSConfig.h 中没有定义某个宏，就使用文件 FreeRTOS.h 中的默认定义。

FreeRTOS 的大部分功能配置都可以通过 CubeMX 可视化设置完成，并生成文件 FreeRTOSConfig.h 中的宏定义代码。

（2）文件 projdefs.h。这个文件包含 FreeRTOS 中的一些通用定义，如错误编号宏定义，逻辑值的宏定义等。文件 projdefs.h 中常用的几个宏定义及其功能见表 1-2。

表 1-2 文件 projdefs.h 中常用的几个宏定义

宏定义	值	功能
pdFALSE	0	表示逻辑值 false
pdTRUE	1	表示逻辑值 true
pdFAIL	0	表示逻辑值 false
pdPASS	1	表示逻辑值 true
pdMS_TO_TICKS(xTimeInMs)	—	这是个宏函数，其功能是将 xTimeInMs 表示的毫秒数转换为时钟节拍数，因为延时函数 vTaskDelay()的输入参数是节拍数

（3）文件 stack_macros.h 和 StackMacros.h。这两个文件的内容完全一样，只是为了向后兼容，才出现了两个文件。这两个文件定义了进行栈溢出检查的函数，如果要使用栈溢出检查功能，需要设置参数 configCHECK_FOR_STACK_OVERFLOW 的值为 1 或 2。

4. CMSIS–RTOS 标准接口文件

目录\Source\CMSIS_RTOS_V2 下是 CMSIS-RTOS 标准接口文件，如图 1-12 所示。这些文件里的宏定义、数据类型、函数名称等的前缀都是"os"。原理上来说，这些函数和数据类型的名称与具体的 RTOS 无关，它们是 CMSIS-RTOS 标准的定义。在具体实现上，这些前缀为"os"的函数调用具体移植的 RTOS 的实现函数，例如，若移植的是 FreeRTOS，"os"函数就调用 FreeRTOS 的实现函数，若移植的是 μC/OS-II，"os"函数就调用 μC/OS-II 的实现函数。

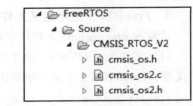

图 1-12 CMSIS-RTOS 标准接口文件

本书使用的是 FreeRTOS，所以这些"os"函数调用的都是 FreeRTOS 的函数。例如，CMSIS-RTOS 的延时函数 osDelay()的内部就是调用了 FreeRTOS 的延时函数 vTaskDelay()，其完整源代码如下：

```
osStatus_t osDelay (uint32_t ticks)
{
    osStatus_t stat;
    if (IS_IRQ()) {
        stat = osErrorISR;
    }
    else {
        stat = osOK;

        if (ticks != 0U) {
            vTaskDelay(ticks);
        }
    }
    return (stat);
}
```

在示例 Demo1_1Basics 中，我们见到过一些类似的函数：osThreadNew()的内部调用 xTaskCreate()或 xTaskCreateStatic()创建任务；osKernelStart()的内部调用 vTaskStartScheduler() 启动 FreeRTOS 内核运行。

从原理上来说，如果在程序中使用这些 CMSIS-RTOS 标准接口函数和类型定义，可以减少与具体 RTOS 的关联。例如，一个应用程序原先是使用 FreeRTOS 写的，后来要改为使用

μC/OS-II，则只需改 RTOS 移植部分的程序，而无须改应用程序。但是这种情况可能极少。

在本书中，为了讲解 FreeRTOS 的使用，后面在编写用户功能代码时，我们将尽量直接使用 FreeRTOS 的函数，而不使用 CMSIS-RTOS 接口函数。但是 CubeMX 自动生成的代码使用的基本都是 CMSIS-RTOS 接口函数，这些是不需要去更改的，明白两者之间的关系即可。

5. 硬件相关的移植文件

硬件相关的移植文件就是需要根据硬件类型进行改写的文件，一个移植好的版本称为一个端口（port），这些文件在目录\Source\portable 下，又分为架构与编译器、内存管理两个部分，如图 1-13 所示。

（1）处理器架构和编译器相关文件。处理器架构和编译器部分有 2 个文件，即 portmacro.h 和 port.c。这两个文件里是一些与硬件相关的基础数据类型、宏定义和函数定义。因为某些函数的功能实现涉及底层操作，其实现代码甚至是用汇编语言写的，所以与硬件密切相关。

FreeRTOS 需要使用一个基础数据类型定义头文件 stdint.h，这个头文件定义的是 uint8_t、uint32_t 等基础数据类型，STM32 的 HAL 库包含这个文件。

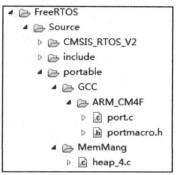

图 1-13 硬件相关的移植文件

在文件 portmacro.h 中，FreeRTOS 重新定义了一些基础数据类型的类型符号，定义的代码如下。Cortex-M4 是 32 位处理器，这些类型定义对应的整数或浮点数类型见注释。

```
#define portCHAR          char              //int8_t
#define portFLOAT         float             //4 字节浮点数
#define portDOUBLE        double            //8 字节浮点数
#define portLONG          long              //int32_t
#define portSHORT         short             //int16_t
#define portSTACK_TYPE    uint32_t          //栈数据类型
#define portBASE_TYPE     long              //int32_t

typedef portSTACK_TYPE  StackType_t;        //栈数据类型 StackType_t，是 uint32_t
typedef long            BaseType_t;         //基础数据类型 BaseType_t，是 int32_t
typedef unsigned long   UBaseType_t;        //基础数据类型 UBaseType_t，是 uint32_t
typedef uint32_t        TickType_t;         //节拍数类型 TickType_t，是 uint32_t
```

重新定义的 4 个数据类型符号是为了移植方便，它们的等效定义和意义如表 1-3 所示。

表 1-3 重新定义的数据类型符号

数据类型符号	等效定义	意义
BaseType_t	int32_t	基础数据类型，32 位整数
UBaseType_t	uint32_t	基础数据类型，32 位无符号整数
StackType_t	uint32_t	栈数据类型，32 位无符号整数
TickType_t	uint32_t	基础时钟节拍数类型，32 位无符号整数

（2）内存管理相关文件。内存管理涉及内存动态分配和释放等操作，与具体的处理器密切相关。FreeRTOS 提供 5 种内存管理方案，即 heap_1 至 heap_5，在 CubeMX 里设置 FreeRTOS 参数时，选择 1 种即可。在图 1-13 中，内存管理文件是 heap_4.c，这也是默认的内存管理方案。

文件 heap_4.c 实现了动态分配内存的函数 pvPortMalloc()，释放内存的函数 vPortFree()，以及其他几个函数。heap_4.c 以目录\Source\include 下的 portable.h 文件为头文件。

1.3.2 FreeRTOS 的编码规则

FreeRTOS 的核心源程序文件遵循一套编码规则，其变量命名、函数命名、宏定义命名等都有规律，知道这些规律有助于理解函数名、宏定义的意义。

1. 变量名

变量名使用类型前缀。通过变量名的前缀，用户可以知道变量的类型。

- 对于 stdint.h 中定义的各种标准类型整数，前缀"c"表示 char 类型变量，前缀"s"表示 int16_t（short）类型变量，前缀"l"表示 int32_t 类型变量。对于无符号（unsigned）整数，再在前面增加前缀"u"，如"uc"表示 uint_8 类型，"us"表示 uint16_t，"ul"表示 uint32_t 类型。
- BaseType_t 和所有其他非标准类型的变量名，如结构体变量、任务句柄、队列句柄等都用前缀"x"。
- UBaseType_t 类型的变量使用前缀"ux"。
- 指针类型变量在前面再增加一个"p"，例如，"pc"表示 char *类型。

2. 函数名

函数名的前缀由返回值类型和函数所在文件组成，若返回值为 void 类型，则类型前缀是"v"。举例如下。

- 函数 xTaskCreate()，其返回值为 BaseType_t 类型，在文件 task.h 中定义。
- 函数 vQueueDelete()，其返回值为 void，在文件 queue.h 中定义。
- 函数 pcTimerGetName()，其返回值为 char *，在文件 timer.h 中定义。
- 函数 pvPortMalloc()，其返回值为 void *，在文件 portable.h 中定义。

如果函数是用 static 声明的文件内使用的私有函数，则其前缀为"prv"。例如，tasks.c 文件中的函数 prvAddNewTaskToReadyList()，因为私有函数不会被外部调用，所以函数名中就不用包括返回值类型和所在文件的前缀了。

CMSIS-RTOS 相关文件中定义的函数前缀都是"os"，不包括返回值类型和所在文件的前缀。例如，cmsis_os2.h 中的函数 osThreadNew()、osDelay()等。

3. 宏名称

宏定义和宏函数的名称一般用大写字母，并使用小写字母前缀表示宏的功能分组。FreeRTOS 中常用的宏名称前缀见表 1-4。

表 1-4　FreeRTOS 中常用的宏名称前缀

前缀	意义	所在文件	实例
config	用于系统功能配置的宏	FreeRTOSConfig.h FreeRTOS.h	configUSE_MUTEXES configTICK_RATE_HZ
INCLUDE_	条件编译某个函数的宏	FreeRTOSConfig.h FreeRTOS.h	INCLUDE_vTaskDelay INCLUDE_vTaskDelete
task	任务相关的宏	task.h task.c	taskENTER_CRITICAL() taskIDLE_PRIORITY
queue	队列相关的宏	queue.h	queueQUEUE_TYPE_MUTEX

续表

前缀	意义	所在文件	实例
pd	项目通用宏定义	projdefs.h	pdTRUE，pdFALSE
port	移植接口文件定义的宏	portable.h portmacro.h port.c	portBYTE_ALIGNMENT_MASK portCHAR portMAX_24_BIT_NUMBER
tmr	软件定时器相关的宏	timer.h	tmrCOMMAND_START
os	CMSIS-RTOS 接口相关的宏	cmsis_os.h cmsis_os2.h	osFeature_SysTick osFlagsWaitAll

1.3.3 FreeRTOS 的配置和功能裁剪

FreeRTOS 的配置和功能裁剪主要是通过文件 FreeRTOSConfig.h 和 FreeRTOS.h 中的一些宏定义实现的，前缀为"config"的宏用于配置 FreeRTOS 的一些参数，前缀为"INCLUDE_"的宏用于控制是否编译某些函数的源代码。文件 FreeRTOS.h 中的宏定义是系统默认的宏定义，请勿直接修改。FreeRTOSConfig.h 是用户可修改的配置文件，如果一个宏没有在文件 FreeRTOSConfig.h 中重新定义，就使用文件 FreeRTOS.h 中的默认定义。

在 CubeMX 中，FreeRTOS 的配置界面中有 Config parameters 和 Include parameters 两个页面，用于对这两类宏进行设置。在本节中，我们介绍 CubeMX 中设置的这些宏的意义，但很多概念需要在后面才会具体讲到，如果读者对这些概念不了解也没关系，学完本书后面的内容就能明白了。

1. "config"类的宏

前缀为"config"的宏用于对 FreeRTOS 的一些参数进行配置。示例 Demo1_1Basics 完全使用了 FreeRTOS 的默认配置，例如，文件 FreeRTOSConfig.h 中部分这类宏定义代码如下：

```
#define configUSE_PREEMPTION                    1
#define configSUPPORT_STATIC_ALLOCATION         1
#define configSUPPORT_DYNAMIC_ALLOCATION        1
#define configUSE_IDLE_HOOK                     0
#define configUSE_TICK_HOOK                     0
#define configCPU_CLOCK_HZ                      ( SystemCoreClock )
#define configTICK_RATE_HZ                      ((TickType_t)1000)
#define configMAX_PRIORITIES                    ( 56 )
#define configMINIMAL_STACK_SIZE                ((uint16_t)128)
#define configTOTAL_HEAP_SIZE                   ((size_t)15360)
#define configMAX_TASK_NAME_LEN                 ( 16 )
#define configUSE_TRACE_FACILITY                1
#define configUSE_16_BIT_TICKS                  0
#define configIDLE_SHOULD_YIELD                 0
#define configUSE_MUTEXES                       1
#define configQUEUE_REGISTRY_SIZE               8

/* Software timer definitions. */
#define configUSE_TIMERS                        1
#define configTIMER_TASK_PRIORITY               ( 2 )
#define configTIMER_QUEUE_LENGTH                10
#define configTIMER_TASK_STACK_DEPTH            256
```

在 CubeMX 中修改了值的参数都会在文件 FreeRTOSConfig.h 中生成语句。有默认值的宏定义在文件 FreeRTOS.h 中，例如，文件 FreeRTOS.h 中有如下的定义：

```
#ifndef configIDLE_SHOULD_YIELD
    #define configIDLE_SHOULD_YIELD          1
#endif
```

默认情况下，文件 FreeRTOSConfig.h 中没有定义宏 configIDLE_SHOULD_YIELD，就使用文件 FreeRTOS.h 中的默认定义。如果通过 CubeMX 修改了这个参数，在 FreeRTOSConfig.h 中生成了如下的宏定义，那么就使用 FreeRTOSConfig.h 中的定义。

```
#define configIDLE_SHOULD_YIELD             0
```

在 CubeMX 中，FreeRTOS 参数配置的 Config Parameters 页面的参数，分为好几组（见图 1-3）。这些参数对应于文件 FreeRTOSConfig.h 和 FreeRTOS.h 中相应的宏，下面我们分别介绍这几组参数设置的内容。

（1）MPU/FPU。这组有两个参数，用于设置是否使用内存保护单元 MPU 和浮点数单元 FPU，如图 1-14 所示。

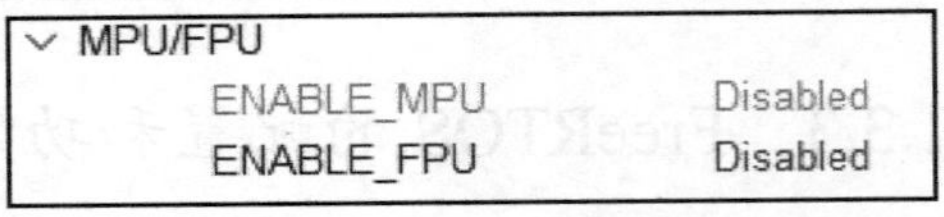

图 1-14 MPU/FPU 设置

- ENABLE_MPU，使用 MPU 功能。虽然 MCU 硬件支持 MPU，但是需要 FreeRTOS 的本地代码支持。
- ENABLE_FPU，是否在 FreeRTOS 中使用 FPU 功能。STM32F4 系列 MCU 是有 FPU 的。

（2）Kernel settings，内核设置。这组是 FreeRTOS 内核的一些参数，设置的具体参数及其默认值如图 1-15 所示。某些参数是不允许修改的，就显示为灰色字体。某些参数只能选择一个参数值，例如，USE_MUTEXES 只能选择 Enabled。

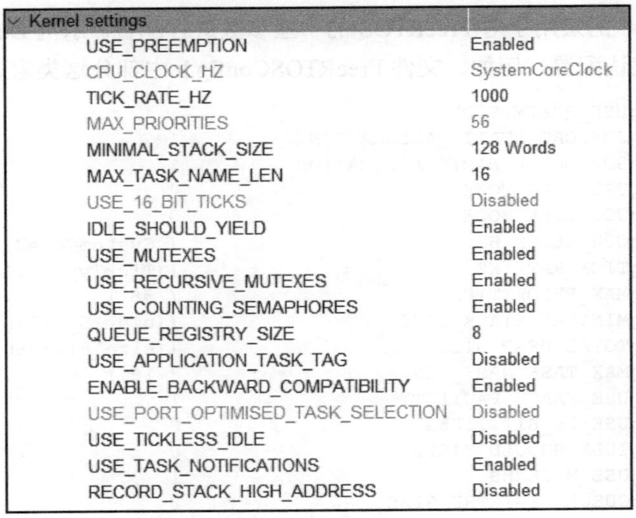

图 1-15 内核设置

图 1-15 中所示的参数与文件 FreeRTOSConfig.h 或 FreeRTOS.h 中的宏是对应的，只是去掉了前缀"config"，如 USE_PREEMPTION 对应的宏是 configUSE_PREEMPTION。界面中逻辑型参数的可选值是 Enabled 和 Disabled，对应于宏定义的值是 1 和 0，这些宏一般是条件编译的条件，用于条件编译某段代码。图 1-15 中的这些参数的意义和默认值见表 1-5。

表 1-5　内核配置参数

配置参数	默认值	意义
USE_PREEMPTION	Enabled	Enabled 表示使用抢占式（pre-emptive）任务调度器；Disabled 表示使用合作式（co-operative）任务调度器
CPU_CLOCK_HZ	SystemCoreClock	系统核心时钟，即 MCU 的 HCLK 时钟
TICK_RATE_HZ	1000	系统嘀嗒时钟频率，设置范围为 1 至 1000，默认为 1000Hz，所以周期是 1ms
MAX_PRIORITIES	56	任务的最多优先级个数，这里固定为 56，不可修改
MINIMAL_STACK_SIZE	128 Words	系统空闲任务的栈空间的最小值，设置范围为 64 至 3840。在 FreeRTOS 中，栈空间的大小单位是字，在 Cortex-M 架构中，一个字是 4 字节
MAX_TASK_NAME_LEN	16	任务名称字符串的最大长度，设置范围为 12 至 255
USE_16_BIT_TICKS	Disabled	决定文件 portmacro.h 中定义的节拍数据类型 TickType_t 的具体类型。若这个值是 Disabled，则 TickType_t 是 uint32_t 类型，否则，是 uint16_t 类型。Cortex-M 架构上 TickType_t 是 uint32_t 类型
IDLE_SHOULD_YIELD	Enabled	空闲任务是否对同优先级的任务主动让出 CPU 使用权
USE_MUTEXES	Enabled	是否使用互斥量，只能选择 Enabled
USE_RECURSIVE_MUTEXES	Enabled	是否使用递归互斥量，只能选择 Enabled
USE_COUNTING_SEMAPHORES	Enabled	是否使用计数信号量，只能选择 Enabled
QUEUE_REGISTRY_SIZE	8	可注册的队列和信号量的最大数量，设置范围为 0 至 255。使用内核调试器查看信号量和队列时，需要先注册队列和信号量
USE_APPLICATION_TASK_TAG	Disabled	是否使用应用程序的任务标签（tag），若对应的宏是 1，则会编译一些代码段，特别是文件 tasks.c 中的 3 个相关函数：vTaskSetApplicationTaskTag() xTaskGetApplicationTaskTag() xTaskCallApplicationTaskHook()
ENABLE_BACKWARD_COMPATIBILITY	Enabled	是否向后兼容旧的版本
USE_PORT_OPTIMISED_TASK_SELECTION	Disabled	任务调度时，选择下一个运行任务的方法。Disabled 表示使用通用的方法，不依赖于具体的硬件。在使用 Cortex-M0 或 CMSIS-RTOS V2 时，只能是 Disabled
USE_TICKLESS_IDLE	Disabled	是否使用无节拍（tickless）的低功耗模式。若设置为 Enabled，可自动进入低功耗模式，降低系统功耗
USE_TASK_NOTIFICATIONS	Enabled	是否使用任务通知功能。若设置为 Enabled，则编译相关的函数，每个任务的栈多消耗 8 字节空间
RECORD_STACK_HIGH_ADDRESS	Disabled	是否将栈的起始地址保存到每个任务的任务控制块中（假设栈是向下生长的）

（3）Memory management settings，内存管理设置。内存管理的参数设置界面如图 1-16 所示，只有 3 个参数。

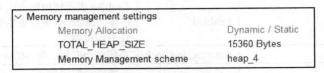

图 1-16 内存管理的参数设置界面

- Memory Allocation，内存分配方式，固定为 Dynamic/Static，也就是同时支持动态分配和静态分配。这个参数对应于文件 FreeRTOSConfig.h 中的两个宏。这个参数的值不能在 CubeMX 里修改，但可以在文件 FreeRTOSConfig.h 里修改，使 FreeRTOS 同时支持动态分配和静态分配，或只支持一种内存分配方式。

```
#define configSUPPORT_STATIC_ALLOCATION      1    //静态分配内存
#define configSUPPORT_DYNAMIC_ALLOCATION     1    //动态分配内存
```

- TOTAL_HEAP_SIZE，FreeRTOS 总的堆空间大小，设置范围为 512B～128KB。FreeRTOS 中创建的所有对象，如任务、队列、软件定时器、信号量、互斥量等，都需要从 FreeRTOS 的堆空间分配内存。在 CubeMX 中，FreeRTOS Heap Usage 页面显示了当前配置下，FreeRTOS 的堆空间使用情况，如图 1-17 所示。界面中显示了剩余的可用内存，以及各个任务、各种对象使用的内存量。

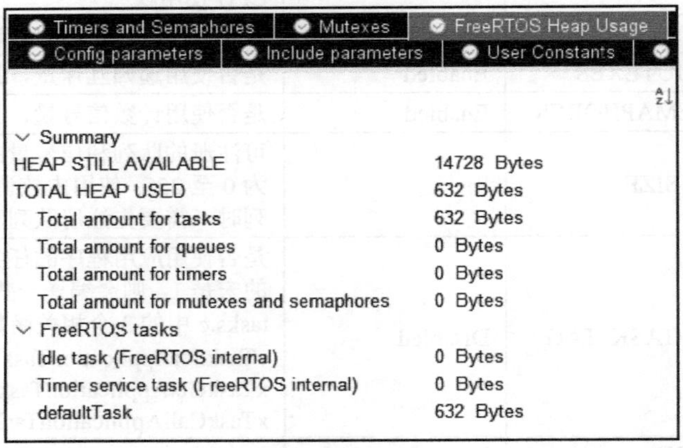

图 1-17 FreeRTOS Heap Usage 页面显示堆空间使用信息

- Memory Management scheme，内存管理方案。有 5 种可选的内存管理方案，从 heap_1 到 heap_5，使用哪种方案，就在文件 FreeRTOSConfig.h 中生成对应那种方案的宏定义。例如，使用方案 heap_4，生成的宏定义如下：

```
#define USE_FreeRTOS_HEAP_4
```

内存管理是与硬件密切相关的，每一种内存管理方案对应一个源程序文件，如 heap_4.c，这些文件在目录\Source\portable\MemMang 下。

FreeRTOS 的 5 种内存管理方案各有特点和适用场合，其详细介绍可参考文献 *Mastering the FreeRTOS Real Time Kernel* 的第 2 章。heap_4 是默认的内存管理方案，它使用第一匹配（first fit）算法分配内存，能将紧邻的空白内存块整合成一个大的空白内存块，降低产生内存碎片的风险，且速度比标准库中的函数 malloc()和 free()要快。

（4）Hook function related definitions，钩子函数相关定义。钩子函数类似于回调函数，就是在某个功能或函数执行时要调用的一个函数。钩子函数的代码由用户编写，用于实现一些自定义的处理。

钩子函数的设置界面如图 1-18 所示。默认情况下，这些参数值都是 Disabled，也就是不实现相应的钩子函数。如果设置为 Enabled，CubeMX 会在文件 freertos.c 中自动生成相应钩子函数的函数框架。图 1-18 中各个参数的意义以及设置为 Enabled 时对应的钩子函数名称见表 1-6，表中只列出了函数名称，省略了函数参数。

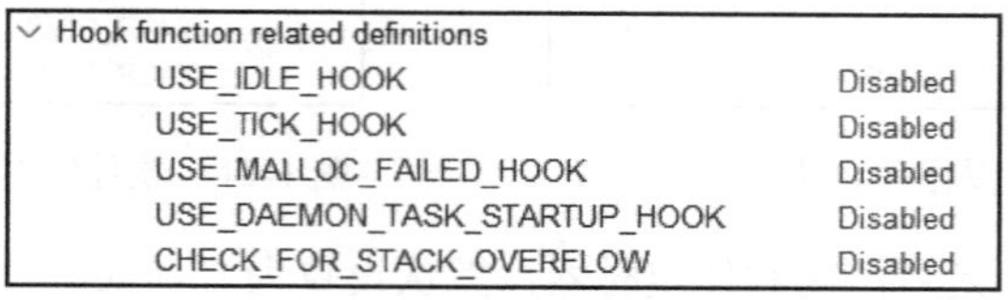

```
✓ Hook function related definitions
    USE_IDLE_HOOK                    Disabled
    USE_TICK_HOOK                    Disabled
    USE_MALLOC_FAILED_HOOK           Disabled
    USE_DAEMON_TASK_STARTUP_HOOK     Disabled
    CHECK_FOR_STACK_OVERFLOW         Disabled
```

图 1-18　钩子函数的设置界面

表 1-6　钩子函数

钩子函数配置参数	调用场合	对应的钩子函数名称
USE_IDLE_HOOK	空闲任务里调用	vApplicationIdleHook()
USE_TICK_HOOK	嘀嗒定时器中断服务函数里调用	vApplicationTickHook()
USE_MALLOC_FAILED_HOOK	使用 pvPortMalloc()分配内存失败时调用	vApplicationMallocFailedHook()
USE_DAEMON_TASK_STARTUP_HOOK	守护（Daemon）任务启动时调用	vApplicationDaemonTaskStartupHook()
CHECK_FOR_STACK_OVERFLOW	栈溢出时调用	vApplicationStackOverflowHook()

CHECK_FOR_STACK_OVERFLOW 的选项比较特殊，它提供 Option1 和 Option2 两个选项，对应于 FreeRTOS 内部两种不同的栈溢出处理方法，但是对应的钩子函数名称是相同的。

（5）Run time and task stats gathering related definitions，运行时间和任务状态收集相关定义。FreeRTOS 可以收集任务运行时间和任务状态信息，相关参数的设置界面如图 1-19 所示。

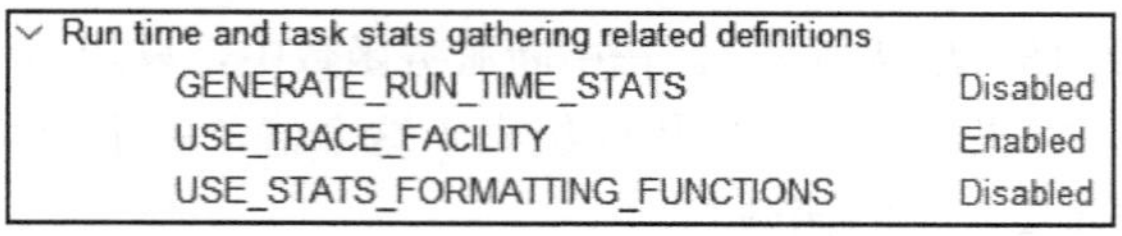

```
✓ Run time and task stats gathering related definitions
    GENERATE_RUN_TIME_STATS          Disabled
    USE_TRACE_FACILITY               Enabled
    USE_STATS_FORMATTING_FUNCTIONS   Disabled
```

图 1-19　运行时间和任务状态收集相关定义

- GENERATE_RUN_TIME_STATS，若设置为 Enabled，则会启动任务运行时间统计功能，并可以通过函数 vTaskGetRunTimeStats()读取这些信息。
- USE_TRACE_FACILITY，若设置为 Enabled，则会增加一些结构体成员和函数，用于可视化和跟踪调试。
- USE_STATS_FORMATTING_FUNCTIONS，若 USE_TRACE_FACILITY 和这个参数都设置为 Enabled，则会编译函数 vTaskList()和 vTaskGetRunTimeStats()。两个参数中只要有一个设置为 Disabled，就不会编译这两个函数。

（6）Co-routine related definitions，协程相关定义。使用协程可以节省内存，主要用于功能有限、内存很小的 MCU。现在的 MCU 内存一般比较充足，就很少使用协程了，所以禁用此功能即可，如图 1-20 所示。

（7）Software timer definitions，软件定时器定义。FreeRTOS 可以创建软件定时器，其功能类似于高级语言（如 C++）中的软件定时器。软件定时器相关参数的设置界面如图 1-21 所示，在第 10 章会介绍软件定时器的使用。

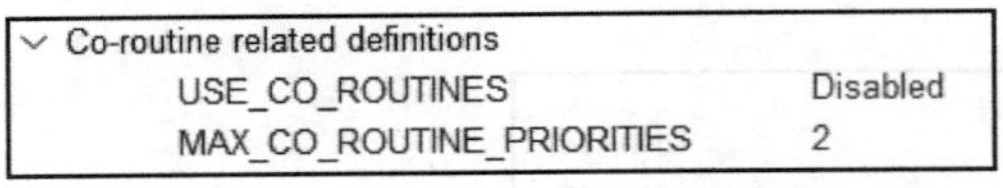

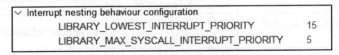

图 1-20　协程相关定义 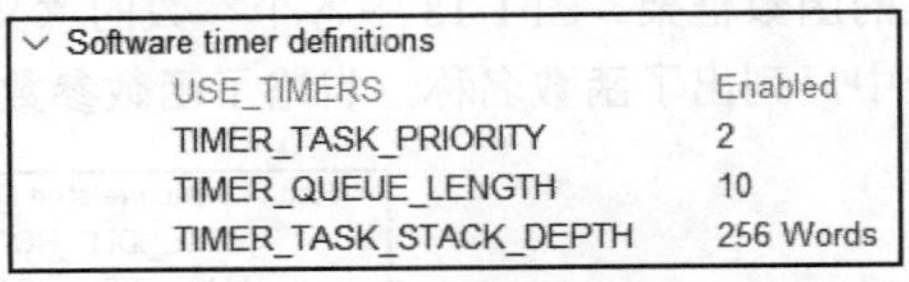　　　　　图 1-21　软件定时器相关参数的设置界面

- USE_TIMERS，是否使用软件定时器，默认设置为 Enabled，且不可修改。
- TIMER_TASK_PRIORITY，定时器服务任务的优先级，默认值是 2，属于比较低的优先级。设置范围是 0 到 55，因为总的优先级个数是 56。
- TIMER_QUEUE_LENGTH，定时器指令队列的长度，设置范围是 1 到 255。
- TIMER_TASK_STACK_DEPTH，定时器服务任务的栈空间大小，默认值 256 个字，设置范围是 128 到 32 768 个字。注意，栈空间的单位是字，而不是字节。

（8）Interrupt nesting behaviour configuration，中断嵌套行为配置。如图 1-22 所示，这两个参数是与硬件中断相关的，其作用详见第 3 章。

图 1-22　中断嵌套行为配置

- LIBRARY_LOWEST_INTERRUPT_PRIORITY，最低中断优先级，设置范围是 1 到 15，默认值是 15。因为 CubeMX 使用 FreeRTOS 时，优先级分组方案中 4 位都用作抢占优先级，所以最低优先级是 15。
- LIBRARY_MAX_SYSCALL_INTERRUPT_PRIORITY，系统能管理的最高中断优先级，设置范围是 1 到 15，默认值是 5。在中断服务函数中，只能调用 FreeRTOS API 函数的中断安全版本，如果一个中断的优先级高于这个值，就不能在此中断的 ISR 里调用 FreeRTOS 的中断安全 API 函数。

（9）Added with 10.2.1 support，V10.2.1 版本中新增支持的参数。图 1-23 所示的是 FreeRTOS V10.2.1 版本中新增支持的两个参数。

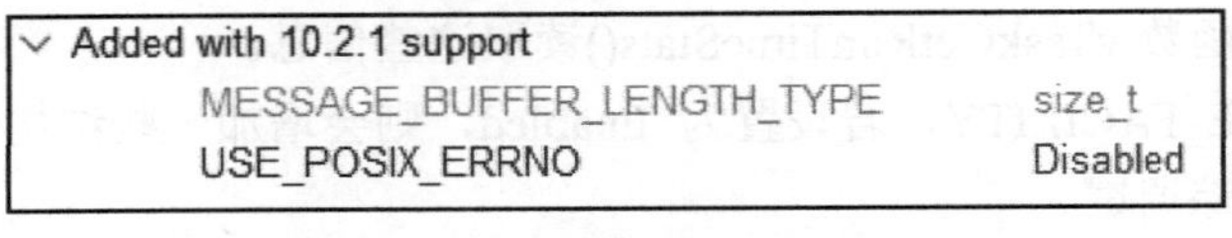

图 1-23　V10.2.1 版本中新增支持的参数

- MESSAGE_BUFFER_LENGTH_TYPE，消息缓冲区长度类型。消息缓冲区的相关内容详见第 9 章。

- USE_POSIX_ERRNO，使用 POSIX 标准的错误编号。POSIX（Portable Operating System Interface）即可移植操作系统接口，是操作系统设计的一种接口标准。

Config Parameters 页面中这几组参数，覆盖了文件 FreeRTOSConfig.h 和 FreeRTOS.h 中一些主要的可配置的宏定义，还有一些其他的参数就保持默认值。

2. "INCLUDE_" 类的宏

前缀为"INCLUDE_"的宏，用作一些函数的条件编译的条件，控制是否编译这些函数的源代码，从而实现对 FreeRTOS 的功能裁剪。不编译应用程序中用不到的 FreeRTOS API 函数，可以使最终编译出的程序尽量小。

在文件 FreeRTOSConfig.h 和 FreeRTOS.h 中，都有"INCLUDE_"类的宏定义。与"config_"类的宏定义一样，文件 FreeRTOS.h 中的是默认的宏定义，例如，文件 FreeRTOS.h 中有如下的定义：

```
#ifndef INCLUDE_vTaskDelete
    #define INCLUDE_vTaskDelete 0
#endif
```

这表示如果没有定义宏 INCLUDE_vTaskDelete，就将这个宏定义为 0。文件 FreeRTOS.h 中的定义是默认定义，请勿直接修改文件 FreeRTOS.h 里的内容。

文件 FreeRTOSConfig.h 是用户可修改的配置文件，在 CubeMX 里设置的"INCLUDE_"参数会在这个文件里生成宏定义。例如，文件 FreeRTOSConfig.h 中部分"INCLUDE_"类的宏定义如下，其中就有宏定义 INCLUDE_vTaskDelete，其值定义为 1：

```
#define INCLUDE_vTaskPrioritySet            1
#define INCLUDE_uxTaskPriorityGet           1
#define INCLUDE_vTaskDelete                 1
#define INCLUDE_vTaskCleanUpResources       0
#define INCLUDE_vTaskSuspend                1
#define INCLUDE_vTaskDelayUntil             1
#define INCLUDE_vTaskDelay                  1
#define INCLUDE_xTaskGetSchedulerState      1
#define INCLUDE_xTimerPendFunctionCall      1
#define INCLUDE_xQueueGetMutexHolder        1
```

前缀为"INCLUDE_"的宏一般用于函数代码的条件编译，例如，函数 vTaskDelete() 的源代码就有如下的条件编译，这表示当参数 INCLUDE_vTaskDelete 值为 1 时，才编译函数 vTaskDelete()：

```
#if ( INCLUDE_vTaskDelete == 1 )
    void vTaskDelete( TaskHandle_t xTaskToDelete )
    {
        /*  省略了具体代码   */
    }
#endif /* INCLUDE_vTaskDelete */
```

有些函数代码的编译条件还是多个参数的组合，例如，函数 eTaskGetState() 的编译条件如下：

```
#if( ( INCLUDE_eTaskGetState == 1 ) || ( configUSE_TRACE_FACILITY == 1 ) || ( INCLUDE_xTaskAbortDelay == 1 ) )

    eTaskState eTaskGetState( TaskHandle_t xTask )
    {
        /*  省略了函数具体代码   */
    }
#endif   /* INCLUDE_eTaskGetState */
```

在 CubeMX 的 FreeRTOS 配置部分，Include parameters 页面用于设置"INCLUDE_"类宏的值，如图 1-24 所示。

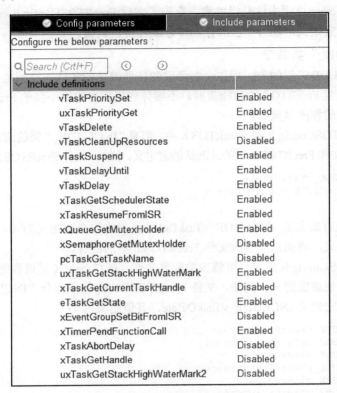

图 1-24 Include parameters 设置界面

在图 1-24 所示的界面上，每个参数对应于一个"INCLUDE_"宏，一般也对应于一个函数。例如，参数 vTaskPrioritySet 对应于宏 INCLUDE_vTaskPrioritySet，用作函数 vTaskPrioritySet() 的编译条件；参数 vTaskDelete 对应于宏 INCLUDE_vTaskDelete，用作函数 vTaskDelete() 的编译条件。图 1-24 中的这些参数就不全部解释了，读者从参数的名称就可知道其大概作用，在后面需要设置某个参数时，我们再具体解释。

第 2 章　FreeRTOS 的任务管理

一个嵌入式操作系统的核心功能就是多任务管理功能，FreeRTOS 的任务调度器具有基于优先级的抢占式任务调度方法，能满足实时性的要求。在本章中，我们将介绍 FreeRTOS 的多任务运行原理，各种任务调度方法的特点和作用，以及任务管理相关函数的使用。

2.1　任务相关的一些概念

2.1.1　多任务运行基本机制

在 FreeRTOS 中，一个任务就是实现某种功能的一个函数，任务函数的内部一般有一个死循环结构。任何时候都不允许从任务函数退出，也就是不能出现 return 语句。如果需要结束任务，在任务函数里，可以跳出死循环，然后使用函数 vTaskDelete() 删除任务自己，也可以在其他任务里调用函数 vTaskDelete() 删除这个任务。

在 FreeRTOS 里，用户可以创建多个任务。每个任务需要分配一个栈（stack）空间和一个任务控制块（Task Control Block，TCB）空间。每个任务还需要设定一个优先级，优先级的数字越小，表示优先级越低。

在单核处理器上，任何时刻只能有一个任务占用 CPU 并运行。但是在 RTOS 系统上，运行多个任务时，运行起来却好像多个任务在同时运行，这是由于 RTOS 的任务调度使得多个任务对 CPU 实现了分时复用的功能。

图 2-1 所示的是最简单的基于时间片的多任务运行原理。这里假设只有 2 个任务，并且任务 Task1 和 Task2 具有相同的优先级。圆周表示 CPU 时间，如同钟表的一圈，RTOS 将 CPU 时间分成基本的时间片（time slice），例如，FreeRTOS 默认的时间片长度是 1ms，也就是 SysTick 定时器的定时周期。在一个时间片内，会有一个任务占用 CPU 并执行，假设当前运行的任务是 Task1。在一个时间片结束时（实际就是 SysTick 定时器发生中断时）进行任务调度，由于 Task1 和 Task2 具有相同的优先级，RTOS 会将 CPU 使用权交给 Task2。Task1 交出 CPU 使用权时，会将 CPU 的当前场景（CPU 各个核心寄存器的值）压入自己的栈空间。而 Task2 获取 CPU 的使用权时，会用

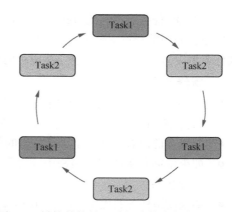

图 2-1　最简单的基于时间片的多任务运行原理

自己栈空间保存的数据恢复 CPU 场景，因而 Task2 可以从上次运行的状态继续运行。

基于时间片的多任务调度就是这样控制多个同等优先级任务实现 CPU 的分时复用，从而实现多任务运行的。因为时间片的长度很短（默认是 1ms），任务切换的速度非常快，所以程序运行时，给用户的感觉就是多个任务在同时运行。

当多个任务的优先级不同时，FreeRTOS 还会使用基于优先级的抢占式任务调度方法，每个任务获得的 CPU 使用时间长度可以是不一样的。任务优先级和抢占式任务调度的原理详见后文。

2.1.2 任务的状态

由单核 CPU 的多任务运行机制可知，任何时刻，只能有一个任务占用 CPU 并运行，这个任务的状态称为运行（running）状态，其他未占用 CPU 的任务的状态都可称为非运行（not running）状态。非运行状态又可以细分为 3 个状态，任务的各个状态以及状态之间的转换如图 2-2 所示。

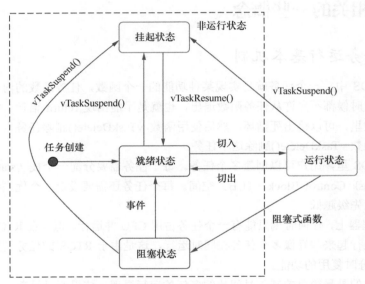

图 2-2　任务的状态以及状态之间的转换

FreeRTOS 任务调度有抢占式（pre-emptive）和合作式（co-operative）两种方式，一般使用基于任务优先级的抢占式任务调度方法。任务调度的各种方法在后面详细介绍，这里我们以抢占式任务调度方法为例，说明图 2-2 所示的原理。

1. 就绪状态

任务被创建之后就处于就绪（ready）状态。FreeRTOS 的任务调度器在基础时钟每次中断时进行一次任务调度申请，根据抢占式任务调度的特点，任务调度的结果有以下几种情况。

- 如果当前没有其他处于运行状态的任务，处于就绪状态的任务进入运行状态。
- 如果就绪任务的优先级高于或等于当前运行任务的优先级，处于就绪状态的任务进入运行状态。
- 如果就绪任务的优先级低于当前运行任务的优先级，处于就绪状态的任务无法获得 CPU 使用权，继续处于就绪状态。

就绪的任务获取 CPU 的使用权，进入运行状态，这个过程称为切入（switch in）。相应地，处于运行状态的任务被调度器调度为就绪状态，这个过程称为切出（switch out）。

2. 运行状态

在单核处理器上，占有 CPU 并运行的任务就处于运行状态。处于运行状态的高优先级任务如果一直运行，将一直占用 CPU，在任务调度时，低优先级的就绪任务就无法获得 CPU 的使用权，无法实现多任务的运行。因此，处于运行状态的任务，应该在空闲的时候让出 CPU 的使用权。

处于运行状态的任务，有两种主动让出 CPU 使用权的方法，一种是执行函数 vTaskSuspend() 进入挂起状态，另一种是执行阻塞式函数进入阻塞状态。这两种状态都是非运行状态，运行的任务就交出了 CPU 的使用权，任务调度器可以使其他就绪状态的任务进入运行状态。

3. 阻塞状态

阻塞（blocked）状态就是任务暂时让出 CPU 的使用权，处于等待的状态。运行状态的任务可以调用两类函数进入阻塞状态。

一类是时间延迟函数，如 vTaskDelay() 或 vTaskDelayUntil()。处于运行状态的任务调用这类函数后，就进入阻塞状态，并延迟指定的时间。延迟时间到了后，又进入就绪状态，参与任务调度后，又可以进入运行状态。

另一类是用于进程间通信的事件请求函数，例如，请求信号量的函数 xSemaphoreTake()。处于运行状态的任务执行函数 xSemaphoreTake() 后，就进入阻塞状态，如果其他任务释放了信号量，或等待的超时时间到了，任务就从阻塞状态进入就绪状态。

在运行状态的任务中调用函数 vTaskSuspend()，可以将一个处于阻塞状态的任务转入挂起状态。

4. 挂起状态

挂起（suspended）状态的任务就是暂停的任务，不参与调度器的调度。其他 3 种状态的任务都可以通过函数 vTaskSuspend() 进入挂起状态。处于挂起状态的任务不能自动退出挂起状态，需要在其他任务里调用函数 vTaskResume()，才能使一个挂起的任务变为就绪状态。

2.1.3 任务的优先级

在 FreeRTOS 中，每个任务都必须设置一个优先级。总的优先级个数由文件 FreeRTOSConfig.h 中的宏 configMAX_PRIORITIES 定义，默认值是 56。优先级数字越小，优先级越低，所以最低优先级是 0，最高优先级是 configMAX_PRIORITIES-1。在创建任务时，用户必须为任务设置初始的优先级，在任务运行起来后，还可以修改优先级。多个任务可以具有相同的优先级。

另外，参数 configMAX_PRIORITIES 可设置的最大值，以及调度器决定哪个就绪任务进入运行状态，还与参数 configUSE_PORT_OPTIMISED_TASK_SELECTION 的取值有关。根据这个参数的取值，任务调度器有两种方法。

（1）通用方法。若 configUSE_PORT_OPTIMISED_TASK_SELECTION 设置为 0，则为通用方法。通用方法是用 C 语言实现的，可以在所有的 FreeRTOS 移植版本上使用，configMAX_PRIORITIES 的最大值也不受限制。

（2）架构优化的方法。若 configUSE_PORT_OPTIMISED_TASK_SELECTION 设置为 1，则为架构优化方法，部分代码是用汇编语言写的，运行速度比通用方法快。使用架构优化方法时，configMAX_PRIORITIES 的最大值不能超过 32。在使用 Cortex-M0 架构或 CMSIS-RTOS V2 接口时，不能使用架构优化方法。

本书使用的开发板上的处理器是 STM32F407，FreeRTOS 的接口一般设置为 CMSIS-RTOS V2，所以在 CubeMX 中，参数 USE_PORT_OPTIMISED_TASK_SELECTION 是不可修改的，总是 Disabled。

2.1.4 空闲任务

在 main()函数中，调用 osKernelStart()启动 FreeRTOS 的任务调度器时，FreeRTOS 会自动创建一个空闲任务（idle task），空闲任务的优先级为 0，也就是最低优先级。

在 FreeRTOS 中，任何时候都需要有一个任务占用 CPU，处于运行状态。如果用户创建的任务都不处于运行状态，例如，都处于阻塞状态，空闲任务就占用 CPU 处于运行状态。

空闲任务是比较重要的，也有很多用途。与空闲任务相关的配置参数有如下几个。

- configUSE_IDLE_HOOK，是否使用空闲任务的钩子函数，若配置为 1，则可以利用空闲任务的钩子函数，在系统空闲时做一些处理。在第 11 章，我们会介绍如何利用空闲任务钩子函数使系统进入低功耗状态。
- configIDLE_SHOULD_YIELD，空闲任务是否对同等优先级的用户任务主动让出 CPU 使用权，这会影响任务调度结果。
- configUSE_TICKLESS_IDLE，是否使用 tickless 低功耗模式，若设置为 1，可实现系统的低功耗。在第 11 章，我们会介绍 tickless 低功耗模式的原理和作用。

2.1.5 基础时钟与嘀嗒信号

FreeRTOS 自动采用 SysTick 定时器作为 FreeRTOS 的基础时钟。SysTick 定时器只有定时中断功能，其定时频率由参数 configTICK_RATE_HZ 指定，默认值为 1000，也就是 1ms 中断一次。

在 FreeRTOS 中有一个全局变量 xTickCount，在 SysTick 每次中断时，这个变量加 1，也就是每 1ms 变化一次。所谓的 FreeRTOS 的嘀嗒信号，就是指全局变量 xTickCount 的值发生变化，所以嘀嗒信号的变化周期是 1ms。通过函数 xTaskGetTickCount()可以获得全局变量 xTickCount 的值，延时函数 vTaskDelay()和 vTaskDelayUntil()就是通过嘀嗒信号实现毫秒级延时的。

SysTick 定时器中断不仅用于产生嘀嗒信号，还用于产生任务切换申请，其原理详见第 3 章。

2.2 FreeRTOS 的任务调度

2.2.1 任务调度方法概述

FreeRTOS 有两种任务调度算法，基于优先级的抢占式（pre-emptive）调度算法和合作式（co-operative）调度算法。其中，抢占式调度算法可以使用时间片，也可以不使用时间片。通过参数的设置，用户可以选择具体的调度算法。FreeRTOS 的任务调度方法有 3 种，其对应的参数名称、取值及特点见表 2-1。

表 2-1 FreeRTOS 的任务调度方法

调度方式	宏定义参数	取值	特点
抢占式（使用时间片）	configUSE_PREEMPTION	1	基于优先级的抢占式任务调度，同等优先级任务使用时间片轮流进入运行状态
	configUSE_TIME_SLICING	1	
抢占式（不使用时间片）	configUSE_PREEMPTION	1	基于优先级的抢占式任务调度，同等优先级任务不使用时间片调度
	configUSE_TIME_SLICING	0	
合作式	configUSE_PREEMPTION	0	只有当运行状态的任务进入阻塞状态，或显式地调用要求执行任务调度的函数 taskYIELD() 时，FreeRTOS 才会发生任务调度，选择就绪状态的高优先级任务进入运行状态
	configUSE_TIME_SLICING	任意	

在 FreeRTOS 中，默认的是使用带有时间片的抢占式任务调度方法。在 CubeMX 中，用户不能设置参数 configUSE_TIME_SLICING，其默认值为 1。在本书后面的示例中，如果不特别说明，我们均采用使用时间片的抢占式任务调度方法。

2.2.2 使用时间片的抢占式调度方法

抢占式任务调度方法，是 FreeRTOS 主动进行任务调度，分为使用时间片和不使用时间片两种情况。

FreeRTOS 基础时钟的一个定时周期称为一个时间片（time slice），FreeRTOS 的基础时钟是 SysTick 定时器。基础时钟的定时周期由参数 configTICK_RATE_HZ 决定，默认值为 1000Hz，所以时间片长度为 1ms。当使用时间片时，在基础时钟的每次中断里，系统会要求进行一次上下文切换（context switching）。文件 port.c 中的函数 xPortSysTickHandler() 就是 SysTick 定时中断的处理函数，其代码如下：

```
void xPortSysTickHandler( void )
{
    /* SysTick 中断的抢占优先级是 15，优先级最低 */
    portDISABLE_INTERRUPTS();           //禁用所有中断
    {
        if( xTaskIncrementTick() != pdFALSE )   //增加 RTOS 嘀嗒计数器的值
        {
        /* 将 PendSV 中断的挂起标志位置位，申请进行上下文切换，在 PendSV 中断里处理上下文切换 */
            portNVIC_INT_CTRL_REG = portNVIC_PENDSVSET_BIT;
        }
    }
    portENABLE_INTERRUPTS();            //使能中断
}
```

这个函数的功能就是将 PendSV（Pendable request for system service，可挂起的系统服务请求）中断的挂起标志位置位，也就是发起上下文切换的请求，而进行上下文切换是在 PendSV 的中断服务函数里完成的。文件 port.c 中的函数 xPortPendSVHandler() 是 FreeRTOS 的 PendSV 中断服务函数，其功能就是根据任务调度计算的结果，选择下一个任务进入运行状态。这个函数的代码是用汇编语言写的，这里就不展示和分析其源代码了。

在 CubeMX 中，一个项目使用了 FreeRTOS 后，会自动对 NVIC 做一些设置，例如，示例 Demo1_1Basics 中的 NVIC 自动设置结果如图 1-7 所示。系统自动将优先级分组方案设置为 4 位全部用于抢占优先级，SysTick 和 PendSV 中断的抢占优先级都是 15，也就是最低优先级。FreeRTOS 在最低优先级的 PendSV 的中断服务函数里进行上下文切换，所以，FreeRTOS 的任务切换的优先级总是低于系统中断的优先级。

使用时间片的抢占式调度方法的特点如下。
- 在基础时钟每个中断里发起一次任务调度请求。
- 在 PendSV 中断服务函数里进行上下文切换。
- 在上下文切换时，高优先级的就绪任务获得 CPU 的使用权。
- 若多个就绪状态的任务的优先级相同，则将轮流获得 CPU 的使用权。

图 2-3 所示的是使用带时间片的抢占式任务调度方法时，3 个任务运行的时序图。图中的横轴是时间轴，纵轴是系统中的任务。垂直方向的虚线表示发生任务切换的时间点，水平方向的实心矩形表示任务占据 CPU 处于运行状态的时间段，水平方向的虚线表示任务处于就绪状态的时间段，水平方向的空白段表示任务处于阻塞状态或挂起状态的时间段。

图 2-3 可以说明带时间片的抢占式任务调度方法的特点。假设 Task2 具有高优先级，Task1 具有正常优先级，且这两个任务的优先级都高于空闲任务的优先级。我们从这个时序图可以看到这 3 个任务的运行和任务切换的过程。

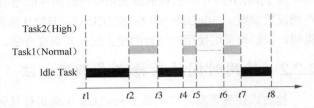

图 2-3 任务运行时序图（带时间片的抢占式任务调度方法）

- t1 时刻开始是空闲任务在运行，这时候系统里没有其他任务处于就绪状态。
- 在 t2 时刻进行调度时，Task1 抢占 CPU 开始运行，因为 Task1 的优先级高于空闲任务。
- 在 t3 时刻，Task1 进入阻塞状态，让出了 CPU 的使用权，空闲任务又进入运行状态。
- 在 t4 时刻，Task1 又进入运行状态。
- 在 t5 时刻，更高优先级的 Task2 抢占了 CPU 开始运行，Task1 进入就绪状态。
- 在 t6 时刻，Task2 运行后进入阻塞状态，让出 CPU 使用权，Task1 从就绪状态变为运行状态。
- 在 t7 时刻，Task1 进入阻塞状态，主动让出 CPU 使用权，空闲任务又进入运行状态。

从图 2-3 的多任务运行过程可以看出，在低优先级任务运行时，高优先级的任务能抢占获得 CPU 的使用权。在没有其他用户任务运行时，空闲任务处于运行状态，否则，空闲任务处于就绪状态。

当多个就绪状态的任务优先级相同时，它们将轮流获得 CPU 的使用权，每个任务占用 CPU 运行 1 个时间片的时间。如果就绪任务的优先级与空闲任务的优先级都相同，参数 configIDLE_SHOULD_YIELD 就会影响任务调度的结果。
- 如果 configIDLE_SHOULD_YIELD 设置为 0，表示空闲任务不会主动让出 CPU 的使用权，空闲任务与其他优先级为 0 的就绪任务轮流使用 CPU。
- 如果 configIDLE_SHOULD_YIELD 设置为 1，表示空闲任务会主动让出 CPU 的使用权，空闲任务不会占用 CPU。

参数 configIDLE_SHOULD_YIELD 的默认值为 1。设计用户任务时，用户任务的优先级一般要高于空闲任务。

2.2.3 不使用时间片的抢占式调度方法

当配置为不使用时间片的抢占式调度方法时，任务选择和抢占式的算法是相同的，只是对于相同优先级的任务，不再使用时间片平均分配 CPU 使用时间。

使用时间片的抢占式调度方法，在基础时钟每次中断时进行一次上下文切换请求，从而进行任务调度；而不使用时间片的抢占式调度算法，只在以下情况下才进行任务调度。

- 有更高优先级的任务进入就绪状态时。
- 运行状态的任务进入阻塞状态或挂起状态时。

所以，不使用时间片时，进行上下文切换的频率比使用时间片时低，从而可降低 CPU 的负担。但是，对于同等优先级的任务，可能会出现占用 CPU 时间相差很大的情况。

图 2-4 所示的的是不使用时间片的抢占式任务调度方法，存在同等优先级任务时的任务运行时序图。图

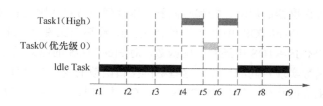

图 2-4　任务运行时序图
（不使用时间片的抢占式任务调度方法，存在同等优先级任务）

中 Task0 与空闲任务优先级相同，且是连续运行的。参数 configIDLE_SHOULD_YIELD 值为 0。

- 在 t1 时刻，空闲任务占用 CPU，因为系统里没有其他处于就绪状态的任务。
- 在 t2 时刻，Task0 进入就绪状态。但是 Task0 与空闲任务优先级相同，且调度算法不使用时间片，不会让 Task0 和空闲任务轮流使用 CPU，所以 Task0 就保持就绪状态。
- 在 t4 时刻，高优先级的 Task1 抢占 CPU。
- 在 t5 时刻，Task1 进入阻塞状态，系统进行一次任务调度，Task0 获得 CPU 的使用权。
- 在 t6 时刻，Task1 再次抢占 CPU，Task0 又进入就绪状态。
- 在 t7 时刻，Task1 进入阻塞状态，系统进行一次任务调度，空闲任务获得 CPU 使用权。之后没有发生任务调度的机会，所以 Task0 就一直处于就绪状态。

2.2.4　合作式任务调度方法

使用合作式任务调度方法时，FreeRTOS 不主动进行上下文切换，而是当运行状态的任务进入阻塞状态时，或运行状态的任务调用函数 taskYIELD() 时，才会进行一次上下文切换。任务不会发生抢占，所以也不使用时间片。函数 taskYIELD() 的作用就是主动申请进行一次上下文切换。

图 2-5 所示的是使用合作式任务调度方法时，3 个不同优先级任务的运行时序图，可以体现合作式任务调度方法的特点。

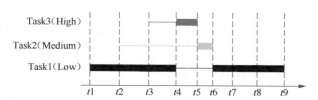

图 2-5　使用合作式任务调度方法的任务运行时序图

- 在 t1 时刻，低优先级的 Task1 处于运行状态。
- 在 t2 时刻，中等优先级的 Task2 进入就绪状态，但不能抢占 CPU。
- 在 t3 时刻，高优先级的 Task3 进入就绪状态，但是也不能抢占 CPU。
- 在 t4 时刻，Task1 调用函数 taskYIELD()，主动申请进行一次上下文切换，高优先级的 Task3 获得 CPU 使用权。
- 在 t5 时刻，Task3 进入阻塞状态，就绪的 Task2 获得 CPU 的使用权。
- 在 t6 时刻，Task2 进入阻塞状态，Task1 又获得 CPU 使用权。

2.3 任务管理相关函数

2.3.1 相关函数概述

在 FreeRTOS 中，任务的管理主要包括任务的创建、删除、挂起、恢复等操作，还包括任务调度器的启动、挂起与恢复，以及使任务进入阻塞状态的延迟函数等。

FreeRTOS 中任务管理相关的函数都在文件 task.h 中定义，在文件 tasks.c 中实现。在 CMSIS-RTOS 中还有一些函数，对 FreeRTOS 的函数进行了封装，也就是调用相应的 FreeRTOS 函数实现相同的功能，这些标准接口函数的定义在文件 cmsis_os.h 和 cmsis_os2.h 中。CubeMX 生成的代码一般使用 CMSIS-RTOS 标准接口函数，在用户自己编写的程序中，一般直接使用 FreeRTOS 的函数。

任务管理常用的一些函数及其功能描述见表 2-2。这里只列出了函数名，省略了输入/输出参数。如需了解每个函数的参数定义和功能说明，可以查看其源代码，或参考 FreeRTOS 官网的在线文档，或查阅文档 *The FreeRTOS Reference Manual*。表 2-2 的函数功能描述中，"当前任务"指执行函数代码所在的任务，也就是任务自身。

表 2-2 任务管理常用的一些函数及其功能描述

分组	FreeRTOS 函数	函数功能描述	CMSIS-RTOS 封装函数
任务管理	xTaskCreate()	创建一个任务，动态分配内存	osThreadNew()
	xTaskCreateStatic()	创建一个任务，静态分配内存	osThreadNew()
	vTaskDelete()	删除当前任务或另一个任务	osThreadTerminate() osThreadExit()
	vTaskSuspend()	挂起当前任务或另一个任务	osThreadSuspend()
	vTaskResume()	恢复另一个挂起任务的运行	osThreadResume()
调度器管理	vTaskStartScheduler()	开启任务调度器	osKernelStart()
	vTaskSuspendAll()	挂起调度器，但不禁止中断。调度器被挂起后，不会再进行上下文切换	osKernelLock()
	xTaskResumeAll()	恢复调度器的执行，但是不会解除用函数 vTaskSuspend()单独挂起的任务的挂起状态	osKernelUnlock()
	vTaskStepTick()	用于在 tickless 低功耗模式时补足系统时钟计数节拍	—
延时与调度	vTaskDelay()	当前任务延时指定节拍数，并进入阻塞状态	osDelay()
	vTaskDelayUntil()	当前任务延时到指定的时间，并进入阻塞状态，用于精确延时的周期性任务	osDelayUntil()
	xTaskGetTickCount()	返回嘀嗒信号的当前计数值	osKernelGetTickCount()
	xTaskAbortDelay()	终止另一个任务的延时，使其立刻退出阻塞状态	—
	taskYIELD()	请求进行一次上下文切换	osThreadYield()

表 2-2 中的 FreeRTOS 函数基本都有对应的 CMSIS-RTOS 标准函数，只有以下几个比较特殊。

- FreeRTOS 创建任务的函数有两个，xTaskCreate()用于创建动态分配内存的任务，

xTaskCreateStatic()用于创建静态分配内存的任务。对应的 CMSIS-RTOS 标准函数 osThreadNew()会根据任务的参数自动调用其中的某个函数。
- 函数 vTaskDelete()可以根据传递的参数不同，删除另一个任务或当前任务，对应的 CMSIS-RTOS 标准函数有两个，osThreadTerminate()用于删除另一个任务，osThreadExit()用于删除当前任务。
- 函数 xTaskAbortDelay()用于终止另一个任务的延时，使其立刻退出阻塞状态，这个函数没有对应的 CMSIS-RTOS 函数。

除了表 2-2 中的这些函数，文件 task.h 中还有几个常用的宏函数，其定义代码如下，相应的函数功能见代码中的注释：

```
#define taskDISABLE_INTERRUPTS()        portDISABLE_INTERRUPTS()    //关闭 MCU 的所有可屏蔽中断
#define taskENABLE_INTERRUPTS()         portENABLE_INTERRUPTS()     //使能 MCU 的中断

#define taskENTER_CRITICAL()            portENTER_CRITICAL()        //开始临界代码段
#define taskENTER_CRITICAL_FROM_ISR()   portSET_INTERRUPT_MASK_FROM_ISR()

#define taskEXIT_CRITICAL()             portEXIT_CRITICAL()         //结束临界代码段
#define taskEXIT_CRITICAL_FROM_ISR( x ) portCLEAR_INTERRUPT_MASK_FROM_ISR( x )
```

- 宏函数 taskDISABLE_INTERRUPTS()和 taskENABLE_INTERRUPTS()用于关闭和开启 MCU 的可屏蔽中断，用于界定不受其他中断干扰的代码段。只能关闭 FreeRTOS 可管理的中断优先级，即参数 configLIBRARY_MAX_SYSCALL_INTERRUPT_PRIORITY 定义的最高优先级。这两个函数必须成对使用，且不能嵌套使用。
- 函数 taskENTER_CRITICAL()和 taskEXIT_CRITICAL()用于界定临界(Critical)代码段。在临界代码段内，任务不会被更高优先级的任务抢占，可以保证代码执行的连续性。例如，一段代码需要通过串口上传一批数据，如果更高优先级的任务抢占了 CPU，上传的过程被打断，上传数据就可能出现问题，这时就可以将这段代码界定为临界代码段。函数 taskENTER_CRITICAL()内部会调用关闭可屏蔽中断的函数 portDISABLE_INTERRUPTS()，与宏函数 taskDISABLE_INTERRUPTS()实现的功能相似。函数 taskENTER_CRITICAL()和 taskEXIT_CRITICAL()必须成对使用，但可以嵌套使用。
- taskENTER_CRITICAL_FROM_ISR()是 taskENTER_CRITICAL()的 ISR 版本，用于在中断服务例程中调用。注意，FreeRTOS 的所有 API 函数分为普通版本和 ISR 版本，如果要在 ISR 里调用 FreeRTOS 的 API 函数，必须使用其 ISR 版本。详细内容参见第 3 章。

从这些宏函数定义可以看出，它们实际上是执行了另外一个函数，例如，taskENTER_CRITICAL()实际上就是执行了函数 portENTER_CRITICAL()。跟踪代码会发现，这些"port"前缀的函数是在文件 portmacro.h 中定义的宏函数。文件 portmacro.h 中的这些宏函数代码如下：

```
#define portSET_INTERRUPT_MASK_FROM_ISR()         ulPortRaiseBASEPRI()
#define portCLEAR_INTERRUPT_MASK_FROM_ISR(x)      vPortSetBASEPRI(x)
#define portDISABLE_INTERRUPTS()                  vPortRaiseBASEPRI()
#define portENABLE_INTERRUPTS()                   vPortSetBASEPRI(0)
#define portENTER_CRITICAL()                      vPortEnterCritical()
#define portEXIT_CRITICAL()                       vPortExitCritical()
```

这些宏函数实际执行的函数是在文件 port.c 或 portmacro.h 中实现的，某些函数的实现代码完全是用汇编语言写的，它们是根据具体的 MCU 型号移植的代码。

2.3.2 主要函数功能说明

1. 创建任务

在示例 Demo1_1Basics 中可以看到，CubeMX 生成的代码中使用函数 osThreadNew()创建任务，根据任务的属性设置，osThreadNew()内部会自动调用 xTaskCreate()以动态分配内存方式创建任务，或者调用 xTaskCreateStatic()以静态分配内存方式创建任务。函数 osThreadNew()的原型定义如下：

```
osThreadId_t osThreadNew(osThreadFunc_t func, void *argument, const osThreadAttr_t *attr)
```

返回的数据是所创建任务的句柄，数据类型 osThreadId_t 的定义如下：

```
typedef void *osThreadId_t;
```

使用动态分配内存方式创建任务的函数是 xTaskCreate()，其原型定义如下，每个参数的意义见代码注释：

```
BaseType_t xTaskCreate(TaskFunction_t pxTaskCode,         //任务函数名称
                const char * const pcName,                //任务的备注名称
                const uint16_t usStackDepth,              //栈空间大小，单位：字
                void * const pvParameters,                //传递给任务函数的参数
                UBaseType_t uxPriority,                   //任务优先级
                TaskHandle_t * const pxCreatedTask )      //任务的句柄
```

函数 xTaskCreate()返回值的类型是 BaseType_t，其值若是 pdPASS，就表示任务创建成功。创建的任务的句柄是函数中的参数 pxCreatedTask，其类型是 TaskHandle_t。这个类型的定义与 osThreadId_t 的是相同的，定义如下：

```
typedef void * TaskHandle_t;
```

使用静态分配内存方式创建任务的函数是 xTaskCreateStatic()，其原型定义如下，每个参数的意义见代码注释：

```
TaskHandle_t xTaskCreateStatic(TaskFunction_t pxTaskCode,    //任务函数名称
                const char * const pcName,                    //任务的备注名称
                const uint32_t ulStackDepth,                  //栈空间大小，单位：字
                void * const pvParameters,                    //传递给任务函数的参数
                UBaseType_t uxPriority,                       //任务优先级
                StackType_t * const puxStackBuffer,           //任务的栈空间数组
                StaticTask_t * const pxTaskBuffer )           //任务控制块存储空间
```

函数 xTaskCreateStatic()返回的数据类型是 TaskHandle_t，返回的数据就是所创建任务的句柄。

用户可以在启动任务调度器之前创建所有的任务，也可以在启动任务调度器之后，在一个任务的任务函数里创建其他任务。在实际编程中，若要手工编程创建任务，建议使用函数 osThreadNew()，因为可以参考 CubeMX 生成的代码。

2. 删除任务

删除任务的函数是 vTaskDelete()，其原型定义如下：

```
void vTaskDelete( TaskHandle_t xTaskToDelete )
```

TaskHandle_t 类型的参数 xTaskToDelete 是需要删除的任务的句柄。如果要删除任务自己，则传递参数 NULL 即可。注意，如果要删除任务自己，必须在跳出任务死循环之后，在退出任务函数之前执行 vTaskDelete(NULL)。

删除任务时，FreeRTOS 会自动释放系统自动分配的内存，如动态分配的栈空间和任务控制块，但是在任务内由用户自己分配的内存，需要在删除任务之前手工释放。

3. 挂起任务

挂起一个任务的函数是 vTaskSuspend()，其原型定义如下：

```
void vTaskSuspend( TaskHandle_t xTaskToSuspend );
```

参数 xTaskToSuspend 是需要挂起的任务的句柄，如果是要挂起任务自己，则传递参数 NULL。

被挂起的任务将不再参与任务调度，但是还存在于系统中，可以被恢复。

4. 恢复任务

恢复一个被挂起的任务的函数是 vTaskResume()，其原型定义如下：

```
void vTaskResume( TaskHandle_t xTaskToResume );
```

参数 xTaskToResume 是需要恢复的任务的句柄。一个被挂起的任务无法在任务函数里恢复自己，只能在其他任务的函数里恢复，所以参数不能是 NULL。

5. 启动任务调度器

函数 vTaskStartScheduler()可用于启动任务调度器，开始 FreeRTOS 的运行，其原型定义如下：

```
void vTaskStartScheduler( void );
```

函数 vTaskStartScheduler()会自动创建一个空闲任务，空闲任务的优先级为 0，也就是最低优先级。如果设置参数 configUSE_TIMERS 的值为 1，也就是要使用软件定时器，还会自动创建一个时间守护任务。软件定时器的相关内容参见第 10 章。

6. 延时函数

延时函数 vTaskDelay()用于延时一定节拍数，它会使当前任务进入阻塞状态。任何任务都需要在空闲的时候进入阻塞状态，以让出 CPU 的使用权，使其他低优先级的任务可以获得 CPU 的使用权，否则，一个高优先级的任务将总是占据 CPU，导致其他低优先级的任务无法运行。

函数 vTaskDelay()的原型定义如下：

```
void vTaskDelay( const TickType_t xTicksToDelay );
```

其中，参数 xTicksToDelay 是需要延时的节拍数，是基础时钟的节拍数。一般我们会结合宏函数 pdMS_TO_TICKS()，将一个以毫秒为单位的时间转换为节拍数，然后调用 vTaskDelay()，这样可以使延时时间不受 FreeRTOS 基础时钟频率变化的影响。一般地，使用延时函数进入阻塞状态的任务函数的基本代码结构如下：

```
void AppTask_Function(void *argument)
{
    /* 任务内初始化 */
    TickType_t ticks2=pdMS_TO_TICKS(500);      //延时时间 500ms 转换为节拍数
    for(;;)   //死循环
    {
        /* 死循环内的功能代码 */
        vTaskDelay(ticks2);           //空闲的时候进行延时，进入阻塞状态
```

```
        vTaskDelete(NULL);            //如果跳出了死循环，需要在函数退出前删除任务自己
}
```

7. 绝对延时函数

绝对延时函数 vTaskDelayUntil()的功能与延时函数 vTaskDelay()的相似，也用于延时，并且使任务进入阻塞状态。不同的是，函数 vTaskDelay()的延时时间长度是相对于进入阻塞状态的时刻的，但是对于任务的死循环，一个循环的周期时间是不确定的，因为循环内执行的代码的时间长度是未知的，可能被其他任务抢占。

如果需要在任务函数内实现严格的周期性的循环，那么可以使用绝对延时函数 vTaskDelayUntil()，其原型定义如下：

```
void vTaskDelayUntil( TickType_t * const pxPreviousWakeTime, const TickType_t
xTimeIncrement );
```

其中，参数 pxPreviousWakeTime 表示上次任务唤醒时基础时钟计数器的值，参数 xTimeIncrement 表示相对于上次唤醒时刻延时的节拍数。函数 vTaskDelayUntil()每次会自动更新 pxPreviousWakeTime 的值，但是在第一次调用时，需要给一个初值。

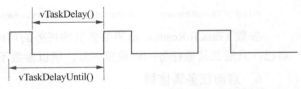

图 2-6 函数 vTaskDelay()和 vTaskDelayUntil()的意义和区别

函数 vTaskDelay()和 vTaskDelayUntil() 的意义和区别可以用图 2-6 表示。方波表示任务的周期循环，高电平表示任务运行时间，低电平表示阻塞时间，上跳沿表示唤醒时刻，下跳沿表示进入阻塞状态的时刻。

用户可以通过函数 xTaskGetTickCount()返回嘀嗒信号当前计数值，作为 pxPreviousWakeTime 的初值。使用 vTaskDelayUntil()的任务函数的一般代码结构如下，示例代码可以使任务的循环周期为比较精确的 1000ms：

```
void AppTask_Function(void *argument)
{
    /* 任务内初始化 */
    TickType_t previousWakeTime=xTaskGetTickCount();       //获得嘀嗒信号当前计数值
    for(;;)    // 死循环
    {
        /* 死循环内的功能代码 */
        vTaskDelayUntil(&previousWakeTime, pdMS_TO_TICKS(1000));   //循环周期1000ms
    }
    vTaskDelete(NULL);            //如果跳出了死循环，需要在函数退出前删除任务自己
}
```

2.4 多任务编程示例一

2.4.1 示例功能与 CubeMX 项目设置

我们将设计一个示例 Demo2_1MultiTasks，以测试 FreeRTOS 的多任务功能。本示例会用到开发板上的 LED1 和 LED2，因此我们需要在 FreeRTOS 中设计两个任务，在任务 1 里使 LED1 闪烁，在任务 2 里使 LED2 闪烁。

2.4 多任务编程示例一

在 CubeMX 中，我们选择 STM32F407ZG 创建一个项目，先完成如下的基本设置。
- 按照图 1-1 设置时钟树，设置 HCLK 为 168MHz。
- 按照图 1-6 设置 Debug 接口为 Serial Wire，设置基础时钟（Timebase Source）为 TIM6。
- 根据图 1-2 的 LED 电路连接图，配置引脚 PF9 和 PF10 为 GPIO 推挽输出，无上拉或下拉。

接下来要做的是启用 FreeRTOS 并设置为 CMSIS_V2 接口。Config parameters 页面的设置保持默认值，默认状态下，参数 configUSE_PREEMPTION 的值是 1，在 CubeMX 中不能修改 configUSE_TIME_SLICING 的值，其值总是 1。所以，默认状态下，FreeRTOS 使用带时间片的抢占式任务调度方法。

Include parameters 页面的设置也保持默认值，默认状态下，这一页面已经包含了 vTaskDelete()、vTaskSuspend()、vTaskDelay()、vTaskDelayUntil()等函数，如果不需要使用某个函数，将相应的参数设置为 Disabled 即可。

然后，我们在 FreeRTOS 中创建两个任务，创建好的两个任务的基本参数如图 2-7 所示。单击图 2-7 中的 Add 或 Delete 按钮，就可以添加或删除任务；双击列表中的一个任务，就可以打开一个设置其属性的对话框。例如，Task_LED2 的属性设置（Edit Task）对话框如图 2-8 所示。

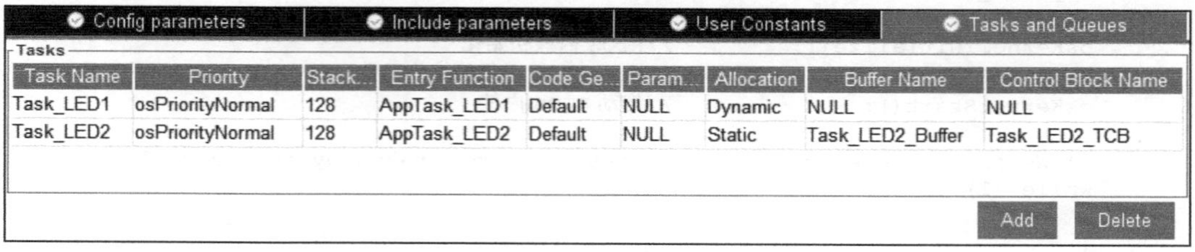

图 2-7 两个任务的基本参数

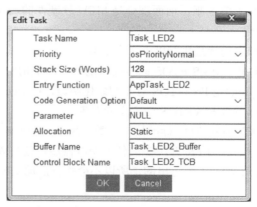

图 2-8 任务 Task_LED2 的参数设置

图 2-8 所示对话框中各个参数的意义参见 1.2.3 节。本示例的两个任务的设置有如下要点。
- 两个任务的优先级都设置为 osPriorityNormal，也就是具有相同的优先级。
- 两个任务采用了不同的内存分配方式，Task_LED1 使用动态分配内存，Task_LED2 使用静态分配内存。使用静态分配内存时，需要设置作为栈空间的数组名称以及控制块名称，如图 2-8 所示。

我们将项目保存为文件 Demo2_1MultiTasks.ioc；在项目管理部分，选择为外设初始化程序生成.h/.c 文件对,导出项目的 IDE 软件选择 STM32CubeIDE。

2.4.2 初始程序分析

1. 主程序

我们在 CubeMX 中生成代码,在 CubeIDE 中打开项目。主程序文件 main.c 的代码如下,此处未显示所有代码沙箱段注释,未显示系统时钟配置函数 SystemClock_Config() 的原型声明——本书后面的示例代码中,我们都不再给出这个函数的原型声明。

```
/* 文件: main.c ----------------------------------------------------*/
#include "main.h"
#include "cmsis_os.h"
#include "gpio.h"
/* Private function prototypes ------------------------------------*/
void MX_FREERTOS_Init(void);      //在 freertos.c 文件中实现的函数

int main(void)
{
    HAL_Init();               //HAL 初始化,复位所有外设,初始化 Flash 和 HAL 基础时钟
    SystemClock_Config();     //系统时钟配置
    MX_GPIO_Init();           //LED1 和 LED2 的 GPIO 初始化

    osKernelInitialize();     //RTOS 内核初始化
    MX_FREERTOS_Init();       //FreeRTOS 对象初始化函数,在 freertos.c 中实现
    osKernelStart();          //启动 RTOS 内核

    /* We should never get here as control is now taken by the scheduler */
    while (1)
    {
    }
}
```

main() 函数的代码结构非常清晰,前面部分是 MCU 软硬件的初始化,包括 HAL 初始化、系统时钟配置和外设初始化。

FreeRTOS 的初始化和启动就是执行以下 3 个函数。
- osKernelInitialize() 是 CMSIS-RTOS 标准接口函数,用于初始化 FreeRTOS 的调度器。
- MX_FREERTOS_Init() 是 FreeRTOS 对象初始化函数,在 freertos.c 中实现,用于创建任务、信号量、互斥量等 FreeRTOS 中定义的对象。
- osKernelStart() 是 CMSIS-RTOS 标准接口函数,用于启动 FreeRTOS 的任务调度器。

执行函数 osKernelStart() 启动 FreeRTOS 的任务调度器后,任务调度器就接管了 CPU 的控制权,函数 osKernelStart() 是永远不会退出的,所以不会执行后面的 while() 循环。

2. 任务的创建

文件 freertos.c 是 CubeMX 生成代码时生成的文件,是实现用户功能的代码文件。在 main() 函数中调用的函数 MX_FREERTOS_Init() 就是在这个文件里实现的。注意,这个文件没有对应的头文件。

本示例初始化生成的文件 freertos.c 的代码如下,此处删除了一些沙箱代码段的注释,添加了一些注释:

```
/* 文件: freertos.c ------------------------------------------------*/
#include "FreeRTOS.h"
#include "task.h"
```

2.4 多任务编程示例一

```c
#include "main.h"
#include "cmsis_os.h"

typedef  StaticTask_t osStaticThreadDef_t;              //类型符号定义

/*   任务Task_LED1的定义，动态分配内存方式   */
osThreadId_t  Task_LED1Handle;                          //任务Task_LED1的句柄变量
const osThreadAttr_t Task_LED1_attributes = {           //任务Task_LED1的属性
        .name = "Task_LED1",                            //任务名称
        .priority = (osPriority_t) osPriorityNormal,    //任务优先级
        .stack_size = 128 * 4                           //栈空间大小，128×4字节
};

/*   任务Task_LED2的定义，静态分配内存方式   */
osThreadId_t  Task_LED2Handle;                          //任务Task_LED2的句柄变量
uint32_t Task_LED2_Buffer[ 128 ];                       //任务Task_LED2的栈空间数组
osStaticThreadDef_t Task_LED2_TCB;                      //任务Task_LED2的任务控制块
const osThreadAttr_t Task_LED2_attributes = {           //任务Task_LED2的属性
        .name = "Task_LED2",                            //任务名称
        .stack_mem = &Task_LED2_Buffer[0],              //栈空间数组
        .stack_size = sizeof(Task_LED2_Buffer),         //栈空间大小，单位：字节
        .cb_mem = &Task_LED2_TCB,                       //任务控制块
        .cb_size = sizeof(Task_LED2_TCB),               //任务控制块大小
        .priority = (osPriority_t) osPriorityNormal,    //任务优先级
};

/*  函数原型声明----------------------------------------------------------*/
void AppTask_LED1(void *argument);                      //任务Task_LED1的任务函数
void AppTask_LED2(void *argument);                      //任务Task_LED2的任务函数
void MX_FREERTOS_Init(void);   /* (MISRA C 2004 rule 8.1) */

/*   FreeRTOS对象初始化函数   */
void MX_FREERTOS_Init(void)
{
    /*  创建任务Task_LED1  */
    Task_LED1Handle = osThreadNew(AppTask_LED1, NULL, &Task_LED1_attributes);

    /*  创建任务Task_LED2  */
    Task_LED2Handle = osThreadNew(AppTask_LED2, NULL, &Task_LED2_attributes);
}

/*   任务Task_LED1的任务函数   */
void AppTask_LED1(void *argument)
{
    /* USER CODE BEGIN AppTask_LED1 */
    /* Infinite loop */
    for(;;)
    {
        osDelay(1);
    }
    /* USER CODE END AppTask_LED1 */
}

/*   任务Task_LED2的任务函数   */
void AppTask_LED2(void *argument)
{
    /* USER CODE BEGIN AppTask_LED2 */
    /* Infinite loop */
    for(;;)
    {
```

```
        osDelay(1);
    }
    /* USER CODE END AppTask_LED2 */
}
```

在本示例中，文件 freertos.c 中有 3 个函数，这 3 个函数都是 CubeMX 自动生成的。
- 函数 MX_FREERTOS_Init()是 FreeRTOS 对象初始化函数，用于创建定义的两个任务。
- 函数 AppTask_LED1()是任务 Task_LED1 的任务函数。
- 函数 AppTask_LED2()是任务 Task_LED2 的任务函数。

在 freertos.c 的私有变量定义部分，我们定义了两个任务的句柄变量和任务属性变量。任务 Task_LED1 采用动态分配内存方式，任务 Task_LED2 采用静态分配内存方式，它们的任务属性变量的赋值不同。我们在第 1 章介绍过这两种内存分配方式下任务属性赋值的差别，在这里为两个任务定义不同的分配内存方式，从代码对比上更容易看出差别。

函数 MX_FREERTOS_Init()创建了 Task_LED1 和 Task_LED2 两个任务，创建的任务用任务句柄变量表示。在对任务进行操作时，需要使用任务句柄变量作为参数，如 vTaskDelete()、vTaskSuspend()等函数，都需要传递一个任务句柄变量作为输入参数。

在函数 MX_FREERTOS_Init()中，统一使用 CMSIS-RTOS 标准接口函数 osThreadNew()创建任务，函数 osThreadNew()会根据任务的属性自动在内部调用函数 xTaskCreate()或 xTaskCreateStatic()。

初始化生成的两个任务函数都只有一个基本的框架，任务函数主体是一个 for 死循环，需要用户添加功能代码，实现任务的功能。

2.4.3 编写用户功能代码

下面我们为两个任务函数编写代码，并且对任务的属性稍微做些修改，这样可以观察带时间片的抢占式任务调度方法的特点，以及 vTaskDelay()和 vTaskDelayUntil()等函数的使用方法。

1. 相同优先级的任务的执行

在 CubeMX 的项目设置中，FreeRTOS 使用默认的带时间片的抢占式任务调度方法，并且将两个任务的优先级都设置为 osPriorityNormal。在文件 freertos.c 中，我们为两个任务的任务函数编写代码，使两个 LED 分别以不同的周期闪烁。

```
void AppTask_LED1(void *argument)              //任务 Task_LED1 的任务函数
{
    /* USER CODE BEGIN AppTask_LED1 */
    for(;;)
    {
        HAL_GPIO_TogglePin(GPIOF, GPIO_PIN_9);      //PF9=LED1
        HAL_Delay(1000);
    }
    /* USER CODE END AppTask_LED1 */
}

void AppTask_LED2(void *argument)              //任务 Task_LED2 的任务函数
{
    /* USER CODE BEGIN AppTask_LED2 */
    for(;;)
    {
        HAL_GPIO_TogglePin(GPIOF, GPIO_PIN_10);     //PF10=LED2
        HAL_Delay(500);
    }
```

```
        /* USER CODE END AppTask_LED2 */
}
```

这两个任务函数的功能很简单，就是分别使 LED1 和 LED2 以不同的周期闪烁。注意，任务函数的 for 循环使用了延时函数 HAL_Delay()，这个延时函数不会使任务进入阻塞状态，而是一直处于连续运行状态。

构建项目后，我们将其下载到开发板并运行，会发现 LED1 和 LED2 都能闪烁，两个任务都可以执行。

程序中 3 个任务的运行时序如图 2-9 所示。带时间片的抢占式任务调度器会在基础时钟每次中断时，进行一次任务调度申请，在没有其他中断处理时，就会进行任务调度。在图 2-9 中，时间轴上的 $t1$、$t2$ 等时间点表示基础时钟发生中断的时间点，也就是进行任务调度的时间点，默认周期是 1ms。

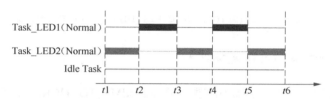

图 2-9 两个相同优先级的连续任务运行时序

因为两个任务具有相同的优先级，所以调度器使两个任务轮流占用 CPU。两个任务都是连续运行的，所以每个任务每次占用 CPU 的时间都是一个嘀嗒信号周期，不占用 CPU 时，就处于就绪状态。系统中还有一个空闲任务，但是因为用户的两个任务是连续执行的，且优先级高于空闲任务，所以空闲任务总是无法获得 CPU 的使用权，总是处于就绪状态。

2. 低优先级任务被"饿死"的情况

我们对程序稍作修改，将任务 Task_LED2 的优先级修改为 osPriorityBelowNormal，任务 Task_LED1 的优先级仍然为 osPriorityNormal。可以在 CubeMX 里修改后重新生成代码，也可以直接修改 freertos.c 中为任务 Task_LED2 的任务属性赋值的语句。两个任务的任务函数代码无须修改，与前面的相同。

构建项目后，我们将其下载到开发板并运行，会发现只有 LED1 闪烁，而 LED2 不闪烁。

这个程序中 3 个任务的运行时序如图 2-10 所示。Task_LED1 具有高优先级，且是连续运行的，它会一直占用 CPU，不会进入阻塞状态，所以低优先级的任务 Task_LED2 和空闲任务都无法获得 CPU 的使用权，只能一直处于就绪状态，它们被"饿死"了。

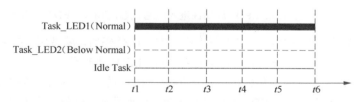

图 2-10 两个连续执行的任务，高优先级任务总是占用 CPU

3. 高优先级任务主动进入阻塞状态

我们对前面的程序再稍作修改，使 Task_LED2 的优先级为 osPriorityBelowNormal，任务 Task_LED1 的优先级仍然为 osPriorityNormal。修改后两个任务的任务函数代码如下：

```
void AppTask_LED1(void *argument)              //任务 Task_LED1 的任务函数
{
    /* USER CODE BEGIN AppTask_LED1 */
    TickType_t ticks1=pdMS_TO_TICKS(1000);     //时间（ms）转换为节拍数（ticks）
    for(;;)
    {
        HAL_GPIO_TogglePin(GPIOF, GPIO_PIN_9);    //PF9=LED1
        vTaskDelay(ticks1);
    }
    /* USER CODE END AppTask_LED1 */
}

void AppTask_LED2(void *argument)              //任务 Task_LED2 的任务函数
{
    /* USER CODE BEGIN AppTask_LED2 */
    for(;;)
    {
        HAL_GPIO_TogglePin(GPIOF, GPIO_PIN_10);   //PF10=LED2
        HAL_Delay(500);
    }
    /* USER CODE END AppTask_LED2 */
}
```

我们对 Task_LED1 的任务函数代码做了修改。pdMS_TO_TICKS()宏函数的功能是将时间（单位 ms）转换为基础时钟节拍数。在 for 无限循环中，我们使用了延时函数 vTaskDelay()。这个函数的作用不但包括延时，而且使当前任务进入阻塞状态，以便低优先级任务可以在任务调度时获得 CPU 的使用权。

我们没有修改任务 Task_LED2 的任务函数代码，在 for 循环中，还是使用延时函数 HAL_Delay()，所以任务 task_LED2 还是连续运行的。

构建项目后，我们将其下载到开发板并运行，会发现 LED1 和 LED2 都能闪烁，两个任务都可以执行。

程序中 3 个任务的运行时序如图 2-11 所示。注意，图 2-11 时间轴上的一个周期不再是一个嘀嗒信号周期，而是时间，所以用小写的 $t1$、$t2$ 等表示。这 3 个任务的运行特点如下。

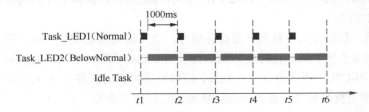

图 2-11　任务 Task_LED1 周期性进入阻塞状态，Task_LED2 连续运行

- 在 for 循环里，任务 Task_LED1 每次执行完功能代码后，就调用 vTaskDelay()函数延时 1000ms，并且进入阻塞状态，所以任务 Task_LED1 大部分时间处于阻塞状态。
- 虽然任务 Task_LED2 的优先级比任务 Task_LED1 的低，但是在任务 Task_LED1 处于阻塞状态时，任务 Task_LED2 可以获得 CPU 的使用权。此外，因为 Task_LED2 是连续运行的，所以它占用了 CPU 的大部分时间。
- 任务 Task_LED1 在延时结束后，因为其优先级高，可以重新抢占 CPU 的使用权。
- 因为任务 Task_LED2 是连续运行的，不会进入阻塞状态，空闲任务还是无法获得 CPU 的使用权。

4. 任务函数设计的一般原则

在使用抢占式任务调度方法时，一般要根据任务的重要性分配不同的优先级，然后在任务函数里，在任务空闲时让出 CPU 的使用权，进入阻塞状态，以便系统进行任务调度，使其他就绪状态的任务能获得 CPU 的使用权。任务进入阻塞状态主要有两种方法：一种是调用延时函数，如 vTaskDelay()；另一种是在进程间通信时，请求信号量、队列等事件。

我们对前面的程序再稍作修改，使 Task_LED2 的优先级为 osPriorityBelowNormal，任务 Task_LED1 的优先级仍然为 osPriorityNormal。修改任务 Task_LED2 的任务函数代码，修改后两个任务函数的代码如下：

```
void AppTask_LED1(void *argument)           //任务 Task_LED1 的任务函数
{
    /* USER CODE BEGIN AppTask_LED1 */
    TickType_t ticks1=pdMS_TO_TICKS(1000);    //时间（ms）转换为节拍数（ticks）
    for(;;)
    {
        HAL_GPIO_TogglePin(GPIOF, GPIO_PIN_9);      //PF9=LED1
        vTaskDelay(ticks1);
    }
    /* USER CODE END AppTask_LED1 */
}

void AppTask_LED2(void *argument)           //任务 Task_LED2 的任务函数
{
    /* USER CODE BEGIN AppTask_LED2 */
    TickType_t ticks2=pdMS_TO_TICKS(500);     //时间（ms）转换为节拍数（ticks）
    for(;;)
    {
        HAL_GPIO_TogglePin(GPIOF, GPIO_PIN_10);     //PF10=LED2
        vTaskDelay(ticks2);
    }
    /* USER CODE END AppTask_LED2 */
}
```

构建项目后，我们将其下载到开发板并运行，会发现 LED1 和 LED2 都能闪烁，两个任务都可以执行。

这个程序中 3 个任务的运行时序如图 2-12 所示。这 3 个任务的运行特点如下。

- 任务 Task_LED1 在 for 循环里执行完功能代码后，调用函数 vTaskDelay()延时 1000ms，并且进入阻塞状态，让出 CPU 的使用权。
- 任务 Task_LED2 在 for 循环里执行完功能代码后，也调用函数 vTaskDelay()延时 500ms，并且进入阻塞状态，让出 CPU 的使用权。
- 任务 Task_LED1 和 Task_LED2 大部分时间处于阻塞状态，由系统的空闲任务获得 CPU 的使用权。

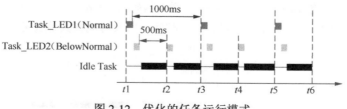

图 2-12　优化的任务运行模式

在图 2-12 所示的运行时序下，用户的两个任务 Task_LED1 和 Task_LED2 大部分时间处于阻塞状态，由系统的空闲任务获得 CPU 的使用权。这样可以降低 CPU 的负荷，使任务的调度更及时。一般的 FreeRTOS 嵌入式系统中，CPU 的大部分时间就是由空闲任务占据的，如果将参数 configUSE_TICKLESS_IDLE 配置为 1，还可以实现系统的低功耗。我们将在第 11 章介绍 FreeRTOS 中如何实现低功耗。

5. 使用 vTaskDelayUntil() 函数

前文已经介绍了函数 vTaskDelayUntil() 和 vTaskDelay() 的区别，如果要在任务函数的循环中实现严格的周期性，就应该使用函数 vTaskDelayUntil()。我们对上一步的程序稍作修改，在两个任务函数中使用函数 vTaskDelayUntil()。修改后的任务函数代码如下：

```
void AppTask_LED1(void *argument)          //任务 Task_LED1 的任务函数
{
    /* USER CODE BEGIN AppTask_LED1 */
    TickType_t ticks1=pdMS_TO_TICKS(1000);    //时间（ms）转换为节拍数（ticks）
    TickType_t previousWakeTime=xTaskGetTickCount();
    for(;;)
    {
        HAL_GPIO_TogglePin(GPIOF, GPIO_PIN_9);       //PF9=LED1
        vTaskDelayUntil(&previousWakeTime, ticks1);  //循环周期为1000ms
    }
    /* USER CODE END AppTask_LED1 */
}

void AppTask_LED2(void *argument)          //任务 Task_LED2 的任务函数
{
    /* USER CODE BEGIN AppTask_LED2 */
    TickType_t ticks2=pdMS_TO_TICKS(500);     //时间（ms）转换为节拍数（ticks）
    TickType_t previousWakeTime=xTaskGetTickCount();
    for(;;)
    {
        HAL_GPIO_TogglePin(GPIOF, GPIO_PIN_10);      //PF10=LED2
        vTaskDelayUntil(&previousWakeTime, ticks2);  //循环周期为500ms
    }
    /* USER CODE END AppTask_LED2 */
}
```

使用函数 vTaskDelayUntil() 延时的时间是从任务上次转入运行状态开始的绝对时间，例如，在任务 Task_LED1 中执行的延时语句如下：

```
vTaskDelayUntil(&previousWakeTime, ticks1);    //循环周期为1000ms
```

第一次执行时，我们需要通过函数 xTaskGetTickCount() 获取嘀嗒信号的当前计数值，作为 previousWakeTime 的初值。执行上面的语句，表示从 previousWakeTime 值开始延时 ticks1 个节拍，函数内会自动更新变量 previousWakeTime 的值，也会自动处理嘀嗒信号计数值溢出的情况。

上述程序运行时，3 个任务的运行时序如图 2-13 所示，可保证任务 Task_LED1 的主循环周期精确为 1000ms，任务 Task_LED2 的主循环周期精确为 500ms。注意，vTaskDelayUntil() 的延时时间应该明显大于任务主循环内代码的执行时间，以及可能被其他任务打断而延迟的时间。

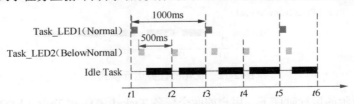

图 2-13 使用函数 vTaskDelayUntil() 实现严格的任务运行周期

2.5 任务管理工具函数

2.5.1 相关函数概述

除了表 2-2 中用于任务管理的一些函数，FreeRTOS 中还有一些 API 函数，用于操作任务或获取任务信息，这些函数及其基本功能简介见表 2-3。要在程序中使用这些函数，某些"config"参数或"INCLUDE_"参数需要设置为 1。本书不逐一介绍对应的参数设置了，读者在用到时，请查看 FreeRTOS 中函数源代码的预编译条件，即可知道相应的条件参数设置。

表 2-3 任务管理工具函数

分组	FreeRTOS 函数	函数功能
获取任务句柄	xTaskGetCurrentTaskHandle()	获取当前任务的句柄
	xTaskGetIdleTaskHandle()	获取空闲任务的句柄
	xTaskGetHandle()	根据任务名称返回任务句柄，运行比较慢
单个任务的信息	uxTaskPriorityGet()	获取一个任务的优先级
	uxTaskPriorityGetFromISR()	函数 uxTaskPriorityGet() 的 ISR 版本
	vTaskPrioritySet()	设置一个任务的优先级，可以在运行过程中改变一个任务的优先级
	vTaskGetInfo()	返回一个任务的信息，包括状态信息、栈空间信息等
	pcTaskGetName()	根据任务句柄返回任务的名称，参数为 NULL 时，返回任务自己的名称
	uxTaskGetStackHighWaterMark()	返回一个任务的栈空间的高水位值，即最少可用空间。返回值越小，表明任务的栈空间越容易溢出。高水位值的单位是字
	eTaskGetState()	返回一个任务的当前运行状态，返回值是枚举类型 eTaskState
内核信息	uxTaskGetNumberOfTasks()	返回内核管理的所有任务的个数，包括就绪的、阻塞的、挂起的任务，也包括虽然删除了，但还没有在空闲任务里释放的任务
	vTaskList()	创建一个列表，显示所有任务的信息。此函数会禁止所有中断，需要使用 sprintf() 函数，所以一般只用于调试阶段
	uxTaskGetSystemState()	获取系统中所有任务的任务状态，包括每个任务的句柄、任务名称、优先级等信息
	vTaskGetRunTimeStats()	获取每个任务的运行时间统计
	xTaskGetTickCount()	返回嘀嗒信号当前计数值
	xTaskGetTickCountFromISR()	函数 xTaskGetTickCount() 的 ISR 版本
	xTaskGetSchedulerState()	返回任务调度器的运行状态
其他函数	vTaskSetApplicationTaskTag()	设置一个任务的标签值，每个任务可以设置一个标签值，保存于任务控制块中
	xTaskGetApplicationTaskTag()	获取一个任务的标签值
	xTaskCallApplicationTaskHook()	调用任务关联的钩子函数

续表

分组	FreeRTOS 函数	函数功能
其他函数	vTaskSetThreadLocalStoragePointer()	每个任务有一个指针数组，此函数为任务设置一个本地存储指针，指针的用途由用户自己决定，内核不使用此指针数组
	pvTaskGetThreadLocalStoragePointer()	获取任务的指针数组中的一个指定序号的指针
	vTaskSetTimeOutState()	获取当前的时钟状态，以便作为 xTaskCheckForTimeOut()函数的初始条件参数
	xTaskCheckForTimeOut()	检查是否超过等待的节拍数，与 vTaskSetTimeOutState() 函数结合使用，仅用于高级用途

2.5.2 获取任务句柄

对单个任务进行操作的函数，一般需要一个 TaskHandle_t 类型的表示任务句柄的变量作为参数。在使用函数 osThreadNew()创建任务时，会返回一个 osThreadId_t 类型的变量作为任务句柄。这两个类型的定义其实是一样的，定义如下：

```
typedef void *osThreadId_t;
typedef void *TaskHandle_t;
```

所以用 osThreadNew()创建任务获得的任务句柄变量，可以作为 FreeRTOS 任务操作函数的任务句柄输入参数。

FreeRTOS 中还有 3 个用于获取任务句柄的函数。

- 函数 xTaskGetCurrentTaskHandle()，用于获得当前任务的句柄，其原型定义如下：

```
TaskHandle_t xTaskGetCurrentTaskHandle( void );
```

要使用这个函数，需要将参数 INCLUDE_xTaskGetCurrentTaskHandle 设置为 1（默认值为 0），可以在 CubeMX 里设置。

- 函数 xTaskGetIdleTaskHandle()，用于获得空闲任务的句柄，其原型定义如下：

```
TaskHandle_t xTaskGetIdleTaskHandle( void );
```

要使用这个函数，需要将参数 INCLUDE_xTaskGetIdleTaskHandle 设置为 1（默认值为 0）。这个参数在 CubeMX 里不能设置，需要用户在 FreeRTOSConfig.h 文件中自己添加宏定义，添加到文件 FreeRTOSConfig.h 的用户定义代码沙箱段，示例如下：

```
/* USER CODE BEGIN Defines */
/*  在这里添加定义，例如，用于覆盖FreeRTOS.h中的默认定义   */
#define INCLUDE_xTaskGetIdleTaskHandle          1
/* USER CODE END Defines */
```

- 函数 xTaskGetHandle()，用于通过任务名称获得任务句柄，其原型定义如下：

```
TaskHandle_t xTaskGetHandle( const char *pcNameToQuery );
```

参数 pcNameToQuery 是任务名称字符串。这个函数运行时间相对较长，不宜大量使用。如果两个任务具有相同的任务名称，则函数返回的结果是不确定的。函数使用示例代码如下：

```
const char *taskName = "Task_LED1";
TaskHandle_t taskHandle= xTaskGetHandle(taskName);
```

要使用这个函数，需要将参数 INCLUDE_xTaskGetHandle 设置为 1（默认值为 0）。这个参数可以在 CubeMX 里设置。

2.5.3 单个任务的操作

1. 获取和设置任务的优先级

程序在运行时，可以获取或改变一个任务的优先级，相关 3 个函数的原型定义如下。要使用这 3 个函数，需要将参数 INCLUDE_uxTaskPriorityGet 或 INCLUDE_vTaskPrioritySet 设置为 1（默认值都是 1）——可以在 CubeMX 里设置。

```
UBaseType_t uxTaskPriorityGet( TaskHandle_t xTask );             //返回一个任务的优先级
UBaseType_t uxTaskPriorityGetFromISR( TaskHandle_t xTask );      //函数的 ISR 版本
void vTaskPrioritySet( TaskHandle_t xTask, UBaseType_t uxNewPriority ); //设置优先级
```

在这 3 个函数中，优先级用 UBaseType_t 类型的数表示，而在文件 cmsis_os2.h 中，定义了优先级的枚举类型 osPriority_t，其部分定义如下：

```
typedef enum {
    osPriorityNone             = 0,       // No priority (not initialized).
    osPriorityIdle             = 1,       // Reserved for Idle thread.
    osPriorityLow              = 8,       // Priority: low
    osPriorityLow1             = 8+1,     // Priority: low + 1
    osPriorityBelowNormal      = 16,      // Priority: below normal
    osPriorityBelowNormal1     = 16+1,    // Priority: below normal + 1
    osPriorityNormal           = 24,      // Priority: normal
    osPriorityAboveNormal      = 32,      // Priority: above normal
    osPriorityHigh             = 40,      // Priority: high
    osPriorityRealtime         = 48,      // Priority: realtime
    osPriorityISR              = 56,      // Reserved for ISR deferred thread
    osPriorityError            = -1,      // 系统无法确定的或非法的优先级
    osPriorityReserved         = 0x7FFFFFFF   // Prevents enum down-size compiler optimization
} osPriority_t;
```

用户可以在函数 vTaskPrioritySet() 中使用枚举值，例如：

```
TaskHandle_t taskHandle= xTaskGetCurrentTaskHandle();          //获取当前任务的句柄
vTaskPrioritySet(taskHandle, (UBaseType_t)osPriorityAboveNormal);   //设置优先级
```

2. 函数 vTaskGetInfo()

vTaskGetInfo() 用于获取一个任务的信息，要使用这个函数，必须将参数 configUSE_TRACE_FACILITY 设置为 1（默认值为 1），可在 CubeMX 里设置。这个函数的原型定义如下，各参数的意义见注释：

```
void vTaskGetInfo( TaskHandle_t xTask,            //任务的句柄
         TaskStatus_t *pxTaskStatus,              //用于存储任务状态信息的结构体指针
         BaseType_t xGetFreeStackSpace,           //是否返回栈空间高水位值
         eTaskState eState );                     //指定任务的状态
```

参数 xTask 是需要查询的任务的句柄。参数 pxTaskStatus 是用于存储返回信息的 TaskStatus_t 结构体指针，这个结构体的定义如下，成员变量表示了任务的各种信息：

```
typedef struct xTASK_STATUS
{
    TaskHandle_t    xHandle;              //任务的句柄
    const char      *pcTaskName;          //任务的名称
    UBaseType_t     xTaskNumber;          //任务的唯一编号
    eTaskState      eCurrentState;        //任务的状态
    UBaseType_t     uxCurrentPriority;    //任务的优先级
```

```
    /* 在使用互斥量时,为避免优先级反转而继承的优先级,参数 configUSE_MUTEXES 设置为 1 时此变量才有意义 */
    UBaseType_t         uxBasePriority;
    /* 任务运行的总时间, configGENERATE_RUN_TIME_STATS 设置为 1 时才有意义 */
    uint32_t            ulRunTimeCounter;
    StackType_t         *pxStackBase;                  //指向栈空间的低地址
    uint16_t            usStackHighWaterMark;          //栈空间的高水位值,单位是字
} TaskStatus_t;
```

其中的任务状态 eCurrentState 是枚举类型 eTaskState,这个枚举类型表示了任务的运行、就绪、阻塞、挂起等状态,其定义如下。任务的几种状态之间的转换关系如图 2-2 所示。

```
typedef enum
{
    eRunning = 0,       //运行状态
    eReady,             //就绪状态
    eBlocked,           //阻塞状态
    eSuspended,         //挂起状态,或无限等待时间的阻塞状态
    eDeleted,           //任务被删除,但是其任务控制块(TCB)还没有被释放
    eInvalid            //无效状态
} eTaskState;
```

函数 vTaskGetInfo()中的参数 xGetFreeStackSpace,表示是否在结构体 TaskStatus_t 中返回栈空间的高水位值 usStackHighWaterMark,如果 xGetFreeStackSpace 是 pdTRUE,就返回高水位值。因为返回任务的高水位值需要较长的时间,若 xGetFreeStackSpace 设置为 pdFALSE,就可以忽略此过程。

函数 vTaskGetInfo()中的参数 eState 用于指定查询信息时的任务状态,虽然结构体 TaskStatus_t 中有获取任务状态的成员变量,但是不如直接赋值快。如果需要函数 vTaskGetInfo() 自动获取任务的状态,将参数 eState 设置为枚举值 eInvalid 即可。

3. 函数 pcTaskGetName()

函数 pcTaskGetName()用于返回一个任务的任务名称字符串,其原型定义如下:

```
char *pcTaskGetName( TaskHandle_t xTaskToQuery );
```

如果要查询任务自己的任务名称,将参数 xTaskToQuery 设置为 NULL 即可。

4. 函数 uxTaskGetStackHighWaterMark()

函数 uxTaskGetStackHighWaterMark()用于获取一个任务的高水位值,其原型定义如下:

```
UBaseType_t uxTaskGetStackHighWaterMark( TaskHandle_t xTask );
```

如果要查询任务自己的高水位值,将参数 xTask 设置为 NULL 即可。

若要使用这个函数,必须将参数 INCLUDE_uxTaskGetStackHighWaterMark 设置为 1(默认值为 1)——可在 CubeMX 里设置。高水位值实际上就是任务的栈空间最少可用剩余空间的大小,单位是字(word)。这个值越小,表示任务的栈空间越容易溢出。

5. 函数 eTaskGetState()

函数 eTaskGetState()返回一个任务的当前状态,其原型定义如下:

```
eTaskState eTaskGetState( TaskHandle_t xTask );
```

返回值是枚举类型 eTaskState,表示任务的就绪、运行、阻塞、挂起等状态。

若要使用这个函数,需要将参数 INCLUDE_eTaskGetState 或 configUSE_TRACE_FACILITY 设置为 1,这两个参数默认值都是 1,且都可以在 CubeMX 里设置。

2.5.4 内核信息统计

1. 函数 uxTaskGetNumberOfTasks()

函数 uxTaskGetNumberOfTasks()返回内核当前管理的任务的总数，包括就绪的、阻塞的、挂起的任务，也包括虽然删除了但还没有在空闲任务里释放的任务。其原型定义如下：

```
UBaseType_t uxTaskGetNumberOfTasks( void );
```

2. 函数 vTaskList()

函数 vTaskList()返回内核中所有任务的字符串列表信息，包括每个任务的名称、状态、优先级、高水位值、任务编号等。其原型定义如下：

```
void vTaskList( char * pcWriteBuffer );
```

参数 pcWriteBuffer 是预先创建的一个字符数组的指针，用于存储返回的字符串信息。这个字符数组必须足够大，FreeRTOS 不会检查这个数组的大小。这个函数的使用示例代码如下：

```
char infoBuffer[300];
vTaskList(infoBuffer);
```

返回的数据存储在字符数组 infoBuffer 中，使用了"\t""\n"等转义字符，以便用表格方式显示。例如，本章后面的一个示例程序中，通过 vTaskList()函数获取的系统的任务列表字符串内容如下。为了直观显示，这里保留了其中的"\t""\r\n""\0"等转义字符，将换行符"\n"表示的一行单独作为一行显示。

```
Task_LED1       \tX\t8\t50\t2\r\n
Tmr Svc         \tR\t2\t246\t4\r\n
IDLE            \tR\t0\t118\t3\r\n
Task_ADC        \tB\t24\t134\t1\r\n\0
```

每行字符串的第一部分是任务名称，这里除了用户的两个任务 Task_LED1 和 Task_ADC，还有系统自动创建的空闲任务 IDLE 和定时器服务任务 Tmr Svc。

每行字符串的第二部分是用"\t"分隔的多个参数，依次为状态、优先级、栈空间高水位值和任务编号。其中，任务状态用字母表示，各字母的意义如下。

- X，运行状态，也就是调用函数 vTaskList()的任务的状态。
- B，阻塞状态。
- R，就绪状态。
- S，挂起状态，或无限等待时间的阻塞状态。
- D，被删除的任务，但是空闲任务还没有释放其使用的内存。

例如，对于任务 Task_LED1，其状态字符串是"\tX\t8\t50\t2\r\n"，表示它处于运行状态，优先级为 8，栈空间高水位值为 50，任务编号为 2。

vTaskList()的代码实现用到了函数 sprintf()，会使编译后的应用的大小明显增大。所以，这个函数一般只在调试时使用，不要在发布版本里使用。要使用这个函数，需要将以下 3 个参数都设置为 1。

- configUSE_TRACE_FACILITY，默认值为 1，可在 CubeMX 里设置。
- configUSE_STATS_FORMATTING_FUNCTION，默认值为 0，可在 CubeMX 里设置。
- configSUPPORT_DYNAMIC_ALLOCATION，默认值为 1，不能在 CubeMX 里设置。

3. 函数 uxTaskGetSystemState()

要使用这个函数，需要将参数 configUSE_TRACE_FACILITY 配置为 1（默认值为 1）——可在 CubeMX 里配置这个参数。

这个函数用于获得系统内所有任务的状态，为每个任务返回一个 TaskStatus_t 结构体数据，此结构体在函数 vTaskGetInfo()部分介绍过。函数 uxTaskGetSystemState()的原型定义如下：

```
UBaseType_t uxTaskGetSystemState( TaskStatus_t * const pxTaskStatusArray, const
UBaseType_t uxArraySize, uint32_t * const pulTotalRunTime );
```

- 参数 pxTaskStatusArray 是一个数组的指针，成员是结构体类型 TaskStatus_t。需预先分配数组大小，必须大于或等于 FreeRTOS 内的任务数。返回的数据就存储在这个数组里，每个任务对应一个数组成员。
- 参数 uxArraySize 是数组 pxTaskStatusArray 的大小，表示数组 pxTaskStatusArray 的成员个数。
- 参数 pulTotalRunTime 用于返回 FreeRTOS 启动后总的运行时间，如果设置为 NULL，则不返回这个数据。只有参数 configGENERATE_RUN_TIME_STATS 设置为 1，才会返回这个数据，默认值为 0，可在 CubeMX 里设置。

函数的返回值是 uxTaskGetSystemState()实际获取的任务信息的条数，也就是 FreeRTOS 中实际任务的个数，与函数 uxTaskGetNumberOfTasks()返回的任务个数相同。

4. 函数 vTaskGetRunTimeStats()

要使用这个函数，必须将以下两个参数都设置为 1。
- configGENERATE_RUN_TIME_STATS，默认值为 0，可在 CubeMX 里设置。
- configUSE_STATS_FORMATTING_FUNCTIONS，默认值为 0，可在 CubeMX 里设置。

函数 vTaskGetRunTimeStats()用于统计系统内每个任务的运行时间，包括绝对时间和占用 CPU 的百分比。其原型定义如下：

```
void vTaskGetRunTimeStats( char *pcWriteBuffer );
```

参数 pcWriteBuffer 用于存储返回数据的字符数组，返回的数据以文字表格的形式表示，与函数 vTaskList()返回结果的方式类似。

注意，函数 vTaskGetRunTimeStats()运行时，会禁止所有中断，所以，不要在程序正常运行时使用这个函数，应该只在程序调试阶段使用。函数 vTaskGetRunTimeStats()内部会调用 uxTaskGetSystemState()，将其中的任务运行数据转换为更易阅读的绝对运行时间和百分比时间。函数 vTaskGetRunTimeStats()依赖于函数 sprintf()，会导致编译后的代码量增加，所以在发布的程序中，不要使用此函数。

5. 函数 xTaskGetSchedulerState()

这个函数返回调度器的状态，当以下两个参数中的某一个设置为 1 时，此函数就可用。
- INCLUDE_xTaskGetSchedulerState，默认值为 1，可在 CubeMX 里修改。
- configUSE_TIMERS，默认值为 1，CubeMX 里有这个参数，但不允许修改。

函数 xTaskGetSchedulerState()返回任务调度器当前的状态，其原型定义如下：

```
BaseType_t xTaskGetSchedulerState( void ) ;
```

返回值用如下的 3 个宏定义常数表示任务调度器的状态：

```
#define taskSCHEDULER_SUSPENDED       ( ( BaseType_t ) 0 )        //被挂起
#define taskSCHEDULER_NOT_STARTED     ( ( BaseType_t ) 1 )        //未启动
#define taskSCHEDULER_RUNNING         ( ( BaseType_t ) 2 )        //正在运行
```

表 2-3 中的其他函数就不予以具体解释了，读者可以在 FreeRTOS 源程序中查看这些函数的注释。在后面的示例中，我们也会解释用到的一些函数。

2.6 多任务编程示例二

2.6.1 示例功能与 CubeMX 项目设置

我们将创建一个示例 Demo2_2TaskInfo，演示 FreeRTOS 中一些任务管理函数的使用。在本示例中，我们会在 FreeRTOS 中创建 2 个任务：任务 Task_ADC 通过 ADC1 的 IN5 通道周期性采集电位器的电压值，并在 LCD 上显示；任务 Task_Info 用于测试任务信息统计的一些工具函数，统计信息在 LCD 上显示。

在本示例中，我们会用到 LCD 和 LED，所以用 CubeMX 模板项目文件 M4_LCD_KeyLED.ioc 创建本项目 CubeMX 文件 Demo2_2TaskInfo.ioc（操作方法见附录 A）；不需要使用 4 个按键，可以将 4 个按键的 GPIO 设置删除；然后在 SYS 组件中，设置 TIM6 为 HAL 基础时钟（见图 1-6），这是因为要使用 FreeRTOS。

1. ADC 的设置

我们要用到 ADC1 的 IN5 输入通道。开发板上用一个电位器调压作为 IN5 的输入电压，电路如图 2-14 所示。附录 C 图 C-2 中的【3-2】就是电位器。要使用 ADC1 输入，还需要将端子【3-3】的跳线设置到 ADC 输入模式，即图 2-14 中的跳线 J1 的 1 和 2 要用跳线帽短接。

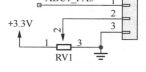

ADC1 的模式设置中只需勾选 IN5 通道，其参数设置结果如图 2-15 所示。采用独立模式、12 位精度、数据右对齐、软件触发常规转换，无须开启 ADC1 的硬件中断。ADC 各参数的意义和软件触发 ADC 转换的原理详见《基础篇》14.3 节的示例。

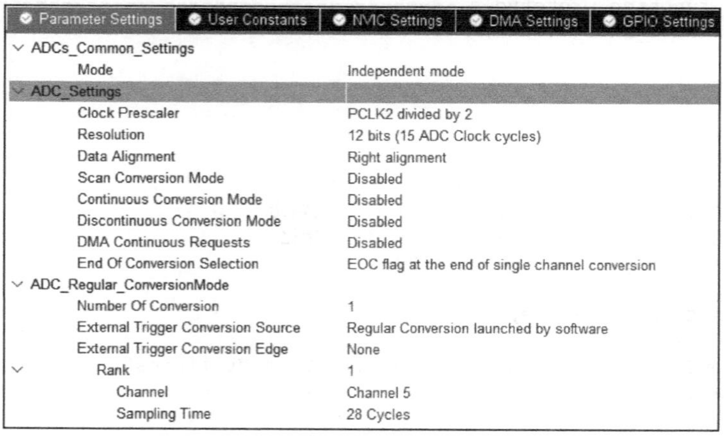

图 2-14 开发板上的电位器与 ADC1 输入

图 2-15 ADC1 的参数设置结果

2. FreeRTOS 的设置

启用 FreeRTOS，使用 CMSIS_V2 接口。Config parameters 和 Include parameters 两个设置页面的参数都保持默认值。我们在 FreeRTOS 中创建 2 个任务，设置任务的参数，如图 2-16 所示。两个任务的优先级不同，我们将栈空间大小都修改为 256，并设置它们都使用动态分配内存方式。若栈空间大小使用默认值 128，本示例程序将无法正常运行。

Tasks				
Task Name	Priority	Stack Size (Words)	Entry Function	Allocation
Task_ADC	osPriorityNormal	256	AppTask_ADC	Dynamic
Task_Info	osPriorityLow	256	AppTask_Info	Dynamic

图 2-16　两个任务的主要参数

 图 2-16 中两个任务的栈空间大小并不是随意给出的，是在程序运行过程中，通过统计栈空间的高水位值，给出的一个比较安全合理的值。栈空间太小，会导致栈空间溢出，程序无法正常运行，栈空间太大，会浪费内存。要设置合理的栈空间大小，最好在调试阶段统计一下任务的高水位值。

2.6.2　程序功能实现

1. 主程序

完成设置后，我们在 CubeMX 中生成代码。在 CubeIDE 里打开项目，我们将 PublicDrivers 目录下的 TFT_LCD 和 KEY_LED 目录添加到项目的头文件和源程序搜索路径（操作方法见附录 A）。在主程序中添加少量用户代码，完成后的主程序代码如下：

```
/* 文件：main.c ------------------------------------------------------------*/
#include "main.h"
#include "cmsis_os.h"
#include "adc.h"
#include "gpio.h"
#include "fsmc.h"
/* USER CODE BEGIN Includes */
#include "tftlcd.h"
/* USER CODE END Includes */

/* Private function prototypes ---------------------------------------------*/
void MX_FREERTOS_Init(void);

int main(void)
{
    HAL_Init();
    SystemClock_Config();
    /* Initialize all configured peripherals */
    MX_GPIO_Init();           //LED 引脚 GPIO 初始化
    MX_FSMC_Init();           //TFT LCD 接口初始化
    MX_ADC1_Init();           //ADC1 初始化

    /* USER CODE BEGIN 2 */
    TFTLCD_Init();
    LCD_ShowStr(10,10,(uint8_t *)"Demo2_2:Task Utilities");
    /* USER CODE END 2 */

    osKernelInitialize();     //RTOS 内核初始化
    MX_FREERTOS_Init();       //FreeRTOS 对象初始化
```

2.6 多任务编程示例二

```
        osKernelStart();                //启动 RTOS 内核
        /* We should never get here as control is now taken by the scheduler */
        while (1)
        {
        }
}
```

在外设初始化部分,上述程序执行了以下 3 个外设初始化函数。

- MX_GPIO_Init()用于 GPIO 初始化,主要是两个 LED 的 GPIO 引脚的初始化。
- MX_FSMC_Init()用于 FSMC 连接 TFT LCD 接口的初始化。FSMC 连接 TFT LCD 的电路原理和代码原理详见《基础篇》第 8 章,本章不再展示此函数的代码。
- MX_ADC1_Init()用于 ADC1 初始化。ADC 的工作原理和该函数代码详见《基础篇》第 14 章的内容和示例,本章不再展示此函数的代码。

在《基础篇》中介绍过的,由 CubeMX 自动生成的外设初始化函数代码,本书一般不再展示。

添加的两行用户代码,用于调用函数 TFTLCD_Init()进行 LCD 的软件初始化,然后在 LCD 上显示项目文字信息。之后,仍然是依次调用 3 个函数进行 FreeRTOS 内核初始化、对象初始化和内核启动,与具体示例相关的就是函数 MX_FREERTOS_Init(),它创建项目里定义的任务。

2. FreeRTOS 对象初始化

CubeMX 自动生成的文件 freertos.c 包含两个任务的相关定义、FreeRTOS 对象初始化函数 MX_FREERTOS_Init(),以及两个任务函数的框架。对象初始化函数 MX_FREERTOS_Init()相关代码如下,文件开头部分增加了两个任务函数中要用的头文件,两个任务函数的代码在后面再介绍:

```
/* 文件: freertos.c  --------------------------------------------------*/
#include "FreeRTOS.h"
#include "task.h"
#include "main.h"
#include "cmsis_os.h"
/* USER CODE BEGIN Includes */
#include "tftlcd.h"
#include "keyled.h"
#include "adc.h"
/* USER CODE END Includes */

/* Private variables -------------------------------------------------*/
/* 任务 Task_ADC 的相关定义*/
osThreadId_t  Task_ADCHandle;          //任务 Task_ADC 的句柄变量
const osThreadAttr_t Task_ADC_attributes = {   //任务 Task_ADC 的属性
      .name = "Task_ADC",
      .priority = (osPriority_t) osPriorityNormal,
      .stack_size = 256 *4          //栈存储空间大小,单位:字节
};

/* 任务 Task_Info 的相关定义 */
osThreadId_t  Task_InfoHandle;         //任务 Task_Info 的句柄变量
const osThreadAttr_t Task_Info_attributes = {  //任务 Task_Info 的属性
      .name = "Task_Info",
      .priority = (osPriority_t) osPriorityLow,
      .stack_size = 256 *4          //栈存储空间大小,单位:字节
};

/* Private function prototypes ---------------------------------------*/
```

```
void AppTask_ADC(void *argument);
void AppTask_Info(void *argument);
void MX_FREERTOS_Init(void);

void MX_FREERTOS_Init(void)
{
    /* 创建任务 Task_ADC */
    Task_ADCHandle = osThreadNew(AppTask_ADC, NULL, &Task_ADC_attributes);

    /*创建任务 Task_Info */
    Task_InfoHandle = osThreadNew(AppTask_Info, NULL, &Task_Info_attributes);
}
```

本示例中的两个任务都采用了动态分配内存方式。在本书后面的示例中，如无特殊需要，我们一般都采用动态分配内存方式创建任务。两个任务的优先级不同，栈空间大小是 256 字，比默认的 128 字大。注意，在 CubeMX 中设置的参数 configMINIMAL_STACK_SIZE，是系统自动创建的空闲任务的栈空间大小，其默认值是 128 字。

3. 任务 Task_ADC 的功能实现

在任务 Task_ADC 里，我们对 ADC1 的 IN5 通道用轮询方式进行数据采集，并且使用 vTaskDelayUntil() 函数实现比较精确的周期性采集。添加用户功能代码后，这个函数的完整代码如下：

```
void AppTask_ADC(void *argument)
{
/* USER CODE BEGIN AppTask_ADC */
    LCD_ShowStr(10, 40, (uint8_t *)"Task_ADC: ADC by polling");
    LCD_ShowStr(10, 40+LCD_SP10, (uint8_t *)"ADC Value(mV)=");
    uint16_t ADCX=LCD_CurX;          //记录 X 坐标位置

    TickType_t previousWakeTime=xTaskGetTickCount();    //获取嘀嗒信号计数值
    for(;;)
    {
        HAL_ADC_Start(&hadc1);          //启动 ADC 转换
        if (HAL_ADC_PollForConversion(&hadc1,100)==HAL_OK)   //轮询方式等待转换完成
        {
            uint32_t val=HAL_ADC_GetValue(&hadc1);     //读取 ADC 转换原始数据,12 位精度
            uint32_t Volt=3300*val;        //转换为 mV
            Volt=Volt>>12;                 //除以 2^12
            LCD_ShowUint(ADCX, 40+LCD_SP10,Volt);
        }
        vTaskDelayUntil(&previousWakeTime, pdMS_TO_TICKS(500));
    }
/* USER CODE END AppTask_ADC */
}
```

对 ADC 以轮询方式进行数据采集的方法是：以 HAL_ADC_Start() 函数启动转换，然后调用函数 HAL_ADC_PollForConversion() 以轮询方式等待转换完成，并设置最多等待 100ms。转换完成后，调用函数 HAL_ADC_GetValue() 读取 ADC 转换原始数值，ADC 转换结果是 12 位有效右对齐数据，然后再转换为毫伏电压值显示。

上述程序使用了 vTaskDelayUntil() 函数,保证了 ADC 数据采集的周期是比较准确的 500ms。

4. 任务 Task_Info 的功能实现

任务 Task_Info 主要用来测试表 2-3 中的一些任务管理函数，添加代码后的任务函数代码如下：

```c
void AppTask_Info(void *argument)
{
/* USER CODE BEGIN AppTask_Info */
//=====获取单个任务的信息=====
//    TaskHandle_t taskHandle=xTaskGetCurrentTaskHandle();  //获取当前任务句柄
//    TaskHandle_t taskHandle=xTaskGetIdleTaskHandle();      //获取空闲任务句柄
//    TaskHandle_t taskHandle=xTaskGetHandle("Task_ADC");    //通过任务名称获取任务句柄
    TaskHandle_t taskHandle=Task_ADCHandle;        //直接使用任务句柄变量

    TaskStatus_t taskInfo;                          //任务信息结构体
    BaseType_t getFreeStackSpace=pdTRUE;            //是否获取高水位值
    eTaskState taskState=eInvalid;                  //当前的状态
    vTaskGetInfo(taskHandle, &taskInfo, getFreeStackSpace, taskState);//获取任务信息

    taskENTER_CRITICAL();                           //开始临界代码段,不允许任务调度
    LcdFRONT_COLOR=lcdColor_WHITE;                  //白色文字
    LCD_ShowStr(10, 100, (uint8_t *)"Task_Info: Show task info");
    LCD_ShowStr(20, LCD_CurY+LCD_SP10, (uint8_t *)"Get by vTaskGetInfo() ");
    LCD_ShowStr(30, LCD_CurY+LCD_SP10, (uint8_t *)"Task Name= ");
    LCD_ShowStr(LCD_CurX+10, LCD_CurY, (uint8_t *)taskInfo.pcTaskName);

    LCD_ShowStr(30, LCD_CurY+LCD_SP10, (uint8_t *)"Task Number= ");
    LCD_ShowUint(LCD_CurX+10, LCD_CurY, taskInfo.xTaskNumber);

    LCD_ShowStr(30, LCD_CurY+LCD_SP10, (uint8_t *)"Task State= ");
    LCD_ShowUint(LCD_CurX+10, LCD_CurY, taskInfo.eCurrentState);

    LCD_ShowStr(30, LCD_CurY+LCD_SP10, (uint8_t *)"Task Priority= ");
    LCD_ShowUint(LCD_CurX+10, LCD_CurY, taskInfo.uxCurrentPriority);

    LCD_ShowStr(30, LCD_CurY+LCD_SP10, (uint8_t *)"Stack High Water Mark= ");
    LCD_ShowUint(LCD_CurX+10, LCD_CurY, taskInfo.usStackHighWaterMark);

//======用函数uxTaskGetStackHighWaterMark()单独获取每个任务的高水位值=====
    LcdFRONT_COLOR=lcdColor_YELLOW;                 //黄色文字
    LCD_ShowStr(20, LCD_CurY+ LCD_SP15, (uint8_t *)"High Water Mark of tasks");

    taskHandle=xTaskGetIdleTaskHandle();            //获取空闲任务句柄
    UBaseType_t  hwm=uxTaskGetStackHighWaterMark(taskHandle);
    LCD_ShowStr(30, LCD_CurY+ LCD_SP10, (uint8_t *)"Idle Task= ");
    LCD_ShowUint(LCD_CurX+10, LCD_CurY, hwm);

    taskHandle=Task_ADCHandle;                      //Task_ADC 的任务句柄
    hwm=uxTaskGetStackHighWaterMark(taskHandle);
    LCD_ShowStr(30, LCD_CurY+ LCD_SP10, (uint8_t *)"Task_ADC= ");
    LCD_ShowUint(LCD_CurX+10, LCD_CurY, hwm);

    taskHandle=Task_InfoHandle;                     //Task_Info 的任务句柄
    hwm=uxTaskGetStackHighWaterMark(taskHandle);
    LCD_ShowStr(30, LCD_CurY+ LCD_SP10, (uint8_t *)"Task_Info= ");
    LCD_ShowUint(LCD_CurX+10, LCD_CurY, hwm);

//=======获取内核的信息==========
    LcdFRONT_COLOR=lcdColor_GREEN;                  //绿色文字
    LCD_ShowStr(20, LCD_CurY+ LCD_SP15, (uint8_t *)"Kernel Info ");
    UBaseType_t  taskNum=uxTaskGetNumberOfTasks();  //获取任务个数
    LCD_ShowStr(30, LCD_CurY+ LCD_SP10, (uint8_t *)"uxTaskGetNumberOfTasks()= ");
    LCD_ShowUint(LCD_CurX+10, LCD_CurY, taskNum);
//    char infoBuffer[300];
//    vTaskList(infoBuffer);   //返回一个字符串表格,用\t 和\n 制表
```

```
    //    LCD_ShowStr(10, LCD_CurY+LCD_SP10, infoBuffer);

    uint16_t lastRow=LCD_CurY;          //保存 LCD 行坐标
    taskEXIT_CRITICAL();                //结束临界代码段，重新允许任务调度

    UBaseType_t loopCount=0;
    for(;;)
    {
        loopCount++;
        HAL_GPIO_TogglePin(GPIOF, GPIO_PIN_9);              //使 LED1 闪烁
        vTaskDelay(pdMS_TO_TICKS(300));
        if (loopCount==10)              //循环 10 次后退出
            break;
    }

    LcdFRONT_COLOR=lcdColor_RED;        //红色文字
    LCD_ShowStr(10, lastRow+LCD_SP20, (uint8_t *)"Task_Info is deleted");
    vTaskDelete(NULL);                  //删除任务自己
/* USER CODE END AppTask_Info */
}
```

这段程序主要测试了以下几个功能。

（1）使用函数 vTaskGetInfo() 获取一个任务的信息。首先要获取任务句柄，程序用了多种方法获取任务句柄，即程序中的如下几行语句：

```
//    TaskHandle_t taskHandle=xTaskGetCurrentTaskHandle();  //获取当前任务句柄
//    TaskHandle_t taskHandle=xTaskGetIdleTaskHandle();     //获取空闲任务句柄
//    TaskHandle_t taskHandle=xTaskGetHandle("Task_ADC");   //通过任务名称获取任务句柄
      TaskHandle_t taskHandle=Task_ADCHandle;               //直接使用任务句柄变量
```

只需要使用其中的一条语句获取任务句柄，其他语句需注释掉。另外，使用函数 xTaskGetIdleTaskHandle() 时，可能会出现编译错误，显示这个函数未定义。这是因为在源程序 tasks.c 中，这个函数有个预编译条件，只有当参数 INCLUDE_xTaskGetIdleTaskHandle 值为 1 时，才编译这个函数。CubeMX 中没有这个参数的对应设置项，而文件 FreeRTOS.h 中，这个参数的默认值为 0。我们需要将这个参数的值修改为 1，但是要注意，不能在文件 FreeRTOS.h 中直接修改这个参数的值，而要在文件 FreeRTOSConfig.h 的用户代码沙箱段内，重新定义这个宏，即下面的代码：

```
/* USER CODE BEGIN Defines */
/* Section where parameter definitions can be added (for instance, to override default
ones in FreeRTOS.h)   在这个部分可以添加用户定义参数，例如，用于覆盖 FreeRTOS.h 中的默认参数定义   */

#define INCLUDE_xTaskGetIdleTaskHandle  1
/* USER CODE END Defines */
```

这个沙箱段在文件 FreeRTOSConfig.h 中的最下方，就是用于重新定义一些无法在 CubeMX 中可视化设置的参数，用于替换其在文件 FreeRTOS.h 中的默认定义。

使用 FreeRTOS 时，如果编译时遇到函数未定义的错误，要注意查看其源代码里有没有预编译条件。有的函数在头文件里有定义，但源程序里不一定编译，例如，函数 xTaskGetIdleTaskHandle()。

调用函数 vTaskGetInfo() 的语句如下：

```
vTaskGetInfo(taskHandle, &taskInfo, getFreeStackSpace, taskState);
```

函数返回的任务信息存储在结构体变量 taskInfo 里。参数 getFreeStackSpace 确定是否获取任务栈空间的高水位值。若参数 taskState 指定为某种状态，就返回任务在这种状态下的参数，

若 taskState 为 eInvalid，就返回任务实际所处状态的信息。

vTaskGetInfo()获取的任务信息包括任务编号、名称、优先级等，还有栈空间的高水位值。高水位值表示任务栈空间的最小可用剩余空间，这个值越小，就说明任务栈空间越容易溢出。在本示例调试程序的过程中我们发现，如果栈空间设置得太小，程序将无法正常运行。所以，在程序调试阶段，检查任务的高水位值是非常必要的。

（2）使用函数 uxTaskGetStackHighWaterMark()获取一个任务的高水位值。用户可以通过函数 uxTaskGetStackHighWaterMark()直接获取一个任务的高水位值（单位是字）。程序使用该函数分别获取了空闲任务、Task_ADC、Task_Info 这 3 个任务的高水位值并加以显示。

（3）获取内核其他信息。函数 uxTaskGetNumberOfTasks()可获取 FreeRTOS 中当前管理的任务数，本示例程序运行时，这个函数返回的值是 4。除了创建的 2 个用户任务，还有系统自动创建的空闲任务和定时器服务任务。

函数 vTaskList()可以获取管理任务的列表信息，其返回结果是字符串，但是因为 LCD 的驱动程序无法显示转义字符，在 LCD 上无法以整齐的表格形式显示信息，所以将实际程序注释掉。

（4）定义关键代码段。程序使用函数 taskENTER_CRITICAL()和 taskEXIT_CRITICAL()定义了临界代码段。在开始 LCD 显示之前，使用了函数 taskENTER_CRITICAL()定义临界代码段的开始，这样会暂停任务调度，使后面的代码段在执行时不会被其他任务打断；在进入 for 循环之前，使用函数 taskEXIT_CRITICAL()定义临界代码段的结束，恢复任务调度。

在这里定义临界代码段的原因是这段代码使用了大量的 LCD 显示函数，需要用到全局变量 LCD_CurX 和 LCD_CurY。如果不定义临界代码段，执行这段代码时，可能会被任务 Task_ADC 抢占执行，因为 Task_ADC 的优先级是 osPriorityNormal，而任务 Task_Info 的优先级是 osPriorityLow。此外，任务 Task_ADC 的任务函数里也使用了 LCD 显示函数，会改变全局变量 LCD_CurX 和 LCD_CurY 的值。在任务 Task_Info 的任务函数中定义临界代码段，可以保证这段代码的执行不会被打断，也就保证了全局变量 LCD_CurX 和 LCD_CurY 的值不被外部修改，否则可能导致 LCD 显示位置混乱。

（5）删除任务。任务函数的主体一般是一个无限循环，在任务函数中不允许出现 return 语句。如果跳出了无限循环，需要在任务函数返回之前执行 vTaskDelete(NULL)删除任务自己。

程序中的 for 循环只执行了 10 次，使 LED1 闪烁。退出 for 循环之后，改变前景色为红色，显示信息字符串"Task_Info is deleted"之后，执行 vTaskDelete(NULL)删除了任务自己。

5. 运行与测试

构建项目后，我们将其下载到开发板上并运行，可以在 LCD 上看到各种信息。任务 Task_ADC 周期性地通过 ADC1 采集电压值，并在 LCD 上显示；任务 Task_Info 读取的信息在 LCD 上显示，LED1 闪烁几次后，任务 Task_Info 被删除，LED1 不再闪烁。

程序运行时，LCD 上显示了以下各任务的高水位值（单位是字）。

- 空闲任务的高水位值是 118。
- 任务 Task_ADC 的高水位值是 136。
- 任务 Task_Info 的高水位值是 124。

空闲任务的栈空间大小是 128 字，由参数 configMINIMAL_STACK_SIZE 决定。任务 Task_ADC 和 Task_Info 的栈空间大小被设置为 256 字（见图 2-16），如果使用默认的大小 128 字，则任务 Task_Info 会发生栈溢出，导致程序无法正常运行。

第 3 章　FreeRTOS 的中断管理

FreeRTOS 的任务有优先级，MCU 的硬件中断有中断优先级，这是两个不同的概念。FreeRTOS 的任务管理要用到硬件中断，使用 FreeRTOS 时也可以使用硬件中断，但是硬件中断 ISR 的设计要注意一些设计原则。在本章中，我们将详细介绍 FreeRTOS 与硬件中断的关系，以及如何正确使用硬件中断。

3.1　FreeRTOS 与中断

中断是 MCU 的硬件特性，STM32 MCU 的 NVIC 管理硬件中断。STM32F4 使用 4 个位设置优先级分组策略，用于设置中断的抢占优先级和次优先级，优先级数字越小，优先级越高。每个中断有一个中断服务例程，即 ISR，用于对中断做出响应。《基础篇》第 7 章详细介绍了 STM32F4 的中断，如果读者对中断的一些概念不太熟悉，可以查阅这一章的内容。

FreeRTOS 的运行要用到中断，在前面介绍 FreeRTOS 的运行原理时已经讲过，FreeRTOS 的上下文切换就是在 PendSV 中断里进行的，FreeRTOS 还需要一个基础时钟产生嘀嗒信号。在 CubeMX 中启用 FreeRTOS 后，系统会自动对 NVIC 做一些设置，例如，示例 Demo2_2TaskInfo 的 NVIC 设置如图 3-1 所示。

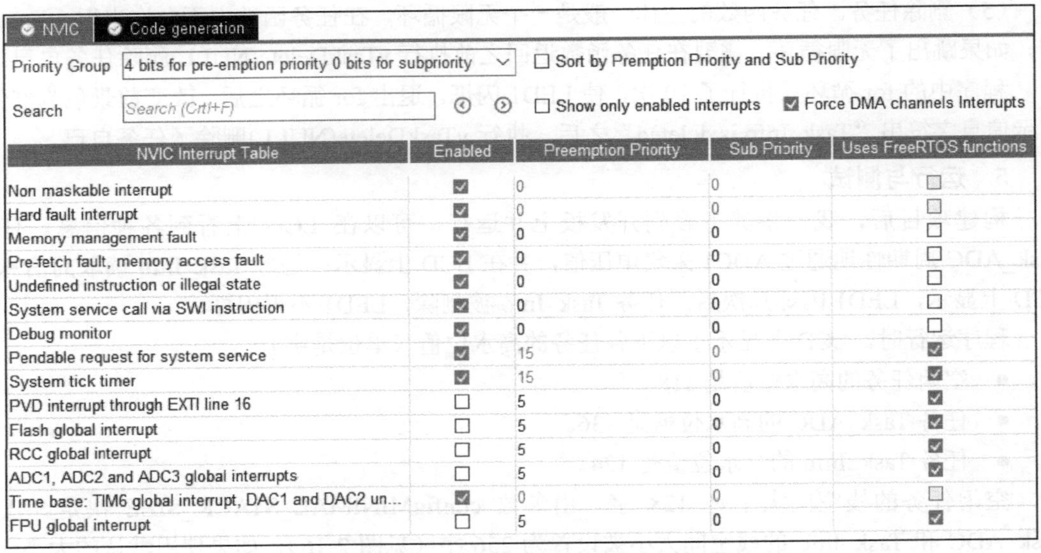

图 3-1　示例 Demo2_2TaskInfo 的 NVIC 设置

启用 FreeRTOS 后，中断优先级分组策略自动设置为 4 位全部用于抢占优先级，所以抢占优先级编号是 0 到 15。这个设置对应于文件 FreeRTOSConfig.h 中的参数 configPRIO_BITS，默认定义如下：

```
#define configPRIO_BITS        4
```

这个参数在 CubeMX 中不能修改，固定为 4，也就是分组策略使用 4 位抢占优先级。

在 CubeMX 中设置 FreeRTOS 的 "config" 参数时，有 2 个与中断相关的参数设置，如图 3-2 所示。

图 3-2 FreeRTOS 中与中断相关的两个参数

- configLIBRARY_LOWEST_INTERRUPT_PRIORITY，表示中断的最低优先级数值。因为中断分组策略是 4 位全用于抢占优先级，所以这个数值为 15。
- configLIBRARY_MAX_SYSCALL_INTERRUPT_PRIORITY，表示 FreeRTOS 可管理的最高优先级，默认值为 5。也就是说，只有在中断优先级数值等于或大于 5 的中断 ISR 里，才可以调用 FreeRTOS 的中断安全 API 函数，也就是带 "FromISR" 后缀的函数，使用 taskDISABLE_INTERRUPTS() 函数也只能屏蔽优先级数值等于或大于 5 的中断。

    参数 configLIBRARY_MAX_SYSCALL_INTERRUPT_PRIORITY 绝不允许设置为 0，绝对不要在高于此优先级的中断 ISR 里调用 FreeRTOS 的 API 函数，即便是带 "FromISR" 的中断安全函数也不可以。

图 3-1 的最右边一列 Uses FreeRTOS functions，表示是否要在中断的 ISR 里使用 FreeRTOS 的 API 函数。如果勾选了此列的复选框，那么这个中断的优先级数值就不能小于 5（根据本示例的设置参数）。这个复选项并不会对生成的代码产生任何影响，只是改变了图 3-1 中某个中断的抢占优先级可设置范围。

根据图 3-2 中的两个参数以及参数 configPRIO_BITS 的设置，文件 FreeRTOSConfig.h 还定义了一个参数 configKERNEL_INTERRUPT_PRIORITY，用于写入寄存器的表示最低优先级的数值，其定义如下：

```
#define configKERNEL_INTERRUPT_PRIORITY
    ( configLIBRARY_LOWEST_INTERRUPT_PRIORITY << (8 - configPRIO_BITS) )
```

经过这样的计算后，configKERNEL_INTERRUPT_PRIORITY 的值是 0xF0。

参数 configKERNEL_INTERRUPT_PRIORITY 用于定义 PendSV 和 SysTick 的中断优先级，在文件 port.c 中的定义如下：

```
#define portNVIC_PENDSV_PRI      ((( uint32_t) configKERNEL_INTERRUPT_PRIORITY ) << 16UL)
#define portNVIC_SYSTICK_PRI     ((( uint32_t) configKERNEL_INTERRUPT_PRIORITY ) << 24UL)
```

portNVIC_PENDSV_PRI 和 portNVIC_SYSTICK_PRI 是用于写入寄存器的值，其数值与中断优先级的表示有关。直观的就是图 3-1 中的设置，PendSV 优先级为 15，SysTick 的优先级为 15。

PendSV（Pendable request for system service，可挂起的系统服务请求）中断用于上下文切换，也就是在这个中断 ISR 里决定哪个任务占用 CPU。PendSV 中断的抢占优先级为 15，也就是最低优先级。所以，只有在没有其他中断 ISR 运行的情况下，FreeRTOS 才会执行上下文切换。

SysTick 的中断优先级为 15，是最低的。系统在 SysTick 中断里发出任务调度请求，所以，只有在没有其他中断 ISR 运行的情况下，任务调度请求才会被及时响应。根据 NVIC 管理中断的特点，同等抢占优先级的中断是不能发生抢占的（详见《基础篇》第 7 章），所以，即使有一个抢占优先级为 15 的中断 ISR 在运行，SysTick 和 PendSV 的中断就无法被及时响应，也就是不会发生任务调度，任务函数也不会被执行。

在示例 Demo2_2TaskInfo 中，指定了定时器 TIM6 作为 HAL 基础时钟源。从图 3-3 可以看到，TIM6 中断的抢占优先级为 0，也就是最高优先级，所以 FreeRTOS 无法屏蔽 HAL 的基础时钟中断。

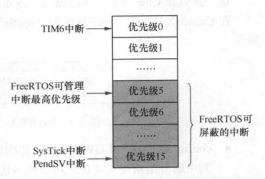

图 3-3　FreeRTOS 中各优先级中断的作用和分类

当参数 configLIBRARY_MAX_SYSCALL_INTERRUPT_PRIORITY 设置为 5 时，系统中各优先级中断的作用和分类如图 3-3 所示，归纳起来的要点如下。

- TIM6 是 HAL 基础时钟，其中断优先级为 0，所以 HAL 基础时钟中断不会被 FreeRTOS 屏蔽。
- SysTick 定时器是 FreeRTOS 的基础时钟，其中断优先级为 15。FreeRTOS 在 SysTick 中断里发出任务切换请求，也就是将 PendSV 的中断挂起标志位置 1。
- PendSV 的中断优先级为 15，FreeRTOS 在 PendSV 中断里执行任务切换，所以，只有在没有其他中断 ISR 在运行的情况下，才会发生任务切换。
- 中断分为 2 组：优先级 0 至 4 的中断不受 FreeRTOS 的管理，称为 FreeRTOS 不可屏蔽中断；优先级 5 至 15 的中断是 FreeRTOS 可屏蔽中断，可以用函数 taskDISABLE_INTERRUPTS() 屏蔽这些级别的中断。

注意，这里说的"不可屏蔽中断"是指 FreeRTOS 不可屏蔽的中断，不要与 MCU 硬件系统的不可屏蔽中断混淆。STM32F4 的中断向量表里有 3 个不可屏蔽中断，分别是 Reset、NMI 和 HardFault，详见《基础篇》第 7 章的表 7-1。

3.2　任务与中断服务例程

3.2.1　任务与中断服务例程的关系

MCU 的中断有中断优先级，有中断服务例程（ISR）；FreeRTOS 的任务有任务优先级，有任务函数。这两者的特点和区别具体如下。

- 中断是 MCU 的硬件特性，由硬件事件或软件信号引起中断，运行哪个 ISR 是由硬件决定的。中断的优先级数字越小，表示优先级越高，所以中断的最高优先级为 0。
- FreeRTOS 的任务是一个纯软件的概念，与硬件系统无关。任务的优先级是开发者在软件中赋予的，任务的优先级数字越低，表示优先级越低，所以任务的最低优先级为 0。

FreeRTOS 的任务调度器决定哪个任务处于运行状态，FreeRTOS 在中断优先级为 15 的 PendSV 中断里进行上下文切换，所以，只要有中断 ISR 在运行，FreeRTOS 就无法进行任务切换。
- 任务只有在没有 ISR 运行的时候才能运行，即使优先级最低的中断，也可以抢占高优先级的任务的执行，而任务不能抢占 ISR 的运行。

注意对最后一条规则的理解。根据 NVIC 管理中断的原则，同等抢占优先级的中断是不能发生抢占的。一个优先级为 15 的 RTC 唤醒中断是不能抢占优先级为 15 的 SysTick 和 PendSV 中断的执行的，只是因为 SysTick 和 PendSV 中断的 ISR 运行时间很短，RTC 唤醒中断的 ISR 才能被及时执行。但如果优先级为 15 的 RTC 唤醒中断的 ISR 执行时间很长，那么 SysTick 和 PendSV 发生了中断也无法发生抢占，也就是无法进行任务调度，任务函数也无法运行。

任务函数与中断的 ISR 运行时的关系可以用图 3-4 举例说明。

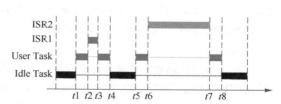

- 在 t1 时刻，User Task 进入运行状态，占用 CPU；在 t2 时刻，发生了一个中断 ISR1，不管 User Task 的任务优先级有多高，ISR1 都会抢占 CPU。ISR1 执行完成后，User Task 才可以继续执行。

图 3-4 任务函数与中断的 ISR 运行时的关系

- 在 t6 时刻，发生了中断 2，ISR2 抢占了 CPU。但是 ISR2 占用 CPU 的时间比较长，导致 User Task 执行时间变长，从软件运行响应来说，表现就是软件响应变得迟钝了。

从图 3-4 可以看出，ISR 执行时，就无法执行任务函数。所以，如果一个 ISR 执行的时间比较长，任务函数无法及时执行，FreeRTOS 也无法进行任务调度，就会导致软件响应变迟钝。

在实际的软件设计中，一般要尽量简化 ISR 的功能，使其尽量少占用 CPU 的时间。一般的硬件中断都是处理一些数据的接收或发送工作，例如，采用中断方式进行 ADC 数据采集时，只需在 ADC 的中断里将数据读取到缓冲区，而对数据进行滤波、频谱计算等耗时间的工作，就转移到任务函数里处理。当然，这还涉及中断 ISR 与任务函数之间的同步问题，这就是进程间通信问题，是 FreeRTOS 的一个主要功能，在后面有多个章节介绍进程间通信的实现。

3.2.2 中断屏蔽和临界代码段

一个任务函数在执行的时候，可能会被其他高优先级的任务抢占 CPU，也可能被任何一个中断的 ISR 抢占 CPU。在某些时候，任务的某段代码可能很关键，需要连续执行完，不希望被其他任务或中断打断，这种程序段称为临界段（critical section）。在 FreeRTOS 中，有函数定义临界代码段，也可以屏蔽系统的部分中断。

文件 task.h 定义了几个宏函数，定义代码如下，函数功能见代码中的注释：

```
#define taskDISABLE_INTERRUPTS()          portDISABLE_INTERRUPTS()              //屏蔽 MCU 的部分中断
#define taskENABLE_INTERRUPTS()           portENABLE_INTERRUPTS()               //解除中断屏蔽

#define taskENTER_CRITICAL()              portENTER_CRITICAL()                  //开始临界代码段
#define taskENTER_CRITICAL_FROM_ISR()     portSET_INTERRUPT_MASK_FROM_ISR()

#define taskEXIT_CRITICAL()               portEXIT_CRITICAL()                   //结束临界代码段
#define taskEXIT_CRITICAL_FROM_ISR( x )   portCLEAR_INTERRUPT_MASK_FROM_ISR( x )
```

- 宏函数 taskDISABLE_INTERRUPTS()用于屏蔽 MCU 中的一些中断,可屏蔽的中断就是图 3-3 中可屏蔽的低优先级中断。注意,在 FreeRTOS 里,屏蔽中断并不是屏蔽 MCU 的所有中断,例如,优先级为 0 的 TIM6 的中断就是不可屏蔽的。
- 宏函数 taskENABLE_INTERRUPTS()用于解除中断屏蔽。
- 函数 taskENTER_CRITICAL()和 taskEXIT_CRITICAL()用于界定一个临界代码段,在临界代码段内,FreeRTOS 会暂停任务调度,所以正在执行的任务不会被更高优先级的任务抢占,能保证代码执行的连续性。
- taskENTER_CRITICAL_FROM_ISR()是 taskENTER_CRITICAL()的 ISR 版本,用于在 ISR 中调用。

从这些宏函数的定义可以看出,它们实际上是执行了另外一些函数,如 taskENTER_CRITICAL() 实际上是执行了函数 portENTER_CRITICAL()。跟踪代码会发现,这些"port"前缀的函数是在文件 portmacro.h 中定义的宏,部分底层的代码是用汇编语言写的,是根据具体的 MCU 型号移植的代码。

定义临界代码段和屏蔽中断在功能上几乎是相同的,因为函数 taskENTER_CRITICAL()里调用了 portDISABLE_INTERRUPTS(),taskEXIT_CRITICAL()里调用了 portENABLE_INTERRUPTS()。实现临界代码段的两个函数的底层代码如下:

```
void vPortEnterCritical( void )            //taskENTER_CRITICAL()的最终执行代码
{
    portDISABLE_INTERRUPTS();              //屏蔽中断
    uxCriticalNesting++;                   //嵌套计数器
    if( uxCriticalNesting == 1 )
    {
        configASSERT( ( portNVIC_INT_CTRL_REG & portVECTACTIVE_MASK ) == 0 );
    }
}

void vPortExitCritical( void )             //taskEXIT_CRITICAL()的最终执行代码
{
    configASSERT( uxCriticalNesting );
    uxCriticalNesting--;                   //嵌套计数器
    if( uxCriticalNesting == 0 )
    {
        portENABLE_INTERRUPTS();           //解除中断屏蔽
    }
}
```

从上述代码可以看出,函数 taskENTER_CRITICAL()和 taskEXIT_CRITICAL()使用了嵌套计数器,所以这一对函数可以嵌套使用。函数 taskDISABLE_INTERRUPTS()和 taskENABLE_INTERRUPTS() 不能嵌套使用,只能成对使用。

3.2.3 在 ISR 中使用 FreeRTOS API 函数

在中断的 ISR 里,有时会需要调用 FreeRTOS 的 API 函数,但是调用普通的 API 函数可能会存在问题。例如,在 ISR 里调用 vTaskDelay()就会出问题,因为 vTaskDelay()会使任务进入阻塞状态,而 ISR 根本就不是任务,ISR 运行的时候,也不能进行任务调度。

为此,FreeRTOS 的 API 函数分为两个版本:一个称为"任务级",即普通名称的 API 函数;另一个称为"中断级",即带后缀"FromISR"的函数或带后缀"FROM_ISR"的宏函数,中断级 API 函数也称为中断安全 API 函数。

例如，对应于 taskENTER_CRITICAL() 的中断级宏函数是 taskENTER_CRITICALFROM_ISR()，对应于函数 xTaskGetTickCount() 的中断级函数是 xTaskGetTickCountFromISR()。

FreeRTOS 将 API 函数分为两个版本的好处是：在 API 的实现代码中，无须判断调用这个 API 函数的是一个 ISR，还是一个任务函数，否则需要增加额外的代码，而且不同的 MCU 判断 ISR 和任务函数的机制可能不一样。所以，使用两种版本的 API 函数，使 FreeRTOS 的代码效率更高。

在 ISR 中，绝对不能使用任务级 API 函数，但是在任务函数中，可以使用中断级 API 函数。此外，在 FreeRTOS 不能管理的高优先级中断（图 3-3 中的高优先级中断）的 ISR 里，连中断级 API 函数也不能调用。

3.2.4 中断及其 ISR 设计原则

根据 FreeRTOS 管理中断的特点，中断的优先级和 ISR 程序设计应该遵循如下原则。
- 根据参数 configLIBRARY_MAX_SYSCALL_INTERRUPT_PRIORITY 的设置，MCU 的优先级为 0 到 15 的中断，分为 FreeRTOS 不可屏蔽中断和可屏蔽中断，要根据中断的重要性和功能，为其设置合适的中断优先级，使其成为 FreeRTOS 不可屏蔽中断或可屏蔽中断。
- ISR 的代码应该尽量简短，应该将比较耗时的处理功能转移到任务函数里实现。
- 在可屏蔽中断的 ISR 里，能调用中断级的 FreeRTOS API 函数，绝对不能调用普通的 FreeRTOS API 函数。在不可屏蔽中断的 ISR 里，不能调用任何的 FreeRTOS API 函数。

3.3 任务和中断程序设计示例

3.3.1 示例功能和 CubeMX 项目设置

在本节中，我们将设计一个示例 Demo3_1TaskISR。本示例用到了 RTC 的唤醒中断，在此中断里，读取 RTC 的当前时间，并在 LCD 上显示，还在 FreeRTOS 中设计了一个任务 Task_LED1。通过各种参数设置和稍微修改代码，测试和验证任务函数与 ISR 的特点。

本示例要用到 LCD 和 LED，所以我们使用 CubeMX 模板项目文件 M4_LCD_KeyLED.ioc 创建本示例的 CubeMX 文件 Demo3_1TaskISR.ioc（操作方法见附录 A）。本示例不会用到 4 个按键，因此我们可以删除 4 个按键的 GPIO 设置。在 SYS 组件中，设置 TIM6 为 HAL 基础时钟，然后做如下设置。

1. **设置 RTC**

在 RCC 组件中，我们把 LSE 设置为 Cryatal/Ceramic Resonator，在时钟树上，把 LSE 设置为 RTC 的时钟源。

在 RTC 的模式设置中，启用时钟源和日历，并设置 WakeUp 为 Internal WakeUp，设置结果如图 3-5 所示。

在 RTC 的参数设置部分，随便设置日期和时间的初始值。Wake Up 组参数设置的结果如图 3-6 所示，Wake Up Clock 设置为 1Hz，Wake Up Counter 设置为 1，这样唤醒周期是 2s。在 RTC 的 NVIC 设置部分，启用 RTC 唤醒中断。RTC 各种参数的意义及其设置参考《基础篇》第 11 章。

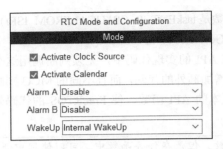

图 3-5　设置 RTC 的模式

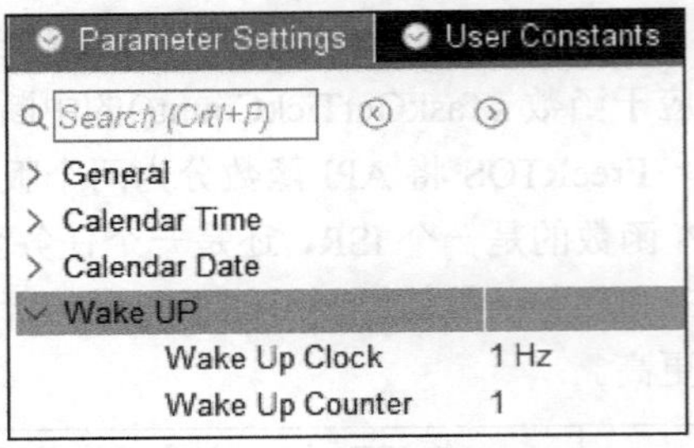

图 3-6　设置 RTC 的 Wake UP 参数

2. **设置 FreeRTOS**

启用 FreeRTOS，设置接口为 CMSIS_V2，所有“config”参数保持为默认值。与本示例相关的参数分组是 Interrupt nesting behavior configuration，使用图 3-2 所示的默认设置，FreeRTOS 可屏蔽中断的最高优先级是 5。

将原来的默认任务名称修改为 Task_LED1，任务的参数设置如图 3-7 所示，设置任务函数名为 AppTask_LED1。

图 3-7　任务 Task_LED1 的属性

3. **设置中断**

本示例启用了 RTC 的唤醒中断，NVIC 的设置如图 3-8 所示。系统对 NVIC 自动做了一些设置，其中的 3 个中断是 FreeRTOS 需要用的，其优先级不能更改。

- 中断优先级分组策略被设置为 4 位全用于抢占优先级，且不能修改。
- TIM6 作为 HAL 基础时钟源，中断优先级为 0，且不能修改。
- PendSV 和 SysTick 的优先级被设置为 15，且不能修改。

NVIC Interrupt Table	Enabled	Preemption Priority	Sub Priority	Uses FreeRTOS functions
Non maskable interrupt	☑	0	0	☐
Hard fault interrupt	☑	0	0	☐
Memory management fault	☑	5	0	☑
Pre-fetch fault, memory access fault	☑	0	0	☐
Undefined instruction or illegal state	☑	5	0	☑
System service call via SWI instruction	☑	0	0	☐
Debug monitor	☑	0	0	☐
Pendable request for system service	☑	15	0	☑
System tick timer	☑	15	0	☑
RTC wake-up interrupt through EXTI line 22	☑	1	0	☐
Time base: TIM6 global interrupt, DAC1 and DAC2 ...	☑	0	0	☐

图 3-8　设置项目的 NVIC

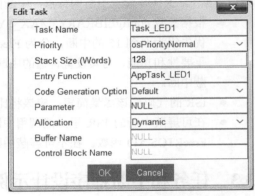

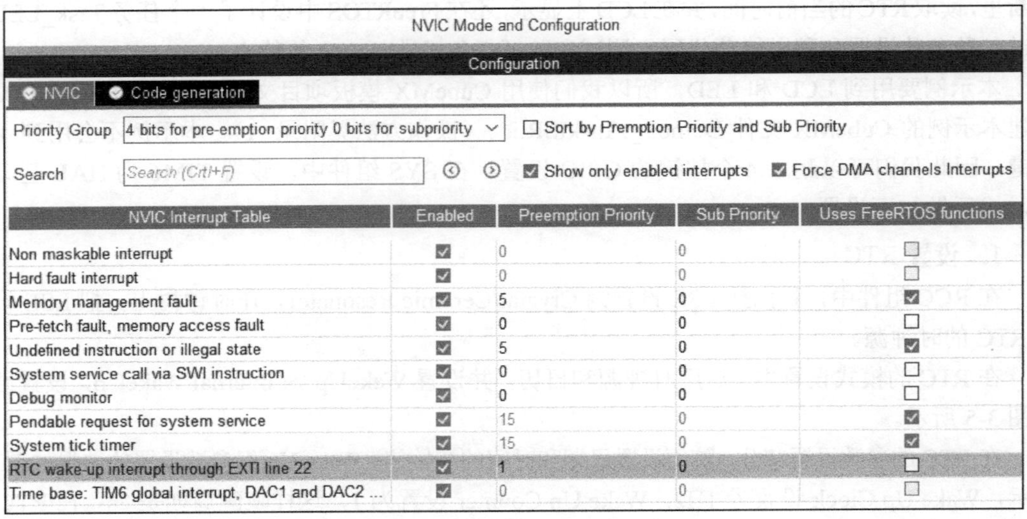

RTC 的唤醒中断是用户程序需要使用的中断，其优先级是可以设置的。我们先将其优先级设置为 1，这样，它就是 FreeRTOS 不可屏蔽的中断了。

3.3.2 基本功能代码

1. 主程序

完成设置后，我们在 CubeMX 中生成代码。我们在 CubeIDE 中打开项目，首先将 PublicDrivers 目录下的 TFT_LCD 和 KEY_LED 目录添加到项目搜索路径（操作方法见附录 A）。在初始代码的基础上，添加用户功能代码，主程序代码如下：

```
/* 文件:main.c    -------------------------------------------------------------*/
#include "main.h"
#include "cmsis_os.h"
#include "rtc.h"
#include "gpio.h"
#include "fsmc.h"

/* Private includes ----------------------------------------------------------*/
/* USER CODE BEGIN Includes */
#include "tftlcd.h"
/* USER CODE END Includes */

/* Private function prototypes -----------------------------------------------*/
void MX_FREERTOS_Init(void);

int main(void)
{
    HAL_Init();
    SystemClock_Config();
    /* Initialize all configured peripherals */
    MX_GPIO_Init();
    MX_FSMC_Init();
    MX_RTC_Init();                  //RTC 初始化

    /* USER CODE BEGIN 2 */
    TFTLCD_Init();
    LCD_ShowStr(10, 10, (uint8_t *)"Demo3_1:Task and ISR");
    /* USER CODE END 2 */

    osKernelInitialize();           //RTOS 内核初始化
    MX_FREERTOS_Init();             //FreeRTOS 对象初始化
    osKernelStart();                //启动 RTOS 内核
    /* We should never get here as control is now taken by the scheduler */
    while (1)
    {
    }
}
```

在外设初始化部分，MX_RTC_Init()对 RTC 进行初始化。这个函数在文件 rtc.c 中实现，是 CubeMX 自动生成的。函数 MX_RTC_Init()的代码就不予展示和解释了，读者如感兴趣，请参考《基础篇》第 11 章的内容。

2. RTC 唤醒中断的处理

RTC 唤醒中断事件的回调函数是 HAL_RTCEx_WakeUpTimerEventCallback()，这个函数在文件 rtc.c 中重新实现，代码如下，省略了 RTC 初始化相关的函数代码：

```c
/* 文件: rtc.c ----------------------------------------------------------*/
#include "rtc.h"
/* USER CODE BEGIN 0 */
#include "tftlcd.h"
/* USER CODE END 0 */

RTC_HandleTypeDef hrtc;                    //RTC 外设对象变量

/* USER CODE BEGIN 1 */
/*    RTC 唤醒中断事件的回调函数      */
void HAL_RTCEx_WakeUpTimerEventCallback(RTC_HandleTypeDef *hrtc)
{
    RTC_TimeTypeDef sTime;
    RTC_DateTypeDef sDate;
    if (HAL_RTC_GetTime(hrtc, &sTime,  RTC_FORMAT_BIN) == HAL_OK)
    {
        HAL_RTC_GetDate(hrtc, &sDate,  RTC_FORMAT_BIN);
/* 调用 HAL_RTC_GetTime()之后, 必须调用 HAL_RTC_GetDate()解锁数据, 才能连续更新日期和时间 */
        uint16_t xPos=30, yPos=50;
    //显示时间 mm:ss
        LCD_ShowUintX0(xPos,yPos,sTime.Minutes,2);          //2 位数字显示, 前端补 0
        LCD_ShowChar(LCD_CurX, yPos, ':', 0);
        LCD_ShowUintX0(LCD_CurX,yPos,sTime.Seconds,2);      //2 位数字显示, 前端补 0
    }
    //HAL_Delay(1000);           //在后面测试用到时取消注释
}
/* USER CODE END 1 */
```

上述程序使用函数 HAL_RTC_GetTime()读取 RTC 时间,读取时间后,还必须用函数 HAL_RTC_GetDate()读取日期,否则,下次无法正确读取出时间。

如果不受其他功能的干扰,程序运行时,会每隔 2s 读取一次 RTC 当前时间,并在 LCD 上显示,这个中断的 ISR 执行时间也很短。如果 RTC 唤醒中断被 FreeRTOS 屏蔽,程序运行可能异常(后面会做测试)。程序最后一行被注释的语句 HAL_Delay(1000),在后面测试其他功能时会被取消注释,用于模拟 ISR 长时间占用 CPU,妨碍 FreeRTOS 任务调度的场景。

3. 任务 Task_LED1 的创建和任务函数实现

文件 freertos.c 中,自动生成的函数 MX_FREERTOS_Init()用于创建任务 Task_LED1,在其任务函数中添加用户功能代码后文件 freertos.c 的代码如下:

```c
/* 文件: freertos.c -----------------------------------------------------*/
#include "FreeRTOS.h"
#include "task.h"
#include "main.h"
#include "cmsis_os.h"
/* USER CODE BEGIN Includes */
#include "keyled.h"
/* USER CODE END Includes */

/* Private variables ----------------------------------------------------*/
osThreadId_t  Task_LED1Handle;              //任务 Task_LED1 的句柄变量
const osThreadAttr_t Task_LED1_attributes = {     //任务 Task_LED1 的属性
        .name = "Task_LED1",
        .priority = (osPriority_t) osPriorityNormal,
        .stack_size = 128 * 4
};

/* Private function prototypes ------------------------------------------*/
void AppTask_LED1(void *argument);
```

```
void MX_FREERTOS_Init(void);

void MX_FREERTOS_Init(void)
{
    /* 创建任务 Task_LED1 */
    Task_LED1Handle = osThreadNew(AppTask_LED1, NULL, &Task_LED1_attributes);
}

/*    任务 Task_LED1 的任务函数    */
void AppTask_LED1(void *argument)
{
    /* USER CODE BEGIN AppTask_LED1 */
    for(;;)
    {
        LED1_Toggle();              //使 LED1 闪烁
        vTaskDelay(pdMS_TO_TICKS(200));
    }
    /* USER CODE END AppTask_LED1 */
}
```

创建任务 Task_LED1 的代码无须再多解释，Task_LED1 的任务函数功能非常简单，就是使 LED1 闪烁，循环周期是 200ms。其中，函数 LED1_Toggle()是在文件 keyled.h 中定义的宏函数。

构建项目后，我们将其下载到开发板上并加以测试，运行时，可以发现 RTC 唤醒中断和任务函数都能按期望运行，每隔 2s 在 LCD 上刷新显示当前时间，LED1 也是规律性地快速闪烁。

在这个程序中，RTC 唤醒中断的 ISR 处理速度很快，占用 CPU 时间很短，所以不影响任务函数 AppTask_LED1()的执行效果。其运行原理可用图 3-4 中的前半段解释。

文件 rtc.c 中定义的表示 RTC 的变量 hrtc 称为 RTC 外设对象变量，而文件 freertos.c 中定义的表示任务 Task_LED1 的变量 Task_LED1Handle 称为任务的句柄变量。这是因为变量 hrtc 是结构体类型 RTC_HandleTypeDef，是实体变量，而变量 Task_LED1Handle 的类型是 osThreadId_t，是一个指针类型。CubeMX 生成的代码中，表示 FreeRTOS 对象的变量一般都是指针型变量，本书就称之为句柄变量，而表示 MCU 上的外设的变量都是实体变量，就称之为外设对象变量。

3.3.3 各种特性的测试

1. 中断的 ISR 长时间占用 CPU 对任务的影响

我们对 RTC 唤醒中断回调函数 HAL_RTCEx_WakeUpTimerEventCallback()的代码稍作修改，取消最后一行上延时 HAL_Delay(1000)的注释。这样，RTC 唤醒中断 ISR 执行的时间就能长达 1000ms，远大于执行一次任务函数 AppTask_LED1()内部循环的周期 200ms，中断的 ISR 将长时间占用 CPU，导致任务函数不能及时执行。

在 RTC 唤醒中断回调函数的代码里，绝不能将函数 HAL_Delay()替换为 vTaskDelay()，因为 ISR 里不能调用 FreeRTOS 的普通 API 函数，回调函数是由中断的 ISR 调用的。

构建项目后，我们将其下载到开发板上并运行，会发现 LED1 不能像前面那样规律性地快速闪烁，而是闪烁几次后停顿约 1000ms，这是因为 CPU 被 RTC 的唤醒中断 ISR 占用了约 1000ms。即使将 RTC 唤醒中断的优先级修改为 15，程序运行的结果也是一样的。程序运行的原理可用图 3-4 的后半段解释。

所以，在使用 FreeRTOS 时，中断 ISR 的代码要尽量简化，尽量少占用 CPU 时间，要把需要进行大量处理的功能转移到任务里去处理。

2. 在任务中屏蔽中断

在 FreeRTOS 中，我们可以使用函数 taskDISABLE_INTERRUPTS()屏蔽图 3-3 中的可屏蔽中断。在本示例中，参数 configLIBRARY_MAX_SYSCALL_INTERRUPT_PRIORITY 设置为 5，所以，中断优先级数字大于或等于 5 的中断可以被屏蔽。

为测试在任务中屏蔽中断的效果，我们对 RTC 做如下的设置或修改，修改设置后，在 CubeMX 中重新生成代码。

- 将 RTC 唤醒中断的优先级设置为 7，可在图 3-8 的界面中修改。
- 将 RTC 唤醒的周期设置为 1s，方法是在图 3-6 的界面中将参数 Wake Up Counter 修改为 0。
- 在 RTC 唤醒中断的回调函数代码中，将最后一行的 HAL_Delay(1000)注释掉。

将任务 Task_LED1 的任务函数修改为如下的内容：

```
void AppTask_LED1(void *argument)
{
    /* USER CODE BEGIN AppTask_LED1 */
    for(;;)
    {
        taskDISABLE_INTERRUPTS();
        //     taskENTER_CRITICAL();
        LED1_Toggle();                    //使 LED1 闪烁
        HAL_Delay(2000);                  //连续运行 2000ms，任务处于运行状态
        //     taskEXIT_CRITICAL();
        taskENABLE_INTERRUPTS();
    }
    /* USER CODE END AppTask_LED1 */
}
```

在任务函数的 for 循环内，我们使用了 taskDISABLE_INTERRUPTS() 和 taskENABLE_INTERRUPTS()函数对，所以在执行中间的代码时会屏蔽中断。中间的代码功能是使 LED1 闪烁，每次调用 HAL_Delay(2000)延时 2000ms。注意，函数 HAL_Delay()是连续运行的，任务仍然处于运行状态。

构建项目后，我们将其下载到开发板上并予以测试，运行时，会发现 LCD 上的时间大约 2s 才变化一次，而不是设置的 1s 周期。这是因为在任务函数中屏蔽了中断，而 RTC 唤醒中断优先级为 7，被屏蔽了。

下面我们对程序做一些修改，测试各种情况。

情况 1：将 RTC 唤醒中断优先级设置为 1，其他设置和程序不变。

下载并测试会发现，LCD 上的时间是每 1s 刷新一次了。这是因为 RTC 唤醒中断优先级为 1，是 FreeRTOS 不可屏蔽中断。所以，在任务函数里执行函数 taskDISABLE_INTERRUPTS() 也无法关闭这个中断。

情况 2：将 RTC 唤醒中断优先级重新设置为 7，将任务函数中的 taskDISABLE_INTERRUPTS() 和 taskENABLE_INTERRUPTS()相应地替换为 taskENTER_CRITICAL()和 taskEXIT_CRITICAL()。

测试会发现，运行效果与使用 taskDISABLE_INTERRUPTS()和 taskENABLE_INTERRUPTS()

是一样的，这是因为在函数 taskENTER_CRITICAL()中会屏蔽中断。

情况 3：RTC 唤醒中断优先级设置为 7，任务函数中的 HAL_Delay()函数替换为 vTaskDelay()。任务函数完整代码如下：

```
void AppTask_LED1(void *argument)
{
    /* USER CODE BEGIN AppTask_LED1 */
    for(;;)
    {
        taskDISABLE_INTERRUPTS();
        LED1_Toggle();                    //使 LED1 闪烁
        vTaskDelay(pdMS_TO_TICKS(2000));  //进入阻塞状态，必然要打开中断进行任务调度
        taskENABLE_INTERRUPTS();
    }
    /* USER CODE END AppTask_LED1 */
}
```

构建项目后，我们将其下载到开发板并运行测试，会发现 LCD 上的时间每 1s 刷新一次，任务函数的临界代码段里，延时 2000ms 对 RTC 的唤醒中断响应没有影响，而使用函数 HAL_Delay()是有影响的。

这是因为执行函数 vTaskDelay()会使当前任务进入阻塞状态，FreeRTOS 要进行任务调度。而任务的切换是在 PendSV 的中断里发生的，所以 FreeRTOS 必须要打开中断，只要打开中断，RTC 唤醒中断的 ISR 就能及时执行。

所以，在使用 taskDISABLE_INTERRUPTS()和 taskENABLE_INTERRUPTS()定义的代码段内，或 taskENTER_CRITICAL()和 taskEXIT_CRITICAL()定义的临界代码段内，不能调用触发任务调度的函数，如延时函数 vTaskDelay()，或申请信号量等进行进程间同步的函数。因为发生任务调度时，就会打开中断，从而失去了定义中断屏蔽代码段或临界代码段的意义。

第 4 章 进程间通信与消息队列

进程间同步与通信是一个操作系统的基本功能，FreeRTOS 提供了完善的进程间通信功能，包括消息队列、信号量、互斥量、事件组、任务通知等。其中，消息队列是信号量和互斥量的基础，所以我们先介绍进程间通信的基本概念以及消息队列的原理和使用，在后面各章再逐步介绍信号量、互斥量等其他进程间通信方式。

4.1 进程间通信

在使用 RTOS 的系统中，有多个任务，还可以有多个中断的 ISR，任务和 ISR 可以统称为进程（process）。任务与任务之间，或任务与 ISR 之间，有时需要进行通信或同步，这称为进程间通信（Inter-Process Communication，IPC）。例如，图 4-1 所示的是使用 RTOS 和进程间通信时，ADC 连续数据采集与处理的一种工作方式示意图，这个图中各个部分的功能解释如下。

图 4-1 进程间通信的作用示意图

- ADC 中断 ISR 负责在 ADC 完成一次转换触发中断时，读取转换结果，然后写入数据缓冲区。
- 数据处理任务负责读取数据缓冲区里的 ADC 转换结果数据，然后进行处理，例如，进行滤波、频谱计算，或保存到 SD 卡上。
- 数据缓冲区负责临时保存 ADC 转换结果数据。在实际的 ADC 连续数据采集中，一般使用双缓冲区，一个缓冲区存满之后，用于读取和处理，另一个缓冲区继续用于保存 ADC 转换结果数据。两个缓冲区交替使用，以保证采集和处理的连续性。
- 进程间通信就是 ADC 中断 ISR 与数据处理任务之间的通信。在 ADC 中断 ISR 向缓冲区写入数据后，如果发现缓冲区满了，就可以发出一个标志信号，通知数据处理任务，一直在阻塞状态下等待这个信号的数据处理任务就可以退出阻塞状态，被调度为运行状态后，就可以及时读取缓冲区的数据并处理。

进程间通信是操作系统的一个基本功能，不管是小型的嵌入式操作系统，还是 Linux、Windows 等大型操作系统，当然，各种操作系统的进程间通信的技术和实现方式可能不一样。FreeRTOS 提供了完善的进程间通信技术，包括队列、信号量、互斥量等。如果读者学过 C++语言编程中的多线程同步的编程，对于 FreeRTOS 中这些进程间通信技术，就很容易理解和掌握了。

FreeRTOS 提供了多种进程间通信技术，各种技术有各自的特点和用途。

（1）队列（queue）。队列就是一个缓冲区，用于在进程间传递少量的数据，所以也称为消息队列。队列可以存储多个数据项，一般采用先进先出（FIFO）的方式，也可以采用后进先出（LIFO）的方式。

（2）信号量（semaphore），分为二值信号量（binary semaphore）和计数信号量（counting semaphore）。二值信号量用于进程间同步，计数信号量一般用于共享资源的管理。二值信号量没有优先级继承机制，可能出现优先级翻转问题。

（3）互斥量（mutex），分为互斥量（mutex）和递归互斥量（recursive mutex）。互斥量可用于互斥性共享资源的访问。互斥量具有优先级继承机制，可以减轻优先级翻转的问题。

（4）事件组（event group）。事件组适用于多个事件触发一个或多个任务的运行，可以实现事件的广播，还可以实现多个任务的同步运行。

（5）任务通知（task notification）。使用任务通知不需要创建任何中间对象，可以直接从任务向任务，或从 ISR 向任务发送通知，传递一个通知值。任务通知可以模拟二值信号量、计数信号量，或长度为 1 的消息队列。使用任务通知，通常效率更高，消耗内存更少。

（6）流缓冲区（stream buffer）和消息缓冲区（message buffer）。流缓冲区和消息缓冲区是 FreeRTOS V10.0.0 版本新增的功能，是一种优化的进程间通信机制，专门应用于只有一个写入者（writer）和一个读取者（reader）的场景，还可用于多核 CPU 的两个内核之间的高效数据传输。

4.2 队列的特点和基本操作

4.2.1 队列的创建和存储

队列是 FreeRTOS 中的一种对象，可以使用函数 xQueueCreate()或 xQueueCreateStatic()创建。创建队列时，会给队列分配固定个数的存储单元，每个存储单元可以存储固定大小的数据项，进程间需要传递的数据就保存在队列的存储单元里。

函数 xQueueCreate()是以动态分配内存方式创建队列，队列需要用的存储空间由 FreeRTOS 自动从堆空间分配。函数 xQueueCreateStatic()是以静态分配内存方式创建队列，静态分配内存时，需要为队列创建存储用的数组，以及存储队列信息的结构体变量。在 FreeRTOS 中创建对象，如任务、队列、信号量等，都有静态分配内存和动态分配内存两种方式。我们在创建任务时介绍过这两种方式的区别，在本书后面介绍创建这些对象时，一般就只介绍动态分配内存方式，不再介绍静态分配内存方式。

函数 xQueueCreate()实际上是一个宏函数，其原型定义如下：

```
#define xQueueCreate( uxQueueLength, uxItemSize )  xQueueGenericCreate( ( uxQueueLength ), ( uxItemSize ), ( queueQUEUE_TYPE_BASE ) )
```

xQueueCreate()调用了函数 xQueueGenericCreate()，这个是创建队列、信号量、互斥量等对象的通用函数。xQueueGenericCreate()的原型定义如下：

```
QueueHandle_t xQueueGenericCreate( const UBaseType_t uxQueueLength, const UBaseType_t uxItemSize, const uint8_t ucQueueType )
```

其中，参数 uxQueueLength 表示队列的长度，也就是存储单元的个数；参数 uxItemSize 是每个存储单元的字节数；参数 ucQueueType 表示创建的对象的类型，有以下几种常数取值。

```
#define queueQUEUE_TYPE_BASE                    ( ( uint8_t ) 0U )     //队列
#define queueQUEUE_TYPE_SET                     ( ( uint8_t ) 0U )     //队列集合
#define queueQUEUE_TYPE_MUTEX                   ( ( uint8_t ) 1U )     //互斥量
#define queueQUEUE_TYPE_COUNTING_SEMAPHORE      ( ( uint8_t ) 2U )     //计数信号量
#define queueQUEUE_TYPE_BINARY_SEMAPHORE        ( ( uint8_t ) 3U )     //二值信号量
#define queueQUEUE_TYPE_RECURSIVE_MUTEX         ( ( uint8_t ) 4U )     //递归互斥量
```

其中的队列集合（Queue Set）极少用到，本书就不具体介绍了。信号量、互斥量等内容会在后面章节介绍。

函数 xQueueGenericCreate() 的返回值是 QueueHandle_t 类型，是所创建队列的句柄，这个类型实际上是一个指针类型，定义如下：

```
typedef void * QueueHandle_t;
```

函数 xQueueCreate() 调用 xQueueGenericCreate() 时，传递了类型常数 queueQUEUE_TYPE_BASE，所以创建的是一个基本的队列。调用函数 xQueueCreate() 的示例如下：

```
Queue_KeysHandle = xQueueCreate(5, sizeof(uint16_t));
```

这行代码创建了一个具有 5 个存储单元的队列，每个单元占用 sizeof(uint16_t)字节，也就是 2 字节。这个队列的存储结构如图 4-2 所示。

队列的存储单元可以设置任意大小，因而可以存储任意数据类型，例如，可以存储一个复杂结构体的数据。队列存储数据采用数据复制的方式，如果数据项比较大，复制数据会占用较大的存储空间。所以，如果传递的是比较大的数据，例如，比较长的字符串或大的结构体，可以在队列的存储单元里存储需要传递数据的指针，通过指针再去读取原始数据。

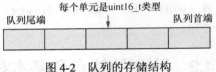

图 4-2 队列的存储结构

4.2.2 向队列写入数据

一个任务或 ISR 向队列写入数据称为发送消息，可以 FIFO 方式写入，也可以 LIFO 方式写入。

队列是一个共享的存储区域，可以被多个进程写入，也可以被多个进程读取。图 4-3 所示的是多个进程以 FIFO 方式向队列写入消息的示意图，先写入的靠前，后写入的靠后。

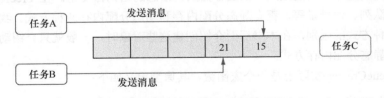

图 4-3 两个任务以 FIFO 方式发送消息

向队列后端写入数据（FIFO 模式）的函数是 xQueueSendToBack()，它是一个宏函数，其原型定义如下：

```
#define xQueueSendToBack( xQueue, pvItemToQueue, xTicksToWait )  \
xQueueGenericSend( ( xQueue ), ( pvItemToQueue ), ( xTicksToWait ), queueSEND_TO_BACK )
```

宏函数 xQueueSendToBack() 调用了函数 xQueueGenericSend()，这是向队列写入数据的通用函数，其原型定义如下：

```
BaseType_t xQueueGenericSend( QueueHandle_t xQueue, const void * const pvItemToQueue,
TickType_t xTicksToWait, const BaseType_t xCopyPosition )
```

其中，参数 xQueue 是所操作队列的句柄；参数 pvItemToQueue 是需要向队列写入的一个项的数据；参数 xTicksToWait 是阻塞方式等待队列出现空闲单元的节拍数，为 0 时，表示不等待，为常数 portMAX_DELAY 时，表示一直等待，为其他的数时，表示等待的节拍数；参数 xCopyPosition 表示写入队列的位置，有 3 种常数定义。

```
#define queueSEND_TO_BACK          ( ( BaseType_t ) 0 )    //写入后端，FIFO 方式
#define queueSEND_TO_FRONT         ( ( BaseType_t ) 1 )    //写入前段，LIFO 方式
#define queueOVERWRITE             ( ( BaseType_t ) 2 )    //尾端覆盖，在队列满时
```

要向队列前端写入数据（LIFO 方式），就使用函数 xQueueSendToFront()，它也是一个宏函数，在调用函数 xQueueGenericSend()时，为参数 xCopyPosition 传递值 queueSEND_TO_FRONT。

```
#define xQueueSendToFront( xQueue, pvItemToQueue, xTicksToWait )   \
xQueueGenericSend( ( xQueue ), ( pvItemToQueue ), ( xTicksToWait ), queueSEND_TO_FRONT )
```

在队列未满时，函数 xQueueSendToBack()和 xQueueSendToFront()能正常向队列写入数据，函数返回值为 pdTRUE；在队列已满时，这两个函数不能再向队列写入数据，函数返回值为 errQUEUE_FULL。

还有一个函数 xQueueOverwrite()也可以向队列写入数据，但是这个函数只用于队列长度为 1 的队列，在队列已满时，它会覆盖队列原来的数据。xQueueOverwrite()是一个宏函数，也是调用函数 xQueueGenericSend()，其原型定义如下：

```
#define xQueueOverwrite( xQueue, pvItemToQueue )   xQueueGenericSend( ( xQueue ),
( pvItemToQueue ), 0, queueOVERWRITE )
```

4.2.3 从队列读取数据

可以在任务或 ISR 里读取队列的数据，称为接收消息。图 4-4 所示的是一个任务从队列读取数据的示意图。读取数据总是从队列首端读取，读出后删除这个单元的数据，如果后面还有未读取的数据，就依次向队列首端移动。

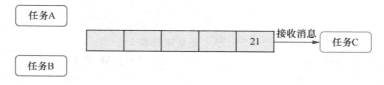

图 4-4　任务 C 接收消息

从队列读取数据的函数是 xQueueReceive()，其原型定义如下：

```
BaseType_t xQueueReceive( QueueHandle_t xQueue, void * const pvBuffer, TickType_t
xTicksToWait );
```

其中，xQueue 是所操作的队列句柄；pvBuffer 是缓冲区，用于保存从队列读出的数据；xTicksToWait 是阻塞方式等待节拍数，为 0 时，表示不等待，为常数 portMAX_DELAY 时，表示一直等待，为其他数时，表示等待的节拍数。

函数的返回值为 pdTRUE 时，表示从队列成功读取了数据，返回值为 pdFALSE 时，表示读取不成功。

在一个任务里执行函数 xQueueReceive()时，如果设置了等待节拍数并且队列里没有数据，

任务就会转入阻塞状态并等待指定的时间。如果在此等待时间内,队列里有了数据,这个任务就会退出阻塞状态,进入就绪状态,再被调度进入运行状态后,就可以从队列里读取数据了。如果超过了等待时间,队列里还是没有数据,函数 xQueueReceive()会返回 pdFALSE,任务退出阻塞状态,进入就绪状态。

还有一个函数 xQueuePeek()也是从队列里读取数据,其功能与 xQueueReceive()类似,只是读出数据后,并不删除队列中的数据。

4.2.4 队列操作相关函数

除了在任务函数里操作队列,用户在 ISR 里也可以操作队列,但是在 ISR 里操作队列,必须使用相应的中断级函数,即带有后缀"FromISR"的函数。

FreeRTOS 中队列操作的相关函数见表 4-1,表中仅列出了函数名。要了解这些函数的原型定义,可查看其源代码,也可以查看 FreeRTOS 参考手册中关于每个函数的详细说明。

表 4-1 FreeRTOS 中队列操作的相关函数

功能分组	函数名	功能描述
队列管理	xQueueCreate()	动态分配内存方式创建一个队列
	xQueueCreateStatic()	静态分配内存方式创建一个队列
	xQueueReset()	将队列复位为空的状态,丢弃队列内的所有数据
	vQueueDelete()	删除一个队列,也可用于删除一个信号量
获取队列信息	pcQueueGetName()	获取队列的名称,也就是创建队列时设置的队列名称字符串
	vQueueSetQueueNumber()	为队列设置一个编号,这个编号由用户设置并使用
	uxQueueGetQueueNumber()	获取队列的编号
	uxQueueSpacesAvailable()	获取队列剩余空间个数,也就是还可以写入的消息个数
	uxQueueMessagesWaiting()	获取队列中等待被读取的消息个数
	uxQueueMessagesWaitingFromISR()	uxQueueMessagesWaiting()的 ISR 版本
	xQueueIsQueueEmptyFromISR()	查询队列是否为空,返回值为 pdTRUE 表示队列为空
	xQueueIsQueueFullFromISR()	查询队列是否已满,返回值为 pdTRUE 表示队列已满
写入消息	xQueueSend()	将一个消息写到队列的后端(FIFO 方式),这个函数是早期版本
	xQueueSendFromISR()	xQueueSend()的 ISR 版本
	xQueueSendToBack()	与 xQueueSend()功能完全相同,建议使用这个函数
	xQueueSendToBackFromISR()	xQueueSendToBack()的 ISR 版本
	xQueueSendToFront()	将一个消息写到队列的前端(LIFO 方式)
	xQueueSendToFrontFromISR()	xQueueSendToFront()的 ISR 版本
	xQueueOverwrite()	只用于长度为 1 的队列,如果队列已满,会覆盖原来的数据
	xQueueOverwriteFromISR()	xQueueOverwrite()的 ISR 版本
读取消息	xQueueReceive()	从队列中读取一个消息,读出后删除队列中的这个消息
	xQueueReceiveFromISR()	xQueueReceive()的 ISR 版本
	xQueuePeek()	从队列中读取一个消息,读出后不删除队列中的这个消息
	xQueuePeekFromISR()	xQueuePeek()的 ISR 版本

表中有一组函数是用于获取队列信息的，例如，函数 pcQueueGetName()返回队列的字符串名称，函数 uxQueueSpacesAvailable()返回队列剩余空间个数，函数 uxQueueMessagesWaiting()返回队列中等待被读取的消息的个数。这些函数的使用非常简单，这里就不详细介绍其函数原型了，在后面的示例里会用到其中的一些函数。

4.3 队列使用示例

4.3.1 示例功能和 CubeMX 项目设置

我们将设计一个示例 Demo4_1Queue，演示队列的使用。本示例的主要功能是创建一个队列和两个任务：一个任务负责查询 4 个按键的状态，某个按键被按下时就向队列中写入代表此按键的值；另外一个任务负责读取队列的数据，根据队列里的按键值，在 LCD 上向上、下、左、右 4 个方向画线。

本示例要用到 4 个按键和 LCD，所以我们使用 CubeMX 模板项目文件 M4_LCD_KeyLED.ioc 创建本项目的文件 Demo4_1Queue.ioc（操作方法见附录 A）。在 SYS 组件配置中设置 TIM6 作为 HAL 基础时钟源。

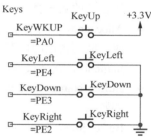

文件 Demo4_1Queue.ioc 中，我们已经根据图 4-5 对 4 个按键的 GPIO 引脚做了设置。KeyUp 是高输入有效，PA0 设置为下拉，其他 3 个按键是低输入有效，设置为上拉。与按键连接的 4 个 GPIO 引脚的设置如图 4-6 所示。

图 4-5 开发板上 4 个按键的电路连接

Pin Name	User Label	GPIO mode	GPIO Pull-up/Pull-down
PE3	KeyDown	Input mode	Pull-up
PE4	KeyLeft	Input mode	Pull-up
PE2	KeyRight	Input mode	Pull-up
PA0-WKUP	KeyUp	Input mode	Pull-down

图 4-6 与按键连接的 4 个 GPIO 引脚的设置

启用 FreeRTOS，将接口设置为 CMSIS_V2，并让所有"config"和"INCLUDE_"参数保持默认值。

在 Tasks and Queues 页面设计任务和队列，完成的设计如图 4-7 所示。创建的两个任务分别是 Task_Draw 和 Task_ScanKeys。Task_Draw 的功能是读取队列里的数据，在 LCD 上画线，其优先级为 osPriorityBelowNormal；Task_ScanKeys 用于读取按键的状态，将按下的按键值写入队列，其优先级为 osPriorityNormal。任务 Task_ScanKeys 的优先级更高，是为了及时读取按键状态。

Task Name	Priority	Stack Size	Entry Function	Allocation	Code	Para.	Buffe	Cont
Task_Draw	osPriorityBelowNormal	128	AppTask_Draw	Dynamic	Default	NULL	NULL	NULL
Task_ScanKeys	osPriorityNormal	128	AppTask_ScanKeys	Dynamic	Default	NULL	NULL	NULL

Queue Name	Queue Size	Item Size	Allocation	Buffer Name	Control Block Name
Queue_Keys	10	uint8_t	Dynamic	NULL	NULL

图 4-7 FreeRTOS 中的任务和队列

位于图 4-7 界面下方的是队列列表，用户可以新增或删除一个队列。在列表上双击一个队列条目，可以打开图 4-8 所示的对话框，设置队列的属性。队列需要设置的属性包括以下几项。

- Queue Name，队列名称。队列的字符串名称，这个名称可以通过函数 pcQueueGetName() 获取。
- Queue Size，队列大小。这个值是队列能存储的消息个数。
- Item Size，每个项的大小。也就是每个消息所占存储单元的大小，单位是字节。如果项是

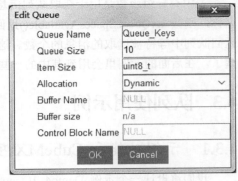

图 4-8 设置队列的属性

标准的数据类型，如 uint8_t、uint16_t 等，可以直接用数据类型表示；如果项是结构体等复杂的数据类型，可以直接填写字节数。
- Allocation，内存分配方式。可以设置为 Dynamic（动态）或 Static（静态）。设置为 Dynamic 时，队列占用的内存空间由 FreeRTOS 自动分配，后面的 3 个参数无须设置；设置为 Static 时，需要设置后面的 Buffer Name 和 Control Block Name 这两个参数。
- Buffer Name，缓冲区名称。静态分配内存时缓冲区数组的名称，缓冲区用于存储消息的数据。
- Buffer Size，缓冲区大小。静态分配内存时，自动根据队列长度和每个项的大小计算出的缓冲区大小，单位是字节。
- Control Block Name，控制块名称。静态分配内存时，需要定义一个结构体变量作为队列的控制块。

本示例以动态分配内存方式创建队列，队列长度为 10，每个消息是一个 uint8_t 的数据，所以每个项的大小是 1 字节。

4.3.2 初始代码分析

1. 主程序

完成设置后，我们在 CubeMX 中生成代码。我们在 CubeIDE 中打开项目，先将 TFT_LCD 和 KEY_LED 驱动程序目录添加到项目搜索路径（操作方法见附录 A）。添加用户代码后，主程序代码如下：

```c
/* 文件: main.c ---------------------------------------------------------*/
#include "main.h"
#include "cmsis_os.h"
#include "gpio.h"
#include "fsmc.h"
/* USER CODE BEGIN Includes */
#include "tftlcd.h"
/* USER CODE END Includes */

int main(void)
{
    HAL_Init();
    SystemClock_Config();
    /* Initialize all configured peripherals */
```

```
    MX_GPIO_Init();          //4 个按键引脚的 GPIO 初始化
    MX_FSMC_Init();

    /* USER CODE BEGIN 2 */
    TFTLCD_Init();
    LCD_ShowStr(10, 10, (uint8_t *)"Demo4_1:Using a Queue");
    /* USER CODE END 2 */

    osKernelInitialize();
    MX_FREERTOS_Init();
    osKernelStart();
    /* We should never get here as control is now taken by the scheduler */
    while (1)
    {
    }
}
```

函数 MX_GPIO_Init()对连接 4 个按键的引脚进行 GPIO 初始化，其代码参见《基础篇》第 6 章的示例。

2. 创建任务和队列

在本示例中，FreeRTOS 对象初始化函数 MX_FREERTOS_Init()用于创建在 CubeMX 中定义的任务和队列。函数 MX_FREERTOS_Init()和相关代码如下：

```
/* 文件: freertos.c --------------------------------------------------*/
#include "FreeRTOS.h"
#include "task.h"
#include "main.h"
#include "cmsis_os.h"

/* Private variables -------------------------------------------------*/
/* 任务 Task_Draw 的相关定义 */
osThreadId_t Task_DrawHandle;               //任务 Task_Draw 的句柄变量
const osThreadAttr_t Task_Draw_attributes = {   //任务 Task_Draw 的属性
        .name = "Task_Draw",
        .priority = (osPriority_t) osPriorityBelowNormal,
        .stack_size = 128 * 4
};

/* 任务 Task_ScanKeys 的相关定义 */
osThreadId_t Task_ScanKeysHandle;           //任务 Task_ScanKeys 的句柄变量
const osThreadAttr_t Task_ScanKeys_attributes = {   //任务 Task_ScanKeys 的属性
        .name = "Task_ScanKeys",
        .priority = (osPriority_t) osPriorityNormal,
        .stack_size = 128 * 4
};

/* 队列 Queue_Keys 的相关定义 */
osMessageQueueId_t Queue_KeysHandle;        //队列 Queue_Keys 的句柄变量
const osMessageQueueAttr_t Queue_Keys_attributes = {   //队列 Queue_Keys 的属性
        .name = "Queue_Keys"
};

/* Private function prototypes ---------------------------------------*/
void AppTask_Draw(void *argument);
void AppTask_ScanKeys(void *argument);
void MX_FREERTOS_Init(void);

void MX_FREERTOS_Init(void)
{
    /* 创建队列 Queue_Keys */
```

```
        Queue_KeysHandle = osMessageQueueNew (10, sizeof(uint8_t),&Queue_Keys_attributes);

        /* 创建任务 Task_Draw */
        Task_DrawHandle = osThreadNew(AppTask_Draw, NULL, &Task_Draw_attributes);

        /* 创建任务 Task_ScanKeys */
        Task_ScanKeysHandle = osThreadNew(AppTask_ScanKeys, NULL,
                                        &Task_ScanKeys_attributes);
}
```

在私有变量定义部分，有定义的队列的句柄变量和属性变量，如下所示：

```
osMessageQueueId_t  Queue_KeysHandle;              //队列 Queue_Keys 的句柄变量
const osMessageQueueAttr_t Queue_Keys_attributes = {   //队列 Queue_Keys 的属性
        .name = "Queue_Keys"
};
```

队列的句柄变量类型是 osMessageQueueId_t，这是文件 cmsis_os2.h 中定义的类型，所以是 CMSIS-RTOS 的标准类型。osMessageQueueId_t 实际上就是个指针，其原型定义如下：

```
typedef void *osMessageQueueId_t;
```

队列属性结构体 osMessageQueueAttr_t 也是在文件 cmsis_os2.h 中定义的，其原型定义如下，各成员变量的意义见注释：

```
typedef struct {
    const char          *name;          //消息队列的字符串名称
    uint32_t            attr_bits;      //属性位
    void                *cb_mem;        //控制块的存储空间
    uint32_t            cb_size;        //控制块的存储空间大小，单位：字节
    void                *mq_mem;        //数据存储空间
    uint32_t            mq_size;        //数据存储空间大小，单位：字节
} osMessageQueueAttr_t;
```

用动态分配内存方式创建队列时，队列属性只需要设置队列名称。

函数 MX_FREERTOS_Init()中创建队列的语句如下：

```
Queue_KeysHandle = osMessageQueueNew (10, sizeof(uint8_t),&Queue_Keys_attributes);
```

函数 osMessageQueueNew()是 CMSIS-RTOS 标准的创建队列的函数，它内部会根据队列的属性设置自动调用函数 xQueueCreate()以动态分配内存方式创建队列，或调用函数 xQueueCreateStatic()以静态分配内存方式创建队列。函数 osMessageQueueNew()的原型定义如下：

```
osMessageQueueId_t osMessageQueueNew (uint32_t msg_count, uint32_t msg_size, const osMessageQueueAttr_t *attr);
```

其中，参数 msg_count 是队列可存储的消息个数；参数 msg_size 是每个消息所占存储单元的字节数；参数 attr 是队列属性的指针。函数的返回值类型是 osMessageQueueId_t，返回的就是所创建队列的句柄。

函数 MX_FREERTOS_Init()中创建任务的代码不予解释，与前面的示例类似。文件 freertos.c 中还有两个任务函数的框架，下一步主要就是在任务函数里添加代码实现用户功能。

4.3.3 实现用户功能

本示例计划的功能是：在任务 Task_ScanKeys 中扫描按键，将按键代码发送到消息队列，任务 Task_Draw 读取队列中的按键代码后，在 LCD 上移动画线。要实现这些功能，就要在两个

任务的任务函数里添加代码。在文件 freertos.c 中，增加包含文件，定义私有变量，完成功能后的两个任务函数和相关代码如下：

```
/* 文件：freertos.c ----------------------------------------------------------*/
/* USER CODE BEGIN Includes */
#include "queue.h"
#include "tftlcd.h"
#include "keyled.h"              //使用其中的按键枚举类型 KEYS
/* USER CODE END Includes */

/* Private variables --------------------------------------------------------*/
/* USER CODE BEGIN Variables */
uint16_t  curScreenX=100;        //LCD 当前 X
uint16_t  curScreenY=260;        //LCD 当前 Y
uint16_t  lastScreenX=100;       //LCD 前一步的 X
uint16_t  lastScreenY=260;       //LCD 前一步的 Y
/* USER CODE END Variables */

/*  任务 Task_ScanKeys 的任务函数  */
void AppTask_ScanKeys(void *argument)
{
    /* USER CODE BEGIN AppTask_ScanKeys */
    GPIO_PinState keyState=GPIO_PIN_SET;
    KEYS  key=KEY_NONE;
    for(;;)
    {
        key=KEY_NONE;
// 1.检测 KeyRight
        keyState=HAL_GPIO_ReadPin(KeyRight_GPIO_Port, KeyRight_Pin); //KeyRight
        if (keyState==GPIO_PIN_RESET)   //KeyRight 是低输入有效
            key=KEY_RIGHT;

// 2.检测 KeyDown
        keyState=HAL_GPIO_ReadPin(KeyDown_GPIO_Port, KeyDown_Pin);  //KeyDown
        if (keyState==GPIO_PIN_RESET)   //KeyDown 是低输入有效
            key=KEY_DOWN;

// 3.检测 KeyLeft
        keyState=HAL_GPIO_ReadPin(KeyLeft_GPIO_Port, KeyLeft_Pin);  //KeyLeft
        if (keyState==GPIO_PIN_RESET)   //KeyLeft 是低输入有效
            key=KEY_LEFT;

//4.检测 KeyUp
        keyState=HAL_GPIO_ReadPin(KeyUp_GPIO_Port, KeyUp_Pin);   //KeyUp
        if (keyState==GPIO_PIN_SET)     //KeyUp 是高输入有效
            key=KEY_UP;

// 5.是否有键按下
        if (key != KEY_NONE)     //有键按下
        {
            BaseType_t err= xQueueSendToBack(Queue_KeysHandle,&key, pdMS_TO_TICKS(50));
            if (err == errQUEUE_FULL)           //如果队列满了，就复位队列
                xQueueReset(Queue_KeysHandle);
            vTaskDelay(pdMS_TO_TICKS(300));     //去除抖动影响，同时让任务调度执行
        }
        else
            vTaskDelay(pdMS_TO_TICKS(5));       //死循环内延时，进入阻塞状态
    }
    /* USER CODE END AppTask_ScanKeys */
}
```

```c
/*  任务 Task_Draw 的任务函数  */
void AppTask_Draw(void *argument)
{
/* USER CODE BEGIN AppTask_Draw */
    //读取队列信息
    char* qName=pcQueueGetName(Queue_KeysHandle);          //读取队列名称
    LCD_ShowStr(10, 40, (uint8_t *)"Queue Name =");
    LCD_ShowStr(LCD_CurX, LCD_CurY, qName);

    UBaseType_t qSpaces=uxQueueSpacesAvailable(Queue_KeysHandle);
    LCD_ShowStr(10, 70, (uint8_t *)"Queue Size =");   //初始剩余空间，也就是队列的大小
    LCD_ShowUint(LCD_CurX, LCD_CurY, qSpaces);

    LCD_ShowStr(10, 110, (uint8_t *)"uxQueueMessagesWaiting()= ");
    LCD_ShowStr(10, 150, (uint8_t *)"uxQueueSpacesAvailable()= ");
    uint16_t  LcdX=LCD_CurX;           //记录显示位置 X
    UBaseType_t msgCount=0, freeSpace=0;
    KEYS  keyCode;
    for(;;)
    {
        msgCount=uxQueueMessagesWaiting(Queue_KeysHandle);  //等待读取的消息个数
        LCD_ShowUintX(LcdX, 110, msgCount, 2);
        freeSpace=uxQueueSpacesAvailable(Queue_KeysHandle); //剩余空间个数
        LCD_ShowUintX(LcdX, 160, freeSpace, 2);
        BaseType_t  result=xQueueReceive(Queue_KeysHandle,
                        &keyCode, pdMS_TO_TICKS(50));        //读取消息，阻塞式等待
        if (result != pdTRUE)
            continue;

    //读取到消息，根据按键代码移动画线
        if (keyCode==KEY_LEFT)
            curScreenX -= 10;
        else if (keyCode==KEY_RIGHT)
            curScreenX += 10;
        else if (keyCode==KEY_UP)
            curScreenY -= 10;
        else if (keyCode==KEY_DOWN)
            curScreenY += 10;

        if (curScreenX>LCD_W)
            curScreenX=LCD_W;
        if (curScreenY>LCD_H)
            curScreenY=LCD_H;
        LCD_DrawLine(lastScreenX, lastScreenY, curScreenX, curScreenY);
        lastScreenX =curScreenX;
        lastScreenY =curScreenY;
        vTaskDelay(pdMS_TO_TICKS(400));     //如果延时较长，可能导致队列里有多个项
    }
/* USER CODE END AppTask_Draw */
}
```

我们在文件 freertos.c 中定义了几个 uint16_t 类型的变量，用于表示 LCD 上的当前和上一步的 X 和 Y 坐标，画图的方法是根据按键的值在 LCD 上移动画线。

1. 扫描按键和发送消息

任务 Task_ScanKeys 的功能是扫描按键，将被按下的按键值写入队列。按键 KeyUp 是高输入有效，其他 3 个按键都是低输入有效。表示 4 个按键 GPIO 引脚的端口和引脚号的宏是在文件 main.h 中定义的，是 CubeMX 根据 GPIO 引脚的用户标签自动生成的宏定义。表示按键的枚

举类型 KEYS 是在文件 keyled.h 中定义的，这个枚举类型定义如下：

```
//表示 4 个按键的枚举类型
typedef enum {
    KEY_NONE=0,          //没有按键
    KEY_LEFT,            //KeyLeft 键
    KEY_RIGHT,           //KeyRight 键
    KEY_UP,              //KeyUp 键
    KEY_DOWN             //KeyDown 键
}KEYS;
```

程序检测到某个键被按下后，将按键类型值赋值给变量 key。如果检测到有键按下，调用函数 xQueueSendToBack()，将按键代码写入队列，代码如下：

```
if (key != KEY_NONE)    //有键按下
{
    BaseType_t err= xQueueSendToBack(Queue_KeysHandle, &key, pdMS_TO_TICKS(50));
    if (err == errQUEUE_FULL)   //如果队列满了，就复位队列
        xQueueReset(Queue_KeysHandle);
    vTaskDelay(pdMS_TO_TICKS(300));   //去除抖动影响，同时让任务调度执行
}
```

程序在调用 xQueueSendToBack()时设置了阻塞等待时间，但是队列长度是 10，一般总是有剩余空间，所以该函数会立刻返回。在执行完写入队列后，又调用函数 vTaskDelay()延时 300ms，这是用软件延时的方式消除按键抖动的影响，同时又使任务 Task_ScanKeys 进入阻塞状态，让低优先级的任务 Task_Draw 可以进入运行状态，及时读取队列里的消息并处理。

2. 读取消息并画线

任务 Task_Draw 的主要功能是读取队列里的按键代码，然后在 LCD 上移动画线。程序在进入 for 循环之前，调用函数 pcQueueGetName()获取了队列的名称，调用函数 uxQueueSpacesAvailable()获取队列的剩余空间个数。在程序刚运行起来时，没有消息进入队列，这个剩余空间就是队列的大小。

在 for 循环内，调用函数 uxQueueMessagesWaiting()读取队列中等待读取的消息条数，调用函数 uxQueueSpacesAvailable()读取剩余空间个数。在程序运行时，按下某个按键，或连续快速按下多个按键，会看到 LCD 显示的这两个数是变化的。

程序使用函数 xQueueReceive()读取队列中的消息，调用的语句如下：

```
BaseType_t  result=xQueueReceive(Queue_KeysHandle, &keyCode, pdMS_TO_TICKS(50));
```

这里设置了等待时间为 50ms，在执行这条语句时，如果队列中没有消息，任务 Task_Draw 就会进入阻塞状态，等待时间最多为 50ms。如果队列中有了消息，就会将读取的消息数据保存到变量 keyCode 中，任务 Task_Draw 退出阻塞状态，进入就绪状态。如果函数 xQueueReceive()的返回值不是 pdTRUE，表示超过了阻塞等待时间，仍然没有消息可读。

如果成功读取了一条消息，消息的数据就是一个按键的枚举数值，程序根据按键码计算新的 X 或 Y 坐标，然后在 LCD 上移动画线。

for 循环的最后调用函数 vTaskDelay()延时 400ms，是为了人为地造成比较大的延时。这样，在快速连续按下按键时，会看到 LCD 上待读取消息条数可以达到 2 或 3。如果将这个延时减小，可以使 LCD 画图响应变得更快。

第 5 章 信 号 量

我们在第 4 章介绍了队列，队列的功能是将进程间需要传递的数据存在其中，所以在有的 RTOS 系统里，队列也被称为"邮箱"。有的时候，进程间需要传递的只是一个标志，用于进程间同步或对一个共享资源的互斥性访问，这时就可以使用信号量或互斥量。信号量和互斥量的实现都是基于队列的，信号量更适用于进程间同步，互斥量更适用于共享资源的互斥性访问。

5.1 信号量和互斥量概述

信号量（semaphore）和互斥量（mutex）都可应用于进程间通信，它们都是基于队列的基本数据结构，但是信号量和互斥量又有一些区别。从队列派生出来的信号量和互斥量的分类如图 5-1 所示。

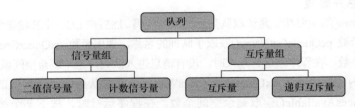

图 5-1 从队列派生出来的信号量和互斥量的分类

5.1.1 二值信号量

二值信号量（binary semaphore）就是只有一个项的队列，这个队列要么是空的，要么是满的，所以相当于只有 0 和 1 两种值。二值信号量就像一个标志，适合用于进程间同步的通信。例如，图 5-2 所示的是使用二值信号量在 ISR 和任务之间进行同步的示意图。图 5-2 的工作原理如下。

图 5-2 使用二值信号量在 ISR 和任务之间进行同步的示意图

- 图中有两个进程，ADC 中断 ISR 负责读取 ADC 转换结果并写入缓冲区，数据处理任务负责读取缓冲区的内容并进行处理。

- 数据缓冲区是两个任务之间需要进行同步访问的对象，为了简化原理分析，假设数据缓冲区只存储一次的转换结果数据。ADC 中断 ISR 读取 ADC 转换结果后，写入数据缓冲区，并且释放（give）二值信号量，二值信号量变为有效，表示数据缓冲区里已经存入了新的转换结果数据。
- 数据处理任务总是获取（take）二值信号量。如果二值信号量是无效的，任务就进入阻塞状态等待，可以一直等待，也可以设置等待超时时间。如果二值信号量变为有效的，数据处理任务立刻退出阻塞状态，进入运行状态，之后就可以读取缓冲区的数据并进行处理。

如果不使用二值信号量，而是使用一个自定义标志变量来实现以上的同步过程，则任务需要不断地查询标志变量的值，而不是像使用二值信号量那样，可以使任务进入阻塞等待状态。所以，使用二值信号量进行进程间同步的效率更高。

5.1.2 计数信号量

计数信号量（counting semaphore）就是有固定长度的队列，队列的每个项是一个标志。计数信号量通常用于对多个共享资源的访问进行控制，其工作原理可用图 5-3 来说明。

图 5-3 计数信号量的工作原理

- 一个计数信号量被创建时设置为初值 4，实际上是队列中有 4 个项，表示可共享访问的 4 个资源，这个值只是个计数值。可以将这 4 个资源类比为图 5-3 中一个餐馆里的 4 个餐桌，客人就是访问资源的 ISR 或任务。
- 当有客人进店时，就是获取（take）信号量，如果有 1 个客人进店了（假设 1 个客人占用 1 张桌子），计数信号量的值就减 1，计数信号量的值变为 3，表示还有 3 张空余桌子。如果计数信号量的值变为 0，表示 4 张桌子都被占用了，再有客人要进店时就得等待。在任务中申请信号量时，可以设置等待超时时间，在等待时，任务进入阻塞状态。
- 如果有 1 个客人用餐结束离开了，就是释放（give）信号量，计数信号量的值就加 1，表示可用资源数量增加了 1 个，可供其他要进店的人获取。

由计数信号量的工作原理可知，它适用于管理多个共享资源，例如，ADC 连续数据采集时，一般使用双缓冲区，就可以使用计数信号量来管理。

5.1.3 互斥量

互斥量是针对二值信号量的一种改进。使用二值信号量时，可能会出现优先级翻转（priority inversion）的问题，使系统的实时性变差。互斥量引入了优先级继承（priority inheritance）机制，可以减缓优先级翻转问题，但不能完全消除。

图 5-4 是使用互斥量控制互斥型资源访问的示意图，可解释互斥量的工作原理和特点。

图 5-4　互斥量控制互斥型资源访问示意图

- 两个任务要互斥性地访问串口，也就是在任务 A 访问串口时，其他任务不能访问串口。
- 互斥量相当于管理串口的一把钥匙。一个任务可以获取（take）互斥量，获取互斥量后，将独占对串口的访问，访问完后要释放（give）互斥量。
- 一个任务获取互斥量后，对资源进行访问时，其他想要获取互斥量的进程只能等待。

注意图 5-4 和图 5-2 的区别。图 5-2 是进程间的同步，一个进程只负责释放信号量，另一个进程只负责获取信号量；而图 5-4 中，一个任务对互斥量既有获取操作，也有释放操作。

信号量和互斥量都可以用于图 5-2 和图 5-4 的应用场景，但是二值信号量更适用于进程间同步，互斥量更适用于控制对互斥型资源的访问。二值信号量没有优先级继承机制，将二值信号量用于互斥型资源的访问时，容易出现优先级翻转问题，而互斥量有优先级继承机制，可以减缓优先级翻转问题。关于优先级翻转和优先级继承等问题，在第 6 章介绍。

 互斥量不能在 ISR 中使用，因为互斥量具有任务的优先级继承机制，而 ISR 不是任务。另外，ISR 中不能设置阻塞等待时间，而获取互斥量时，经常是需要等待的。

5.1.4　递归互斥量

递归互斥量（recursive mutex）是一种特殊的互斥量，可以用于需要递归调用的函数中。一个任务在获取一个互斥量之后，就不能再次获取这个互斥量了；而一个任务在获取递归互斥量之后，还可以再次获取这个递归互斥量，当然，每次获取必须与一次释放配对使用。递归互斥量同样不能在 ISR 中使用。

5.1.5　相关函数概述

信号量和互斥量相关的常量和函数定义都在头文件 semphr.h 中，函数都是宏函数，都是调用文件 queue.c 中的一些函数实现的。这些函数按功能可以划分为 3 组，见表 5-1。

表 5-1　信号量和互斥量操作相关的函数

分组	函数	功能
创建与删除	xSemaphoreCreateBinary()	创建二值信号量
	xSemaphoreCreateBinaryStatic()	创建二值信号量，静态分配内存
	xSemaphoreCreateCounting()	创建计数信号量
	xSemaphoreCreateCountingStatic()	创建计数信号量，静态分配内存
	xSemaphoreCreateMutex()	创建互斥量
	xSemaphoreCreateMutexStatic()	创建互斥量，静态分配内存
	xSemaphoreCreateRecursiveMutex()	创建递归互斥量
	xSemaphoreCreateRecursiveMutexStatic()	创建递归互斥量，静态分配内存
	vSemaphoreDelete()	删除这 4 种信号量或互斥量

5.1 信号量和互斥量概述

续表

分组	函数	功能
获取与释放	xSemaphoreGive()	释放二值信号量、计数信号量、互斥量
	xSemaphoreGiveFromISR()	xSemaphoreGive()的 ISR 版本，但不能用于互斥量
	xSemaphoreGiveRecursive()	释放递归互斥量
	xSemaphoreTake()	获取二值信号量、计数信号量、互斥量
	xSemaphoreTakeFromISR()	xSemaphoreTake()的 ISR 版本，但不用于互斥量
	xSemaphoreTakeRecursive()	获取递归互斥量
其他操作	uxSemaphoreGetCount()	返回计数信号量或二值信号量当前的值
	xSemaphoreGetMutexHolder()	返回互斥量的当前持有者
	xSemaphoreGetMutexHolderFromISR()	xSemaphoreGetMutexHolder()的 ISR 版本

每一种对象的创建都有专门的函数，例如 xSemaphoreCreateBinary()用于以动态分配内存方式创建二值信号量，以静态分配内存方式创建二值信号量的函数是 xSemaphoreCreateBinaryStatic()。在后面介绍函数的使用时，我们将只介绍动态分配内存的创建方式。

信号量和互斥量的主要操作是释放和获取。这些函数的使用要注意以下问题。

- 函数 xSemaphoreGive()可以用于释放二值信号量、计数信号量和互斥量，但是对应的 ISR 版本 xSemaphoreGiveFromISR()只能释放二值信号量和计数信号量，不能用于互斥量，因为互斥量不能在 ISR 中使用。xSemaphoreTake()和 xSemaphoreTakeFromISR()的操作对象的区别也是如此。
- 递归互斥量的释放和获取有专门的函数，xSemaphoreGiveRecursive() 和 xSemaphoreTakeRecursive()，递归互斥量不能在 ISR 中使用。
- uxSemaphoreGetCount(xSemaphore)返回信号量 xSemaphore 的当前值，xSemaphore 可以是计数信号量或二值信号量。如果是二值信号量，返回的值是 1（信号量有效）或 0（信号量无效）；如果是计数信号量，返回值就是计数信号量当前的值，也就是表示剩余可用资源的个数。
- xSemaphoreGetMutexHolder(xMutex)用于在任务中获取一个互斥量 xMutex 的当前持有者（holder），也就是获取了互斥量 xMutex，但还没有释放它的任务的句柄。这个函数通常用来确定当前任务是不是某个互斥量的持有者。

要在 FreeRTOS 中使用计数信号量、互斥量或递归互斥量，需要将相应的"config"参数设置为 1。这几个参数在 CubeMX 里可以设置，且默认都是 Enabled，如图 5-5 所示。

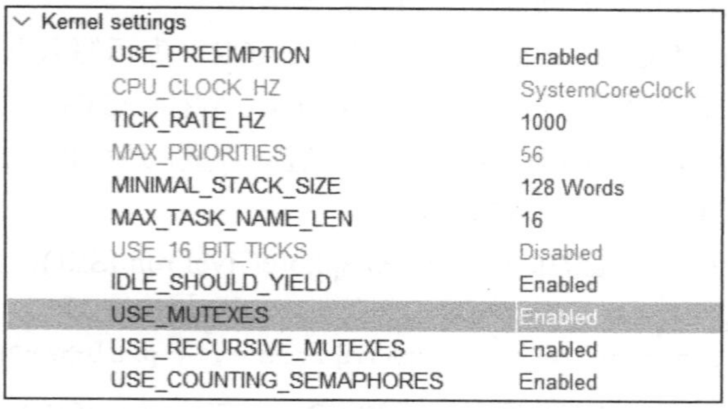

```
∨ Kernel settings
    USE_PREEMPTION          Enabled
    CPU_CLOCK_HZ            SystemCoreClock
    TICK_RATE_HZ            1000
    MAX_PRIORITIES          56
    MINIMAL_STACK_SIZE      128 Words
    MAX_TASK_NAME_LEN       16
    USE_16_BIT_TICKS        Disabled
    IDLE_SHOULD_YIELD       Enabled
    USE_MUTEXES             Enabled
    USE_RECURSIVE_MUTEXES   Enabled
    USE_COUNTING_SEMAPHORES Enabled
```

图 5-5 使用信号量和互斥量的参数设置

5.2 二值信号量使用示例

5.2.1 二值信号量操作相关函数详解

1. 创建二值信号量

在使用二值信号量之前，我们需要先创建一个二值信号量。以动态分配内存方式创建二值信号量的函数是 xSemaphoreCreateBinary()，这是一个宏函数，其原型定义如下：

```
#define xSemaphoreCreateBinary()    xQueueGenericCreate( ( UBaseType_t ) 1, 
semSEMAPHORE_QUEUE_ITEM_LENGTH, queueQUEUE_TYPE_BINARY_SEMAPHORE )
```

它调用的函数是 xQueueGenericCreate()，这个函数在 4.2.1 节介绍过，创建队列时调用的也是这个函数。xSemaphoreCreateBinary()调用这个函数时，传递了如下几个参数。

- 第 1 个参数：数值 1，是队列长度。
- 第 2 个参数：符号常数 semSEMAPHORE_QUEUE_ITEM_LENGTH，其值实际为 0，二值信号量的队列里存储的具体是什么类型的数据由 FreeRTOS 处理。
- 第 3 个参数：符号常数 queueQUEUE_TYPE_BINARY_SEMAPHORE，表示创建的是二值信号量。

函数 xSemaphoreCreateBinary()返回的数据类型是 QueueHandle_t，实际上就是 void 类型的指针，也就是创建的二值信号量的句柄。

2. 释放二值信号量

二值信号量被创建后是无效的，相当于值为 0。释放二值信号量的目的就是使其有效，相当于使其变为 1。在任务中释放二值信号量的函数是 xSemaphoreGive()，其原型定义如下：

```
#define xSemaphoreGive( xSemaphore )    xQueueGenericSend( ( QueueHandle_t ) 
( xSemaphore ), NULL, semGIVE_BLOCK_TIME, queueSEND_TO_BACK )
```

xSemaphoreGive()调用了函数 xQueueGenericSend()，这也是队列写入函数 xQueueSendToBack()调用的底层函数，参见 4.2.2 节。xSemaphoreGive()调用这个函数时，传递了如下的几个参数。

- 第 1 个参数：xSemaphore，是二值信号量的句柄。
- 第 2 个参数：数值 NULL。这个参数是需要向队列写入的数据，对于二值信号量来说，不需要写数据到队列，由 FreeRTOS 内部处理。
- 第 3 个参数：宏定义常量 semGIVE_BLOCK_TIME，其数值为 0。这个参数是等待的节拍数，释放二值信号量无须等待，所以数值为 0。
- 第 4 个参数：宏定义常量 queueSEND_TO_BACK，表示写入队列的方向。

如果成功释放了二值信号量，函数 xSemaphoreGive()返回 pdTRUE；否则，返回 pdFALSE。

注意，函数 xSemaphoreGive()不仅可以释放二值信号量，还可以释放计数信号量和互斥量，所以参数 xSemaphore 可以是这 3 种对象的句柄。

在中断 ISR 中，释放信号量的函数是 xSemaphoreGiveFromISR()，其原型定义如下：

```
#define xSemaphoreGiveFromISR( xSemaphore, pxHigherPriorityTaskWoken )    
xQueueGiveFromISR( ( QueueHandle_t ) ( xSemaphore ), ( pxHigherPriorityTaskWoken ) )
```

函数 xSemaphoreGiveFromISR()调用了函数 xQueueGiveFromISR()，后者的原型定义如下：

```
BaseType_t xQueueGiveFromISR( QueueHandle_t xQueue,
                    BaseType_t * const pxHigherPriorityTaskWoken )
```

第一个参数 xQueue 是二值信号量或计数信号量的句柄，不能是互斥量，因为在 ISR 里不能使用互斥量。

第二个参数 pxHigherPriorityTaskWoken 是 BaseType_t 类型的指针，是一个返回数据，返回值为 pdTRUE 或 pdFALSE。如果释放信号量导致一个任务解锁，而解锁的任务比当前任务优先级高，则参数 pxHigherPriorityTaskWoken 返回值为 pdTRUE，这就需要在退出 ISR 之前申请进行任务调度，以便及时执行解锁的高优先级任务。执行函数 portYIELD_FROM_ISR() 可以申请进行任务调度。

如果函数 xSemaphoreGiveFromISR() 的返回值是 pdTRUE，则表示信号量被成功释放。在 ISR 中调用 xSemaphoreGiveFromISR() 的示例代码如下：

```
BaseType_t  highTaskWoken=pdFALSE;
if (BinSem_DataReadyHandle != NULL)
{
    xSemaphoreGiveFromISR(BinSem_DataReadyHandle, &highTaskWoken);
    portYIELD_FROM_ISR(highTaskWoken);       //申请进行一次任务调度
}
```

3. 获取二值信号量

在任务中获取二值信号量的函数是 xSemaphoreTake()，其原型定义如下：

```
#define xSemaphoreTake( xSemaphore, xBlockTime ) xQueueSemaphoreTake( ( xSemaphore ), ( xBlockTime ) )
```

这个函数调用了函数 xQueueSemaphoreTake()，传递的是以下两个参数。

- 参数 xSemaphore，二值信号量的句柄。
- 参数 xBlockTime，阻塞等待的节拍数。在获取二值信号量时，如果二值信号量无效，可以设置一个超时等待时间。如果是常数 portMAX_DELAY，则表示一直等待；如果是 0，则表示不等待；如果是其他有限数值，则表示超时等待的节拍数。

如果成功获取了二值信号量，函数 xSemaphoreTake() 返回 pdTRUE；否则，返回 pdFALSE。

函数 xSemaphoreTake() 不仅可以用于获取二值信号量，还可以用于获取计数信号量和互斥量，所以参数 xSemaphore 可以是这 3 种对象的句柄。

在 ISR 中获取二值信号量的函数是 xSemaphoreTakeFromISR()，其原型定义如下：

```
#define xSemaphoreTakeFromISR( xSemaphore, pxHigherPriorityTaskWoken ) xQueueReceiveFromISR(
( QueueHandle_t ) ( xSemaphore ), NULL, ( pxHigherPricrityTaskWoken ) )
```

函数 xSemaphoreTakeFromISR() 中的两个参数的意义如下。

- 参数 xSemaphore，二值信号量或计数信号量的句柄，不能是互斥量。
- 参数 pxHigherPriorityTaskWoken，传递指针的返回数据，返回值为 pdTRUE 或 pdFALSE，表示是否需要在退出 ISR 之前进行任务调度申请。

本章中，一些宏函数的定义语句比较长，在源代码中，宏定义都是写在一行上的。在本书中，因无法在一行上完整显示宏函数的定义语句，故使用了自动换行的多行显示。在实际书写代码时，若这样的宏定义写在多行上，则需要在行的末尾使用续行符"\"。

5.2.2 示例功能和 CubeMX 项目设置

我们将设计一个示例 Demo5_1Binary,演示二值信号量的使用。本示例的功能与图 5-2 相同,是一个典型的进程间同步的应用,其主要功能和工作流程如下。

- 创建一个二值信号量 BinSem_DataReady。
- ADC1 的 IN5 通道在定时器 TIM3 的触发下,进行周期为 500ms 的 ADC 数据采集。在 ADC 的 ISR 里,将转换结果写入缓存变量,并释放信号量 BinSem_DataReady。
- 一个任务总是尝试获取信号量 BinSem_DataReady。在获取到信号量后,读取 ADC 转换结果缓存变量,然后在 LCD 上显示数据。

在本示例中,我们只需用到 LCD,所以从 CubeMX 模板项目文件 M3_LCD_Only.ioc 创建本项目的 CubeMX 文件 Demo5_1Binary.ioc(操作方法见附录 A)。在 SYS 组件模式设置中,我们选择 TIM6 作为 HAL 基础时钟源,然后做如下的设置。

1. 设置定时器 TIM3

让我们来配置时钟树,将 HCLK 设置为 100MHz,将 APB1 和 APB2 定时器时钟频率都设置为 50MHz。定时器 TIM3 的设置结果如图 5-6 所示。这样设置后,使 TIM3 定时周期为 500ms,并且以更新事件(Update Event)作为触发输出信号 TRGO,TIM3 的 TRGO 信号可以作为 ADC1 的外部触发信号。关于图 5-6 中 TIM3 的各参数设置的意义,以及使用定时器的 TRGO 信号作为 ADC 的外部触发信号的原理,详见《基础篇》第 9 章和第 14 章。

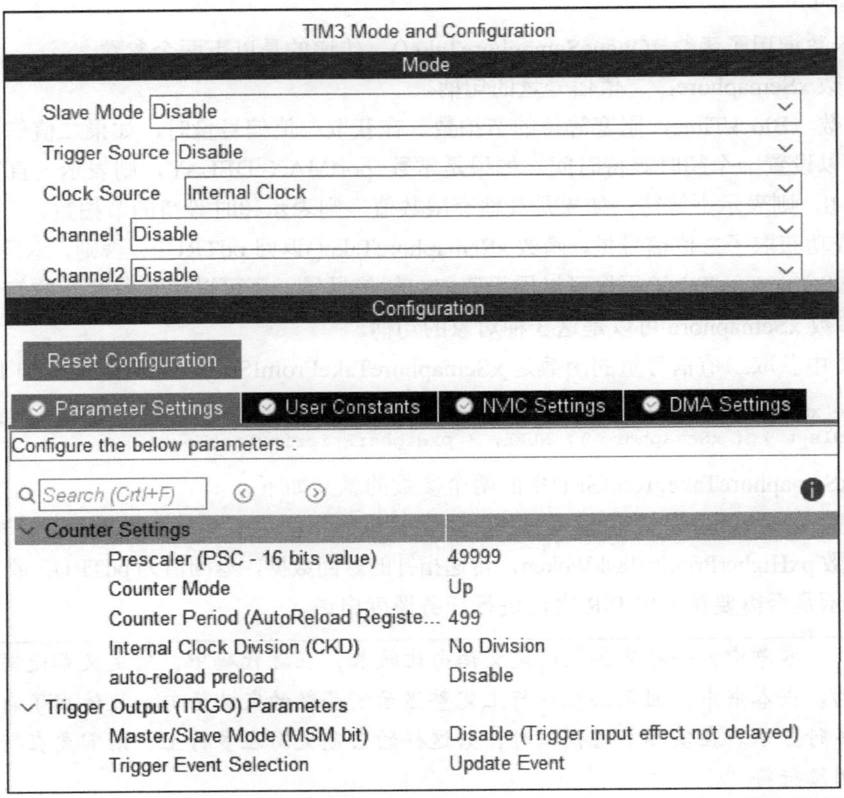

图 5-6 定时器 TIM3 的设置结果

2. 设置 ADC1

ADC1 的参数设置结果如图 5-7 所示。ADC1 的输入通道只需选择 IN5，使用 12 位精度，数据右对齐。外部触发源（External Trigger Conversion Source）选择 Timer 3 Trigger Out event。图 5-7 中各参数的意义参见《基础篇》第 14 章。要在中断模式下进行 ADC1 连续数据转换，还需要在 ADC1 的 NVIC Settings 设置页面中启用 ADC1 全局中断。

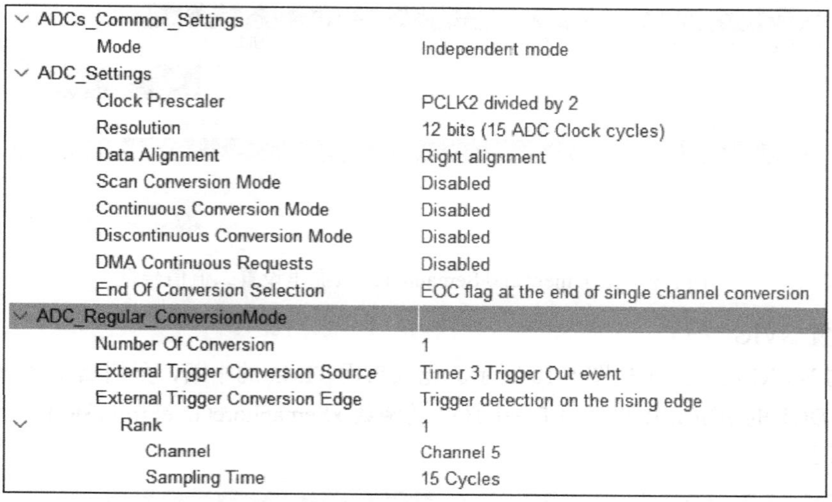

图 5-7 ADC1 的参数设置结果

3. 设置 FreeRTOS

启用 FreeRTOS，将接口设置为 CMSIS_V2，所有"config"和"INCLUDE_"参数保持默认值。在 Tasks and Queues 页面设计任务，将默认任务修改为 Task_Show，其属性设置如图 5-8 所示。

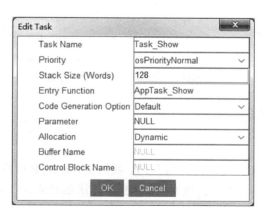

图 5-8 任务 Task_Show 的属性设置

Timers and Semaphores 页面用于设计软件定时器、二值信号量和计数信号量，如图 5-9 所示。我们在其中创建一个二值信号量 BinSem_DataReady，使用动态分配内存方式。如果使用静态分配内存方式创建二值信号量，还需要设置 Control Block Name，即设置控制块的变量名称。

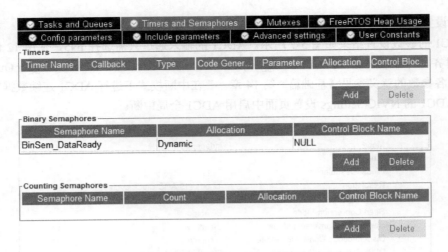

图 5-9 在 Timers and Semaphores 页面里设置二值信号量

4. **设置 NVIC**

系统的 NVIC 设置结果如图 5-10 所示。无须启用 TIM3 的中断，只需启用 ADC1 的中断。由于要在 ADC1 的中断 ISR 里调用 FreeRTOS 的函数 xSemaphoreGiveFromISR()，因此其抢占优先级不能高于 5。

NVIC Interrupt Table	Enabled	Preemption Priority	Sub Priority	Uses FreeRTOS functions
Non maskable interrupt	☑	0	0	☐
Hard fault interrupt	☑	0	0	☐
Memory management fault	☑	0	0	☐
Pre-fetch fault, memory access fault	☑	0	0	☐
Undefined instruction or illegal state	☑	0	0	☐
System service call via SWI instruction	☑	0	0	☐
Debug monitor	☑	0	0	☐
Pendable request for system service	☑	15	0	☑
System tick timer	☑	15	0	☑
ADC1, ADC2 and ADC3 global interrupts	☑	5	0	☑
Time base: TIM6 global interrupt, DAC1 and ...	☑	0	0	☐

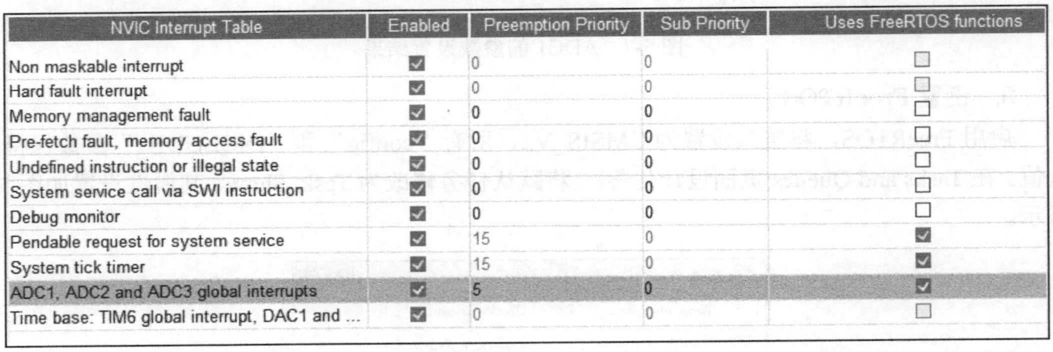

图 5-10 系统的 NVIC 设置结果

5.2.3 程序功能实现

1. **主程序**

完成设置后，我们在 CubeMX 中生成代码。我们在 CubeIDE 中打开项目，将 PublicDrivers 目录下的 TFT_LCD 目录添加到项目搜索路径（操作方法见附录 A）。添加用户功能代码后，主程序代码如下：

```
/* 文件：main.c  -------------------------------------------------------------*/
#include "main.h"
#include "cmsis_os.h"
#include "adc.h"
#include "tim.h"
#include "gpio.h"
#include "fsmc.h"
/* USER CODE BEGIN Includes */
```

5.2 二值信号量使用示例

```
#include "tftlcd.h"
/* USER CODE END Includes */

/* Private function prototypes -----------------------------------------*/
void MX_FREERTOS_Init(void);

int main(void)
{
    HAL_Init();
    SystemClock_Config();
    /* Initialize all configured peripherals */
    MX_GPIO_Init();
    MX_FSMC_Init();
    MX_ADC1_Init();
    MX_TIM3_Init();

    /* USER CODE BEGIN 2 */
    TFTLCD_Init();
    LCD_ShowStr(10, 10, (uint8_t *)"Demo5_1:Binary Semaphore");
    HAL_ADC_Start_IT(&hadc1);           //以中断方式启动 ADC1
    HAL_TIM_Base_Start(&htim3);         //启动定时器 TIM3
    /* USER CODE END 2 */

    osKernelInitialize();
    MX_FREERTOS_Init();
    osKernelStart();
    while (1)
    {
    }
}
```

在外设初始化部分，MX_ADC1_Init()用于 ADC1 的初始化，MX_TIM3_Init()用于定时器 TIM3 的初始化。这两个外设的初始化代码见《基础篇》14.4 节的示例，这里就不重复展示了。在完成 ADC1 和 TIM3 的初始化之后，执行 HAL_ADC_Start_IT(&hadc1)以中断方式启动 ADC1，执行 HAL_TIM_Base_Start(&htim3)启动定时器 TIM3，这样 ADC1 就能在 TIM3 触发下进行周期性的转换了。

函数 MX_FREERTOS_Init()用于 FreeRTOS 对象初始化，会根据 CubeMX 中的设置创建任务和二值信号量。

2. FreeRTOS 对象初始化

CubeMX 导出的文件 freertos.c 包含函数 MX_FREERTOS_Init()，用于创建 CubeMX 中定义的任务和信号量，还包含任务 Task_Show 的任务函数框架。FreeRTOS 对象初始化的代码如下：

```
/* 文件：freertos.c           -----------------------------------------*/
#include "FreeRTOS.h"
#include "task.h"
#include "main.h"
#include "cmsis_os.h"

/* Private variables ---------------------------------------------------*/
/* 与任务 Task_Show 相关的定义 */
osThreadId_t  Task_ShowHandle;                  //任务句柄变量
const osThreadAttr_t Task_Show_attributes = {   //任务属性
        .name = "Task_Show",
        .priority = (osPriority_t) osPriorityNormal,
        .stack_size = 128 * 4
};
```

```
/* 与二值信号量 BinSem_DataReady 相关的定义 */
osSemaphoreId_t  BinSem_DataReadyHandle;             //信号量句柄变量
const osSemaphoreAttr_t BinSem_DataReady_attributes = {  //信号量属性
        .name = "BinSem_DataReady"
};

/* Private function prototypes -----------------------------------------*/
void AppTask_Show(void *argument);
void MX_FREERTOS_Init(void);

void MX_FREERTOS_Init(void)
{
    /* 创建信号量 BinSem_DataReady */
    BinSem_DataReadyHandle = osSemaphoreNew(1, 1, &BinSem_DataReady_attributes);

    /* 创建任务 Task_Show */
    Task_ShowHandle = osThreadNew(AppTask_Show, NULL, &Task_Show_attributes);
}
```

程序中与二值信号量 BinSem_DataReady 相关的句柄变量和属性变量的定义如下：

```
osSemaphoreId_t  BinSem_DataReadyHandle;             //二值信号量句柄变量
const osSemaphoreAttr_t BinSem_DataReady_attributes = {  //二值信号量属性
        .name = "BinSem_DataReady"
};
```

二值信号量的句柄变量类型是 osSemaphoreId_t，这是文件 cmsis_os2.h 中定义的类型，其原型定义如下：

```
typedef void *osSemaphoreId_t;
```

osSemaphoreId_t 是 CMSIS-RTOS 定义的标准类型，与 FreeRTOS 自己定义的类型 QueueHandle_t 实质是一样的，所以可以作为二值信号量的句柄变量。

二值信号量的属性变量是结构体类型 osSemaphoreAttr_t，是在文件 cmsis_os2.h 中定义的结构体，其定义如下，各成员变量的意义见注释：

```
typedef struct {
    const char      *name;          //信号量的名称
    uint32_t        attr_bits;      //属性位
    void            *cb_mem;        //控制块的存储空间
    uint32_t        cb_size;        //控制块的存储空间大小，单位：字节
} osSemaphoreAttr_t;
```

在使用动态分配内存方式创建二值信号量时，我们只需设置信号量名称即可。结构体 osSemaphoreAttr_t 还可用于定义计数信号量的属性。

创建二值信号量使用的是 CMSIS-RTOS 的接口函数 osSemaphoreNew()，这个函数不仅可以创建二值信号量，还可以创建计数信号量。函数 osSemaphoreNew() 的原型定义如下：

```
osSemaphoreId_t osSemaphoreNew (uint32_t max_count, uint32_t initial_count, const osSemaphoreAttr_t *attr);
```

其中，参数 max_count 是最多可用标志（token）个数，也就是队列存储项的个数；参数 initial_count 是初始可用标志个数；attr 是信号量的属性。

程序中创建二值信号量的代码如下：

```
BinSem_DataReadyHandle = osSemaphoreNew(1, 1, &BinSem_DataReady_attributes);
```

5.2 二值信号量使用示例

传递的参数 max_count 的值为 1, initial_count 的值也是 1, 因为二值信号量实际上是长度为 1 的队列。

函数 osSemaphoreNew() 既可创建二值信号量, 又可以创建计数信号量, 它内部就是根据 max_count 的值决定创建哪种信号量。如果 max_count 值为 1, 则创建二值信号量; 否则, 创建计数信号量。在创建二值信号量时, 函数 osSemaphoreNew() 内部还会根据属性设置自动调用 xSemaphoreCreateBinary() 或 xSemaphoreCreateBinaryStatic()。

3. ADC1 的中断处理

ADC1 采用 TIM3 外部触发方式进行 ADC 转换, 在 ADC1 的转换完成事件中断里, 读取转换结果数据。ADC 转换完成事件中断的回调函数是 HAL_ADC_ConvCpltCallback(), 为了便于使用 freertos.c 中定义的信号量以及全局的缓存变量, 我们就在文件 freertos.c 中实现这个回调函数。文件 freertos.c 中新增的一些代码以及这个回调函数的代码如下:

```
/* 文件: freertos.c  ----------------------------------------------------------*/
/* Private includes -----------------------------------------------------------*/
/* USER CODE BEGIN Includes */
#include "semphr.h"
#include "tftlcd.h"
/* USER CODE END Includes */


/* Private variables ----------------------------------------------------------*/
/* USER CODE BEGIN Variables */
uint32_t adc_value;              //ADC 转换原始数据
/* USER CODE END Variables */


/* Private application code ---------------------------------------------------*/
/* USER CODE BEGIN Application */
void HAL_ADC_ConvCpltCallback(ADC_HandleTypeDef* hadc)
{
    if (hadc->Instance == ADC1)
    {
        adc_value=HAL_ADC_GetValue(hadc);           //ADC 转换原始数据
        BaseType_t highTaskWoken=pdFALSE;
        if (BinSem_DataReadyHandle != NULL)
        {
            xSemaphoreGiveFromISR(BinSem_DataReadyHandle, &highTaskWoken);
            portYIELD_FROM_ISR(highTaskWoken);       //进行一次任务调度
        }
    }
}
/* USER CODE END Application */
```

设置 ADC1 在 TIM3 的周期触发下每 500ms 进行一次 ADC 转换, 在一次转换完成后, 会触发中断, 执行回调函数 HAL_ADC_ConvCpltCallback()。这个函数实现的功能就是读取 ADC 转换结果, 保存到全局变量 adc_value 里, 然后调用函数 xSemaphoreGiveFromISR() 释放信号量, 表示有新的转换结果数据了, 以便任务 Task_Show 读取新的转换结果数据并显示。

注意, 在调用函数 xSemaphoreGiveFromISR() 传递参数 highTaskWoken 时, 采用的是传地址方式。参数 highTaskWoken 用于获取一个返回值 (pdTRUE 或 pdFALSE), 表示在退出 ISR 前是否需要进行一次任务调度申请。执行 portYIELD_FROM_ISR(highTaskWoken) 会根据参数 highTaskWoken 的值自动决定是否进行任务调度申请。

4. 数据读取与显示任务函数

任务 Task_Show 的功能是尝试获取二值信号量 BinSem_DataReady，如果这个二值信号量变为有效，则表示有新的转换结果数据了。在文件 freertos.c 中，为 Task_Show 的任务函数添加代码，完成后的任务函数代码如下：

```
/* 文件： freertos.c ----------------------------------------------------------*/
void AppTask_Show(void *argument)
{
    /* USER CODE BEGIN AppTask_Show */
    LCD_ShowStr(10, 50, (uint8_t *)"ADC  Value = ");
    LCD_ShowStr(10, 80, (uint8_t *)"Voltage(mV)= ");
    uint16_t LcdX=LCD_CurX;      //保存 LCD 显示位置
    LcdFRONT_COLOR=lcdColor_WHITE;
    for(;;)
    {
        if (xSemaphoreTake(BinSem_DataReadyHandle, portMAX_DELAY)==pdTRUE)
        {
            uint32_t tmpValue=adc_value;
            LCD_ShowUintX(LcdX,50,tmpValue,4);   //显示 ADC 原始值

            uint32_t Volt=3300*tmpValue;          //电压单位 mV
            Volt=Volt>>12;          //除以 2^12
            LCD_ShowUintX(LcdX,80,Volt,4);        //显示电压
        }
    }
    /* USER CODE END AppTask_Show */
}
```

任务函数中，使用函数 xSemaphoreTake() 获取二值信号量，设置的等待时间是 portMAX_DELAY。如果信号量无效，任务就一直处于阻塞状态；如果信号量有效，任务就立刻退出阻塞状态，执行 if 条件成立时的代码段。其功能就是读取 adc_value 的值，再转换为毫伏表示的电压值，将原始值和电压值显示在 LCD 上。

这个示例是个典型的进程间同步的应用。为了简化，ADC 转换结果只用一个变量保存，在实际的 ADC 连续高速数据采集中，一般使用双缓冲区交替保存数据，也仍然可以使用二值信号量进行进程间同步，在一个缓冲区存满数据后及时通知数据处理任务进行处理。

5.3 计数信号量使用示例

5.3.1 计数信号量操作相关函数详解

1. 创建计数信号量

以动态分配内存方式创建计数信号量的函数是 xSemaphoreCreateCounting()，其原型定义如下：

```
#define xSemaphoreCreateCounting( uxMaxCount, uxInitialCount ) xQueueCreateCountingSemaphore( ( uxMaxCount ), ( uxInitialCount ) )
```

这个宏函数调用的是文件 queue.c 中的函数 xQueueCreateCountingSemaphore()，其原型定义如下：

```
QueueHandle_t xQueueCreateCountingSemaphore( const UBaseType_t uxMaxCount, const UBaseType_t uxInitialCount )
```

其中，参数 uxMaxCount 是计数信号量能达到的最大计数值，uxInitialCount 是初始计数值。函数返回数据类型是 QueueHandle_t，返回值是所创建计数信号量的句柄。

创建计数信号量时，一般应使其初始值等于最大值，例如，用下面的语句创建一个计数信号量，则 semb 最大计数值为 5，初始计数值为 5，表示有 5 个资源可用。

```
semb=xSemaphoreCreateCounting(5, 5);
```

2. 获取计数信号量

使用函数 xSemaphoreTake()获取计数信号量，这个函数与获取二值信号量的函数是同一个。获取计数信号量就是申请一个资源，申请成功后，计数信号量的计数值减 1，表示可用资源减少 1 个。计数信号量的计数值变为 0，表示没有资源可再被申请，再申请计数信号量的任务就需要等待。

3. 释放计数信号量

使用函数 xSemaphoreGive()释放计数信号量，这个函数与释放二值信号量的函数是同一个。释放计数信号量就是释放一个资源，计数信号量的计数值会加 1，表示可用资源增加了 1 个。

4. 获取计数信号量当前计数值

用户可以使用函数 uxSemaphoreGetCount()获取计数信号量当前的计数值，其原型定义如下：

```
#define uxSemaphoreGetCount( xSemaphore ) uxQueueMessagesWaiting( ( QueueHandle_t ) ( xSemaphore ) )
```

它就是调用了函数 uxQueueMessagesWaiting()，而这个函数就是查询队列中等待被读取消息条数的函数。

5.3.2 示例功能和 CubeMX 项目设置

我们将设计示例 Demo5_2Counting，演示计数信号量的使用，模拟图 5-3 的过程。该示例的主要功能和工作流程如下。

- 创建一个计数信号量 Sem_Tables，设置最大值为 5，初始值为 5，表示 5 张餐桌。
- 使用 RTC 的唤醒中断，唤醒周期为 3s。在 RTC 唤醒中断里，用 xSemaphoreGive()释放信号量，模拟有客人离开饭店。
- 使用按键 KeyRight，在一个任务里总是检测 KeyRight 的状态，KeyRight 键被按下时，调用 xSemaphoreTake()，模拟客人进店。在任务里循环调用 uxSemaphoreGetCount()，显示当前可用餐桌个数。

我们选择 CubeMX 模板项目文件 M4_LCD_KeyLED.ioc 来创建本项目的 CubeMX 文件 Demo5_2Counting.ioc（操作方法见附录 A）。由于只需用到 KeyRight 键，因此可以删除其他按键和 LED 的 GPIO 设置。我们在 SYS 组件中，设置 TIM6 作为 HAL 基础时钟源；在 RCC 组件中开启 LSE 时钟源，然后做如下设置。

1. 设置 RTC

开启 RTC 的时钟源和日历，在模式设置中，将 WakeUp 设置为 Internal WakeUp。在时钟树上，设置 LSE 作为 RTC 的时钟源。周期唤醒参数设置如图 5-11 所示，周期唤醒使用的时钟频率是 1Hz，唤醒计数值为 2，所以唤醒周期是 3s。如果要修改唤醒周期，修改参数 Wake Up Counter 的值即可。

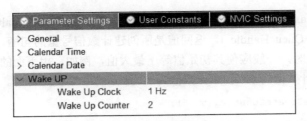

图 5-11 RTC 的周期唤醒参数设置

因为示例还要用到 RTC 的唤醒中断，所以我们在图 5-11 所示的 NVIC Settings 设置页面启用 RTC 的唤醒中断。在 NVIC 设置中，我们将 RTC 的唤醒中断的优先级设置为 5，因为要在其 ISR 中使用 FreeRTOS API 函数。

2. 设置 FreeRTOS

让我们启用 FreeRTOS，设置接口为 CMSIS_V2，并让所有"Config"和"INCLUDE_"参数都保持默认值。参数 configUSE_COUNTING_SEMAPHORES 默认值为 1，如果要使用计数信号量，就要确保这个参数为 1。

在 Tasks and Queues 页面设计任务，将默认任务修改为 Task_CheckIn，其属性设置如图 5-12 所示。

在 Timers and Semaphore 页面，创建一个计数信号量 Sem_Tables，其属性设置如图 5-13 所示。采用动态分配内存方式创建计数信号量，Count 表示最大计数值，也是初始的计数值。

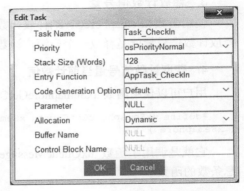

图 5-12 任务 Task_CheckIn 的属性设置

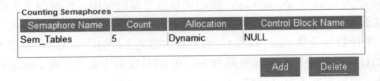

图 5-13 计数信号量 Sem_Tables 的属性设置

5.3.3 程序功能实现

1. 主程序

完成设置后，CubeMX 自动生成代码。我们在 CubeIDE 中打开项目，将 PublicDrivers 目录下的 TFT_LCD 目录添加到项目的搜索路径（操作方法见附录 A）。本项目虽然用到 KeyRight 键，但是不需要使用 KEY_LED 目录下的驱动程序，所以无须添加 KEY_LED 目录。添加用户功能代码后，主程序代码如下：

```
/* 文件：main.c  -----------------------------------------------------------*/
#include "main.h"
#include "cmsis_os.h"
#include "rtc.h"
#include "gpio.h"
#include "fsmc.h"
```

```c
/* USER CODE BEGIN Includes */
#include "tftlcd.h"
/* USER CODE END Includes */

/* Private function prototypes -----------------------------------------------*/
void MX_FREERTOS_Init(void);

int main(void)
{
    HAL_Init();
    SystemClock_Config();
    /* Initialize all configured peripherals */
    MX_GPIO_Init();
    MX_FSMC_Init();
    MX_RTC_Init();           //RTC 初始化

    /* USER CODE BEGIN 2 */
    TFTLCD_Init();           //LCD 初始化
    LCD_ShowStr(10, 10, (uint8_t *)"Demo5_2:Counting Semaphore");
    LCD_ShowStr(20, LCD_CurY+LCD_SP15, (uint8_t *)"Press KeyRight to check in");
    LCD_ShowStr(20, LCD_CurY+LCD_SP15, (uint8_t *)"Auto Check out every 3sec");
    /* USER CODE END 2 */

    osKernelInitialize();
    MX_FREERTOS_Init();
    osKernelStart();
    /* We should never get here as control is now taken by the scheduler */
    while (1)
    {
    }
}
```

2. FreeRTOS 对象初始化和任务函数

CubeMX 生成的文件 freertos.c 包含初始化函数 MX_FREERTOS_Init()和任务函数框架。在任务函数框架中添加功能实现代码后，文件 freertos.c 的代码如下：

```c
/* 文件：freertos.c  --------------------------------------------------------*/
#include "FreeRTOS.h"
#include "task.h"
#include "main.h"
#include "cmsis_os.h"
/* USER CODE BEGIN Includes */
#include "tftlcd.h"
#include "semphr.h"
/* USER CODE END Includes */

/* Private variables ---------------------------------------------------------*/
/*  与任务 Task_CheckIn 相关的定义  */
osThreadId_t Task_CheckInHandle;             //任务句柄
const osThreadAttr_t Task_CheckIn_attributes = {   //任务属性
    .name = "Task_CheckIn",
    .priority = (osPriority_t) osPriorityNormal,
    .stack_size = 128 * 4
};

/*  与计数信号量 Sem_Tables 相关的定义  */
osSemaphoreId_t Sem_TablesHandle;             //信号量句柄
const osSemaphoreAttr_t Sem_Tables_attributes = {   //信号量属性
    .name = "Sem_Tables"
```

第 5 章 信号量

```c
};

/* Private function prototypes ----------------------------------------*/
void AppTask_CheckIn(void *argument);
void MX_FREERTOS_Init(void);

void MX_FREERTOS_Init(void)
{
    /* 创建计数信号量 Sem_Tables */
    Sem_TablesHandle = osSemaphoreNew(5, 5, &Sem_Tables_attributes);

    /* 创建任务 Task_CheckIn */
    Task_CheckInHandle = osThreadNew(AppTask_CheckIn, NULL, &Task_CheckIn_attributes);
}

void AppTask_CheckIn(void *argument)
{
    /* USER CODE BEGIN AppTask_CheckIn */
    UBaseType_t totalTables=uxSemaphoreGetCount(Sem_TablesHandle);  //当前计数值
    LCD_ShowStr(10, LCD_CurY+LCD_SP20, (uint8_t *)"Total tables= ");
    LCD_ShowUint(LCD_CurX, LCD_CurY, totalTables);                  //显示初始的计数值

    LCD_ShowStr(10, LCD_CurY+LCD_SP20, (uint8_t *)"Available tables= ");
    uint16_t LcdX=LCD_CurX;          //保存显示位置
    uint16_t LcdY=LCD_CurY;
    LcdFRONT_COLOR=lcdColor_WHITE;
    for(;;)
    {
        GPIO_PinState keyState=HAL_GPIO_ReadPin(KeyRight_GPIO_Port, KeyRight_Pin);
        if (keyState==GPIO_PIN_RESET)   //PE2=KeyRight 是低输入有效
        {
            BaseType_t result=xSemaphoreTake(Sem_TablesHandle, pdMS_TO_TICKS(100));
            if (result==pdTRUE)
                LCD_ShowStr(10, LcdY+LCD_SP20, (uint8_t *)"Check in OK  ");
            else
                LCD_ShowStr(10, LcdY+LCD_SP20, (uint8_t *)"Check in fail");
            vTaskDelay(pdMS_TO_TICKS(300));    //延时,去除抖动影响,同时让任务调度执行
        }

        UBaseType_t availableTables=uxSemaphoreGetCount(Sem_TablesHandle);
        LCD_ShowUint(LcdX, LcdY, availableTables);   //显示剩下的桌子数
        vTaskDelay(pdMS_TO_TICKS(10));
    }
    /* USER CODE END AppTask_CheckIn */
}
```

文件 freertos.c 定义了计数信号量的句柄变量 Sem_TablesHandle,其类型是 osSemaphoreId_t,与前一个示例中定义的二值信号量的类型相同。

函数 MX_FREERTOS_Init()中使用函数 osSemaphoreNew()创建计数信号量。在前一个示例中介绍过,osSemaphoreNew()根据设置的最大计数值,确定是创建二值信号量,还是创建计数信号量。这里设置最大计数值为 5,初始计数值为 5,所以创建的是计数信号量。而且 osSemaphoreNew()内部会根据信号量的属性设置,确定是调用 xSemaphoreCreateCounting(),还是调用 xSemaphoreCreateCountingStatic()。

任务函数 AppTask_CheckIn()的功能就是模拟图 5-3 中客人进出饭店的过程。程序在进入 for 循环之前,查询了计数信号量 Sem_TablesHandle 的当前值,也就是最大计数值。在 for 循环里,程序检测 KeyRight 的按键状态,如果检测到按键被按下了,就调用 xSemaphoreTake()申请

信号量。如果计数信号量还有剩余资源，也就是计数值大于 0，就可以申请成功；否则，申请失败。不管按键是否按下，程序都在每次循环里获取计数信号量的当前计数值并显示，也就是当前剩余的桌子数量。

3. RTC 唤醒中断处理

RTC 唤醒中断的回调函数是 HAL_RTCEx_WakeUpTimerEventCallback()，为便于使用文件 freertos.c 中定义的计数信号量，我们直接在文件 freertos.c 中实现这个回调函数。这个回调函数的代码如下，需要写在一个沙箱段内：

```c
/* Private application code -----------------------------------------*/
/* USER CODE BEGIN Application */
void HAL_RTCEx_WakeUpTimerEventCallback(RTC_HandleTypeDef *hrtc)
{   //定时释放信号量，相当于空出一个桌子
    if (Sem_TablesHandle != NULL)
    {
        BaseType_t  highTaskWoken=pdFALSE;
        xSemaphoreGiveFromISR(Sem_TablesHandle, &highTaskWoken);    //释放信号量
        portYIELD_FROM_ISR(highTaskWoken);       //申请进行一次任务调度
    }
}
/* USER CODE END Application */
```

这个回调函数的代码很简单，就是调用函数 xSemaphoreGiveFromISR()释放信号量。每释放一次，计数信号量 Sem_TablesHandle 的当前计数值就会加 1，但是不会超过最大值。所以，RTC 每 3s 唤醒一次，执行一次信号量释放，模拟一位客人离开，增加 1 个空桌子。

调用函数 xSemaphoreGiveFromISR()后，得到返回数据 highTaskWoken，这个变量的值表示在退出 ISR 之前是否要进行任务调度申请。后续只需执行 portYIELD_FROM_ISR(highTaskWoken)即可。若变量 highTaskWoken 的值为 pdTRUE，函数 portYIELD_FROM_ISR()就会执行一次任务调度申请；否则，不执行任务调度申请。

4. 程序运行测试

构建项目后，我们将其下载到开发板并运行测试。复位后，显示桌子总数为 5，可用剩余桌子数为 5。按 KeyRight 键，显示"Check in OK"时，会看到剩余桌数减 1，这是模拟有客人进店了。剩余桌数会定时加 1，因为在 RTC 唤醒中断里释放了计数信号量。可以快速多按几次按键，当剩余桌数为 0 时，再按键就会显示"Check in fail"。从这个示例可以很好地理解计数信号量的特点和使用。

第 6 章 互 斥 量

使用信号量进行互斥型资源访问控制时，容易出现优先级翻转（priority inversion）问题。互斥量是对信号量的一种改进，增加了优先级继承机制，虽不能完全消除优先级翻转问题，但是可以缓减该问题。在本章中，我们先介绍出现优先级翻转问题的原因，再介绍引入优先级继承机制后，互斥量解决优先级翻转问题的工作原理。

6.1 优先级翻转问题

二值信号量适用于进程间同步，但是二值信号量也可以用于互斥型资源访问控制，只是在这种应用场景下，容易出现优先级翻转问题。使用图 6-1 所示的 3 个任务的运行过程时序图，我们可以比较直观地说明优先级翻转问题的原理。

在图 6-1 中，有 3 个任务，分别是低优先级的 TaskLP、中等优先级的 TaskMP 和高优先级的 TaskHP，它们的运行过程可描述如下。

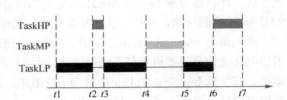

图 6-1　使用二值信号量时 3 个任务的运行过程时序图

- 在 $t1$ 时刻，低优先级任务 TaskLP 处于运行状态，并且获取了一个二值信号量 semp。
- 在 $t2$ 时刻，高优先级任务 TaskHP 进入运行状态，它申请二值信号量 semp，但是二值信号量被任务 TaskLP 占用，所以，TaskHP 在 $t3$ 时刻进入阻塞等待状态，TaskLP 进入运行状态。
- 在 $t4$ 时刻，中等优先级任务 TaskMP 抢占了 TaskLP 的 CPU 使用权，TaskMP 不使用二值信号量，所以它一直运行到 $t5$ 时刻才进入阻塞状态。
- 从 $t5$ 时刻开始，TaskLP 又进入运行状态，直到 $t6$ 时刻释放二值信号量 semp，TaskHP 才能进入运行状态。

高优先级的任务 TaskHP 需要等待低优先级的任务 TaskLP 释放二值信号量之后，才可以运行，这也是期望的运行效果。但是在 $t4$ 时刻，虽然任务 TaskMP 的优先级比 TaskHP 低，但是它先于 TaskHP 抢占了 CPU 的使用权，这破坏了基于优先级抢占式执行的原则，对系统的实时性是有不利影响的。图 6-1 所示的过程就是出现了优先级翻转问题。

6.2 互斥量的工作原理

6.2.1 优先级继承

在图 6-1 所示的运行过程中，我们不希望在 TaskHP 等待 TaskLP 释放信号量的过程中，被一个比 TaskHP 优先级低的任务抢占了 CPU 的使用权。也就是说，在图 6-1 中，不希望在 $t4$ 时刻出现 TaskMP 抢占 CPU 使用权的情况。

为此，FreeRTOS 在二值信号量的功能基础上引入了优先级继承（priority inheritance）机制，这就是互斥量。使用了互斥量后，图 6-1 的 3 个任务运行过程变为图 6-2 所示的时序图。

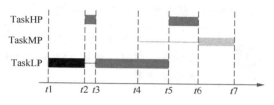

图 6-2 使用互斥量时 3 个任务的运行过程时序图

- 在 $t1$ 时刻，低优先级任务 TaskLP 处于运行状态，并且获取了一个互斥量 mutex。
- 在 $t2$ 时刻，高优先级任务 TaskHP 进入运行状态，它申请互斥量 mutex，但是互斥量被任务 TaskLP 占用，所以 TaskHP 在 $t3$ 时刻进入阻塞等待状态，TaskLP 进入运行状态。但是在 $t3$ 时刻，FreeRTOS 将 TaskLP 的优先级临时提高到与 TaskHP 相同的级别，这就是优先级继承。
- 在 $t4$ 时刻，中等优先级任务 TaskMP 进入就绪状态，发生任务调度，但是因为 TaskLP 的临时优先级高于 TaskMP，所以 TaskMP 无法获得 CPU 的使用权，只能继续处于就绪状态。
- 在 $t5$ 时刻，任务 TaskLP 释放互斥量，任务 TaskHP 立刻抢占 CPU 的使用权，并恢复 TaskLP 原来的优先级。
- 在 $t6$ 时刻，TaskHP 进入阻塞状态后，TaskMP 才进入运行状态。

从图 6-2 的运行过程可以看到，互斥量引入了优先级继承机制，临时提升了占用互斥量的低优先级任务 TaskLP 的优先级，与申请互斥量的高优先级任务 TaskHP 的优先级相同，这样就避免了被中间优先级的任务 TaskMP 抢占 CPU 的使用权，保证了高优先级任务运行的实时性。互斥量特别适用于互斥型资源访问控制，也就是图 5-4 所示的工作场景。

使用互斥量可以减缓优先级翻转的影响，但是不能完全消除优先级翻转的问题。例如，在图 6-2 中，若 TaskMP 在 $t2$ 时刻之前抢占了 CPU，在 TaskMP 运行期间 TaskHP 可以抢占 CPU，但是因为要等待 TaskLP 释放占用的互斥量，还是要进入阻塞状态等待，还是会让 TaskMP 占用 CPU 运行。

6.2.2 互斥量相关函数详解

1. 创建互斥量

函数 xSemaphoreCreateMutex() 以动态分配内存方式创建互斥量，xSemaphoreCreateMutexStatic() 以静态分配内存方式创建互斥量。其中，函数 xSemaphoreCreateMutex() 的原型定义如下：

```
#define xSemaphoreCreateMutex() xQueueCreateMutex( queueQUEUE_TYPE_MUTEX )
```

它调用了文件 queue.c 中的函数 xQueueCreateMutex()，这个函数的原型定义如下：

第 6 章 互斥量

```
QueueHandle_t xQueueCreateMutex( const uint8_t ucQueueType )
```

其中，参数 ucQueueType 表示要创建的对象类型，常量 queueQUEUE_TYPE_MUTEX 用于创建互斥量，常量 queueQUEUE_TYPE_RECURSIVE_MUTEX 用于创建递归互斥量。

函数 xSemaphoreCreateMutex()的返回数据类型是 QueueHandle_t，是所创建互斥量的句柄。

2. 获取和释放互斥量

获取互斥量使用函数 xSemaphoreTake()，释放信号量使用函数 xSemaphoreGive()，这两个函数的用法与获取和释放二值信号量一样。

 互斥量不能在 ISR 中使用，因为互斥量具有针对任务的优先级继承机制，而 ISR 不是任务。所以，函数 xSemaphoreGiveFromISR()和 xSemaphoreTakeFromISR()不能应用于互斥量。

6.3 优先级翻转示例

6.3.1 示例功能和 CubeMX 项目设置

在本节中，我们将设计一个示例 Demo6_1PriorityInversion，演示使用二值信号量时，出现的优先级翻转问题。本示例的主要功能和工作流程如下。

- 使用 STM32F407 的 USART1 向 PC 上传字符串信息，USART1 作为一个互斥性访问的资源。
- 在 FreeRTOS 中创建 3 个不同优先级的任务，模拟图 6-1 中的工作过程，演示优先级翻转的问题。

本示例只需用到 LCD，所以选择 CubeMX 模板项目文件 M3_LCD_Only.ioc 来创建本项目的 CubeMX 文件 Demo6_1PriorityInversion.ioc（操作方法见附录 A）。然后，我们在 SYS 组件中设置 TIM6 作为 HAL 基础时钟源，再做如下设置。

1. 设置 USART1

开发板上有一个 USB 到串口的转换芯片 CH340，将 STM32F407 的 USART1 转换为 USB，可以通过 MicroUSB 数据线与 PC 的 USB 接口直接相连。附录 C 的图 C-2 中的【2-1】就是 USART1 转换出的 MicroUSB 接口。用户需要在 Windows 7 系统上安装 CH340 的驱动程序，但在 Windows 10 系统上无须安装驱动程序。用 MicroUSB 数据线连接 PC 和开发板之后，就会在 PC 上发现一个虚拟串口，使用串口监视软件，可以与开发板进行串口通信。

USRAT1 的设置结果如图 6-3 所示。本示例中，USART1 的设置与《基础篇》12.3 节示例中的设置完全相同，只是不需要打开 USART1 的全局中断，波特率为 57600bits/s。

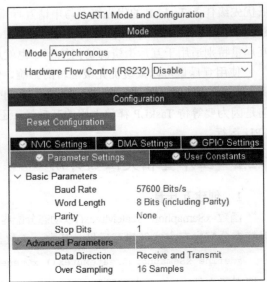

图 6-3 USART1 的设置结果

2. 设置 FreeRTOS

启用 FreeRTOS，设置接口为 CMSIS_V2，所有"Config"和"INCLUDE_"参数采用默认值。在 Tasks and Queues 页面设计 3 个不同优先级的任务，3 个任务的主要参数如图 6-4 所示。

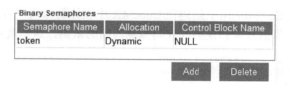

图 6-4　创建 3 个不同优先级的任务

在 Timers and Semaphores 页面创建 1 个二值信号量，并将其命名为 token，如图 6-5 所示。这是为了在下一个示例中直接创建一个同名的互斥量，减少代码的修改量。

图 6-5　创建 1 个二值信号量

6.3.2　程序功能实现

1. 主程序

完成设置后，我们在 CubeMX 中生成代码。我们在 CubeIDE 中打开项目，将 TFT_LCD 驱动程序目录添加到项目的搜索路径（设置方法见附录 A）。添加用户功能代码后，主程序代码如下：

```c
/* 文件: main.c  ---------------------------------------------------------*/
#include "main.h"
#include "cmsis_os.h"
#include "usart.h"
#include "gpio.h"
#include "fsmc.h"
/* USER CODE BEGIN Includes */
#include "tftlcd.h"
/* USER CODE END Includes */

/* Private function prototypes -------------------------------------------*/
void MX_FREERTOS_Init(void);

int main(void)
{
    HAL_Init();
    SystemClock_Config();
    /* Initialize all configured peripherals */
    MX_GPIO_Init();
    MX_FSMC_Init();
    MX_USART1_UART_Init();          //USART1 初始化

    /* USER CODE BEGIN 2 */
    TFTLCD_Init();
    LCD_ShowStr(10, 10, (uint8_t *)"Demo6_1:Priority inversion");
    LCD_ShowStr(10, LCD_CurY+LCD_SP15, (uint8_t *)"Using binary semaphore");
```

```
        LCD_ShowStr(10, LCD_CurY+LCD_SP20, (uint8_t *)"1.Connect to PC via MicroUSB");
        LCD_ShowStr(10, LCD_CurY+LCD_SP15, (uint8_t *)"2.View result on PC via COM");
    /* USER CODE END 2 */

    osKernelInitialize();
    MX_FREERTOS_Init();
    osKernelStart();
    while (1)
    {
    }
}
```

在外设初始化部分，MX_USART1_UART_Init()用于 USART1 的初始化，其代码和原理见《基础篇》第 12 章的相关内容，这里不再展示和解释。

2. FreeRTOS 对象初始化

函数 MX_FREERTOS_Init()用于创建在 CubeMX 中设计的二值信号量 token 和 3 个任务，相关代码如下。创建二值信号量和任务的代码参见前面的示例，这里就不再具体解释了。

```
    /* 文件：freertos.c ------------------------------------------------------*/
    #include "FreeRTOS.h"
    #include "task.h"
    #include "main.h"
    #include "cmsis_os.h"

    /* Private variables -----------------------------------------------------*/
    /* 与任务 Task_High 相关的定义 */
    osThreadId_t Task_HighHandle;                //任务 Task_High 的句柄变量
    const osThreadAttr_t Task_High_attributes = {
            .name = "Task_High",
            .priority = (osPriority_t) osPriorityHigh,
            .stack_size = 128 * 4
    };

    /* 与任务 Task_Middle 相关的定义  */
    osThreadId_t Task_MiddleHandle;              //任务 Task_Middle 的句柄变量
    const osThreadAttr_t Task_Middle_attributes = {
            .name = "Task_Middle",
            .priority = (osPriority_t) osPriorityNormal,
            .stack_size = 128 * 4
    };

    /* 与任务 Task_Low 相关的定义 */
    osThreadId_t Task_LowHandle;                 //任务 Task_Low 的句柄变量
    const osThreadAttr_t Task_Low_attributes = {
            .name = "Task_Low",
            .priority = (osPriority_t) osPriorityLow,
            .stack_size = 128 * 4
    };

    /* 与二值信号量 token 相关的定义*/
    osSemaphoreId_t tokenHandle;                 //二值信号量 token 的句柄变量
    const osSemaphoreAttr_t token_attributes = {
            .name = "token"
    };

    /* Private function prototypes -------------------------------------------*/
    void AppTask_High(void *argument);
    void AppTask_Middle(void *argument);
    void AppTask_Low(void *argument);
```

```c
void MX_FREERTOS_Init(void);

void MX_FREERTOS_Init(void)
{
    /* 创建二值信号量 token */
    tokenHandle = osSemaphoreNew(1, 1, &token_attributes);

    /* 创建任务 Task_High */
    Task_HighHandle = osThreadNew(AppTask_High, NULL, &Task_High_attributes);

    /* 创建任务 Task_Middle */
    Task_MiddleHandle = osThreadNew(AppTask_Middle, NULL, &Task_Middle_attributes);

    /* 创建任务 Task_Low */
    Task_LowHandle = osThreadNew(AppTask_Low, NULL, &Task_Low_attributes);
}
```

3. 3 个任务的功能实现

本示例主要的工作是为 3 个任务的任务函数编写代码，实现示例的功能。在 freertos.c 中，我们需要完善 3 个任务函数的代码，并添加需要的头文件，相关代码如下：

```c
/* 文件: freertos.c, 3 个任务函数的实现-----------------------------------*/
/* USER CODE BEGIN Includes */
#include "usart.h"
#include "semphr.h"
/* USER CODE END Includes */

void AppTask_Low(void *argument)              //任务 Task_Low, 低优先级
{
    /* USER CODE BEGIN AppTask_Low */
    uint8_t  str1[]="Task_Low take it\n";
    uint8_t  str2[]="Task_Low give it\n";
    for(;;)
    {
        if (xSemaphoreTake(tokenHandle, pdMS_TO_TICKS(200))==pdTRUE)    //获取信号量
        {
            HAL_UART_Transmit(&huart1,str1,sizeof(str1),300);
            HAL_Delay(1000);   //连续延时，但是不释放信号量，期间会被 Task_Middle 抢占
            HAL_UART_Transmit(&huart1,str2,sizeof(str2),300);
            HAL_Delay(10);      //需要延时，否则，不能正常输出换行符\n
            xSemaphoreGive(tokenHandle);        //释放信号量
        }
        vTaskDelay(20);
    }
    /* USER CODE END AppTask_Low */
}

void AppTask_Middle(void *argument)           //任务 Task_Middle, 中优先级
{
    /* USER CODE BEGIN AppTask_Middle */
    uint8_t  strMid[]="Task_Middle is running\n";
    for(;;)
    {
        HAL_UART_Transmit(&huart1,strMid,sizeof(strMid),300);
        HAL_Delay(10);          //需要延时，否则，不能正常输出换行符\n
        vTaskDelay(500);        //延时，进入阻塞状态
    }
    /* USER CODE END AppTask_Middle */
}
```

第 6 章　互斥量

```
void AppTask_High(void *argument)                    //任务 Task_High,高优先级
{
    /* USER CODE BEGIN AppTask_High */
    uint8_t strHigh[]="Task_High get token\n";
    for(;;)
    {
        if (xSemaphoreTake(tokenHandle, portMAX_DELAY)==pdTRUE)    //获取信号量
        {
            HAL_UART_Transmit(&huart1,strHigh,sizeof(strHigh),300);
            HAL_Delay(10);       //需要延时,否则,不能正常输出换行符\n
            xSemaphoreGive(tokenHandle);        //释放信号量
        }
        vTaskDelay(500);
    }
    /* USER CODE END AppTask_High */
}
```

从上述代码可以看到：任务 Task_Low 和 Task_High 都需要使用信号量 token；任务 Task_Low 获取信号量后，会占用约 1000ms，任务 Task_High 在使用函数 xSemaphoreTake()申请信号量 token 时，用的是无限等待时间；任务 Task_Middle 不使用信号量，它的一个循环周期是 500ms。

4. 运行与测试

构建项目后，我们将其下载到开发板并加以运行。只要在 PC 上使用串口监视软件接收上传的信息，就可以看到图 6-6 所示的结果，虚线框内的几条消息展示了一个完整的过程。

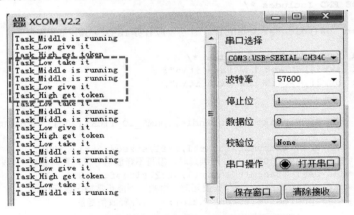

图 6-6　示例运行时串口监视软件接收的信息

结合图 6-6 中的消息字符串出现的顺序和 3 个任务函数的代码，我们可以归纳程序的工作原理，具体如下。

- 低优先级任务 Task_Low 获取信号量后，发送第 1 条信息 "Task_Low take it"。然后执行了延时函数 HAL_Delay(1000)，任务会连续运行 1000ms，之后才发送第 2 条消息 "Task_Low give it" 并释放信号量。
- 在低优先级任务 Task_Low 获取了信号量，且连续执行 1000ms 的过程中，高优先级任务 Task_High 无法获取信号量，无法通过串口发送消息。但是中等优先级任务 Task_Middle 可以抢占运行，所以 Task_Middle 可以通过串口发送消息。Task_Middle 每 500ms 发送一次消息，所以在图 6-6 中可以看到，在 Task_Low 延时 1000ms 的过程中，Task_Middle 发送了 2 条消息。
- 在 Task_Low 释放信号量后，Task_High 立刻抢占运行，发送了一条消息。

从这个示例的运行结果，可以看到明显的优先级翻转现象。优先级翻转问题导致高优先级任务不能及时运行，违背了抢占式任务调度系统的设计初衷，对系统的实时性是不利的。

6.4 互斥量使用示例

6.4.1 示例功能和 CubeMX 项目设置

在本节中，我们将设计一个示例 Demo6_2Mutex，演示使用互斥量时避免出现优先级翻转问题。本示例的主要功能与示例 Demo6_1PriorityInversion 的相同，只是将其中的二值信号量换成了互斥量。项目 Demo6_2Mutex 通过将项目 Demo6_1PriorityInversion 整个复制后更名而来，通过复制项目创建新项目的方法见附录 B。

我们在 CubeMX 中打开文件 Demo6_2Mutex.ioc，保留项目原来的各种设置不变，删除 FreeRTOS 中原来的二值信号量 token，创建一个互斥量 token。具体做法是在 FreeRTOS 参数配置的 Mutex 页面，创建一个名称为 token 的互斥量，如图 6-7 所示。

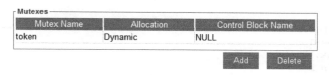

图 6-7　创建一个互斥量 token

6.4.2 程序功能实现

1. 主程序

在 CubeMX 里，一定要重新生成代码，才能在 CubeIDE 里打开项目 Demo6_2Mutex。在项目中，我们将 TFT_LCD 驱动程序目录添加到项目的搜索路径（操作方法见附录 A）。主程序的代码如下，只是更改了 LCD 上的信息显示：

```
/* 文件：main.c ------------------------------------------------------------*/
#include "main.h"
#include "cmsis_os.h"
#include "usart.h"
#include "gpio.h"
#include "fsmc.h"
/* USER CODE BEGIN Includes */
#include "tftlcd.h"
/* USER CODE END Includes */

/* Private function prototypes ---------------------------------------------*/
void MX_FREERTOS_Init(void);

int main(void)
{
    HAL_Init();
    SystemClock_Config();
    /* Initialize all configured peripherals */
    MX_GPIO_Init();
    MX_FSMC_Init();
    MX_USART1_UART_Init();
```

```c
/* USER CODE BEGIN 2 */
TFTLCD_Init();
LCD_ShowStr(10, 10, (uint8_t *)"Demo6_2:Using Mutex");
LCD_ShowStr(10, LCD_CurY+LCD_SP15, (uint8_t *)"To avoid priority inversion");
LCD_ShowStr(10, LCD_CurY+LCD_SP20, (uint8_t *)"1.Connect to PC via MicroUSB");
LCD_ShowStr(10, LCD_CurY+LCD_SP15, (uint8_t *)"2.View result on PC via COM");
/* USER CODE END 2 */

osKernelInitialize();
MX_FREERTOS_Init();
osKernelStart();
/* We should never get here as control is now taken by the scheduler */
while (1)
{
}
}
```

2. FreeRTOS 对象初始化

函数 MX_FREERTOS_Init()用于创建在 CubeMX 中设计的互斥量 token 和 3 个任务，相关代码如下：

```c
/* 文件: freertos.c -------------------------------------------------*/
#include "FreeRTOS.h"
#include "task.h"
#include "main.h"
#include "cmsis_os.h"

/* Private variables ------------------------------------------------*/
/* 与任务 Task_High 相关的定义   */
osThreadId_t Task_HighHandle;            //任务 Task_High 的句柄变量
const osThreadAttr_t Task_High_attributes = {    //任务 Task_High 的属性
        .name = "Task_High",
        .priority = (osPriority_t) osPriorityHigh,
        .stack_size = 128 *4
};

/* 与任务 Task_Middle 相关的定义   */
osThreadId_t Task_MiddleHandle;          //任务 Task_Middle 的句柄变量
const osThreadAttr_t Task_Middle_attributes = {  //任务 Task_Middle 的属性
        .name = "Task_Middle",
        .priority = (osPriority_t) osPriorityNormal,
        .stack_size = 128 *4
};

/*  与任务 Task_Low 相关的定义   */
osThreadId_t Task_LowHandle;             //任务 Task_Low 的句柄变量
const osThreadAttr_t Task_Low_attributes = {    //任务 Task_Low 的属性
        .name = "Task_Low",
        .priority = (osPriority_t) osPriorityLow,
        .stack_size = 128 *4
};

/*   与互斥量 token 相关的定义    */
osMutexId_t tokenHandle;                 //互斥量 token 的句柄变量
const osMutexAttr_t token_attributes = {    //互斥量 token 的属性
        .name = "token"
};

/* Private function prototypes --------------------------------------*/
```

```c
void AppTask_High(void *argument);
void AppTask_Middle(void *argument);
void AppTask_Low(void *argument);
void MX_FREERTOS_Init(void);

void MX_FREERTOS_Init(void)
{
    /* 创建互斥量 token */
    tokenHandle = osMutexNew(&token_attributes);

    /* 创建任务 Task_High */
    Task_HighHandle = osThreadNew(AppTask_High, NULL, &Task_High_attributes);

    /* 创建任务 Task_Middle */
    Task_MiddleHandle = osThreadNew(AppTask_Middle, NULL, &Task_Middle_attributes);

    /* 创建任务 Task_Low */
    Task_LowHandle = osThreadNew(AppTask_Low, NULL, &Task_Low_attributes);
}
```

在上述程序中，与互斥量 token 相关的句柄变量和属性变量的定义代码如下：

```c
osMutexId_t tokenHandle;                  //互斥量 token 的句柄变量
const osMutexAttr_t token_attributes = {  //互斥量 token 的属性
        .name = "token"
};
```

osMutexId_t 是在文件 cmsis_os2.h 中定义的类型，就是一个 void 指针类型。

osMutexAttr_t 是在文件 cmsis_os2.h 中定义的结构体类型，用于描述互斥量的属性，其定义如下（各成员变量的意义见注释）：

```c
typedef struct {
    const char  *name;      //互斥量的名称字符串
    uint32_t    attr_bits;  //属性位
    void        *cb_mem;    //控制块的存储空间
    uint32_t    cb_size;    //控制块的大小，单位：字节
} osMutexAttr_t;
```

在使用动态分配内存方式创建互斥量时，只需设置互斥量名称即可，控制块由 FreeRTOS 自动创建和分配内存。

我们在函数 MX_FREERTOS_Init() 中使用函数 osMutexNew() 创建互斥量，这是在 cmsis_os2.h 中定义的 CMSIS-RTOS 标准接口函数。根据传递的互斥量属性，osMutexNew() 自动判别是创建互斥量，还是创建递归互斥量。在创建互斥量时，函数会根据属性设置，自动调用 **xSemaphoreCreateMutex()** 以动态分配内存方式创建互斥量，或调用 **xSemaphoreCreateMutexStatic()** 以静态分配内存方式创建互斥量。

3. 3 个任务的功能实现

文件 freertos.c 中 3 个任务的任务函数代码无须任何修改，因为传递给函数 **xSemaphoreTake()** 和 **xSemaphoreGive()** 的参数可以是二值信号量，也可以是互斥量。这 3 个任务函数的代码看前一示例的即可，这里就不重复展示了。

4. 运行与测试

构建项目后，我们将其下载到开发板并运行测试；在 PC 上使用串口监视软件接收上传的信息，可以看到图 6-8 所示的结果，虚线框内的几条消息展示了一个完整的过程。从图 6-8 所

示的结果，我们可以发现以下的特点。

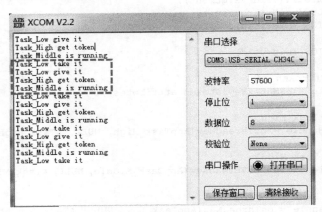

图 6-8　示例运行时串口监视软件接收的信息

- 低优先级任务 Task_Low 在输出"Task_Low take it"和"Task_Low give it"之间有 1000ms 的延时，但是没有被中等优先级任务 Task_Middle 抢占 CPU。
- 在 Task_Low 输出"Task_Low give it"，释放互斥量之后，高优先级任务 Task_High 立刻抢占 CPU，输出字符串"Task_High get token"，然后才是中等优先级任务 Task_Middle 输出字符串。

在这个示例中，由于使用了互斥量，在高优先级任务 Task_High 试图获取互斥量时，如果互斥量被 Task_Low 占用着，FreeRTOS 会将 Task_Low 的优先级临时提高到 Task_High 的优先级。这样，在 Task_Low 占用互斥量运行期间，Task_Middle 就无法抢占 CPU 运行，在 Task_Low 释放互斥量后，Task_High 就能抢占 CPU 立刻运行。所以，使用互斥量，就避免了高优先级任务被中等优先级任务插队运行的情况。

互斥量并不能在所有情况下彻底解决优先级翻转问题，但是至少可以减缓优先级翻转问题的出现。另外，因为互斥量使用了优先级继承机制，所以不能在 ISR 中使用互斥量。

递归互斥量是一种特殊的互斥量，可以被递归性地获取和释放，可以用于一些特殊的场合，我们就不设计示例加以说明了。

第 7 章 事 件 组

事件组（event group）是 FreeRTOS 中另外一种进程间通信技术，与前面介绍的队列、信号量等进程间通信技术相比，它具有不同的特点。事件组适用于多个事件触发一个或多个任务运行，可以实现事件的广播，还可以实现多个任务的同步运行。

7.1 事件组的原理和功能

7.1.1 事件组的功能特点

前面介绍的队列、信号量等进程间通信技术有如下特点。
- 一次进程间通信通常只处理一个事件，例如，等待一个按键的按下；而不能等待多个事件的发生，例如，等待 KeyLeft 键和 KeyRight 键先后按下。如果需要处理多个事件，可能需要分解为多个任务，设置多个信号量。
- 可以有多个任务等待一个事件的发生，但是在事件发生时，只能解除最高优先级的任务的阻塞状态，而不能同时解除多个任务的阻塞状态。也就是说，队列或信号量具有排他性，不能解决某些特定的问题，例如，当某个事件发生时，需要两个或多个任务同时解除阻塞状态做出响应。

事件组是 FreeRTOS 中另外一种进程间通信技术，与队列和信号量不同，它有自己的一些特点，具体如下。
- 事件组允许任务等待一个或多个事件的组合。例如，先后按下 KeyLeft 键和 KeyRight 键，或只按下其中一个键。
- 事件组会解除所有等待同一事件的任务的阻塞状态。例如，TaskA 使用 LED1 闪烁报警，TaskB 使用蜂鸣器报警，当报警事件发生时，两个任务同时解除阻塞状态，两个任务都开始运行。

事件组的这些特性使其适用于以下场景：任务等待一组事件中的某个事件发生后做出响应（或运算关系），或一组事件都发生后做出响应（与运算关系）；将事件广播给多个任务；多个任务之间的同步。

7.1.2 事件组的工作原理

事件组是 FreeRTOS 中的一种对象，FreeRTOS 中默认就是可以使用事件组的，无须设置什么参数。使用之前需要用函数 xEventGroupCreate()或 xEventGroupCreateStatic()创建事件组对象。

一个事件组对象有一个内部变量存储事件标志，变量的位数与参数 configUSE_16_BIT_TICKS

有关，当 configUSE_16_BIT_TICKS 为 0 时，这个变量是 32 位的，否则，是 16 位的。STM32 MCU 是 32 位的，所以事件组内部变量是 32 位的。

事件标志只能是 0 或 1，用单独的一个位来存储。一个事件组中的所有事件标志保存在一个 EventBits_t 类型的变量里，所以一个事件又称为一个"事件位"。在一个事件组变量中，如果一个事件位被置为 1，就表示这个事件发生了，如果是 0，就表示这个事件还未发生。

32 位的事件组变量存储结构如图 7-1 所示。其中的 31 至 24 位是保留的，23 至 0 位是事件位（event bits）。每一个位是一个事件标志（event flag），事件发生时，相应的位会被置为 1。所以，32 位的事件组最多可以处理 24 个事件。

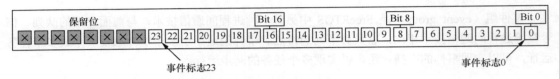

图 7-1　EventBits_t 类型事件组变量存储结构（32 位）

使用事件组进行多个事件触发任务运行的原理如图 7-2 所示，各部分的功能和工作流程如下。

- 设置事件组中的位与某个事件对应，如 EventA 对应于 Bit2，EventB 对应于 Bit0。在检测到事件发生时，通过函数 xEventGroupSetBits()将相应的位置为 1，表示事件发生了。
- 可以有 1 个或多个任务等待事件组中的事件发生，可以是各个事件都发生（事件位的与运算），也可以是某个事件发生（事件位的或运算）。
- 假设图中的 Task1 和 Task2 都在阻塞状态等待各自的事件发生，当 Bit2 和 Bit0 都被置为 1 后（不分先后顺序），两个任务都会被解除阻塞状态。所以，事件组具有广播功能，可以使多个任务同时解除阻塞后运行。

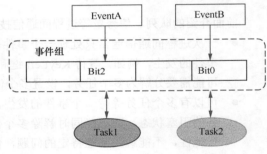

图 7-2　事件组基本工作原理示意图

除了图 7-2 中的基本功能，事件组还可以使多个任务同步运行，其原理和使用方法参见 7.4 节。

7.2　事件组相关函数

7.2.1　相关函数概述

事件组相关的函数在文件 event_groups.h 中定义，在文件 event_groups.c 中实现。事件组相关的函数在 FreeRTOS 中总是可以使用的，无须设置什么参数。

事件组相关的函数清单见表 7-1，这些函数可分为 3 组。

7.2 事件组相关函数

表 7-1 事件组相关函数

分组	函数	功能
事件组操作	xEventGroupCreate()	以动态分配内存方式创建事件组
	xEventGroupCreateStatic()	以静态分配内存方式创建事件组
	vEventGroupDelete()	删除已创建的事件组
	vEventGroupSetNumber()	给事件组设置编号，编号的作用由用户定义
	uxEventGroupGetNumber()	读取事件组编号
事件位操作	xEventGroupSetBits()	将 1 个或多个事件位置为 1，设置的事件位用掩码表示
	xEventGroupSetBitsFromISR()	xEventGroupSetBits()的 ISR 版本
	xEventGroupClearBits()	将某些事件位清零，清零的事件位用掩码表示
	xEventGroupClearBitsFromISR()	xEventGroupClearBits()的 ISR 版本
	xEventGroupGetBits()	返回事件组当前的值
	xEventGroupGetBitsFromISR()	xEventGroupGetBits()的 ISR 版本
等待事件	xEventGroupWaitBits()	任务进入阻塞状态，等待事件组合条件成立后解除阻塞状态
	xEventGroupSync()	用于多任务同步

- 第一组是操作事件组的函数，包括创建和删除事件组。注意，在 CubeMX 里，不能像创建任务或信号量那样可视化地创建事件组，在 CMSIS-RTOS 接口中，没有创建事件组的函数，需要在程序中编程创建事件组。
- 第二组是操作事件位的函数，包括事件位的置位和清零，或返回事件组当前的值。可以一次操作多个事件位，操作的事件位通过掩码表示。
- 第三组是等待事件发生的函数，任务在等待事件时会进入阻塞状态，在等待的事件条件成立时解除阻塞状态。函数 xEventGroupWaitBits()用于一般的事件触发响应，函数 xEventGroupSync()专门用于多个任务在某个同步点的同步运行。

7.2.2 部分函数详解

1. 创建事件组

目前版本的 CubeMX 中，没有创建事件组的功能，所以需要手动编写代码创建事件组。函数 xEventGroupCreate()以动态分配内存方式创建事件组，函数 xEventGroupCreateStatic()以静态分配内存方式创建事件组。其原型定义如下：

```
EventGroupHandle_t xEventGroupCreate( void );
```

创建事件组无须传递任何参数，函数返回的是所创建事件组的句柄变量，是一个指针变量。其他函数在操作事件组时，都需要使用事件组句柄变量作为输入参数。类型 EventGroupHandle_t 的定义如下：

```
typedef void * EventGroupHandle_t;
```

2. 事件位置位

在某些事件发生时，用函数 xEventGroupSetBits()在任务函数中将事件组的某些事件位置位，其原型定义如下：

```
EventBits_t xEventGroupSetBits( EventGroupHandle_t xEventGroup, const EventBits_t
uxBitsToSet );
```

其中，参数 xEventGroup 是所操作的事件组句柄；EventBits_t 类型的参数 uxBitsToSet 是需要置位的事件位掩码。函数的返回值类型是 EventBits_t，是置位成功后事件组当前的值。

类型 EventBits_t 的定义如下，也就是 TickType_t 类型，在 STM32 上等同于类型 uint32_t：

```
typedef TickType_t EventBits_t;
```

这个函数的使用关键是掩码 uxBitsToSet 的设置，需要置位的事件位在掩码中用 1 表示，其他位用 0 表示。事件位的编号如图 7-1 所示，如果需要置位事件组中的 Bit7，则掩码是 0x80；如果需要同时置位 Bit7 和 Bit0，则掩码是 0x81。一般情况下，一个事件只对应事件组中的一个事件位，一个事件发生时，只需设置事件组中的一个位。

函数 xEventGroupSetBitsFromISR()是在 ISR 中将事件组的某些事件位置位的函数，根据参数 configUSE_TRACE_FACILITY 的值（是 1 还是 0），这个函数有两种不同的参数形式。默认情况下，参数 configUSE_TRACE_FACILITY 的值是 1，对应的 xEventGroupGetBitsFromISR() 函数原型如下：

```
BaseType_t xEventGroupSetBitsFromISR( EventGroupHandle_t xEventGroup, const
EventBits_t uxBitsToSet, BaseType_t *pxHigherPriorityTaskWoken );
```

其中，参数 xEventGroup 是事件组句柄；参数 uxBitsToSet 是需要置位的事件位掩码；参数 pxHigherPriorityTaskWoken 是 BaseType_t 指针，用于返回一个值。

对事件组进行置位操作不是一个确定性的操作，因为可能有其他多个任务也在设置事件位。FreeRTOS 不允许在中断或临界代码段进行不确定的操作，所以在 ISR 中对事件组进行置位操作时，FreeRTOS 实际上是向定时器守护任务（timer daemon task）发送一个消息，将事件组置位操作延后到定时器守护任务里去执行。

参数 pxHigherPriorityTaskWoken 是一个返回值，如果定时器守护任务的优先级高于当前运行任务（中断抢占的任务）的优先级，pxHigherPriorityTaskWoken 就被设置为 pdTRUE，表示在 ISR 退出之前需要申请进行一次上下文切换。所以，在调用函数 xEventGroupSetBitsFromISR()的时候，参数 pxHigherPriorityTaskWoken 不能直接使用常量 pdTRUE 或 pdFALSE，需要使用一个变量的地址，而且需要初始化为 pdFALSE，调用的示意代码如下：

```
BaseType_t  highTaskWoken =pdFALSE;
xEventGroupSetBitsFromISR(xEventGroup, uxBitsToSet, &highTaskWoken);
portYIELD_FROM_ISR(highTaskWoken);    //申请进行一次任务调度
```

函数 xEventGroupSetBitsFromISR()的返回值是 pdTRUE 或 pdFALSE。返回值为 pdTRUE，表示延后处理的消息成功发送给了定时器守护任务，当定时器守护任务的消息队列满时，函数会无法接收新的消息，返回值就是 pdFALSE。

3. 事件位清零

函数 xEventGroupClearBits()用于在任务函数中将事件组的某些事件位清零，其原型定义如下：

```
EventBits_t xEventGroupClearBits( EventGroupHandle_t xEventGroup, const EventBits_t
uxBitsToClear );
```

其中，参数 xEventGroup 是所操作的事件组的句柄，参数 uxBitsToClear 是需要清零的事件位的掩码，掩码的意义与函数 xEventGroupSetBits()中的一样。函数的返回值是事件位被清零之前事件组的值。

函数 xEventGroupClearBitsFromISR()是 xEventGroupClearBits()的 ISR 版本，它同样有两种参数形式的版本，当 configUSE_TRACE_FACILITY 的值为 1 时，其原型定义如下：

```
BaseType_t xEventGroupClearBitsFromISR( EventGroupHandle_t xEventGroup, const
EventBits_t uxBitsToSet);
```

在 ISR 中，事件位清零操作同样会被延后到定时器守护任务中处理，函数的返回值为 pdTRUE 或 pdFALSE。如果返回值为 pdTRUE，表示延后处理的消息成功发送给了定时器守护任务，否则就是没有发送成功。

4. 读取事件组当前值

函数 xEventGroupGetBits()可以读取事件组的当前值，其原型定义如下：

```
#define xEventGroupGetBits( xEventGroup ) xEventGroupClearBits( xEventGroup, 0 )
```

这是个宏函数，实际上就是执行了函数 xEventGroupClearBits()，只是传递的事件位掩码是 0，也就是不清除任何事件位，而返回事件组当前的值。

函数 xEventGroupGetBitsFromISR()用于在 ISR 中读取事件组的当前值，其原型定义如下：

```
EventBits_t xEventGroupGetBitsFromISR( EventGroupHandle_t xEventGroup );
```

5. 等待事件组条件成立

函数 xEventGroupWaitBits()用于使当前任务进入阻塞状态，等待事件组中多个事件位表示的事件成立。事件组成立的条件可以是多个事件位都被置位（逻辑与运算），也可以是其中一个事件位被置位（逻辑或运算）。函数 xEventGroupWaitBits()的原型定义如下：

```
EventBits_t xEventGroupWaitBits( EventGroupHandle_t xEventGroup, const EventBits_t
uxBitsToWaitFor, const BaseType_t xClearOnExit, const BaseType_t xWaitForAllBits,
TickType_t xTicksToWait );
```

几个参数的意义如下。

- 参数 xEventGroup 是所操作的事件组的句柄。
- 参数 uxBitsToWaitFor 是所等待事件位的掩码。如果需要等待某个事件位置 1，掩码中相应的位就设置为 1。
- 参数 xClearOnExit，设定值为 pdTRUE 或 pdFALSE。如果设置为 pdTRUE，则当函数在事件组条件成立而退出阻塞状态时，会将掩码 uxBitsToWaitFor 中指定的所有位全部清零。如果函数是因为超时而退出阻塞状态，那么，即使将 xClearOnExit 设置为 pdTRUE，也不会对事件位清零。
- 参数 xWaitForAllBits，设定值为 pdTRUE 或 pdFALSE。如果设置为 pdTRUE，表示需要将掩码中所有事件位都置 1，条件才算成立（逻辑与运算）；如果设置为 pdFALSE，表示将掩码中的某个事件位置 1，条件就成立（逻辑或运算）。当事件条件成立时，函数就会退出，任务退出阻塞状态。
- 参数 xTicksToWait 是当前任务进入阻塞状态等待事件成立的超时节拍数。取值为 0，表示不等待；取值为 portMAX_DELAY，表示无限等待；取值为其他中间数，表示等待的节拍数。当事件组条件成立时，任务会提前退出阻塞状态。

从事件组的事件表示特点，以及 xEventGroupWaitBits()的参数设置可知，事件组可以等待多个事件发生后做出响应，而队列或信号量只能对一个事件做出响应。另外，在使用事件组时，可以有多个任务执行函数 xEventGroupWaitBits()，等待同一个事件组的同一个条件成立。当事件组条件成立时，多个任务都解除阻塞状态，起到事件广播的作用。而使用队列或信号量时，当事件发生时，只能有一个最高优先级的任务解除阻塞状态。这两点是事件组区别于队列和信号量的主要特点。

还有一个函数 xEventGroupSync()，也可以使任务进入阻塞状态，等待事件组条件成立，它主要用于在某个同步点对多个任务进行同步，详细内容参见 7.4 节。

7.3 事件组使用示例

7.3.1 示例功能和 CubeMX 项目设置

本节的示例 Demo7_1EventGroup 将演示事件组的使用，示例的主要功能和工作流程如下。
- 创建 1 个事件组和 3 个任务。
- 在任务 Task_ScanKeys 中，检测 KeyLeft 和 KeyRight 两个按键是否按下，按下时，将事件组中对应的事件位置位。检测到 KeyDown 键按下时，将事件组清零。
- 任务 Task_LED 和 Task_Buzzer 均等待事件组中两个按键都按下的事件。条件成立时，任务 Task_LED 使 LED1 闪烁几次，任务 Task_Buzzer 使蜂鸣器响几次。

由于要用到 LCD、按键、LED 和蜂鸣器，因此用 CubeMX 模板文件 M5_LCD_KeyLED_Buzzer.ioc 来创建本示例的 CubeMX 文件 Demo7_1EventGroup.ioc（操作方法见附录 A）。文件 Demo7_1EventGroup.ioc 已经包含 4 个按键、2 个 LED 和蜂鸣器的 GPIO 设置，它们的电路图和 GPIO 引脚配置见《基础篇》第 6 章。

在 SYS 组件配置中，请设置 TIM6 作为 HAL 基础时钟源。启用 FreeRTOS，设置接口为 CMSIS_V2，所有参数都保持为默认值。在 Tasks and Queues 页面设计 3 个不同优先级的任务，这 3 个任务的主要属性如图 7-3 所示。任务 Task_ScanKeys 用于检测按键的状态，所以其优先级最高。其他两个任务是对事件组的响应，之所以设置为两个不同的优先级，是为了测试它们是否会被同时解除阻塞状态。

Task Name	Priority	Stack Size (Words)	Entry Function	Allocation
Task_Buzzer	osPriorityNormal	128	AppTask_Buzzer	Dynamic
Task_LED	osPriorityBelowNormal	128	AppTask_LED	Dynamic
Task_ScanKeys	osPriorityAboveNormal	128	AppTask_ScanKeys	Dynamic

图 7-3　3 个不同优先级的任务的主要属性

在 CubeMX 中配置 FreeRTOS 时，没有用于设计事件组的界面，所以我们不能在 CubeMX 里可视化地设计事件组，需要在生成的初始程序的基础上编写代码创建事件组。

7.3.2 程序功能实现

1. 主程序

完成设置后，我们在 CubeMX 中生成代码。我们在 CubeIDE 项目中将 TFT_LCD 和 KEY_LED

驱动程序目录添加到项目搜索路径（操作方法见附录 A）。添加用户功能代码后，主程序代码如下：

```
/* 文件：main.c -----------------------------------------------------------*/
#include "main.h"
#include "cmsis_os.h"
#include "gpio.h"
#include "fsmc.h"
/* USER CODE BEGIN Includes */
#include "tftlcd.h"
/* USER CODE END Includes */

/* Private function prototypes -------------------------------------------*/
void SystemClock_Config(void);
void MX_FREERTOS_Init(void);

int main(void)
{
    HAL_Init();
    SystemClock_Config();
    /* Initialize all configured peripherals */
    MX_GPIO_Init();
    MX_FSMC_Init();

    /* USER CODE BEGIN 2 */
    TFTLCD_Init();
    LCD_ShowStr(10, 10, (uint8_t *)"Demo7_1:Using Event Group");
    LCD_ShowStr(10, LCD_CurY+LCD_SP15, (uint8_t *)"1.Press KeyLeft and KeyRight");
    LCD_ShowStr(10, LCD_CurY+LCD_SP15, (uint8_t *)"  to activate buzzer and LED1");
    LCD_ShowStr(10, LCD_CurY+LCD_SP15, (uint8_t *)"2.Press KeyDown to clear events");
    /* USER CODE END 2 */

    osKernelInitialize();
    MX_FREERTOS_Init();
    osKernelStart();
    while (1)
    {
    }
}
```

在外设初始化部分，函数 MX_GPIO_Init() 用于对连接按键、LED、蜂鸣器的 GPIO 引脚进行初始化。程序代码由 CubeMX 自动生成。

在文件 main.h 中，有按键、LED、蜂鸣器的 GPIO 引脚的端口和引脚号的宏定义，这是根据 CubeMX 定义的 GPIO 引脚标签自动生成的，会在驱动程序文件 keyled.h 和 keyled.c 中用到。按键、LED 和蜂鸣器的电路图、GPIO 配置和驱动程序设计详见《基础篇》第 6 章。

2. FreeRTOS 对象初始化

函数 MX_FREERTOS_Init() 用于创建在 CubeMX 中设计的 3 个任务。因为 CubeMX 中没有可视化设计事件组的功能，所以没有自动生成创建事件组的代码。在文件 freertos.c 中，我们需要自己定义事件组对象句柄变量，在函数 MX_FREERTOS_Init() 中添加创建事件组的代码。完成功能后的代码如下：

```
/* 文件：freertos.c -------------------------------------------------------*/
#include "FreeRTOS.h"
#include "task.h"
#include "main.h"
#include "cmsis_os.h"
/* Private includes ------------------------------------------------------*/
```

```c
/* USER CODE BEGIN Includes */
#include "event_groups.h"              //事件组相关头文件
/* USER CODE END Includes */

/* Private variables ------------------------------------------------------*/
/* USER CODE BEGIN Variables */
EventGroupHandle_t  eventGroupHandle;    //事件组对象句柄
/* USER CODE END Variables */

/* 任务 Task_Buzzer 相关定义 */
osThreadId_t  Task_BuzzerHandle;              //任务句柄变量
const osThreadAttr_t Task_Buzzer_attributes = {    //任务属性
        .name = "Task_Buzzer",
        .priority = (osPriority_t) osPriorityNormal,
        .stack_size = 128 * 4
};

/* 任务 Task_LED 相关定义 */
osThreadId_t  Task_LEDHandle;                 //任务句柄变量
const osThreadAttr_t Task_LED_attributes = {       //任务属性
        .name = "Task_LED",
        .priority = (osPriority_t) osPriorityBelowNormal,
        .stack_size = 128 * 4
};

/* 任务 Task_ScanKeys 相关定义 */
osThreadId_t  Task_ScanKeysHandle;            //任务句柄变量
const osThreadAttr_t Task_ScanKeys_attributes = {  //任务属性
        .name = "Task_ScanKeys",
        .priority = (osPriority_t) osPriorityAboveNormal,
        .stack_size = 128 * 4
};

/* Private function prototypes --------------------------------------------*/
void AppTask_Buzzer(void *argument);
void AppTask_LED(void *argument);
void AppTask_ScanKeys(void *argument);
void MX_FREERTOS_Init(void);

void MX_FREERTOS_Init(void)
{
    /* USER CODE BEGIN RTOS_QUEUES */
    eventGroupHandle= xEventGroupCreate();        //创建事件组
    /* USER CODE END RTOS_QUEUES */

    /* 创建任务 Task_Buzzer */
    Task_BuzzerHandle = osThreadNew(AppTask_Buzzer, NULL, &Task_Buzzer_attributes);

    /*创建任务 Task_LED */
    Task_LEDHandle = osThreadNew(AppTask_LED, NULL, &Task_LED_attributes);

    /*创建任务 Task_ScanKeys */
    Task_ScanKeysHandle = osThreadNew(AppTask_ScanKeys,
                            NULL, &Task_ScanKeys_attributes);
}
```

事件组相关的函数定义都在头文件 event_groups.h 中，需要包含此头文件。此头文件定义了一个 EventGroupHandle_t 类型的变量 eventGroupHandle，用作事件组对象句柄。

函数 MX_FREERTOS_Init()中没有专门用于创建事件组的沙箱段，使用创建队列的沙箱段。

创建事件组对象很简单，调用以动态分配内存方式创建事件组的函数 xEventGroupCreate() 即可。

3. 3 个任务的功能实现

我们在函数 MX_FREERTOS_Init()中创建了 3 个任务。文件 freertos.c 中有 3 个任务函数的代码框架，让我们根据程序要实现的功能，为 3 个任务函数编写代码。完成后，freertos.c 中的相关代码如下：

```c
/* Private includes ----------------------------------------------------------*/
/* USER CODE BEGIN Includes */
#include "event_groups.h"      //事件组相关头文件
#include "tftlcd.h"
#include "keyled.h"
/* USER CODE END Includes */

/* Private define ------------------------------------------------------------*/
/* USER CODE BEGIN PD */
#define  BITMASK_KEY_LEFT       0x04     //KeyLeft 的事件位掩码，使用 Bit2 位
#define  BITMASK_KEY_RIGHT      0x01     //KeyRight 的事件位掩码，使用 Bit0 位
/* USER CODE END PD */

/* Private variables ---------------------------------------------------------*/
/* USER CODE BEGIN Variables */
EventGroupHandle_t  eventGroupHandle;              //事件组对象句柄
/* USER CODE END Variables */

/*  任务 Task_ScanKeys：扫描按键，将相应事件位置位  */
void AppTask_ScanKeys(void *argument)
{
    /* USER CODE BEGIN AppTask_ScanKeys */
    LCD_ShowStr(10, 150, (uint8_t *)"Current event bits= ");
    uint16_t LcdX=LCD_CurX;
    KEYS   keyCode=KEY_NONE;
    for(;;)
    {
        EventBits_t curBits=xEventGroupGetBits(eventGroupHandle); //读取事件组当前值
        LCD_ShowUintHex(LcdX, 150, curBits, 1);     //16 进制显示
        keyCode=ScanPressedKey(50);              //最多等待 50ms,不能使用参数 KEY_WAIT_ALWAYS
        switch (keyCode)
        {
        case    KEY_LEFT:         //事件位 Bit2 置位
            xEventGroupSetBits(eventGroupHandle, BITMASK_KEY_LEFT);
            break;

        case    KEY_RIGHT:        //事件位 Bit0 置位
            xEventGroupSetBits(eventGroupHandle, BITMASK_KEY_RIGHT);
            break;

        case    KEY_DOWN:         //清除两个事件位
            xEventGroupClearBits(eventGroupHandle,
                BITMASK_KEY_LEFT | BITMASK_KEY_RIGHT);
        }

        if (keyCode==KEY_NONE)
            vTaskDelay(50);       //未按下任何按键，延时不能太长，否则按键响应慢
        else
            vTaskDelay(200);      //消除按键抖动影响，也用于事件调度
    }
    /* USER CODE END AppTask_ScanKeys */
```

```
}
/* 任务 Task_LED, 事件条件成立时, 使 LED1 闪烁几次  */
void AppTask_LED(void *argument)
{
    /* USER CODE BEGIN AppTask_LED */
    BaseType_t clearOnExit=pdTRUE;        // pdTRUE=退出时清除事件位
    BaseType_t waitForAllBits=pdTRUE;     //等待所有位置1, pdTRUE=逻辑与, pdFALSE=逻辑或
    EventBits_t bitsToWait=BITMASK_KEY_LEFT |BITMASK_KEY_RIGHT;    //等待的事件位
    for(;;)
    {
        EventBits_t result= xEventGroupWaitBits(eventGroupHandle, bitsToWait,
                        clearOnExit,waitForAllBits,portMAX_DELAY );
        for(uint8_t i=0; i<10; i++)    //使 LED1 闪烁几次
        {
            LED1_Toggle();
            vTaskDelay(pdMS_TO_TICKS(500));
        }
    }
    /* USER CODE END AppTask_LED */
}

/* 任务 Task_Buzzer, 事件条件成立时, 使蜂鸣器响几次   */
void AppTask_Buzzer(void *argument)
{
    /* USER CODE BEGIN AppTask_Buzzer */
    BaseType_t clearOnExit=pdTRUE;        // pdTRUE=退出时清除事件位
    BaseType_t waitForAllBits=pdTRUE;     //等待所有位置1, pdTRUE=逻辑与, pdFALSE=逻辑或
    EventBits_t bitsToWait=BITMASK_KEY_LEFT |BITMASK_KEY_RIGHT;      //等待的事件位
    for(;;)
    {
        EventBits_t result= xEventGroupWaitBits(eventGroupHandle, bitsToWait,
                        clearOnExit,waitForAllBits,portMAX_DELAY );
        for(uint8_t i=0; i<10; i++)         //使蜂鸣器响几次
        {
            Buzzer_Toggle();
            vTaskDelay(pdMS_TO_TICKS(500));
        }
    }
    /* USER CODE END AppTask_Buzzer */
}
```

如上述程序所示,这里使用了 KeyLeft 和 KeyRight 两个按键事件,对应于事件组中的两个事件位。为使程序便于修改,我们定义了两个事件位掩码,即

```
#define  BITMASK_KEY_LEFT        0x04     //KeyLeft 的事件位掩码, 使用 Bit2 位
#define  BITMASK_KEY_RIGHT       0x01     //KeyRight 的事件位掩码, 使用 Bit0 位
```

这样定义后,KeyLeft 按键事件对应于事件组中的 Bit2 位,KeyRight 按键事件对应于 Bit0 位。

任务 Task_ScanKeys 的任务函数里,使用文件 keyled.h 中定义的函数 ScanPressedKey()检测按键输入。注意,这个函数中使用的延时函数是 HAL_Delay(),在调用函数 ScanPressedKey() 时,设置的等待时间不能太长,更不能传递参数 KEY_WAIT_ALWAYS,因为任务 Task_ScanKeys 的优先级在 3 个任务中是最高的。

Task_ScanKeys 任务函数的 for 循环里,还使用函数 xEventGroupGetBits()读取并显示了事件组的当前值。当 KeyLeft 键或 KeyRight 键被按下时,调用函数 xEventGroupSetBits()将

相应的事件位置 1。当 KeyDown 键被按下时，调用函数 xEventGroupClearBits()清除两个事件位。

任务 Task_LED 的任务函数中，使用函数 xEventGroupWaitBits()等待事件组中的条件成立，执行的是下面的代码：

```
BaseType_t clearOnExit=pdTRUE;           // pdTRUE=退出时清除事件位
BaseType_t waitForAllBits=pdTRUE;        //等待所有位置1,pdTRUE=逻辑与，pdFALSE=逻辑或
EventBits_t bitsToWait=BITMASK_KEY_LEFT |BITMASK_KEY_RIGHT;    //等待的事件位
EventBits_t result= xEventGroupWaitBits(eventGroupHandle, bitsToWait,
                    clearOnExit,waitForAllBits,portMAX_DELAY );
```

参数 bitsToWait 是两个事件位的按位或，其值为 0x05。参数 waitForAllBits 设置为 pdTRUE，表示将这两个事件位都置 1，条件才算成立。参数 clearOnExit 表示事件组条件成立，任务退出阻塞状态时，是否清除事件位。最后的等待节拍数设置为常数 portMAX_DELAY，表示一直等待。

任务在使用函数 xEventGroupWaitBits()等待事件组条件成立时，一直处于阻塞状态，在条件成立后就退出阻塞状态，执行后面的代码。任务 Task_LED 在事件组条件成立后，使 LED1 闪烁几次。任务 Task_Buzzer 等待的事件组条件与任务 Task_LED 的相同，在事件组条件成立后，使蜂鸣器响几次。

4. 程序运行测试

构建项目后，我们将其下载到开发板并加以测试，运行时可以发现：先后按下 KeyLeft 键和 KeyRight 键后，LED1 闪烁，蜂鸣器发声，这说明两个任务都被解除了阻塞状态，虽然两个任务调用 xEventGroupWaitBits()函数时，参数 clearOnExit 的值都设置为了 pdTRUE。

在任务函数 AppTask_LED()中，如果将调用函数 xEventGroupWaitBits()时传递的参数 waitForAllBits 设置为 pdFALSE，触发条件就是事件位的或运算，也就是 KeyLeft 键或 KeyRight 键按下时事件成立，LED1 闪烁。

7.4 通过事件组进行多任务同步

7.4.1 多任务同步原理

在事件组的条件成立时，多个任务的阻塞状态可以同时解除。利用事件组的这个特性，我们可以实现多任务同步。多任务通过事件组进行同步的示意图如图 7-4 所示。图中有 3 个任务，这 3 个任务分别对应一个事件组中的 3 个事件位。这 3 个任务需要等待某个条件成立之后，再开始同步执行各自后面的程序，这个条件成立的位置称为同步点（synchronization point）。例如，图 7-4 中的程序的运行过程是下面这样的。

- 任务 TaskA 检测到 KeyLeft 键按下后，到达了同步点，置位事件位 Bit2，它还需要等待 Bit1 和 Bit0 被置位后，再运行后面的程序，例如，使 LED1 闪烁。
- 任务 TaskB 检测到 KeyDown 键按下后，到达了同步点，置位事件位 Bit1，它还需要等待 Bit2 和 Bit0 被置位后，再运行后面的程序，例如，使 LED2 闪烁。
- 任务 TaskC 检测到 KeyRight 键按下后，到达了同步点，置位事件位 Bit0，它还需要等待 Bit2 和 Bit1 被置位后，再运行后面的程序，例如，使蜂鸣器连续发声。

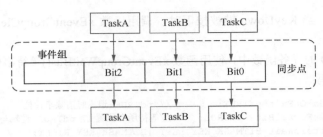

图 7-4 多任务通过事件组进行同步的示意图

所以，这 3 个任务在同步点将各自的事件位置 1 后，再等待其他事件位置 1，然后才开始运行，从而达到多个任务在某个同步点同步运行的目的。任务的这个操作过程，可以通过先后执行 xEventGroupSetBits() 和 xEventGroupWaitBits() 来完成，但是，这种操作不是原子操作。我们可以用函数 xEventGroupSync() 替代这两个函数，实现原子操作，实现多任务同步。函数 xEventGroupSync() 的原型定义如下：

```
EventBits_t xEventGroupSync( EventGroupHandle_t xEventGroup, const EventBits_t uxBitsToSet, const EventBits_t uxBitsToWaitFor, TickType_t xTicksToWait )
```

其中各参数的意义如下。
- 参数 xEventGroup 是所操作的事件组对象。
- 参数 uxBitsToSet 是任务要置位的事件位的掩码，例如，如果任务 TaskA 置位 Bit2，那么 uxBitsToSet 就设置为 0x04。
- 参数 uxBitsToWaitFor 是需要等待的同步条件，是事件组中需要被置 1 的事件位的掩码。例如，在 Bit2、Bit1、Bit0 位都被置 1 的时候，任务解除阻塞状态，开始同步运行，那么 uxBitsToWaitFor 就设置为 0x07。
- 参数 xTicksToWait 是任务在阻塞状态下等待的节拍数，常数 portMAX_DELAY 表示一直等待。

函数 xEventGroupSync() 的返回值是函数退出时事件组的值，函数可以在满足同步条件时退出，也可以在等待超时后退出。

7.4.2 示例功能和 CubeMX 项目设置

在本节中，我们将设计一个示例 Demo7_2EventSync，演示通过事件组实现 3 个任务同步的功能。本示例的主要功能和工作流程如下。
- 创建 3 个任务，用于分别检测按键 KeyLeft、KeyDown 和 KeyRight 的按下状态。
- 一个任务在检测到所管理的按键按下后，调用函数 xEventGroupSync() 置位所对应的事件位，并开始等待同步条件成立。
- 3 个任务的同步条件是 3 个按键都被按下，同步后任务 1 使 LED1 闪烁，任务 2 使 LED2 闪烁，任务 3 使蜂鸣器发声。

请用 CubeMX 模板项目文件 M5_LCD_KeyLED_Buzzer.ioc 创建本示例文件 Demo7_2EventSync.ioc （操作方法见附录 A），然后在 SYS 组件配置中设置 TIM6 作为 HAL 基础时钟源。

创建的文件 Demo7_2EventSync.ioc 中已有 4 个按键、2 个 LED 和蜂鸣器的 GPIO 设置，只需再设置 FreeRTOS。启用 FreeRTOS，设置接口为 CMSIS_V2，所有参数保持为默认值。

请在 Tasks and Queues 页面设计 3 个任务，3 个任务的主要属性如图 7-5 所示。3 个任务使用了相同的优先级，使用不同的优先级也是没有问题的。

Task Name	Priority	Stack Size (Words)	Entry Function	Allocation
Task_Buzzer	osPriorityNormal	128	AppTask_Buzzer	Dynamic
Task_LED1	osPriorityNormal	128	AppTask_LED1	Dynamic
Task_LED2	osPriorityNormal	128	AppTask_LED2	Dynamic

图 7-5 3 个任务的主要属性

7.4.3 程序功能实现

1. 主程序

完成设置后，我们在 CubeMX 中生成代码。我们在 CubeIDE 中打开项目，将 TFT_LCD 和 KEY_LED 驱动程序目录添加到项目搜索路径（操作方法见附录 A），然后在主程序中添加用户代码。完成功能后的代码如下：

```
/* 文件：main.c  -------------------------------------------------------*/
#include "main.h"
#include "cmsis_os.h"
#include "gpio.h"
#include "fsmc.h"
/* USER CODE BEGIN Includes */
#include "tftlcd.h"
/* USER CODE END Includes */

/* Private function prototypes ----------------------------------------*/
void MX_FREERTOS_Init(void);

int main(void)
{
    HAL_Init();
    SystemClock_Config();
    /* Initialize all configured peripherals */
    MX_GPIO_Init();          //GPIO 引脚初始化
    MX_FSMC_Init();

    /* USER CODE BEGIN 2 */
    TFTLCD_Init();           //LCD 初始化
    LCD_ShowStr(10, 10, (uint8_t *)"Demo7_2:Events Synchronization");
    LCD_ShowStr(10, LCD_CurY+LCD_SP15, (uint8_t *)"Press KeyLeft, KeyRight, KeyDown");
    LCD_ShowStr(10, LCD_CurY+LCD_SP15, (uint8_t *)"     to start test");
    LCD_ShowStr(10, LCD_CurY+LCD_SP15, (uint8_t *)"Press Reset to restart");
    /* USER CODE END 2 */

    osKernelInitialize();
    MX_FREERTOS_Init();
    osKernelStart();
    while (1)
    {
    }
}
```

2. FreeRTOS 对象初始化

函数 MX_FREERTOS_Init()用于创建在 CubeMX 中设计的 3 个任务。我们在文件 freertos.c 中定义事件组对象句柄变量，在函数 MX_FREERTOS_Init()中添加创建事件组的代码。完成功

能后的代码如下:

```c
/* 文件: freertos.c -----------------------------------------------------------*/
#include "FreeRTOS.h"
#include "task.h"
#include "main.h"
#include "cmsis_os.h"
/* USER CODE BEGIN Includes */
#include "event_groups.h"
/* USER CODE END Includes */

/* Private variables ---------------------------------------------------------*/
/* USER CODE BEGIN Variables */
EventGroupHandle_t  eventGroupHandle;          //事件组句柄
/* USER CODE END Variables */

/* 任务 Task_Buzzer 相关定义 */
osThreadId_t Task_BuzzerHandle;                //任务句柄
const osThreadAttr_t Task_Buzzer_attributes = {  //任务属性
        .name = "Task_Buzzer",
        .priority = (osPriority_t) osPriorityNormal,
        .stack_size = 128 * 4
};

/*  任务 Task_LED1 相关定义   */
osThreadId_t Task_LED1Handle;
const osThreadAttr_t Task_LED1_attributes = {
        .name = "Task_LED1",
        .priority = (osPriority_t) osPriorityNormal,
        .stack_size = 128 * 4
};

/* 任务 Task_LED2 相关定义   */
osThreadId_t Task_LED2Handle;
const osThreadAttr_t Task_LED2_attributes = {
        .name = "Task_LED2",
        .priority = (osPriority_t) osPriorityNormal,
        .stack_size = 128 * 4
};

/* Private function prototypes -----------------------------------------------*/
void AppTask_Buzzer(void *argument);
void AppTask_LED1(void *argument);
void AppTask_LED2(void *argument);
void MX_FREERTOS_Init(void);

void MX_FREERTOS_Init(void)
{
    /* USER CODE BEGIN RTOS_QUEUES */
    eventGroupHandle=xEventGroupCreate();       //创建事件组
    /* USER CODE END RTOS_QUEUES */

    /* 创建任务 Task_Buzzer */
    Task_BuzzerHandle = osThreadNew(AppTask_Buzzer, NULL, &Task_Buzzer_attributes);

    /* 创建任务 Task_LED1 */
    Task_LED1Handle = osThreadNew(AppTask_LED1, NULL, &Task_LED1_attributes);

    /* 创建任务 Task_LED2 */
    Task_LED2Handle = osThreadNew(AppTask_LED2, NULL, &Task_LED2_attributes);
}
```

在这段程序中，我们通过添加少量代码创建了一个事件组，处理的方法与示例 Demo7_1EventGroup 相同。创建 3 个任务的代码是自动生成的，此处不再赘述。

3. 3 个任务的功能实现

文件 freertos.c 中，有自动生成的 3 个任务的任务函数代码框架，根据程序要实现的功能，我们为 3 个任务函数编写代码。完成后，freertos.c 中的相关代码如下：

```c
/* Private includes ----------------------------------------------------------*/
/* USER CODE BEGIN Includes */
#include "event_groups.h"
#include "tftlcd.h"
#include "keyled.h"
/* USER CODE END Includes */

/* Private define ------------------------------------------------------------*/
/* USER CODE BEGIN PD */
#define   BITMASK_KEY_LEFT         0x04             //Bit2，事件位掩码定义
#define   BITMASK_KEY_DOWN         0x02             //Bit1
#define   BITMASK_KEY_RIGHT        0x01             //Bit0
#define   BITMASK_SYNC    BITMASK_KEY_LEFT | BITMASK_KEY_DOWN | BITMASK_KEY_RIGHT
/* USER CODE END PD */

/* USER CODE BEGIN Variables */
EventGroupHandle_t  eventGroupHandle;           //事件组对象句柄
/* USER CODE END Variables */

void AppTask_LED1(void *argument)                 //任务 Task_LED1
{
    /* USER CODE BEGIN AppTask_LED1 */
    for(;;)
    {
        KEYS curKey=ScanPressedKey(50);           //检测 KeyLeft 键
        if (curKey != KEY_LEFT)                   //KeyLeft 键没有被按下
        {
            vTaskDelay(pdMS_TO_TICKS(50));
            continue;
        }
        LCD_ShowStr(10, LCD_CurY+LCD_SP15, (uint8_t *)"Task_LED1 reaches sync point");
        xEventGroupSync(eventGroupHandle, BITMASK_KEY_LEFT,
                        BITMASK_SYNC, portMAX_DELAY);     //同步点，等待同步
        while(1)
        {
            LED1_Toggle();
            vTaskDelay(pdMS_TO_TICKS(500));
        }
    }
    /* USER CODE END AppTask_LED1 */
}

void AppTask_LED2(void *argument)                 //任务 Task_LED2
{
    /* USER CODE BEGIN AppTask_LED2 */
    for(;;)
    {
        KEYS curKey=ScanPressedKey(50);           //检测 KeyRight 键
        if (curKey != KEY_RIGHT)                  //KeyRight 键没有被按下
        {
            vTaskDelay(pdMS_TO_TICKS(50));
            continue;
```

```
            LCD_ShowStr(10, LCD_CurY+LCD_SP15, (uint8_t *)"Task_LED2 reaches sync point");
            xEventGroupSync(eventGroupHandle, BITMASK_KEY_RIGHT,
                        BITMASK_SYNC, portMAX_DELAY);    //同步点，等待同步
            while(1)
            {
                LED2_Toggle();
                vTaskDelay(pdMS_TO_TICKS(500));
            }
        }
        /* USER CODE END AppTask_LED2 */
    }

    void AppTask_Buzzer(void *argument)            //任务 Task_Buzzer
    {
        /* USER CODE BEGIN AppTask_Buzzer */
        for(;;)
        {
            KEYS curKey=ScanPressedKey(50);            //检测 KeyDown 键
            if (curKey != KEY_DOWN)                    //KeyDown 键没有被按下
            {
                vTaskDelay(pdMS_TO_TICKS(50));
                continue;
            }
            LCD_ShowStr(10, LCD_CurY+LCD_SP15, (uint8_t *)"Task_Buzzer reaches sync point");
            xEventGroupSync(eventGroupHandle, BITMASK_KEY_DOWN,
                        BITMASK_SYNC, portMAX_DELAY);    //同步点，等待同步
            while(1)
            {
                Buzzer_Toggle();
                vTaskDelay(pdMS_TO_TICKS(500));
            }
        }
        /* USER CODE END AppTask_Buzzer */
    }
```

上述程序使用了事件组中的 3 个位，定义了 4 个事件位掩码，其中，BITMASK_SYNC 是其他 3 个事件位掩码的按位或运算，所以 BITMASK_SYNC 是 0x07。

3 个任务函数都使用 ScanPressedKey()检测按键。因为函数 ScanPressedKey()里的延时函数是 HAL_Delay()，所以在调用这个函数时，传递的 Timeout 参数值不能太大，更不能使用 KEY_WAIT_ALWAYS。

任务 TaskLED1 在检测到 KeyLeft 键按下后，执行下面的语句进入同步等待：

```
xEventGroupSync(eventGroupHandle, BITMASK_KEY_LEFT, BITMASK_SYNC, portMAX_DELAY);
```

其中，第二个参数 BITMASK_KEY_LEFT 是任务 TaskLED1 要置位的事件位，也就是 Bit2；第三个参数 BITMASK_SYNC 是等待的同步条件成立的事件位，也就是需要 Bit2、Bit1、Bit0 都为 1，才继续执行后面的程序，所以这行语句就是任务的同步点。

任务 TaskLED2 在检测到 KeyRight 键按下后，执行下面的语句进入同步等待。它将掩码 BITMASK_KEY_RIGHT 表示的事件位置 1，然后等待同步条件成立。

```
xEventGroupSync(eventGroupHandle, BITMASK_KEY_RIGHT, BITMASK_SYNC, portMAX_DELAY);
```

同样，任务 Task_Buzzer 在检测到 KeyDown 键按下后，执行下面的语句进入同步等待：

```
xEventGroupSync(eventGroupHandle, BITMASK_KEY_DOWN, BITMASK_SYNC, portMAX_DELAY);
```

当事件组中掩码 BITMASK_SYNC 表示的 3 个位都被置 1 后，3 个任务将同时解除阻塞状态，继续执行各自后面的程序，这样就实现了 3 个任务的同步。

构建项目后，我们将其下载到开发板上并运行测试。依次按下 3 个按键后，LED1 和 LED2 开始闪烁，蜂鸣器也开始发声，实现了 3 个任务在同步点同步的目的。

第 8 章 任务通知

任务通知（task notification）是 FreeRTOS 中的另外一种进程间通信技术。使用任务通知不需要创建任何中间对象，可以直接从任务向任务，或从 ISR 向任务发送通知，传递一个通知值（notification value）。任务通知可以模拟二值信号量、计数信号量，或长度为 1 的消息队列，使用任务通知，通常效率更高、消耗内存更少。

8.1 任务通知的原理和功能

我们在前文介绍了多种进程间通信技术，如队列、信号量、事件组等，这些方法都需要创建一个中间对象，进程之间通过这些中间对象进行通信或同步，如图 8-1 所示。

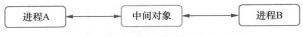

图 8-1 使用中间对象的进程间通信

在 FreeRTOS 中还有一种无须创建中间对象的进程间直接通信方法，那就是任务通知方法。要使用任务通知方法，需要将参数 configUSE_TASK_NOTIFICATIONS 设置为 1。这个参数默认值为 1，且可以在 CubeMX 中设置。

当将参数 configUSE_TASK_NOTIFICATIONS 设置为 1 时，任务的任务控制块中会增加一个 uint32_t 类型的通知值变量，并且任务接收通知的状态有挂起（pending）和非挂起（not-pending）两种状态。

图 8-2 进程间使用任务通知直接通信的基本原理

进程间使用任务通知直接通信的基本原理如图 8-2 所示，工作特点描述如下。

- 一个任务或 ISR 向另外一个指定的任务发送通知，则将发送通知的进程称为发送者（sender），将接收通知的进程称为接收者（receiver）。
- 发送者可以是任务或 ISR，接收者只能是任务，不能是 ISR。
- 发送者发送通知时，可以带一个通知值，或者是使接收者的通知值发生改变的计算方法，例如，使通知值加 1。发送者只管发送通知，不会进入阻塞状态，是否接收和处理通知由接收者决定。
- 接收者有未处理的通知时，处于挂起状态。接收者可以进入阻塞状态等待通知，收到通知后退出阻塞状态，再做处理。

由任务通知的存储特点和工作原理可知，任务通知有如下优点。

- 性能更高。使用任务通知在进程间传递数据时,比使用队列或信号量等方法的速度快得多。
- 内存开销小。使用任务通知时内存开销小,因为只需在任务控制块中增加几个变量。而使用队列、信号量等,则需要先创建这些对象。

当然,任务通知也有一些局限性,具体如下。
- 使用任务通知时,不能向 ISR 发送通知,只能是任务或 ISR 向任务发送通知。
- 任务通知指定了接收者,多个发送者可以向同一个接收者发送不同的通知,但是发送者不能将一个通知发送给不同的接收者,也就是不能进行消息广播。
- 任务通知一次只能发送或接收一个 uint32_t 类型的数据,不能像消息队列那样发送多个缓存数据,因为任务控制块的数据缓存里只有一个 uint32_t 类型的通知值。

使用任务通知可以代替二值信号量、计数信号量、事件组,可以代替只有一个 uint32_t 类型存储单元的队列。任务通知使用比较灵活,而且工作效率高。

8.2 任务通知的相关函数

8.2.1 相关函数概述

要使用任务通知功能,需要将参数 configUSE_TASK_NOTIFICATIONS 设置为 1,这个参数默认值为 1,可在 CubeMX 中设置。

使用任务通知无须创建中间对象,任务操作的相关函数主要是发送者发送通知,接收者等待和接收通知。任务通知的相关函数(见表 8-1)都在文件 task.h 中定义。

表 8-1 任务通知的相关函数

分组	函数	功能
发送通知	xTaskNotify()	向一个任务发送通知,带有通知值,还有值的传递方式设置。适用于利用通知值直接传递数据的应用场景
	xTaskNotifyFromISR()	xTaskNotify() 的 ISR 版本
	xTaskNotifyAndQuery()	与 xTaskNotify() 的功能相似,但是可以返回接收者之前的通知值
	xTaskNotifyAndQueryFromISR()	xTaskNotifyAndQuery() 的 ISR 版本
	xTaskNotifyGive()	向一个任务发送通知,不带通知值,只是使接收者的通知值加 1。适用于将任务通知当作二值信号量或计数信号量使用的应用场景
	vTaskNotifyGiveFromISR()	xTaskNotifyGive() 的 ISR 版本
接收通知	xTaskNotifyWait()	等待并获取任务通知值的通用函数,可以设置进入和退出等待时的任务通知值,例如,进入时将通知值清零,或退出时将通知值清零
	ulTaskNotifyTake()	等待并获取任务通知值,可在退出等待时将通知值减 1 或清零。适用于将任务通知用作二值信号量或计数信号量的场合
其他	xTaskNotifyStateClear()	清除任务的等待状态,任务的通知值不变

可以在任务或 ISR 里发送通知，所以发送通知的函数有任务和 ISR 两种版本，只有任务能接收通知，所以接收通知的函数没有 ISR 版本。发送和接收通知的函数可以分为以下两组。
- 通用版本的函数 xTaskNotify()和 xTaskNotifyWait()，可以发送任意的通知值，适合在进程间通过通知值直接传递数据。
- 将任务通知用作二值信号量或计数信号量的函数 xTaskNotifyGive()和 ulTaskNotifyTake()，发送时，使接收者的通知值加 1，接收时，使通知值减 1 或清零。

8.2.2 函数详解

1. 函数 xTaskNotify()

函数 xTaskNotify()是发送通知的通用函数，它是一个宏函数，定义如下：

```
#define xTaskNotify( xTaskToNotify, ulValue, eAction ) xTaskGenericNotify( 
( xTaskToNotify ), ( ulValue ), ( eAction ), NULL )
```

它实际上是执行了函数 xTaskGenericNotify()，这个函数的原型定义如下：

```
BaseType_t xTaskGenericNotify( TaskHandle_t xTaskToNotify, uint32_t ulValue,
eNotifyAction eAction, uint32_t *pulPreviousNotificationValue );
```

几个参数的意义如下。
- 参数 xTaskToNotify 是接收者任务的句柄。
- 参数 ulValue 是发送的通知值。
- 参数 eAction 是通知值的作用方式，是枚举类型 eNotifyAction，其定义如下。各枚举值与参数 ulValue 的结合，决定了如何改变接收者的通知值，见注释。

```
typedef enum
{
    eNoAction = 0,              //只发通知，不改变接收者的通知值
    eSetBits,                   //接收者的通知值与 ulValue 进行按位或运算，适用于当作事件组使用
    eIncrement,                 //将接收者的通知值加 1，适用于当作二值信号量或计数信号量使用
    eSetValueWithOverwrite,     //用 ulValue 覆盖接收者的通知值，即使前一次的通知未被处理
    eSetValueWithoutOverwrite   //接收者处于非挂起状态时，用 ulValue 更新其通知值，否则，不更新
} eNotifyAction;
```

- 参数 pulPreviousNotificationValue，返回接收者的通知值被改变之前的值。

xTaskNotify()在调用函数 xTaskGenericNotify()时，没有传递最后一个参数，所以不能返回接收者更新之前的通知值。函数 xTaskNotify()的返回值是更新之后接收者的通知值。

函数 xTaskNotify()在发送通知时，根据参数 ulValue 和 eAction 的取值，有不同的改变接收者通知值的方式，也适用于不同的应用场景。例如，eAction 等于 eSetBits 时，ulValue 与接收者当前通知值进行按位或运算，这适用于将任务通知作为事件组使用的场景；eAction 等于 eIncrement 时，接收者的通知值在当前基础上加 1，与 ulValue 无关，这适用于将任务通知作为二值信号量或计数信号量使用的场景。

函数 xTaskNotifyFromISR()是 xTaskNotify()的 ISR 版本，也是一个宏函数，其原型定义如下：

```
#define xTaskNotifyFromISR( xTaskToNotify, ulValue, eAction, 
pxHigherPriorityTaskWoken ) xTaskGenericNotifyFromISR( ( xTaskToNotify ), ( ulValue ), 
( eAction ), NULL, ( pxHigherPriorityTaskWoken ) )
```

它实际上是调用了函数 xTaskGenericNotifyFromISR()，这个函数的原型定义如下：

```
BaseType_t xTaskGenericNotifyFromISR( TaskHandle_t xTaskToNotify, uint32_t ulValue,
eNotifyAction eAction, uint32_t *pulPreviousNotificationValue, BaseType_t *pxHigher
PriorityTaskWoken );
```

前4个参数与函数 xTaskGenericNotify() 中的参数相同，最后一个参数 pxHigherPriorityTaskWoken 是一个 BaseType_t 类型的指针，实际上是一个返回数据，表示退出中断 ISR 之前，是否需要申请进行上下文切换。调用函数 portYIELD_FROM_ISR() 进行上下文切换申请，调用该函数的示意代码如下：

```
BaseType_t highTaskWoken=pdFALSE;
xTaskNotifyFromISR(xTaskToNotify, ulValue, eAction, &highTaskWoken);
portYIELD_FROM_ISR(highTaskWoken);
```

2. 函数 xTaskNotifyAndQuery()

函数 xTaskNotifyAndQuery() 与 xTaskNotify() 的功能相同，但是能返回接收者通知值改变之前的值。函数 xTaskNotifyAndQuery() 的原型定义如下：

```
#define xTaskNotifyAndQuery( xTaskToNotify, ulValue, eAction, pulPreviousNotifyValue )
xTaskGenericNotify( ( xTaskToNotify ), ( ulValue ), ( eAction ), ( pulPreviousNotifyValue ) )
```

它也是调用了函数 xTaskGenericNotify()，但是多传递了一个参数 pulPreviousNotifyValue 用于获取接收者之前的通知值。注意，参数 pulPreviousNotifyValue 是 uint32_t 类型的指针变量。调用该函数的示意代码如下：

```
uint32_t previousValue=0;
uint32_t currentValue=0;
currentValue =xTaskNotifyAndQuery(xTaskToNotify, ulValue, eAction, &previousValue);
```

函数 xTaskNotifyAndQueryFromISR() 是 xTaskNotifyAndQuery() 的 ISR 版本，其原型定义如下：

```
#define xTaskNotifyAndQueryFromISR( xTaskToNotify, ulValue, eAction,
pulPreviousNotificationValue, pxHigherPriorityTaskWoken ) xTaskGenericNotifyFromISR(
( xTaskToNotify ), ( ulValue ), ( eAction ), ( pulPreviousNotificationValue ),
( pxHigherPriorityTaskWoken ) )
```

其中，参数 pxHigherPriorityTaskWoken 与函数 xTaskNotifyFromISR() 中的同名参数的意义和用法相同。

3. 函数 xTaskNotifyGive()

函数 xTaskNotifyGive() 是 xTaskNotify() 的一种功能简化版本，它的功能是发送通知，使接收者的通知值加 1。其原型定义如下：

```
#define xTaskNotifyGive( xTaskToNotify ) xTaskGenericNotify( ( xTaskToNotify ), ( 0 ),
eIncrement, NULL )
```

函数 xTaskNotifyGive() 也调用了函数 xTaskGenericNotify()，但是默认传递了参数 ulValue 为 0，eAction 为 eIncrement，pulPreviousNotificationValue 为 NULL。所以，函数 xTaskNotifyGive() 的功能就是使接收者的通知值加 1，这使其适用于将任务通知当作二值信号量或计数信号量使用的场合。

函数 vTaskNotifyGiveFromISR() 是 xTaskNotifyGive() 的 ISR 版本，其原型定义如下。其中的参数 pxHigherPriorityTaskWoken 与函数 xTaskNotifyFromISR() 中同名参数的意义和使用方法相同。

```
void vTaskNotifyGiveFromISR( TaskHandle_t xTaskToNotify, BaseType_t
*pxHigherPriorityTaskWoken );
```

4. 函数 xTaskNotifyWait()

接收者使用函数 xTaskNotifyWait()等待任务通知并获取通知值，其原型定义如下：

```
BaseType_t xTaskNotifyWait( uint32_t ulBitsToClearOnEntry, uint32_t
ulBitsToClearOnExit, uint32_t *pulNotificationValue, TickType_t xTicksToWait );
```

几个参数的意义如下。

- 参数 ulBitsToClearOnEntry 是在函数进入时需要清零的通知值的位掩码。需要清零的位在掩码中用 1 表示，否则，用 0 表示。计算方法是 ulBitsToClearOnEntry 按位取反后与当前的通知值进行按位与运算，用计算的结果更新通知值。例如，如果 ulBitsToClearOnEntry 设置为 0，就是不更改当前的通知值；如果 ulBitsToClearOnEntry 设置为 0xFFFFFFFF，就是将所有位清零，也就是使通知值清零。注意，通过 ulBitsToClearOnEntry 更改通知值，只在函数 xTaskNotifyWait()进入且没有接收到任务通知时，才会执行，执行后进入阻塞状态，等待任务通知。如果函数在进入时已经有挂起待处理的任务通知，则不会更新当前的通知值。
- 参数 ulBitsToClearOnExit 是函数在退出时需要清零的通知值的位掩码。如果设置为 0，就是不更改通知值；如果设置为 0xFFFFFFFF，就是将通知值设置为 0。注意，这个操作在函数从等待超时状态退出时，也就是没有接收到任务通知时是不执行的。
- 参数 pulNotificationValue 是一个 uint32_t 类型的指针，用于返回接收的通知值。
- 参数 xTicksToWait 是函数在阻塞状态等待的节拍数。如果设置为常数 portMAX_DELAY，就是一直等待；如果设置为 0，则表示不等待。

函数的返回值是 pdTRUE 或 pdFALSE，pdTRUE 表示接收了任务通知，包括函数一进入就读取已挂起的任务通知。

执行函数 xTaskNotifyWait()时，如果任务是未挂起状态，也就是没有待处理的任务通知，任务就进入阻塞状态，等待接收通知；如果任务是挂起状态，也就是有未处理的任务通知，就立刻读取通知值，然后返回。在阻塞等待状态下，任务接收到新的任务通知，或等待超时就退出阻塞状态。

函数 xTaskNotifyWait()是等待任务通知的通用函数。用户可以通过参数 ulBitsToClearOnEntry 设置通知值的初值，如设置为 0。在退出时，用户可以通过参数 ulBitsToClearOnExit 对通知值做一些处理，如清零。

5. 函数 ulTaskNotifyTake()

函数 ulTaskNotifyTake()是另一个等待任务通知的函数，适用于将任务通知当作二值信号量或计数信号量使用的场合。这个函数的原型定义如下：

```
uint32_t ulTaskNotifyTake( BaseType_t xClearCountOnExit, TickType_t xTicksToWait );
```

- 参数 xClearCountOnExit 的取值为 pdTRUE 或 pdFALSE。当取值为 pdTRUE 时，函数在接收通知后退出时会将通知值清零，这种情况下，任务通知被当作二值信号量使用；当取值为 pdFALSE 时，函数在接收通知后退出时会将通知值减 1，这种情况下，任务通知被当作计数信号量使用。

- 参数 xTicksToWait 是在阻塞状态等待任务通知的节拍数。如果设置为常数 portMAX_DELAY，则表示一直等待；如果设置为 0，则表示不等待。
- 函数的返回值是减 1 或清零之前的通知值。

函数 ulTaskNotifyTake()一般与函数 xTaskNotifyGive()搭配使用，将任务通知当作二值信号量或计数信号量使用。xTaskNotifyGive()发送通知使接收者的通知值加 1，ulTaskNotifyTake()接收通知后，使通知值减 1 或复位为 0。

将通知值当作二值信号量或计数信号量使用的操作如图 8-3 所示，图中的变量 Value 表示通知值。将任务通知当作计数信号量使用时，操作特点如下。

- 接收者的通知值初始为 0。
- 使用 ulTaskNotifyGive()发送通知时，即使接收者没有接收和处理，通知值也会每次加 1，例如，多次发送后，Value 变为 5。
- 执行函数 ulTaskNotifyTake()时，如果通知值大于 1，即使处于未挂起状态，函数也会立刻使通知值减 1 后返回，不会等待新的任务通知。如果当前通知值为 0，接收者才会进入阻塞状态，等待新的任务通知。

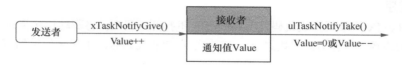

图 8-3　将任务通知值当作二值信号量或计数信号量使用

6. 函数 xTaskNotifyStateClear()

函数 xTaskNotifyStateClear()的功能是清除接收者的任务通知等待状态，使其变为未挂起状态，但是不会将接收者的通知值清零。其原型定义如下：

```
BaseType_t xTaskNotifyStateClear( TaskHandle_t xTask );
```

其中，参数 xTask 是需要操作的任务句柄，如果参数 xTask 设置为 NULL，则表示清除当前任务的通知状态。

8.3　示例一：使用任务通知传递数据

8.3.1　示例功能与 CubeMX 项目设置

在本节中，我们将设计一个示例 Demo8_1NotifyADC，使用中断方式进行 ADC 转换，然后，通过任务通知，将 ADC 转换结果作为通知值发送给另一个任务加以显示。本示例实现的功能与示例 Demo5_1Binary 类似，只是在示例 Demo5_1Binary 中，使用二值信号量作为每次 ADC 转换完成的标志，而本示例使用任务通知直接传递 ADC 转换结果。本示例的功能和工作流程如下。

- ADC1 在定时器 TIM3 的触发下进行 ADC 转换，TIM3 的定时周期为 500ms。在 ADC1 的 ISR 里，通过函数 xTaskNotifyFromISR()将 ADC 转换结果数据发送给任务 Task_Show。
- 任务 Task_Show 总是使用函数 xTaskNotifyWait()等待任务通知，读取通知值后，在 LCD 上显示。

为避免 CubeMX 项目的重复设置，我们将项目 Demo5_1Binary 整个复制为 Demo8_1NotifyADC。复制项目的操作方法见附录 B。CubeMX 项目中原来的设置，包括 TIM3 和 ADC1 的设置以及 NVIC 的设置，都予以保留，只需修改 FreeRTOS 的设置。

要在 FreeRTOS 中使用任务通知功能，需要将参数 configUSE_TASK_NOTIFICATIONS 设置为 1。用户在 CubeMX 中可以设置这个参数，且默认为 Enabled。请删除原项目中的二值信号量 BinSem_DataReady，保留原来设计的任务 Task_Show，但是需要将任务 Task_Show 的栈空间大小修改为 256 字（见图 8-4）。如果还是使用原来的大小 128 字，程序运行时，LCD 上就不会刷新显示，因为任务的栈空间太小，发生了溢出。

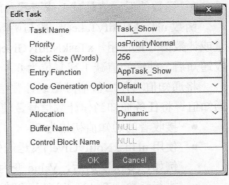

图 8-4 将任务的栈空间大小修改为 256 字

8.3.2 程序功能实现

1. 主程序

请在 CubeMX 里重新生成代码，在 CubeIDE 里打开项目后，将驱动程序目录 TFT_LCD 添加到项目搜索路径（操作方法见附录 A）。添加用户功能代码后，主程序代码如下：

```
/* 文件：main.c ---------------------------------------------------------------*/
#include "main.h"
#include "cmsis_os.h"
#include "adc.h"
#include "tim.h"
#include "gpio.h"
#include "fsmc.h"
/* USER CODE BEGIN Includes */
#include "tftlcd.h"
/* USER CODE END Includes */

/* Private function prototypes ----------------------------------------------*/
void MX_FREERTOS_Init(void);

int main(void)
{
    HAL_Init();
    SystemClock_Config();
    /* Initialize all configured peripherals */
    MX_GPIO_Init();
    MX_FSMC_Init();
    MX_ADC1_Init();
    MX_TIM3_Init();

    /* USER CODE BEGIN 2 */
    TFTLCD_Init();
    LCD_ShowStr(10, 10, (uint8_t *)"Demo8_1:Task Notification");
    LCD_ShowStr(10, LCD_CurY+30, (uint8_t *)"Transfer ADC value by notification");
    HAL_ADC_Start_IT(&hadc1);          //以中断方式启动 ADC
    HAL_TIM_Base_Start(&htim3);        //启动定时器
    /* USER CODE END 2 */

    osKernelInitialize();
    MX_FREERTOS_Init();
```

```
        osKernelStart();
        while (1)
        {
        }
    }
```

在外设初始化部分，MX_ADC1_Init()用于 ADC1 的初始化，MX_TIM3_Init()用于定时器 TIM3 的初始化，它们的代码都是自动生成的，相关代码和原理参见《基础篇》14.4 节的示例。

本示例中，ADC1 在 TIM3 触发下周期性地进行 ADC 转换，需要执行 HAL_ADC_Start_IT(&hadc1)启动 ADC1 的中断工作方式，执行 HAL_TIM_Base_Start(&htim3)启动定时器 TIM3。这样，ADC1 就能每 500ms 进行一次 ADC 转换。

2. FreeRTOS 对象初始化

使用任务通知时，无须创建任何中间对象，所以函数 MX_FREERTOS_Init()只需创建任务。文件 freertos.c 中的初始化代码如下：

```c
/* 文件: freertos.c ----------------------------------------------------------*/
#include "FreeRTOS.h"
#include "task.h"
#include "main.h"
#include "cmsis_os.h"

/* Private variables ---------------------------------------------------------*/
/*   任务Task_Show 相关定义   */
osThreadId_t Task_ShowHandle;              //任务句柄变量
const osThreadAttr_t Task_Show_attributes = {    //任务属性
        .name = "Task_Show",
        .priority = (osPriority_t) osPriorityNormal,
        .stack_size = 256 * 4          //不能使用 128*4，会溢出
};

/* Private function prototypes -----------------------------------------------*/
void AppTask_Show(void *argument);
void MX_FREERTOS_Init(void);

void MX_FREERTOS_Init(void)
{
    /* 创建任务 Task_Show */
    Task_ShowHandle = osThreadNew(AppTask_Show, NULL, &Task_Show_attributes);
}
```

3. 在 ADC1 的中断里发送通知

ADC1 采用 TIM3 外部触发方式进行 ADC 转换，在 ADC1 的中断里读取转换结果数据。ADC1 的中断 ISR 框架已经在文件 stm32f4xx_it.c 中自动创建，只需重新实现 ADC 转换完成事件中断的回调函数 HAL_ADC_ConvCpltCallback()。为了便于使用任务 Task_Show 的句柄变量 Task_ShowHandle，我们直接在文件 freertos.c 的一个代码沙箱段内实现这个回调函数，如下所示：

```c
/* Private application code --------------------------------------------------*/
/* USER CODE BEGIN Application */
void HAL_ADC_ConvCpltCallback(ADC_HandleTypeDef* hadc)
{
    if (hadc->Instance != ADC1)
        return;

    uint32_t adc_value=HAL_ADC_GetValue(hadc);     //ADC 转换原始数据
    if (Task_ShowHandle != NULL)
```

```
        {
            BaseType_t taskWoken=pdFALSE;
            xTaskNotifyFromISR(Task_ShowHandle, adc_value,
                    eSetValueWithOverwrite, &taskWoken);    //发送任务通知
            portYIELD_FROM_ISR(taskWoken);      //必须执行这条语句，进行任务切换申请
        }
    }
    /* USER CODE END Application */
```

这个回调函数的代码很简单，就是读取 ADC 转换结果数据，然后调用函数 xTaskNotifyFromISR()，将转换结果以任务通知的方式发给任务 Task_Show。ADC 转换结果是 uint32_t 型数据，正好作为任务通知的通知值。在执行函数 xTaskNotifyFromISR()之后，后面的申请进行上下文切换的语句 portYIELD_FROM_ISR(taskWoken)是必须执行的。

4. 任务通知的接收

ADC1 中断里发送的任务通知是发送给任务 Task_Show 的，这个任务负责接收通知，读取通知值之后，进行处理并显示。文件 freertos.c 中，任务 Task_Show 的任务函数和相关代码如下：

```
/* 文件：freertos.c ---------------------------------------------------------*/
/* USER CODE BEGIN Includes */
#include "tftlcd.h"
/* USER CODE END Includes */

void AppTask_Show(void *argument)             //任务 Task_Show 的任务函数
{
    /* USER CODE BEGIN AppTask_Show */
    LCD_ShowStr(10, LCD_CurY+LCD_SP20, (uint8_t *)"ADC  Value= ");
    uint16_t LcdX=LCD_CurX;           //保存显示位置
    uint16_t LcdY=LCD_CurY;
    LCD_ShowStr(10, LCD_CurY+LCD_SP20, (uint8_t *)"Voltage(mV)= ");

    uint32_t notifyValue=0;
    LcdFRONT_COLOR=lcdColor_WHITE;
    for(;;)
    {
        uint32_t ulBitsToClearOnEntry=0x00;              //进入时不清除数据
        uint32_t ulBitsToClearOnExit=0xFFFFFFFF;         //退出时将数据清零
        BaseType_t result=xTaskNotifyWait(ulBitsToClearOnEntry, ulBitsToClearOnExit,
                    &notifyValue, portMAX_DELAY);        //接收任务通知
        if (result==pdTRUE)
        {
            uint32_t tmpValue=notifyValue;               //ADC 原始值
            LCD_ShowUintX(LcdX,LcdY,tmpValue,4);

            uint32_t Volt=3300*tmpValue;                 //单位：mV
            Volt=Volt>>12;              //除以 2^12
            LCD_ShowUintX(LcdX,LcdY+LCD_SP20,Volt,4);
        }
    }
    /* USER CODE END AppTask_Show */
}
```

上述程序通过调用函数 xTaskNotifyWait()接收通知。根据程序中设置的输入参数可知：它进入时，不清除原来的通知值；退出时，清除通知值；读取的通知值保存在变量 notifyValue 里；进入阻塞状态后，无限等待通知。任务读取任务通知后，返回的通知值 notifyValue 就是 ADC 转换原始结果。

构建项目后，我们将其下载到开发板上并运行测试，可以看到，LCD 上周期性地刷新显示 ADC 原始值和电压值。在示例 Demo5_1Binary 中，我们使用二值信号量实现了与本示例相同的功能，对比两个项目的代码，可以明显看出，使用任务通知要简单一些。

8.4 示例二：将任务通知用作计数信号量

8.4.1 示例功能

任务通知还可以当作二值信号量或计数信号量来使用：使用函数 xTaskNotifyGive()发送通知，使接收者的通知值加 1；使用函数 ulTaskNotifyTake()读取通知，使接收者的通知值减 1 或清零。

与图 5-3 所示的计数信号量的工作原理相比，我们可以发现任务通知模拟的计数信号量与实际的计数信号量的细微差别。实际的计数信号量的初始值不为零，一般用于表示可用资源的个数，例如，餐厅中空余的餐桌个数（见图 5-3）。而任务通知模拟的计数信号量的初值为 0，一般用于表示待处理的事件的个数，例如，模拟进入餐厅的排队人数，如图 8-5 所示。

图 8-5　任务通知用作计数信号量时模拟排队人数

本节设计一个示例 Demo8_2NotifyCounting，使用任务通知模拟计数信号量，表示图 8-5 所示的餐厅外排队的人数变化。示例的功能和运行流程如下。

- 在 FreeRTOS 中，创建一个任务 Task_CheckIn，其通知值表示当前在排队的人数。
- 在任务 Task_CheckIn 中连续检测 KeyRight 键，当 KeyRight 键按下时，执行函数 ulTaskNotifyTake()使通知值减 1，表示允许 1 人进店，使排队人数减 1。
- 设置 RTC 唤醒周期为 2s，在唤醒中断里调用 vTaskNotifyGiveFromISR()向任务 Task_CheckIn 发送通知，使其通知值加 1，表示又来 1 人加入排队的队伍。

8.4.2 CubeMX 项目设置

本示例要用到按键和 LED，所以使用 CubeMX 模板项目文件 M4_LCD_KeyLED.ioc 来创建本示例的 CubeMX 文件 Demo8_2NotifyCounting.ioc，操作方法见附录 A。

在 GPIO 设置中，只保留 KeyRight 和 LED1 的设置，删除其他 GPIO 引脚设置。在 SYS 组件配置中，设置 TIM6 作为基础时钟源。

开启 LSE 和 RTC，并在时钟树上设置 LSE 作为 RTC 的时钟源。开启 RTC 的唤醒功能，设置唤醒周期为 2s。开启 RTC 周期唤醒全局中断，在 NVIC 中设置其优先级为 5，因为在其 ISR 里要用到 FreeRTOS 的 API 函数。RTC 周期唤醒的工作原理和 CubeMX 参数设置见《基础篇》11.2 节。

启用 FreeRTOS，设置接口为 CMSIS_V2，所有"config"和"INCLUDE_"参数保持默认值。创建一个任务 Task_CheckIn，其主要参数如图 8-6 所示。

第8章 任务通知

Tasks				
Task Name	Priority	Stack Size (Words)	Entry Function	Allocation
Task_CheckIn	osPriorityNormal	128	AppTask_CheckIn	Dynamic

图 8-6　创建一个任务 Task_CheckIn

8.4.3　程序功能实现

1. 主程序

完成设置后，我们在 CubeMX 中生成代码。我们在 CubeIDE 中打开项目，将驱动程序目录 TFT_LCD 和 KEY_LED 添加到项目搜索路径（操作方法见附录 A）。添加用户功能代码后，主程序代码如下：

```c
/* 文件: main.c ----------------------------------------------------------*/
#include "main.h"
#include "cmsis_os.h"
#include "rtc.h"
#include "gpio.h"
#include "fsmc.h"
/* USER CODE BEGIN Includes */
#include "tftlcd.h"
/* USER CODE END Includes */

/* Private function prototypes -------------------------------------------*/
void MX_FREERTOS_Init(void);

int main(void)
{
    HAL_Init();
    SystemClock_Config();
    /* Initialize all configured peripherals */
    MX_GPIO_Init();
    MX_FSMC_Init();
    MX_RTC_Init();

    /* USER CODE BEGIN 2 */
    TFTLCD_Init();
    LCD_ShowStr(10, 10, (uint8_t *)"Demo8_2:Task Notification");
    LCD_ShowStr(10, LCD_CurY+LCD_SP15, (uint8_t *)"Simulating people in wait");
    LCD_ShowStr(10, LCD_CurY+LCD_SP20, (uint8_t *)"1. People++ each 2sec");
    LCD_ShowStr(10, LCD_CurY+LCD_SP15, (uint8_t *)"2. Press KeyRight to People--");
    /* USER CODE END 2 */

    osKernelInitialize();
    MX_FREERTOS_Init();
    osKernelStart();
    while (1)
    {
    }
}
```

2. FreeRTOS 初始化

使用任务通知时，无须创建任何中间对象，所以在函数 MX_FREERTOS_Init()里只需创建任务。文件 freertos.c 中的初始代码如下（未展示任务函数的代码框架）：

```c
/* 文件: freertos.c -------------------------------------------------------*/
#include "FreeRTOS.h"
```

```c
#include "task.h"
#include "main.h"
#include "cmsis_os.h"

/* Private variables ----------------------------------------------------------*/
/* 任务 Task_CheckIn 相关定义 */
osThreadId_t Task_CheckInHandle;        //任务句柄
const osThreadAttr_t Task_CheckIn_attributes = {    //任务属性
      .name = "Task_CheckIn",
      .priority = (osPriority_t) osPriorityNormal,
      .stack_size = 128 * 4
};

/* Private function prototypes -----------------------------------------------*/
void AppTask_CheckIn(void *argument);
void MX_FREERTOS_Init(void);

void MX_FREERTOS_Init(void)
{
    /* 创建任务 Task_CheckIn */
    Task_CheckInHandle = osThreadNew(AppTask_CheckIn, NULL, &Task_CheckIn_attributes);
}
```

3. 任务通知的发送与接收

请在 RTC 的唤醒中断里向任务 Task_CheckIn 发送任务通知。RTC 唤醒事件的回调函数是 HAL_RTCEx_WakeUpTimerEventCallback()，直接在文件 freertos.c 中重新实现这个函数。这个回调函数以及任务 Task_CheckIn 的任务函数代码如下：

```c
/* 文件: freertos.c    ----------------------------------------------------------*/
/* USER CODE BEGIN Includes */
#include "tftlcd.h"
#include "keyled.h"
/* USER CODE END Includes */

void AppTask_CheckIn(void *argument)
{
    /* USER CODE BEGIN AppTask_CheckIn */
    LCD_ShowStr(10, LCD_CurY+LCD_SP20, (uint8_t *)"People in waiting= ");
    uint16_t LcdX=LCD_CurX;         //保存显示位置
    uint16_t LcdY=LCD_CurY;
    LcdFRONT_COLOR=lcdColor_WHITE;
    for(;;)
    {
        KEYS curKey=ScanPressedKey(20);
        if (curKey==KEY_RIGHT)      //KeyRight 按下
        {
            BaseType_t clearOnExit=pdFALSE;         //退出时通知值减1
            /* 只有在通知值为0时，才进入阻塞状态，所以可以多次读取通知值，每次使通知值减1 */
            BaseType_t preCount=ulTaskNotifyTake(clearOnExit, portMAX_DELAY);
            LCD_ShowUintX(LcdX, LcdY, preCount-1, 2);   //preCount 是前一次的通知值
            vTaskDelay(pdMS_TO_TICKS(300));         //延时，消除按键抖动影响
        }
        else
            vTaskDelay(pdMS_TO_TICKS(5));
    }
    /* USER CODE END AppTask_CheckIn */
}

/* Private application code --------------------------------------------------*/
```

```
/* USER CODE BEGIN Application */
/* RTC 周期唤醒中断回调函数 */
void HAL_RTCEx_WakeUpTimerEventCallback(RTC_HandleTypeDef *hrtc)
{
    LED1_Toggle();        //使 LED1 闪烁
    BaseType_t taskWoken=pdFALSE;
    vTaskNotifyGiveFromISR(Task_CheckInHandle,&taskWoken);    //发送通知，通知值加 1
    portYIELD_FROM_ISR(taskWoken);      //必须执行这条语句，申请任务调度
}
/* USER CODE END Application */
```

RTC 唤醒中断回调函数的代码功能就是执行函数 vTaskNotifyGiveFromISR()向任务 Task_CheckIn 发送通知，使其通知值加 1，模拟又有 1 人加入排队。

在任务 Task_CheckIn 里，按键 KeyRight 的状态会得到不断检测。当 KeyRight 按下时，表示餐厅有空位，调用函数 ulTaskNotifyTake()读取任务通知，使通知值减 1，相当于从排队的人群里出来 1 人进入餐厅用餐。注意，函数 ulTaskNotifyTake()的执行有如下两个特点。

- 如果当前通知值大于 0，执行 ulTaskNotifyTake()时不会进入阻塞状态，而是立刻返回。所以，如果当前通知值为 5，可以多次按 KeyRight 键，即使没有新的任务通知到达，也可以看到排队人数在减少。
- 函数 ulTaskNotifyTake()返回的是数值减 1 或清零之前的通知值，所以在程序中，如果要显示当前的排队人数，显示的值是 preCount-1。

4. 运行测试

构建项目后，我们将其下载到开发板并运行测试，可以看到 LED1 闪烁，这说明 RTC 唤醒中断的回调函数在运行，每 2s 发送一次任务通知。按下 KeyRight 键时，LCD 上显示当前排队人数，连续按 KeyRight 键时，会使排队人数减少，直到减少为 0，任务 Task_CheckIn 就会进入阻塞等待状态。

除了函数 ulTaskNotifyTake()和 xTaskNotifyWait()，没有其他函数能读取任务的当前通知值，所以在这个示例程序中，不能实时显示排队人数，只有在按下 KeyRight 键执行一次 ulTaskNotifyTake()函数后，才会显示当前排队人数。

任务通知还可以当作二值信号量和事件组使用。如果当作二值信号量使用，就是在执行函数 ulTaskNotifyTake(xClearCountOnExit, xTicksToWait)时，将参数 xClearCountOnExit 设置为 pdTRUE，使得读取之后，通知值归零。如果当作事件组使用，就是在调用 xTaskNotify(xTaskToNotify, ulValue, eAction)时，将 eAction 设置为 eSetBits，修改通知值的某些位，将通知值当作事件组变量来使用。囿于篇幅，将任务通知当作二值信号量和事件组使用的方法，本书不予具体举例了。

第 9 章 流缓冲区和消息缓冲区

从 V10.0.0 版本开始，FreeRTOS 增加了两个新特性：流缓冲区（stream buffer）和消息缓冲区（message buffer）。流缓冲区是一种优化的进程间通信机制，专门用于只有一个写入者和一个读取者的场景，能通过流缓冲区写入和读取任意长度的字节数据流。消息缓冲区是基于流缓冲区的，能写入和读取固定长度的离散的消息数据。本章介绍流缓冲区和消息缓冲区的功能和使用。

9.1 流缓冲区功能概述

流缓冲区是 FreeRTOS V10.0.0 新增的一个功能，是一种进程间通信的对象和方法。用户需要先创建一个流缓冲区，然后才可以使用它。使用流缓冲区进行进程间通信的基本原理如图 9-1 所示，有一个 ISR 或任务向流缓冲区写入数据，称为写入者（writer），有一个 ISR 或任务从流缓冲区读出数据，称为读取者（reader）。

图 9-1 使用流缓冲区进行进程间通信的基本原理

创建流缓冲区时，用户需要设定其存储容量，例如 1024 字节。使用流缓冲区时，写入者一次可以写入任意长度的字节数据流，但是不能超过流缓冲区的存储容量。读取者一次可以读出任意长度的字节数据流，字节数据流没有起始符和结束符。使用流缓冲区在进程间传输数据时，使用的是复制数据的方式，即写入者将数据复制到流缓冲区，读取者从流缓冲区复制出数据。流缓冲区就像一个管道，字节数据流在其中流动。

流缓冲区使用了任务通知技术，因此，调用流缓冲区相关的 API 函数使任务进入阻塞状态时，会改变任务的通知状态和通知值。

流缓冲区特别适用于单个写入者、单个读取者的应用场景，例如从一个 ISR 向一个任务传输数据，或在多核处理器上从一个内核向另一内核传输数据。在使用流缓冲区时假设只有一个写入者，只有一个读取者，如果非要使用多个写入者或多个读取者，那么一定要注意：每个写入者在调用写入流缓冲区的 API 函数时，代码必须置于一个临界代码段内，且写入阻塞时间必须设置为 0。同样的，如果有多个读取者，那么每个读取者在调用读取流缓冲区的 API 函数时，代码必须置于一个临界代码段内，且读取阻塞时间必须设置为 0。

流缓冲区与前面介绍过的队列有点像，但两者是有区别的：队列的数据分为基本的项（item），项的格式是固定的，例如 uint32_t 类型的项，每次写入或读取一个项；流缓冲区的数据只是字节数据流，写入和读出的数据长度是任意的。

9.2 流缓冲区操作的相关函数

9.2.1 相关函数概述

流缓冲区相关的函数头文件是 stream_buffer.h，源程序文件是 stream_buffer.c。流缓冲区相关的函数见表 9-1。在 CubeMX 的 FreeRTOS 设置中没有任何与流缓冲区相关的设置，在配置文件 FreeRTOSConfig.h 和 FreeRTOS.h 中也没有与流缓冲区相关的配置参数。要在程序中使用流缓冲区，只需包含文件 stream_buffer.h 即可。

表 9-1 流缓冲区相关的函数

分组	函数	功能
创建、删除和复位	xStreamBufferCreate()	创建一个流缓冲区，需设定缓冲区大小和触发水平
	xStreamBufferCreateStatic()	创建一个流缓冲区，静态分配内存方式
	vStreamBufferDelete()	删除一个流缓冲区
	xStreamBufferReset()	复位一个流缓冲区到其初始状态，清空缓冲区。没有任务在阻塞状态下读或写流缓冲区时，流缓冲区才可以被复位
写入	xStreamBufferSend()	向流缓冲区写入一定长度的字节数据
	xStreamBufferSendFromISR()	xStreamBufferSend()的 ISR 版本
读取	xStreamBufferReceive()	从流缓冲区读取一定长度的字节数据流。达到触发水平就会解除阻塞状态，而不一定读取指定个数的字节数据才会退出阻塞状态
	xStreamBufferReceiveFromISR()	xStreamBufferReceive()的 ISR 版本
参数设置和查询	xStreamBufferSetTriggerLevel()	设置流缓冲区的触发水平
	xStreamBufferBytesAvailable()	查询流缓冲区有多少字节数据可以被读取
	xStreamBufferSpacesAvailable()	查询流缓冲区还有多少字节的剩余空间
	xStreamBufferIsEmpty()	查询一个流缓冲区是否为空，返回值 pdTRUE 表示缓冲区为空
	xStreamBufferIsFull()	查询一个流缓冲区是否满了，返回值 pdTRUE 表示缓冲区满了

9.2.2 部分函数详解

1. 创建流缓冲区

函数 xStreamBufferCreate()以动态分配内存方式创建一个流缓冲区，它是一个宏函数，其原型定义如下：

```
#define xStreamBufferCreate( xBufferSizeBytes, xTriggerLevelBytes ) \
xStreamBufferGenericCreate( xBufferSizeBytes, xTriggerLevelBytes, pdFALSE )
```

它调用了函数 xStreamBufferGenericCreate()，这个函数既可创建流缓冲区，也可以创建消息缓冲区。其原型定义如下：

```
StreamBufferHandle_t xStreamBufferGenericCreate( size_t xBufferSizeBytes, size_t xTriggerLevelBytes, BaseType_t xIsMessageBuffer );
```

其中，参数 xBufferSizeBytes 是缓冲区的大小，单位是字节；参数 xTriggerLevelBytes 是触发水平（trigger level），单位是字节；参数 xIsMessageBuffer 表示创建的是否是消息缓冲区，如果传递的这个参数值是 pdFALSE，表示创建的是流缓冲区。

函数 xStreamBufferCreate() 的返回值是一个 StreamBufferHandle_t 类型的对象，也就是所创建的流缓冲区的对象指针。

创建流缓冲区时需要指定缓冲区大小和触发水平，创建流缓冲区的示例代码如下：

```
StreamBufferHandle_t streamBuf =xStreamBufferCreate(20, 5);
```

缓冲区大小就是缓冲区总的存储空间大小。触发水平是指读取者在阻塞状态下读取流缓冲区时，为解除读取者的阻塞状态，流缓冲区内的数据所必须达到的字节数。例如，上面的代码中设置触发水平为 5，那么一个任务在读取流缓冲区时，当流缓冲区里的数据达到 5 字节时，就会解除读取者的阻塞状态。

触发水平可以设置为 1，但是不能超过流缓冲区大小。若设置为 0，等效于 1。在创建流缓冲区后，还可以用函数 xStreamBufferSetTriggerLevel() 修改触发水平大小。

2. 设置触发水平

函数 xStreamBufferSetTriggerLevel() 用于重新设置一个流缓冲区的触发水平，其原型定义如下：

```
BaseType_t xStreamBufferSetTriggerLevel( StreamBufferHandle_t xStreamBuffer, size_t xTriggerLevel );
```

其中，xStreamBuffer 是所操作的流缓冲区对象指针，xTriggerLevel 是设置的触发水平大小。

如果传递的参数 xTriggerLevel 小于或等于流缓冲区长度，触发水平被更新，函数返回 pdTRUE，否则返回 pdFALSE。

3. 写入数据流

在任务里向流缓冲区写入数据使用函数 xStreamBufferSend()，其原型定义如下：

```
size_t xStreamBufferSend( StreamBufferHandle_t xStreamBuffer, const void
*pvTxData, size_t xDataLengthBytes,  TickType_t xTicksToWait);
```

其中，xStreamBuffer 是流缓冲区句柄，pvTxData 是需要写入数据的缓冲区指针，xDataLengthBytes 是需要写入数据的字节数，xTicksToWait 是用节拍数表示的超时等待时间。

向流缓冲区写入数据使用的是数据复制的方式，也就是将指针 pvTxData 表示的缓冲区内长度为 xDataLengthBytes 个字节的数据复制到流缓冲区。如果流缓冲区剩余存储空间不够容纳这次要写入的数据量，任务就进入阻塞状态并最多等待 xTicksToWait 个节拍。如果 xTicksToWait 设置为 0 就是不等待，如果是 portMAX_DELAY 就是一直等待。

函数的返回值是实际写入流缓冲区的数据字节数。如果函数因等待超时而退出，它仍然会向流缓冲区写入尽量多的数据，函数的返回值就是实际写入的字节数。

如果程序中只有一个写入者向流缓冲区写入数据，可以安全地使用函数 xStreamBufferSend()，如果有多个写入者向一个流缓冲区写入数据，调用 xStreamBufferSend() 的代码必须置于临界代码段内，也就是用 taskENTER_CRITICAL() 和 taskEXIT_CRITICAL() 界定的代码段，并且超时等待时间必须设置为 0。

在 ISR 中向流缓冲区写入数据的函数是 xStreamBufferSendFromISR()，其原型定义如下：

```
size_t xStreamBufferSendFromISR( StreamBufferHandle_t xStreamBuffer, const void
*pvTxData,size_t xDataLengthBytes, BaseType_t * const pxHigherPriorityTaskWoken );
```

其中的参数 pxHigherPriorityTaskWoken 是一个数据指针，返回 pdTRUE 或 pdFALSE，表示退出 ISR 时是否要进行任务切换申请，其用法与其他函数里的同名参数一样。

4. 读取数据流

在任务里从流缓冲区读取数据使用的函数是 xStreamBufferReceive()，其原型定义如下：

```
size_t xStreamBufferReceive( StreamBufferHandle_t xStreamBuffer, void *pvRxData,
size_t xBufferLengthBytes,TickType_t xTicksToWait);
```

其中，xStreamBuffer 是流缓冲区句柄，pvRxData 是读出数据保存的缓冲区指针，xBufferLengthBytes 是准备读出的数据字节数，xTicksToWait 是用节拍数表示的等待时间。

从流缓冲区读出数据使用的是数据复制的方式，也就是说，从流缓冲区中复制出 xBufferLengthBytes 个字节的数据并保存到指针 pvRxData 表示的缓冲区里。如果流缓冲区里没有数据，或者数据长度不到触发水平所设置的字节数，任务就进入阻塞状态并等待。xTicksToWait 设置为 0 表示不等待，设置为 portMAX_DELAY 表示一直等待。

函数的返回值是实际读取数据的字节数。函数 xStreamBufferReceive()因等待超时而退出，它仍然可以读出一些数据，只是实际数据长度小于所设置的 xBufferLengthBytes 个字节。

如果程序中只有一个读取者从流缓冲区读出数据，可以安全地使用函数 xStreamBufferReceive()，如果有多个读取者，则调用 xStreamBufferReceive()的代码必须置于临界代码段内，并且等待时间必须设置为 0。

在 ISR 中读取流缓冲区数据的函数是 xStreamBufferReceiveFromISR()，其原型定义如下：

```
size_t xStreamBufferReceiveFromISR( StreamBufferHandle_t xStreamBuffer, void
*pvRxData, size_t xBufferLengthBytes, BaseType_t * const pxHigherPriorityTaskWoken );
```

其中的参数 pxHigherPriorityTaskWoken 是一个数据指针，返回 pdTRUE 或 pdFALSE，表示退出 ISR 时是否要进行任务切换申请。

5. 流缓冲区状态查询

以下几个函数可以用于查询流缓冲区的状态或参数，它们只需使用流缓冲区句柄作为函数的输入参数。

- xStreamBufferBytesAvailable()，返回值类型 uint32_t，查询一个流缓冲区当前存储数据的字节数。
- xStreamBufferSpacesAvailable()，返回值类型 uint32_t，查询一个流缓冲区剩余的存储空间字节数。
- xStreamBufferIsEmpty()，查询一个流缓冲区当前是否为空，若返回值为 pdTRUE 表示流缓冲区没有任何可以被读取的数据。
- xStreamBufferIsFull()，查询一个流缓冲区是否已经存满了，若返回值为 pdTRUE，表示已经存满了。

6. 流缓冲区复位

可以使用函数 xStreamBufferReset()使一个流缓冲区复位，其原型定义如下：

```
BaseType_t xStreamBufferReset( StreamBufferHandle_t xStreamBuffer );
```

其中，xStreamBuffer 是要复位的流缓冲区句柄。函数返回值为 pdTRUE 或 pdFALSE。

复位一个流缓冲区会使其恢复到初始状态，清空缓冲区内的数据。只有当没有任务在阻塞状态下读写流缓冲区时，流缓冲区才可以被复位，否则流缓冲区不能被复位，且函数 xStreamBufferReset() 的返回值为 pdFALSE。

9.2.3 表示发送完成和接收完成的宏

在文件 stream_buffer.h 中还有函数 xStreamBufferSendCompletedFromISR() 和 xStreamBufferReceiveCompletedFromISR()，这两个函数用于高级用途。

在文件 stream_buffer.c 中有一个宏函数 sbSEND_COMPLETED(pxStreamBuffer)，参数 pxStreamBuffer 是流缓冲区句柄。在完成数据写入流缓冲区操作时，这个函数由 FreeRTOS 的 API 函数内部调用。这个函数可以用于检查是否有任务在阻塞状态等待流缓冲区的数据，如果有，就解除任务的阻塞状态，使其可以读取流缓冲区的数据。

一般情况下，我们不用去管 sbSEND_COMPLETED() 这个函数，它是由 API 函数内部调用的，但是在某些情况下，可以在文件 FreeRTOSConfig.h 中重新定义这个宏，使其应用于特殊场合。例如，在一个多核处理器上使用流缓冲区在两个内核之间传输数据。在这种应用场景下，当内核 A 向流缓冲区写完数据后会调用 sbSEND_COMPLETED()，我们就可以在文件 FreeRTOSConfig.h 中重新定义这个宏，在其中产生内核 B 的某个中断。内核 B 在此中断的 ISR 里调用函数 xStreamBufferSendCompletedFromISR() 检查是否有任务处于阻塞状态等待从流缓冲区读取数据，如果有，就解除任务的阻塞状态，使其可以及时读取流缓冲区的数据。

宏函数 sbRECEIVE_COMPLETED() 与 sbSEND_COMPLETED() 对应，用于接收完成时进行处理。在多核应用场景下，我们可以为内核 A 重定义宏 sbRECEIVE_COMPLETED()，在这个宏里向内核 B 产生中断，内核 B 在此中断里调用函数 xStreamBufferReceiveCompletedFromISR() 检查是否有等待写入流缓冲区的任务。

9.3 流缓冲区使用示例

9.3.1 示例功能与 CubeMX 项目设置

本节的示例 Demo9_1StreamBuffer 用于演示流缓冲区的使用，实例的功能和使用流程如下。
- 创建一个流缓冲区和一个任务 Task_Main。
- ADC1 在定时器 TIM3 的触发下进行 ADC 数据采集，在 ADC1 的 ISR 里向流缓冲区写入 ADC 转换结果数据。
- 在任务 Task_Main 里，一次读取流缓冲区内多个数据点的数据，求平均值后显示。

本示例要用到 LCD 和 LED，所以我们使用 CubeMX 模板项目文件 M4_LCD_KeyLED.ioc，创建本示例的 CubeMX 文件 Demo9_1StreamBuffer.ioc（操作方法见附录 A）。请保留 2 个 LED 的 GPIO 引脚设置，删除 4 个按键的 GPIO 引脚设置。在 SYS 组件中，请设置 TIM6 作为基础时钟源，再做其他设置。

1. 定时器 TIM3 的设置

配置时钟树，将 HCLK 设置为 100MHz，将 APB1 和 APB2 定时器时钟频率都设置为 50MHz；设置 TIM3，将其时钟源设置为使用内部时钟。定时器 TIM3 的参数设置如图 9-2 所示。

```
Counter Settings
    Prescaler (PSC - 16 bits value)                         49999
    Counter Mode                                            Up
    Counter Period (AutoReload Register - 16 bits value )   199
    Internal Clock Division (CKD)                           No Division
    auto-reload preload                                     Disable
Trigger Output (TRGO) Parameters
    Master/Slave Mode (MSM bit)                             Disable (Trigger input effect not delayed)
    Trigger Event Selection                                 Update Event
```

图 9-2 定时器 TIM3 的参数设置

请将 Prescaler 设置为 49999，使 TIM3 内部计数器时钟频率为 1000Hz；将 Counter Period 设置为 200，定时溢出周期为 200ms；将 Trigger Event Selection 设置为 Update Event，使 TIM3 的更新事件可以作为 ADC1 的外部触发源。TIM3 的中断无须开启。定时器的参数设置原理详见《基础篇》第 9 章。

2. ADC1 的设置

ADC1 的设置如图 9-3 所示，使用 IN5 通道，独立转换模式，12 位精度，数据右对齐，外部触发源选择 Timer 3 Trigger Out event。开启 ADC1 的全局中断，并设置中断优先级为 5。ADC1 的设置原理详见《基础篇》第 14 章。

```
ADC_Settings
    Clock Prescaler                     PCLK2 divided by 2
    Resolution                          12 bits (15 ADC Clock cycles)
    Data Alignment                      Right alignment
    Scan Conversion Mode                Disabled
    Continuous Conversion Mode          Disabled
    Discontinuous Conversion Mode       Disabled
    DMA Continuous Requests             Disabled
    End Of Conversion Selection         EOC flag at the end of single channel conversion
ADC_Regular_ConversionMode
    Number Of Conversion                1
    External Trigger Conversion Source  Timer 3 Trigger Out event
    External Trigger Conversion Edge    Trigger detection on the rising edge
    Rank                                1
        Channel                         Channel 5
        Sampling Time                   15 Cycles
```

图 9-3 ADC1 的设置

3. FreeRTOS 的设置

启用 FreeRTOS，设置接口为 CMSIS_V2，所有"config"和"INCLUDE_"参数沿用默认值。我们在 CubeMX 中不能可视化地创建流缓冲区，所以只在 FreeRTOS 里创建一个任务 Task_Main。Task_Main 任务的主要参数如图 9-4 所示。

Task Name	Priority	Stack Size (Words)	Entry Function	Allocation
Task_Main	osPriorityNormal	256	AppTask_Main	Dynamic

图 9-4 Task_Main 任务的主要参数

9.3.2 程序功能实现

1. 主程序

完成设置后，我们在 CubeMX 中生成代码。我们在 CubeIDE 里打开项目后，将 TFT_LCD 和 KEY_LED 驱动程序目录添加到项目搜索路径（操作方法见附录 A）。添加用户功能代码后，主程序代码如下：

```c
/* 文件: main.c ---------------------------------------------------------*/
#include "main.h"
#include "cmsis_os.h"
#include "adc.h"
#include "tim.h"
#include "gpio.h"
#include "fsmc.h"
/* USER CODE BEGIN Includes */
#include "tftlcd.h"
/* USER CODE END Includes */

/* Private function prototypes ------------------------------------------*/
void MX_FREERTOS_Init(void);

int main(void)
{
    HAL_Init();
    SystemClock_Config();
    /* Initialize all configured peripherals */
    MX_GPIO_Init();
    MX_FSMC_Init();
    MX_ADC1_Init();
    MX_TIM3_Init();

    /* USER CODE BEGIN 2 */
    TFTLCD_Init();
    LCD_ShowStr(10, 10, (uint8_t *)"Demo9_1:Using Stream Buffer");
    HAL_ADC_Start_IT(&hadc1);           //以中断方式启动ADC
    HAL_TIM_Base_Start(&htim3);         //启动定时器
    /* USER CODE END 2 */

    osKernelInitialize();
    MX_FREERTOS_Init();
    osKernelStart();
    while (1)
    {
    }
}
```

在完成 ADC1 和 TIM3 的初始化之后，程序将执行 HAL_ADC_Start_IT(&hadc1)以中断方式启动 ADC1，执行 HAL_TIM_Base_Start(&htim3)启动定时器 TIM3，这样 ADC1 就能在 TIM3 的触发下周期性地进行 ADC 转换。

2. FreeRTOS 对象初始化

自动生成的函数 MX_FREERTOS_Init()中只有创建任务的代码，需要用户自行添加代码以创建流缓冲区。请在文件 freertos.c 中定义常量和流缓冲区句柄变量，在函数 MX_FREERTOS_Init() 中增加创建流缓冲区的代码。完成后的代码如下：

```
/* 文件: freertos.c ---------------------------------------------------------*/
#include "FreeRTOS.h"
#include "task.h"
#include "main.h"
#include "cmsis_os.h"
/* USER CODE BEGIN Includes */
#include "stream_buffer.h"
#include "tftlcd.h"
#include "keyled.h"
/* USER CODE END Includes */

/* Private define -----------------------------------------------------------*/
/* USER CODE BEGIN PD */
#define    BUFFER_LEN      80            //流缓冲区大小,字节数
#define    TRIGGER_LEVEL   20            //触发水平,字节数
/* USER CODE END PD */

/* Private variables --------------------------------------------------------*/
/* USER CODE BEGIN Variables */
StreamBufferHandle_t  streamBuf;         //流缓冲区句柄变量
/* USER CODE END Variables */

/* 任务 Task_Main 相关定义 */
osThreadId_t Task_MainHandle;            //任务句柄
const osThreadAttr_t Task_Main_attributes = {      //任务属性
        .name = "Task_Main",
        .priority = (osPriority_t) osPriorityNormal,
        .stack_size = 256 * 4
};

/* Private function prototypes ----------------------------------------------*/
void AppTask_Main(void *argument);
void MX_FREERTOS_Init(void);

void MX_FREERTOS_Init(void)
{
    /* 创建任务 Task_Main */
    Task_MainHandle = osThreadNew(AppTask_Main, NULL, &Task_Main_attributes);

    /* USER CODE BEGIN RTOS_THREADS */
    streamBuf=xStreamBufferCreate(BUFFER_LEN, TRIGGER_LEVEL);   //创建流缓冲区
    /* USER CODE END RTOS_THREADS */
}
```

上述程序定义了两个宏：BUFFER_LEN 用于定义流缓冲区大小，TRIGGER_LEVEL 用于定义流缓冲区的触发水平，它们的单位都是字节。

上述程序还定义了一个 StreamBufferHandle_t 类型的变量 streamBuf，这是流缓冲区句柄变量。我们在函数 MX_FREERTOS_Init()最后的代码沙箱段内创建了流缓冲区，创建流缓冲区时，需要传递流缓冲区长度和触发水平两个参数。

3. ADC1 的中断处理

ADC1 以中断方式进行数据转换，在文件 stm32f4xx_it.c 中自动创建了 ADC1 中断的 ISR。ADC 转换完成事件中断的回调函数是 HAL_ADC_ConvCpltCallback()。为便于使用流缓冲区句柄变量 streamBuf，请直接在文件 freertos.c 中重新实现这个回调函数。这个回调函数的代码如下：

```
/* Private application code -------------------------------------------------*/
/* USER CODE BEGIN Application */
```

```c
void HAL_ADC_ConvCpltCallback(ADC_HandleTypeDef* hadc)
{
    if (hadc->Instance != ADC1)
        return;

    uint32_t adc_value=HAL_ADC_GetValue(hadc);     //ADC 转换原始数据
    BaseType_t highTaskWoken=pdFALSE;
    if (streamBuf != NULL)
    {
        xStreamBufferSendFromISR(streamBuf, &adc_value, 4, &highTaskWoken);
        portYIELD_FROM_ISR(highTaskWoken);     //申请进行任务切换
    }
}
/* USER CODE END Application */
```

这个回调函数在 ADC1 每完成一次转换时执行一次。程序里，请用函数 HAL_ADC_GetValue() 读取 ADC1 的转换结果，并保存为变量 adc_value，转换结果是一个 uin32_t 类型的数据，也就是 4 字节；然后，调用函数 xStreamBufferSendFromISR()向流缓冲区写入这个变量的数据。注意，写入数据时，用户需要使用待写入数据的地址，数据长度以字节为单位。

4. 任务 Task_Main 的功能

请在任务 Task_Main 里读取流缓冲区里的数据（可以一次读取多个数据点），然后求平均值。其任务函数代码如下：

```c
void AppTask_Main(void *argument)
{
    /* USER CODE BEGIN AppTask_Main */
    LCD_ShowStr(10, LCD_CurY+LCD_SP15, (uint8_t *)"Stream Buffer length= ");
    LCD_ShowUint(LCD_CurX, LCD_CurY, BUFFER_LEN);

    LCD_ShowStr(10, LCD_CurY+LCD_SP15, (uint8_t *)"Trigger Level= ");
    LCD_ShowUint(LCD_CurX, LCD_CurY, TRIGGER_LEVEL);

    uint16_t requiredBytes=32;
    LCD_ShowStr(10, LCD_CurY+LCD_SP20, (uint8_t *)"Required bytes= ");
    LCD_ShowUint(LCD_CurX, LCD_CurY, requiredBytes);

    LCD_ShowStr(10, LCD_CurY+LCD_SP15, (uint8_t *)"Actual read bytes= ");
    uint16_t LcdY=LCD_CurY;      //保存显示位置
    uint16_t LcdX=LCD_CurX;
    LCD_ShowStr(10, LCD_CurY+LCD_SP15, (uint8_t *)"Average ADC Value= ");
    uint32_t adcArray[10];       //最多读取 10 个数据点然后求平均值，40 字节
    LcdFRONT_COLOR=lcdColor_WHITE;
    for(;;)
    {
        uint16_t actualReadBytes=xStreamBufferReceive(streamBuf, adcArray,
                requiredBytes, portMAX_DELAY);
        LED1_Toggle();           //使 LED1 闪烁
        LCD_ShowUintX(LcdX,LcdY,actualReadBytes,2);    //显示实际读出的字节数

        uint8_t actualItems=actualReadBytes/4;    //实际的数据点个数，每个数据点 4 字节
        uint32_t sum=0;
        for( uint8_t i=0; i<actualItems; i++)
            sum += adcArray[i];
        sum= sum/actualItems;          //计算平均值
        LCD_ShowUintX(LcdX,LcdY+LCD_SP15,sum,4);   //显示平均值
    }
    /* USER CODE END AppTask_Main */
}
```

使用函数 xStreamBufferReceive()从流缓冲区里读取数据，执行的代码如下：

```
uint16_t actualReadBytes=xStreamBufferReceive(streamBuf, adcArray, requiredBytes,
portMAX_DELAY);
```

其中，adcArray 是保存读出数据的数组，有 10 个元素，数组名就是指针；requiredBytes 是所要读取数据的字节数。函数实际读取数据的字节数保存在变量 actualReadBytes 里。

程序根据实际读出数据的字节数计算数据点个数，一个数据点是 uint32_t 类型的 4 字节数据，然后计算实际读取数据点的平均值。

构建项目后，我们将其下载到开发板上并运行测试，会发现如下现象。

- 当 requiredBytes 大于或等于 TRIGGER_LEVEL 时，实际读取的字节数就是 TRIGGER_LEVEL。这验证了触发水平的作用，即流缓冲区里的数据量达到触发水平时，就解除等待任务的阻塞状态。
- 当 requiredBytes 小于 TRIGGER_LEVEL 时，实际读出的字节数是不确定的。例如，requiredBytes 设置为 12，实际读出为 8；requiredBytes 设置为 8 或 16，实际读出为 4。

所以，一般情况下，调用 xStreamBufferReceive()时，用户应该将要读取的字节数设置为等于或大于触发水平，这样才能预测实际读出的字节数。

9.4 消息缓冲区功能概述

消息缓冲区（message buffer）是基于流缓冲区实现的，也就是它的实现使用了流缓冲区的技术，如同信号量是基于队列实现的。与流缓冲区的差异在于：消息缓冲区传输的是可变长度的消息，如 10 字节、20 字节或 35 字节的消息。写入者向消息缓冲区写入一个 10 字节的消息，读取者也必须以 10 字节的消息读出，而不是像流缓冲区那样，按字节流读出。

每个消息都有一个消息头，就是消息数据的字节数。在 STM32 MCU 上，消息头就是一个 uint32_t 类型的整数。消息头的写入和读取是由 FreeRTOS 的 API 函数自动处理的，例如，向消息缓冲区写入一个长度为 20 字节的消息，实际占用空间是 24 字节。

消息缓冲区没有触发水平，写入和读取都是以一条消息为单位的，操作要么成功，要么失败。

消息缓冲区的其他特性与流缓冲区一样。例如：在只有一个写入者和一个读取者的情况下，可以安全操作消息缓冲区；如果有多个写入者或多个读取者，读写消息缓冲区的代码必须在临界代码段内，且等待时间必须设置为 0。

9.5 消息缓冲区操作相关函数

9.5.1 相关函数概述

消息缓冲区相关函数的头文件是 message_buffer.h，源程序都在文件 stream_buffer.c 里，因为消息缓冲区是基于流缓冲区实现的，要在程序中使用消息缓冲区，只需包含头文件 message_buffer.h 即可。消息缓冲区的相关函数见表 9-2。

9.5 消息缓冲区操作相关函数

表 9-2 消息缓冲区的相关函数

分组	函数	功能
创建和删除	xMessageBufferCreate()	创建一个消息缓冲区，只需设置缓冲区大小
	xMessageBufferCreateStatic()	创建一个消息缓冲区，静态分配内存
	vMessageBufferDelete()	删除一个消息缓冲区
	xMessageBufferReset()	复位一个消息缓冲区，清空数据。只有没有任务在阻塞状态下读或写消息缓冲区时，才可以复位消息缓冲区
写入	xMessageBufferSend()	向消息缓冲区发送一个消息
	xMessageBufferSendFromISR()	xMessageBufferSend()的 ISR 版本
读取	xMessageBufferReceive()	从消息缓冲区接收一条消息
	xMessageBufferReceiveFromISR()	xMessageBufferReceive()的 ISR 版本
状态查询	xMessageBufferIsEmpty()	查询消息缓冲区是否为空，返回值 pdTRUE 表示无任何消息
	xMessageBufferIsFull()	查询消息缓冲区是否满了，返回值 pdTRUE 表示不能再写入任何消息
	xMessageBufferSpacesAvailable()	查询消息缓冲区的剩余存储空间

与流缓冲区不同的是：消息缓冲区无须设置触发水平，在写入或读取消息超时的时候，实际写入或读取的数据字节数为 0，不会只写入或读取部分数据。

9.5.2 部分函数详解

1. 创建消息缓冲区

用于创建消息缓冲区的函数是 xMessageBufferCreate()，这是个宏函数，其原型定义如下：

```
#define xMessageBufferCreate( xBufferSizeBytes ) \
    ( MessageBufferHandle_t ) xStreamBufferGenericCreate( xBufferSizeBytes, ( size_t ) 0, pdTRUE )
```

调用函数 xMessageBufferCreate()时，只需传递缓冲区大小 xBufferSizeBytes。这个函数实际上调用了函数 xStreamBufferGenericCreate()，传递的触发水平参数为 0，因为消息缓冲区没有触发水平，最后的参数 pdTRUE 表示要创建的是消息缓冲区。

函数 xMessageBufferCreate()的返回值是 MessageBufferHandle_t 类型的，就是所创建的消息缓冲区对象指针。

2. 写入消息

用于向消息缓冲区写入消息的函数是 xMessageBufferSend()，这是个宏函数，其原型定义如下：

```
#define xMessageBufferSend( xMessageBuffer, pvTxData, xDataLengthBytes, xTicksToWait ) xStreamBufferSend( ( StreamBufferHandle_t ) xMessageBuffer, pvTxData, xDataLengthBytes, xTicksToWait )
```

实际上，它是执行了流缓冲区写入数据的函数 xStreamBufferSend()。函数中各参数的意义如下。

- xMessageBuffer，所操作的消息缓冲区的句柄。
- pvTxData，准备写入的数据缓冲区指针。

- xDataLengthBytes，消息数据的字节数，不包括消息头的 4 字节。
- xTicksToWait，等待的节拍数，如果消息缓冲区没有足够的空间用于写入这条消息，任务可以进入阻塞状态等待。若设置为 0，则表示不等待；若设置为 portMAX_DELAY，则表示一直等待。

函数 xStreamBufferSend() 内部会判断传递来的缓冲区对象的类型。如果是消息缓冲区，就在实际写入数据前面加上一个 uint32_t 类型的整数，表示消息的字节数；如果是流缓冲区，就直接写入数据。

函数 xMessageBufferSend() 的返回值是实际写入消息的字节数，不包括消息头的 4 字节。如果函数是因为等待超时而退出的，则返回值为 0；如果写入成功，返回值就是写入的消息数据的字节数。这是与流缓冲区不同的一个地方，使用函数 xStreamBufferSend() 向流缓冲区写入数据时，如果因等待超时而退出，仍然可能向流缓冲区写入了一些数据。

在 ISR 中，向消息缓冲区写入消息的函数是 xMessageBufferSendFromISR()，它是个宏函数，实际就是执行了函数 xStreamBufferSendFromISR()，其原型定义如下：

```
#define xMessageBufferSendFromISR( xMessageBuffer, pvTxData, xDataLengthBytes, pxHigherPriorityTaskWoken ) xStreamBufferSendFromISR( ( StreamBufferHandle_t ) xMessageBuffer, pvTxData, xDataLengthBytes, pxHigherPriorityTaskWoken )
```

3. 读取消息

用于从消息缓冲区读取消息的函数是 xMessageBufferReceive()，其原型定义如下：

```
#define xMessageBufferReceive( xMessageBuffer, pvRxData, xBufferLengthBytes, xTicksToWait ) xStreamBufferReceive( ( StreamBufferHandle_t ) xMessageBuffer, pvRxData, xBufferLengthBytes, xTicksToWait )
```

它就是执行了函数 xStreamBufferReceive()。函数中各参数的意义如下。
- xMessageBuffer，所操作的消息缓冲区的句柄。
- pvRxData，保存读出数据的缓冲区指针。
- xBufferLengthBytes，缓冲区 pvRxData 的长度，也就是最大能读取的字节数。
- xTicksToWait，等待的节拍数。如果消息缓冲区里没有消息，任务可以进入阻塞状态等待。若设置为 0，则表示不等待；若设置为 portMAX_DELAY，则表示一直等待。

函数 xStreamBufferReceive() 会自动区分参数 xMessageBuffer 是流缓冲区，还是消息缓冲区。如果是消息缓冲区，它会先读取表示消息长度的 4 字节消息头，然后按照长度读取后面的消息数据。

函数 xMessageBufferReceive() 返回的是实际读取的消息的字节数，不包括消息头的 4 字节。如果函数是因为等待超时而退出的，则返回值为 0。

在 ISR 中从消息缓冲区读取消息的函数是 xMessageBufferReceiveFromISR()，它是个宏函数，实际就是执行了函数 xStreamBufferReceiveFromISR()，其原型定义如下：

```
#define xMessageBufferReceiveFromISR( xMessageBuffer, pvRxData, xBufferLengthBytes, pxHigherPriorityTaskWoken ) xStreamBufferReceiveFromISR( ( StreamBufferHandle_t ) xMessageBuffer, pvRxData, xBufferLengthBytes, pxHigherPriorityTaskWoken )
```

4. 消息缓冲区状态查询

以下几个查询消息缓冲区状态的函数，只需使用消息缓冲区的句柄作为函数的输入参数。

- xMessageBufferIsEmpty()查询一个消息缓冲区是否为空，若返回 pdTRUE，则表示缓冲区不包含任何消息。
- xMessageBufferIsFull()查询一个消息缓冲区是否已满，若返回 pdTRUE，则表示不能再写入任何消息。
- xMessageBufferSpacesAvailable()查询一个消息缓冲区剩余的存储空间字节数，返回值类型为 uint32_t。

9.6 消息缓冲区使用示例

9.6.1 示例功能与 CubeMX 项目设置

本节的示例 Demo9_2MessageBuffer 演示消息缓冲区的使用，实例的功能和使用流程如下。
- 创建一个消息缓冲区和一个任务 Task_Show。
- 使用 RTC 的唤醒中断，唤醒周期为 1s。在 RTC 的唤醒中断里读取当前时间，转化为字符串后，作为消息写入消息缓冲区，每次写入的消息长度不一样。
- 在任务 Task_Show 里读取消息缓冲区的消息，并在 LCD 上显示。

本示例需用到 LCD，所以我们使用 CubeMX 模板项目文件 M3_LCD_Only.ioc 创建本项目 CubeMX 文件 Demo9_2MessageBuffer.ioc（操作方法见附录 A），然后在 SYS 组件配置中设置 TIM6 作为基础时钟源，再做如下的设置。

1. RTC 的设置

启用 LSE，启用 RTC，在时钟树上将 LSE 作为 RTC 的时钟源。RTC 的模式和参数设置如图 9-5 所示。启用周期唤醒功能，设置唤醒周期为 1s，其他参数用默认值即可。在 NVIC 里开启 RTC 唤醒中断，设置其中断优先级为 5，因为要在其 ISR 里使用 FreeRTOS API 函数。RTC 的模式和参数设置原理详见《基础篇》第 11 章。

2. FreeRTOS 的设置

设置 FreeRTOS 接口为 CMSIS_V2，所有"config"和"INCLUDE_"参数保持默认值。在 FreeRTOS 里创建一个任务 Task_Show，其主要参数如图 9-6 所示。注意，不能在 CubeMX 里可视化地创建消息缓冲区，需要在 CubeMX 生成的 CubeIDE 初始代码的基础上，编程创建消息缓冲区。

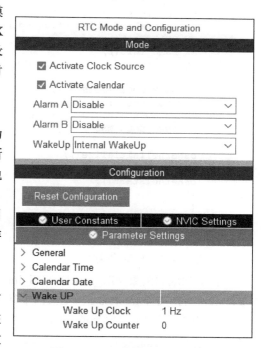

图 9-5 RTC 的模式和参数设置

Task Name	Priority	Stack Size (Words)	Entry Function	Allocation
Task_Show	osPriorityNormal	256	AppTask_Show	Dynamic

图 9-6 Task_Show 任务的主要参数

9.6.2 程序功能实现

1. 主程序

完成设置后，CubeMX 自动生成代码。我们在 CubeIDE 中打开项目，将 TFT_LCD 驱动程序目录添加到项目搜索路径（操作方法见附录 A）。添加用户功能代码后，主程序代码如下：

```c
/* 文件：main.c ------------------------------------------------------------*/
#include "main.h"
#include "cmsis_os.h"
#include "rtc.h"
#include "gpio.h"
#include "fsmc.h"
/* USER CODE BEGIN Includes */
#include "tftlcd.h"
/* USER CODE END Includes */

/* Private function prototypes ---------------------------------------------*/
void MX_FREERTOS_Init(void);

int main(void)
{
    HAL_Init();
    SystemClock_Config();
    /* Initialize all configured peripherals */
    MX_GPIO_Init();
    MX_FSMC_Init();
    MX_RTC_Init();          //RTC 初始化

    /* USER CODE BEGIN 2 */
    TFTLCD_Init();
    LCD_ShowStr(10, 10, (uint8_t *)"Demo9_2:Using Message Buffer");
    /* USER CODE END 2 */

    osKernelInitialize();
    MX_FREERTOS_Init();
    osKernelStart();
    while (1)
    {
    }
}
```

2. FreeRTOS 对象初始化

自动生成的函数 MX_FREERTOS_Init() 只创建了任务，需要用户自行添加代码以创建消息缓冲区。请在文件 freertos.c 中定义两个常量和消息缓冲区对象，在函数 MX_FREERTOS_Init() 中增加创建消息缓冲区对象的代码。完成后的代码如下：

```c
/* 文件：freertos.c --------------------------------------------------------*/
#include "FreeRTOS.h"
#include "task.h"
#include "main.h"
#include "cmsis_os.h"
/* USER CODE BEGIN Includes */
#include "message_buffer.h"
#include "tftlcd.h"
#include <stdio.h>          //用到函数 spirintf()
#include <string.h>         //用到函数 strlen()
/* USER CODE END Includes */
```

9.6 消息缓冲区使用示例

```
/* Private define ------------------------------------------------------------*/
/* USER CODE BEGIN PD */
#define  MSG_BUFFER_LEN    50         //消息缓冲区长度，单位：字节
#define  MSG_MAX_LEN       20         //消息最大长度，单位：字节
/* USER CODE END PD */

/* Private variables ---------------------------------------------------------*/
/* USER CODE BEGIN Variables */
MessageBufferHandle_t  msgBuffer;              //消息缓冲区句柄变量
/* USER CODE END Variables */

/* 任务Task_Show相关定义 */
osThreadId_t Task_ShowHandle;                  //任务句柄
const osThreadAttr_t Task_Show_attributes = {  //任务属性
      .name = "Task_Show",
      .priority = (osPriority_t) osPriorityNormal,
      .stack_size = 256 * 4
};

/* Private function prototypes -----------------------------------------------*/
void AppTask_Show(void *argument);
void MX_FREERTOS_Init(void);

void MX_FREERTOS_Init(void)
{
    /* 创建任务Task_Show */
    Task_ShowHandle = osThreadNew(AppTask_Show, NULL, &Task_Show_attributes);

    /* USER CODE BEGIN RTOS_THREADS */
    msgBuffer=xMessageBufferCreate(MSG_BUFFER_LEN);      //创建消息缓冲区
    /* USER CODE END RTOS_THREADS */
}
```

上述程序定义了两个宏：MSG_BUFFER_LEN 定义消息缓冲区大小——在创建消息缓冲区时会用到这个参数；MSG_MAX_LEN 定义临时存储消息的数组的大小——在写入消息和读取消息时会用到这个参数。

上述程序还定义了消息缓冲区句柄变量 msgBuffer，在函数 MX_FREERTOS_Init() 中添加了创建消息缓冲区的代码，即

```
msgBuffer=xMessageBufferCreate(MSG_BUFFER_LEN);      //创建消息缓冲区
```

3. RTC 的唤醒中断

我们在 RTC 的唤醒中断里读取当前时间，将其转换为字符串后写入消息缓冲区。RTC 唤醒中断的回调函数是 HAL_RTCEx_WakeUpTimerEventCallback()。为便于使用消息缓冲区句柄变量 msgBuffer，我们直接在文件 freertos.c 中重新实现这个回调函数：

```
/* Private application code --------------------------------------------------*/
/* USER CODE BEGIN Application */
void HAL_RTCEx_WakeUpTimerEventCallback(RTC_HandleTypeDef *hrtc)
{
    RTC_TimeTypeDef sTime;
    RTC_DateTypeDef sDate;
    if (HAL_RTC_GetTime(hrtc, &sTime, RTC_FORMAT_BIN) != HAL_OK)
        return;
    if (HAL_RTC_GetDate(hrtc, &sDate, RTC_FORMAT_BIN) !=HAL_OK)
        return;

    char dtArray[MSG_MAX_LEN];     //存储消息的数组，MSG_MAX_LEN=20
```

```
        if ((sTime.Seconds % 2)==0)     //分奇偶秒,发送不同长度的消息字符串
            siprintf(dtArray,"Seconds = %u",sTime.Seconds);    //转换为字符串,自动加'\0'
        else
            siprintf(dtArray,"Minute= %u",sTime.Minutes);      //转换为字符串,自动加'\0'
        uint8_t bytesCount=strlen(dtArray);         //字符串长度,不带最后的结束符

        BaseType_t  highTaskWoken=pdFALSE;
        if (msgBuffer != NULL)
        {
            uint16_t  realCnt=xMessageBufferSendFromISR(msgBuffer,
                    dtArray, bytesCount+1, &highTaskWoken);    //bytesCount+1,带结束符'\0'
            LCD_ShowStr(10, 40, (uint8_t *)"Write bytes= ");
            LCD_ShowUint(LCD_CurX, LCD_CurY, realCnt);         //实际写入消息长度
            portYIELD_FROM_ISR(highTaskWoken);          //申请进行一次任务调度
        }
    }
    /* USER CODE END Application */
```

上述程序首先读取 RTC 的时间和日期,根据当前时间的秒数是奇数还是偶数,生成不同长度的字符串数据并保存到数组 dtArray 里。这里用到了 C 语言标准库中的两个函数 siprintf()和 strlen()。siprintf()与 printf()类似,只是把字符串写入一个数组,并且在字符串最后自动添加结束符'\0'。strlen()用于得到字符串的长度,但是不包括最后的结束符。

在使用函数 xMessageBufferSendFromISR()向消息缓冲区写入消息时,执行的代码如下:

```
uint16_t  realCnt=xMessageBufferSendFromISR(msgBuffer, dtArray, bytesCount+1,
&highTaskWoken);
```

这里传递的第 3 个参数值是 bytesCount+1,也就是加上了字符串的结束符,否则,读取者读出的消息字符串将不带结束符,LCD 将无法正常显示字符串。bytesCount+1 的值必须小于或等于 MSG_MAX_LEN。

函数的返回值 realCnt 是实际写入的消息长度,不带消息头的 4 个字节。如果消息写入成功,那么 realCnt 等于 bytesCount+1。

注意,这里写入消息的数据是字符串,这只是为了演示方便,实际写入消息的数据可以是任意类型的数据,而不一定是字符串。

4. 任务 Task_Show 的功能

在任务 Task_Show 里读取消息缓冲区里的消息,并在 LCD 上显示,其任务函数代码如下:

```
void AppTask_Show(void *argument)
{
    /* USER CODE BEGIN AppTask_Show */
    uint8_t  dtArray[MSG_MAX_LEN];     //保存读出数据的临时数组
    for(;;)
    {
        uint16_t realCnt=xMessageBufferReceive(msgBuffer, dtArray,
                MSG_MAX_LEN, portMAX_DELAY);       //读取消息
        LCD_ShowStr(10, 70, (uint8_t *)"Read message bytes= ");
        LCD_ShowUint(LCD_CurX, LCD_CurY, realCnt);     //实际读出字节数

        LCD_ClearLine(100,120,LcdBACK_COLOR);       //清除 100 到 120 行
        LCD_ShowStr(10, 100, dtArray);              //显示读出的消息字符串
    }
    /* USER CODE END AppTask_Show */
}
```

上述程序用函数 xMessageBufferReceive()读取消息缓冲区里的消息,然后在 LCD 上显示实际读取的消息长度和消息字符串。调用函数 xMessageBufferReceive()的代码如下:

```
uint16_t realCnt=xMessageBufferReceive(msgBuffer, dtArray, MSG_MAX_LEN,
portMAX_DELAY);
```

其中,dtArray 是用于存储读出数据的 uint8_t 类型数组,传递的第 3 个参数是 MSG_MAX_LEN,也就是最大可以读取的消息的长度。函数返回值 realCnt 是实际读取的消息的长度,不包括消息头的 4 个字节。MSG_MAX_LEN 应该大于或等于 realCnt,否则,会导致无法读出一条完整的消息。

构建项目后,我们将其下载到开发板上并运行测试,会发现显示的写入消息长度和读出消息长度是一致的,LCD 上显示的消息字符串也是正确的,说明可以写入和读出不同长度的消息。在实际使用消息缓冲区时,写入者和读取者之间应该定义好消息的格式,如同串口通信一样定义通信协议。

第 10 章 软件定时器

在 FreeRTOS 中,自动创建的任务有空闲任务和定时器服务任务。FreeRTOS 可以通过定时器服务任务提供软件定时器功能。在某些对定时精度要求不太高、无须使用硬件定时器的情况下,我们可以使用 FreeRTOS 的软件定时器。

10.1 软件定时器概述

10.1.1 软件定时器的特性

软件定时器(software timer)是 FreeRTOS 中的一种对象,它的功能与一般高级语言中的软件定时器的功能类似,例如,Qt C++中的定时器类 QTimer。FreeRTOS 中的软件定时器不直接使用任何硬件定时器或计数器,而是依赖系统中的定时器服务任务(timer service task)来工作。定时器服务任务也称为守护任务(daemon task)。

软件定时器有一个定时周期,还有一个回调函数。在定时器(如无特殊说明,本章后面将软件定时器简称为定时器)开始工作后,当流逝的时间达到定时周期时,就会执行其回调函数。根据回调函数执行的频度,软件定时器分为以下两种类型。
- 单次定时器(one-shot timer),回调函数执行一次后,定时器就停止工作。
- 周期定时器(periodic timer),回调函数会循环执行,定时器一直工作。

定时器有休眠和运行两种状态。

(1) 休眠(dormant)状态。处于休眠状态的定时器不会执行其回调函数,但是可以对其进行操作,例如设置其定时周期。定时器在以下几种情况下处于休眠状态。
- 定时器创建后,就处于休眠状态。
- 单次定时器执行一次回调函数后,进入休眠状态。
- 定时器使用函数 xTimerStop()停止后,进入休眠状态。

(2) 运行(running)状态。处于运行状态的定时器,不管是单次定时器,还是周期定时器,在流逝的时间达到定时周期时,都会执行其回调函数。定时器在以下几种情况下处于运行状态。
- 使用函数 xTimerStart()启动后,定时器进入运行状态。
- 定时器在运行状态时,被函数 xTimerReset()复位起始时间后,依然处于运行状态。

软件定时器的各种操作实际上是在系统的定时器服务任务里完成的。与空闲任务一样,定时器服务任务是 FreeRTOS 自动创建的一个任务,如果要使用软件定时器,就必须创建此任务。在用户任务里执行的各种指令,例如,启动定时器 xTimerStart()、复位定时器 xTimerReset()、停止定时器 xTimerStop()等,都是通过一个队列发送给定时器服务任务的,这个队列称为定时器指令队列（timer command queue）。定时器服务任务读取定时器指令队列里的指令，然后执行相应的操作。

用户任务、定时器指令队列、定时器服务任务之间的关系如图 10-1 所示。定时器服务任务和定时器指令队列是 FreeRTOS 自动创建的，其操作都是内核实现的，使用定时器只需在用户任务里执行相应的函数即可。

图 10-1　定时器操作原理示意图

除了执行定时器指令队列里的指令，定时器服务任务还在定时到期（expire）时执行定时器的回调函数。由于 FreeRTOS 里的延时功能就是由定时器服务任务实现的，因此在定时器的回调函数里，不能出现使系统进入阻塞状态的函数，如 vTaskDelay()、vTaskDelayUntil()等。回调函数可以调用等待信号量、事件组等对象的函数，但是等待的节拍数必须设置为 0。

10.1.2　软件定时器的相关配置

在 FreeRTOS 中，使用软件定时器需要进行一些相关参数的配置。在 CubeMX 中，FreeRTOS 的 Config parameters 页面中的 Software timer definitions 里有一组参数，其默认设置如图 10-2 所示。这 4 个参数的意义如下。

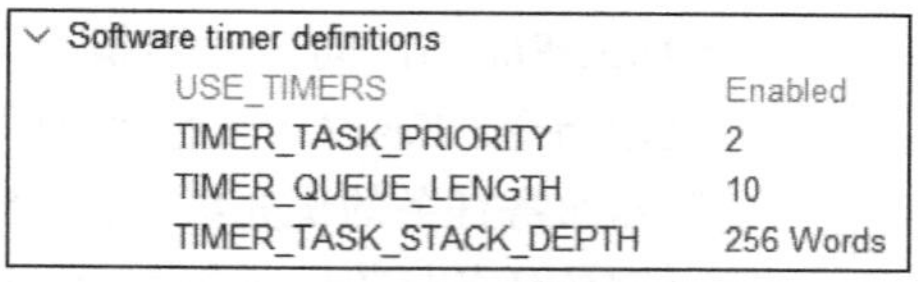

图 10-2　软件定时器的默认设置

- USE_TIMERS，是否使用软件定时器，默认为 Enabled，且不可修改。使用软件定时器时，系统就会自动创建定时器服务任务。
- TIMER_TASK_PRIORITY，定时器服务任务的优先级，默认值是 2，比空闲任务的优先级高（空闲任务的优先级为 0）。设置范围是 0~55，因为总的优先级个数是 56。
- TIMER_QUEUE_LENGTH，定时器指令队列的长度，设置范围是 1~255。
- TIMER_TASK_STACK_DEPTH，定时器服务任务的栈空间大小，默认值是 256Words，设置范围是 128~32768 个字。

10.1.3　定时器服务任务的优先级

定时器服务任务是 FreeRTOS 中的一个普通任务，与空闲任务一样，它也参与系统的任务调度。定时器服务任务执行定时器指令队列中的定时器操作指令，或定时器的回调函数。定时器服务任务的优先级由参数 configTIMER_TASK_PRIORITY 设定，至少要高于空闲任务的优先级，默认值为 2。

使用定时器的用户任务的优先级可能高于定时器服务任务的优先级，也可能低于定时器服务任务的优先级，所以，定时器服务任务执行定时器操作指令的时机是不同的。假设系统中只有一个用户任务 TaskA 操作定时器，其优先级低于定时器服务任务（也就是图 10-3 中的 Daemon Task）的优先级，那么在任务 TaskA 中执行一个 xTimerStart()指令时，任务的执行时序如图 10-3 所示。

- 在 t2 时刻，用户任务 TaskA 调用函数 xTimerStart()，实际上是向定时器指令队列写入指令，这会使定时器服务任务退出阻塞状态，因为其优先级高于用户任务 TaskA，它会抢占执行，所以 TaskA 进入就绪状态，定时器服务任务进入运行状态。

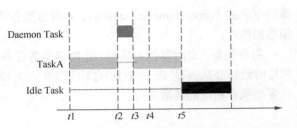

图 10-3 定时器服务任务的优先级高于用户任务 TaskA 的优先级时任务的执行时序

- 在 t3 时刻，定时器服务任务处理完 TaskA 发送到队列中的定时器操作指令后，重新进入阻塞状态，用户任务 TaskA 重新进入运行状态。
- 在 t4 时刻，用户任务 TaskA 才从调用函数 xTimerStart() 中退出，继续执行 TaskA 里的其他代码。
- 在 t5 时刻，用户任务 TaskA 进入阻塞状态，空闲任务进入运行状态。

如果用户任务 TaskA 的优先级高于定时器服务任务的优先级，则任务的执行时序如图 10-4 所示。

- 在 t2 时刻，任务 TaskA 调用函数 xTimerStart()，向定时器指令队列发送指令。TaskA 的优先级高于定时器服务任务的优先级，所以定时器服务任务接收队列指令后，也不能抢占 CPU 进入运行状态，而只能进入就绪状态。

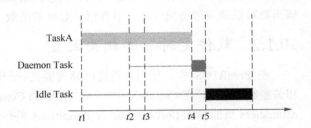

图 10-4 定时器服务任务的优先级低于用户任务 TaskA 的优先级时任务的执行时序

- 在 t3 时刻，任务 TaskA 从函数 xTimerStart() 返回，继续执行后面的代码。
- 在 t4 时刻，任务 TaskA 处理结束，进入阻塞状态，定时器服务任务进入运行状态，处理定时器指令队列里的指令。
- 在 t5 时刻，定时器服务任务处理完指令后进入阻塞状态，空闲任务进入运行状态。

从上述两种情况可以看到，定时器服务任务处理定时器指令队列中的指令的时机是不同的。但是，不管是哪种情况，定时器的起始时间都是从发送"启动定时器"指令到队列开始计算的，也就是从调用 xTimerStart() 函数或 xTimerReset() 函数的时刻开始计算，而不是从定时器服务任务执行相应指令的时刻开始计算。例如，在图 10-4 中，定时器的启动时刻是 t2，而不是 t4。

10.2 软件定时器的相关函数

10.2.1 相关函数概述

软件定时器相关的函数在文件 timers.h 和 timers.c 中予以定义和实现，在用户任务程序中，可以调用的常用函数见表 10-1。

表 10-1　软件定时器可在用户任务程序中调用的相关函数

分组	函数	功能
创建和删除	xTimerCreate()	创建一个定时器，动态分配内存
	xTimerCreateStatic()	创建一个定时器，静态分配内存
	xTimerDelete()	删除一个定时器
查询和设置参数	pcTimerGetName()	返回定时器的字符串名称
	vTimerSetTimerID()	设置定时器 ID
	pvTimerGetTimerID()	获取定时器 ID
	xTimerChangePeriod()	修改定时周期，周期用节拍数表示
	xTimerChangePeriodFromISR()	xTimerChangePeriod()的 ISR 版本
	xTimerGetPeriod()	返回定时器的定时周期，单位是节拍数
	xTimerIsTimerActive()	查询一个定时器是否处于活动状态
	xTimerGetExpiryTime()	查询定时器还需多少个节拍才能产生定时到期
启动、停止和复位	xTimerStart()	启动一个定时器
	xTimerStartFromISR()	xTimerStart()的 ISR 版本
	xTimerStop()	停止一个定时器
	xTimerStopFromISR()	xTimerStop()的 ISR 版本
	xTimerReset()	复位一个定时器，重新设置定时器的起始时间
	xTimerResetFromISR()	xTimerReset()的 ISR 版本

10.2.2　部分函数详解

1. 创建定时器

函数 xTimerCreate()以动态分配内存方式创建定时器，函数 xTimerCreateStatic()以静态分配内存方式创建定时器。一般使用动态分配内存方式创建定时器，其原型定义如下：

```
TimerHandle_t xTimerCreate( const char * const pcTimerName,
                            const TickType_t xTimerPeriodInTicks,
                            const UBaseType_t uxAutoReload,
                            void * const pvTimerID,
                            TimerCallbackFunction_t pxCallbackFunction );
```

各个参数的意义如下。

- pcTimerName 是定时器的字符串名称。创建定时器后，可以调用 pcTimerGetName()返回这个字符串。
- xTimerPeriodInTicks 是定时周期，用节拍数表示，可以使用宏函数 pdMS_TO_TICKS()将毫秒时间转换为节拍数。
- uxAutoReload 用于设置定时器的类型，pdTRUE 表示周期定时器，pdFALSE 表示单次定时器。定时器的类型无法在创建后更改。
- pvTimerID 为定时器的 ID。如果多个定时器使用同一个回调函数，则可以通过这个 ID 来区分定时器。创建定时器后，我们可以调用 vTimerSetTimerID()重新设置一个定时器的 ID，可以调用函数 pvTimerGetTimerID()返回一个定时器的 ID。

- pxCallbackFunction 是回调函数的名称。类型 TimerCallbackFunction_t 是回调函数类型指针，其原型定义如下：

```
typedef void (*TimerCallbackFunction_t)( TimerHandle_t xTimer );
```

所以，回调函数有固定的输入参数定义，传递的参数 xTimer 就是定时器的句柄。

函数 xTimerCreate() 的返回值是所创建的定时器的句柄，在操作定时器的函数里，都需要使用这个句柄作为定时器的引用。函数返回值类型是 TimerHandle_t，就是一个 void 类型指针，其原型定义如下：

```
typedef void * TimerHandle_t;
```

定时器创建后，处于休眠状态，需要使用函数 xTimerStart() 启动定时器，定时器才能进入运行状态。

在 CubeMX 中配置 FreeRTOS 时，用户可以可视化地创建软件定时器，在生成的代码中用 CMSIS-RTOS 标准接口函数 osTimerNew() 创建定时器——它会在内部自动调用 xTimerCreate() 或 xTimerCreateStatic()。

2. 设置定时周期

在创建定时器时，用户就可以设置其定时周期。在创建定时器后，用户可以使用函数 xTimerChangePeriod() 在休眠状态或运行状态下，修改定时器的定时周期。其原型定义如下：

```
#define xTimerChangePeriod( xTimer, xNewPeriod, xTicksToWait )  \
        xTimerGenericCommand( ( xTimer ), tmrCOMMAND_CHANGE_PERIOD, ( xNewPeriod ), NULL, ( xTicksToWait ) )
```

函数 xTimerChangePeriod() 中 3 个参数的意义是：xTimer 是定时器的句柄；xNewPeriod 是设置的新的定时周期，用节拍数表示；xTicksToWait 是将此指令发送到定时器指令队列时，等待的节拍数。前文已经介绍过，在用户任务中执行的定时器操作函数，实际上就是向定时器指令队列发送消息，队列可能暂时没有剩余空间，那么函数就需要等待。

函数 xTimerChangePeriod() 的返回值为 pdTRUE 或 pdFALSE。pdFALSE 表示在等待超时后，指令还没有发送给定时器指令队列。pdTRUE 表示指令成功发送到了定时器指令队列。至于定时器服务任务何时执行队列中的指令，则由任务调度器根据各个任务的优先级决定。其他进行定时器操作的函数，如 xTimerStart()、xTimerStop() 等的返回值都与此相同，表示的意义都是指令是否成功发送到了定时器指令队列。

xTimerChangePeriod() 实际上是个宏定义函数，它调用了函数 xTimerGenericCommand()，这是向定时器指令队列发送指令的通用函数，xTimerStart()、xTimerStop() 等函数也是调用此函数，只是传递的参数不同。函数 xTimerGenericCommand() 的原型定义如下：

```
BaseType_t xTimerGenericCommand( TimerHandle_t xTimer, const BaseType_t xCommandID,
const TickType_t xOptionalValue, BaseType_t * const pxHigherPriorityTaskWoken, const
TickType_t xTicksToWait );
```

其中各个参数的意义如下。

- xTimer 是所操作的定时器的句柄。
- xCommandID 是执行的定时器操作指令 ID，这些指令 ID 都是一些宏定义常数。所有的指令 ID 定义如下，从指令 ID 名称即可知道其作用，例如，tmrCOMMAND_START 表示启动定时器。

```
#define tmrCOMMAND_EXECUTE_CALLBACK_FROM_ISR       ( ( BaseType_t ) -2 )
#define tmrCOMMAND_EXECUTE_CALLBACK                ( ( BaseType_t ) -1 )
```

```
#define tmrCOMMAND_START_DONT_TRACE              ( ( BaseType_t ) 0 )
#define tmrCOMMAND_START                         ( ( BaseType_t ) 1 )
#define tmrCOMMAND_RESET                         ( ( BaseType_t ) 2 )
#define tmrCOMMAND_STOP                          ( ( BaseType_t ) 3 )
#define tmrCOMMAND_CHANGE_PERIOD                 ( ( BaseType_t ) 4 )
#define tmrCOMMAND_DELETE                        ( ( BaseType_t ) 5 )

#define tmrFIRST_FROM_ISR_COMMAND                ( ( BaseType_t ) 6 )
#define tmrCOMMAND_START_FROM_ISR                ( ( BaseType_t ) 6 )
#define tmrCOMMAND_RESET_FROM_ISR                ( ( BaseType_t ) 7 )
#define tmrCOMMAND_STOP_FROM_ISR                 ( ( BaseType_t ) 8 )
#define tmrCOMMAND_CHANGE_PERIOD_FROM_ISR        ( ( BaseType_t ) 9 )
```

- xOptionalValue 是指令的参数，例如，函数 xTimerChangePeriod()在调用 xTimerGenericCommand()时，需要传递 xNewPeriod 作为指令的参数。
- pxHigherPriorityTaskWoken 是一个 BaseType_t 类型的指针型变量，是一个返回数据，表示执行完函数后是否需要进行上下文切换，这个参数是 ISR 版本里使用的。
- xTicksToWait 是执行函数时的等待节拍数，也就是向队列写入数据时等待的节拍数。

在中断 ISR 里修改定时器周期的是 xTimerChangePeriodFromISR()，其原型定义如下：

```
#define xTimerChangePeriodFromISR( xTimer, xNewPeriod, pxHigherPriorityTaskWoken )
        xTimerGenericCommand( ( xTimer ), tmrCOMMAND_CHANGE_PERIOD_FROM_ISR, 
( xNewPeriod ), ( pxHigherPriorityTaskWoken ), 0U )
```

这个函数也是调用函数 xTimerGenericCommand()，返回的参数 pxHigherPriorityTaskWoken 表示在退出 ISR 时是否需要申请进行上下文切换。在调用函数 xTimerGenericCommand()时，其最后一个参数 xTicksToWait 被设置为 0。

执行 xTimerChangePeriodFromISR()返回的参数 pxHigherPriorityTaskWoken 用于申请进行上下文切换，也就是作为 portYIELD_FROM_ISR()的参数。执行的示意代码如下：

```
BaseType_t taskWoken=pdFALSE;
xTimerChangePeriodFromISR( xTimer, xNewPeriod, &taskWoken);
portYIELD_FROM_ISR(taskWoken);
```

3. 查询定时器定时周期

函数 xTimerGetPeriod()用于返回定时器的定时周期，其原型定义如下：

```
TickType_t xTimerGetPeriod( TimerHandle_t xTimer );
```

其中，参数 xTimer 是所操作的定时器的句柄，其返回值是用节拍数表示的定时周期。

4. 查询定时器是否处于运行状态

函数 xTimerIsTimerActive()用于查询一个定时器是否处于运行状态，其原型定义如下：

```
BaseType_t xTimerIsTimerActive( TimerHandle_t xTimer );
```

函数若返回 pdTRUE，则表示定时器处于运行状态；否则，就是处于休眠状态。定时器处于运行状态是指定时器已经开始计时，定时到期时会运行其回调函数。

5. 启动定时器

启动定时器使用的函数是 xTimerStart()或 xTimerStartFromISR()，它们都是宏函数，实际都是调用函数 xTimerGenericCommand()。例如，xTimerStart()的定义如下：

```
#define xTimerStart( xTimer, xTicksToWait )
        xTimerGenericCommand( ( xTimer ), tmrCOMMAND_START, ( xTaskGetTickCount() ), 
NULL, ( xTicksToWait ) )
```

启动定时器也是发送指令到定时器指令队列，需要设置等待超时时间 xTicksToWait。如果函数返回 pdTRUE，则表示启动定时器的指令成功发送给了定时器指令队列。

函数 xTimerStart()在调用 xTimerGenericCommand()时传递的指令参数是 xTaskGetTickCount()，也就是 FreeRTOS 嘀嗒计数器当前的计数值，这会作为定时器计时的起始时间。所以，定时器的起始时间是从指令发送到指令队列的时刻开始计算的，而不是从定时器服务任务执行指令的时刻开始计算的。

定时器启动后进入运行状态，在定时到期时执行其回调函数。如果是单次定时器，执行完一次回调函数后，定时器就进入休眠状态；如果是周期定时器，定时器会重新开始计时，到下一个周期时间到时，再运行一次回调函数，如此循环，所以定时器一直处于运行状态。

可以在 FreeRTOS 的内核启动之前，调用 xTimerStart()启动定时器，例如，在函数 MX_FREERTOS_Init()中调用 xTimerStart()，但是定时器实际启动是要等到内核启动之后的。所以，如果要使定时更加精确，可以在主任务里启动定时器。

函数 xTimerStart()相应的 ISR 版本是 xTimerStartFromISR()，其原型定义如下：

```
#define xTimerStartFromISR( xTimer, pxHigherPriorityTaskWoken )
        xTimerGenericCommand( ( xTimer ), tmrCOMMAND_START_FROM_ISR,
( xTaskGetTickCountFromISR() ), ( pxHigherPriorityTaskWoken ), 0U )
```

6. 停止定时器

执行函数 xTimerStop()可以使处于运行状态的定时器停止，进入休眠状态。其原型定义如下：

```
#define xTimerStop( xTimer, xTicksToWait )
        xTimerGenericCommand( (xTimer),tmrCOMMAND_STOP,0U,NULL,(xTicksToWait ))
```

相应的 ISR 版本是 xTimerStopFromISR()，其原型定义如下：

```
#define xTimerStopFromISR( xTimer, pxHigherPriorityTaskWoken )
        xTimerGenericCommand( ( xTimer ), tmrCOMMAND_STOP_FROM_ISR, 0,
( pxHigherPriorityTaskWoken ), 0U )
```

7. 复位定时器

复位定时器的函数是 xTimerReset()。若定时器处于休眠状态，xTimerReset()的作用与 xTimerStart()完全相同；若定时器处于运行状态，则 xTimerReset()会将定时器的起始时刻重置为当前时刻。函数 xTimerReset()的原型定义如下：

```
#define xTimerReset( xTimer, xTicksToWait )
        xTimerGenericCommand( ( xTimer ), tmrCOMMAND_RESET, ( xTaskGetTickCount() ),
NULL, ( xTicksToWait ) )
```

对一个定时周期为5的定时器使用xTimerStart()和 xTimerReset()函数，运行时序如图 10-5 所示。

- 在 t1 时刻，启动定时器，定时器的预期到期时刻为 t6。
- 在 t4 时刻，调用 xTimerReset()复位定时器，重新计算定时器的到期时刻，此时变为 t9。
- 在 t9 时刻，定时时间到，执行定时器的回调函数。

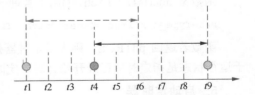

图 10-5 对运行状态的定时器使用 xTimerReset()函数的效果

定时器复位函数的 ISR 版本是 xTimerResetFromISR()，其原型定义如下：

```
#define xTimerResetFromISR( xTimer, pxHigherPriorityTaskWoken ) 
         xTimerGenericCommand( ( xTimer ), tmrCOMMAND_RESET_FROM_ISR, 
( xTaskGetTickCountFromISR() ), ( pxHigherPriorityTaskWoken ), 0U )
```

10.3 软件定时器使用示例

10.3.1 示例功能和 CubeMX 项目设置

在本节中，我们将设计一个示例 Demo10_1SoftTimer，来演示软件定时器的使用。本示例的功能和工作流程如下。

- 创建一个周期定时器 Timer_Periodic，定时周期为 1s，使 LED1 闪烁。
- 创建一个单次定时器 Timer_Once，定时周期为 5s，到期使 LED2 熄灭。
- 创建一个任务，在任务中检测 KeyRight 键，该键处于按下状态时使 LED2 点亮，并使 Timer_Once 复位。

因为要用到 2 个 LED 和 KeyRight，所以我们使用 CubeMX 模板项目文件 M4_LCD_KeyLED.ioc 创建本示例的 CubeMX 文件 Demo10_1SoftTimer.ioc（操作方法见附录 A）。用户可以删除其他 3 个按键的 GPIO 设置，在 SYS 组件模式设置中，设置 TIM6 作为基础时钟源。

启用 FreeRTOS，设置接口为 CMSIS_V2，所有"config"和"INCLUDE_"参数保持默认值。特别是软件定时器相关的设置，保持图 10-2 所示的默认设置即可。

在 Tasks and Queues 页面设计 1 个任务 Task_Main，主要参数如图 10-6 所示。

Task Name	Entry Function	Priority	Stack Size (Words)	Allocation
Task_Main	AppTask_Main	osPriorityNormal	128	Dynamic

图 10-6 创建一个任务 Task_Main

在 Timers and Semaphores 页面有设计定时器的界面，本示例设计了两个定时器，设计好的定时器的界面如图 10-7 所示。在图 10-7 所示的界面上，用户可以添加和删除定时器，双击列表中的定时器可以打开一个用于设置其属性的 Edit Timer 对话框，如图 10-8 所示。

Timer Name	Callback	Type	Allocation	Code Gen...	Parameter	Control Block...
Timer_Periodic	AppTimer_Periodic	osTimerPeriodic	Dynamic	Default	NULL	NULL
Timer_Once	AppTimer_Once	osTimerOnce	Dynamic	Default	NULL	NULL

图 10-7 设计好的定时器的界面

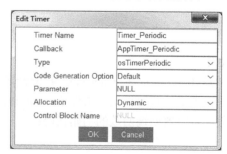

图 10-8 设置定时器属性的 Edit Timer 对话框

定时器的主要参数是回调函数名称和定时器类型。定时器类型有两种：osTimerOnce 表示单次定时器，osTimerPeriodic 表示周期定时器。如果以静态分配内存方式创建定时器，还需要设置控制块名称。

10.3.2 程序功能实现

1. 主程序

完成设置后，我们在 CubeMX 中生成代码。我们在 CubeIDE 中打开项目，然后将 TFT_LCD 和 KEY_LED 驱动程序目录添加到项目的搜索路径（操作方法见附录 A）。添加用户功能代码后，主程序代码如下：

```c
/* 文件：main.c ----------------------------------------------------------*/
#include "main.h"
#include "cmsis_os.h"
#include "gpio.h"
#include "fsmc.h"
/* USER CODE BEGIN Includes */
#include "tftlcd.h"
/* USER CODE END Includes */

/* Private function prototypes -------------------------------------------*/
void MX_FREERTOS_Init(void);

int main(void)
{
    HAL_Init();
    SystemClock_Config();
    /* Initialize all configured peripherals */
    MX_GPIO_Init();
    MX_FSMC_Init();

    /* USER CODE BEGIN 2 */
    TFTLCD_Init();
    LCD_ShowStr(10, 10, (uint8_t *)"Demo10_1:Soft Timer");
    LCD_ShowStr(10, LCD_CurY+LCD_SP15, (uint8_t *)"LED1 toggle each 1sec");
    LCD_ShowStr(10, LCD_CurY+LCD_SP15, (uint8_t *)"LED2 will be off in 5sec");
    LCD_ShowStr(10, LCD_CurY+LCD_SP15, (uint8_t *)"Press KeyRight to reset");
    LCD_ShowStr(10, LCD_CurY+LCD_SP15, (uint8_t *)"  or restart Timer_Once");
    /* USER CODE END 2 */

    osKernelInitialize();
    MX_FREERTOS_Init();
    osKernelStart();
    while (1)
    {
    }
}
```

2. FreeRTOS 对象初始化

使用函数 MX_FREERTOS_Init()创建在 CubeMX 中设计的任务和两个定时器。文件 freertos.c 还包含两个定时器的回调函数代码框架。文件 freertos.c 中的 FreeRTOS 对象初始化相关代码如下，未展示任务函数和定时器回调函数的初始代码：

```c
/* 文件：freertos.c ------------------------------------------------------*/
#include "FreeRTOS.h"
#include "task.h"
```

10.3 软件定时器使用示例

```
#include "main.h"
#include "cmsis_os.h"

/* Private variables -----------------------------------------------------*/
/* 任务 Task_Main 相关的定义*/
osThreadId_t Task_MainHandle;            //任务 Task_Main 的句柄
const osThreadAttr_t Task_Main_attributes = {      //任务属性
        .name = "Task_Main",
        .priority = (osPriority_t) osPriorityNormal,
        .stack_size = 128 * 4
};

/* 定时器 Timer_Periodic 相关定义*/
osTimerId_t Timer_PeriodicHandle;        //定时器 Timer_Periodic 的句柄
const osTimerAttr_t Timer_Periodic_attributes = {  //定时器属性
        .name = "Timer_Periodic"
};

/* 定时器 Timer_Once 相关的定义*/
osTimerId_t Timer_OnceHandle;            //定时器 Timer_Once 的句柄
const osTimerAttr_t Timer_Once_attributes = {      //定时器属性
        .name = "Timer_Once"
};

/* Private function prototypes -------------------------------------------*/
void AppTask_Main(void *argument);
void AppTimer_Periodic(void *argument);
void AppTimer_Once(void *argument);
void MX_FREERTOS_Init(void);

void MX_FREERTOS_Init(void)
{
    /* 创建定时器 Timer_Periodic */
    Timer_PeriodicHandle = osTimerNew(AppTimer_Periodic, osTimerPeriodic,
                    NULL, &Timer_Periodic_attributes);

    /* 创建定时器 Timer_Once */
    Timer_OnceHandle = osTimerNew(AppTimer_Once, osTimerOnce,
                    NULL, &Timer_Once_attributes);

    /* 创建任务 Task_Main */
    Task_MainHandle = osThreadNew(AppTask_Main, NULL, &Task_Main_attributes);
}
```

函数 MX_FREERTOS_Init() 创建定时器时使用了 CMSIS-RTOS 的标准接口函数 osTimerNew()，这个函数的原型定义如下：

```
osTimerId_t osTimerNew (osTimerFunc_t func, osTimerType_t type, void *argument, const osTimerAttr_t *attr);
```

其中，参数 func 是回调函数的名称；参数 type 表示定时器类型，是枚举类型 osTimerType_t，枚举值 osTimerPeriodic 表示周期定时器，osTimerOnce 表示单次定时器；argument 是创建定时器时的参数，一般设置为 NULL；attr 是定时器属性，是 osTimerAttr_t 结构体类型指针。

定时器的属性用 osTimerAttr_t 类型的结构体变量定义，这个结构体在文件 cmsis_os2.h 中定义，其定义如下，各成员变量的意义见注释。注意，这个属性结构体里没有定时周期参数。

```
typedef struct {
    const char       *name;           //定时器的字符串名称
    uint32_t         attr_bits;       //属性位
```

```
            void            *cb_mem;            //控制块存储空间
            uint32_t        cb_size;            //控制块大小
        } osTimerAttr_t;
```

从文件 freertos.c 中定时器的属性定义和创建定时器的代码可以看到,它设置了定时器字符串名称、回调函数和定时器类型,但是没有设置定时器的定时周期。跟踪 osTimerNew() 的源代码会发现,它创建的定时器的周期自动设置为 1,所以在后面还需要调用函数 xTimerChangePeriod() 设置定时器的周期。

创建后的定时器处于休眠状态,需要用 xTimerStart() 函数启动定时器。用户可以在 MX_FREERTOS_Init() 中合适的代码沙箱段添加设置周期和启动定时器的代码,例如,在 /* USER CODE BEGIN/END RTOS_TIMERS */ 代码沙箱段。但是在启动内核之前,也就是 main() 函数中执行 osKernelStart() 之前,定时器是不会实际启动的,所以,这些工作可以放到任务 Task_Main 里完成。

3. 任务和定时器的功能实现

本示例的主要功能由任务 Task_Main 的任务函数和两个定时器的回调函数完成。我们在文件 freertos.c 中添加用户功能代码,完成后的代码如下所示:

```
/* 文件: freertos.c -------------------------------------------------------------*/
/* USER CODE BEGIN Includes */
#include    "timers.h"
#include    "tftlcd.h"
#include    "keyled.h"
/* USER CODE END Includes */

/* Private variables ------------------------------------------------------------*/
/* USER CODE BEGIN Variables */
uint32_t counter=0;            //计数变量
/* USER CODE END Variables */

/*    任务 Task_Main 的任务函数    */
void AppTask_Main(void *argument)
{
    /* USER CODE BEGIN AppTask_Main */
    //设置定时器的定时周期
    xTimerChangePeriod(Timer_PeriodicHandle, pdMS_TO_TICKS(1000), portMAX_DELAY);
    xTimerChangePeriod(Timer_OnceHandle, pdMS_TO_TICKS(5000), portMAX_DELAY);

    LED2_ON();
    counter=0;              //计数变量清零
    xTimerStart(Timer_PeriodicHandle,portMAX_DELAY);      //启动定时器
    xTimerStart(Timer_OnceHandle,portMAX_DELAY);          //启动定时器
    for(;;)
    {
        KEYS  cueKey=ScanPressedKey(20);
        if (cueKey==KEY_RIGHT)            //KeyRight 键处于按下状态
        {
            counter=0;
            if (xTimerIsTimerActive(Timer_OnceHandle)==pdFALSE)    //休眠状态
                LED2_ON();
            xTimerReset(Timer_OnceHandle, portMAX_DELAY);     //定时器 Timer_Once 复位
            vTaskDelay(300);          //消除按键抖动影响
        }
        else
            vTaskDelay(10);
    }
```

```
    /* USER CODE END AppTask_Main */
}
/* 定时器 Timer_Periodic 回调函数 */
void AppTimer_Periodic(void *argument)
{
    /* USER CODE BEGIN AppTimer_Periodic */
    LED1_Toggle();          //LED1 闪烁
    counter++;              //计数值加 1
    LCD_ShowUintX(50,200,counter,4);
    /* USER CODE END AppTimer_Periodic */
}

/* 定时器 Timer_Once 回调函数 */
void AppTimer_Once(void *argument)
{
    /* USER CODE BEGIN AppTimer_Once */
    LED2_Toggle();
    /* USER CODE END AppTimer_Once */
}
```

任务 Task_Main 的代码在进入无限 for 循环之前,设置了两个定时器的定时周期,并启动了两个定时器。单次定时器 Timer_Once 在定时到期时,使 LED2 输出翻转。周期定时器 Timer_Periodic 的功能是使 LED1 输出翻转,并且每次使全局计数变量 counter 值加 1,在 LCD 上显示 counter 的值。

我们在任务 Task_Main 的 for 循环里检测 KeyRight 键是否按下,如果按下了,就使 counter 的值变为 0,再调用函数 xTimerIsTimerActive()判断定时器 Timer_Once 是否处于休眠状态,如果处于休眠状态,就重新点亮 LED2,再调用 xTimerReset()复位定时器 Timer_Once。注意,如果定时器处于休眠状态,函数 xTimerReset()的功能就与 xTimerStart()一样。

构建项目后,我们将其下载到开发板上并运行测试,运行时会看到以下现象。

- 系统复位后,LED1 闪烁,LED2 点亮,LCD 上显示计数秒数。如果不按 KeyRight 键,计数到 5 之后 LED2 熄灭。LED2 不会闪烁,说明单次定时器 Timer_Once 的回调函数只执行了 1 次。
- 如果在 LCD 上显示的秒数达到 5 之前按下 KeyRight 键,会从 0 开始重新计数,计数到 5 之后 LED2 才熄灭,这说明函数 xTimerReset()复位定时器时能使其重新开始计时。
- 如果 LED2 已经熄灭了,按 KeyRight 键,LED2 会重新点亮,计数 5s 后又熄灭。说明定时器处于休眠状态时,函数 xTimerReset()的功能与 xTimerStart()一样。

第 11 章 空闲任务与低功耗

在一个 FreeRTOS 应用中，系统可能大部分时间运行的都是空闲任务，而在空闲任务里使 MCU 进入睡眠状态是一种可行的低功耗设计策略。在本章中，我们将分析利用空闲任务钩子函数实现低功耗的设计原理，以及 FreeRTOS 自带的 Tickless 低功耗模式的功能。

11.1 HAL 和 FreeRTOS 的基础时钟

在介绍 FreeRTOS 的低功耗功能之前，我们先介绍一下 HAL 和 FreeRTOS 的基础时钟问题。这些问题在前面简单提过，但是没有深入说明其原理。在低功耗模式下，用户应该关闭频繁产生中断的基础时钟，所以先要搞清楚为什么存在两个基础时钟，以及它们是如何工作的。

11.1.1 使用 SysTick 作为 HAL 的基础时钟

HAL 需要设置一个定时器作为基础时钟。基础时钟通过定时中断产生嘀嗒信号，嘀嗒信号的默认频率是 1000Hz，也就是基础时钟的定时周期是 1ms。基础时钟主要用于实现延时函数 HAL_Delay()，或在一些有超时（timeout）设置的函数里确定延时。

在不使用 FreeRTOS 时，CubeMX 默认将 HAL 的基础时钟源设置为 SysTick 定时器，如图 11-1 所示。SysTick 是 Cortex-M 内核自带的一个 24 位的定时器，将 SysTick 作为 HAL 的基础时钟后，在 NVIC 中会自动启用 SysTick 的中断，并且优先级设置为最高，如图 11-2 所示。用户可以修改 SysTick 的中断优先级，但是不能在图 11-2 中禁用 SysTick 中断。

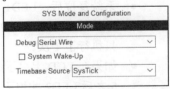

图 11-1 在 SYS 中设置 HAL 的基础时钟源为 SysTick

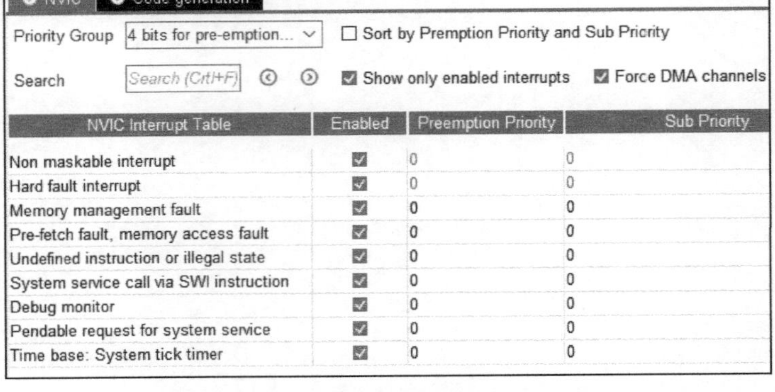

图 11-2 使用 SysTick 作为 HAL 基础时钟源的 NVIC 设置

11.1　HAL 和 FreeRTOS 的基础时钟

1. 基础时钟的初始化

在 CubeMX 生成的初始化代码中，HAL_Init()是 main()函数中执行的第一个函数。HAL_Init()对 SysTick 定时器进行设置，使其定时中断周期为 1ms。函数 HAL_Init()的源代码如下：

```
HAL_StatusTypeDef HAL_Init(void)
{
/* Configure Flash prefetch, Instruction cache, Data cache */
#if (INSTRUCTION_CACHE_ENABLE != 0U)
    __HAL_FLASH_INSTRUCTION_CACHE_ENABLE();
#endif  /* INSTRUCTION_CACHE_ENABLE */

#if (DATA_CACHE_ENABLE != 0U)
    __HAL_FLASH_DATA_CACHE_ENABLE();
#endif  /* DATA_CACHE_ENABLE */

#if (PREFETCH_ENABLE != 0U)
    __HAL_FLASH_PREFETCH_BUFFER_ENABLE();
#endif  /* PREFETCH_ENABLE */

    /* 设置中断优先级分组策略 */
    HAL_NVIC_SetPriorityGrouping(NVIC_PRIORITYGROUP_4);
    /* 使用 SysTick 作为基础时钟，配置嘀嗒周期为 1ms  */
    HAL_InitTick(TICK_INT_PRIORITY);
    /* 底层硬件初始化*/
    HAL_MspInit();
    return HAL_OK;
}
```

其中，执行的 HAL_InitTick(TICK_INT_PRIORITY)是对 SysTick 定时器进行定时周期和中断的设置。HAL_InitTick()是在文件 stm32f4xx_hal.c 中用__weak 修饰符定义的弱函数，其源代码如下：

```
__weak HAL_StatusTypeDef HAL_InitTick(uint32_t TickPriority)
{
    /* 配置 SysTick 定时周期为 1ms  */
    if (HAL_SYSTICK_Config(SystemCoreClock / (1000U / uwTickFreq)) > 0U)
        return HAL_ERROR;

    /* 配置 SysTick 定时器的中断优先级  */
    if (TickPriority < (1UL << __NVIC_PRIO_BITS))
    {
        HAL_NVIC_SetPriority(SysTick_IRQn, TickPriority, 0U);
        uwTickPrio = TickPriority;
    }
    else
        return HAL_ERROR;

    /* Return function status */
    return HAL_OK;
}
```

作为弱函数，HAL_InitTick()可以被重新实现。在使用 SysTick 作为基础时钟时，使用的就是文件 stm32f4xx_hal.c 中的 HAL_InitTick()。

函数 HAL_Init()中最后调用的函数 HAL_MspInit()也是一个弱函数，在 HAL 驱动中就是个空函数。在 CubeMX 生成的初始代码中，在文件 stm32f4xx_hal_msp.c 中重新实现了这个函数，功能就是启用了 RCC 的时钟信号，并设置中断优先级分组策略，也就是图 11-2 中用户设置的优先级分组策略。文件 stm32f4xx_hal_msp.c 中重新实现的函数 HAL_MspInit()的代码如下：

```
void HAL_MspInit(void)
{
    __HAL_RCC_SYSCFG_CLK_ENABLE();
    __HAL_RCC_PWR_CLK_ENABLE();
    HAL_NVIC_SetPriorityGrouping(NVIC_PRIORITYGROUP_2);
}
```

所以，main()函数执行函数 HAL_Init()后，就设置了 SysTick 定时器的定时周期和中断优先级。默认的 SysTick 定时周期为 1ms，产生的嘀嗒信号频率为 1000Hz。所以，我们习惯于将基础定时器称为嘀嗒定时器。

2. 基础时钟的中断处理

在文件 stm32f4xx_it.c 中，自动生成了 SysTick 定时器中断的 ISR，其代码如下：

```
void SysTick_Handler(void)
{
    HAL_IncTick();
}
```

在 SysTick 定时器的定时中断里，执行了函数 HAL_IncTick()，这是在文件 stm32f4xx_hal.c 中实现的函数，函数的代码如下：

```
__weak void HAL_IncTick(void)
{
    uwTick += uwTickFreq;
}
```

它的功能就是使得全局变量 uwTick 递增，这个变量就是嘀嗒信号的计数值。当嘀嗒信号频率为 1000Hz 时，递增量 uwTickFreq 的值为 1；当嘀嗒信号频率为 100Hz 时，uwTickFreq 的值为 10。

在文件 stm32f4xx_hal.c 中，还定义了操作嘀嗒定时器的两个函数，用于暂停和恢复滴答定时器，都是用 __weak 定义的弱函数，代码如下：

```
__weak void HAL_SuspendTick(void)              /* 禁止 SysTick 中断 */
{
    SysTick->CTRL &= ~SysTick_CTRL_TICKINT_Msk;
}
__weak void HAL_ResumeTick(void)               /* 恢复 SysTick 中断 */
{
    SysTick->CTRL |= SysTick_CTRL_TICKINT_Msk;
}
```

常用的延时函数 HAL_Delay()就是利用嘀嗒信号来实现的，其代码如下：

```
__weak void HAL_Delay(uint32_t Delay)
{
    uint32_t tickstart = HAL_GetTick();         //获取嘀嗒信号当前计数值
    uint32_t wait = Delay;
    if (wait < HAL_MAX_DELAY)     //最少延时 1ms
    {
        wait += (uint32_t)(uwTickFreq);         //uwTickFreq 默认值为 1
    }
    while((HAL_GetTick() - tickstart) < wait)
    {
    }
}
```

程序中调用的函数 HAL_GetTick()用于返回全局变量 uwTick 的值，也就是嘀嗒信号的当前计数值。函数 HAL_Delay()的输入参数 Delay 是以毫秒为单位的延时时间。延时的原理是：先读取嘀嗒信号的当前计数值，保存到变量 tickstart 中，计算在此基础上延时所需要的计数值差量 wait，然后在 while 循环中，不断地用函数 HAL_GetTick()读取滴答信号当前计数值，计算相对于 tickstart 的差量，当差量超过 wait 时，就达到了延时时间。

使用 SysTick 作为 HAL 基础定时器时，其作用就是用于产生嘀嗒信号计数值，然后用于延时计算。如果不需要用到延时计算，停掉 SysTick 定时器对系统运行是没有什么影响的。例如，在《基础篇》第 22 章介绍低功耗设计时，为了使系统进入睡眠模式后不被 SysTick 的中断唤醒，我们暂停了 SysTick 定时器的中断。

11.1.2　使用其他定时器作为 HAL 的基础时钟

在不使用 FreeRTOS 时，HAL 基础时钟默认是 SysTick，但是在图 11-1 所示的界面上，用户也可以选择其他定时器作为基础时钟，例如，可以选择定时器 TIM6 作为 HAL 的基础时钟。

选择 TIM6 作为 HAL 基础时钟后，TIM6 就不能再用作其他用途，在 CubeMX 中不能再对 TIM6 做任何设置。在 NVIC 设置中，自动启用 TIM6 的中断，优先级设置为最高。可以修改 TIM6 的中断优先级，但是不能关闭 TIM6 的中断。同时，SysTick 定时器的中断也是自动启用的，且不能关闭，如图 11-3 所示。

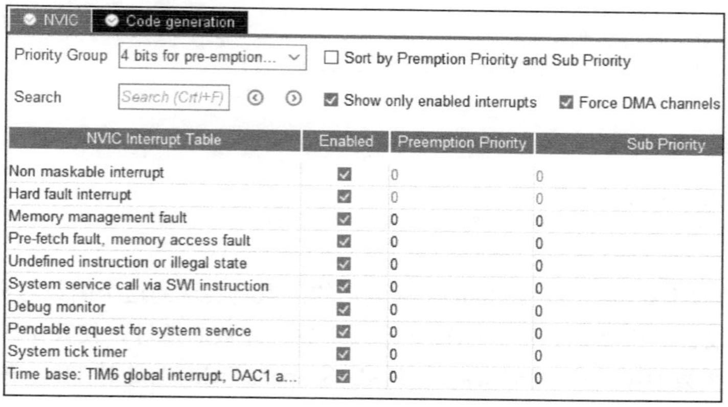

NVIC Interrupt Table	Enabled	Preemption Priority	Sub Priority
Non maskable interrupt	☑	0	0
Hard fault interrupt	☑	0	0
Memory management fault	☑	0	0
Pre-fetch fault, memory access fault	☑	0	0
Undefined instruction or illegal state	☑	0	0
System service call via SWI instruction	☑	0	0
Debug monitor	☑	0	0
Pendable request for system service	☑	0	0
System tick timer	☑	0	0
Time base: TIM6 global interrupt, DAC1 a...	☑	0	0

图 11-3　使用 TIM6 作为 HAL 基础时钟的 NVIC 设置

1. 基础时钟的初始化

在使用定时器 TIM6 作为 HAL 的基础时钟，并由 CubeMX 生成代码后，项目的\Src 目录下新增了一个文件 stm32f4xx_hal_timebase_tim.c，这个文件里重新实现了文件 stm32f4xx_hal.c 中的 3 个弱函数，用定时器 TIM6 替代了 SysTick 的功能。文件 stm32f4xx_hal_timebase_tim.c 的完整代码如下：

```
/* 文件：stm32f4xx_hal_timebase_tim.c  -----------------------------------------*/
#include "stm32f4xx_hal.h"
#include "stm32f4xx_hal_tim.h"

TIM_HandleTypeDef    htim6;          //TIM6 的外设对象变量

HAL_StatusTypeDef HAL_InitTick(uint32_t TickPriority)
{
    RCC_ClkInitTypeDef  clkconfig;
    uint32_t            uwTimclock = 0;
```

```
            uint32_t             uwPrescalerValue = 0;
            uint32_t             pFLatency;
            HAL_NVIC_SetPriority(TIM6_DAC_IRQn, TickPriority ,0);     //设置 TIM6 的中断优先级
            HAL_NVIC_EnableIRQ(TIM6_DAC_IRQn);          //开启 TIM6 中断
            __HAL_RCC_TIM6_CLK_ENABLE();                //开启 TIM6 的时钟

            HAL_RCC_GetClockConfig(&clkconfig, &pFLatency);   //获取时钟配置
            uwTimclock = 2*HAL_RCC_GetPCLK1Freq();      //计算 TIM6 的时钟频率,是 PCLK1 的 2 倍
            /* 计算分频系数,使 TIM6 计数器时钟信号为 1MHz */
            uwPrescalerValue = (uint32_t) ((uwTimclock / 1000000) - 1);

            /* 初始化 TIM6,使其定时周期为 1ms */
            htim6.Instance = TIM6;
            htim6.Init.Period = (1000000 / 1000) - 1;
            htim6.Init.Prescaler = uwPrescalerValue;
            htim6.Init.ClockDivision = 0;
            htim6.Init.CounterMode = TIM_COUNTERMODE_UP;
            if(HAL_TIM_Base_Init(&htim6) == HAL_OK)
                return HAL_TIM_Base_Start_IT(&htim6);           //以中断方式启动 TIM6

            /* Return function status */
            return HAL_ERROR;
        }

        void HAL_SuspendTick(void)
        {
            /* 禁止 TIM6 的 UEV 中断 */
            __HAL_TIM_DISABLE_IT(&htim6, TIM_IT_UPDATE);
        }

        void HAL_ResumeTick(void)
        {
            /* 开启 TIM6 的 UEV 中断 */
            __HAL_TIM_ENABLE_IT(&htim6, TIM_IT_UPDATE);
        }
```

函数 HAL_InitTick()是在 HAL_Init()中被调用的,重新实现的这个函数对定时器 TIM6 进行了初始化配置,设置其中断优先级,配置其分频系数、计数周期等,使其定时器周期为 1ms。

重新实现的函数 HAL_ResumeTick()和 HAL_SuspendTick()也是对 TIM6 的操作。

2. 基础时钟的中断处理

使用定时器 TIM6 作为 HAL 的基础时钟并用 CubeMX 生成代码后,在文件 stm32f4xx_it.c 中,SysTick 的 ISR 代码变成了空的,TIM6 的 ISR 代码如下:

```
void TIM6_DAC_IRQHandler(void)
{
    HAL_TIM_IRQHandler(&htim6);
}
```

由《基础篇》第 9 章的内容知,定时器 UEV 中断的回调函数是 HAL_TIM_PeriodElapsedCallback(),在文件 main.c 中自动重新实现了这个函数,其功能就是执行函数 HAL_IncTick(),代码如下:

```
void HAL_TIM_PeriodElapsedCallback(TIM_HandleTypeDef *htim)
{
    if (htim->Instance == TIM6)
        HAL_IncTick();
}
```

所以,在使用 TIM6 作为 HAL 的基础时钟后,TIM6 完全替代了 SysTick。

11.1.3　FreeRTOS 的基础时钟

在 CubeMX 中启用 FreeRTOS 后，在生成代码时，会有一个图 11-4 所示的对话框出现在界面上。提示在使用 FreeRTOS 时，强烈建议将 HAL 的基础时钟设置为非 SysTick 定时器。在前面各章的示例中，我们都是将 HAL 的基础时钟设置为定时器 TIM6，但并未详细说明这么做的原因。

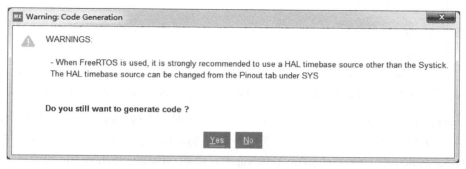

图 11-4　在使用 FreeRTOS 时提示需要使用非 SysTick 定时器作为 HAL 基础时钟源

前两节已经介绍了 HAL 基础时钟的作用，以及使用 SysTick 或 TIM6 作为 HAL 基础时钟的工作原理。通过第 2 章和第 3 章的介绍可知，FreeRTOS 使用 SysTick 定时器作为其基础时钟，用于产生 FreeRTOS 的嘀嗒信号，而且在 SysTick 的定时中断里进行任务状态检查，发出任务调度申请。

那么，在使用 FreeRTOS 时，如果在图 11-4 所示的对话框中单击 Yes，执意使用 SysTick 作为 HAL 的基础时钟，生成的代码构建后能否正常运行呢？如果使用 TIM6 作为 HAL 的基础时钟，FreeRTOS 是如何对 SysTick 进行初始化，如何对 SysTick 的中断进行处理的呢？

对于第一个问题，如果在图 11-4 所示的对话框中单击 Yes，执意使用 SysTick 作为 HAL 的基础时钟，生成的代码构建后是无法正常运行的，即使 FreeRTOS 只有一个非常简单的任务。这种情况下，FreeRTOS 就没有基础时钟，无法产生嘀嗒信号，所以无法正常运行，其代码方面的原因在后面解释。

所以，在使用 FreeRTOS 时，必须为 HAL 设置一个非 SysTick 定时器作为 HAL 的基础时钟，SysTick 将自动作为 FreeRTOS 的基础时钟。这是由 FreeRTOS 的移植决定的，因为 SysTick 是 Cortex-M 内核的一个定时器，在整个 STM32 系列中都是存在的，使用 SysTick 作为 FreeRTOS 的基础时钟进行移植，显然适用性更强，针对不同系列的 STM32 处理器进行移植时，需要的改动最少。

1. SysTick 定时器的初始化

在 CubeMX 中，基于 STM32F407ZG 创建一个项目，使用 TIM6 作为 HAL 的基础时钟，启用 FreeRTOS 后 NVIC 的自动设置结果如图 11-5 所示。定时器 TIM6 的抢占优先级为 0，SysTick 和 PendSV 中断的优先级都为 15，而且这 3 个中断都不能被关闭，不能修改优先级。

在 FreeRTOS 中，系统嘀嗒信号的频率由参数 configTICK_RATE_HZ 决定，默认值是 1000Hz。SysTick 通过定时中断产生嘀嗒信号，SysTick 默认定时周期是 1ms。

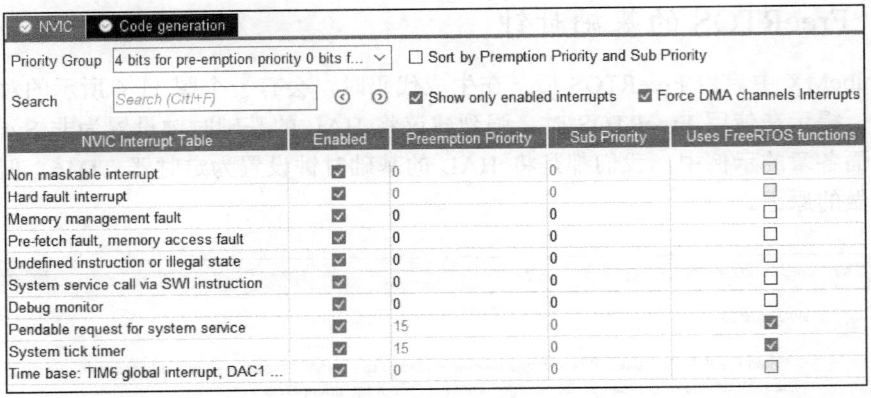

第 11 章 空闲任务与低功耗

NVIC Interrupt Table	Enabled	Preemption Priority	Sub Priority	Uses FreeRTOS functions
Non maskable interrupt	✓	0	0	□
Hard fault interrupt	✓	0	0	□
Memory management fault	✓	0	0	□
Pre-fetch fault, memory access fault	✓	0	0	□
Undefined instruction or illegal state	✓	0	0	□
System service call via SWI instruction	✓	0	0	□
Debug monitor	✓	0	0	□
Pendable request for system service	✓	15	0	✓
System tick timer	✓	15	0	□
Time base: TIM6 global interrupt, DAC1 ...	✓	0	0	□

图 11-5　启用 FreeRTOS，并使用 TIM6 作为 HAL 的基础时钟后的 NVIC 设置

在 main() 函数中，执行函数 osKernelStart() 启动内核时，对 SysTick 定时器进行初始化设置。跟踪函数 osKernelStart() 的源代码，发现最终设置 SysTick 定时器的是文件 port.c 中的函数 xPortStartScheduler() 和 vPortSetupTimerInterrupt()。函数 xPortStartScheduler() 设置 SysTick 和 PendSV 中断的中断优先级，函数 vPortSetupTimerInterrupt() 设置 SysTick 的定时周期，代码如下：

```
/* 设置 systick 定时器，产生需要频率的嘀嗒中断 */
__attribute__(( weak )) void vPortSetupTimerInterrupt( void )
{
    /* 计算用于配置嘀嗒中断需要的常数 */
    #if( configUSE_TICKLESS_IDLE == 1 )      //Tickless 低功耗模式，正常情况下为 0
    {
        ulTimerCountsForOneTick = ( configSYSTICK_CLOCK_HZ / configTICK_RATE_HZ );
        xMaximumPossibleSuppressedTicks =
            portMAX_24_BIT_NUMBER / ulTimerCountsForOneTick;
        ulStoppedTimerCompensation =
            portMISSED_COUNTS_FACTOR / ( configCPU_CLOCK_HZ / configSYSTICK_CLOCK_HZ );
    }
    #endif /* configUSE_TICKLESS_IDLE */

    /* 停止和清除 SysTick 的控制寄存器和计数值寄存器 */
    portNVIC_SYSTICK_CTRL_REG = 0UL;
    portNVIC_SYSTICK_CURRENT_VALUE_REG = 0UL;

    /* 配置 SysTick，使其以设定的频率产生中断 */
    portNVIC_SYSTICK_LOAD_REG = ( configSYSTICK_CLOCK_HZ / configTICK_RATE_HZ ) - 1UL;
    portNVIC_SYSTICK_CTRL_REG = ( portNVIC_SYSTICK_CLK_BIT |
        portNVIC_SYSTICK_INT_BIT | portNVIC_SYSTICK_ENABLE_BIT );
}
```

函数 vPortSetupTimerInterrupt() 的功能是配置 SysTick 定时器相关的寄存器，使其以设定的频率产生中断。如果参数 configUSE_TICKLESS_IDLE 的值等于 1，也就是使用了 Tickless 低功耗模式，会计算几个常数，这几个常数会在 Tickless 低功耗模式的时候用于嘀嗒计数值的补偿。

函数中用到的宏 portNVIC_SYSTICK_CTRL_REG、portNVIC_SYSTICK_LOAD_REG 等是 SysTick 相关寄存器的移植定义，在文件 port.c 中的定义如下：

```
#define portNVIC_SYSTICK_CTRL_REG           ( * ( ( volatile uint32_t * ) 0xe000e010 ) )
#define portNVIC_SYSTICK_LOAD_REG           ( * ( ( volatile uint32_t * ) 0xe000e014 ) )
#define portNVIC_SYSTICK_CURRENT_VALUE_REG  ( * ( ( volatile uint32_t * ) 0xe000e018 ) )
```

查阅 Cortex-M4 内核技术手册会发现，这 3 个宏对应的就是 SysTick 的控制和状态寄存器 SYST_CSR、重载值寄存器 SYST_RVR 和当前值寄存器 SYST_CVR。

2. SysTick 定时器的中断处理

在使用 TIM6 作为 HAL 基础时钟并启用了 FreeRTOS 的项目中，用户会发现在文件 stm32f4xx_it.c 中没有 SysTick 中断服务例程 SysTick_Handler() 的代码框架。而 FreeRTOS 要使用 SysTick 的定时中断产生嘀嗒信号，必然要定义 SysTick 定时器中断的 ISR。搜索关键字 SysTick_Handler，发现在文件 FreeRTOSConfig.h 中有如下的宏定义：

```
/*  将 FreeRTOS 移植的中断处理函数映射到 CMSIS 的标准 ISR 名   */
#define vPortSVCHandler         SVC_Handler
#define xPortPendSVHandler      PendSV_Handler

/*  重要提示：在使用 STM32Cube 时，如果 HAL 的基础时钟被设置为 SysTick，下面的定义会被注释，以免
覆盖 HAL 定义的中断服务例程 SysTick_Handler   */
#define xPortSysTickHandler  SysTick_Handler
```

通过这 3 个宏定义，FreeRTOS 将自己移植的 3 个中断的处理函数与 CMSIS 的标准 ISR 名称关联起来。例如，SysTick 中断的标准 ISR 名称是 SysTick_Handler，FreeRTOS 移植的函数名是 xPortSysTickHandler。

源代码中的英文注释特别强调：如果将 HAL 的基础时钟设置为 SysTick，那么第 3 个宏定义会被注释掉，以免覆盖 HAL 定义的中断服务例程 SysTick_Handler。但是这种情况下，FreeRTOS 就没有基础时钟了，不会产生嘀嗒信号，不会发出任务调度申请，所以 FreeRTOS 就无法正常运行了。

FreeRTOS 移植的 SysTick 中断的处理函数 xPortSysTickHandler() 是在文件 port.c 中定义的，其功能是调用函数 xTaskIncrementTick() 使嘀嗒信号计数值递增，并且检查是否需要进行上下文切换。如果需要进行上下文切换，就挂起 PendSV 中断，实际的上下文切换是在 PendSV 的中断处理程序里执行的。函数 xPortSysTickHandler() 的源代码如下：

```
void xPortSysTickHandler( void )
{
    portDISABLE_INTERRUPTS();
    {
        /* 使 RTOS 嘀嗒计数值递增，并检查是否需要进行上下文切换 */
        if( xTaskIncrementTick() != pdFALSE )
        {
            /*挂起 PendSV 中断，请求上下文切换，上下文切换在 PendSV 中断里执行 */
            portNVIC_INT_CTRL_REG = portNVIC_PENDSVSET_BIT;
        }
    }
    portENABLE_INTERRUPTS();
}
```

其中，调用的函数 xTaskIncrementTick() 是在文件 task.c 中实现的。文件 task.c 定义了一个表示嘀嗒信号当前计数值的全局变量 xTickCount，函数 xTaskIncrementTick() 的一个功能就是每次使 xTickCount 的值加 1，函数 vTaskDelay() 实现毫秒级延时就会用到全局变量 xTickCount。

所以，通过本节的分析，我们搞清楚了 HAL 和 FreeRTOS 的基础时钟问题，可总结为以下几点。

- 在不使用 FreeRTOS 时，系统自动使用 SysTick 定时器作为 HAL 基础时钟，但也可以

选择其他定时器作为 HAL 基础时钟。HAL 基础时钟的作用是产生 HAL 的嘀嗒信号，默认周期是 1ms，HAL 的毫秒级延时函数 HAL_Delay() 的实现就依赖于 HAL 的基础时钟。
- 在使用 FreeRTOS 时，SysTick 定时器将自动成为 FreeRTOS 的基础时钟，必须指定一个非 SysTick 定时器作为 HAL 基础时钟。
- 在 FreeRTOS 中，SysTick 用于产生 FreeRTOS 的嘀嗒信号，默认周期是 1ms。延时函数 vTaskDelay() 的实现就依赖于 FreeRTOS 的基础时钟。FreeRTOS 还在 SysTick 的定时中断里进行任务状态检查、任务调度申请等工作。

11.2 空闲任务与低功耗处理

11.2.1 实现原理

空闲任务是 FreeRTOS 在启动内核的时候自动创建的一个任务，空闲任务的优先级最低，当没有其他任务处于运行状态时，空闲任务就处于运行状态。在实际的 FreeRTOS 应用中，系统可能大部分时间处于空闲状态。

FreeRTOS 中有一个空闲任务钩子函数 vApplicationIdleHook()，若将参数 configUSE_IDLE_HOOK 设置为 1，在 FreeRTOS 进入空闲状态时，就会调用这个钩子函数。这个参数可以在 CubeMX 中设置，其默认值为 0。

我们在《基础篇》第 22 章中介绍了 STM32 的低功耗模式。MCU 有 3 种低功耗模式：睡眠（Sleep）模式、停止（Stop）模式和待机（Standby）模式。其中，睡眠模式是进入和唤醒响应最快的，通过 WFI 或 WFE 指令使系统进入睡眠模式，只要发生中断或事件，系统就从睡眠模式唤醒，继续执行。

利用 FreeRTOS 空闲任务的钩子函数和 MCU 睡眠模式的特点，在使用 FreeRTOS 时实现低功耗的一种基本方法就是：在空闲任务的钩子函数里，执行 WFI 或 WFE 指令使 MCU 进入睡眠模式，在发生中断或事件时，从睡眠模式唤醒。例如，空闲任务钩子函数最简单的代码如下：

```
void vApplicationIdleHook( void )
{
    HAL_PWR_EnterSLEEPMode(PWR_LOWPOWERREGULATOR_ON, PWR_SLEEPENTRY_WFI);
}
```

函数 HAL_PWR_EnterSLEEPMode() 的功能就是使用 WFI 或 WFE 指令使 MCU 进入睡眠模式。

使用这个钩子函数后，系统运行时主任务、空闲任务和 MCU 处于睡眠模式的时序如图 11-6 所示。图中的横坐标是嘀嗒时间点，也就是发生 SysTick 定时中断的时间点。注意，"Sleep Mode" 表示系统处于睡眠模式的时间段，不是某个任务。

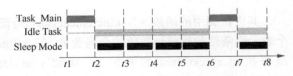

图 11-6 使用空闲任务钩子函数进入和退出睡眠模式的运行时序图

- 在 t1 时刻，Task_Main 处于运行状态，一个任务占用 CPU 的最短时间是 1 个嘀嗒周期。
- 在 t2 时刻，空闲任务占用 CPU，执行空闲任务的钩子函数，MCU 进入睡眠模式。

- 在 t3 时刻，发生 SysTick 中断，将 MCU 从睡眠模式唤醒。FreeRTOS 进行一次上下文切换，仍然是空闲任务占用 CPU，又执行一次空闲任务的钩子函数，MCU 又进入睡眠模式。

所以，在空闲任务的钩子函数里使 MCU 进入睡眠模式，在发生 SysTick 中断时 MCU 就会被唤醒。SysTick 的中断周期是 1ms，也就是睡眠模式一次时间长度不超过 1ms，虽然可以连续进入睡眠模式。这如同一个人趴在桌子上睡觉，每隔 1 分钟被叫醒一次，没事就又趴下睡，虽然可以睡一会儿，但是睡不安稳。

另外，在系统中，除了 SysTick 定时器的周期中断，HAL 的基础时钟（例如 TIM6）也会每 1ms 产生一次中断。要避免 HAL 的基础时钟干扰，就应该关闭 HAL 基础时钟的中断。但是 SysTick 的中断是不能被关闭的，若关闭了，FreeRTOS 就无法执行任务调度了。

11.2.2 设计示例

1. 示例功能与 CubeMX 项目设置

在本节中，我们将设计一个示例 Demo11_2IdleHook，测试在空闲任务钩子函数里实现低功耗。本示例的功能和使用流程如下。

- 在 FreeRTOS 中，启用空闲任务钩子函数，即设置参数 configUSE_IDLE_HOOK 为 1。
- 创建一个任务 Task_Main，用于使 LED1 闪烁。
- 使用 KeyRight 键和 LED2，用外部中断方式检测 KeyRight 键状态，使 LED2 亮灭。目的是测试使用低功耗时是否能正常响应外部中断。

用 CubeMX 模板文件 M4_LCD_KeyLED.ioc 创建本示例的 CubeMX 文件 Demo11_2IdleHook.ioc（操作方法见附录 A）。我们保留 2 个 LED 的 GPIO 设置，删除 4 个按键的 GPIO 设置，因为本示例使用外部中断方式检测 KeyRight 键输入。我们重新将 KeyRight 连接的 PE2 引脚设置为 GPIO_EXTI2，下跳沿触发，内部上拉，EXTI2 的抢占优先级设置为 1。两个 LED 和 KeyRight 键的 GPIO 设置结果如图 11-7 所示，以外部中断方式进行按键输入检测的原理见《基础篇》第 7 章。

Pin Name	User Label	GPIO mode	GPIO Pull-up/Pull-down
PE2	KeyRight	External Interrupt Mode with Falling edge trigger detection	Pull-up
PF9	LED1	Output Push Pull	No pull-up and no pull-down
PF10	LED2	Output Push Pull	No pull-up and no pull-down

图 11-7 两个 LED 和 KeyRight 的 GPIO 设置

在 SYS 组件中，请将 HAL 的基础时钟设置为 TIM6。启用 FreeRTOS，设置接口为 CMSIS_V2。在参数设置部分，启用空闲任务的钩子函数，如图 11-8 所示。其他参数都保持默认值。只创建一个任务 Task_Main，其主要参数如图 11-9 所示。

Hook function related definitions	
USE_IDLE_HOOK	Enabled
USE_TICK_HOOK	Disabled
USE_MALLOC_FAILED_HOOK	Disabled
USE_DAEMON_TASK_STARTUP_HOOK	Disabled
CHECK_FOR_STACK_OVERFLOW	Disabled

图 11-8 启用空闲任务的钩子函数

Task Name	Priority	Stack Size (Words)	Entry Function	Allocation
Task_Main	osPriorityNormal	128	AppTask_Main	Dynamic

图 11-9 任务 Task_Main 的主要参数

2. 主程序

完成设置后，CubeMX 会自动生成代码。我们在 CubeIDE 中打开项目，将 TFT_LCD 和 KEY_LED 驱动程序目录添加到项目搜索路径（操作方法见附录 A），在 main()函数中添加用户功能代码，并且在文件 main.c 中重新实现 EXTI 中断事件处理的回调函数 HAL_GPIO_EXTI_Callback()，用于对 KeyRight 键按下的中断做出处理。文件 main.c 的主要代码如下：

```c
/* 文件: main.c ----------------------------------------------------*/
#include "main.h"
#include "cmsis_os.h"
#include "gpio.h"
#include "fsmc.h"
/* USER CODE BEGIN Includes */
#include "tftlcd.h"
#include "keyled.h"
/* USER CODE END Includes */

/* Private function prototypes ------------------------------------*/
void MX_FREERTOS_Init(void);

int main(void)
{
    HAL_Init();
    SystemClock_Config();
    /* Initialize all configured peripherals */
    MX_GPIO_Init();
    MX_FSMC_Init();

    /* USER CODE BEGIN 2 */
    TFTLCD_Init();
    LCD_ShowStr(10, 10, (uint8_t *)"Demo11_2:Using Idle Hook");
    LCD_ShowStr(10, LCD_CurY+LCD_SP15, (uint8_t *)"Enter sleep mode by WFI");
    LCD_ShowStr(10, LCD_CurY+LCD_SP15, (uint8_t *)"   in idle hook.");
    LCD_ShowStr(10, LCD_CurY+LCD_SP15, (uint8_t *)"KeyRight to toggle LED2");
    HAL_SuspendTick();              //关闭 HAL 基础时钟（TIM6）的中断
    /* USER CODE END 2 */

    osKernelInitialize();
    MX_FREERTOS_Init();
    osKernelStart();
    while (1)
    {
    }
}

/* USER CODE BEGIN 4 */
void HAL_GPIO_EXTI_Callback(uint16_t GPIO_Pin)
{
    LED2_Toggle();           //按 KeyRight 键使 LED2 输出翻转，不考虑按键抖动的影响
}
/* USER CODE END 4 */
```

main()函数中，执行函数 HAL_SuspendTick()关闭 HAL 基础时钟的中断，也就是 TIM6 的中断，避免其周期定时中断将 MCU 从睡眠模式唤醒。

按键 KeyRight 使用外部中断 EXTI2 线，在沙箱段重新实现了 EXTI 中断的回调函数。它的功能就是在 KeyRight 键按下时，使 LED2 的输出翻转。这里没有考虑按键抖动的影响，只要看到 LED2 变化的效果即可。此外，在这个回调函数里，不能使用延时函数 HAL_Delay()，因为在 main()函数里关闭了 HAL 基础定时器的中断，无法再使用函数 HAL_Delay()。

3. FreeRTOS 对象初始化和功能实现

自动生成的文件 freertos.c 中，有 FreeRTOS 对象初始化函数 MX_FREERTOS_Init()、任务 Task_Main 的任务函数框架，以及空闲任务钩子函数 vApplicationIdleHook() 的代码框架。其中，函数 vApplicationIdleHook() 使用了 __weak 修饰符，函数内容为空。我们在这个钩子函数里添加代码，并去除函数的 __weak 修饰符。添加了任务函数和钩子函数的用户功能代码后，文件 freertos.c 的代码如下：

```c
/* 文件: freertos.c ---------------------------------------------------*/
#include "FreeRTOS.h"
#include "task.h"
#include "main.h"
#include "cmsis_os.h"
/* USER CODE BEGIN Includes */
#include "keyled.h"
/* USER CODE END Includes */

/* Private variables ---------------------------------------------------*/
/* 任务 Task_Main 的相关定义 */
osThreadId_t Task_MainHandle;                       //任务句柄
const osThreadAttr_t Task_Main_attributes = {       //任务属性
        .name = "Task_Main",
        .priority = (osPriority_t) osPriorityNormal,
        .stack_size = 128 * 4
};

/* Private function prototypes -----------------------------------------*/
void AppTask_Main(void *argument);
void MX_FREERTOS_Init(void);
/* Hook prototypes */
void vApplicationIdleHook(void);

/* USER CODE BEGIN 2 */
/*  空闲任务钩子函数  */
void vApplicationIdleHook( void )
{    //使用 WFI 指令使 MCU 进入睡眠模式
    HAL_PWR_EnterSLEEPMode(PWR_LOWPOWERREGULATOR_ON, PWR_SLEEPENTRY_WFI);
}
/* USER CODE END 2 */

void MX_FREERTOS_Init(void)
{
    /* 创建任务 Task_Main */
    Task_MainHandle = osThreadNew(AppTask_Main, NULL, &Task_Main_attributes);
}

void AppTask_Main(void *argument)            //Task_Main 的任务函数
{
    /* USER CODE BEGIN AppTask_Main */
    for(;;)
    {
        LED1_Toggle();           //使 LED1 闪烁
        vTaskDelay(500);
    }
    /* USER CODE END AppTask_Main */
}
```

我们在空闲任务钩子函数 vApplicationIdleHook() 里调用了函数 HAL_PWR_EnterSLEEPMode()，使用 WFI 指令使 MCU 进入睡眠模式。注意，在这个钩子函数里，决不能使用具有阻塞功能的函数，例如，带有阻塞等待时间的请求信号量、互斥量的函数或延时函数 vTaskDelay()。

任务 Task_Main 的功能就是使 LED1 闪烁，周期是 500ms。所以，这个 FreeRTOS 应用程序绝大部分时间处于空闲状态。

构建项目后，我们将其下载到开发板上并运行测试。运行时 LED1 闪烁，按下 KeyRight 键时，LED2 会变化。使用电流表测量开发板的工作电流——稳定工作电流为 200mA 左右，因为 LCD 功耗较大。

本章还有一个功能相同，但是不使用任何低功耗处理的示例项目 Demo11_4Normal。这个示例在配套资源里，此处不再赘述。示例项目 Demo11_4Normal 运行时，稳定工作电流为 240mA。可见，在空闲任务钩子函数里使系统进入休眠状态的方案减小了 40mA 的电流，降低功耗的效果是比较明显的。

11.3 Tickless 低功耗模式

11.3.1 Tickless 模式的原理和功能

在空闲任务钩子函数里使 MCU 进入睡眠模式，这种方法虽然有一定的降低功耗的效果，但是存在一个问题：就是每次 SysTick 中断时都会唤醒 MCU，而这个周期是 1ms，系统的唤醒非常频繁。

理想的低功耗模式应该像图 11-10 所示的情况：在 $t2$ 时刻进入睡眠模式后，暂时关闭 SysTick 中断，这样就不会在后面的 $t3$、$t4$ 等时刻唤醒 MCU；而在 $t2$ 时刻进入低功耗状态的时候，FreeRTOS 就计算出下一个非空闲任务的运行时刻，例如，$t6$ 时刻，在 $t6$ 时刻又开启 SysTick 中断进行正常的任务调度。MCU 还需要能正常响应其他中断，如外部中断，在中断发生时，提前结束预定时间的睡眠状态，并且对嘀嗒信号计数值进行补偿，使 FreeRTOS 继续正常运行。

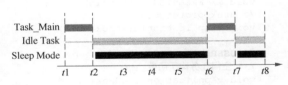

图 11-10 Tickless 模式时进入和退出睡眠模式的运行时序图

要实现这样的功能，只是处理空闲任务的钩子函数是不够的。好在 FreeRTOS 已经做好了这些功能，它有一个 Tickless 模式，可自动实现图 11-10 所示的低功耗功能。要使用 Tickless 低功耗模式，需要设置一个参数 configUSE_TICKLESS_IDLE——可在 CubeMX 里设置，如图 11-11 所示。

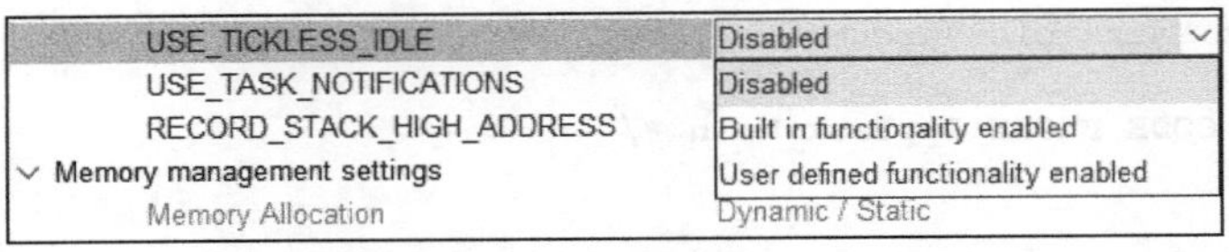

图 11-11 参数 USE_TICKLESS_IDLE 的设置

这个参数在 Kernel settings 参数组，有以下 3 种可选值。
- Disabled，对应参数值 0，表示不使用 Tickless 功能。
- Built in functionality enabled，对应参数值 1，使用 FreeRTOS 内建的函数实现 Tickless 低功耗功能。

- User defined functionality enabled，对应参数值 2，使用用户定义的函数实现 Tickless 低功耗功能。

这个参数的默认值是 Disabled。如果要使用 Tickless 低功耗功能，一般设置参数值为 1，也就是使用 FreeRTOS 内建的函数实现 Tickless 低功耗功能。

FreeRTOS 还有一个参数 configEXPECTED_IDLE_TIME_BEFORE_SLEEP，默认值为 2，表示当空闲任务持续至少 2 个节拍时，FreeRTOS 才会启动 Tickless 低功耗模式。这个参数无法在 CubeMX 里修改，但是可以在文件 FreeRTOSConfig.h 中重新定义。

当参数 configUSE_TICKLESS_IDLE 设置为 1，且空闲任务预期的持续时间大于参数 configEXPECTED_IDLE_TIME_BEFORE_SLEEP 设置的值时，FreeRTOS 就会在进行上下文切换时计算 MCU 处于睡眠模式的预期节拍数，然后调用内部定义的一个弱函数 vPortSuppressTicksAndSleep()，停止 SysTick 定时器中断，使 MCU 进入睡眠模式。

在达到预期的睡眠时间，或者任何其他中断将 MCU 从睡眠模式唤醒时，FreeRTOS 会自动计算嘀嗒信号计数值的补偿值，在 MCU 被唤醒时将嘀嗒计数值加上补偿值，以保持嘀嗒计数值的持续性。

睡眠模式持续时间的预期值有个最大值，这个最大值不是用户在任务里执行 vTaskDelay() 使任务进入阻塞时间的长度，而是在 SysTick 定时器初始化函数 vPortSetupTimerInterrupt() 里计算的，此函数的源代码见 11.1.3 节。当 configUSE_TICKLESS_IDLE 等于 1 时，系统会计算一个全局变量 xMaximumPossibleSuppressedTicks 的值，在 STM32F407 的 HCLK 设置为 168MHz，SysTick 默认频率为 1000Hz 时，这个值是 99。也就是说，在 Tickless 模式下，如果没有其他中断将 MCU 从睡眠模式唤醒，睡眠模式一次最多也只能持续 99 个节拍。99 个节拍之后，MCU 被唤醒，经过一些处理后再进入睡眠模式。

如果参数 configUSE_TICKLESS_IDLE 设置为 2，就需要用户自己定义函数实现 Tickless 低功耗功能，也就是需要用户重新实现弱函数 vPortSuppressTicksAndSleep()。这种情况一般用于将 FreeRTOS 移植到其他处理器时。因为在 STM32 MCU 上已经移植好了，所以一般就用 FreeRTOS 内建的函数实现 Tickless 低功耗功能。

11.3.2　Tickless 模式的使用示例

1. 示例功能与 CubeMX 项目设置

本节的示例 Demo11_3Tickless 测试 Tickless 低功耗模式的使用，示例的功能和使用流程如下。

- 配置 FreeRTOS 时，将参数 USE_TICKLESS_IDLE 设置为 Built in functionality enabled。
- 创建一个任务 Task_Main，用于使 LED1 闪烁。
- 使用 KeyRight 键和 LED2，用外部中断方式检测 KeyRight 键，使 LED2 亮灭，用于测试使用 Tickless 低功耗模式时，能否正常响应外部中断。

请将项目 Demo11_2IdleHook 整个复制为 Demo11_3Tickless（操作方法见附录 B），然后在 CubeMX 中打开文件 Demo11_3Tickless.ioc，将 USE_IDLE_HOOK 设置为 Disabled，也就是取消空闲任务钩子函数，然后将 USE_TICKLESS_IDLE 设置为 Built in functionality enabled。其他的设置都保留。

2. 主程序

完成设置后，CubeMX 会自动生成代码。我们在 CubeIDE 中打开项目，将 TFT_LCD 和 KEY_LED 驱动程序目录添加到项目搜索路径（操作方法见附录 A）。稍微修改 main()函数中的代码，完成后 main.c 的主要代码如下：

```
/* 文件：main.c ----------------------------------------------------------*/
#include "main.h"
#include "cmsis_os.h"
#include "gpio.h"
#include "fsmc.h"
/* USER CODE BEGIN Includes */
#include "tftlcd.h"
#include "keyled.h"
/* USER CODE END Includes */

/* Private function prototypes -------------------------------------------*/
void MX_FREERTOS_Init(void);

int main(void)
{
    HAL_Init();
    SystemClock_Config();
    /* Initialize all configured peripherals */
    MX_GPIO_Init();
    MX_FSMC_Init();

    /* USER CODE BEGIN 2 */
    TFTLCD_Init();
    LCD_ShowStr(10, 10, (uint8_t *)"Demo11_3: Tickless Mode");
    LCD_ShowStr(10, LCD_CurY+LCD_SP15, (uint8_t *)"LED1 is toggled in Task_Main");
    LCD_ShowStr(10, LCD_CurY+LCD_SP15, (uint8_t *)"Press KeyRight to toggle LED2");
    //HAL_SuspendTick();         //关闭 HAL 基础时钟（TIM6）的中断
    /* USER CODE END 2 */

    osKernelInitialize();
    MX_FREERTOS_Init();
    osKernelStart();
    while (1)
    {
    }
}

/* USER CODE BEGIN 4 */
void HAL_GPIO_EXTI_Callback(uint16_t GPIO_Pin)
{
    LED2_Toggle();              //KeyRight 键使 LED2 输出翻转，不考虑按键抖动影响
}
/* USER CODE END 4 */
```

在 main()函数中，执行函数 HAL_SuspendTick()的语句被注释掉了，这是因为在后面的代码里有更灵活的处理方法。

3. FreeRTOS 对象初始化和功能实现

在使用内建函数的 Tickless 模式时，CubeMX 在文件 freertos.c 中自动生成了两个弱函数的代码框架。为任务函数 AppTask_Main()添加用户功能代码，完成后 freertos.c 的代码如下：

```
/* 文件：freertos.c ------------------------------------------------------*/
#include "FreeRTOS.h"
```

11.3 Tickless 低功耗模式

```c
#include "task.h"
#include "main.h"
#include "cmsis_os.h"
/* USER CODE BEGIN Includes */
#include "keyled.h"
/* USER CODE END Includes */

/* Private variables ---------------------------------------------------------*/
/* 任务 Task_Main 的相关定义 */
osThreadId_t Task_MainHandle;
const osThreadAttr_t Task_Main_attributes = {
        .name = "Task_Main",
        .priority = (osPriority_t) osPriorityNormal,
        .stack_size = 128 * 4
};

/* Private function prototypes -----------------------------------------------*/
void AppTask_Main(void *argument);
void MX_FREERTOS_Init(void);

/* Pre/Post sleep processing prototypes */
void PreSleepProcessing(uint32_t *ulExpectedIdleTime);
void PostSleepProcessing(uint32_t *ulExpectedIdleTime);

/* USER CODE BEGIN PREPOSTSLEEP */
__weak void PreSleepProcessing(uint32_t *ulExpectedIdleTime)
{
    /* place for user code */
}

__weak void PostSleepProcessing(uint32_t *ulExpectedIdleTime)
{
    /* place for user code */
}
/* USER CODE END PREPOSTSLEEP */

void MX_FREERTOS_Init(void)
{
    /* 创建任务 Task_Main */
    Task_MainHandle = osThreadNew(AppTask_Main, NULL, &Task_Main_attributes);
}

void AppTask_Main(void *argument)
{
    /* USER CODE BEGIN AppTask_Main */
    for(;;)
    {
        LED1_Toggle();          //使 LED1 闪烁
        vTaskDelay(500);
    }
    /* USER CODE END AppTask_Main */
}
```

函数 PreSleepProcessing() 是函数 vPortSuppressTicksAndSleep() 里执行 WFI 指令之前调用的一个回调函数，函数 PostSleepProcessing() 是在执行 WFI 指令之后调用的一个回调函数。

用户可以重新实现这两个函数以进行一些处理。例如，本示例在 main() 函数中没有关闭 HAL 基础时钟的中断，就可以改为在每次进入睡眠模式之前关闭 HAL 基础时钟的中断，在退出睡眠模式后再重新打开 HAL 基础时钟的中断。这两个回调函数修改后的代码如下（这两个函数前面的 __weak 修饰符已删除）：

```
/* USER CODE BEGIN PREPOSTSLEEP */
void PreSleepProcessing(uint32_t *ulExpectedIdleTime)
{
    HAL_SuspendTick();              //关闭 HAL 基础时钟（TIM6）的中断
}

void PostSleepProcessing(uint32_t *ulExpectedIdleTime)
{
    HAL_ResumeTick();               //打开 HAL 基础时钟（TIM6）的中断
}
/* USER CODE END PREPOSTSLEEP */
```

这样，在 HCLK 为 168MHz、TICK_RATE_HZ 为 1000 时，MCU 进入睡眠模式可以最多持续 99 个节拍，而不是像之前使用空闲任务钩子函数的方法那样只持续一个节拍就被 SysTick 中断唤醒。Tickless 模式使用简便，所以在实际中一般就使用 Tickless 模式实现低功耗。我们之前介绍利用空闲任务钩子函数实现低功耗，只是为了说明原理，以帮助读者更好地理解 Tickless 的工作原理。

构建项目后，我们将其下载到开发板并运行测试，可以发现功能一切正常：LED1 定时闪烁，按下 KeyRight 键可以使 LED2 变化。测量稳定工作电流为 202mA，与示例 Demo11_2IdleHook 的稳定工作电流相差很小。

第二部分 FatFS 管理文件系统

- ✦ 第 12 章 FatFS 和文件系统
- ✦ 第 13 章 直接访问 SD 卡
- ✦ 第 14 章 用 FatFS 管理 SD 卡文件系统
- ✦ 第 15 章 用 FatFS 管理 U 盘文件系统
- ✦ 第 16 章 USB-OTG 用作 USB MSC 外设
- ✦ 第 17 章 在 FreeRTOS 中使用 FatFS

第 12 章　FatFS 和文件系统

FatFS（FAT File System）是一个适用于嵌入式系统的文件系统管理工具，可用于管理 SD 卡、U 盘、Flash 存储器等存储介质上的文件。FatFS 已经作为中间件集成到了 STM32 MCU 固件库中，在 CubeMX 中，可启用 FatFS 管理 SD 卡、U 盘等存储介质，生成的代码自动完成了针对具体存储介质的 FatFS 移植，使用起来非常方便。本章首先介绍 FatFS 的基本组成和功能，并以 SPI 接口的 Falsh 芯片 W25Q128 为例，介绍 FatFS 的移植方法，以及文件读写操作方法。

12.1　FatFS 概述

12.1.1　FatFS 的作用

文件系统是管理存储介质上的文件的软件系统，例如，Windows 系统使用的文件系统是 FAT32 或 NTFS。在 Windows、Linux 等平台上，用 C++等高级语言编写程序进行文件读写操作时，只需通过文件名和文件操作函数进行文件读写，而不用关心文件是如何写入存储介质或如何从存储介质读取的，也不用关心文件存储在哪个扇区等底层的问题。

在没有文件系统的嵌入式系统中，用户读写数据时就需要进行底层的操作。例如，我们在《基础篇》第 16 章介绍过一个 SPI 接口的 Flash（以下简称为 SPI-Flash）存储芯片 W25Q128，它有 16M 字节存储空间，分为 256 个块、4096 个扇区和 65 536 个页。通过 SPI 接口的 HAL 驱动程序和 W25Q128 的指令读写数据时，用户必须指定起始绝对地址和读写数据的长度。

在存储介质容量不太大，数据存储结构比较简单时，用户还可以通过这种底层操作进行数据管理，但是当存储容量很大，存储的数据结构比较复杂时，这种底层操作的管理难度就非常大了。例如，在 16GB 的 SD 卡上读写数据时，用户就难以直接通过扇区地址来管理数据了，而应该在嵌入式系统中引入类似于计算机上的文件系统，以文件为对象管理存储介质上的数据。

FatFS 是一个用于嵌入式系统的文件管理系统，它可以在 SD 卡、U 盘、Flash 芯片等存储介质上创建 FAT 或 exFAT 文件系统，它提供应用层接口函数，用户可以通过它直接对文件进行数据读写操作和管理。FatFS 是用 ANSI C 语言编写的，文件操作的软件模块与底层硬件访问层完全分离，能方便地移植到各种处理器平台和存储介质。使用 FatFS 的嵌入式系统软硬件结构如图 12-1 所示，其中各个部分的作用如下。

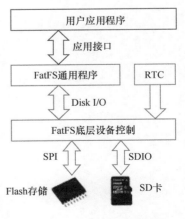

图 12-1　FatFS 应用结构图

(1)用户应用程序。用户应用程序通过 FatFS 的通用接口 API 函数进行文件系统的操作,例如,用函数 f_open()打开一个文件,用函数 f_write()向文件写入数据,用函数 f_close()关闭一个文件。这些操作与在计算机上用 C 语言编程读写文件类似,只需知道文件名,而这个文件在 SD 卡或 Flash 存储芯片上如何存储,如何写入和读取,则是 FatFS 底层的事情。

(2)FatFS 通用程序。这些是与硬件无关的用于文件系统管理的一些通用操作 API 函数,包括文件系统的创建和挂载、目录操作和文件操作等函数。这些通用函数是面向应用程序的接口,实现这些函数的功能需要调用底层的硬件访问操作,所以这些通用函数是用户应用程序与底层硬件之间的桥梁。

(3)FatFS 底层设备控制。这部分是 FatFS 与底层存储设备通信的一些功能函数,包括读写存储介质的函数 disk_read()和 disk_write()、获取时间戳的函数 get_fattime()等。例如,一个系统使用了 SPI 接口的 Flash 芯片存储文件,当应用程序调用 f_write()向一个文件写入数据时,到了设备控制层,就是执行 disk_write(),通过 SPI 接口向 Flash 芯片写入数据。FatFS 底层设备控制部分是与硬件密切相关的,FatFS 的移植主要就是实现这部分的几个函数。

(4)存储介质和 RTC。存储介质就是用于存储文件的各种硬件设备,如 Flash 存储芯片、SD 卡、U 盘、扩展的 SRAM 等。在一个嵌入式设备上,用户可以使用 FatFS 管理多个存储设备,例如,可以同时使用 SPI-Flash 存储芯片和 SD 卡。RTC 用于获取当前时间,在创建文件、修改文件后,保存文件时需要一个当前时间作为文件的时间戳信息。时间信息可以通过读取 RTC 来获得,可以使用 MCU 片上的 RTC,也可以使用外接的 RTC,如果对文件的时间信息不敏感,不使用 RTC 时间也没问题。

12.1.2 文件系统的一些基本概念

1. 文件系统

FatFS 可以在存储介质上创建和管理 FAT(File Allocation Table)文件系统或 exFAT(Extended File Allocation Table)文件系统,这两种都是 Microsoft 公司定义的标准文件系统。要使用 FatFS,用户应该对 FAT 文件系统有个基本的了解。关于 FAT 文件系统的介绍资料参见 FatFS 官网,本节简单介绍一下 FAT 文件系统中的一些基本概念。

FAT 文件系统起源于 1980 年 Microsoft 公司在 MS-DOS 中使用的文件系统,最初只是用于 500KB 软盘的简单文件系统。经过不断发展,FAT 文件系统现在有 3 种:FAT12、FAT16 和 FAT32。其中,FAT16 的单个分区容量不能超过 2GB;FAT32 的单个分区容量不能超过 2TB,单个文件大小不能超过 4GB。FAT 文件系统是向后兼容的,即 FAT32 兼容 FAT16 和 FAT12。

exFAT 是 Microsoft 继 FAT16/FAT32 之后开发的一种文件系统,它更适用于基于闪存的存储器,如 SD 卡、U 盘等,而不适用于机械硬盘。所以,exFAT 广泛应用于嵌入式系统、消费电子产品和固态存储设备中。exFAT 文件系统允许单个文件大小超过 4GB,单个分区大小和单个文件大小几乎没有限制。

 现在的 Windows 环境下的大容量硬盘或 U 盘一般使用 NTFS 文件系统,FatFS 不支持 NTFS 文件系统。如果使用 NTFS 格式化的 SD 卡或 U 盘连接到使用 FatFS 的嵌入式设备上,设备就无法读取其中的文件。

2. FAT 卷

一个 FAT 文件系统称为一个逻辑卷(logical volume)或逻辑驱动器(logical drive),如计算机上的 C 盘、D 盘。一个 FAT 卷包括如下的 3 个或 4 个区域（Area），每个区域占用 1 个或多个扇区，并按如下的顺序排列。

- 保留区域，用于存储卷的配置数据。
- FAT 区域，用于存储数据区的分配表。
- 根目录区域，在 FAT32 卷上没有这个区域。
- 数据区域，存储文件和目录的内容。

3. 扇区

扇区（sector）是存储介质上读写数据的最小单元。一般的扇区大小是 512 字节，FatFS 支持 512 字节、1024 字节、2048 字节和 4096 字节等几种大小的扇区。存储设备上的每个扇区有一个扇区编号，从设备的起始位置开始编号的称为物理扇区号（physical sector number），也就是扇区的绝对编号。另外，从卷的起始位置开始相对编号也是可以的，这称为扇区号（sector number）。

4. 簇

一个卷的数据区分为多个簇（cluster），一个簇包含 1 个或多个扇区，数据区就是以簇为单位进行管理的。一个卷的 FAT 类型就是由其包含的簇的个数决定的，由簇的个数就可以判断卷的 FAT 类型。FAT 的具体类型如下。

- FAT12 卷，簇的个数≤4085。
- FAT16 卷，4086≤簇的个数≤65525。
- FAT32 卷，簇的个数≥65526。

5. 数据存储形式

FAT 文件系统使用的是小端字节序（little endian），所以，如果处理器使用的是大端字节序（big endian），那么读取 FAT 文件系统的文件，就需要进行字节序的转换。另外，字（word）数据也不一定是边界对齐的，所以在读写 FAT 文件系统的文件时，最好使用字节数组的形式，逐个字节进行读写。

12.1.3 FatFS 的功能特点和参数

FatFS 是在存储介质上创建 FAT/exFAT 文件系统，并管理文件的软件系统，它有以下特性和限制。

- 支持 FAT 文件系统和 exFAT 文件系统。
- 支持长文件名和 Unicode。
- 对于 RTOS 是线程安全的。
- 最多可以管理 10 个卷，可以是多个存储介质或多个分区。
- 支持不同大小的扇区，扇区大小可以是 512 字节、1024 字节、2048 字节或 4096 字节。
- 同时打开的文件个数：无限制，只受限于内存大小。
- 最小卷大小：128 个扇区。
- 最大卷大小：FAT 中是 4G 个扇区，exFAT 中几乎是无限制的。
- 最大单个文件大小：FAT 卷中是 4GB，exFAT 中几乎是无限制的。
- 簇大小限制：FAT 卷中一个簇最大 128 个扇区，exFAT 卷中是 16MB。

12.1.4 FatFS 的文件组成

FatFS 已经作为一个中间件集成到了 STM32 MCU 固件库中,可以在 CubeMX 中启用和配置 FatFS。CubeMX 中的 FatFS 支持外部 SRAM、SD 卡、U 盘和用户定义存储器(如 SPI-Flash 存储器)。除了用户定义存储器,CubeMX 生成的代码能自动完成对所选存储介质的 FatFS 移植,如 SD 卡和 U 盘,所以在 STM32Cube 开发方式中使用 FatFS 很方便。

一个应用系统使用 FatFS 管理某个具体的存储介质上的文件系统时,又可以具体划分为图 12-2 所示的分层结构。图中以 SPI-Flash 存储芯片 W25Q128 为例,这个芯片的使用参见《基础篇》第 16 章。图 12-2 中的箭头表示调用关系,系统各层的功能描述如下。

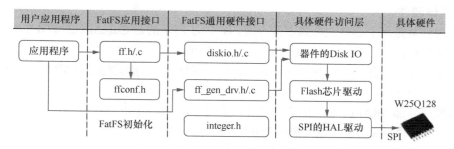

图 12-2 使用 FatFS 时的文件分层结构

1. 用户应用程序

这里包括 CubeMX 自动生成的 FatFS 初始化程序和用户编写的文件系统访问程序。CubeMX 自动生成的代码在进行 FatFS 的初始化时,会调用文件 ff_gen_drv.h 中的一个函数 FATFS_LinkDriver(),其功能就是将一个或多个逻辑驱动器链接到 FatFS 管理的驱动器列表里。

用户编写的文件系统访问程序就是使用文件 ff.h 中提供的 API 函数进行文件系统操作,例如,用函数 f_open() 打开文件,用函数 f_write() 向文件写入数据等。

2. FatFS 应用接口

这是面向用户应用程序的编程接口,提供文件操作的 API 函数,这些 API 函数与具体的存储介质和处理器类型无关。文件 ff.h 和 ff.c 中定义和实现了这些 API 函数。文件 ffconf.h 是 FatFS 的配置文件,用于定义 FatFS 的一些参数,以便进行功能裁剪。

3. FatFS 通用硬件接口

这是实现存储介质访问(Disk IO)的通用接口。文件 diskio.h/.c 中定义和实现了 Disk IO 的几个基本函数,包括 disk_initialize()、disk_read()、disk_ioctl() 等。在 CubeMX 生成的代码中,文件 diskio.c 中的这些 Disk IO 函数实际上是调用具体硬件访问层实现的具体器件的 Disk IO 函数。文件 diskio.h/.c 中的代码是不允许修改的,以往直接手工编程移植 FatFS 时,都是直接在文件 diskio.c 中实现具体器件的 Disk IO 函数。

文件 ff_gen_drv.h 定义了驱动器和驱动器列表管理的一些类型和函数。这个文件里最主要的一个函数是 FATFS_LinkDriver()。主程序进行 FatFS 初始化时,会调用这个函数,用于将一个驱动器链接到 FatFS 管理的驱动器列表里。而驱动器是在器件的 Disk IO 实现文件里定义的对象,驱动器实现了针对具体存储介质的 Disk IO 函数。

另外,还有一个文件 integer.h,这个文件定义了 FatFS 用到的基本数据类型。

4. 具体硬件访问层

假设一个存储介质只建立一个逻辑分区，那么一个存储介质就是一个驱动器，例如，一个 SD 卡或一个 U 盘。驱动器需要实现自己的 Disk IO 函数，驱动器会通过函数指针，将 diskio.h 中定义的通用 Disk IO 函数指向器件的 Disk IO 函数。器件的 Disk IO 函数是在一个特定的文件里实现的，而这些 Disk IO 函数又会调用器件的驱动程序或硬件接口的 HAL 驱动程序。

例如，使用 SPI-Flash 存储芯片 W25Q128 作为存储介质时，需要在一个文件中实现 SPI-Flash 器件访问的 Disk IO 函数，这些 Disk IO 函数要用到 W25Q128 的驱动程序，而 W25Q128 的驱动程序又要用到 HAL 库中 SPI 接口的驱动程序。《基础篇》第 16 章介绍了 W25Q128 驱动程序的实现原理。

5. 具体硬件

具体硬件就是用于存储文件的存储介质。图 12-3 所示的是 CubeMX 的 FatFS 模式设置中支持的存储介质，包括外部 SRAM、SD 卡、U 盘和用户定义（User-defined）器件。在嵌入式设备中，一个存储介质一般只有一个分区。

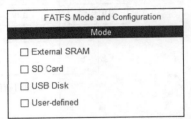

图 12-3　CubeMX 中 FatFS 支持的存储介质类型

如果使用外部 SRAM、SD 卡或 U 盘作为存储介质，CubeMX 生成的代码会自动生成完整的 FatFS 移植代码，除了一个获取时间戳的函数需要用户编程实现，用户无须自己再编程实现器件的 Disk IO 函数，直接使用 FatFS 的 API 函数进行文件管理即可，所以使用起来很方便。

如果选择用户定义器件作为存储介质，CubeMX 会生成 FatFS 移植的代码框架，用户需要自己编写器件的 Disk IO 函数。例如，SPI-Flash 存储芯片 W25Q128 就是用户定义器件。

在本章中，我们以 SPI-Flash 存储芯片 W25Q128 为例，介绍用户定义器件的 FatFS 移植实现方法，详细分析 FatFS 各个文件和主要函数的功能和实现原理。了解本章介绍的内容后，再去分析 CubeMX 自动生成的 SD 卡、U 盘的 FatFS 移植程序就比较容易了。

12.1.5　FatFS 的基本数据类型定义

FatFS 的文件 integer.h 对基本数据类型重新定义了符号，这是为了便于在不同的处理器平台上移植。文件 integer.h 中针对嵌入式平台定义的基本数据类型符号如下：

```
/* These types MUST be 16-bit or 32-bit */
typedef int                 INT;
typedef unsigned int        UINT;

/* This type MUST be 8-bit */
typedef unsigned char       BYTE;

/* These types MUST be 16-bit */
typedef short               SHORT;
typedef unsigned short      WORD;
typedef unsigned short      WCHAR;

/* These types MUST be 32-bit */
typedef long                LONG;
typedef unsigned long       DWORD;
/* This type MUST be 64-bit (Remove this for ANSI C (C89) compatibility) */
typedef unsigned long long  QWORD;
```

在 STM32 MCU 上，INT 和 LONG 是 32 位整数，UINT 和 DWORD 是 32 位无符号整数，QWORD 是 64 位无符号整数。

12.2　FatFS 的应用程序接口函数

FatFS 的应用程序接口函数在文件 ff.h 中定义，用于 FAT 文件系统的操作，函数可以分为几个大类。下面我们简要介绍这些函数的功能。

12.2.1　卷管理和系统配置相关函数

卷管理和系统配置相关函数见表 12-1。这些函数的返回值类型都是 FRESULT，所以我们在函数原型表示中省略了返回值类型。

表 12-1　卷管理和系统配置相关函数

函数名	函数功能	函数原型
f_mount	注册或注销一个卷，使用一个卷之前必须调用此函数并挂载文件系统	f_mount(FATFS* fs, const TCHAR* path, BYTE opt)
f_mkfs	在一个逻辑驱动器上创建 FAT 卷，也就是进行格式化	f_mkfs(const TCHAR* path, BYTE opt, DWORD au, void* work, UINT len)
f_fdisk	在一个物理驱动器上创建分区	f_fdisk(BYTE pdrv, const DWORD* szt, void* work)
f_getfree	返回一个卷上剩余簇的个数	f_getfree(const TCHAR* path, DWORD* nclst, FATFS** fatfs)
f_getlabel	获取一个卷的标签	f_getlabel(const TCHAR* path, TCHAR* label, DWORD* vsn)
f_setlabel	设置一个卷的标签	f_setlabel(const TCHAR* label)

在 FatFS 官网上有每个函数的详细说明，包括函数原型、各个参数的意义、使用原理、注意事项、示例代码等。但是要注意，FatFS 官网上某些函数的原型定义与 CubeMX 生成代码中的实际定义并不一样，例如，两者的 f_mkfs()函数的原型定义不同；FatFS 官网上有用于设置代码页的函数 f_setcp()，而 CubeMX 生成的代码中没有这个函数，用户在 CubeMX 中要可视化地设置参数 CODE_PAGE，并对应文件 ffconf.h 中的宏定义_CODE_PAGE。本书使用 CubeMX 生成的代码，以生成的实际代码为准进行介绍和说明。

FatFS 对文件系统是以卷为单位进行管理的，一个卷就相当于计算机上的一个逻辑分区，如 C 盘和 D 盘。在嵌入式设备中，一般一个存储介质只有一个卷，不需要用函数 f_fdisk()进行分区，例如，一个 SD 卡是一个卷，一个 SPI-Flash 存储芯片是一个卷。在 FatFS 中，卷的编号默认是用字符串"0:""1:""2:"等表示的，其中的数字表示卷的编号。

要管理一个卷上的文件系统，首先需要用函数 f_mount()注册这个卷，如果这个函数的返回值为 FR_NO_FILESYSTEM，就表示卷上还没有文件系统，需要用函数 f_mkfs()对卷进行格式化。注册一个卷之后，用户才能进行创建文件、打开文件、读写文件数据等操作。

下面我们对表 12-1 中几个常用的函数做详细的介绍，没有介绍的函数参见源代码里的注释或 FatFS 官网上的介绍。

1. 函数 f_mkfs()

函数 f_mkfs()用于在一个卷上创建文件系统，也就是进行格式化。函数 f_mkfs()的原型定义如下。通常，在各参数的注释中，[IN]表示输入参数，[OUT]表示输出参数，输出参数就是传递指针用于获取返回数据。

```
FRESULT f_mkfs (
    const TCHAR* path,      /* [IN]逻辑驱动器号 */
    BYTE opt,               /* [IN]格式化选项 */
    DWORD au,               /* [IN]分配单元（簇）大小，单位：字节 */
    void* work,             /* [IN]用于格式化的工作缓冲区指针 */
    UINT len                /* [IN]工作缓冲区大小，单位：字节 */
)
```

参数 path 是一个字符串，就是逻辑驱动器号（也就是卷号），如"0:"表示第 1 个卷，"1:"表示第 2 个卷。如果是空字符串，则表示默认卷，如果系统中只有一个卷，则可以使用空字符串。

参数 opt 是格式化选项，也就是要创建的文件系统类型，可设置的选项宏定义如下：

```
/* Format options (2nd argument of f_mkfs) */
#define FM_FAT      0x01    //FAT 文件系统，自动设置为 FAT12 或 FAT16
#define FM_FAT32    0x02    //FAT32 文件系统
#define FM_EXFAT    0x04    //exFAT 文件系统
#define FM_ANY      0x07    //任意文件系统，前面 3 种的按位或，自动根据卷大小和簇大小来决定
#define FM_SFD      0x08    //只有单个分区时可以指定此选项，SFD 表示 super-floppy disk
```

参数 opt 的默认值是 FM_ANY，也就是根据卷的总大小和簇的大小自动设置文件系统格式，一个文件系统是 FAT12、FAT16 或 FAT32，完全由其簇的个数决定。一般情况下，32GB 以下的卷可以使用 FM_FAT 选项，32GB 以上的一般使用 FM_FAT32 选项。

参数 au 是簇的大小，以字节为单位。一个卷的数据区是以簇为单位进行管理的，一个簇包含 1 个或多个扇区，扇区是存储介质上读写数据块的最小单元。

参数 work 是格式化操作时的一个工作缓冲区，这个缓冲区大小必须是簇的 1 倍以上大小。缓冲区越大，格式化操作越快。

参数 len 是缓冲区 work 的大小，以字节为单位。

函数的返回值类型是 FRESULT，这是 FatFS 中定义的函数返回值枚举类型。函数操作正常时，返回值为 FR_OK，其他返回值表示了各种信息，具体见注释。FatFS 的 API 函数返回值一般都是 FRESULT 类型。

```
typedef enum {
    FR_OK = 0,                  // (0)成功
    FR_DISK_ERR,                // (1)在 Disk IO 层发生硬错误
    FR_INT_ERR,                 // (2)参数检查错误
    FR_NOT_READY,               // (3)物理驱动器不工作
    FR_NO_FILE,                 // (4)找不到文件
    FR_NO_PATH,                 // (5)找不到路径
    FR_INVALID_NAME,            // (6)路径名称格式无效
    FR_DENIED,                  // (7)因禁止访问或目录满了而导致无法访问
    FR_EXIST,                   // (8)因禁止访问而导致无法访问
    FR_INVALID_OBJECT,          // (9)文件或目录对象无效
    FR_WRITE_PROTECTED,         // (10)物理驱动器写保护
    FR_INVALID_DRIVE,           // (11)逻辑驱动器号无效
    FR_NOT_ENABLED,             // (12)卷没有工作区
    FR_NO_FILESYSTEM,           // (13)无有效的 FAT 卷
    FR_MKFS_ABORTED,            // (14)函数 f_mkfs()因为问题而终止
    FR_TIMEOUT,                 // (15)不能在限定时间内获得访问卷的许可
    FR_LOCKED,                  // (16)因为文件共享策略导致操作被拒
    FR_NOT_ENOUGH_CORE,         // (17)不能分配 LFN(长文件名)工作缓冲区
    FR_TOO_MANY_OPEN_FILES,     // (18)打开文件的个数大于_FS_LOCK
```

```
    FR_INVALID_PARAMETER        // (19)给的参数无效
} FRESULT;
```

以开发板上的 SPI-Flash 芯片 W25Q128 为例,它的总容量为 16MB,一个扇区大小为 4096 字节,若设置簇大小为 2 个扇区,则可以用 FM_FAT 格式化选项。假设系统中只有这一个存储介质使用 FatFS 进行管理,则对其进行格式化的示意代码如下:

```
BYTE  workBuffer[4096];              //工作缓冲区
res=f_mkfs("0:", FM_FAT, 2*4096, workBuffer, 4096);
```

2. 函数 f_mount()

FatFS 要求每个逻辑驱动器(FAT 卷)有一个文件系统对象(file system object)作为工作区域,在对这个逻辑驱动器进行文件操作之前,需要用函数 f_mount()对逻辑驱动器和文件系统对象进行注册。只有注册了逻辑驱动器,才可以使用 FatFS 的应用接口 API 函数进行操作。

函数 f_mount()的原型定义如下:

```
FRESULT f_mount (
    FATFS* fs,              /* [IN]文件系统对象指针,NULL 表示卸载  */
    const TCHAR* path,      /* [IN]需要挂载或卸载的逻辑驱动器号,如"0:" */
    BYTE opt                /* [IN]模式选项,0: 延迟挂载,1:立刻挂载  */
)
```

参数 fs 是一个 FATFS 结构体指针,表示文件系统对象,若这个参数为 NULL,则表示卸载(unmount)这个逻辑驱动器。

参数 path 是逻辑驱动器号,例如 "0:",如果是空字符串,则表示默认的逻辑驱动器号。

参数 opt 是模式选项。设置为 1 时,表示强制立刻挂载;设置为 0 时,表示延后挂载,在后续进行文件操作时自动挂载。延后挂载时,此函数总是返回 FR_OK。

调用函数 f_mount()的示例代码如下。返回值为 FR_NO_FILESYSTEM 时,表示存储介质还没有文件系统,需要调用 f_mkfs()函数进行格式化,格式化成功后,需要先卸载,然后再次挂载,示意代码如下:

```
FATFS  fs;           //文件系统对象
FRESULT res=f_mount(&fs, "0:", 1);       //立刻挂载文件系统
if (res==FR_NO_FILESYSTEM)               //不存在文件系统,未格式化
{
    BYTE  workBuffer[4096];              //工作缓冲区
    res=f_mkfs("0:", FM_FAT, 4096, workBuffer, 4096);   //簇大小=4096 字节
    if (res ==FR_OK)                     //格式化成功
    {
        res=f_mount(NULL, "0:", 1);      //先卸载
        res=f_mount(&fs, "0:", 1);       //再次挂载文件系统
    }
}
```

3. 函数 f_getfree()

FAT 文件系统的数据区是以簇为单位进行管理的,函数 f_getfree()返回一个逻辑驱动器上剩余簇的个数,其原型定义如下:

```
FRESULT f_getfree (
    const TCHAR* path,     /* [IN]逻辑驱动器号,如"0:"  */
    DWORD* nclst,          /* [OUT]返回的剩余簇的个数  */
    FATFS** fatfs          /* [OUT]返回的相应的文件系统对象  */
)
```

参数 path 是驱动器号，如"0:"。参数 nclst 是输出参数，是剩余簇的个数，使用传递地址的方式获取返回值。参数 fatfs 是输出参数，指向返回的文件系统对象。

注意，FatFS 的 API 函数的返回值一般都是 FRESULT 类型，表示函数执行是否成功或错误类型。要返回的数据使用指针型输出参数，返回的结果写入指针指向的变量或对象。

FATFS 结构体是表示文件系统的结构体，它的一些成员变量存储了一个逻辑驱动器上 FAT 文件系统的一些参数。结构体 FATFS 的完整定义见源代码，比较有用的几个参数如下：

- BYTE fs_type，分区类型，1=FAT12，2=FAT16，3=FAT32，4=exFAT。
- WORD csize，簇的大小，即一个簇的扇区个数，至少是 1 个扇区。
- WORD ssize，扇区大小，可为 512 字节、1024 字节、2048 字节或 4096 字节。
- DWORD free_clst，剩余的簇个数，必须执行函数 f_getfree()后，才会更新这个值。
- DWORD n_fatent，卷的条目（item）个数，等于簇的个数加 2。

调用函数 f_getfree()获取逻辑驱动器相关信息的示意代码如下：

```
FATFS *fs;
DWORD fre_clust;
FRESULT res = f_getfree("0:", &fre_clust, &fs);
if (res == FR_OK)
{
    DWORD tot_sect = (fs->n_fatent - 2) * fs->csize;    //总的扇区个数
    DWORD fre_sect = fre_clust* fs->csize;   //剩余的扇区个数=剩余簇个数*每个簇的扇区个数
    DWORD freespace= (fre_sect* fs->ssize)/1024;    //剩余空间大小，单位：KB
}
```

12.2.2 文件和目录管理相关函数

文件和目录管理相关函数见表 12-2，这些函数的主要功能包括创建目录、删除文件或目录、改变当前工作目录、检查文件或目录是否存在等。这些函数的返回值类型都是 FRESULT，所以在函数原型表示中省略了返回值类型。

表 12-2 文件和目录管理相关函数

函数名	函数功能	函数原型
f_stat	检查一个文件或目录是否存在	f_stat(const TCHAR* path, FILINFO* fno)
f_unlink	删除一个文件或目录	f_unlink(const TCHAR* path)
f_rename	重命名或移动一个文件或目录	f_rename(const TCHAR* path_old, const TCHAR*path_new)
f_chmod	改变一个文件或目录的属性	f_chmod(const TCHAR* path, BYTE attr, BYTE mask);
f_utime	改变一个文件或目录的时间戳	f_utime(const TCHAR* path, const FILINFO* fno)
f_mkdir	创建一个新的目录	f_mkdir(const TCHAR* path);
f_chdir	改变当前工作目录	f_chdir(const TCHAR* path);
f_chdrive	改变当前驱动器	f_chdrive(const TCHAR* path)
f_getcwd	获取当前驱动器的当前工作目录	f_getcwd(TCHAR* buff, UINT len)

关于这些函数，需要注意的地方如下：

- 删除文件时，不能删除具有只读属性的文件或目录，不能删除非空目录或当前目录，不能删除打开的文件或目录。

- 重命名文件时，不能操作打开的文件或目录。
- 参数_FS_RPATH≥1 表示使用相对路径，此时才有函数 f_chdir()。
- 参数_FS_RPATH≥1 且_VOLUMES≥2 时，也就是使用相对路径，且卷的个数大于 1 时，才有函数 f_chdrive()。
- 参数_FS_RPATH≥2 时，才有函数 f_getcwd()。

下面详细介绍一些常用的、稍微有点难度的函数，其他函数见源代码的注释或 FatFS 官网的介绍。

1. 函数 f_stat()

函数 f_stat()用于检查一个文件或目录是否存在，并且返回其文件信息，其原型定义如下：

```
FRESULT f_stat (
    const TCHAR* path,          /* [IN]要检查的文件或目录名称 */
    FILINFO* fno                /* [OUT]文件信息，FILINFO结构体指针 */
)
```

输出参数 fno 是 FILINFO 结构体类型的指针，用于保存返回的文件信息。结构体 FILINFO 的定义如下，可以返回文件大小、最后修改的时间和日期、文件属性等信息：

```
typedef struct {
    FSIZE_t  fsize;                  //文件大小，字节数
    WORD     fdate;                  //最后修改日期
    WORD     ftime;                  //最后修改时间
    BYTE     fattrib;                //文件属性
#if _USE_LFN != 0                    //使用长文件名
    TCHAR    altname[13];            //替代的(Alternative)文件名
    TCHAR    fname[_MAX_LFN + 1];    //原始的文件名
#else
    TCHAR    fname[13];              //文件名
#endif
} FILINFO;
```

函数的返回值为 FR_OK 表示文件或目录存在；为 FR_NO_FILE 表示文件不存在；为 FR_NO_PATH 表示目录不存在；还可能有其他返回值，具体请查阅 FRESULT 的枚举值。

使用 f_stat()检查一个文件，并获取其参数的示例代码如下：

```
FILINFO  fno;
FRESULT fr=f_stat("0:/readme.txt", &fno);
if (fr==FR_OK)
{
    LCD_ShowStr(10,LCD_CurY+20, "File size(bytes)= ");
    LCD_ShowUint(LCD_CurX,LCD_CurY, fno.fsize);
}
```

2. 函数 f_chmod()

函数 f_chmod()用于改变一个文件或目录的属性，其原型定义如下：

```
FRESULT f_chmod (
    const TCHAR* path,       /* [IN]文件或目录名 */
    BYTE attr,               /* [IN]要置位的属性位 */
    BYTE mask                /* [IN]要修改的属性位 */
)
```

文件或目录的属性用一个字节数据表示，各个位代表不同的属性。属性位为 1 表示具有相应的属性，否则就表示没有这个属性。文件 ff.h 定义了属性位的宏定义。

```
#define  AM_RDO  0x01           //只读, Read only
#define  AM_HID  0x02           //隐藏, Hidden
#define  AM_SYS  0x04           //系统, System
#define  AM_DIR  0x10           //目录, Directory
#define  AM_ARC  0x20           //归档, Archive
```

参数 attr 是要置位的属性位,是这些属性位的按位或运算,例如,要将一个文件的属性设置为只读和隐藏,需要将 attr 的值设置为 AM_RDO|AM_HID。参数 mask 是要修改的属性位的掩码,mask 中为 1 的位会被置 0。例如,要将文件 readme.txt 设置为只读属性,清除文件的隐藏属性,其他属性不变,需要执行如下代码:

```
f_chmod("readme.txt", AM_RDO, AM_RDO|AM_HID);
```

3. 函数 f_utime()

函数 f_utime()用于改变一个文件或目录的时间戳数据,其原型定义如下:

```
FRESULT f_utime (
    const TCHAR* path,        /* [IN]文件或目录名称的指针 */
    const FILINFO* fno        /* [IN]要设置的时间戳所在的文件信息结构体指针 */
)
```

我们在前面展示过结构体 FILINFO 的完整定义,其成员变量 fdate 表示日期,ftime 表示时间,这两个成员变量都是 WORD 类型变量,也就是 uint16_t 类型。fdate 的日期数据格式见表 12-3。其中,年份是与 1980(年)的差值。

表 12-3 fdate 的日期数据格式

数据位	数据范围	表示意义
15:9 位	共 7 位,数据范围为 0～127	年份,实际年份是 1980 加上这个值,如 39 表示 2019 年
8:5 位	共 4 位,有效范围为 1～12	月份,表示 1 到 12 月
4:0 位	共 5 位,有效范围为 1～31	日期,表示 1 到 31 日

ftime 的时间数据格式见表 12-4。其中,最低 5 位的最大值也只有 31,有效数据范围是 0～29,不能逐一表示 0～59s,将此数值乘以 2 之后得到的才是秒数据。

表 12-4 结构体 FILINFO 中 ftime 的时间数据格式

数据位	数据范围	表示意义
15:11 位	共 5 位,数据范围为 0～23	小时,表示 0～23 时
10:5 位	共 6 位,有效范围为 0～59	分钟,表示 0～59 分
4:0 位	共 5 位,有效范围为 0～29	秒/2,将这个值乘以 2 之后是秒,表示 0～58s

使用函数 f_utime()修改一个文件的日期时间的示意代码如下:

```
FILINFO fno;
//日期  2019-12-13
WORD  date=(2019-1980)<<9;
WORD  month=12<<5;
fno.fdate = date | month |13;
//时间  14:32:15
WORD  time=14<<11;
WORD  minute=32<<5;
WORD  sec=15>>1;              //除以 2
fno.ftime =time | minute | sec;
f_utime("readme.txt", &fno);        //修改文件的时间戳
```

12.2.3 目录访问相关函数

我们使用目录访问函数可以打开一个目录，然后在这个目录下查找匹配的文件或目录。目录访问相关函数见表 12-5。这些函数的返回值类型都是 FRESULT，所以在函数原型表示中省略了返回值类型。

表 12-5 目录访问相关函数

函数名	函数功能	函数原型
f_opendir	打开一个已存在的目录	f_opendir(DIR* dp, const TCHAR* path)
f_closedir	关闭一个打开的目录	f_closedir(DIR *dp)
f_readdir	读取目录下的一个项	f_readdir(DIR* dp, FILINFO* fno)
f_findfirst	在目录下查找第一个匹配项	f_findfirst(DIR* dp, FILINFO* fno, const TCHAR* path, const TCHAR* pattern)
f_findnext	查找下一个匹配项	f_findnext(DIR* dp, FILINFO* fno)

使用这些函数，我们可以列出一个目录下的特定类型文件。例如，一个嵌入式的图像抓拍设备自动将抓拍的图片以 "cap*.jpg" 的形式命名并保存到 SD 卡上（其中，*表示数字编号），就可以使用目录访问相关函数列出这些文件。系统复位后，我们可以查找编号最大的文件，然后在新编号的基础上保存新的图片文件。

1. 打开和关闭目录

函数 f_opendir()用于打开一个已存在的目录，其原型定义如下：

```
FRESULT f_opendir (
    DIR* dp,                /* [OUT]创建的目录对象指针 */
    const TCHAR* path       /* [IN]要打开的目录的名称 */
)
```

输入参数 path 是目录名称；输出参数 dp 是一个 DIR 结构体类型指针，是这个函数创建的一个目录对象，表示打开的目录。函数 f_closedir()用于关闭一个打开的目录。两个函数的使用示例代码如下：

```
DIR dir;
FRESULT  res = f_opendir(&dir, "0:");    //打开根目录
f_closedir(&dir);   //关闭目录
```

结构体 DIR 包含了目录的一些信息，在文件 ff.h 中定义。

2. 函数 f_readdir()

函数 f_readdir()用于读取目录下的一个项（文件或目录），其原型定义如下：

```
FRESULT f_readdir (
    DIR* dp,            /* [IN]目录对象指针 */
    FILINFO* fno        /* [OUT]读取的项的文件信息对象指针 */
)
```

输入参数 dp 是 DIR 类型的指针，是已经打开的目录对象；输出参数 fno 是 FILINFO 类型的指针，存储了读取的一个项（文件或目录）的信息。

连续调用函数 f_readdir()可以依次读取目录下的项，包括文件和子目录，不包括"."和".."项。当一个目录下的所有项被读取完之后，参数 fno 的成员变量 fname 变成以 null 结尾的空

字符串。

在调用 f_readdir()时，如果参数 fno 设置为 NULL，就从头开始读取。

3. 查找目录下匹配的项

函数 f_findfirst()和 f_findnext()可以用于读取目录下某些特定的文件或子目录，例如，找出目录下文件名与"*.txt"匹配的所有文件。函数 f_findfirst()的原型定义如下：

```
FRESULT  f_findfirst(
    DIR* dp,                    /* [OUT]目录对象指针 */
    FILINFO* fno,               /* [OUT]文件信息对象 */
    const TCHAR* path,          /* [IN]需要打开的目录名称 */
    const TCHAR* pattern        /* [IN]匹配模式 */
)
```

其中，参数 path 是要打开的目录名称，参数 pattern 是匹配模式字符串。匹配模式字符串可以使用字符 '?' 或 '*'，问号用于匹配一个字符，星号用于匹配任意长度的字符串。

输出参数 dp 是打开的目录对象指针，输出参数 fno 是找到的第一个匹配项的文件信息指针。如果没有找到匹配项，fno 为 NULL，函数返回值不为 FR_OK。

函数 f_findnext()用于在上次执行 f_findfirst()或 f_findnext()之后，继续查找下一个匹配文件。如果找到了匹配项，函数 f_findnext()的返回值为 FR_OK，匹配项的文件信息存储在变量 fno 中；如果没有找到匹配项，函数 f_findnext()返回的 fno->fname 为空字符串。

例如，查找并显示根目录下所有 txt 文件的示例代码如下：

```
DIR dir;            //搜索的目录对象
FILINFO fno;        //文件信息
FRESULT fr = f_findfirst(&dir, &fno, "", "*.txt");       //查找第一个匹配文件
while (fr == FR_OK && fno.fname[0])
{
    LCD_ShowStr(20,LCD_CurY+20,fno.fname);
    fr = f_findnext(&dir, &fno);                         //查找下一个匹配项
}
f_closedir(&dir);      //关闭目录
```

12.2.4 文件访问相关函数

文件访问包括打开文件、读取数据、写入数据、关闭文件等操作，这些函数与计算机上 C 语言访问文件的函数是类似的。文件访问相关函数见表 12-6，在函数原型中若没有写返回值类型，函数返回值类型就是 FRESULT。

表 12-6 文件访问相关函数

函数名	函数功能	函数原型
f_open	打开一个文件	f_open(FIL* fp, const TCHAR* path, BYTE mode)
f_close	关闭一个打开的文件	f_close(FIL* fp)
f_read	从文件读取数据	f_read(FIL* fp, void* buff, UINT btr, UINT* br)
f_write	将数据写入文件	f_write(FIL* fp, const void* buff, UINT btw, UINT* bw)
f_lseek	移动读写操作的指针	f_lseek(FIL* fp, FSIZE_t ofs)
f_truncate	截断文件	f_truncate(FIL* fp)
f_sync	将缓存的数据写入文件	f_sync(FIL* fp)

12.2 FatFS 的应用程序接口函数

续表

函数名	函数功能	函数原型
f_forward	读取数据直接传给数据流设备	f_forward(FIL* fp, UINT(*func)(const BYTE*,UINT), UINT btf, UINT* bf)
f_expand	为文件分配连续的存储空间	f_expand(FIL* fp, FSIZE_t szf, BYTE opt)
f_gets	从文件读取一个字符串	TCHAR* f_gets(TCHAR* buff, int len, FIL* fp)
f_putc	向文件写入一个字符	int f_putc(TCHAR c, FIL* fp);
f_puts	向文件写入一个字符串	int f_puts(const TCHAR* str, FIL* cp)
f_printf	用格式写入字符串	int f_printf(FIL* fp, const TCHAR* str, ...);
f_tell	获取当前的读写指针	#define f_tell(fp)　　((fp)->fptr)
f_eof	检测是否到文件尾端	#define f_eof(fp)　　((int)((fp)->fptr == (fp)->obj.objsize))
f_size	获取文件大小，单位：字节	#define f_size(fp)　　((fp)->obj.objsize)
f_error	检测是否有错误，返回 0 表示无错误	#define f_error(fp)　　((fp)->err)

要访问一个文件，需要先用函数 f_open()打开或新建一个文件，然后用 f_read()、f_write()等函数进行文件读写操作，操作完成后，要用函数 f_close()关闭文件。下面我们对常用的一些函数做详细介绍，未详细介绍的函数，可查看源代码注释或 FatFS 官网上的介绍。

1. 函数 f_open()

函数 f_open()用于打开或新建一个文件，其原型定义如下：

```
FRESULT  f_open(
    FIL* fp,                    /* [OUT]文件对象指针 */
    const TCHAR* path,          /* [IN]文件名 */
    BYTE mode                   /* [IN]访问模式  */
)
```

其中，参数 path 是要打开或新建文件的文件名，如果成功打开或新建了文件，会返回一个 FIL 结构体类型指针 fp，在后续的文件读写操作里，用这个文件对象表示所操作的文件。参数 mode 是文件访问模式，是一些宏定义的位运算组合，这些模式的宏定义如下：

```
#define  FA_READ              0x01    //读取模式
#define  FA_WRITE             0x02    //写入模式，FA_READ | FA_WRITE 表示可读可写
#define  FA_OPEN_EXISTING     0x00    //要打开的文件必须已存在，否则函数失败
#define  FA_CREATE_NEW        0x04    //新建文件，如果文件已存在，函数失败并返回 FR_EXIST
#define  FA_CREATE_ALWAYS     0x08    //总是新建文件，如果文件已存在，会覆盖现有文件
#define  FA_OPEN_ALWAYS       0x10    //打开一个已存在的文件，如果不存在就创建新文件
#define  FA_OPEN_APPEND       0x30    //与 FA_OPEN_ALWAYS 相同，只是读写指针定位在文件尾端
```

在使用函数 f_open()成功打开一个文件，并完成文件的数据读写操作后，需要用函数 f_close()关闭文件，否则，修改的数据可能保存不到文件的存储介质上，或使文件损坏。

2. 函数 f_write()

函数 f_write()用于向一个以可写方式打开的文件写入数据，其原型定义如下：

```
FRESULT f_write (
    FIL* fp,                    /* [IN]文件对象指针 */
    const void* buff,           /* [IN]待写入的数据缓冲区指针 */
    UINT btw,                   /* [IN]待写入数据的字节数 */
    UINT* bw                    /* [OUT]实际写入文件的数据字节数 */
)
```

205

参数 fp 是用函数 f_open()打开文件时返回的文件对象指针。文件对象结构体 FIL 有一个 DWORD 类型的成员变量 fptr，称为文件读写位置指针，用于表示文件内当前读写位置。文件打开后，这个读写位置指针指向文件顶端。函数 f_write()在当前的读写位置指针处向文件写入数据，写入数据后，读写位置指针会自动向后移动。

参数 buff 是待写入的数据缓冲区指针，参数 btw 是待写入数据的字节数。输出参数 bw 是完成操作后，实际写入文件的数据字节数，如果*bw<btw，表明缓冲区 buff 内的数据没有全部写入文件，可能是存储介质满了。

举个例子，用函数 f_open()新建一个文件，然后向文件写入一些数据，写完数据后，用 f_close()关闭文件，代码如下：

```
void TestWriteBinFile(TCHAR *filename, uint32_t pointCount, uint32_t sampFreq)
{
    FIL  file;
    FRESULT res=f_open(&file,filename, FA_CREATE_ALWAYS | FA_WRITE);
    if(res == FR_OK)
    {
        UINT bw=0;  //实际写入字节数
        f_write(&file, &pointCount, sizeof(uint32_t), &bw);   //数据点个数
        f_write(&file, &sampFreq, sizeof(uint32_t), &bw);     //采样频率
        uint32_t value=1000;
        for(uint16_t i=0; i<pointCount; i++,value++)
            f_write(&file, &value, sizeof(uint32_t), &bw);
    }
    f_close(&file);
}
```

3. 函数 f_read()

在使用函数 f_open()打开文件时，如果模式参数中带有 FA_READ，打开文件后就可以用函数 f_read()读取数据。其原型定义如下：

```
FRESULT f_read(
    FIL* fp,        /* [IN]文件对象指针 */
    void* buff,     /* [OUT]保存读出数据的缓冲区 */
    UINT btr,       /* [IN]要读取数据的字节数 */
    UINT* br        /* [OUT]实际读取数据的字节数 */
)
```

函数 f_read()会从文件的当前读写位置处读取 btr 个字节的数据，然后将读出的数据保存到缓冲区 buff 里，将实际读取的字节数返回到变量*br 里。读出数据后，文件的读写指针会自动向后移动。

与前面的函数 TestWriteBinFile()对应的，从一个文件读取数据的代码如下：

```
void TestReadBinFile(TCHAR *filename)
{
    FIL  file;
    FRESULT res=f_open(&file,filename, FA_READ);
    if(res == FR_OK)
    {
        UINT bw=0;  //实际读取字节数
        uint32_t pointCount, sampFreq;
        f_read(&file, &pointCount, sizeof(uint32_t), &bw);   //数据点个数
        f_read(&file, &sampFreq, sizeof(uint32_t), &bw);     //采样频率
        uint32_t value;
        for(uint16_t i=0; i< pointCount; i++)
```

```
            f_read(&file, &value, sizeof(uint32_t), &bw);
        }
        f_close(&file);
    }
```

二进制文件按照设定的顺序写入各种数据，读取时，也必须按照规定的顺序读取，这就是二进制文件的存储格式定义。

f_write()和 f_read()是通用的数据读写函数，可以读写任何类型的数据，但不太适合于读写字符串数据。例如，用下面的代码向文件写入一个字符串：

```
TCHAR str[]="ADC1";          //以'\0'结束的字符串
UINT  bw;
f_write(&file, str, 1+sizeof(str),&bw);
```

字符串 str 是以结束符'\0'结束的字符串，sizeof(str)的值是 str 的字符个数，不包含结束符'\0'，所以在使用函数 f_write()写入字符串时，写入的字节数是 1+ sizeof(str)，也就是实际写入了 5 字节。

在这种情况下，用函数 f_read()读取字符串时会遇到问题。例如，读取前面写入的字符串"ADC1"的代码如下：

```
TCHAR str[20];                //缓冲区，预留较大空间
UINT  br, btr=5;              //字符串实际有 5 个字符，包含结束符'\0'
f_read(&file, str, btr, &br);
```

使用函数 f_read()时，需要指定读取数据的字节数，这里已知字符串长度为 5 字节，所以指定为 5。如果字符串长度不是固定的，采用函数 f_read()读取字符串时，就需要采用一些处理方法了。例如，将字符串长度作为一个 uint16_t 数据写在字符串前面，先读取这个字符串长度数据，然后作为函数 f_read()的参数用于读取字符串。

4. 读写字符串的函数 f_puts()和 f_gets()

FatFS 提供了两个函数，专门用于字符串数据的读写。函数 f_puts()用于写入一个字符串，其原型定义如下：

```
int f_puts (const TCHAR* str, FIL* fp)
```

其中，str 是以'\0'作为结束符的字符串指针，fp 是文件对象指针。如果写入成功，函数返回实际写入的字节数，否则返回-1。这个函数的使用示例代码如下：

```
TCHAR str[]="Line1: Hello, FatFS\n";    //字符串必须有换行符'\n'
f_puts(str, &file);      //不会写入结束符'\0'
```

注意，必须在字符串 str 末尾加上换行符'\n'，因为使用函数 f_puts()将字符串写入文件时，不会将字符串的结束符'\0'写入文件。

函数 f_gets()用于读取一个字符串，它通过换行符'\n'判断一个字符串的结束，在读出的字符串末尾会自动添加结束符'\0'。其原型定义如下：

```
TCHAR* f_gets(TCHAR* buff,int len,FIL* fp)
```

参数 buff 是保存读出字符串的缓冲区，len 是 buff 的长度，fp 是文件对象指针。这个函数的使用示例代码如下：

```
TCHAR str[100];
f_gets(str,100, &file);
```

注意，这里的第二个参数值 100 是指缓冲区 str 的长度，而不是实际读出的字符串的长度。

缓冲区 str 的长度要足够大，能容纳一次读取的一行字符串。

当 FatFS 的全局宏定义_USE_STRFUNC 的值为 2 时，换行符为"\r\n"。

5. 文件内读写指针的移动

文件对象结构体 FIL 的成员变量 fptr 称为文件读写指针，用于存储文件读写的当前位置，是一个 DWORD 类型的变量。在文件刚打开时，fptr 的值为 0，也就是指向文件顶端。在使用函数 f_write() 或 f_read() 读写数据时，文件读写指针会自动移动。

还有几个可以用于文件读写指针操作的函数，宏函数 f_tell() 返回文件读写指针的当前值，函数 f_lseek() 直接将文件读写指针移到文件内的某个绝对位置，函数 f_eof() 可以判断文件读写指针是否到文件末尾了。函数 f_lseek() 的原型定义如下：

```
FRESULT f_lseek(FIL* fp,FSIZE_t ofs)
```

参数 fp 是文件对象指针；参数 ofs 是相对于文件顶端的偏移量，也就是文件内的绝对位置，单位为字节。所以，函数 f_lseek() 只能将文件读写指针定位到一个绝对位置，但是可以联合函数 f_tell() 实现相对移动，示例代码如下：

```
res = f_lseek(fp, 0);                    //移到文件开头位置
res = f_lseek(fp, f_size(fp));           //移到文件末尾
res = f_lseek(fp, f_tell(fp) + 100);     //从当前位置后移 100 字节
res = f_lseek(fp, f_tell(fp) - 20);      //从当前位置前移 20 字节
```

函数 f_eof() 用于判断文件读写指针是否到达了文件末尾，例如，读取一个全是字符串的文本文件的内容，并在 LCD 上显示的示例代码如下：

```
FIL file;
FRESULT res=f_open(&file,"readme.txt", FA_READ);
if(res == FR_OK)
{
    TCHAR str[100];
    while (!f_eof(&file))
    {
        f_gets(str,100, &file);           //读取 1 个字符串
        LCD_ShowStr(10,LCD_CurY+20, (uint8_t *)str);
    }
}
```

6. 函数 f_sync()

函数 f_sync() 用于在写入文件时，将缓存的数据保存到物理文件里。函数 f_sync() 的功能与函数 f_close() 的类似，只是文件继续处于打开状态，可以继续写入。

函数 f_sync() 一般用于长时间打开一个文件进行写操作的场景，例如，操作一个数据记录文件，隔几分钟才写入一个数据点。如果在使用函数 f_close() 之前出现异常，缓存的数据没有写入实际文件，就可能导致数据丢失。使用函数 f_sync() 就可以将缓存的数据写入实际文件，降低数据丢失的风险。

12.3 FatFS 的存储介质访问函数

将 FatFS 移植应用于 SD 卡、U 盘、SRAM、Flash 芯片等不同存储介质时，用户需要针对具体的存储介质提供底层硬件访问接口。这些硬件层的访问接口在文件 diskio.h 中定义，硬件访问层在整个 FatFS 系统组成中的位置和作用如图 12-2 所示。FatFS 的移植主要就是针对存储

12.4 针对 SPI-Flash 芯片移植 FatFS

介质的硬件层访问程序的移植。

FatFS 已经尽量简化了硬件访问层函数的定义,并且使用了统一的函数接口,移植时只需重新实现这些函数即可。文件 diskio.h 中定义的需要移植的几个硬件层访问相关函数见表 12-7。

表 12-7 硬件层访问相关函数

函数名	函数功能
disk_status	获取驱动器当前状态,例如,是否已完成初始化
disk_initialize	设备初始化,就是硬件接口的初始化
disk_read	读取一个或多个扇区的数据
disk_write	将数据写入一个或多个扇区,只有_USE_WRITE==1,才需要实现这个函数
disk_ioctl	设备 IO 控制,例如获取扇区个数、扇区大小等参数。只有_USE_IOCTL == 1,才需要实现这个函数
get_fattime	获取当前时间作为文件的修改时间,可以通过 RTC 获取当前时间,也可以不实现这个函数

表 12-7 中的前 3 个函数是必须实现的。存储设备数据读写的最小单位是 1 个扇区,函数 disk_read()用于从存储设备将一个或多个扇区的数据读取到缓冲区,函数 disk_write()用于将一个缓冲区的数据写入一个或多个扇区。

这里暂时不介绍这些函数的具体定义和实现,后面我们将以 SPI-Flash 芯片 W25Q128 的 FatFS 移植为例,详细介绍这些函数的实现。此外,CubeMX 生成代码的 FatFS 文件组成与直接拿 FatFS 源代码移植有些差异,并不是直接在文件 diskio.c 中重新实现这些函数。

12.4 针对 SPI-Flash 芯片移植 FatFS

在本节中,我们以开发板上的 SPI-Flash 芯片 W25Q128 为例,详细介绍 CubeMX 中 FatFS 各个参数的意义和设置,分析生成的代码中 FatFS 各个文件的作用和关联,完成针对 W25Q128 的硬件访问层的移植。

12.4.1 SPI-Flash 芯片硬件电路

开发板上有一个 SPI-Flash 存储芯片 W25Q128,它与 STM32F407 的 SPI1 接口连接,电路如图 12-4 所示,电路原理的介绍见《基础篇》第 16 章。W25Q128 总容量是 16M 字节,存储空间参数如下。

- 总共 256 个块(block),每个块 64KB。
- 每个块又分为 16 个扇区,共 4096 个扇区,每个扇区 4KB。
- 每个扇区又分为 16 个页(page),共 65 536 个页,每个页 256B。

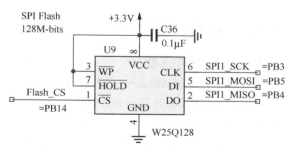

图 12-4 开发板上 W25Q128 的电路图

12.4.2 CubeMX 项目基础设置

在本节中，我们创建一个示例 Demo12_1FlashFAT，针对 SPI-Flash 存储芯片 W25Q128 进行 FatFS 移植，使用 FatFS 进行文件读写等操作。此外，我们还将使用 RTC 为 FatFS 提供时间戳数据。

让我们使用 CubeMX 模板项目文件 M4_LCD_KeyLED.ioc 来创建本项目的 CubeMX 文件 Demo12_1FlashFAT.ioc（操作方法见附录 A）。用户可以删除 2 个 LED 的 GPIO 设置，再做如下的设置。

（1）启用 RTC 的时钟源和日历，随便设置初始日期和时间，其他功能无须开启。我们在示例中只需要读取 RTC 的当前日期和时间。

（2）在 RCC 组件中启用 LSE，在时钟树上，使用 LSE 作为 RTC 的时钟源，设置 HCLK 为 100MHz，PCLK2 的频率为 50MHz，SPI1 是挂在 APB2 总线上的，这样是为方便计算 SPI1 的波特率。

（3）SPI1 的模式设置为 Full-Duplex Master，不使用硬件 NSS 信号，其他参数设置结果如图 12-5 所示。分频系数（Prescaler）设置为 8，CubeMX 会根据 PCLK2 的频率和分频系数自动计算波特率，波特率为 6.25Mbit/s 时通信比较稳定。数据传输是 MSB 先行，CPOL 和 CPHA 的组合是 SPI 时序模式 3，与 W25Q128 的 SPI 接口参数一致。SPI1 参数设置的详细原理见《基础篇》第 16 章相关内容。

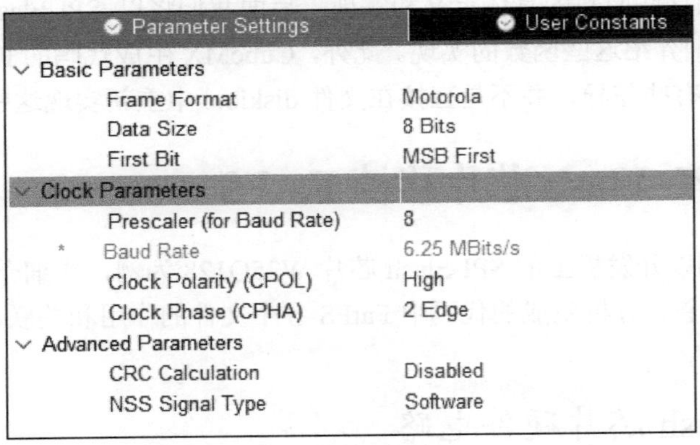

图 12-5 SPI1 的参数设置结果

12.4.3 在 CubeMX 中设置 FatFS

1. FatFS 模式设置

在组件面板的 Middleware 分组里有 FatFS 组件，单击该组件后，先设置其模式，如图 12-6 所示。模式设置就是选择 FatFS 应用的存储介质，有以下 4 个选项。

- External SRAM，外部 SRAM 存储器。例如，开发板上有一个外部 SRAM 芯片 IS62WV51216，可以将此芯片的一部分或全部存储区域用作文件系统，使用 FatFS 管理 SRAM 上的文件，实现内存上的高速文件读写。《基础篇》第 19 章专门介绍了外部 SRAM 芯片 IS62WV51216 的操作。

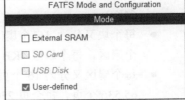

图 12-6 设置 FatFS 的模式

- SD Card，SD 卡。此项需要启用 SDIO 接口后才可以选择。本书第 14 章会介绍如何用 FatFS 管理 SD 卡的文件系统。
- USB Disk，U 盘。需要将 USB-OTG-FS 或 USB-OTG-HS 组件的模式设置为 Host-Only（仅作为主机），并且将 Middleware 分组中的 USB_HOST 组件的 IP 类型设置为 Mass Storage Host Class（大容量存储主机类）之后，此项才可以选择。本书第 15 章会介绍如何用 FatFS 管理 U 盘的文件系统。
- User-defined，用户定义器件。除以上 3 项之外的其他存储介质，例如，开发板上连接在 SPI1 接口上的 Flash 存储芯片 W25Q128。

使用前 3 种存储介质时，CubeMX 生成的代码里有 FatFS 完整的移植程序，因此用户无须再编程实现硬件层的 Disk IO 函数。使用用户定义器件时，CubeMX 生成的代码里有 FatFS 移植代码框架，用户需要自己编程实现器件的 Disk IO 函数。本节的示例使用的存储介质是连接在 SPI1 接口上的 Flash 存储芯片 W25Q128，属于用户定义器件。通过这个示例，我们可以详细地了解 FatFS 程序移植的原理。

2. FatFS 参数设置概述

让我们在图 12-7 所示的界面中设置 FatFS 参数。这些参数分为多个组，大多数与 FatFS 配置文件 ffconf.h 中的宏定义对应，用于设置 FatFS 的一些参数，以及进行功能裁剪。

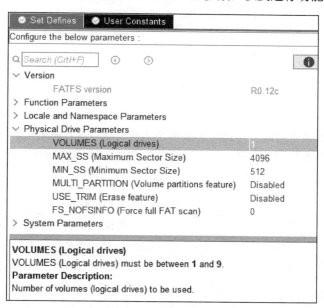

图 12-7　设置 FatFS 的参数

（1）Version 组：只有一个参数，显示了 FatFS 的版本。图中显示的版本为 R0.12c。

（2）Function Parameters 组：用于配置是否包含某些函数，就是 FatFS 的功能裁剪。

（3）Locale and Namespace Parameters 组：本地化和名称空间参数，例如，设置代码页、是否使用长文件名等。

（4）Physical Driver Parameters 组：物理驱动器参数，包括卷的个数、扇区大小等。

（5）System Parameters 组：系统参数，一些系统级的参数定义，如是否支持 exFAT 文件系统。

在设置参数时，用户可以单击参数设置界面右上方的显示描述信息的小按钮，这样就可以让每个参数的描述信息显示出来，例如参数设置的数值范围等。

下面我们分组介绍这些参数的意义和设置选项。对于某些参数的意义，读者在这里首次看到时可能不明白，可暂时略过，在后面的一些示例里，我们会对某些内容详细介绍，再回过头来看就容易明白了。

本示例中，我们对 FatFS 各参数的设置基本保留了其默认值，只修改了如下两个参数。

- CODE_PAGE，语言代码页，设置为 Simplified Chinese (DBCS)。
- MAX_SS，扇区大小最大值，设置为 4096，因为 W25Q128 的扇区大小就是 4KB。

3. Function Parameters 组参数设置

Function Parameters 组参数设置界面如图 12-8 所示。第一列是参数名称，对应于源文件中的宏，宏的名称就是参数名称前加 "_"，例如，参数 FS_READONLY 对应的宏是 _FS_READONLY，参数 USE_FIND 对应的宏是 _USE_FIND。第二列是参数值，这些参数一般是逻辑值，Disabled 表示设置为 0，Enabled 表示设置为 1。

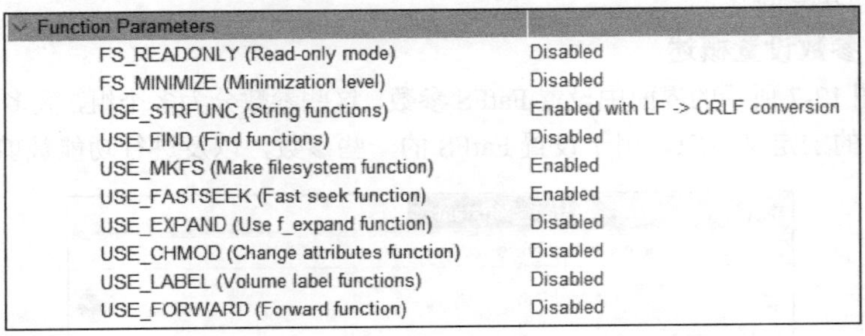

图 12-8 Function Parameters 组参数设置界面

这些参数有的用于定义系统的特性，如 FS_MINIMIZE 定义系统最小化级别，会影响多个函数；有的用于裁剪某个功能，可同时影响多个函数，如 USE_FIND 影响函数 f_findfirst() 和 f_findnext()；有的参数只影响一个函数，如 USE_CHMOD 只控制是否使用函数 f_chmod()。Function Parameters 组参数的功能见表 12-8。

表 12-8 Function Parameters 组参数的功能

参数	默认值	可设置内容和影响的函数
FS_READONLY	Disabled	只能设置为 Disabled，表示不使用只读功能
FS_MINIMIZE	Disabled	最小化级别，可设置为 0、1、2、3 等 4 种级别
USE_STRFUNC	2	是否使用字符串函数，可设置为 0、1 或 2
USE_FIND	Disabled	是否使用查找函数 f_findfirst() 和 f_findnext()
USE_MKFS	Enabled	是否使用函数 f_mkfs()
USE_FASTSEEK	Enabled	是否使用快速寻找功能，无具体影响函数
USE_EXPAND	Disabled	是否使用函数 f_expand()
USE_CHMOD	Disabled	是否使用函数 f_chmod()
USE_LABEL	Disabled	是否使用获取和设置卷标签的函数 f_getlable() 和 f_setlabel()
USE_FORWARD	Disabled	是否使用函数 f_forward()

（1）在 CubeMX 中，参数 FS_READONLY 只能设置为 Disabled，表示不使用只读功能。若在代码中设置 _FS_READONLY 为 1，表示系统为只读系统，将移除用于写操作的函数，包括

f_write()、f_sync()、f_unlink()、f_mkdir()、f_chmod()、f_rename()和 f_truncate()，并且函数 f_getfree()将变得无用。

（2）参数 S_MINIMIZE 设置系统的最小化级别，有如下 4 种选项。
- Disabled：对应级别 0，启用所有基本函数。
- Enabled with 6 functions removed：对应级别 1，移除函数 f_stat()、f_getfree()、f_unlink()、f_mkdir()、f_truncate()和 f_rename()。
- Enabled with 9 functions removed：对应级别 2，在级别 1 的基础上，再移除函数 f_opendir()、f_readdir() 和 f_closedir()。
- Enabled with 10 functions removed：对应级别 3，在级别 2 的基础上，再移除函数 f_lseek()。

（3）参数 USE_STRFUNC 设置是否使用字符串相关函数，以及如何使用，有如下 3 种选项。
- Disabled：对应值 0，不使用字符串相关的函数，如 f_gets()、f_putc()、f_puts()等。
- Enabled without LF->CRLF conversion：对应值 1，使用字符串相关函数，但不使用 LF->CRLF 转换。
- Enabled with LF->CRLF conversion：对应值 2，使用字符串相关函数，并且使用 LF->CRLF 转换，也就是字符串中的'\n'会被转换为'\r'+'\n'。

4. Locale and Namespace Parameters 组参数设置

Locale and Namespace Parameters 组参数用于设置本地语言代码页，是否使用长文件名等，其设置界面如图 12-9 所示，各参数的功能见表 12-9。

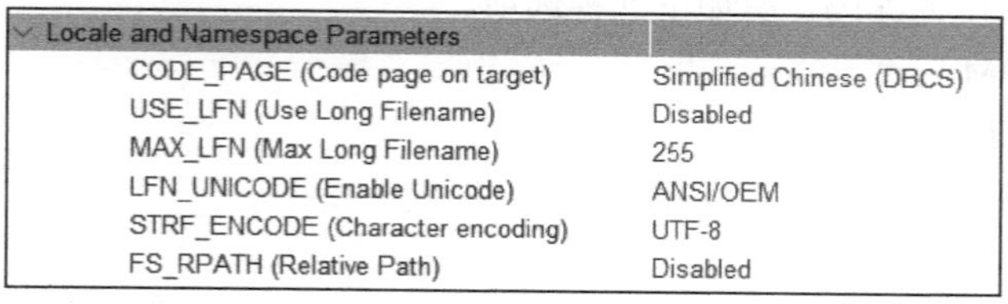

图 12-9 Locale and Namespace Parameters 组参数设置

表 12-9 Locale and Namespace Parameters 组参数的功能

参数	默认值	可设置内容和功能描述
CODE_PAGE	Latin 1	设置目标系统上使用的 OEM 编码页，编码页如果选择不正常，可能导致打开文件失败。如果要支持中文，应该选择 Simplified Chinese (DBCS)，对应的 CODE_PAGE 参数值是 936
USE_LFN	Disabled	是否使用长文件名（LFN）
MAX_LFN	255	设定值范围为 12 至 255，是 LFN 的最大长度
LFN_UNICODE	ANSI/OEM	是否将 FatFS API 中的字符编码切换为 Unicode。当 USE_LFN 设置为 Enabled 时，LFN_UNICODE 才可以设置为 1（Unicode）。当 USE_LFN 设置为 Disabled 时，LFN_UNICODE 只能设置为 ANSI/OEM
STRF_ENCODE	UTF-8	启用 Unicode 后，FatFS API 中的字符编码都需要转换为 Unicode。这个参数用于选择字符串操作相关函数在读写文件时使用的编码
FS_RPATH	Disabled	是否使用相对路径，以及使用相对路径时的特性

（1）参数 USE_LFN 控制是否使用 LFN（Long File Name，长文件名），有如下 4 种选项。
- 0= Disabled：不使用 LFN，参数 MAX_LFN 无影响。
- 1= Enable LFN with static working buffer on the BSS：使用 LFN，且使用 BSS 段的静态

工作缓冲区。这种情况下，LFN 工作缓冲区是 BSS 段上的静态变量，总是不可重入的，即不是线程安全的。
- 2= Enable LFN with dynamic working buffer on the STACK：使用 LFN，且在栈空间为 LFN 分配动态工作缓冲区。
- 3= Enable LFN with dynamic working buffer on the HEAP：使用 LFN，且在堆空间为 LFN 分配动态工作缓冲区。

要使用 LFN 功能，请务必将处理 Unicode 的函数 ff_convert()和 ff_wtoupper()添加到项目中。LFN 工作缓冲区占用(MAX_LFN + 1)×2 字节。当使用栈空间作为 LFN 工作缓冲区时，要注意栈溢出问题。使用堆空间作为 LFN 工作缓冲区时，需要将内存管理函数 ff_memalloc()和 ff_memfree()添加到项目中。

如果不使用 LFN，即参数 USE_LFN 设置为 Disabled 时，不含后缀的文件名的长度不能超过 8 个 ASCII 字符，后缀为 3 个 ASCII 字符。如果在嵌入式设备上使用 LFN，最好也不要在文件名中使用汉字，即 LFN_UNICODE 不要设置为 Unicode，而是设置为 ANSI/OEM。本示例暂时不使用 LFN，所以将 USE_LFN 设置为 Disabled。但是 FatFS 需要能支持中文，所以 CODE_PAGE 设置为 Simplified Chinese (DBCS)。

（2）参数 STRF_ENCODE 用于设置字符串的编码。当 LFN_UNICODE 设置为 0（ANSI/OEM）时，这个参数无效。当 LFN_UNICODE 设置为 1（Unicode）时，FatFS API 中的字符编码都需要转换为 Unicode。这个参数用于选择字符串操作相关函数，如 f_gets()、f_putc()、f_puts()、f_printf()等，在读写文件时使用的编码，有如下几种选项。
- 0= ANSI/OEM。
- 1= UTF-16LE。
- 2= UTF-16BE。
- 3= UTF-8。

其中，UTF-8 是最常用的汉字编码，需要使用汉字时，就将此参数设置为 UTF-8。

（3）参数 FS_RPATH 用于设置是否使用相对路径，以及使用相对路径时的特性，有如下 3 种选项。
- 0= Disabled，不使用相对路径，移除相关函数。
- 1= Enabled without f_getcwd，使用相对路径，可使用函数 f_chdrive()和 f_chdir()。
- 2= Enabled with f_getcwd，在选项 1 的基础上，增加可使用函数 f_getcwd()。

读取目录的函数 f_readdir()的返回结果与此选项有关。

5. Physical Driver Parameters 组参数设置

Physical Driver Parameters 组参数用于设置系统内卷的个数、扇区的大小、是否有多个分区等，设置界面如图 12-10 所示。各参数的功能见表 12-10。

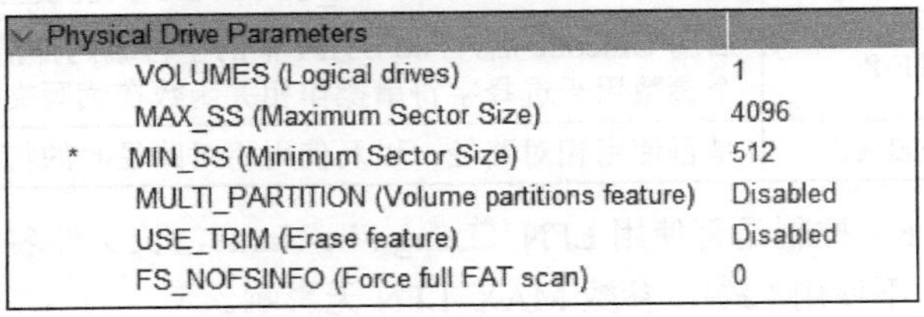

Physical Drive Parameters	
VOLUMES (Logical drives)	1
MAX_SS (Maximum Sector Size)	4096
* MIN_SS (Minimum Sector Size)	512
MULTI_PARTITION (Volume partitions feature)	Disabled
USE_TRIM (Erase feature)	Disabled
FS_NOFSINFO (Force full FAT scan)	0

图 12-10　Physical Driver Parameters 组参数设置

表 12-10　Physical Driver Parameters 组参数的功能

参数	默认值	可设置内容和功能描述
VOLUMES	1	使用的逻辑驱动器的个数，设置范围为 1~9
MAX_SS	512	最大扇区大小（字节数），只能设置为 512、1024、2048 或 4096，本示例使用的 Flash 存储芯片 W25Q128 的扇区大小为 4096 字节，所以设置为 4096。当 MAX_SS 大于 512 时，在 disk_ioctl()函数中需要实现 GET_SECTOR_SIZE 指令
MIN_SS	512	最小扇区大小（字节数），只能设置为 512、1024、2048 或 4096
MULTI_PARTITION	Disabled	设置为 Disabled 时，每个卷与相同编号的物理驱动器绑定，只会挂载第一个分区。设置为 Enabled 时，每个卷与分区表 VolToPart[]关联
USE_TRIM	Disabled	是否使用 ATA_TRIM 特性。要想使用 Trim 特性，需要在 disk_ioctl()函数中实现 CTRL_TRIM 指令
FS_NOFSINFO	0	参数取值为 0、1、2 或 3，它设置了函数 f_getfree()的运行特性

FatFS 可以支持多个卷，这多个卷可以是多个不同的存储介质，例如，一个嵌入式设备上同时有 Flash 存储芯片和 SD 卡。存储介质的扇区大小是固定的，但不同存储介质的扇区大小不一样，例如，SD 卡的扇区大小是 512 字节，而 Flash 存储芯片 W25Q128 的扇区大小是 4096 字节。

参数 FS_NOFSINFO 是两位二进制的数[bit1,bit0]，组成的参数值是 0、1、2 或 3，用于设置函数 f_getfree()的运行特性。函数 f_getfree()用于获取一个卷的剩余簇个数。如果 bit0=0，在卷挂载后，首次执行函数 f_getfree()时，会强制进行完整的 FAT 扫描，得到的剩余簇个数会记录到返回的 FATFS 对象的 free_clst 变量中，bit1 根据 bit0 的设置控制最后分配的簇编号，也就是结构体 FATFS 中的成员变量 last_clst。结构体 FATFS 中的成员变量 free_clst 和 last_clst 称为 FSINFO，也就是剩余空间信息（free space information）。

- bit0=0：使用 FSINFO 中的剩余簇个数，即成员变量 free_clst。
- bit0=1：不要相信 FSINFO 中的剩余簇个数，因为不会进行完全的 FAT 扫描。
- bit1=0：使用 FSINFO 中的最后分配簇编号，即成员变量 last_clst。
- bit1=1：不要相信 FSINFO 中的最后分配簇编号。

参数 FS_NOFSINFO 影响 f_getfree()的运行效果。在后面的示例中，我们会讲到如何用函数 f_getfree()获取存储介质空间信息。

6. System Parameters 组参数设置

System Parameters 组参数用于设置 FatFS 的一些系统级别信息，其设置界面如图 12-11 所示。System Parameters 组参数的功能见表 12-11。

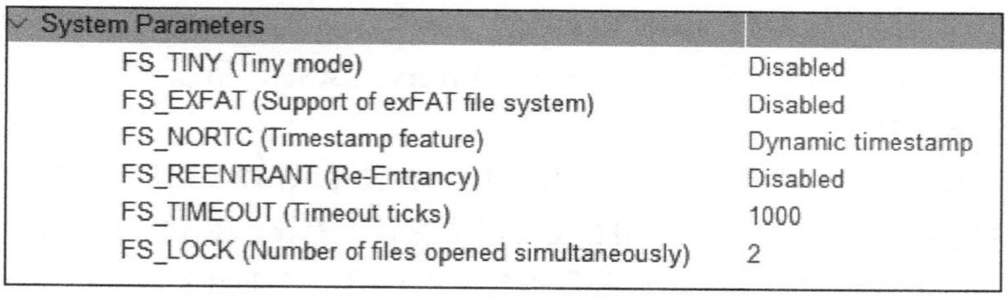

图 12-11　System Parameters 组参数设置界面

表 12-11 System Parameters 组参数的功能

参数	默认值	可设置内容和功能描述
FS_TINY	Disabled	微小缓冲区模式，如果设置为 Enabled，每个文件对象（FIL）可减少内存占用 512 字节
FS_EXFAT	Disabled	是否支持 exFAT 文件系统，当_USE_LFN 设置为 0 时，这个参数只能设置为 Disabled
FS_NORTC	Dynamic timestamp	如果系统有 RTC 提供实时的时间，就设置为 Dynamic timestamp；如果系统没有 RTC 提供实时的时间，就设置为 Fixed timestamp
FS_REENTRANT	Disabled	设置 FatFS 的可重入性，在 CubeMX 里如果没有启用 FreeRTOS，这个参数只能设置为 Disabled，如果启用了 FreeRTOS，这个参数只能设置为 Enabled
FS_TIMEOUT	1000	超时设置，单位是节拍数。FS_REENTRANT 设置为 Disabled 时，这个参数无效
FS_LOCK	2	如果要启用文件锁定功能，设定 FS_LOCK 的值大于或等于 1，表示可同时打开的文件个数。设定值范围为 0～255

（1）参数 FS_NORTC 用于设置是否有 RTC 为 FatFS 提供时间戳。如果系统有 RTC 提供实时的时间，就设置为 Dynamic timestamp，在移植时，实现硬件层访问函数 get_fattime()，读取 RTC 的当前时间作为文件的时间戳。如果系统没有 RTC 提供实时的时间，就设置为 Fixed timestamp，会出现 NORTC_YEAR（年）、NORTC_MON（月）和 NORTC_MDAY（日）这 3 个参数，用于设置一个固定的时间戳数据。

（2）参数 FS_REENTRANT 用于设置 FatFS 的可重入性。可重入性表示是否线程安全，在使用 RTOS 时，才有可重入性问题。所以，在 CubeMX 里如果没有启用 FreeRTOS，这个参数只能设置为 Disabled；如果启用了 FreeRTOS，这个参数只能设置为 Enabled。

如果 FS_REENTRANT 设置为 Enabled，会出现参数 SYNC_t 和 USE_MUTEX。其中，SYNC_t 是用于同步的对象类型。当 USE_MUTEX 设置为 Disabled 时，SYNC_t 固定为 osSemaphoreId_t，即使用信号量；当 USE_MUTEX 设置为 Enabled 时，SYNC_t 固定为 osMutexId_t，即使用互斥量。

如果设置为可重入的，还需要在 FatFS 中移植函数 ff_req_grant()、ff_rel_grant()、ff_del_syncobj()和 ff_cre_syncobj()。我们会在第 17 章介绍如何同时使用 FreeRTOS 和 FatFS，以及重入性的意义。

12.4.4 项目中 FatFS 的文件组成

完成设置后，CubeMX 会自动生成代码。我们在 CubeIDE 中打开项目，首先将 TFT_LCD 和 KEY_LED 驱动程序目录添加到项目搜索路径（操作方法见附录 A）。在本示例中，我们还要用到 W25Q128 芯片，其驱动程序目录是\PublicDrivers\FLASH，所以还需要将这个驱动程序目录添加到项目搜索路径。

项目中 FatFS 相关的文件是自动加入的，如图 12-12 和图 12-13 所示。使用 CubeMX 生成的 FatFS 的文件组成与全手工移植的 FatFS 文件组成有较大差异。图 12-12 所示的是 Middlewares 目录下加入的 FatFS 的源代码文件，这些是不允许用户修改的 FatFS 源程序文件，各个文件的作用描述如下。

12.4 针对 SPI-Flash 芯片移植 FatFS

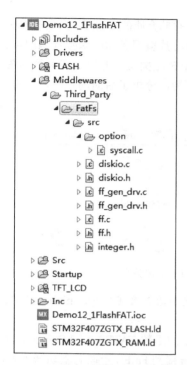

图 12-12 Middlewares 目录下 FatFS 的源代码文件　　　图 12-13 Src 和 Inc 目录下的文件

- 文件 integer.h：包含 FatFS 中用到的各种基础数据类型的定义，其内容就是 12.1.5 节显示的内容。
- 文件 ff.h 和 ff.c：这是 FatFS 应用程序接口 API 函数所在的文件，是与具体硬件无关的软件模块，其中各种函数的说明见 12.2 节。
- 文件 diskio.h 和 diskio.c：这是存储介质 Disk IO 访问通用接口函数所在的文件。在 CubeMX 生成的项目代码中，与具体存储介质相关的 Disk IO 函数在另外的文件里实现，例如，本示例使用的存储介质是 User-defined，会自动生成用户程序文件 user_diskio.h 和 user_diskio.c。文件 diskio.c 中的函数只是调用文件 user_diskio.c 中定义的具体 Disk IO 函数。
- 文件 ff_gen_drv.h 和 ff_gen_drv.c：实现驱动器列表管理功能的文件，这些功能包括链接一个驱动器，或解除一个驱动器的链接。FatFS 初始化时，就调用其中的函数 FATFS_LinkDriver()链接驱动器。
- option 子目录下的文件 syscall.c：包含在使用 RTOS 系统时需要实现的一些函数的示例代码，如果使用 FreeRTOS，需要重新实现这些函数。

与具体存储介质相关，可以由用户修改的 FatFS 相关文件在目录\Inc 和\Src 下（见图 12-13）。这些文件的功能描述如下。

- 文件 fatfs.h 和 fatfs.c：是用户的 FatFS 初始化程序文件。其中有 FatFS 初始化函数 MX_FATFS_Init()、几个全局变量的定义，以及需要重新实现的获取 RTC 时间作为文件系统时间戳的函数 get_fattime()。

217

- 文件 ffconf.h，FatFS 的配置文件，包含很多的宏定义，与 CubeMX 里的 FatFS 设置对应。
- 文件 user_diskio.h 和 user_diskio.c，是 user-defined 存储介质的 Disk IO 函数的程序文件，自动生成了各个函数的框架，只需针对 SPI-Flash 芯片编写具体的函数代码即可。

在图 12-2 中的 FatFS 文件层次框架下，本示例的 FatFS 相关文件的层次和关系如图 12-14 所示，有以下几个要点。这些要点在第一次阅读时可能不懂，分析了后面的代码后，再来看这些要点就比较清楚了。

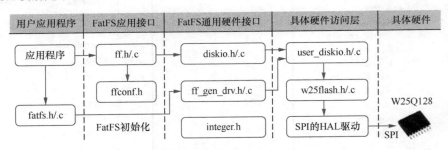

图 12-14 项目中 FatFS 相关文件的层次和关系

- 文件 fatfs.h 中包含 CubeMX 生成的 FatFS 初始化函数 MX_FATFS_Init()，在主程序中进行外设初始化时，会调用这个函数。
- 函数 MX_FATFS_Init()会调用文件 ff_gen_drv.h 中的函数 FATFS_LinkDriver()，将文件 user_diskio.h 中定义的驱动器对象 USER_Driver 链接到 FatFS 管理的驱动器列表里，相当于完成了驱动器的注册。
- 文件 user_diskio.c 中实现了针对 W25Q128 芯片的 Disk IO 访问函数。文件 user_diskio.h 中定义了驱动器对象 USER_Driver，并且使用函数指针将 diskio.h 中的 Disk IO 通用函数指向文件 user_diskio.c 中实现的针对 W25Q128 芯片的 Diok IO 函数。
- 在文件 user_diskio.c 中实现 W25Q128 芯片的 Disk IO 访问函数时，需要用到 W25Q128 芯片的驱动程序文件 w25flash.h/.c，而这个驱动程序使用 SPI 接口的 HAL 驱动程序实现对 W25Q128 芯片的访问。在《基础篇》第 16 章详细介绍了 W25Q128 的存储结构、接口指令和驱动程序的实现方法。

12.4.5 FatFS 初始化过程

在本节中，我们将分析 FatFS 初始化的原理，以及特定介质的 Disk IO 函数与 FatFS 的 Disk IO 通用函数实现关联的原理。如果不需要研究这些底层的原理，可以直接看 12.4.6 节的 Disk IO 访问函数的实现。

1. 主程序

在 CubeMX 生成的 CubeIDE 项目代码中，main()函数的初始代码如下：

```
int main(void)
{
    HAL_Init();
    SystemClock_Config();
    /* Initialize all configured peripherals */
    MX_GPIO_Init();
    MX_FSMC_Init();
```

12.4 针对 SPI-Flash 芯片移植 FatFS

```
    MX_SPI1_Init();             //SPI1 初始化
    MX_FATFS_Init();            //FatFS 初始化
    MX_RTC_Init();              //RTC 初始化
    /* Infinite loop */
    while (1)
    {
    }
}
```

在外设初始化部分，函数 MX_FATFS_Init()是 FatFS 的初始化函数，在文件 fatfs.h 中定义。其他几个外设的初始化函数在《基础篇》相关章节都详细介绍过，此处不再赘述。

2. 文件 fatfs.h 和 fatfs.c

文件 fatfs.h 定义了 FatFS 初始化函数 MX_FATFS_Init()，还定义了几个变量。由于在 CubeMX 里 FatFS 的模式被设置为 User-defined，因此称这个存储介质为 USER 逻辑驱动器。文件 fatfs.h 的完整代码如下：

```
/* 文件：fatfs.h，用户的 FatFS 定义文件----------------------------------------- */
#include "ff.h"
#include "ff_gen_drv.h"
#include "user_diskio.h"            // 定义了 USER_Driver 底层访问函数的文件

/* 下面的几个变量是在文件 fatfs.c 中定义的，用 extern 定义，向外公开这几个变量 */
extern uint8_t  retUSER;            // 函数返回值
extern char     USERPath[4];        // USER 逻辑驱动器路径，如"0:/"
extern FATFS    USERFatFS;          // 用于 USER 逻辑驱动器的文件系统对象
extern FIL      USERFile;           // USER 的文件对象

void  MX_FATFS_Init(void);          // FatFS 初始化函数
```

其中，用 extern 声明的 4 个变量是在文件 fatfs.c 中定义的。USERPath 用于表示逻辑驱动器的路径，如 "0:/"；USERFatFS 是一个 FATFS 结构体变量，用于表示 USER 逻辑驱动器上的文件系统；USERFile 是一个 FIL 结构体类型变量，表示文件对象，在文件操作时可以使用这个文件对象。

文件 fatfs.c 的完整代码如下：

```
/* 文件：fatfs.c ---------------------------------------------------------- */
#include "fatfs.h"

uint8_t  retUSER;           // 函数返回值
char     USERPath[4];       // USER 逻辑驱动器路径，如"0:/"
FATFS    USERFatFS;         // 用于 USER 逻辑驱动器的文件系统对象
FIL      USERFile;          // USER 的文件对象

void MX_FATFS_Init(void)
{
    /* ## FatFS：连接 USER 驱动器 ######################### */
    retUSER = FATFS_LinkDriver(&USER_Driver, USERPath);
}

/* 一个 Disk IO 函数，用于读取 RTC 的时间，为 FatFS 提供时间戳数据 */
DWORD get_fattime(void)
{
    /* USER CODE BEGIN get_fattime */
    return 0;
    /* USER CODE END get_fattime */
}
```

第 12 章 FatFS 和文件系统

函数 MX_FATFS_Init()用于 FatFS 的初始化，只有一行代码，即

```
retUSER = FATFS_LinkDriver(&USER_Driver, USERPath);
```

函数 FATFS_LinkDriver() 是在文件 ff_gen_drv.h 中定义的，USER_Driver 是在文件 user_diskio.c 中定义的一个 Diskio_drvTypeDef 结构体类型的变量。执行这行代码的作用是将 USER_Driver 链接到 FatFS 管理的驱动器列表，将 USERPath 赋值为 "0:/"。

3. 文件 user_diskio.h 和 user_diskio.c

文件 user_diskio.h 中只有一行有效语句，就是声明了变量 USER_Driver：

```
extern Diskio_drvTypeDef  USER_Driver;
```

变量 USER_Driver 是在文件 user_diskio.c 中定义的,这个文件包含 SPI-Flash 芯片的 Disk IO 函数框架——用户需要自己编写代码实现这些函数。这些函数的具体实现代码参见 12.4.6 节。文件 user_diskio.c 的完整代码如下。为使程序结构更清晰，这里删除了对预编译条件_USE_WRITE 和_USE_IOCTL 的判断（默认情况下，这两个参数都是 1），删除了代码沙箱段的定义，删除了函数参数的注释说明。这些代码都是 CubeMX 生成的初始代码。

```c
/* 文件: user_diskio.c --------------------------------------------------*/
#include <string.h>
#include "ff_gen_drv.h"
static volatile DSTATUS Stat = STA_NOINIT;    /* Disk status */

/* Private function prototypes ---------------------------------------*/
DSTATUS  USER_initialize(BYTE pdrv);
DSTATUS  USER_status(BYTE pdrv);
DRESULT  USER_read(BYTE pdrv, BYTE *buff, DWORD sector, UINT count);
DRESULT  USER_write(BYTE pdrv, const BYTE *buff, DWORD sector, UINT count);
DRESULT  USER_ioctl(BYTE pdrv, BYTE cmd, void *buff);

/*下面的代码是对结构体变量 USER_Driver 的各成员变量赋值，结构体类型 Diskio_drvTypeDef 在文件
  ff_gen_drv.h 中定义，其成员变量都是函数指针，赋值使其指向本文件中定义的 USER_函数
*/
Diskio_drvTypeDef  USER_Driver =
{
    USER_initialize,        // 函数指针 disk_initialize 指向函数 USER_initialize()
    USER_status,            // 函数指针 disk_status 指向函数 USER_status()
    USER_read,              // 函数指针 disk_read 指向函数 USER_read()
    USER_write,             // 函数指针 disk_write 指向函数 USER_write()
    USER_ioctl,             // 函数指针 disk_ioctl 指向函数 USER_ioctl()
};

/* Private functions ------------------------------------------------*/
/*  初始化驱动器，pdrv 是驱动器号，如 0   */
DSTATUS USER_initialize(BYTE pdrv )
{
    Stat = STA_NOINIT;
    return Stat;
}

/*   获取 Disk 状态信息   */
DSTATUS USER_status(BYTE pdrv  )
{
    Stat = STA_NOINIT;
    return Stat;
}
```

```
/*  从某个扇区开始，  将 1 个或多个扇区的数据读取到缓冲区 buff   */
DRESULT USER_read(BYTE pdrv, BYTE *buff,  DWORD sector,UINT count  )
{
    return RES_OK;
}

/*  将缓冲区 buff 里的数据写入 1 个或多个扇区   */
DRESULT USER_write(BYTE pdrv,const BYTE *buff,DWORD sector, UINT count )
{
    return RES_OK;
}

/*  I/O 控制操作  */
DRESULT USER_ioctl(BYTE pdrv,  BYTE cmd,   void *buff  )
{
    DRESULT res = RES_ERROR;
    return res;
}
```

这个文件定义了几个以"USER_"为前缀的函数，用于实现具体的 Disk IO 访问功能，即表 12-7 中的函数要实现的功能。表 12-7 中的函数在文件 diskio.h 中定义了，用作 FatFS 的通用 Disk IO 函数。

文件 user_diskio.c 定义了一个结构体 Diskio_drvTypeDef 类型的变量 USER_Driver，用于表示 USER 驱动器访问接口。结构体 Diskio_drvTypeDef 在文件 ff_gen_drv.h 中定义，其成员变量就是 5 个函数指针，在定义 USER_Driver 时就为其成员变量赋值了，也就是指向本文件内定义的 USER 驱动器的 Disk IO 函数。

针对 SPI-Flash 芯片的 FatFS 移植，主要就是在文件 user_diskio.c 中完善这几个以"USER_"为前缀的函数，实现存储介质初始化、读取介质状态信息、以扇区为基本单位写入数据或读取数据。这几个函数的具体代码实现参见 12.4.6 节。

4. 文件 ff_gen_drv.h 和 ff_gen_drv.c

文件 ff_gen_drv.h 定义了单个驱动器的硬件访问接口结构体类型 Diskio_drvTypeDef，还定义了驱动器组的硬件访问结构体类型 Disk_drvTypeDef。这个文件还定义了函数 FATFS_LinkDriver()，就是 MX_FATFS_Init() 内调用的函数，用于将文件 user_diskio.h 中定义的驱动器对象 USER_Driver 链接到 FatFS 管理的驱动器列表里。文件 ff_gen_drv.h 的完整代码如下：

```
/* 文件：ff_gen_drv.h   ----------------------------------------------*/
#include "diskio.h"
#include "ff.h"
#include "stdint.h"

/* Exported types ---------------------------------------------------*/
/*  驱动器 Disk IO 访问结构体，定义了 Disk IO 访问的 5 个函数指针   */
typedef struct
{
    DSTATUS (*disk_initialize)      (BYTE);           // 初始化驱动器
    DSTATUS (*disk_status)          (BYTE);           // 获取磁盘状态
    DRESULT (*disk_read)            (BYTE, BYTE*, DWORD, UINT);      // 读取数据
    DRESULT (*disk_write)           (BYTE, const BYTE*, DWORD, UINT);   // 写入数据
    DRESULT (*disk_ioctl)           (BYTE, BYTE, void*);    // I/O 控制操作
}Diskio_drvTypeDef;

/*  全局的驱动器组结构体定义，管理所有驱动器（卷），每个驱动器都有自己的 Disk IO 函数   */
typedef struct
```

```c
{
    uint8_t                  is_initialized[_VOLUMES];      //物理驱动器是否初始化，数组
    const Diskio_drvTypeDef  *drv[_VOLUMES];                //物理驱动器 IO 接口，数组
    uint8_t                  lun[_VOLUMES];                 //物理驱动器号，数组
    volatile uint8_t         nbr;                           //逻辑驱动器个数
}Disk_drvTypeDef;

uint8_t FATFS_LinkDriver(const Diskio_drvTypeDef *drv, char *path);
uint8_t FATFS_UnLinkDriver(char *path);
uint8_t FATFS_LinkDriverEx(const Diskio_drvTypeDef *drv, char *path, BYTE lun);
uint8_t FATFS_UnLinkDriverEx(char *path, BYTE lun);
uint8_t FATFS_GetAttachedDriversNbr(void);
```

结构体 Diskio_drvTypeDef 是单个驱动器的 Disk IO 接口定义，其成员就是 5 个函数指针，用于指向具体存储介质的 Disk IO 函数。文件 user_diskio.c 定义的 Diskio_drvTypeDef 类型变量 USER_Driver 就是 User-defined 介质的 Disk IO 接口定义，在定义 USER_Driver 时就为其各个函数指针赋值了，指向 user_diskio.c 中定义的各个 "USER_" 函数。

文件 ff_gen_drv.h 还定义了一个结构体类型 Disk_drvTypeDef，这是全局的驱动器的硬件接口定义，成员变量 nbr 表示物理驱动器个数，其他成员变量都是数组，数组长度是全局参数 _VOLUMES，也就是卷的个数。其中 Diskio_drvTypeDef *drv[_VOLUMES]是各个驱动器的硬件访问接口指针数组。所以，在 FatFS 中可以管理多个存储介质，例如，同时使用 SPI-Flash 芯片和 SD 卡，它们的硬件访问层接口函数可以分别管理。

文件 ff_gen_drv.h 定义了几个函数，FATFS_LinkDriver()和 FATFS_LinkDriverEx()用于连接驱动器，FATFS_GetAttachedDriversNbr()用于返回 FatFS 当前连接的驱动器的个数，其他两个函数用于解除驱动器的连接。文件 ff_gen_drv.c 的代码如下（未展示解除连接的两个函数的代码）：

```c
/* 文件: ff_gen_drv.c ----------------------------------------------------*/
#include "ff_gen_drv.h"

Disk_drvTypeDef disk = {{0},{0},{0},0};        //全局变量，FatFS 连接的驱动器列表

/*  连接一个 diskio 兼容的驱动器，调用函数 FATFS_LinkDriverEx()。
 *  参数 drv: 一个驱动器的 Disk IO 驱动结构体
 *  参数 path: 逻辑驱动器路径名称
 *  返回值: 0 表示成功，1 表示失败
 */
uint8_t FATFS_LinkDriver(const Diskio_drvTypeDef *drv, char *path)
{
    return FATFS_LinkDriverEx(drv, path, 0);
}

/*  连接一个 diskio 兼容的驱动器，将逻辑驱动器路径格式加 1，最多连接 10 个驱动器。
 *  参数 drv: 一个驱动器的 Disk IO 驱动结构体
 *  参数 path: 逻辑驱动器路径
 *  参数 lun: 仅用于 U 盘，用于加入 multi-lun 管理，对于其他介质，此参数必须是 0
 *  返回值: 0 表示成功，1 表示失败
 */
uint8_t FATFS_LinkDriverEx(const Diskio_drvTypeDef *drv, char *path, uint8_t lun)
{
    uint8_t ret = 1;
    uint8_t DiskNum = 0;
    if(disk.nbr < _VOLUMES)              //当前驱动器个数小于设置的卷个数
    {
        disk.is_initialized[disk.nbr] = 0;         //驱动器是否已经初始化
        disk.drv[disk.nbr] = drv;                  //驱动器的 Disk IO 驱动结构体
```

```
            disk.lun[disk.nbr] = lun;          //用于U盘
            DiskNum = disk.nbr++;              //赋值后加1
            path[0] = DiskNum + '0';           //逻辑驱动器路径名,如"0:/"
            path[1] = ':';
            path[2] = '/';
            path[3] = 0;
            ret = 0;
    }
    return ret;
}

/* 返回FatFS模块连接的驱动器的个数  */
uint8_t FATFS_GetAttachedDriversNbr(void)
{
    return disk.nbr;    //FatFS模块连接的驱动器的个数
}
```

文件 ff_gen_drv.c 定义了一个 Disk_drvTypeDef 类型的全局变量 disk,用于管理 FatFS 连接的所有驱动器的 Disk IO 驱动。在定义时就进行了初始化赋值,各数组成员变量只有一个元素,因为本示例中参数 _VOLUMES 为 1。

```
Disk_drvTypeDef disk = {{0},{0},{0},0};         //全局变量,FatFS连接的驱动器
```

在 main() 函数中调用的 FatFS 初始化函数 MX_FATFS_Init() 的代码如下:

```
void MX_FATFS_Init(void)
{
    /*  ## FatFS: 连接 USER 驱动器 ########################### */
    retUSER = FATFS_LinkDriver(&USER_Driver, USERPath);
}
```

其功能就是调用函数 FATFS_LinkDriver(),将文件 user_diskio.c 中定义的 USER 驱动器的 Disk IO 驱动接口 USER_Driver 连接到 FatFS。通过观察 FATFS_LinkDriver() 和 FATFS_LinkDriverEx() 的代码,读者就会发现,执行 MX_FATFS_Init() 后,USER 驱动器的驱动器路径 USERPath 被赋值为 "0:/",USER_Driver 被添加到了全局的驱动器管理变量 disk 中,特别是设置了 Disk IO 驱动器,即

```
disk.drv[disk.nbr] = drv;           //驱动器的Disk IO驱动结构体
```

所以,disk.drv[disk.nbr] 就是一个 Diskio_drvTypeDef 类型的驱动器 Disk IO 访问结构体指针,文件 diskio.c 中的各个 Disk IO 访问通用函数中会用到它。

5. 文件 diskio.h 和 diskio.c

文件 diskio.h 是 Disk IO 访问的通用定义文件,其中定义了基本的结构体、宏定义和 Disk IO 访问通用函数。表 12-7 中的几个基本的 Disk IO 访问函数就是在这个文件中定义的。我们在基于 FatFS 的原始代码手工移植时,就是在文件 diskio.c 中修改这几个函数的代码。但是在 CubeMX 生成的代码中,diskio.h 和 diskio.c 是作为 Disk IO 访问的通用文件,具体器件的 Disk IO 访问函数的实现放在另外的文件里,例如,本示例 User-defined 介质的 Disk IO 访问函数是在文件 user_diskio.c 中实现的。

文件 diskio.h 的完整代码如下:

```
/*  文件:diskio.h -------------------------------------------------------  */
#define _USE_WRITE  1   /* 1: Enable disk_write function */
#define _USE_IOCTL  1   /* 1: Enable disk_ioctl function */
```

```c
#include "integer.h"
typedef  BYTE   DSTATUS;      //Disk IO 函数返回值类型

/*  Disk IO 函数返回值枚举类型定义   */
typedef enum {
    RES_OK = 0,        // 0: 操作成功
    RES_ERROR,         // 1: R/W 错误
    RES_WRPRT,         // 2: 写保护
    RES_NOTRDY,        // 3: 未准备好
    RES_PARERR         // 4: 无效参数
} DRESULT;

/*  Disk IO 访问函数原型  */
DSTATUS  disk_initialize(BYTE pdrv);
DSTATUS  disk_status(BYTE pdrv);
DRESULT  disk_read(BYTE pdrv, BYTE* buff, DWORD sector, UINT count);
DRESULT  disk_write(BYTE pdrv, const BYTE* buff, DWORD sector, UINT count);
DRESULT  disk_ioctl(BYTE pdrv, BYTE cmd, void* buff);
DWORD    get_fattime (void);

/*  Disk 状态位 (DSTATUS) */
#define STA_NOINIT          0x01      // 驱动器未初始化
#define STA_NODISK          0x02      // 驱动器中无存储介质
#define STA_PROTECT         0x04      // 写保护

/* 函数 disk_ioctrl()的指令码 */
/* 通用指令(Used by FatFs) */
#define CTRL_SYNC           0         // 完成了写操作过程(_FS_READONLY == 0 时用到)
#define GET_SECTOR_COUNT    1         // 获取介质容量 (_USE_MKFS == 1 时需要)
#define GET_SECTOR_SIZE     2         // 获取扇区大小 (_MAX_SS != _MIN_SS 时需要)
#define GET_BLOCK_SIZE      3         // 获取擦除块的大小(_USE_MKFS == 1 时需要)
#define CTRL_TRIM           4         // 通知设备一些扇区上的数据不会再用了(_USE_TRIM == 1 时需要)

/* 通用指令(Not used by FatFs) */
#define CTRL_POWER          5         // 获取/设置电源状态
#define CTRL_LOCK           6         // 锁定/解锁 介质移除功能
#define CTRL_EJECT          7         // 弹出介质
#define CTRL_FORMAT         8         // 介质物理格式化

/* MMC/SDC 专用 IO 控制指令 */
#define MMC_GET_TYPE        10        // 获取卡类型
#define MMC_GET_CSD         11        // 获取 CSD
#define MMC_GET_CID         12        // 获取 CID
#define MMC_GET_OCR         13        // 获取 OCR
#define MMC_GET_SDSTAT      14        // 获取 SD 卡状态

/* ATA/CF 专用 IO 控制指令 */
#define ATA_GET_REV         20        // 获取固件版本
#define ATA_GET_MODEL       21        // 获取模型名称
#define ATA_GET_SN          22        // 获取序列号
```

上述代码定义了 Disk IO 访问的 6 个基本函数,也就是表 12-7 中的几个函数。其中还有一些宏定义,主要是函数 disk_ioctrl()里需要用到的一些指令码的定义。

对应的源程序文件 diskio.c 的完整代码如下:

```c
/* 文件: diskio.c, Disk IO 访问通用程序文件   ----------------------------------------*/
extern Disk_drvTypeDef  disk;      //disk 在文件 ff_gen_drv.c 中定义,是所有驱动器的管理变量

/*  获取磁盘状态,参数 pdrv:物理驱动器,如 0  */
```

```c
DSTATUS disk_status (BYTE pdrv)
{
    DSTATUS stat;
    stat = disk.drv[pdrv]->disk_status(disk.lun[pdrv]);  //执行驱动器的disk_status()
    return stat;
}

/*  初始化一个驱动器的硬件接口，参数pdrv:物理驱动器，如0  */
DSTATUS disk_initialize (BYTE pdrv )
{
    DSTATUS stat = RES_OK;
    if(disk.is_initialized[pdrv] == 0)     //未初始化
    {
        disk.is_initialized[pdrv] = 1;
        stat = disk.drv[pdrv]->disk_initialize(disk.lun[pdrv]);   //执行驱动器的初始化函数
    }
    return stat;
}

/*  读取扇区的数据  */
DRESULT disk_read (BYTE pdrv,        // 物理驱动器号
    BYTE *buff,             // 读出数据的缓冲区
    DWORD sector,           // 扇区地址
    UINT count              // 需要读取的扇区的个数
)
{
    DRESULT res;
    //执行驱动器的读取扇区数据的函数disk_read()
    res = disk.drv[pdrv]->disk_read(disk.lun[pdrv], buff, sector, count);
    return res;
}

/*  将数据写入扇区  */
#if _USE_WRITE == 1
DRESULT disk_write (
    BYTE pdrv,              // 物理驱动器号
    const BYTE *buff,       // 需要写入的数据缓冲区
    DWORD sector,           // 扇区地址
    UINT count              // 需要写入的扇区个数
)
{
    DRESULT res;
    //执行驱动器的数据写入函数disk_write()
    res = disk.drv[pdrv]->disk_write(disk.lun[pdrv], buff, sector, count);
    return res;
}
#endif /* _USE_WRITE == 1 */

/*  I/O控制操作  */
#if _USE_IOCTL == 1
DRESULT disk_ioctl (
    BYTE pdrv,              // 物理驱动器号，如0
    BYTE cmd,               // 控制码，就是diskio.h中的一些宏定义常数
    void *buff              // 发送/接收控制数据的缓冲区
)
{
    DRESULT res;
    //执行驱动器的IO控制函数disk_ioctl()
    res = disk.drv[pdrv]->disk_ioctl(disk.lun[pdrv], cmd, buff);
```

```
        return res;
}
#endif /* _USE_IOCTL == 1 */

/*  从 RTC 获取时间作为文件系统的时间戳  */
__weak DWORD get_fattime(void)
{
    return 0;
}
```

从文件 diskio.c 的各函数代码可以看到，几个 Disk IO 通用函数的代码实质上就是执行了变量 disk 中物理驱动器的 Disk IO 函数。对于本示例来说，只有一个驱动器，disk.drv[pdrv]就是 USER_Driver，也就是 User-defined 驱动器，它的 Disk IO 函数就是文件 user_diskio.c 中前缀为 "USER_" 的几个函数。

在文件 diskio.c 中，函数 get_fattime()使用了编译修饰符 __weak，是一个弱函数。这个函数在任何文件里都可以重新实现，其框架在文件 fatfs.c 中重新定义。函数 get_fattime()用于从 RTC 获取日期时间作为文件系统的时间戳数据。

所以，要针对 SPI-Flash 芯片 W25Q128 进行移植，只需实现文件 user_diskio.c 中前缀为 "USER_" 的几个 Disk IO 访问函数，以及文件 fatfs.c 中的函数 get_fattime()，其他的工作都由 CubeMX 自动生成的代码完成了。

12.4.6 针对 SPI-Flash 芯片的 Disk IO 函数实现

由 12.4.5 节的分析已知，要实现 SPI-Flash 芯片 W25Q128 的 FatFS 移植，只需实现文件 user_diskio.c 中前缀为 "USER_" 的几个 Disk IO 函数，以及文件 fatfs.c 中的函数 get_fattime()，下面分别介绍这几个函数代码的实现。

1. 获取驱动器状态的函数 USER_status()

文件 diskio.h 中有如下 3 个驱动器状态位宏定义：

```
#define STA_NOINIT      0x01        // 驱动器未初始化
#define STA_NODISK      0x02        // 驱动器中无存储介质
#define STA_PROTECT     0x04        // 写保护
```

函数 USER_status()用于返回驱动器的状态，如果存在以上的状态，就将相应的状态位置 1，否则，返回 0x00 即可。对于开发板上的 W25Q128 芯片来说，没有写保护问题，只存在是否已初始化的问题。所以，完成后的 USER_status()函数代码以及 user_diskio.c 文件头的一些定义如下：

```
/* 文件: user_diskio.c ---------------------------------------------------*/
/* USER CODE BEGIN DECL */
#include <string.h>
#include "ff_gen_drv.h"
#include "w25flash.h"          //开发板上的 W25Q128 芯片的驱动程序
static volatile DSTATUS Stat = STA_NOINIT;         //表示驱动器状态的私有变量
/* USER CODE END DECL */

DSTATUS USER_status(BYTE pdrv )
{
    /* USER CODE BEGIN STATUS */
    Stat = STA_NOINIT;          // 驱动器未初始化，Stat=0x01
    if (0 != Flash_ReadID())    // 读取 Flash 芯片的 ID
        Stat &= ~STA_NOINIT;    // Stat=0x00
```

```
        return Stat;
    /* USER CODE END STATUS */
}
```

上述代码包含了头文件 w25flash.h，这是 Flash 存储芯片 W25Q128 的驱动程序文件，在实现这些 Disk IO 函数时，要用到 W25Q128 的驱动函数，这些驱动程序的实现原理和代码参见《基础篇》第 16 章。Stat 是文件 user_diskio.c 中定义的一个表示驱动器状态的私有变量，在多个函数中都会用到。

函数 USER_status() 的输入参数 pdrv 是驱动器编号，如果系统中有多个驱动器，就需要通过参数 pdrv 区分不同的驱动器。本示例中只有一个驱动器，pdrv 为 0，也就无须区分驱动器。

这里使用 W25Q128 驱动程序文件 w25flash.h 中定义的函数 Flash_ReadID() 读取芯片 ID，只要读取的 ID 不为 0，就说明连接芯片 W25Q128 的 SPI1 接口已经初始化。

函数 USER_status() 的返回值类型为 DRESULT，这是文件 diskio.h 中定义的枚举类型，详见前面文件 diskio.h 的完整代码。返回值为 0x00（即枚举值 RES_OK），表示驱动器状态正常；否则，返回 STA_NOINIT，表示驱动器未初始化。

2. 驱动器初始化函数 USER_initialize()

函数 USER_initialize() 用于驱动器硬件接口的初始化，对于 W25Q128 来说，就是与其连接的 SPI1 接口的初始化。在手工移植 FatFS 的代码时，一般要在函数 disk_initialize() 里进行存储介质的硬件接口初始化，但是在本示例中，SPI1 接口的初始化是由 CubeMX 自动生成的函数 MX_SPI1_Init() 完成的，在执行 MX_FATFS_Init() 之前就已经执行了 MX_SPI1_Init()。所以，这里无须再对 SPI1 接口进行初始化。

完成后 USER_initialize() 函数的代码如下，这里调用函数 USER_status() 获取驱动器状态，而函数 USER_status() 的返回值总是 0x00，所以表示初始化成功。

```
DSTATUS USER_initialize (BYTE pdrv)
{
    /* USER CODE BEGIN INIT */
    Stat =USER_status(pdrv);      //获取驱动器状态
    return Stat;
    /* USER CODE END INIT */
}
```

3. 驱动器 IO 控制函数 USER_ioctl()

函数 USER_ioctl() 用于执行 Disk IO 访问时的一些操作，如获取总的扇区个数、获取扇区大小等。只有当宏定义 _USE_IOCTL 等于 1 时才有这个函数，这个宏在文件 diskio.h 中定义，默认值为 1。完成后函数 USER_ioctl() 的代码如下：

```
#if _USE_IOCTL == 1
DRESULT USER_ioctl(BYTE pdrv, BYTE cmd, void *buff )
{
    /* USER CODE BEGIN IOCTL */
    DRESULT res = RES_OK;
    switch(cmd)
    {
    case CTRL_SYNC:      // 完成挂起的写操作过程，在 _FS_READONLY == 0 时用到
        break;

    case GET_SECTOR_COUNT:      // 获取存储介质容量(_USE_MKFS == 1 时需要)
        *(DWORD *)buff=FLASH_SECTOR_COUNT;      // 总的扇区个数，4096 个
        break;
```

```
        case GET_SECTOR_SIZE:        // 获取扇区大小（_MAX_SS != _MIN_SS 时需要）
            *(DWORD *)buff=FLASH_SECTOR_SIZE;     // 每个扇区的大小，4096 字节
            break;

        case GET_BLOCK_SIZE:          // 获取擦除块的大小(_USE_MKFS == 1 时需要）
            *(DWORD *)buff=16;        // W25Q128 的一个 Block 有 16 个扇区
            break;

        default:
            res = RES_ERROR;
    }

    return res;
 /* USER CODE END IOCTL */
}
#endif     /* _USE_IOCTL == 1 */
```

其中，参数 cmd 是操作指令——这些指令是一些宏定义常数，在文件 diskio.h 中定义；buff 是用于接收或发送数据的缓冲区指针。函数 USER_ioctl()实现了如下 4 个通用指令的处理。

- 指令 CTRL_SYNC 用于完成挂起的写操作过程，只要_FS_READONLY == 0 就需要响应这个指令。这是指存储介质写入数据时是否有缓存操作：如果有缓存，就需要将缓存数据写入介质，如果写操作都是直接写入存储介质的，直接返回 RES_OK 即可。
- 指令 GET_SECTOR_COUNT 用于获取存储介质的扇区个数，如果_USE_MKFS == 1，则需要响应此指令。在使用函数 f_mkfs()和 f_fdisk()时，这个指令决定卷的大小是需要用到的。芯片 W25Q128 共有 4096 个扇区。
- 指令 GET_SECTOR_SIZE 用于获取扇区大小，如果_MAX_SS 不等于_MIN_SS，则要用到这个指令。芯片 W25Q128 的扇区大小是 4096 字节。
- 指令 GET_BLOCK_SIZE 用于获取擦除块的大小（以扇区为单位）——必须是 1 和 32768 之间的 2 的幂次数。如果返回值是 1，则表示擦除块的大小是未知的，或没有 Flash 存储介质。这个指令只有函数 f_mkfs()使用，在_USE_MKFS == 1 时需要响应此指令。W25Q128 的一个块有 16 个扇区，所以这里设置为 16。

4. 读取扇区数据的函数 USER_read()

函数 USER_read()用于从 W25Q128 芯片读取一个或多个扇区的数据，完成后的代码如下：

```
DRESULT USER_read(BYTE pdrv, BYTE *buff, DWORD sector, UINT count)
{
    /* USER CODE BEGIN READ */
    uint32_t globalAddr= sector<<12;   //扇区编号左移 12 位得到绝对起始地址
    uint16_t byteCount = count<<12;    //字节个数，左移 12 位就是乘以 4096，每个扇区 4096 字节
    Flash_ReadBytes(globalAddr, buff, byteCount);   //读取数据
    return RES_OK;
    /* USER CODE END READ */
}
```

其中，参数 buff 是用来存储读出数据的缓冲区，sector 是读取数据的起始扇区编号，count 是要读出数据的扇区个数。

上述程序使用 W25Q128 的驱动函数 Flash_ReadBytes()读出数据，这个函数需要数据绝对起始地址作为输入参数。对于 W25Q128 来说，将扇区编号 sector 左移 12 位得到的就是这个扇区的绝对起始地址。每个扇区是 4096 字节，将扇区个数 count 左移 12 位就等于乘以 4096，也

就是总的字节数。

函数 Flash_ReadBytes()是文件 w25flash.c 中的 W25Q128 驱动程序函数，其代码如下。这个函数的代码就不具体解释了，详见《基础篇》第 16 章的相关原理和代码分析。

```
//从任何地址开始读取指定长度的数据
//globalAddr：开始读取的地址(24bit)， pBuffer：数据存储区指针,byteCount：要读取的字节数
void Flash_ReadBytes(uint32_t globalAddr, uint8_t* pBuffer, uint16_t byteCount)
{
    uint8_t byte2, byte3, byte4;
    Flash_SpliteAddr(globalAddr, &byte2, &byte3, &byte4);    //24 位地址分解为 3 字节

    __Select_Flash();                //CS=0
    SPI_TransmitOneByte(0x03);             //Command=0x03，读数据
    SPI_TransmitOneByte(byte2);            //发送 24 位地址
    SPI_TransmitOneByte(byte3);
    SPI_TransmitOneByte(byte4);
    SPI_ReceiveBytes(pBuffer, byteCount);         //接收 byteCount 字节数据
    __Deselect_Flash();              //CS=1
}
```

5. 将数据写入扇区的函数 USER_write()

函数 USER_write()用于将一个缓冲区内的数据写入 Flash 芯片 W25Q128，完成后的代码如下：

```
#if _USE_WRITE == 1
DRESULT USER_write (BYTE pdrv, const BYTE *buff, DWORD sector, UINT count)
{
    /* USER CODE BEGIN WRITE */
    uint32_t globalAddr = sector<<12;          //绝对地址
    uint16_t byteCount  = count<<12;           //字节个数
    Flash_WriteSector(globalAddr, buff, byteCount);
    return RES_OK;
    /* USER CODE END WRITE */
}
#endif /* _USE_WRITE == 1 */
```

其中，buff 是待写入 Flash 芯片的数据缓冲区的指针，sector 是起始扇区编号，count 是需要写入的扇区个数。

上述程序使用 W25Q128 的驱动函数 Flash_WriteSector()写入数据，同样，先通过扇区号得到绝对地址，通过扇区个数得到字节个数。函数 Flash_WriteSector()的代码如下：

```
void Flash_WriteSector(uint32_t globalAddr, const uint8_t* pBuffer, uint16_t byteCount)
{
    //需要先擦除扇区，才能往扇区里写数据
    uint8_t secCount= (byteCount / FLASH_SECTOR_SIZE);    //数据覆盖的扇区个数
    if ((byteCount % FLASH_SECTOR_SIZE) >0)
        secCount++;

    uint32_t startAddr=globalAddr;
    for (uint8_t k=0; k<secCount; k++)
    {
        Flash_EraseSector(startAddr);            //擦除扇区
        startAddr += FLASH_SECTOR_SIZE;          //移到下一个扇区
    }

    //分成多个 Page 写入数据，写入数据的最小单位是 Page
    uint16_t leftBytes=byteCount % FLASH_PAGE_SIZE;    //非整数个 Page 剩余的字节数
```

```
            uint16_t  pgCount=byteCount/FLASH_PAGE_SIZE;        //前面整数个Page
            uint8_t*  buff=pBuffer;
            for(uint16_t i=0; i<pgCount; i++)                   //写入前面pgCount个Page的数据
            {
                Flash_WriteInPage(globalAddr, buff, FLASH_PAGE_SIZE);  //写一整个Page的数据
                globalAddr += FLASH_PAGE_SIZE;                  //地址移动一个Page
                buff += FLASH_PAGE_SIZE;                        //数据指针移动一个Page大小的字节
            }
            if (leftBytes>0)
                Flash_WriteInPage(globalAddr, buff, leftBytes);   //最后一个Page的数据
        }
```

W25Q128 擦除操作的最小单位是扇区，写入数据操作的基本单位是页。在写入数据之前，程序需要调用 Flash_EraseSector()擦除要用到的扇区，因为可能是已有文件的重复写入。然后，调用函数 Flash_WriteInPage()将数据分解为多个页写入 Flash 芯片。这里用到的 Flash_EraseSector()和 Flash_WriteInPage()等函数的原理和代码详见《基础篇》第 16 章。

6. 获取 RTC 时间的函数 get_fattime()

函数 get_fattime()用于获取 RTC 时间，作为创建文件或修改文件的时间戳数据。文件 diskio.c 中的函数 get_fattime()是用编译修饰符__weak 定义的弱函数，在文件 fatfs.c 中重新实现这个函数。完成后的函数代码如下：

```
/*  文件:diskio.c    ---------------------------------------------------------*/
/* USER CODE BEGIN Variables */
#include "rtc.h"
/* USER CODE END Variables */

DWORD get_fattime(void)
{
    /* USER CODE BEGIN get_fattime */
    RTC_TimeTypeDef sTime;
    RTC_DateTypeDef sDate;
    if (HAL_RTC_GetTime(&hrtc, &sTime, RTC_FORMAT_BIN) == HAL_OK)
    {
        HAL_RTC_GetDate(&hrtc, &sDate, RTC_FORMAT_BIN);
        WORD  date=(2000+sDate.Year-1980)<<9;
        date = date |(sDate.Month<<5) |sDate.Date;

        WORD  time=sTime.Hours<<11;
        time = time | (sTime.Minutes<<5) | (sTime.Seconds>1);
        DWORD dt=(date<<16) | time;
        return dt;
    }
    else
        return 0;
    /* USER CODE END get_fattime */
}
```

函数 get_fattime()需要返回一个 DWORD 类型的数，这个数的高 16 位是日期，低 16 位是时间。高 16 位表示的日期数据格式见表 12-3，其中年份是与 1980（年）的差值。低 16 位表示的时间数据格式见表 12-4，其中秒的数据是实际秒时间的一半。

在保存文件时，FatFS 会自动调用函数 get_fattime()获取 RTC 时间，然后作为文件的时间戳信息写入 FAT 里。在使用函数 f_stat()获取文件信息时，返回的是一个 FILINFO 结构体变量，其成员变量 fdate 和 ftime 就是文件的修改时间，根据表 12-3 和表 12-4 的存储结构，就可以把

文件的修改日期和时间解析出来。

针对 SPI-Flash 芯片和 RTC 完成了本节的 6 个函数后，我们就完成了 FatFS 针对硬件层的移植，后面就可以使用 FatFS 的应用层 API 函数在 SPI-Flash 芯片上创建 FAT 文件系统，管理文件了。

12.5 在 SPI-Flash 芯片上使用文件系统

12.5.1 主程序功能

完成硬件层移植后，我们就可以使用 FatFS 的 API 函数在 W25Q128 芯片上创建 FAT 文件系统，进行文件和目录的管理，以及文件读写操作。

在首次使用一个存储介质时，我们需要先执行函数 f_mkfs()将存储介质格式化，也就是创建 FAT 或 exFAT 文件系统。在格式化之后，存储介质就成了一个驱动器。在嵌入式系统中，一般不会在一个存储介质上进行分区，所以一个物理驱动器上只有一个卷，也就是一个逻辑驱动器。

要使用一个驱动器，需要先使用函数 f_mount()将其挂载到文件系统对象，然后才可以进行文件管理和文件读写操作。如果需要在程序运行期间弹出一个驱动器，还可以使用函数 f_mount()卸载它，只需将文件系统指针参数设置为 NULL 即可。

本章的示例演示 FAT 文件系统的一些基本操作，包括磁盘格式化、创建文件、读取文件、获取磁盘信息、获取文件信息等。主程序代码如下：

```c
/* 文件：main.c   ------------------------------------------------------------*/
#include "main.h"
#include "fatfs.h"
#include "rtc.h"
#include "spi.h"
#include "gpio.h"
#include "fsmc.h"

/* USER CODE BEGIN Includes */
#include "tftlcd.h"
#include "keyled.h"
#include "ff.h"
#include "w25flash.h"
#include "file_opera.h"
/* USER CODE END Includes */

int main(void)
{
    HAL_Init();
    SystemClock_Config();
    /* Initialize all configured peripherals */
    MX_GPIO_Init();
    MX_FSMC_Init();
    MX_SPI1_Init();
    MX_FATFS_Init();
    MX_RTC_Init();

    /* USER CODE BEGIN 2 */
    TFTLCD_Init();           //LCD 初始化
    LCD_ShowStr(10,10,(uint8_t*)"Demo12_1: FatFS on SPI-Flash chip");
```

```c
        FRESULT res=f_mount(&USERFatFS, "0:", 1);       //挂载驱动器
    if (res==FR_OK)              //挂载成功
        LCD_ShowStr(10,LCD_CurY+LCD_SP10,(uint8_t*)"FatFS is mounted, OK");
    else
        LCD_ShowStr(10,LCD_CurY+LCD_SP10,(uint8_t*)"No file system");
    uint16_t MenuStartPosY=LCD_CurY+LCD_SP15;    //菜单项起始行，用于绘制第2组菜单时清除区域
////////第1组菜单
    LCD_ShowStr(10,LCD_CurY+LCD_SP15,(uint8_t*)"[1]KeyUp   =Format chip");
    LCD_ShowStr(10,LCD_CurY+LCD_SP10,(uint8_t*)"[2]KeyLeft =FAT disk info");
    LCD_ShowStr(10,LCD_CurY+LCD_SP10,(uint8_t*)"[3]KeyRight=List all entries");
    LCD_ShowStr(10,LCD_CurY+LCD_SP10,(uint8_t*)"[4]KeyDown =Next menu page");

    uint16_t InfoStartPosY=LCD_CurY+LCD_SP15;    //信息显示起始行
    KEYS waitKey;        //按键输入
    while(1)
    {
        waitKey=ScanPressedKey(KEY_WAIT_ALWAYS);     //一直等待按键
        LCD_ClearLine(InfoStartPosY, LCD_H,LcdBACK_COLOR);    //清除信息显示区
        LCD_CurY= InfoStartPosY;         //设置LCD当前行

        if (waitKey == KEY_UP)          //格式化Flash芯片，创建文件系统
        {
            BYTE  workBuffer[FLASH_SECTOR_SIZE];      //FLASH_SECTOR_SIZE=4096
            DWORD clusterSize=2*FLASH_SECTOR_SIZE;        //cluster必须大于或等于1个扇区
            LCD_ShowStr(10,LCD_CurY,(uint8_t*)"Formatting the chip...");
            FRESULT res=f_mkfs("0:", FM_FAT, clusterSize,
                                workBuffer, FLASH_SECTOR_SIZE);
//创建文件系统，cluster必须大于或等于1个扇区， workBuffer应该是扇区大小的整数倍
            if (res ==FR_OK)
                LCD_ShowStr(10,LCD_CurY+LCD_SP10,(uint8_t*)"Format OK");
            else
                LCD_ShowStr(10,LCD_CurY+LCD_SP10,(uint8_t*)"Format fail");
        }
        else if(waitKey == KEY_LEFT)
            fatTest_GetDiskInfo();            //获取和显示磁盘信息
        else if (waitKey == KEY_RIGHT)
            fatTest_ScanDir("0:/");           //扫描根目录下的文件和目录
        else if (waitKey == KEY_DOWN)
            break;                            //跳转至下一级菜单

        LCD_ShowStr(10,LCD_CurY+LCD_SP15,(uint8_t*)"Reselect menu item or reset");
        HAL_Delay(500);      //延时500，消除按键抖动影响
    }

//////第2组菜单
    LCD_ClearLine(MenuStartPosY, LCD_H, LcdBACK_COLOR);    //清除一级菜单和屏幕
    LCD_ShowStr(10,MenuStartPosY,    (uint8_t*)"[5]KeyUp   =Write files");
    LCD_ShowStr(10,LCD_CurY+LCD_SP10,(uint8_t*)"[6]KeyLeft =Read a TXT file");
    LCD_ShowStr(10,LCD_CurY+LCD_SP10,(uint8_t*)"[7]KeyRight=Read a BIN file");
    LCD_ShowStr(10,LCD_CurY+LCD_SP10,(uint8_t*)"[8]KeyDown =Get a file info");

    InfoStartPosY=LCD_CurY+LCD_SP15;       //信息显示起始行
    HAL_Delay(500);       //延时，消除按键抖动影响
    while(2)
    {
        waitKey=ScanPressedKey(KEY_WAIT_ALWAYS);     //一直等待按键
        LCD_ClearLine(InfoStartPosY, LCD_H,LcdBACK_COLOR);    //清除信息显示区
        LCD_CurY=InfoStartPosY;    //设置LCD当前行
```

```
        if (waitKey==KEY_UP )        //写文件测试
        {
            fatTest_WriteTXTFile("readme.txt",2019,3,5);
            fatTest_WriteTXTFile("help.txt",2016,11,15);
            fatTest_WriteBinFile("ADC500.dat",20,500);
            fatTest_WriteBinFile("ADC1000.dat",50,1000);
            f_mkdir("0:/SubDir1");      //创建目录
            f_mkdir("0:/MyDocs");       //创建目录
        }
        else if (waitKey==KEY_LEFT )
            fatTest_ReadTXTFile("readme.txt");           //测试读取文本文件
        else if (waitKey==KEY_RIGHT)
            fatTest_ReadBinFile("ADC500.dat");           //测试读取二进制文件
        else if (waitKey==KEY_DOWN)
            fatTest_GetFileInfo("ADC1000.dat");          //测试获取文件信息

        LCD_ShowStr(10,LCD_CurY+LCD_SP15,(uint8_t*)"Reselect menu item or reset");
        HAL_Delay(500);        //延时,消除按键抖动影响
    }
    /* USER CODE END 2 */

    /* Infinite loop */
    while (1)
    {
    }
}
```

这个文件的 include 部分包含了一个文件 file_opera.h,这是本示例创建的用于测试文件操作的程序文件。文件 file_opera.h 和 file_opera.c 保存在公共目录\PublicDrivers\FILE_TEST 下。因为这些文件操作测试函数与硬件无关,所以也可以在后面用于 SD 卡、U 盘的文件操作测试。

在外设初始化部分,函数 MX_SPI1_Init()对与 W25Q128 连接的 SPI1 接口进行初始化,函数 MX_FATFS_Init()用于 FatFS 的初始化。硬件初始化完成后,执行函数 f_mount()立即挂载文件系统,即

```
FRESULT res=f_mount(&USERFatFS, "0:", 1);    //挂载文件系统
```

其中,USERFatFS 是在文件 fatfs.c 中定义的 FATFS 类型变量,表示文件系统。系统中只有一个驱动器,驱动器号是"0:"。这样挂载后,USERFatFS 就表示逻辑驱动器 0 上的文件系统。

如果函数 f_mount()的返回值为 FR_OK,就表示驱动器挂载成功,可以进行文件系统的操作了;否则,就是没有文件系统,需要先执行函数 f_mkfs()进行格式化操作。

不管函数 f_mount()的返回值是什么,程序都会在 LCD 上显示一组菜单,内容如下:

```
[1]KeyUp   =Format chip
[2]KeyLeft =FAT disk info
[3]KeyRight=List all entries
[4]KeyDown =Next menu page
```

这不是真正的菜单操作,是使用开发板上的 4 个按键进行选择操作,函数 ScanPressedKey()是文件 keyled.h 中定义的轮询方式检测按键的函数。按下 KeyDown 后会显示第 2 组菜单,内容如下:

```
[5]KeyUp   =Write files
[6]KeyLeft =Read a TXT file
[7]KeyRight=Read a BIN file
[8]KeyDown =Get a file info
```

按下某个按键就会执行相应的操作,在某一级菜单中,我们可以重新按键选择操作。为了不使程序结构太复杂,在第 2 组菜单界面无法返回到第 1 组菜单,只能按开发板上的复位键重新开始运行。主程序的结构还算简单清晰,按键响应时执行一些操作,或调用文件 file_opera.h 中定义的一些文件系统测试函数。各个菜单项的响应代码在后面逐一介绍。

使用 Flash 芯片 W25Q128 时,某些普中 F407 开发板可能存在芯片操作不正常的情况,例如,明明用函数 f_mkfs()格式化了芯片,但是复位后,函数 f_mount()还是无法挂载。这是因为 SPI1 接口与 JTAG 接口共用了 PB3、PB4 引脚,如果仿真器插在开发板上的 20 针 JTAG 插座上,可能导致 SPI1 接口通信不正常。所以,如果出现 W25Q128 通信异常的情况,可以拔除开发板上 20 针 JTAG 插座上的排线。当然,这种情况下,仿真调试就无法进行了,因此需先保证编写的程序没有错误。

12.5.2 磁盘格式化

要在一个存储介质上使用 FAT 文件系统,必须先使用函数 f_mkfs()在存储介质上创建文件系统,也就是必须先进行磁盘格式化操作。在主程序中,响应菜单项[1]KeyUp = Format chip,对 Flash 芯片进行格式化操作的代码如下:

```
BYTE    workBuffer[FLASH_SECTOR_SIZE];          //FLASH_SECTOR_SIZE=4096
DWORD   clusterSize=2*FLASH_SECTOR_SIZE;        //cluster 必须大于或等于 1 个扇区
FRESULT res=f_mkfs("0:", FM_FAT, clusterSize, workBuffer, FLASH_SECTOR_SIZE);
```

函数 f_mkfs()的原型定义参见 12.2.1 节。FLASH_SECTOR_SIZE 的值是 4096,是在文件 w25flash.h 中定义的宏,表示 W25Q128 的一个扇区的大小是 4096 字节。簇的大小必须设置为扇区大小的整数倍,这里设置为 2 倍。格式化过程需要一个工作缓冲区数组 workBuffer,其大小必须是扇区的整数倍。

系统中只有一个驱动器,SPI-Flash 芯片的逻辑驱动器号是 "0:",格式化选项使用 FM_FAT 即可,FatFS 会自动根据簇的个数决定文件系统类型。

在磁盘格式化之前,不需要使用 W25Q128 驱动程序中的函数 Flash_EraseChip()擦除整个芯片,因为 Disk IO 操作函数 USER_write()在向扇区写入数据时,会先擦除扇区。如果一个创建了文件系统的 Falsh 芯片想要恢复最原始状态,使用函数 Flash_EraseChip()擦除整个芯片即可。

12.5.3 获取 FAT 磁盘信息

菜单项[2]KeyLeft =FAT disk info 用于获取磁盘信息并将其显示在 LCD 上,其响应代码就是调用了测试函数 fatTest_GetDiskInfo(),文件 file_opera.c 中,这个函数的代码如下:

```
/*  获取磁盘信息并将其显示在 LCD 上  */
void  fatTest_GetDiskInfo()
{
    FATFS *fs;
    DWORD fre_clust;   //剩余簇个数
    FRESULT res = f_getfree("0:", &fre_clust, &fs);   //需要调用才刷新信息
    if (res != FR_OK)
    {
        LCD_ShowStr(10,LCD_CurY,(uint8_t *)"f_getfree() error");
        return;
    }
```

12.5 在SPI-Flash芯片上使用文件系统

```
        LCD_ShowStr(10,LCD_CurY,(uint8_t *)"*** FAT disk info ***");
        DWORD   tot_sect = (fs->n_fatent - 2) * fs->csize;       //总的扇区个数
        DWORD   fre_sect = fre_clust * fs->csize;   //剩余扇区个数=剩余簇个数*每个簇的扇区个数

    #if  _MAX_SS == _MIN_SS          //对于SD卡和U盘，_MIN_SS=512字节
        //SD卡的_MIN_SS固定为512，右移11位相当于除以2048
        DWORD   freespace= (fre_sect>>11);          //剩余空间大小，单位：MB，用于SD卡和U盘
        DWORD   totalSpace= (tot_sect>>11);         //总空间大小，单位：MB，用于SD卡和U盘
    #else                                    //Flash存储器，小容量
        DWORD   freespace= (fre_sect*fs->ssize)>>10;    //剩余空间大小，单位：KB
        DWORD   totalSpace= (tot_sect*fs->ssize)>>10;   //总空间大小，单位：KB
    #endif

        LcdFRONT_COLOR=lcdColor_WHITE;
        LCD_ShowStr(10,LCD_CurY+LCD_SP15, (uint8_t *)"FAT type=");
        LCD_ShowUint(LCD_CurX,LCD_CurY, fs->fs_type);
        LCD_ShowStr(10,LCD_CurY+LCD_SP10, (uint8_t
*)"[1=FAT12,2=FAT16,3=FAT32,4=exFAT]");

        LCD_ShowStr(10,LCD_CurY+LCD_SP10, (uint8_t *)"Sector size(bytes)=");
    #if _MAX_SS == _MIN_SS      //SD卡，U盘
        LCD_ShowUint(LCD_CurX,LCD_CurY, _MIN_SS);
    #else
        LCD_ShowUint(LCD_CurX,LCD_CurY, fs->ssize);
    #endif

        LCD_ShowStr(10,LCD_CurY+LCD_SP10, (uint8_t *)"Cluster size(sectors)=");
        LCD_ShowUint(LCD_CurX,LCD_CurY, fs->csize);

        LCD_ShowStr(10,LCD_CurY+LCD_SP10, (uint8_t *)"Total cluster count=");
        LCD_ShowUint(LCD_CurX,LCD_CurY, fs->n_fatent-2);

        LCD_ShowStr(10,LCD_CurY+LCD_SP10, (uint8_t *)"Total sector count=");
        LCD_ShowUint(LCD_CurX,LCD_CurY, tot_sect);

    #if _MAX_SS == _MIN_SS      //SD卡，U盘
        LCD_ShowStr(10,LCD_CurY+LCD_SP10, (uint8_t *)"Total space(MB)=");
    #else
        LCD_ShowStr(10,LCD_CurY+LCD_SP10, (uint8_t *)"Total space(KB)=");
    #endif
        LCD_ShowUint(LCD_CurX,LCD_CurY, totalSpace);

        LCD_ShowStr(10,LCD_CurY+LCD_SP10, (uint8_t *)"Free cluster count=");
        LCD_ShowUint(LCD_CurX,LCD_CurY, fre_clust);

        LCD_ShowStr(10,LCD_CurY+LCD_SP10, (uint8_t *)"Free sector count=");
        LCD_ShowUint(LCD_CurX,LCD_CurY, fre_sect);

    #if _MAX_SS == _MIN_SS      //SD卡，U盘
        LCD_ShowStr(10,LCD_CurY+LCD_SP10, (uint8_t *)"Free space(MB)=");
    #else
        LCD_ShowStr(10,LCD_CurY+LCD_SP10, (uint8_t *)"Free space(KB)=");
    #endif
        LCD_ShowUint(LCD_CurX,LCD_CurY, freespace);

        LcdFRONT_COLOR=lcdColor_YELLOW;
        LCD_ShowStr(10,LCD_CurY+LCD_SP15,(uint8_t*)"Get FAT disk info OK");
    }
```

这里调用了函数 **f_getfree()** 获取磁盘剩余簇的个数，同时返回一个文件系统对象指针 fs，这个 FATFS 结构体里还有分区类型、簇的大小、剩余簇个数、扇区大小、卷的条目个数等信息，

详见 12.2.1 节对函数 f_getfree()的介绍。注意，只有当_MAX_SS 不等于_MIN_SS 时，FATFS 才有表示扇区大小的成员变量 ssize，否则，使用_MIN_SS 表示扇区大小。

利用函数 f_getfree()返回的这些参数，就可以计算磁盘信息，例如总的扇区个数、总的簇个数、剩余存储空间大小等。在已经执行菜单项[5]KeyUp = Write files 创建了 4 个文件和 2 个目录后，再获取磁盘信息，在 LCD 上显示的数据如下：

```
FAT type=1
[1=FAT12,2=FAT16,3=FAT32,4=exFAT]
Sector size(bytes)=4096
Cluster size(sectors)=2
Total cluster count=2008
Total sector count=4016
Total space(KB)=16064
Free cluster count=2002
Free sector count=4004
Free space(KB)=16016
```

注意，这里显示的是用 FAT 格式化之后的磁盘信息，与芯片 W25Q128 的原始信息不一样。例如，这里显示总的扇区个数是 4016，而 W25Q128 总共有 4096 个扇区。这是因为 FAT 文件系统会占用一些扇区，就如一个 500GB 的硬盘被格式化之后，其可用空间会小于 500GB。

另外，FAT 文件系统管理数据的最小单位是簇，也就是一个文件至少占用 1 个簇的空间。在刚完成格式化，还没有创建文件时，显示 FAT 信息会看到 Free cluster count=2008，也就是剩余簇的个数等于总的簇个数。当执行了菜单项[5]创建了 4 个文件和 2 个目录后，再显示 FAT 信息会看到 Free cluster count=2002，总共用了 6 个簇，4 个文件和 2 个目录都各自占用了 1 个簇的存储空间。

12.5.4 扫描根目录下的文件和子目录

菜单项[3]KeyRight=List all entries 用来扫描和显示根目录下的文件和子目录，菜单的响应代码调用了测试函数 fatTest_ScanDir()，其完整代码如下：

```c
/* 扫描和显示指定目录下的文件和目录  */
void  fatTest_ScanDir(const TCHAR* PathName)
{
    DIR dir;          //目录对象
    FILINFO fno;      //文件信息
    FRESULT res = f_opendir(&dir, PathName);    //打开目录
    if (res != FR_OK)
    {
        f_closedir(&dir);
        return;
    }

    LCD_ShowStr(10,LCD_CurY,(uint8_t *)"All entries in dir ");
    LCD_ShowStr(LCD_CurX,LCD_CurY,(uint8_t *)PathName);
    LcdFRONT_COLOR=lcdColor_WHITE;
    while(1)
    {
        res = f_readdir(&dir, &fno);        //读取目录下的一个项
        if (res != FR_OK || fno.fname[0] == 0)
            break;      //文件名为空，表示没有更多的项可读了

        if (fno.fattrib & AM_DIR)           //是一个目录
        {
            LCD_ShowStr(10,LCD_CurY+LCD_SP10,(uint8_t *)"DIR    ");
            LCD_ShowStr(LCD_CurX,LCD_CurY, fno.fname);
```

```
            }
            else          //是一个文件
            {
                LCD_ShowStr(10,LCD_CurY+LCD_SP10,(uint8_t *)"FILE    ");
                LCD_ShowStr(LCD_CurX,LCD_CurY, fno.fname);
            }
        }
        LcdFRONT_COLOR=lcdColor_YELLOW;
        LCD_ShowStr(10,LCD_CurY+LCD_SP15,(uint8_t*)"Scan dir OK");
        f_closedir(&dir);
    }
```

扫描一个目录，需要先用函数 f_opendir()打开这个目录，然后用函数 f_readdir()逐一读取目录下的项。函数 f_readdir()读出的项的信息是一个 FILINFO 结构体变量，包括文件名 fname、属性位 fattrib 等信息。如果项的文件名为空，则表示没有更多的项可读了。我们通过属性位 fattrib 可以判断一个项是文件还是目录，扫描完目录之后，需要用函数 f_closedir()关闭目录。这 3 个函数的原型和详细参数说明见 12.2.3 节。

在主程序中调用函数 fatTest_ScanDir()时，执行的是 fatTest_ScanDir("0:/")，所以会扫描根目录下的文件和目录。执行操作后，在 LCD 上显示的信息如下，即 4 个文件和 2 个目录的名称。文件名和目录名自动用大写表示。

```
FILE    README.TXT
FILE    HELP.TXT
FILE    ADC500.DAT
FILE    ADC1000.DAT
DIR     SUBDIR1
DIR     MYDOCS
```

12.5.5 创建文件和目录

菜单项[5]KeyUp = Write files 用于创建 4 个文件和 2 个文件夹，并将它们保存到根目录下。响应这个菜单项的代码如下：

```
fatTest_WriteTXTFile("readme.txt",2019,3,5);
fatTest_WriteTXTFile("help.txt",2016,11,15);
fatTest_WriteBinFile("ADC500.dat",20,500);
fatTest_WriteBinFile("ADC1000.dat",50,1000);
f_mkdir("0:/SubDir1");
f_mkdir("0:/MyDocs");
```

上述代码创建了 2 个文本文件、2 个二进制文件和 2 个目录，也就是前面扫描根目录显示的文件名和目录名。

函数 fatTest_WriteTXTFile()是文件 file_opera.h 中定义的创建文本文件的函数，所谓文本文件，就是存储的都是字符信息。函数 fatTest_WriteTXTFile()的代码如下：

```
void  fatTest_WriteTXTFile(TCHAR *filename,uint16_t year, uint8_t month, uint8_t day)
{
    FIL   file;
    FRESULT res=f_open(&file, filename, FA_CREATE_ALWAYS | FA_WRITE);
    if(res == FR_OK)
    {
        TCHAR str[]="Line1: Hello, FatFS\n";          //字符串必须有换行符"\n"
        f_puts(str, &file);                //不会写入结束符"\0"
        TCHAR str2[]="Line2: UPC, Qingdao\n";
```

```
            f_puts(str2, &file);
            f_printf(&file, "Line3: Date=%d-%d-%d\n",year,month,day);

            LCD_ShowStr(10,LCD_CurY+LCD_SP15,(uint8_t *)"Write file OK: ");
            LCD_ShowStr(LCD_CurX,LCD_CurY,filename);
        }
        else
            LCD_ShowStr(10,LCD_CurY+LCD_SP15,(uint8_t *)"Open file error");
        f_close(&file);
    }
```

读写文件时，需要先用函数 f_open()打开文件。若打开文件的模式参数是 FA_CREATE_ALWAYS | FA_WRITE，则表示总是创建文件并执行写操作。文件操作结束后，我们需要执行 f_close()函数关闭文件。

对于文本文件，使用 f_puts()和 f_printf()等函数写入字符串更方便，字符串必须以换行符'\n'结束。

函数 fatTest_WriteBinFile()是创建二进制文件的函数。所谓二进制文件，就是按照一定的格式和顺序写入数据的文件，读出时，也必须按照相应的格式和顺序读出。函数 fatTest_WriteBinFile()的代码如下：

```
void fatTest_WriteBinFile(TCHAR *filename, uint32_t pointCount, uint32_t sampFreq)
{
    FIL  file;
    FRESULT res=f_open(&file,filename, FA_CREATE_ALWAYS | FA_WRITE);
    if(res == FR_OK)
    {
        TCHAR headStr[]="ADC1-IN5\n";
        f_puts(headStr, &file);               //写入字符串数据，以"\n"结尾，不带"\0"

        UINT  bw=0;    //实际写入字节数
        f_write(&file, &pointCount, sizeof(uint32_t), &bw);    //数据点个数
        f_write(&file, &sampFreq, sizeof(uint32_t), &bw);      //采样频率
        uint32_t  value=1000;
        for(uint16_t i=0; i<pointCount; i++,value++)
            f_write(&file, &value, sizeof(uint32_t), &bw);

        LCD_ShowStr(10,LCD_CurY+LCD_SP15,(uint8_t *)"Write file OK: ");
        LCD_ShowStr(LCD_CurX,LCD_CurY,filename);
    }
    f_close(&file);
}
```

在二进制文件里也可以写入字符串，例如，在这个文件开头就先写了一个字符串"ADC1-IN5\n"，然后依次写入了数据点个数和采样频率，最后依据数据点个数 pointCount 将这些数据点的值写入了文件。这个文件格式模拟了最简单的 ADC 采集数据保存文件的格式，如果熟悉高级语言中的文件读写操作，对这段代码就很容易理解了。

使用 FatFS 对 Flash 类型存储介质进行文件数据写入时，请注意以下问题。

（1）FatFS 管理文件数据的最小单位是簇，即使文件实际数据只有 10 字节，也会占用 1 个簇的存储空间，这在 12.5.3 节显示 FAT 信息时可以看到。

（2）使用 f_puts()、f_write()等函数向文件写入数据，并不会直接导致调用底层 Disk IO 函数 disk_write()，否则，一个小文件也会占用很多扇区。FatFS 内部有缓存机制，会先缓存使用 f_puts()、f_write()等函数向文件写入的数据，然后再写入存储介质。Flash 存储介质擦除操作的

12.5 在 SPI-Flash 芯片上使用文件系统

最小单位是扇区。

（3）虽然 FatFS 的写入操作有缓存机制，但是在向 Flash 类型的存储介质写入文件数据时，尽量避免频繁使用函数 f_write()写入小数据量。如果文件数据较大，则应该自定义缓冲区，缓冲区大小为扇区大小的整数倍，数据先写入缓冲区，然后用函数 f_write()向文件一次写入一个缓冲区的数据，即 1 个或多个扇区的数据，这样可以极大地提高数据写入的效率。在第 18 章中，我们将 LCD 屏幕截图保存为 BMP 图片存入 SD 卡时，就使用了这样的方法。相比于直接向文件逐个数据点写入，这种方法的速度提高了几百倍。

12.5.6 读取文本文件

菜单项[6]KeyLeft =Read a TXT file 用于读取一个文本文件 readme.txt，并显示其内容。响应这个菜单项的代码如下：

```
fatTest_ReadTXTFile("readme.txt");
```

函数 fatTest_ReadTXTFile()用于测试读取一个文本文件的内容，并在 LCD 上显示，其代码如下：

```
void  fatTest_ReadTXTFile(TCHAR *filename)
{
    LCD_ShowStr(10,LCD_CurY,(uint8_t *)"Reading TXT file: ");
    LCD_ShowStr(LCD_CurX,LCD_CurY,filename);
    FIL  file;
    FRESULT res=f_open(&file,filename, FA_READ);    //以只读方式打开文件
    if(res == FR_OK)
    {
        TCHAR str[100];
        LcdFRONT_COLOR=lcdColor_WHITE;
        while (!f_eof(&file))
        {
            f_gets(str, 100, &file);    //读取 1 个字符串，自动加上结束符"\0"
            LCD_ShowStr(10,LCD_CurY+LCD_SP10, (uint8_t *)str);
        }
        LcdFRONT_COLOR=lcdColor_YELLOW;
    }
    else if (res==FR_NO_FILE)
        LCD_ShowStr(10,LCD_CurY+LCD_SP10,(uint8_t *)"File does not exist");
    else
        LCD_ShowStr(10,LCD_CurY+LCD_SP10,(uint8_t *)"f_open() error");
    f_close(&file);
}
```

可以看到，使用函数 f_open()打开一个文件时，使用的模式是 FA_READ，表示以只读方式打开一个已存在的文件。函数 f_eof()可用于判断是否到达文件末尾。函数 f_gets()可用于读出文件内的一个字符串，该函数通过换行符"\n"判断一个字符串的末尾，会自动在读出的字符串末尾添加结束符"\0"。

执行这个菜单项，会在 LCD 上显示文件 readme.txt 里的 3 行字符串，就是前面创建文件 readme.txt 时写入的内容。

12.5.7 读取二进制文件

菜单项[7]KeyRight=Read a BIN file 用于读取一个二进制文件 ADC500.dat，并显示读取的采样频率、数据点个数等信息。响应这个菜单项的代码如下：

```
fatTest_ReadBinFile("ADC500.dat");
```

执行这个菜单项,就可以显示从文件 ADC500.dat 读出的采样频率和数据点个数等主要信息。LCD 上显示的内容如下:

```
Reading Bin file: ADC500.dat
ADC1-IN5
Sampling freq= 500
Point count= 20
```

函数 fatTest_ReadBinFile()用于读取一个二进制文件的内容,并在 LCD 上显示信息,其代码如下:

```
void fatTest_ReadBinFile(TCHAR *filename)
{
    LCD_ShowStr(10,LCD_CurY,(uint8_t *)"Reading BIN file: ");
    LCD_ShowStr(LCD_CurX,LCD_CurY,filename);
    FIL  file;
    FRESULT res=f_open(&file,filename, FA_READ);
    if(res == FR_OK)
    {
        TCHAR str[50];
        f_gets(str,50, &file);      //读取1个字符串

        UINT  bw=0;    //实际读取字节数
        uint32_t pointCount, sampFreq;    //保存读出数据的变量
        f_read(&file, &pointCount, sizeof(uint32_t), &bw);    //数据点个数
        f_read(&file, &sampFreq, sizeof(uint32_t), &bw);      //采样频率
        uint32_t  value;
        for(uint16_t i=0; i< pointCount; i++)
            f_read(&file, &value, sizeof(uint32_t), &bw);

        //LCD 显示
        LCD_ShowStr(10,LCD_CurY,(uint8_t *)"Reading Bin file: ");
        LCD_ShowStr(LCD_CurX,LCD_CurY,filename);

        LcdFRONT_COLOR=lcdColor_WHITE;
        LCD_ShowStr(10,LCD_CurY+LCD_SP10,str);     //显示字符串
        LCD_ShowStr(10,LCD_CurY+LCD_SP10,(uint8_t *)"Sampling freq= ");
        LCD_ShowUint(LCD_CurX,LCD_CurY, sampFreq);
        LCD_ShowStr(10,LCD_CurY+LCD_SP10,(uint8_t *)"Point count= ");
        LCD_ShowUint(LCD_CurX,LCD_CurY, pointCount);
        LcdFRONT_COLOR=lcdColor_YELLOW;
    }
    else if (res==FR_NO_FILE)
        LCD_ShowStr(10,LCD_CurY+LCD_SP10,(uint8_t *)"File does not exist");
    else
        LCD_ShowStr(10,LCD_CurY+LCD_SP10,(uint8_t *)"f_open() error");
    f_close(&file);
}
```

读取二进制文件时,程序必须按照写入时的顺序和数据意义读出,这就是二进制文件的格式。这个函数就是按照函数 fatTest_WriteBinFile()写入时的顺序,读出相应数据的。首先,读出文件开始部分的一个字符串,将其保存到变量 str 里。然后,读出数据点个数,将其保存到变量 pointCount 里。再读出采样频率,将其保存到变量 sampFreq 里。随后要做的是读取连续存储的 pointCount 个数据点。

使用 FatFS 对 Flash 类型存储介质进行文件数据读取时,也要注意读取效率问题。虽然 Flash 类型存储介质允许从任意地址读取任意长度的数据,但是如果频繁使用函数 f_read()从文件读

取小量数据,会导致读取效率很低。在读取大的文件时,也应该使用自定义缓冲区的方法,从 Flash 存储介质一次读取至少 1 个扇区的数据,然后再对缓冲区的数据进行分析和处理。在第 18 章中,从 SD 卡读取 BMP 图片用于在 LCD 上绘图时,我们就使用了这样的方法,极大地提高了处理效率。

12.5.8 获取文件信息

菜单项[8]KeyDown=Get a file info 用于获取文件 ADC1000.dat 的信息,如文件大小,修改日期等。响应这个菜单项的代码如下:

```
fatTest_GetFileInfo("ADC1000.dat");
```

选择此菜单后,LCD 上显示如下的内容:

```
File info of: ADC1000.dat
File size(bytes)= 218
File attribute= 0x20
File Name= ADC1000.DAT
File Date= 2019-12-15
File Time= 15:32:02
```

其中,文件日期和时间会根据 RTC 初始日期时间以及写文件的具体时间而变化。这个文件的实际大小只有 218 字节,但是在 Flash 芯片上会占用 1 个簇的存储空间,即 2 个扇区共 8192 字节的存储空间。所以,为避免浪费存储空间,我们可以将簇的大小设置为 1 个扇区大小。

函数 fatTest_GetFileInfo()用于测试获取一个文件的统计信息,并在 LCD 上显示,其代码如下:

```
void fatTest_GetFileInfo(TCHAR *filename)
{
    LCD_ShowStr(10,LCD_CurY,(uint8_t *)"File info of: ");
    LCD_ShowStr(LCD_CurX,LCD_CurY,filename);
    FILINFO  fno;
    FRESULT fr=f_stat(filename, &fno);     //获取文件统计信息
    if (fr==FR_OK)
    {
        LcdFRONT_COLOR=lcdColor_WHITE;
        LCD_ShowStr(10,LCD_CurY+LCD_SP10, (uint8_t *)"File size(bytes)= ");
        LCD_ShowUint(LCD_CurX,LCD_CurY, fno.fsize);
        LCD_ShowStr(10,LCD_CurY+LCD_SP10, (uint8_t *)"File attribute= ");
        LCD_ShowUintHex(LCD_CurX,LCD_CurY, fno.fattrib, 1);
        LCD_ShowStr(10,LCD_CurY+LCD_SP10, (uint8_t *)"File Name= ");
        LCD_ShowStr(LCD_CurX, LCD_CurY, fno.fname);

        RTC_DateTypeDef sDate;
        RTC_TimeTypeDef sTime;
        fat_GetTimeStamp(&fno, &sDate, &sTime);   //将时间戳转换为更易显示的 RTC 格式
        char  str[40];
        sprintf(str,"File Date= %d-%2d-%2d",2000+sDate.Year,sDate.Month,sDate.Date);
        LCD_ShowStr(10,LCD_CurY+LCD_SP10, (uint8_t *)str);
        sprintf(str,"File Time= %2d:%2d:%2d",sTime.Hours, sTime.Minutes,sTime.Seconds);
        LCD_ShowStr(10,LCD_CurY+LCD_SP10, (uint8_t *)str);
        LcdFRONT_COLOR=lcdColor_YELLOW;
    }
    else if (fr==FR_NO_FILE)
        LCD_ShowStr(10,LCD_CurY+LCD_SP10,(uint8_t *)"File does not exist");
    else
        LCD_ShowStr(10,LCD_CurY+LCD_SP10,(uint8_t *)"f_stat() error");
}
```

函数 f_stat() 可以用于获取一个文件的统计信息，返回的信息保存在一个 FILINFO 类型的结构体变量里。函数 f_stat() 的原型以及 FILINFO 的定义参见 12.2.2 节。结构体 FILINFO 包括文件大小、文件属性、修改日期时间等数据。其中，FILINFO.fdate 和 FILINFO.ftime 是按照表 12-3 和表 12-4 格式存储的日期和时间，因不便显示，于是在文件 file_opera.h 中又定义了一个函数 fat_GetTimeStamp()，用于将 FILINFO 结构体里的日期和时间转换为 RTC 格式的日期和时间，以便显示。函数 fat_GetTimeStamp() 与具体的文件和驱动器无关，其代码如下：

```
void fat_GetTimeStamp(const FILINFO *fno, RTC_DateTypeDef *sDate, RTC_TimeTypeDef *sTime)
{
    WORD  date=fno->fdate;              //临时变量，日期数据
    sDate->Date= (date & 0x001F);       //Day
    date = date>>5;
    sDate->Month= (date & 0x000F);      //Month
    date= date>>4;                      //year from 1980
    sDate->Year= (1980+date-2000);      //Year, from 2000

    WORD  time=fno->ftime;              //临时变量，时间数据
    sTime->Seconds= (time & 0x001F)<<1; //seconds
    time =time >>5;
    sTime->Minutes = time & 0x003F;     //minute
    sTime->Hours = (time >>6);          //hour
}
```

这个函数的作用就是将文件信息里的日期数据 fno->fdate 转换为 RTC_DateTypeDef 结构体类型的日期数据，将时间数据 fno->ftime 转换为 RTC_TimeTypeDef 结构体类型的时间数据。FILINFO 的日期和时间的结构见表 12-3 和表 12-4 的定义，转换程序的原理就不再赘述了。

我们在实际测试中发现，FatFS 自动保存的文件修改时间只精确到分钟，秒数据永远是 2。也就是说，即使为 FatFS 提供时间戳数据的函数 get_fattime() 中获取了 RTC 精确的秒数据，也进行了转换，函数 f_stat() 读出的文件信息中的时间信息仍然只准确到分钟。

在文件 file_opera.h 中，还有一个对应的函数 fat_SetTimeStamp()，用于将 RTC 的日期时间数据转换为 FILINFO 里存储的日期时间数据，然后调用函数 f_utime() 更新文件的日期时间信息。函数 fat_SetTimeStamp() 的代码如下：

```
void  fat_SetTimeStamp(TCHAR *filename, const RTC_DateTypeDef *sDate, const RTC_TimeTypeDef *sTime)
{
    FILINFO  fno;
    WORD  date=(2000+sDate->Year-1980)<<9;
    WORD  month=(sDate->Month)<<5;
    fno.fdate = date | month | (sDate->Date);

    WORD  time=(sTime->Hours)<<11;
    WORD  minute=(sTime->Minutes)<<5;
    fno.ftime =time | minute | ((sTime->Seconds) >>1);

    f_utime(filename, &fno);
}
```

在创建文件或修改文件后，FatFS 会自动更新文件的日期时间信息，不需要单独调用函数 fat_SetTimeStamp() 来修改文件的日期时间。

12.5.9 文件 file_opera.h 的完整定义

文件 file_opera.h 是用于 FatFS 文件读写功能测试的头文件，与具体的存储介质无关。本章

12.5 在 SPI-Flash 芯片上使用文件系统

已经介绍了文件 file_opera.h 中的几个函数，后面几章还会引入其他一些函数。这里给出文件 file_opera.h 的完整定义，以便读者对其有总体的了解。

```c
/*    文件 file_opera.h -------------------------------------------------- */
#include "main.h"

// ===3 个通用功能函数========================================
void  fat_SetTimeStamp(TCHAR *filename, const RTC_DateTypeDef *sDate, const RTC_TimeTypeDef *sTime);         //用 RTC 格式的日期和时间修改一个文件的时间戳

void  fat_GetTimeStamp(const FILINFO *fno, RTC_DateTypeDef *sDate, RTC_TimeTypeDef *sTime);        //将文件的时间戳数据转化为 RTC 格式的日期和时间

DWORD  fat_GetFatTimeFromRTC();          //从 RTC 获取时间作为 FatFS 的时间戳数据

// ====FatFS 文件读写测试函数==============================
void  fatTest_WriteBinFile(TCHAR *filename, uint32_t pointCount, uint32_t sampFreq);
void  fatTest_ReadBinFile(TCHAR *filename);            //测试读取一个二进制文件

void  fatTest_WriteTXTFile(TCHAR *filename,uint16_t year, uint8_t month, uint8_t day);
void  fatTest_ReadTXTFile(TCHAR *filename);            //测试读取一个文本文件

void  fatTest_GetDiskInfo( );         //获取驱动器的 FAT 信息
void  fatTest_GetFileInfo(TCHAR *filename);            //获取一个文件的信息
void  fatTest_ScanDir(const TCHAR* PathName);          //扫描和显示目录下的文件和目录
void  fatTest_RemoveAll();          //删除根目录下的所有文件和目录
```

我们在本章中介绍了 fat_GetTimeStamp()、fatTest_GetDiskInfo()、fatTest_WriteTXTFile()等函数的实现代码，在后面各章示例中再用到这些函数时，将不再展示其源代码。只有函数 fatTest_ScanDir()和 fatTest_RemoveAll()是在后面的示例中才出现的，在出现的示例里再给出实现代码。

另外，函数 fat_GetFatTimeFromRTC()用于从 RTC 获取时间作为 FatFS 的时间戳数据，是对 12.4.6 节介绍的在文件 diskio.c 中实现的 Disk IO 函数 get_fattime()的封装，这样便于在后续的示例里重复使用。这个函数的实现代码以及文件 file_opera.c 的 include 部分的代码如下：

```c
/*    文件 file_opera.c -------------------------------------------------- */
#include "tftlcd.h"
#include "ff.h"
#include "fatfs.h"
#include "file_opera.h"
#include "rtc.h"
#include <stdio.h>

//从 RTC 获取时间作为文件系统的时间戳数据
DWORD  fat_GetFatTimeFromRTC()
{
    RTC_TimeTypeDef sTime;
    RTC_DateTypeDef sDate;
    if (HAL_RTC_GetTime(&hrtc, &sTime,  RTC_FORMAT_BIN) == HAL_OK)
    {
        HAL_RTC_GetDate(&hrtc, &sDate,  RTC_FORMAT_BIN);
        WORD   date=(2000+sDate.Year-1980)<<9;
        date = date |(sDate.Month<<5) |sDate.Date;

        WORD   time=sTime.Hours<<11;
        time = time | (sTime.Minutes<<5) | (sTime.Seconds>1);
        DWORD  dt=(date<<16) | time;
```

```
            return dt;
    }
    else
        return 0;
}
```

这个函数的代码实现原理见表 12-3 和表 12-4。这样封装为函数后,在后面的示例里,在文件 fatfs.c 中再实现 Disk IO 函数 get_fattime()时,我们就可以直接调用函数 fat_GetFatTimeFromRTC()了,如下所示:

```
#include "file_opera.h"

DWORD get_fattime(void)
{
    return fat_GetFatTimeFromRTC();
}
```

第 13 章　直接访问 SD 卡

SD 卡是嵌入式设备上常用的存储介质，某些 STM32 处理器上有 SDIO 接口，可以连接 SD 卡。本章介绍直接用 HAL 驱动程序访问 SD 卡的编程原理，第 14 章则介绍用 FatFS 管理 SD 卡文件系统的编程方法。搞清楚本章介绍的访问 SD 卡的 HAL 编程原理，有助于读者理解第 14 章介绍的 FatFS 针对 SD 卡的移植程序的原理。

13.1　SD 卡简介

13.1.1　SD 卡的分类

SD 存储卡（Secure Digital Memory Card，简称 SD 卡）是一种基于半导体 Flash 存储器的存储设备，是由 SD 协会（SD Association）管理的一种完全开放的标准。SD 卡具有高容量、高数据传输率、极大的移动灵活性以及很好的安全性，广泛应用于电子产品和嵌入式设备上，如数码相机、手机、行车记录仪等。

经过多年的发展，SD 标准已经迭代了多个版本，SD 卡的容量和速度有了很大的提升，因而也出现了不同类型的 SD 卡。图 13-1 所示的是 SD 协会官网给出的 SD 卡分类图，比较清晰地表示了各种容量和接口速率的 SD 卡类型，其中的 MB/sec 是兆字节每秒。

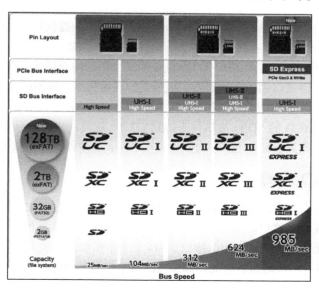

图 13-1　SD 卡分类图（图片来源于 SD 协会官网）

1. 外形尺寸

SD 卡主要有两种外形与尺寸：一种是标准 SD 卡，其大小是 24mm×32mm×2.1mm；另一种是 microSD 卡，通常也被称作 TF（Trans-flash）卡，其大小是 11mm×15mm×1.0mm。SD 标准中还有一种 miniSD 卡，但是已经被 microSD 卡取代。

常规的 SD 卡只有一排针脚，可使用高速和 UHS-I（Ultra-high Speed I）总线速度模式。标准尺寸常规 SD 卡有 9 个针脚（两个 VSS），而常规 microSD 卡有 8 个针脚（一个 VSS）。SD 卡和 microSD 卡的功能相同，只有一个区别，即 SD 卡有一个写保护开关，而 microSD 卡没有。在实际使用中，我们可以将 microSD 卡插入一个 SD 卡转接器，当作 SD 卡来使用。

非常规的 SD 卡有两排针脚，使用了低电压差分信号技术，支持 UHS-II、UHS-III 等总线速度模式。目前，STM32 MCU 上的 SDIO 接口还不支持这种非常规的 SD 卡。

2. 存储容量

按照存储容量划分，SD 卡分为以下 4 种类别，不同的容量类别要使用不同的文件系统。

- SD，容量上限为 2GB，使用 FAT12 和 FAT16 文件系统。
- SDHC，容量为 2GB 至 32GB，使用 FAT32 文件系统。
- SDXC，容量为 32GB 至 2TB，使用 exFAT 文件系统。
- SDUC，容量为 2TB 至 128TB，使用 exFAT 文件系统。

不管 SD 卡的容量多大，SD 卡数据读写的最小单位都是块（Block），一个块的大小是 512 字节。

3. 总线速度

在 SD 1.0 规范中，SD 总线速度的默认模式为 12.5MB/s。在 SD 1.1 规范中，SD 总线速度的高速模式为 25MB/s。为了设计更高读写速度的 SD 卡，SD 协会在 SD 3.01 规范中定义了 UHS-I 模式，在后续版本中又推出了 UHS-II、UHS-III 模式。

UHS-I 使用第一排针脚可达到 104MB/s 的总线速度，而 UHS-II 和 UHS-III 使用了第一排和第二排两排针脚，其中第二排针脚采用了低电压差分信号技术，因此，提供的总线速度比 UHS-I 更快。

SD Express 使用 PCIe Gen 3 接口和 NVMe 应用协议，能提供更快的数据传输，最高可达 985MB/s。

要读写支持某种总线速度的 SD 卡，主机必须支持相应的总线速度模式。例如，一个支持 UHS-I 模式的 SDHC 容量级别的卡，如果主机只支持高速模式，就不能以 UHS-I 的总线速度访问这个 SD 卡，而只能以高速模式访问。

STM32F4 系列 MCU 的 SDIO 接口只支持到 SD 2.0 规范，也就是只支持到 25MB/s 的高速模式。所以，本章后面只以常规 SD 卡为例来说明 SD 卡的硬件接口的软件编程原理。

13.1.2 常规 SD 卡的接口

常规 SD 卡有 9 个引脚，引脚的编号如图 13-2 所示。SD 卡的接口可以是 SDIO 接口或 SPI 接口。由于 STM32F407 的 SDIO 接口不提供 SPI 兼容模式，因此本书只介绍 SDIO 接口。SD 卡 9 个引脚的定义见表 13-1。SD 卡上还有一个写保护开关，属于 SD 卡适配器的功能，与接口无关。

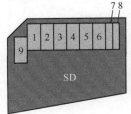

图 13-2　SD 卡引脚图

表 13-1　SD 卡 9 个引脚的定义

引脚编号	名称	功能
1	CD/DATA3	SD 卡检测/数据线 3
2	CMD	命令
3	VSS1	电源地
4	VDD	电源
5	CLK	时钟信号
6	VSS2	电源地
7	DATA0	数据线 0
8	DATA1	数据线 1
9	DATA2	数据线 2

microSD 卡有 8 个引脚，相比于 SD 卡只是少了一个 VSS 引脚，引脚的编号如图 13-3 所示。microSD 卡 8 个引脚的定义见表 13-2。

图 13-3　micro SD 卡引脚图

表 13-2　microSD 卡 8 个引脚的定义

引脚编号	名称	功能
1	DATA2	数据线 2
2	CD/DATA3	SD 卡检测/数据线 3
3	CMD	命令
4	VDD	电源
5	CLK	时钟信号
6	VSS	电源地
7	DATA0	数据线 0
8	DATA1	数据线 1

SD 卡和 microSD 卡的接口功能是相同的，只是引脚分布顺序不一样。这些引脚主要有一个指令线 CMD 和一个时钟线 CLK，还有 4 根数据线 DATA0 至 DATA3，其中，DATA3 还可作为 SD 卡检测线 CD（Card Detection），也就是在 SD 卡插入时产生一个信号，让主机知道 SD 卡插入了。

13.2　SDIO 接口硬件电路

13.2.1　STM32F407 的 SDIO 接口

STM32F407 上有一个 SDIO 接口，可以连接多媒体卡（Multi-media Card，MMC）或 SD 卡。SDIO 接口连接 SD 卡时，具有如下特性。

- 完全兼容 SD 卡规范版本 2.0。
- 支持 2 种数据总线模式：1 位（默认）或 4 位。
- 只支持高速 SD 卡，速度最高为 25MB/s。

注意，STM32F407 的 SDIO 接口没有 SPI 兼容模式。

STM32F407 的 SDIO 接口的模块功能结构如图 13-4 所示。SDIO 接口由两部分组成：SDIO 适配器和 APB2 接口。SDIO 适配器提供 SD 卡访问的功能，如生成时钟、命令和数据传输。APB2 接口访问 SDIO 适配器的寄存器，并生成中断和 DMA 请求。

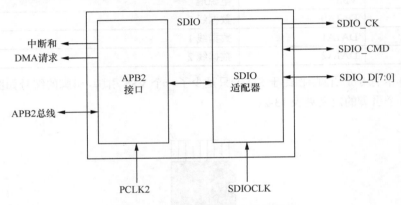

图 13-4 SDIO 接口的模块功能结构

SDIO 使用如下两个时钟信号。
- SDIO 适配器时钟 SDIOCLK，来自时钟树上的 48MHz 时钟源。
- APB2 总线时钟 PCLK2。

PCLK2 和 SDIO_CK 的时钟频率必须满足式（13-1）：

$$f_{\text{PCLK2}} \geq \frac{3}{8} f_{\text{SDIO\_CK}} \tag{13-1}$$

SDIO_CK 是与 SD 卡连接的时钟信号，由 SDIO 适配器产生，其频率由 SDIO 适配器的一个分频器和 SDIOCLK 产生，计算公式如式（13-2）所示：

$$f_{\text{SDIO\_CK}} = \frac{f_{\text{SDIOCLK}}}{2 + N} \tag{13-2}$$

其中，N 是设置的 SDIOCLK 分频系数。一般情况下，SDIOCLK 为 48MHz，所以，当设置分频系数为 0 时，SDIO_CK 最高频率为 24MHz。

MCU 与 SD 卡之间通过 SDIO 接口通信协议进行通信。通信协议由一系列指令组成，通过这些指令可以完成块擦除、块数据读取、块数据写入等各种操作。HAL 库提供了 SDIO 接口访问 SD 卡的各种操作函数，本书就不介绍 SDIO 接口通信的底层原理了，读者只需要知道 HAL 库的 SDIO 接口函数如何使用即可。如果要深入研究 SDIO 接口通信的底层原理，请查看 STM32F407 的参考手册。

13.2.2 开发板上的 microSD 卡连接电路

普中 STM32F407 开发板上有一个 microSD 卡座，就是附录 C 图 C-2 中的【1-1】。MCU 通过 SDIO 接口连接 microSD 卡。开发板上 microSD 卡座的连接电路如图 13-5 所示。这个 SDIO

接口使用了 4 根数据线,这 4 根数据线和 SDIO_CMD 都使用了外接上拉电阻,SDIO_SCK 无外接上拉电阻。

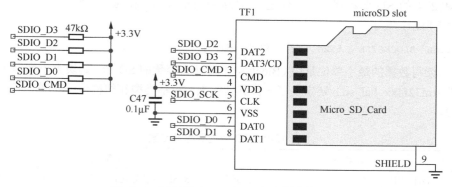

图 13-5 开发板上 microSD 卡座的连接电路

SDIO_D3 引脚同时还可以作为 SD 卡检测引脚 CD,使用 SDIO_D3 引脚的 CD 功能时,SDIO_D3 引脚外部不能连接上拉电阻,而是要连接一个下拉电阻。若卡槽内有 SD 卡,在 SD 卡上电复位时,CD 引脚就会产生一个上跳沿信号。使用 SDIO_D3 的 CD 功能检测 SD 卡插入是一种软件方法,实现起来比较麻烦。

有的 SD 卡座有 CARD_DETECT(CD)和 WRITE_PROTECT(WP)信号引脚,如图 13-6 所示。一般地,SD 卡槽内对 CD 和 WP 引脚有下拉电阻,当 SD 卡插入时,由于卡槽内簧片的机械作用,会使 CD 输出变为高电平。如果将 CD 引脚接 MCU 的一个 EXTI 引脚,那么 CD 的上跳沿变化就表示有 SD 卡插入了。同样地,SD 卡上有一个写保护拨动开关,会使 WP 引脚输出不同的电平信号,表示 SD 卡是否被写保护。

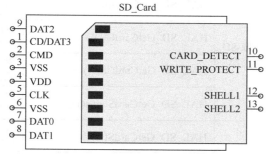

图 13-6 带有 Card_Detect 和 Write_Protect 信号引脚的 SD 卡座

只有 SD 卡才有写保护拨动开关,microSD 卡没有写保护功能。普中 STM32 F407 开发板上的 microSD 卡座没有硬件 CD 信号,所以在使用中不考虑 microSD 插入检测问题,总是假设 microSD 卡已经插入。

13.3 SDIO 接口和 SD 卡的 HAL 驱动程序

HAL 库提供了 SDIO 接口和 SD 卡访问的驱动程序,驱动程序的功能主要包括 SDIO 接口初始化、SD 卡信息读取、SD 卡数据块读写等。我们将 SDIO 接口和 SD 卡访问的 HAL 驱动程序总称为 SD 的 HAL 驱动程序,因为它既包括 SDIO 外设的驱动程序,还包括 SD 卡器件的驱动程序。

SD 的 HAL 驱动程序是访问 SD 卡的软件基础,在针对 SD 卡进行 FatFS 移植时,FatFS 的硬件层访问函数也要用到 SD 的 HAL 驱动程序。所以,本章先介绍如何使用 SD 的 HAL 驱动程序直接访问 SD 卡,第 14 章再介绍在 SD 卡上如何使用 FatFS 管理文件系统。熟悉了本章的内容,读者就容易理解第 14 章的内容了。

13.3.1 SD 驱动程序概述

STM32F4 的 SD 驱动程序头文件是 stm32f4xx_hal_sd.h，在这个文件中，有一个常用的宏定义，如下所示：

```
#define BLOCKSIZE    512U    // 块大小为 512 字节
```

SD 卡读写数据的最小单位是块（Block），不管什么容量的 SD 卡，其块大小都是 512 字节。

文件 stm32f4xx_hal_sd.h 还定义了一些其他的宏、枚举类型和结构体。SD 的主要驱动函数见表 13-3。

表 13-3 SD 的主要驱动函数

分组	函数名	函数功能
初始化和设置	HAL_SD_Init()	SDIO 接口和 SD 卡初始化，内部会调用 HAL_SD_InitCard()
	HAL_SD_InitCard()	SD 卡初始化，如果需要重新初始化 SD 卡，可以单独调用这个函数
	HAL_SD_ConfigWideBusOperation()	设置 SDIO 接口数据线位数，即设置为 1 位或 4 位数据线
	HAL_SD_Erase()	擦除指定编号范围的数据块
读取 SD 卡信息	HAL_SD_GetCardInfo()	读取 SD 卡的信息，包括 SD 卡类型、数据块个数、数据块大小等
	HAL_SD_GetCardCID()	返回 SD 卡上 CID 里存储的信息，包括生产厂家 ID、产品序列号等
	HAL_SD_GetCardCSD()	返回 SD 卡上 CSD 里存储的信息，包括系统版本号、总线最高频率、读取数据块最大长度等
	HAL_SD_GetCardStatus()	返回 SD 卡上 SSR 的内容，包括当前总线位宽、卡的类型等
获取状态	HAL_SD_GetCardState()	获取 SD 卡当前数据状态，返回状态类型是 HAL_SD_CardStateTypeDef
	HAL_SD_GetState()	获取 SDIO 接口的状态，返回状态类型是 HAL_SD_StateTypeDef
	HAL_SD_GetError()	可以在回调函数 HAL_SD_ErrorCallback() 里调用这个函数获取错误编号
轮询方式读写	HAL_SD_ReadBlocks()	以轮询方式读取 1 个或多个数据块的数据
	HAL_SD_WriteBlocks()	以轮询方式写入 1 个或多个数据块的数据
中断方式读写	HAL_SD_ReadBlocks_IT()	以中断方式读取 1 个或多个数据块的数据
	HAL_SD_WriteBlocks_IT()	以中断方式写入 1 个或多个数据块的数据
	HAL_SD_Abort_IT()	取消中断方式传输过程
	HAL_SD_IRQHandler()	SDIO 中断 ISR 里调用的通用处理函数
DMA 方式读写	HAL_SD_ReadBlocks_DMA()	以 DMA 方式读取 1 个或多个数据块的数据
	HAL_SD_WriteBlocks_DMA()	以 DMA 方式写入 1 个或多个数据块的数据
	HAL_SD_Abort()	取消 DMA 方式传输过程
回调函数	HAL_SD_RxCpltCallback()	中断方式或 DMA 方式接收数据完成时的回调函数
	HAL_SD_TxCpltCallback()	中断方式或 DMA 方式发送数据完成时的回调函数
	HAL_SD_AbortCallback()	取消中断或 DMA 方式数据传输过程时的回调函数
	HAL_SD_ErrorCallback()	发生错误时的回调函数

SDIO 接口可以在 CubeMX 中可视化配置，生成的代码会自动调用 HAL_SD_Init()对 SDIO 接口和 SD 卡进行初始化。SD 卡初始化完成后，程序可以通过 HAL_SD_GetCardInfo()等函数读取 SD 卡的一些信息和参数。SD 卡的数据读写有轮询、中断和 DMA 方式，常用的是轮询和 DMA 方式。SD 的驱动程序中只有 4 个回调函数，最主要的是 HAL_SD_RxCpltCallback()和 HAL_SD_TxCpltCallback()。

13.3.2 初始化和配置函数

函数 HAL_SD_Init()用于对 SDIO 接口和 SD 卡进行初始化。SDIO 接口的设置主要包括数据线条数、SDIOCLK 时钟分频系数等。函数 HAL_SD_Init()内部会调用函数 HAL_SD_InitCard()对 SD 卡进行初始化。

CubeMX 生成的 SDIO 外设程序文件 sdio.c 包含初始化函数 MX_SDIO_SD_Init()，用于对 SDIO 接口和 SD 卡初始化。文件 sdio.c 还定义了一个 SD_HandleTypeDef 结构体类型变量 hsd，如下所示：

```
SD_HandleTypeDef    hsd;    //SD对象变量
```

之所以称 hsd 是 SD 对象变量，是因为它表示了 SDIO 接口和 SD 卡。&hsd 称为 SD 对象指针，SD 的 HAL 驱动函数都需要一个 SD 对象指针作为输入参数。

函数 HAL_SD_Erase()用于擦除 1 个或多个数据块。SD 卡是 Flash 类型存储器，在向一个块写入数据时，这个块必须是被擦除过的，否则数据是无法写入的。函数 HAL_SD_Erase()的原型定义如下：

```
HAL_StatusTypeDef HAL_SD_Erase(SD_HandleTypeDef *hsd, uint32_t BlockStartAdd, uint32_t BlockEndAdd)
```

其中，hsd 是 SD 对象指针，BlockStartAdd 是起始的块编号，BlockEndAdd 是截止的块编号。注意，在 SD 的 HAL 驱动函数中，块地址参数都是指块编号。

13.3.3 读取 SD 卡的参数信息

1. SD 卡的寄存器

SD 卡上有一些内置的寄存器，这些寄存器存储了 SD 卡的一些信息和参数。
- CID，128 位长度，卡的识别码（Card Identification）寄存器。这个寄存器存储了生产商 ID、卡的序列号（32 位无符号整数）、生产日期等信息。通过函数 HAL_SD_GetCardCID() 可以读取 CID 寄存器的内容。
- CSD，128 位长度，卡的特性数据（Card Specific Data）寄存器。这个寄存器包含访问该卡数据时的必要配置信息，如读取数据时间、SDIO_SCK 最大时钟频率、读取/写入操作最大耗电流、是否允许擦除单个数据块等。通过函数 HAL_SD_GetCardCSD()可以读取 CSD 寄存器的内容。
- OCR，32 位长度，工作条件寄存器（Operation Condition Register）。这个寄存器存储了卡的 VDD 电压轮廓图。访问存储器的阵列需要 2.7V 至 3.6V 的工作电压，OCR 显示了在访问卡的数据时所需要的电压范围。
- SCR，64 位长度，SD 配置寄存器（SD Configuration Register）。这个寄存器存储了 SD 卡的特殊功能特性信息，例如，支持的 SD 规范版本、数据被擦除后状态是 0 还是 1、支持的安全算法类型等。MMC 卡没有 SCR。
- RCA，16 位长度，卡的相对地址（Relative Card Address）寄存器。这个寄存器保存着在卡识别过程中卡发布的器件地址，在卡识别后，主机利用该地址与卡进行通信。这个寄存器在 SPI 接口模式下无效。
- SSR，512 位长度，SD 状态寄存器（SD Status Register）。这个寄存器保存着卡的特性参数，如当前总线位宽、卡的类型、卡的速度等级、卡的分区单元大小等，通过函数 HAL_SD_GetCardStatus()可以读取 SSR 的内容。SSR 的详细字段解释见 STM32F4xx 中文参考手册的 28.4.12 节。
- CSR，32 位长度，卡状态寄存器（Card Status Register）。这个寄存器包含 SD 卡操作时的一些状态信息，例如，指令的参数大小是否超过范围、CRC 校验是否成功等。
- DSR，16 位长度，驱动级别寄存器（Driver Stage Register），用于配置卡的输出驱动。DSR 不是必须有的，有的 SD 卡里可能没有这个寄存器。

这几个寄存器中，CID、CSD、OCR 和 SCR 用于保存卡的配置信息；RCA 用于保存卡识别过程中暂时分配的相对地址，在主机与卡之间通信时使用；SSR 用于保存卡的特性参数，CSR 用于保存上一次 SD 卡操作的状态信息。

某些寄存器可以由函数直接读取，例如，函数 HAL_SD_GetCardCID()可读取 CID 的内容，函数 HAL_SD_GetCardCSD()可读取 CSD 的内容，函数 HAL_SD_GetCardStatus()可读取 SSR 的内容。另外，函数 HAL_SD_GetCardInfo()可以返回 SD 卡的一些主要信息，例如卡的类型、数据块个数、块的大小等。

2. 读取 CID 的函数 HAL_SD_GetCardCID()

函数 HAL_SD_GetCardCID()用于读取 CID 的内容，其原型定义如下：

```
HAL_StatusTypeDef HAL_SD_GetCardCID(SD_HandleTypeDef *hsd, HAL_SD_CardCIDTypeDef *pCID)
```

其中，参数 hsd 是 SD 对象指针，参数 pCID 是 HAL_SD_CardCIDTypeDef 结构体指针，是一个返回参数，它指向的变量保存了 SD 卡 CID 的内容。结构体 HAL_SD_CardCIDTypeDef 的定义如下，各成员变量的意义见注释：

```
typedef struct
{
    __IO uint8_t      ManufacturerID;    //生产厂家 ID
    __IO uint16_t     OEM_AppliID;       //OEM/应用 ID
    __IO uint32_t     ProdName1;         //产品名称 1
    __IO uint8_t      ProdName2;         //产品名称 2
    __IO uint8_t      ProdRev;           //产品版本
    __IO uint32_t     ProdSN;            //产品序列号
    __IO uint8_t      Reserved1;         //保留单元
    __IO uint16_t     ManufactDate;      //生产日期
    __IO uint8_t      CID_CRC;           //CID CRC 校验值
    __IO uint8_t      Reserved2;         //保留单元，总是 1
}HAL_SD_CardCIDTypeDef;
```

3. 读取 CSD 的函数 HAL_SD_GetCardCSD()

函数 HAL_SD_GetCardCSD()用于读取 CSD 的内容，其原型定义如下：

```
HAL_StatusTypeDef HAL_SD_GetCardCSD(SD_HandleTypeDef *hsd, HAL_SD_CardCSDTypeDef *pCSD)
```

其中，参数 hsd 是 SD 对象指针，参数 pCSD 是 HAL_SD_CardCSDTypeDef 结构体指针，是一个返回参数，它指向的变量保存了 SD 卡的 CSD 的内容。结构体 HAL_SD_CardCSDTypeDef 的定义如下，各成员变量的意义见注释：

```
typedef struct
{
    __IO uint8_t    CSDStruct;              //CSD 结构版本，0 或 1
    __IO uint8_t    SysSpecVersion;         //系统规格版本,1.0用于SD卡,2.0用于SDHC/SDXC/SDUC
    __IO uint8_t    Reserved1;              //保留单元 1
    __IO uint8_t    TAAC;                   //数据读取访问时间 1，单位：msec
    __IO uint8_t    NSAC;                   //数据读取访问时间 2，单位：时钟周期数
    __IO uint8_t    MaxBusClkFrec;          //最高总线时钟频率，如 25MHz
    __IO uint16_t   CardComdClasses;        //卡的指令集合
    __IO uint8_t    RdBlockLen;             //最大读取数据块长度，512 字节
    __IO uint8_t    PartBlockRead;          //允许读取部分数据块，0x01=YES
    __IO uint8_t    WrBlockMisalign;        //写数据块允许不对齐(misalignment)，0x00=NO
    __IO uint8_t    RdBlockMisalign;        //读数据块允许不对齐(misalignment)，0x00=NO
    __IO uint8_t    DSRImpl;                //是否有 DSR，0x00=NO
    __IO uint8_t    Reserved2;              //保留单元 2
    __IO uint32_t   DeviceSize;             //器件容量大小
    __IO uint8_t    MaxRdCurrentVDDMin;     //最大读操作电流@VDD min，如 100mA
    __IO uint8_t    MaxRdCurrentVDDMax;     //最大读操作电流@VDD max，如 80mA
    __IO uint8_t    MaxWrCurrentVDDMin;     //最大写操作电流@VDD min，如 100mA
    __IO uint8_t    MaxWrCurrentVDDMax;     //最大写操作电流@VDD max，如 80mA
    __IO uint8_t    DeviceSizeMul;          //器件容量相乘因子
    __IO uint8_t    EraseGrSize;            //擦除群（group）大小
    __IO uint8_t    EraseGrMul;             //擦除群大小相乘因子
    __IO uint8_t    WrProtectGrSize;        //写保护群大小
    __IO uint8_t    WrProtectGrEnable;      //允许写保护群，0x01=YES
    __IO uint8_t    ManDeflECC;             //制造商默认 ECC
    __IO uint8_t    WrSpeedFact;            //写速度因子
    __IO uint8_t    MaxWrBlockLen;          //最大写数据块长度，512 字节
    __IO uint8_t    WriteBlockPaPartial;    //允许写部分块，0x01=YES
    __IO uint8_t    Reserved3;              //保留单元 3
    __IO uint8_t    ContentProtectAppli;    //内容保护应用
    __IO uint8_t    FileFormatGroup;        //文件格式群
    __IO uint8_t    CopyFlag;               //复制标志
    __IO uint8_t    PermWrProtect;          //永久写保护
    __IO uint8_t    TempWrProtect;          //临时写保护
    __IO uint8_t    FileFormat;             //文件格式
    __IO uint8_t    ECC;                    //ECC 代码
    __IO uint8_t    CSD_CRC;                //CSD CRC 校验值
    __IO uint8_t    Reserved4;              //保留单元 4，总是 1
}HAL_SD_CardCSDTypeDef;
```

结构体 HAL_SD_CardCSDTypeDef 的成员变量很多，这里只是给出了简单的注释，很多变量的值是用代码表示的，若要搞清楚变量的详细意义，请参考 SD 标准手册。

4. 读取 SSR 的函数 HAL_SD_GetCardStatus()

函数 HAL_SD_GetCardStatus()用于读取 SSR 的内容，其原型定义如下：

```
HAL_StatusTypeDef HAL_SD_GetCardStatus(SD_HandleTypeDef *hsd, HAL_SD_CardStatusTypeDef *pStatus)
```

其中，参数 hsd 是 SD 对象指针，参数 pStatus 是 HAL_SD_CardStatusTypeDef 结构体指针，是一个返回参数。结构体 HAL_SD_CardStatusTypeDef 的定义如下，各成员变量的意义见注释：

```
typedef struct
{
    __IO uint8_t   DataBusWidth;        //当前数据总线位宽, 0=1位宽, 2=4位宽
    __IO uint8_t   SecuredMode;         //卡的安全操作模式, 0=未处于安全模式, 1=处于安全模式
    __IO uint16_t  CardType;            //卡的类型, 0=常规 SD RD/WR 卡, 1=SD ROM 卡
    __IO uint32_t  ProtectedAreaSize;   //受保护区域的大小
    __IO uint8_t   SpeedClass;          //卡的速度级别
    __IO uint8_t   PerformanceMove;     //卡的移动性能级别
    __IO uint8_t   AllocationUnitSize;  //卡的分配单元（allocation unit, AU）大小
    __IO uint16_t  EraseSize;           //一次操作擦除的 AU 个数, 取值为 1 至 65 535
    __IO uint8_t   EraseTimeout;        //擦除操作超时时间设置, 单位: 秒, 范围为 1~63
    __IO uint8_t   EraseOffset;         //擦除操作的偏移量
}HAL_SD_CardStatusTypeDef;
```

结构体 HAL_SD_CardStatusTypeDef 的成员变量大多是用代码表示的，几个主要变量的意义如下。各成员变量的代码值的意义详见 STM32F4xx 中文参考手册的 28.4.12 节。

- DataBusWidth 表示数据总线位宽，0x00=1 位宽度，0x02=4 位宽度。
- SecuredMode 表示卡当前所处的安全操作模式，0=未处于安全模式，1=处于安全模式。
- CardType 表示卡的类型，目前只定义了 2 种，0=常规 SD RD/WR 卡，1=SD ROM 卡。
- AllocationUnitSize 表示分配单元（AU）大小，也就是格式化 SD 卡时一个簇的大小，簇的大小是块的整数倍。AllocationUnitSize 的取值与实际分配单元的大小见表 13-4。

表 13-4　AllocationUnitSize 的取值与实际分配单元的大小

AllocationUnitSize 的取值	实际分配单元的大小
0x00	未定义
0x01	16KB
0x02	32KB
0x03	64KB
0x04	128KB
0x05	256KB
0x06	512KB
0x07	1MB
0x08	2MB
0x09	4MB
0x0A~0x0F	保留

AU 的最大值取决于 SD 卡的容量大小，例如，容量为 512MB 的卡的 AU 最大值为 2MB，容量为 1GB 至 32GB 的卡的 AU 最大值是 4MB。在使用 FatFS 的函数 f_mkfs()格式化 SD 卡时，我们可以选择自动设置 AU 的大小。

5. 获取 SD 卡信息的函数 HAL_SD_GetCardInfo()

函数 HAL_SD_GetCardInfo()用于返回 SD 卡的一些主要信息，它并不是读取 SD 卡的某个寄存器，而是读取这些寄存器中的一些主要参数。函数 HAL_SD_GetCardInfo()的原型定义如下：

```
HAL_StatusTypeDef HAL_SD_GetCardInfo(SD_HandleTypeDef *hsd, HAL_SD_CardInfoTypeDef *pCardInfo)
```

返回的数据保存在指针 pCardInfo 指向的 HAL_SD_CardInfoTypeDef 类型的结构体变量中，

这个结构体的定义如下，各成员变量的意义见注释：

```
typedef struct
{
    uint32_t CardType;              //卡的类型
    uint32_t CardVersion;           //卡的版本
    uint32_t Class;                 //卡的级别
    uint32_t RelCardAdd;            //卡的相对地址
    uint32_t BlockNbr;              //以块为单位的卡容量
    uint32_t BlockSize;             //块的大小，单位：字节
    uint32_t LogBlockNbr;           //卡的逻辑容量，单位：块
    uint32_t LogBlockSize;          //逻辑块大小，单位：字节
}HAL_SD_CardInfoTypeDef;
```

SD 卡的块大小是 512 字节，一般情况下，卡的逻辑块大小就等于块的大小，逻辑块的个数也等于块的个数。

13.3.4 获取 SD 卡的当前状态

SD 卡的操作时序是比较复杂的，一个操作有时涉及多个状态之间的转换，例如，上电时 SD 卡的识别过程，或将数据写入 SD 卡的过程。SD 的 HAL 驱动函数封装了这些复杂的操作过程，但是有些函数在执行后，要求用函数 HAL_SD_GetCardState()查询 SD 卡的状态，以确定操作是否完成。

函数 HAL_SD_GetCardState()用于查询 SD 卡当前的状态，其原型定义如下：

```
HAL_SD_CardStateTypeDef HAL_SD_GetCardState(SD_HandleTypeDef *hsd)
```

函数的返回值类型是 HAL_SD_CardStateTypeDef，它就是 uint32_t 类型，stm32f4xx_hal_sd.h 中定义了各种状态的宏定义常数。

```
#define HAL_SD_CARD_READY           0x00000001U     //卡处于就绪状态
#define HAL_SD_CARD_IDENTIFICATION  0x00000002U     //卡处于识别状态
#define HAL_SD_CARD_STANDBY         0x00000003U     //卡处于休眠状态
#define HAL_SD_CARD_TRANSFER        0x00000004U     //卡处于传输状态
#define HAL_SD_CARD_SENDING         0x00000005U     //卡正在发送一个操作
#define HAL_SD_CARD_RECEIVING       0x00000006U     //卡正在接收一个操作信息
#define HAL_SD_CARD_PROGRAMMING     0x00000007U     //卡正在编程写入状态
#define HAL_SD_CARD_DISCONNECTED    0x00000008U     //卡已断开连接
#define HAL_SD_CARD_ERROR           0x000000FFU     //卡响应错误
```

SD 卡在上电时会自动进行卡识别，识别过程中卡处于识别状态。识别完成后，卡在空闲时处于传输状态（HAL_SD_CARD_TRANSFER），注意，不是就绪状态。所以，要检查一个操作是否完成，只需看函数 HAL_SD_GetCardState()返回的状态是否为 HAL_SD_CARD_TRANSFER。

13.3.5 以轮询方式读写 SD 卡

SD 卡读写数据的最小单位是块，一个块的大小是 512 字节。读写数据的方法有阻塞式（Blocking）和非阻塞式（Nonblocking），以中断或 DMA 方式读写数据是非阻塞式的，以轮询方式读写数据是阻塞式的。以轮询方式读取 SD 卡数据的函数是 HAL_SD_ReadBlocks()，其原型定义如下：

```
HAL_StatusTypeDef HAL_SD_ReadBlocks(SD_HandleTypeDef *hsd, uint8_t *pData, uint32_t
BlockAdd, uint32_t NumberOfBlocks, uint32_t Timeout)
```

其中，hsd 是 SD 对象指针；pData 是读出数据保存缓冲区的指针；BlockAdd 是读取数据的起始块编号；NumberOfBlocks 是要读取的块的个数，可以大于 1；Timeout 是超时等待节拍数，默认情况下单位就是毫秒。如果在 Timeout 时间内成功读取了数据，函数的返回值为 HAL_OK。

读出的数据会保存到缓冲区 pData 里，这个缓冲区的大小应该是 BLOCKSIZE*NumberOfBlocks 字节，BLOCKSIZE 是在文件 stm32f4xx_hal_sd.h 中定义的宏常数，值为 512，也就是一个块的字节数。

以轮询方式向 SD 卡写入数据的函数是 HAL_SD_WriteBlocks()，其原型定义如下：

```
HAL_StatusTypeDef HAL_SD_WriteBlocks(SD_HandleTypeDef *hsd, uint8_t *pData, uint32_t BlockAdd, uint32_t NumberOfBlocks, uint32_t Timeout);
```

其中，hsd 是 SD 对象指针；pData 是待写入数据缓冲区的指针；BlockAdd 是要写入位置的起始块编号；NumberOfBlocks 是要写入的块的个数，可以大于 1；Timeout 是超时等待节拍数。如果在 Timeout 时间内成功写入了数据，函数的返回值为 HAL_OK。

在调用函数 HAL_SD_WriteBlocks() 写入数据块时，无须先执行块擦除操作，该函数内部会执行块擦除操作。

13.3.6 以中断方式读写 SD 卡

以中断方式读取 SD 卡数据的函数是 HAL_SD_ReadBlocks_IT()，其原型定义如下：

```
HAL_StatusTypeDef HAL_SD_ReadBlocks_IT(SD_HandleTypeDef *hsd, uint8_t *pData, uint32_t BlockAdd, uint32_t NumberOfBlocks)
```

其中，hsd 是 SD 对象指针；pData 是读出数据保存缓冲区的指针；BlockAdd 是读取数据的起始块编号；NumberOfBlocks 是要读取的块的个数，可以大于 1。

以中断方式读取数据是非阻塞式的，也就是数据未读取完，函数 HAL_SD_ReadBlocks_IT() 就退出了，继续执行后面的代码。如果开启了 SDIO 全局中断，在数据读取完成后，会调用回调函数 HAL_SD_RxCpltCallback()；如果需要在数据读取完成后做处理，就需要重新实现这个回调函数。

以中断方式向 SD 卡写数据的函数是 HAL_SD_WriteBlocks_IT()，其原型定义如下：

```
HAL_StatusTypeDef HAL_SD_WriteBlocks_IT(SD_HandleTypeDef *hsd, uint8_t *pData, uint32_t BlockAdd, uint32_t NumberOfBlocks)
```

其中，hsd 是 SD 对象指针；pData 是待写入数据缓冲区的指针；BlockAdd 是要写入位置的起始块编号；NumberOfBlocks 是要写入的块的个数，可以大于 1。

如果开启了 SDIO 全局中断，在数据写入完成后，会调用回调函数 HAL_SD_TxCpltCallback()；如果需要在数据写入完成后做处理，就需要重新实现这个回调函数。

13.3.7 以 DMA 方式读写 SD 卡

以 DMA 方式传输数据可以减少 CPU 的负荷，提高系统运行效率。SDIO 有 SDIO_TX 和 SDIO_RX 两个 DMA 请求，可以分别配置 DMA 流，因此，可以使用 DMA 方式读写 SD 卡。

以 DMA 方式读取 SD 卡数据的函数是 HAL_SD_ReadBlocks_DMA()，其原型定义如下：

```
HAL_StatusTypeDef HAL_SD_ReadBlocks_DMA(SD_HandleTypeDef *hsd, uint8_t *pData, uint32_t BlockAdd, uint32_t NumberOfBlocks);
```

以 DMA 方式向 SD 卡写入数据的函数是 HAL_SD_WriteBlocks_DMA()，其原型定义如下：

```
HAL_StatusTypeDef HAL_SD_WriteBlocks_DMA(SD_HandleTypeDef *hsd, uint8_t *pData,
uint32_t BlockAdd, uint32_t NumberOfBlocks);
```

以 DMA 方式读取完数据后，会调用回调函数 HAL_SD_RxCpltCallback()。以 DMA 方式写入数据完成后，会调用回调函数 HAL_SD_TxCpltCallback()。注意，必须开启 SDIO 的全局中断，SDIO 的 DMA 方式才能正常工作，否则可能出现异常。本章后面会以示例演示 DMA 方式进行 SD 卡读写的操作。

13.4 示例一：以轮询方式读写 SD 卡

13.4.1 示例功能与 CubeMX 项目设置

在本节中，我们创建一个示例项目 Demo13_1SDRaw，演示如何以轮询方式直接访问 SD 卡。开发板上 microSD 卡座的连接电路如图 13-5 所示，使用了 4 根数据线。

本示例要用到 LCD 和 4 个按键，使用 CubeMX 模板项目文件 M4_LCD_KeyLED.ioc 创建本示例的 CubeMX 文件 Demo13_1SDRaw.ioc（操作方法见附录 A）。我们可以删除 2 个 LED 的 GPIO 配置。

SDIO 在组件面板的 Connectivity 分组里，SDIO 接口的模式设置如图 13-7 所示。SDIO 连接 SD 卡时，有 1 线或 4 线模式，还可以连接 MMC 卡。根据开发板的实际电路，我们将模式设置为 SD 4 bits Wide bus。

启用 SDIO 后，在时钟树上会自动启用 48MHz 时钟信号。如果这个时钟信号不是 48MHz，会出现对话框提示解决时钟问题，使用自动解决时钟信号问题即可。与 SDIO 相关的时钟信号是 PCLK2 和 48MHz 时钟信号，如图 13-8 所示。PCLK2 是 SDIO 模块的时钟，48MHz 时钟信号作为 SDIO 适配器时钟信号 SDIOCLK，用于产生 SDIO_CK 时钟信号驱动 SD 卡。

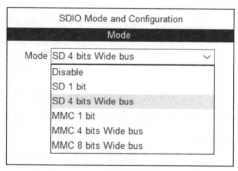

图 13-7 SDIO 接口的模式设置

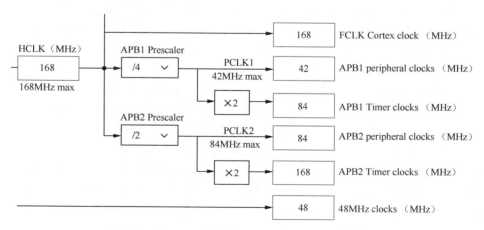

图 13-8 与 SDIO 相关的 PCLK2 和 48MHz 时钟信号

将 SDIO 模式设置为 SD 4 bits Wide bus 后，自动分配 SDIO 的 GPIO 引脚设置如图 13-9 所示，自动分配的 GPIO 引脚与开发板上的实际电路是对应的。从图 13-5 可以看到，实际电路上除 SDIO_CK 外，其他几个引脚都有外部上拉电阻，所以在 CubeMX 中无须再为这些引脚设置内部上拉。所有引脚的模式被自动设置为复用推挽模式，输出速率为最高。

Pin Name	Signal on Pin	GPIO mode	GPIO Pull-up/Pull-down	Maximum output speed
PC8	SDIO_D0	Alternate Function Push Pull	No pull-up and no pull-down	Very High
PC9	SDIO_D1	Alternate Function Push Pull	No pull-up and no pull-down	Very High
PC10	SDIO_D2	Alternate Function Push Pull	No pull-up and no pull-down	Very High
PC11	SDIO_D3	Alternate Function Push Pull	No pull-up and no pull-down	Very High
PC12	SDIO_CK	Alternate Function Push Pull	No pull-up and no pull-down	Very High
PD2	SDIO_CMD	Alternate Function Push Pull	No pull-up and no pull-down	Very High

图 13-9　自动分配 SDIO 的 GPIO 引脚设置

SDIO 的参数设置如图 13-10 所示，这些参数主要对应于 SDIO 时钟控制寄存器 SDIO_CLKCR 的一些位。这些参数的意义和设置结果如下。

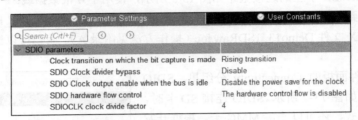

图 13-10　SDIO 的参数设置

（1）Clock transition on which the bit capture is made 对应于寄存器 SDIO_CLKCR 中的 NEGEDGE 位，设置在时钟的哪个跳变沿捕获位数据，默认是在上跳沿（Rising transition）捕获数据。

（2）SDIO Clock divider bypass 对应于寄存器 SDIO_CLKCR 中的 BYPASS 位，设置 SDIO 时钟分频器旁路是否使能。如果设置为 Enable，SDIOCLK 将直接作为 SDIO_CK 信号。如果设置为 Disable，将根据式（13-2）由 SDIOCLK 时钟信号和分频系数生成 SDIO_CK 时钟。默认选项为 Disable。

（3）SDIO Clock output enable when the bus is idle 对应于寄存器 SDIO_CLKCR 中的 PWRSAV 位，设置在总线空闲时是否还使能 SDIO_CK 时钟，也就是配置 SDIO 的节能模式。如果设置为 Disable，就是始终使能 SDIO_CK 时钟；如果设置为 Enable，就只在总线激活时才使能 SDIO_CK 时钟。默认选项为 Disable。

（4）SDIO hardware flow control 对应于寄存器 SDIO_CLKCR 中的 HWFC_EN 位，设置是否使用 SDIO 硬件流控制功能。可设置为 The hardware flow control is disabled 或 The hardware flow control is enabled。硬件流控制功能用于避免 FIFO 下溢（发送模式）和上溢（接收模式）错误，默认选项为 The hardware control flow is disabled，即不使用硬件流功能。

（5）SDIOCLK clock divide factor 对应于寄存器 SDIO_CLKCR 中的 CLKDIV，是一个 8 位二进制数，用于设置 SDIOCLK 时钟的分频系数。当参数 SDIO Clock divider bypass 被设置为 Disable 时，可以根据式（13-2），用 SDIOCLK 和这个分频系数计算 SDIO_CK 信号频率：

$$f_{\text{SDIO\_CK}} = \frac{f_{\text{SDIOCLK}}}{2+N}$$

其中，N 就是设置的分频系数，N 的取值范围是 0 到 255，$f_{SDIOCLK}$ 一般就是 48MHz。所以，当 $N = 0$ 时，f_{SDIO_CK}=24MHz；当 $N = 4$ 时，f_{SDIO_CK}=8MHz。在我们使用的开发板上，由于 SD 卡槽离 MCU 较远，SDIO_CK 的频率设置为 24MHz 时通信总是出错，设置为 8MHz 时就比较稳定。

本示例使用轮询方式进行 SDIO 操作，所以无须启用其中断或设置 DMA。

13.4.2 主程序与 SDIO 接口/SD 卡初始化

1. 初始主程序

在 CubeMX 中完成设置后生成代码，还未添加任何用户程序的主程序代码如下。在外设初始化部分，函数 MX_SDIO_SD_Init()用于对 SDIO 接口和 SD 卡进行初始化。

```c
/* 文件：main.c  --------------------------------------------------------*/
#include "main.h"
#include "sdio.h"
#include "gpio.h"
#include "fsmc.h"

int main(void)
{
    HAL_Init();
    SystemClock_Config();
/* Initialize all configured peripherals */
    MX_GPIO_Init();
    MX_FSMC_Init();
    MX_SDIO_SD_Init();           //SDIO 接口和 SD 卡初始化
    while (1)
    {
    }
}
```

2. SDIO 接口和 SD 卡初始化

CubeMX 自动生成了初始化函数 MX_SDIO_SD_Init()，在文件 sdio.h 和 sdio.c 中定义和实现，其实现代码如下：

```c
/* 文件：sdio.c  --------------------------------------------------------*/
#include "sdio.h"
SD_HandleTypeDef  hsd;           //SD 对象变量，用于表示 SDIO 接口和 SD 卡

/*   SDIO 接口和 SD 卡初始化函数   */
void MX_SDIO_SD_Init(void)
{
    hsd.Instance = SDIO;            //寄存器基址
    hsd.Init.ClockEdge = SDIO_CLOCK_EDGE_RISING;          //时钟上升沿
    hsd.Init.ClockBypass = SDIO_CLOCK_BYPASS_DISABLE;     //禁止旁路
    hsd.Init.ClockPowerSave = SDIO_CLOCK_POWER_SAVE_DISABLE;   //始终使能 SDIO_CK 时钟
    hsd.Init.BusWide = SDIO_BUS_WIDE_1B;       //总线位宽，初始 1 位，后面再设置为 4 位
    hsd.Init.HardwareFlowControl = SDIO_HARDWARE_FLOW_CONTROL_DISABLE;  //无硬件流控制
    hsd.Init.ClockDiv = 4;           //分频系数
    if (HAL_SD_Init(&hsd) != HAL_OK)           //SD 初始化，会调用 HAL_SD_MspInit()
        Error_Handler();

    /* 配置为 4 位总线宽度 */
    if (HAL_SD_ConfigWideBusOperation(&hsd, SDIO_BUS_WIDE_4B) != HAL_OK)
        Error_Handler();
```

```
    /* SDIO 的 MSP 初始化函数，在 HAL_SD_Init()中被调用 */
    void HAL_SD_MspInit(SD_HandleTypeDef* sdHandle)
    {
        GPIO_InitTypeDef GPIO_InitStruct = {0};
        if(sdHandle->Instance==SDIO)
        {
            __HAL_RCC_SDIO_CLK_ENABLE();        //SDIO 时钟使能
            __HAL_RCC_GPIOC_CLK_ENABLE();
            __HAL_RCC_GPIOD_CLK_ENABLE();
        /**SDIO GPIO 配置
            PC8     ------> SDIO_D0
            PC9     ------> SDIO_D1
            PC10    ------> SDIO_D2
            PC11    ------> SDIO_D3
            PC12    ------> SDIO_CK
            PD2     ------> SDIO_CMD    */
            GPIO_InitStruct.Pin = GPIO_PIN_8|GPIO_PIN_9|GPIO_PIN_10|GPIO_PIN_11
                    |GPIO_PIN_12;
            GPIO_InitStruct.Mode = GPIO_MODE_AF_PP;
            GPIO_InitStruct.Pull = GPIO_NOPULL;
            GPIO_InitStruct.Speed = GPIO_SPEED_FREQ_VERY_HIGH;
            GPIO_InitStruct.Alternate = GPIO_AF12_SDIO;
            HAL_GPIO_Init(GPIOC, &GPIO_InitStruct);     //配置 GPIO 引脚

            GPIO_InitStruct.Pin = GPIO_PIN_2;
            GPIO_InitStruct.Mode = GPIO_MODE_AF_PP;
            GPIO_InitStruct.Pull = GPIO_NOPULL;
            GPIO_InitStruct.Speed = GPIO_SPEED_FREQ_VERY_HIGH;
            GPIO_InitStruct.Alternate = GPIO_AF12_SDIO;
            HAL_GPIO_Init(GPIOD, &GPIO_InitStruct);     //配置 PD2=SDIO_CMD
        }
    }
```

文件 sdio.c 定义了一个 SD_HandleTypeDef 类型的变量 hsd，用于表示 SDIO 接口，也用于表示连接的 SD 卡，所以称之为 SD 对象变量。

函数 MX_SDIO_SD_Init()对 hsd 的一些成员变量赋值，这些赋值的代码与 CubeMX 中的设置是对应的。设置好 SDIO 的各种属性后，调用函数 HAL_SD_Init()对 SDIO 接口和 SD 卡进行初始化，还调用了函数 HAL_SD_ConfigWideBusOperation()将 SDIO 设置为 4 位总线宽度。

重新实现的 MSP 函数 HAL_SD_MspInit()对 SDIO 接口的 GPIO 引脚进行初始化，这个 MSP 函数在 MX_SDIO_SD_Init()中被调用。

函数 HAL_SD_Init()内部会调用 HAL_SD_InitCard()进行 SD 卡的初始化，也就是进行卡识别、读取 SD 卡参数等。所以，执行函数 MX_SDIO_SD_Init()完成初始化后，我们就可以直接操作 SD 卡了。

13.4.3 程序功能实现

1. 主程序

请在 CubeMX 生成的初始化代码的基础上添加用户功能代码。我们先将 TFT_LCD 和 KEY_LED 驱动程序目录添加到项目搜索路径（操作方法见附录 A），然后在主程序中添加代码。完成的主程序代码如下：

```c
/* 文件: main.c ------------------------------------------------------------*/
#include "main.h"
#include "sdio.h"
#include "gpio.h"
#include "fsmc.h"
/* USER CODE BEGIN Includes */
#include "tftlcd.h"
#include "keyled.h"
/* USER CODE END Includes */

int main(void)
{
    HAL_Init();
    SystemClock_Config();
    /* Initialize all configured peripherals */
    MX_GPIO_Init();
    MX_FSMC_Init();
    MX_SDIO_SD_Init();

    /* USER CODE BEGIN 2 */
    TFTLCD_Init();              //LCD 初始化
    LCD_ShowStr(10,10,(uint8_t*)"Demo13_1: SD card R/W");
    LCD_ShowStr(10,LCD_CurY+LCD_SP10,(uint8_t*)"Read/write SD card directly");
//菜单项
    LCD_ShowStr(10,LCD_CurY+LCD_SP15,(uint8_t*)"[1]KeyUp   =SD card info");
    LCD_ShowStr(10,LCD_CurY+LCD_SP10,(uint8_t*)"[2]KeyDown =Erase 0-10 blocks");
    LCD_ShowStr(10,LCD_CurY+LCD_SP10,(uint8_t*)"[3]KeyLeft =Write block");
    LCD_ShowStr(10,LCD_CurY+LCD_SP10,(uint8_t*)"[4]KeyRight=Read block");

    uint16_t InfoStartPosY=LCD_CurY+LCD_SP15;     //信息显示起始行
    LcdFRONT_COLOR=lcdColor_WHITE;
    while(1)
    {
        KEYS waitKey=ScanPressedKey(KEY_WAIT_ALWAYS);           //一直等待按键
        LCD_ClearLine(InfoStartPosY, LCD_H,LcdBACK_COLOR);      //清除信息显示区
        LCD_CurY= InfoStartPosY;        //设置 LCD 当前行

        if (waitKey == KEY_UP)
            SDCard_ShowInfo();          //显示 SD 卡信息
        else if (waitKey == KEY_DOWN)
            SDCard_EraseBlocks();       //擦除 Block 0~10
        else if(waitKey == KEY_LEFT)
            SDCard_TestWrite();         //测试写入，写入之前无须擦除块，会自动擦除
        else if (waitKey == KEY_RIGHT)
            SDCard_TestRead();          //测试读取

        LCD_ShowStr(10,LCD_CurY+LCD_SP20,(uint8_t*)"Reselect menu item or reset");
        HAL_Delay(500);           //消除按键抖动影响
    }
    /* USER CODE END 2 */

    /* Infinite loop */
    while (1)
    {
    }
}
```

主程序在 LCD 上显示了一个文字菜单，通过 4 个按键选择菜单，实现相应的操作，具体如下。

- 按下 KeyUp 键时,调用函数 SDCard_ShowInfo()显示 SD 卡信息。
- 按下 KeyLeft 键时,调用函数 SDCard_TestWrite()测试向 Block 5 写入数据。
- 按下 KeyRight 键时,调用函数 SDCard_TestRead()测试从 Block 5 读取数据。
- 按下 KeyDown 键时,调用函数 SDCard_EraseBlocks()擦除 Block 0 至 10。

这 4 个函数都是在 main.h 和 main.c 中定义和实现的用户功能函数。函数源程序写在文件 main.c 的/* USER CODE BEGIN/END 4 */沙箱段内,下面分别介绍这几个函数的实现代码。

2. 显示 SD 卡信息

我们在 13.3.3 节介绍过几个可以获取 SD 卡的寄存器和参数信息的函数,其中信息量比较集中、对于用户比较有用的是函数 HAL_SD_GetCardInfo()获取的 SD 卡信息,它包括 SD 卡类型、数据块个数、容量等信息。自定义函数 SDCard_ShowInfo()调用函数 HAL_SD_GetCardInfo()获取信息,并在 LCD 上显示,其代码如下:

```
void  SDCard_ShowInfo( )            //显示 SD 卡的信息
{
    HAL_SD_CardInfoTypeDef   cardInfo;      //SD 卡信息结构体变量
    HAL_StatusTypeDef res=HAL_SD_GetCardInfo(&hsd, &cardInfo);
    if (res!=HAL_OK)
    {
        LCD_ShowStr(10, LCD_CurY,(uint8_t*)"HAL_SD_GetCardInfo() error");
        return;
    }

    LCD_ShowStr(10, LCD_CurY,(uint8_t*)"*** HAL_SD_GetCardInfo() info ***");
    LCD_ShowStr(10,LCD_CurY+LCD_SP15,(uint8_t*)"Card Type= ");
    LCD_ShowUint(LCD_CurX,LCD_CurY, cardInfo.CardType);

    LCD_ShowStr(10,LCD_CurY+LCD_SP10,(uint8_t*)"Card Version= ");
    LCD_ShowUint(LCD_CurX,LCD_CurY, cardInfo.CardVersion);

    LCD_ShowStr(10,LCD_CurY+LCD_SP10,(uint8_t*)"Card Class= ");
    LCD_ShowUint(LCD_CurX,LCD_CurY, cardInfo.Class);

    LCD_ShowStr(10,LCD_CurY+LCD_SP10,(uint8_t*)"Relative Card Address= ");
    LCD_ShowUint(LCD_CurX,LCD_CurY, cardInfo.RelCardAdd);

    LCD_ShowStr(10,LCD_CurY+LCD_SP10,(uint8_t*)"Block Count= ");
    LCD_ShowUint(LCD_CurX,LCD_CurY, cardInfo.BlockNbr);

    LCD_ShowStr(10,LCD_CurY+LCD_SP10,(uint8_t*)"Block Size(Bytes)= ");
    LCD_ShowUint(LCD_CurX,LCD_CurY, cardInfo.BlockSize);

    LCD_ShowStr(10,LCD_CurY+LCD_SP10,(uint8_t*)"LogiBlockCount= ");
    LCD_ShowUint(LCD_CurX,LCD_CurY, cardInfo.LogBlockNbr);

    LCD_ShowStr(10,LCD_CurY+LCD_SP10,(uint8_t*)"LogiBlockSize(Bytes)= ");
    LCD_ShowUint(LCD_CurX,LCD_CurY, cardInfo.LogBlockSize);

    LCD_ShowStr(10,LCD_CurY+LCD_SP10,(uint8_t*)"SD Card Capacity(MB)= ");
    uint32_t  cap=cardInfo.BlockNbr>>1;     //以 KB 为单位
    cap =cap>>10;    //以 MB 为单位
    LCD_ShowUint(LCD_CurX,LCD_CurY, cap);
}
```

上述代码的主要功能就是调用函数 HAL_SD_GetCardInfo()获取 SD 卡的信息,并将返回的信息存储在结构体 HAL_SD_CardInfoTypeDef 类型的变量 cardInfo 里,这个结构体各成员变量的意义参见 13.3.3 节。在开发板上插入一个 16GB 的 microSD 卡,运行时,在 LCD 上显示的 SD 卡信息如下:

```
Card Type= 1
Card Version= 1
Card Class= 1461
Relative Card Address= 7
Block Count= 30449664
Block Size(Bytes)= 512
LogiBlockCount= 30449664
LogiBlockSize(Bytes)= 512
SD Card Capacity(MB)= 14868
```

16GB 的 SD 卡属于 SDHC 卡,所以 Card Type 显示为 1。SD 卡的块大小总是 512 字节。SD 卡的实际容量可以根据数据块个数和块大小计算出来,测试中,SD 卡的数据块个数为 30 449 664,计算出来的实际容量是 14 868MB。

还可以使用函数 HAL_SD_GetCardCSD()和 HAL_SD_GetCardCID()获取 SD 卡的 CSD 和 CID 寄存器的信息,用函数 HAL_SD_GetCardStatus()获取 SD 卡的状态信息。读者可以自己编程测试读取这些参数,这里就不具体介绍了。

3. 擦除块

函数 HAL_SD_Erase()用于擦除 SD 卡指定的数据块,自定义函数 SDCard_EraseBlocks()演示了这个函数的用法,代码如下:

```
void SDCard_EraseBlocks()              //擦除数据块 0~10
{
    uint32_t BlockAddrStart=0;         // Block 0,地址使用块编号
    uint32_t BlockAddrEnd=10;          // Block 10
    LCD_ShowStr(10, LCD_CurY,(uint8_t*)"*** Erasing blocks ***");

    if (HAL_SD_Erase(&hsd, BlockAddrStart, BlockAddrEnd)==HAL_OK)
        LCD_ShowStr(10,LCD_CurY+LCD_SP15,(uint8_t*)"Erasing blocks,OK");
    else
        LCD_ShowStr(10,LCD_CurY+LCD_SP15,(uint8_t*)"Erasing blocks,fail");

    HAL_SD_CardStateTypeDef cardState=HAL_SD_GetCardState(&hsd);
    LCD_ShowStr(10,LCD_CurY+LCD_SP15,(uint8_t*)"GetCardState()= ");
    LCD_ShowUint(LCD_CurX,LCD_CurY,cardState);
    while(cardState != HAL_SD_CARD_TRANSFER)    //等待返回传输状态
    {
        HAL_Delay(1);
        cardState=HAL_SD_GetCardState(&hsd);
    }
    LCD_ShowStr(10,LCD_CurY+LCD_SP15,(uint8_t*)"Blocks 0-10 is erased.");
}
```

函数 HAL_SD_Erase()用于擦除指定地址范围内的数据块,注意,数据块的地址用的是块编号。执行完函数 HAL_SD_Erase()后,应该调用函数 HAL_SD_GetCardState()获取卡状态。SD 卡完成各种操作后处于传输状态,即 HAL_SD_CARD_TRANSFER,对应值为 4。

4. 写入数据

SD 卡读写数据是以块为单位的,函数 HAL_SD_WriteBlocks()以轮询方式向 SD 卡写入数据。自定义函数 SDCard_TestWrite()测试向 SD 卡写入数据,代码如下:

```c
void SDCard_TestWrite()                //测试写入
{
    LCD_ShowStr(10, LCD_CurY,(uint8_t*)"*** Writing blocks ***");
    uint8_t pData[BLOCKSIZE]="Hello, welcome to UPC\0";   //BLOCKSIZE=512
    uint32_t BlockAddr=5;              //块编号
    uint32_t BlockCount=1;             //块的个数
    uint32_t TimeOut=1000;             //超时等待时间, 节拍数
    if (HAL_SD_WriteBlocks(&hsd,pData,BlockAddr,BlockCount,TimeOut)==HAL_OK)
    {
        LCD_ShowStr(10,LCD_CurY+LCD_SP15,(uint8_t*)"Write to block 5, OK");
        LCD_ShowStr(10,LCD_CurY+LCD_SP15,(uint8_t*)"The string is:");
        LCD_ShowStr(30,LCD_CurY+LCD_SP10,pData);
    }
    else
        LCD_ShowStr(10,LCD_CurY+LCD_SP15,(uint8_t*)"Write to block 5, fail ***");
}
```

上述程序定义了一个 uint8_t 类型的数组 pData，长度为 BLOCKSIZE 字节。BLOCKSIZE 是在文件 stm32f4xx_hal.h 中定义的宏，其值为 512，也就是 SD 卡一个块的大小。

函数 HAL_SD_WriteBlocks()的原型在 13.3.5 节介绍过，这里只写入了 1 个数据块，实际中也可以写入多个数据块。在调用函数 HAL_SD_WriteBlocks()之前，我们无须调用函数 HAL_SD_Erase()擦除数据块，函数 HAL_SD_WriteBlocks()内部会自动擦除数据块，然后再写入。

5. 读取数据

函数 HAL_SD_ReadBlocks()以轮询方式从 SD 卡读取数据。自定义函数 SDCard_TestRead()测试从 SD 卡读取数据，代码如下：

```c
void SDCard_TestRead()                 //测试读取
{
    LCD_ShowStr(10, LCD_CurY,(uint8_t*)"*** Reading blocks ***");
    uint8_t pData[BLOCKSIZE];          //BLOCKSIZE=512
    uint32_t BlockAddr=5;              //块编号
    uint32_t BlockCount=1;             //块的个数
    uint32_t TimeOut=1000;             //超时等待时间, 节拍数
    if (HAL_SD_ReadBlocks(&hsd,pData,BlockAddr,BlockCount,TimeOut)== HAL_OK)
    {
        LCD_ShowStr(10,LCD_CurY+LCD_SP15,(uint8_t*)"Read block 5, OK");
        LCD_ShowStr(10,LCD_CurY+LCD_SP15,(uint8_t*)"The string is:");
        LCD_ShowStr(30,LCD_CurY+LCD_SP10,pData);
    }
    else
        LCD_ShowStr(10,LCD_CurY+LCD_SP15,(uint8_t*)"Read block 5, fail ***");
}
```

使用函数 HAL_SD_ReadBlocks()可以从 SD 卡某个数据块开始，将 1 个或多个块的数据读取到缓冲区。程序运行时会发现，从 Block 5 读出的字符串与 SDCard_TestWrite()里向 Block 5 写入的字符串相同，复位或掉电重启后，读出的数据也一样，说明 SD 卡的读写操作是正确的。

13.5 示例二：以 DMA 方式读写 SD 卡

13.5.1 示例功能与 CubeMX 项目设置

SD 的 HAL 驱动程序提供了 DMA 方式读写 SD 卡的函数，即 HAL_SD_WriteBlocks_DMA() 和 HAL_SD_ReadBlocks_DMA()。当 SD 卡读写数据量比较大时，使用 DMA 方式可以减少处

13.5 示例二：以DMA方式读写SD卡

器负荷，提高运行效率。在本节中，我们就用一个示例演示DMA方式读写SD卡的操作。

我们将项目Demo13_1SDRaw整个复制为Demo13_2SD_DMA（操作方法见附录B），在复制后的项目的基础上进行修改，在CubeMX中保留SDIO的模式和参数设置。

对SDIO进行DMA设置，结果如图13-11所示。SDIO有SDIO_RX（接收）和SDIO_TX（发送）两个DMA请求，需要分别关联DMA流。两个DMA流的模式都自动设置为Peripheral Flow Control（外设流程控制），都会自动使用FIFO，数据宽度自动设置为Word，Memory端开启地址自增功能。DMA配置中各个参数的意义详见《基础篇》第13章。

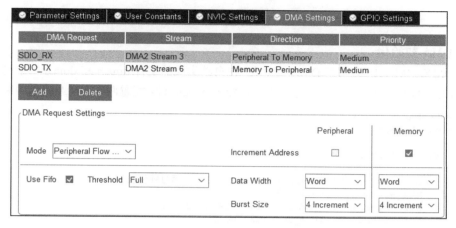

图 13-11　SDIO 的 DMA 设置

注意，对SDIO进行DMA配置后，还必须打开SDIO的全局中断。实际使用中发现，如果不打开SDIO的全局中断，在使用DMA方式进行读写时，有时会出现失败的情况。SDIO及其关联DMA流的中断设置如图13-12所示，SDIO全局中断的抢占优先级应高于或等于DMA流的抢占优先级。

NVIC Interrupt Table	Enabled	Preemption Priority	Sub Priority
SDIO global interrupt	☑	1	0
DMA2 stream3 global interrupt	☑	2	0
DMA2 stream6 global interrupt	☑	2	0

图 13-12　SDIO 及其关联 DMA 流的中断设置

13.5.2　主程序与外设初始化

1. 初始主程序

完成设置后，CubeMX会自动生成代码。初始的主程序代码如下，相比前一个示例，这段代码增加了DMA初始化函数MX_DMA_Init()：

```
/* 文件: main.c -----------------------------------------------------------*/
#include "main.h"
#include "dma.h"
#include "sdio.h"
#include "gpio.h"
#include "fsmc.h"
```

```
int main(void)
{
    HAL_Init();
    SystemClock_Config();
/* Initialize all configured peripherals */
    MX_GPIO_Init();
    MX_DMA_Init();              //DMA 初始化
    MX_FSMC_Init();
    MX_SDIO_SD_Init();          //SDIO 接口和 SD 卡初始化
    while (1)
    {
    }
}
```

2. DMA 初始化

函数 MX_DMA_Init()用于 DMA 初始化，在自动生成的文件 dma.h 和 dma.c 中定义和实现。这个函数的源代码如下，其功能就是使能 DMA2 控制器时钟，配置两个 DMA 流的中断优先级。

```
/* 文件：dma.c ---------------------------------------------------------------*/
#include "dma.h"

void MX_DMA_Init(void)
{
    __HAL_RCC_DMA2_CLK_ENABLE();        //DMA2 控制器时钟使能
    /* DMA2_Stream3_IRQn 中断配置 */
    HAL_NVIC_SetPriority(DMA2_Stream3_IRQn, 2, 0);
    HAL_NVIC_EnableIRQ(DMA2_Stream3_IRQn);

    /* DMA2_Stream6_IRQn 中断配置 */
    HAL_NVIC_SetPriority(DMA2_Stream6_IRQn, 2, 0);
    HAL_NVIC_EnableIRQ(DMA2_Stream6_IRQn);
}
```

3. SDIO 接口和 SD 卡初始化

文件 sdio.c 中的初始化函数 MX_SDIO_SD_Init()以及相关变量和函数的代码如下：

```
/* 文件：sdio.c --------------------------------------------------------------*/
#include "sdio.h"
SD_HandleTypeDef hsd;                   //SD 对象变量，用于表示 SDIO 接口和 SD 卡
DMA_HandleTypeDef hdma_sdio_rx;         //SDIO_RX 的 DMA 流对象
DMA_HandleTypeDef hdma_sdio_tx;         //SDIO_TX 的 DMA 流对象

void MX_SDIO_SD_Init(void)
{
    hsd.Instance = SDIO;              //寄存器基址
    hsd.Init.ClockEdge = SDIO_CLOCK_EDGE_RISING;
    hsd.Init.ClockBypass = SDIO_CLOCK_BYPASS_DISABLE;
    hsd.Init.ClockPowerSave = SDIO_CLOCK_POWER_SAVE_DISABLE;
    hsd.Init.BusWide = SDIO_BUS_WIDE_1B;
    hsd.Init.HardwareFlowControl = SDIO_HARDWARE_FLOW_CONTROL_DISABLE;
    hsd.Init.ClockDiv = 4;
    if (HAL_SD_Init(&hsd) != HAL_OK)    //内部会调用函数 HAL_SD_MspInit()
        Error_Handler();
    if (HAL_SD_ConfigWideBusOperation(&hsd, SDIO_BUS_WIDE_4B) != HAL_OK)
        Error_Handler();
}

void HAL_SD_MspInit(SD_HandleTypeDef* sdHandle)
{
```

```c
GPIO_InitTypeDef GPIO_InitStruct = {0};
if(sdHandle->Instance==SDIO)
{
    __HAL_RCC_SDIO_CLK_ENABLE();              //SDIO 时钟使能
    __HAL_RCC_GPIOC_CLK_ENABLE();
    __HAL_RCC_GPIOD_CLK_ENABLE();
    /** SDIO GPIO 配置    */
    GPIO_InitStruct.Pin = GPIO_PIN_8|GPIO_PIN_9|GPIO_PIN_10|GPIO_PIN_11
            |GPIO_PIN_12;
    GPIO_InitStruct.Mode = GPIO_MODE_AF_PP;
    GPIO_InitStruct.Pull = GPIO_NOPULL;
    GPIO_InitStruct.Speed = GPIO_SPEED_FREQ_VERY_HIGH;
    GPIO_InitStruct.Alternate = GPIO_AF12_SDIO;
    HAL_GPIO_Init(GPIOC, &GPIO_InitStruct);

    GPIO_InitStruct.Pin = GPIO_PIN_2;
    GPIO_InitStruct.Mode = GPIO_MODE_AF_PP;
    GPIO_InitStruct.Pull = GPIO_NOPULL;
    GPIO_InitStruct.Speed = GPIO_SPEED_FREQ_VERY_HIGH;
    GPIO_InitStruct.Alternate = GPIO_AF12_SDIO;
    HAL_GPIO_Init(GPIOD, &GPIO_InitStruct);

    /* SDIO DMA 初始化 */
    /* SDIO_RX DMA 初始化设置 */
    hdma_sdio_rx.Instance = DMA2_Stream3;                //DMA 流寄存器基址
    hdma_sdio_rx.Init.Channel = DMA_CHANNEL_4;           //DMA 通道，即外设 DMA 请求
    hdma_sdio_rx.Init.Direction = DMA_PERIPH_TO_MEMORY;  //外设到存储器
    hdma_sdio_rx.Init.PeriphInc = DMA_PINC_DISABLE;
    hdma_sdio_rx.Init.MemInc = DMA_MINC_ENABLE;          //存储器地址自增
    hdma_sdio_rx.Init.PeriphDataAlignment = DMA_PDATAALIGN_WORD;
    hdma_sdio_rx.Init.MemDataAlignment = DMA_MDATAALIGN_WORD;
    hdma_sdio_rx.Init.Mode = DMA_PFCTRL;                 //外设流程控制
    hdma_sdio_rx.Init.Priority = DMA_PRIORITY_MEDIUM;
    hdma_sdio_rx.Init.FIFOMode = DMA_FIFOMODE_ENABLE;
    hdma_sdio_rx.Init.FIFOThreshold = DMA_FIFO_THRESHOLD_FULL;
    hdma_sdio_rx.Init.MemBurst = DMA_MBURST_INC4;
    hdma_sdio_rx.Init.PeriphBurst = DMA_PBURST_INC4;
    if (HAL_DMA_Init(&hdma_sdio_rx) != HAL_OK)           //SDIO_RX DMA 通道初始化
        Error_Handler();
    __HAL_LINKDMA(sdHandle,hdmarx,hdma_sdio_rx);         //DMA 通道与 SDIO 对象关联

    /* SDIO_TX DMA 初始化*/
    hdma_sdio_tx.Instance = DMA2_Stream6;                //DMA 流寄存器基址
    hdma_sdio_tx.Init.Channel = DMA_CHANNEL_4;           //DMA 通道，即外设 DMA 请求
    hdma_sdio_tx.Init.Direction = DMA_MEMORY_TO_PERIPH;  //存储器到外设
    hdma_sdio_tx.Init.PeriphInc = DMA_PINC_DISABLE;
    hdma_sdio_tx.Init.MemInc = DMA_MINC_ENABLE;          //存储器地址自增
    hdma_sdio_tx.Init.PeriphDataAlignment = DMA_PDATAALIGN_WORD;
    hdma_sdio_tx.Init.MemDataAlignment = DMA_MDATAALIGN_WORD;
    hdma_sdio_tx.Init.Mode = DMA_PFCTRL;                 //外设流程控制
    hdma_sdio_tx.Init.Priority = DMA_PRIORITY_MEDIUM;
    hdma_sdio_tx.Init.FIFOMode = DMA_FIFOMODE_ENABLE;
    hdma_sdio_tx.Init.FIFOThreshold = DMA_FIFO_THRESHOLD_FULL;
    hdma_sdio_tx.Init.MemBurst = DMA_MBURST_INC4;
    hdma_sdio_tx.Init.PeriphBurst = DMA_PBURST_INC4;
    if (HAL_DMA_Init(&hdma_sdio_tx) != HAL_OK)
        Error_Handler();
    __HAL_LINKDMA(sdHandle,hdmatx,hdma_sdio_tx);         //DMA 通道与 SDIO 对象关联

    /* SDIO 全局中断初始化设置 */
    HAL_NVIC_SetPriority(SDIO_IRQn, 1, 0);
```

```
            HAL_NVIC_EnableIRQ(SDIO_IRQn);
    }
}
```

MSP 初始化函数 HAL_SD_MspInit() 中增加了 DMA 初始化功能，上述程序定义了两个 DMA 流对象与 SDIO 的两个 DMA 请求关联。DMA 的原理在《基础篇》第 13 章详细介绍过，这里的代码是 CubeMX 自动生成的，就不再解释了。

13.5.3 程序功能实现

1. 主程序

在主程序中修改和添加代码，完成的主程序代码如下：

```
/* 文件：main.c ----------------------------------------------------------*/
#include "main.h"
#include "dma.h"
#include "sdio.h"
#include "gpio.h"
#include "fsmc.h"
/* USER CODE BEGIN Includes */
#include "tftlcd.h"
#include "keyled.h"
/* USER CODE END Includes */

/* Private variables ----------------------------------------------------*/
/* USER CODE BEGIN PV */
uint8_t  SDBuf_TX[BLOCKSIZE];        //数据发送缓冲区，BLOCKSIZE=512
uint8_t  SDBuf_RX[BLOCKSIZE];        //数据接收缓冲区
/* USER CODE END PV */

int main(void)
{
    HAL_Init();
    SystemClock_Config();
    /* Initialize all configured peripherals */
    MX_GPIO_Init();
    MX_DMA_Init();
    MX_FSMC_Init();
    MX_SDIO_SD_Init();

    /* USER CODE BEGIN 2 */
    TFTLCD_Init();              //LCD 初始化
    LCD_ShowStr(10,10,(uint8_t*)"Demo13_2: SD card R/W-DMA");
    LCD_ShowStr(10,LCD_CurY+LCD_SP10,(uint8_t*)"Read/write SD card via DMA");
//显示菜单
    LCD_ShowStr(10,LCD_CurY+LCD_SP15,(uint8_t*)"[1]KeyUp   =SD card info");
    LCD_ShowStr(10,LCD_CurY+LCD_SP10,(uint8_t*)"[2]KeyDown =Erase 0-10 block");
    LCD_ShowStr(10,LCD_CurY+LCD_SP10,(uint8_t*)"[3]KeyLeft =Write block");
    LCD_ShowStr(10,LCD_CurY+LCD_SP10,(uint8_t*)"[4]KeyRight=Read block");

    uint16_t InfoStartPosY=LCD_CurY+LCD_SP15;    //信息显示起始行
    LcdFRONT_COLOR=lcdColor_WHITE;
    while(1)
    {
        KEYS waitKey=ScanPressedKey(KEY_WAIT_ALWAYS);               //一直等待按键
        LCD_ClearLine(InfoStartPosY, LCD_H,LcdBACK_COLOR);           //清除信息显示区
        LCD_CurY= InfoStartPosY;          //设置 LCD 当前行

        if  (waitKey == KEY_UP)
```

```
            {
                SDCard_ShowInfo();              //显示 SD 卡信息
                LCD_ShowStr(10,LCD_CurY+LCD_SP20,(uint8_t*)"Reselect menu item or reset");
            }
            else if (waitKey == KEY_DOWN)
            {
                SDCard_EraseBlocks();           //擦除 Block 0~10
                LCD_ShowStr(10,LCD_CurY+LCD_SP20,(uint8_t*)"Reselect menu item or reset");
            }
            else if(waitKey == KEY_LEFT)
                SDCard_TestWrite_DMA();         //测试写入，写入之前无须擦除块，会自动擦除
            else if (waitKey == KEY_RIGHT)
                SDCard_TestRead_DMA();          //测试读取

            HAL_Delay(500);                     //消除按键抖动影响
        }
  /* USER CODE END 2 */

  /* Infinite loop */
  while (1)
  {
  }
}
```

上述程序定义了两个 uint8_t 类型的全局数组 SDBuf_TX 和 SDBuf_RX，其大小都是 BLOCKSIZE，也就是 512 字节。因为以 DMA 方式读写数据是非阻塞式的，需要使用全局变量作为存储数据的缓冲区。

主程序显示了 4 个菜单项，通过 4 个按键选择操作。SDCard_ShowInfo()和 SDCard_EraseBlocks() 的代码与前一示例的完全相同，就不再显示和解释了。函数 SDCard_TestWrite_DMA()以 DMA 方式向 SD 卡写入数据，函数 SDCard_TestRead_DMA()以 DMA 方式从 SD 卡读取数据。

2. 中断 ISR 和回调函数

在示例中，SDIO 的全局中断开启了，两个 DMA 流中断也是自动打开的，在文件 **stm32f4xx_it.c** 中，自动生成了这 3 个中断的 ISR，代码如下：

```
void SDIO_IRQHandler(void)                      //SDIO 全局中断 ISR
{
    HAL_SD_IRQHandler(&hsd);
}

void DMA2_Stream6_IRQHandler(void)              //SDIO_TX 关联 DMA 流中断的 ISR
{
    HAL_DMA_IRQHandler(&hdma_sdio_tx);
}

void DMA2_Stream3_IRQHandler(void)              //SDIO_RX 关联 DMA 流中断的 ISR
{
    HAL_DMA_IRQHandler(&hdma_sdio_rx);
}
```

SDIO 有两个最主要的回调函数，HAL_SD_TxCpltCallback()是在中断方式或 DMA 方式发送数据完成时执行的回调函数，HAL_SD_RxCpltCallback()是在中断方式或 DMA 方式接收数据完成时执行的回调函数。本示例需要重新实现这两个回调函数，为了便于使用全局数组 SDBuf_TX 和 SDBuf_RX，这两个回调函数放在文件 main.c 里实现。

3. DMA 方式写数据

函数 HAL_SD_WriteBlocks_DMA() 以 DMA 方式向 SD 卡写入数据。在文件 main.c 中自定义的函数 SDCard_TestWrite_DMA() 就用这个函数测试向 SD 卡写入数据，同时，还需要实现回调函数 HAL_SD_TxCpltCallback()。在文件 main.c 中实现的自定义函数都写在/* USER CODE BEGIN/END 4 */沙箱段内。这两个函数的代码如下：

```
void  SDCard_TestWrite_DMA()          //DMA方式写入数据
{
    LCD_ShowStr(10, LCD_CurY,(uint8_t*)"*** DMA writing block ***");
    for(uint16_t i=0;i<BLOCKSIZE; i++)
        SDBuf_TX[i]=i;                //生成数据

    LCD_ShowStr(10, LCD_CurY+LCD_SP15,(uint8_t*)"Writing block 6");
    LCD_ShowStr(10, LCD_CurY+LCD_SP15,(uint8_t*)"Data in [10:15] is:");
    LCD_ShowUint(20,LCD_CurY+LCD_SP10,SDBuf_TX[10]);
    for (uint16_t j=11; j<=15;j++)
    {
        LCD_ShowChar(LCD_CurX,LCD_CurY, ',',0);
        LCD_ShowUint(LCD_CurX,LCD_CurY, SDBuf_TX[j]);
    }

    LCD_ShowStr(10,LCD_CurY+LCD_SP15,(uint8_t*)"HAL_SD_WriteBlocks_DMA() is called");
    uint32_t BlockAddr=6;             //块编号
    uint32_t BlockCount=1;            //块的个数
    HAL_SD_WriteBlocks_DMA(&hsd,SDBuf_TX,BlockAddr,BlockCount);   //会自动擦除Block
}

void HAL_SD_TxCpltCallback(SD_HandleTypeDef *hsd)     //DMA发送完成的回调函数
{
    LCD_ShowStr(10,LCD_CurY+LCD_SP15,(uint8_t*)"DMA write complete.");
    LCD_ShowStr(10,LCD_CurY+LCD_SP10,(uint8_t*)"HAL_SD_TxCpltCallback() is called");
    LCD_ShowStr(10,LCD_CurY+LCD_SP20,(uint8_t*)"Reselect menu item or reset");
}
```

上述程序首先将数组 SDBuf_TX 填满数据，然后调用函数 HAL_SD_WriteBlocks_DMA() 将数组 SDBuf_TX 里的数据写入 SD 卡的 Block 6。函数 HAL_SD_WriteBlocks_DMA() 可以一次写入多个数据块，写入之前无须擦除块，函数里会自动擦除。函数 HAL_SD_WriteBlocks_DMA() 的原型定义详见 13.3.7 节。

函数 HAL_SD_WriteBlocks_DMA() 返回 HAL_OK 只表示 DMA 操作正确，并不表示数据写入完成了。以 DMA 方式向 SD 卡写入数据完成后，会执行回调函数 HAL_SD_TxCpltCallback()，重新实现的这个回调函数的代码很简单，就是显示信息，表示 DMA 写入已完成。运行时会发现，此回调函数能被正常调用，表示 DMA 方式写入数据成功。

4. DMA 方式读取数据

函数 HAL_SD_ReadBlocks_DMA() 以 DMA 方式读取 SD 卡的数据，SDCard_TestRead_DMA() 使用这个函数测试读取 SD 卡数据，同时，还需要实现回调函数 HAL_SD_RxCpltCallback()。这两个函数的代码如下：

```
void  SDCard_TestRead_DMA()           //测试以DMA方式读取数据
{
    LCD_ShowStr(10, LCD_CurY,(uint8_t*)"*** DMA reading block***");
    LCD_ShowStr(10,LCD_CurY+LCD_SP15,(uint8_t*)"HAL_SD_ReadBlocks_DMA() is called");
    uint32_t BlockAddr=6;             //块编号
```

```
        uint32_t BlockCount=1;              //块的个数
        HAL_SD_ReadBlocks_DMA(&hsd,SDBuf_RX,BlockAddr,BlockCount);
}

void HAL_SD_RxCpltCallback(SD_HandleTypeDef *hsd)       //DMA 接收数据完成的回调函数
{
    LCD_ShowStr(10,LCD_CurY+LCD_SP15,(uint8_t*)"DMA read complete");
    LCD_ShowStr(10,LCD_CurY+LCD_SP10,(uint8_t*)"HAL_SD_RxCpltCallback() is called");

    LCD_ShowStr(10, LCD_CurY+LCD_SP15,(uint8_t*)"Data in [10:15] is:");
    LCD_ShowUint(20,LCD_CurY+LCD_SP10,SDBuf_RX[10]);
    for (uint16_t j=11; j<=15;j++)
    {
        LCD_ShowChar(LCD_CurX,LCD_CurY, ',',0);
        LCD_ShowUint(LCD_CurX,LCD_CurY, SDBuf_RX[j]);
    }
    LCD_ShowStr(10,LCD_CurY+LCD_SP20,(uint8_t*)"Reselect menu item or reset");
}
```

函数 SDCard_TestRead_DMA()调用函数 HAL_SD_ReadBlocks_DMA()读取 Block 6 的数据，保存到全局数组 SDBuf_RX 里。同样地，函数 HAL_SD_ReadBlocks_DMA()返回 HAL_OK 只是表示 DMA 操作正确，并不表示数据读取完成了。

以 DMA 方式读取 SD 卡数据完成后，会执行回调函数 HAL_SD_RxCpltCallback()，重新实现的这个回调函数显示了数组 SDBuf_RX 里的部分内容。在开发板上运行测试，如果 Block 6 被写入了数据，会发现读出的数据与写入的数据一致；如果 Block 6 被擦除后没有写入数据，读出的数组内容全部是 0。注意，SD 卡被擦除后，存储单元的内容可能是 0，也可能是 0xFF，会因 SD 卡的不同而不一样。

第 14 章 用 FatFS 管理 SD 卡文件系统

我们在第 13 章介绍了通过 SD 的 HAL 驱动程序直接读写 SD 卡数据块的方法，但是因为 SD 卡容量比较大，在实际使用中，一般是在 SD 卡上创建文件系统，将数据以文件形式进行管理。本章就介绍如何用 FatFS 管理 SD 卡的文件系统。

14.1 SD 卡文件系统概述

现在常用的 SD 卡容量一般是 16GB、32GB 或更大，存储的数据格式可能也比较复杂，所以在实际使用中，一般是在 SD 卡上创建文件系统，用 FatFS 管理 SD 卡上的文件系统。

我们在第 12 章介绍了在 User-defined 存储介质上移植 FatFS 的原理，并以 SPI-Flash 存储芯片 W25Q128 为例，介绍了 FatFS 移植的具体实现过程。FatFS 的移植主要就是针对存储介质实现几个 Disk IO 函数。如果将 SD 卡看作一个 User-defined 存储介质，可以用同样的方法进行 FatFS 的移植，只需使用 SD 的 HAL 驱动程序实现几个 Disk IO 函数即可。

在使用 CubeMX 进行 SD 卡的 FatFS 文件系统管理开发时，我们无须自己实现 FatFS 底层 Disk IO 函数的移植，CubeMX 生成的代码中，已经针对 SDIO 接口和 SD 卡做好了 FatFS 的移植，直接使用 FatFS 的应用层接口函数进行文件系统管理即可。

使用 FatFS 管理 SD 卡的文件系统时，SD 卡的数据读写可以采用轮询方式或 DMA 方式。本章设计两个示例。第一个示例中，SDIO 以轮询方式访问 SD 卡，介绍 FatFS 管理 SD 卡文件系统的原理，以及 FatFS 针对 SD 卡的 Disk IO 访问函数的实现原理。第二个示例中，SDIO 以 DMA 方式访问 SD 卡，介绍 DMA 方式访问 SD 卡时 FatFS 的 Disk IO 函数实现原理。在 FreeRTOS 中使用 FatFS 管理 SD 卡的文件系统时，SDIO 只能使用 DMA 方式（见第 17 章）。

14.2 示例一：阻塞式访问 SD 卡

14.2.1 示例功能与 CubeMX 项目设置

在本节中，我们设计一个示例 Demo14_1SD_FAT，使用 FatFS 在 SD 卡上创建文件系统，并测试文件读写功能。本示例采用 SD 的 HAL 阻塞式数据传输函数访问 SD 卡。

本示例要用到 LCD 和 4 个按键，为此我们使用 CubeMX 模板项目文件 M4_LCD_KeyLED.ioc 创建本示例 CubeMX 文件 Demo14_1SD_FAT.ioc（操作方法见附录 A）。2 个 LED 的 GPIO 引脚设置可以删除。

本示例要使用 RTC 为 FatFS 提供时间戳，所以在 RCC 组件的模式设置中启用 LSE，并在时钟树上将 LSE 设置为 RTC 的时钟源。在 RTC 的模式设置中，只需启用时钟源和日历（见图 14-1），RTC 参数设置部分随便设置一个初始日期和时间，其他参数保留默认值即可。无须开启 RTC 的其他功能，本示例只是要读取 RTC 的当前日期和时间。

1. SDIO 设置

SDIO 的模式设置为 SD 4 bits Wide bus，其参数设置如图 14-2 所示。

启用 SDIO 后，在时钟树上会自动启用 48MHz 时钟信号。如果这个时钟信号不是 48MHz，使用自动解决时钟信号问题功能。分频系数（SDIOCLK clock divide factor）决定了给 SD 卡的时钟信号 SDIO_CK 的频率，这里的系数设置为 4，SDIO_CK 的频率就是 8MHz。

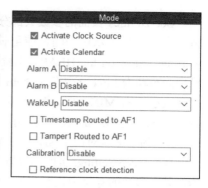

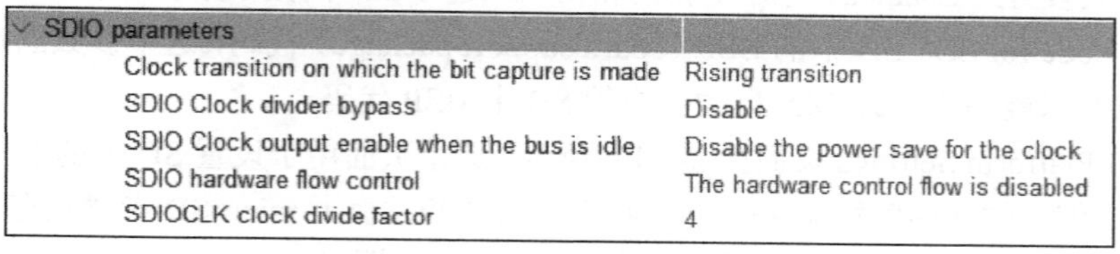

图 14-1　RTC 的模式设置

图 14-2　SDIO 的参数设置

本示例对 SDIO 的设置与示例 Demo13_1SDRaw 完全相同，各参数的详细解释见 13.4.1 节。

2. FatFS 设置

FatFS 的模式设置如图 14-3 所示，选择 SD Card。注意，需要先启用 SDIO 接口后，才可以在此选择 SD Card，否则该选项是不可选的。

模式选择为 SD Card 后，FatFS 的参数设置部分有 4 个页面，相对于使用 User-defined 模式时，多了 Advanced Settings 和 Platform Settings 页面，如图 14-4 所示。

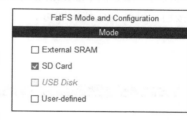

图 14-3　FatFS 的模式设置

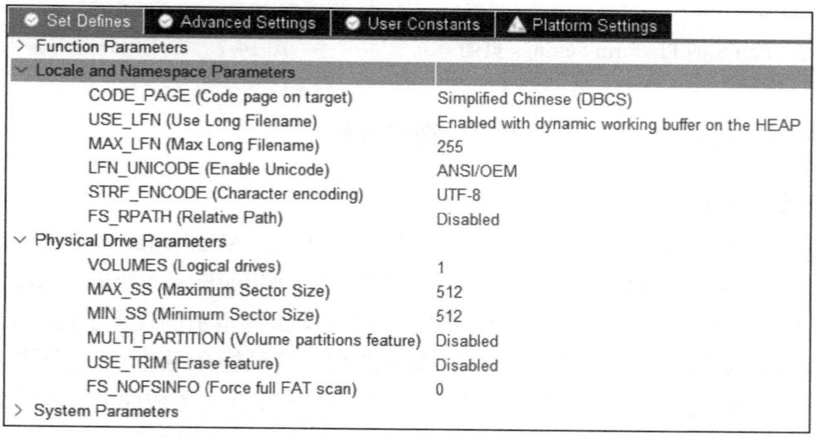

图 14-4　FatFS 的参数设置

第 14 章　用 FatFS 管理 SD 卡文件系统

Set Defines 页面的参数大部分保留其默认值，只需要将代码页（CODE_PAGE）设置为简体中文，而且本示例为测试使用长文件名，将 USE_LFN 参数设置为 Enabled with dynamic working buffer on the HEAP，也就是由 FatFS 在其堆空间自动为 LFN 分配存储空间。MAX_SS（最大扇区大小）和 MIN_SS（最小扇区大小）都被自动设置为 512，因为 SD 卡的块大小固定为 512 字节，FatFS 中的扇区就对应于 SD 卡的块。

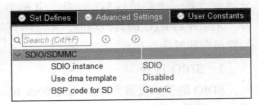

图 14-5　FatFS 的 Advanced Settings 页面

Advanced Settings 页面的设置结果如图 14-5 所示，几个参数的意义和设置选项如下。

- SDIO instance，SDIO 接口方式。这里只能设置为 SDIO。STM32F4 的 SDIO 接口只支持 SDIO 模式，不支持 SPI 模式。
- Use dma template，是否使用 DMA 模板。如果要使用 DMA 方式进行 SD 卡数据读写，就需要设置为 Enabled。本示例使用轮询方式进行 SD 卡数据读写，所以设置为 Disabled。
- BSP code for SD，SD 卡的 BSP（board support package）代码，这个参数固定为 Generic，也就是只能使用 CubeMX 自动生成的 SD 卡 BSP 代码。

FatFS 的 Platform Settings 页面如图 14-6 所示。这个页面用于设置 SD 卡的卡检测信号引脚 CD，关于 CD 信号的作用解释见 13.2 节。我们使用的开发板上 microSD 卡槽没有 CD 信号，所以图 14-6 所示的第二个下拉列表框中，选择 Undefined 即可。

在完成设置后，CubeMX 会自动生成代码，这时会出现图 14-7 所示的警告对话框，提示没有设置 FatFS 的 Platform Settings 页面的参数。因为本示例硬件上没有 CD 信号，所以单击 Yes 按钮，继续生成代码即可。

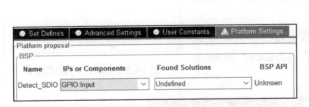

图 14-6　FatFS 的 Platform Settings 页面

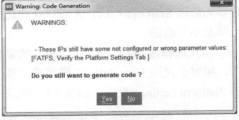

图 14-7　生成代码时的警告对话框

14.2.2　项目文件组成和初始代码分析

1. 项目文件组成

完成设置后，CubeMX 生成 CubeIDE 项目代码。项目的 Middlewares 目录下存有 FatFS 的源代码，其文件组成如图 14-8 所示。相比图 12-12，本示例\FatFs\src\option 目录下多了一个文件 cc936.c，这是与简体中文 Unicode 码相关的一个文件，因为本示例设置了使用 LFN 和 UTF-8 编码。\Middlewares\FatFs\目录下其他文件的作用在 12.4 节已经介绍过，此处不再赘述。

图 14-9 所示的是\Src 和\Inc 目录下的文件，包含针对 SD 卡生成的 FatFS 相关文件，或可修改的 FatFS 用户程序文件。其中，与 FatFS 的 SD 卡移植程序相关的几个文件描述如下。

14.2 示例一：阻塞式访问 SD 卡

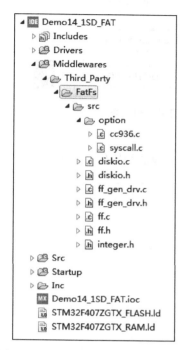

图 14-8　Middlewares 目录下的文件

图 14-9　Src 和 Inc 目录下的文件

- sdio.h 和 sdio.c 是 SDIO 接口的外设初始化程序文件，包含函数 MX_SDIO_SD_Init()，但是这个函数与第 13 章的初始化函数 MX_SDIO_SD_Init() 有些差异。
- ffconf.h 是 FatFS 的配置文件，包含很多的宏定义，与 CubeMX 里的 FatFS 设置对应。
- fatfs.h 和 fatfs.c 是用户的 FatFS 初始化程序文件，包括 FatFS 初始化函数 MX_FATFS_Init()，几个全局变量的定义，以及需要重新实现的获取 RTC 时间作为文件系统时间戳的函数 get_fattime()。
- sd_diskio.h 和 sd_diskio.c 是实现了 SD 卡的 Disk IO 函数的程序文件，例如，读取 SD 卡数据的函数 SD_read()，写数据的函数 SD_write()。这些函数的代码已经针对 SD 卡自动移植好了，无须用户再编写任何代码。
- bsp_driver_sd.h 和 bsp_driver_sd.c 是 SD 卡各种具体操作的 BSP 函数的程序文件，如读取 SD 卡数据块的函数 BSP_SD_ReadBlocks()，而这个函数则是调用 HAL 驱动函数 HAL_SD_ReadBlocks() 实现的。文件 sd_diskio.c 中的一些 Disk IO 函数的实现就是调用相应的 BSP 函数，例如，Disk IO 函数 SD_read() 就是调用 BSP_SD_ReadBlocks()。

本示例中，SD 卡的 FatFS 相关文件的层次和关系如图 14-10 所示。与使用 SPI-Flash 芯片的 FatFS 文件的层次和关系相比（见图 12-14），两个示例的文件差别就在具体硬件访问层部分。在本示例中，SD 卡的 Disk IO 函数在文件 sd_diskio.c 中实现，这些 Disk IO 函数的实现依赖于 BSP 驱动程序文件 bsp_driver_sd.h/.c，而 BSP 驱动程序则依赖 SD 的 HAL 驱动程序实现 SD 卡的数据块的读写。

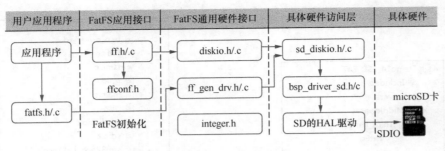

图 14-10　SD 卡的 FatFS 相关文件的层次和关系

2. 初始主程序

CubeMX 生成的初始主程序代码如下，主要就是各个外设的初始化，以及 FatFS 的初始化：

```
/* 文件：main.c ----------------------------------------------------------*/
#include "main.h"
#include "fatfs.h"
#include "rtc.h"
#include "sdio.h"
#include "gpio.h"
#include "fsmc.h"

int main(void)
{
    HAL_Init();
    SystemClock_Config();
    /* Initialize all configured peripherals */
    MX_GPIO_Init();
    MX_FSMC_Init();
    MX_FATFS_Init();            //FatFS 初始化
    MX_RTC_Init();
    MX_SDIO_SD_Init();          //SDIO 接口和 SD 卡初始化
    /* Infinite loop */
    while (1)
    {
    }
}
```

3. SDIO 接口和 SD 卡初始化

主程序中，函数 MX_SDIO_SD_Init() 对 SDIO 接口和 SD 卡进行初始化，这个函数在文件 sdio.h 和 sdio.c 中定义和实现，代码如下：

```
/* 文件：sdio.c ----------------------------------------------------------*/
#include "sdio.h"
SD_HandleTypeDef hsd;           //SD 对象变量，也用于表示 SDIO 接口和 SD 卡

/* SDIO 接口和 SD 卡初始化，只设置 hsd 属性，并未调用函数 HAL_SD_Init() 进行初始化 */
void MX_SDIO_SD_Init(void)
{
    hsd.Instance = SDIO;        //寄存器基址
    hsd.Init.ClockEdge = SDIO_CLOCK_EDGE_RISING;
    hsd.Init.ClockBypass = SDIO_CLOCK_BYPASS_DISABLE;
    hsd.Init.ClockPowerSave = SDIO_CLOCK_POWER_SAVE_DISABLE;
    hsd.Init.BusWide = SDIO_BUS_WIDE_1B;
    hsd.Init.HardwareFlowControl = SDIO_HARDWARE_FLOW_CONTROL_DISABLE;
    hsd.Init.ClockDiv = 4;
}
```

```c
void HAL_SD_MspInit(SD_HandleTypeDef* sdHandle)
{
    GPIO_InitTypeDef GPIO_InitStruct = {0};
    if(sdHandle->Instance==SDIO)
    {
        /* SDIO 时钟使能 */
        __HAL_RCC_SDIO_CLK_ENABLE();
        __HAL_RCC_GPIOC_CLK_ENABLE();
        __HAL_RCC_GPIOD_CLK_ENABLE();
        /**SDIO GPIO 配置
        PC8     ------> SDIO_D0
        PC9     ------> SDIO_D1
        PC10    ------> SDIO_D2
        PC11    ------> SDIO_D3
        PC12    ------> SDIO_CK
        PD2     ------> SDIO_CMD       */
        GPIO_InitStruct.Pin = GPIO_PIN_8|GPIO_PIN_9|GPIO_PIN_10|GPIO_PIN_11
            |GPIO_PIN_12;
        GPIO_InitStruct.Mode = GPIO_MODE_AF_PP;
        GPIO_InitStruct.Pull = GPIO_NOPULL;
        GPIO_InitStruct.Speed = GPIO_SPEED_FREQ_VERY_HIGH;
        GPIO_InitStruct.Alternate = GPIO_AF12_SDIO;
        HAL_GPIO_Init(GPIOC, &GPIO_InitStruct);

        GPIO_InitStruct.Pin = GPIO_PIN_2;
        GPIO_InitStruct.Mode = GPIO_MODE_AF_PP;
        GPIO_InitStruct.Pull = GPIO_NOPULL;
        GPIO_InitStruct.Speed = GPIO_SPEED_FREQ_VERY_HIGH;
        GPIO_InitStruct.Alternate = GPIO_AF12_SDIO;
        HAL_GPIO_Init(GPIOD, &GPIO_InitStruct);
    }
}
```

我们在第 13 章介绍通过 SD 的 HAL 驱动程序直接读写 SD 卡数据时，展示过 SDIO 接口和 SD 卡的初始化函数 MX_SDIO_SD_Init() 的代码，但是仔细观察本示例的函数 MX_SDIO_SD_Init() 的代码，会发现它只是设置了 SD 对象变量 hsd 的属性，并没有调用函数 HAL_SD_Init() 进行初始化，也没有调用函数 HAL_SD_ConfigWideBusOperation() 设置 SD 总线为 4 位宽度。

本示例中，SDIO 接口和 SD 卡的初始化过程是在文件 sd_diskio.c 中定义的 Disk IO 函数 SD_initialize() 中完成的，后面再具体解释。

4. FatFS 的初始化

函数 MX_FATFS_Init() 是在文件 fasfs.h 和 fastfs.c 中定义和实现的，是 FatFS 的初始化函数。文件 fatfs.h 的完整代码如下：

```c
/* 文件:fatfs.h ---------------------------------------------------------------*/
#include "ff.h"
#include "ff_gen_drv.h"
#include "sd_diskio.h"              //定义了 SD_Driver 及其底层 Disk IO 函数

extern uint8_t retSD;               //用于一般函数返回值
extern char SDPath[4];              //SD 逻辑驱动器路径，即"0:/"
extern FATFS SDFatFS;               //SD 逻辑驱动器文件系统对象
extern FIL SDFile;                  //SD 卡上的文件对象

void MX_FATFS_Init(void);           //FatFS 的初始化函数
```

创建了文件系统的 SD 卡称为 SD 逻辑驱动器，假设在 SD 卡上只有一个分区。

用 extern 声明的 4 个变量是在文件 fatfs.c 中定义的。SDPath 用于表示 SD 逻辑驱动器的路径，赋值后是"0:/"。SDFatFS 是一个 FATFS 结构体变量，用于表示 SD 逻辑驱动器上的文件系统。SDFile 是一个 FIL 类型结构体变量，表示文件对象，在操作文件时，可以使用这个文件对象。

源程序文件 fatfs.c 的完整代码如下：

```
/* 文件：fatfs.c ------------------------------------------------------------*/
#include "fatfs.h"

uint8_t retSD;              //用于一般函数返回值
char SDPath[4];             //SD 逻辑驱动器路径，即"0:/"
FATFS SDFatFS;              //SD 逻辑驱动器文件系统对象
FIL SDFile;                 //SD 卡上的文件对象

/* USER CODE BEGIN Variables */
#include "file_opera.h"
/* USER CODE END Variables */

void MX_FATFS_Init(void)
{
    /*## FatFS: 连接 SD 驱动器 ############################*/
    retSD = FATFS_LinkDriver(&SD_Driver, SDPath);
}

/*  获取 RTC 时间作为文件系统的时间戳数据  */
DWORD get_fattime(void)
{
    /* USER CODE BEGIN get_fattime */
    return fat_GetFatTimeFromRTC();
    /* USER CODE END get_fattime */
}
```

函数 MX_FATFS_Init()用于 FatFS 的初始化，只有一行代码，即

```
retSD = FATFS_LinkDriver(&SD_Driver, SDPath);
```

SD_Driver 是在文件 sd_diskio.c 中定义的，是一个 Diskio_drvTypeDef 结构体类型的变量，它将 Disk IO 访问的函数指针指向文件 sd_diskio.c 中实现的 SD 卡访问的 Disk IO 函数。执行这行代码的作用就是将 SD_Driver 链接到系统的驱动器列表，以及为 SDPath 赋值。执行此行代码后，SDPath 被赋值为"0:/"。

函数 get_fattime()用于获取 RTC 时间，作为创建文件或修改文件时的时间戳数据。这里显示了函数 get_fattime()实现后的代码，这也是 FatFS 针对 SD 卡移植时唯一需要用户实现的一个 Disk IO 函数。函数 get_fattime()里就是调用了文件 file_opera.h 中定义的一个函数 fat_GetFatTimeFromRTC()，这个函数的实现代码见 12.5.9 节。

14.2.3　SD 卡的 Disk IO 函数实现

在图 14-10 所示的 FatFS 相关文件中，FatFS 通用硬件接口部分的几个文件的代码和功能与第 12 章示例项目里的一样，此处不再赘述。与 SD 卡的 Disk IO 函数实现相关的就是具体硬件访问层的几个文件，即文件 sd_diskio.h/.c 和文件 bsp_driver_sd.h/.c。

文件 sd_diskio.h/.c 定义和实现了 SD 卡的 Disk IO 函数。文件 bsp_driver_sd.h/.c 定义和实现了 SD 卡常用操作的函数，类似于第 12 章 SPI-Flash 芯片的驱动程序文件 w25flash.h/.c。而底层硬

件接口驱动则是 SD 的 HAL 驱动程序。

我们将在本节分析 SD 卡 Disk IO 访问函数的实现原理，这些代码都是 CubeMX 自动生成的，如果暂时不想去理解这些代码的实现原理，可以略过本节。

1. 文件 sd_diskio.h/.c 概览

文件 sd_diskio.h 中只有一行有效语句，就是对外声明了变量 SD_Driver，表示 SD 驱动器：

```
/* 文件：sd_diskio.h ---------------------------------------------------------*/
#include "bsp_driver_sd.h"
extern const Diskio_drvTypeDef    SD_Driver;       //SD 驱动器
```

变量 SD_Driver 是在文件 sd_diskio.c 中定义的。文件 sd_diskio.c 还实现了 FatFS 的几个 Disk IO 函数，只是这些函数都是文件 sd_diskio.c 的私有函数，在定义变量 SD_Driver 时，将 Disk IO 操作函数指针指向这些函数即可。

文件 sd_diskio.c 开头的声明部分的代码如下。为了使程序结构更清晰，这里省略了一些不成立的条件编译代码，删除了对编译条件_USE_WRITE 和_USE_IOCTL 的判断，这两个参数默认都是 1。

```
/* 文件：sd_diskio.c ---------------------------------------------------------*/
#include "ff_gen_drv.h"
#include "sd_diskio.h"

#define SD_TIMEOUT   SDMMC_DATATIMEOUT    //使用 SDMMC 默认 timeout 作为 BSP 驱动的 timeout
#define SD_DEFAULT_BLOCK_SIZE 512         //SD 卡默认 Block 大小, 512 字节

static volatile DSTATUS Stat = STA_NOINIT;           //Disk status

/* Private function prototypes -----------------------------------------------*/
static DSTATUS SD_CheckStatus(BYTE lun);           //检查 SD 卡状态
//以下是 Disk IO 访问关联的函数
DSTATUS SD_initialize(BYTE);        //SD 卡初始化，关联函数 disk_initialize()
DSTATUS SD_status(BYTE);            //SD 卡状态，关联函数 disk_status()
DRESULT SD_read(BYTE, BYTE*, DWORD, UINT);              //读取 SD 卡，关联函数 disk_read()
DRESULT SD_write(BYTE, const BYTE*, DWORD, UINT);       //写入 SD 卡，关联函数 disk_write()
DRESULT SD_ioctl(BYTE, BYTE, void*);            //SD 卡 IO 控制，关联函数 disk_ioctl()

/*下面的代码是对结构体变量 SD_Driver 的各成员变量赋值，结构体类型 Diskio_drvTypeDef 在文件
 * ff_gen_drv.h 中定义，其成员变量是函数指针，赋值使其指向本文件中定义的 SD 函数
 */
const Diskio_drvTypeDef SD_Driver =
{
    SD_initialize,        //函数指针 disk_initialize 指向函数 SD_initialize()
    SD_status,            //函数指针 disk_status 指向函数 SD_status()
    SD_read,              //函数指针 disk_read 指向函数 SD_read()
    SD_write,             //函数指针 disk_write 指向函数 SD_write()
    SD_ioctl,             //函数指针 disk_ioctl 指向函数 SD_ioctl()
};
```

这里声明了 5 个 Disk IO 函数，即 SD_initialize()、SD_status()、SD_read()、SD_write()、SD_ioctl()。由于这几个函数是文件内的私有函数，因此在文件 sd_diskio.c 的开头部分定义函数原型。

定义的变量 SD_Driver 是结构体类型 Diskio_drvTypeDef，定义的时候就给 SD_Driver 的各成员变量赋值了，也就是指向这 5 个 Disk IO 函数。Diskio_drvTypeDef 是在文件 ff_gen_drv.h 中定义的，其成员变量就是 5 个函数指针。ff_gen_drv.h 和 ff_gen_drv.c 是 FatFS 的不可修改的

源程序文件，在12.4.5节有其完整源代码和代码分析。

2. 文件bsp_driver_sd.h/.c概览

文件bsp_driver_sd.h/.c是SD卡的BSP驱动程序，也就是针对开发板上SD卡具体硬件电路实现的SD卡常用操作函数的程序文件。BSP驱动程序是比HAL驱动程序高一级的驱动程序。

文件bsp_driver_sd.h的代码如下，其中删除了条件编译不成立的部分：

```c
/* 文件:bsp_driver_sd.h----------------------------------------------------------*/
#include "stm32f4xx_hal.h"

#define BSP_SD_CardInfo   HAL_SD_CardInfoTypeDef    //SD卡信息结构体
/* SD 状态常数定义 */
#define MSD_OK              ((uint8_t)0x00)
#define MSD_ERROR           ((uint8_t)0x01)

/*  SD 传输状态定义     */
#define SD_TRANSFER_OK      ((uint8_t)0x00)
#define SD_TRANSFER_BUSY    ((uint8_t)0x01)
#define SD_PRESENT          ((uint8_t)0x01)
#define SD_NOT_PRESENT      ((uint8_t)0x00)
#define SD_DATATIMEOUT      ((uint32_t)100000000)

/* 导出的函数       -----------------------------------------------------------*/
uint8_t BSP_SD_Init(void);
uint8_t BSP_SD_ITConfig(void);
void    BSP_SD_DetectIT(void);
void    BSP_SD_DetectCallback(void);
uint8_t BSP_SD_ReadBlocks(uint32_t *pData, uint32_t ReadAddr, uint32_t NumOfBlocks, uint32_t Timeout);
uint8_t BSP_SD_WriteBlocks(uint32_t *pData, uint32_t WriteAddr, uint32_t NumOfBlocks, uint32_t Timeout);
uint8_t BSP_SD_ReadBlocks_DMA(uint32_t *pData,uint32_t ReadAddr,uint32_t NumOfBlocks);
uint8_t BSP_SD_WriteBlocks_DMA(uint32_t *pData, uint32_t WriteAddr, uint32_t NumOfBlocks);
uint8_t BSP_SD_Erase(uint32_t StartAddr, uint32_t EndAddr);
void    BSP_SD_IRQHandler(void);
void    BSP_SD_DMA_Tx_IRQHandler(void);
void    BSP_SD_DMA_Rx_IRQHandler(void);
uint8_t BSP_SD_GetCardState(void);
void    BSP_SD_GetCardInfo(HAL_SD_CardInfoTypeDef *CardInfo);
uint8_t BSP_SD_IsDetected(void);

/*  下面这些函数可以根据应用程序具体设置修改    */
void    BSP_SD_AbortCallback(void);
void    BSP_SD_WriteCpltCallback(void);
void    BSP_SD_ReadCpltCallback(void);
```

从代码可见，文件bsp_driver_sd.h定义了一些宏和函数。从这些函数的名字上可大致知道这些函数的功能，例如，BSP_SD_Init()用于SD卡初始化，BSP_SD_ReadBlocks()用于读取SD卡数据块，这些函数的功能就不一一介绍了。

文件bsp_driver_sd.c开头部分的代码如下：

```c
#include "bsp_driver_sd.h"
extern SD_HandleTypeDef  hsd;       //外部变量，即sdio.c中定义的SD对象变量
```

这里只声明了一个外部变量hsd，也就是文件sdio.c中定义的SD对象变量。因为文件bsp_driver_sd.c要使用SD的HAL驱动函数，需要用到SD对象变量。

3. 函数 SD_status()的实现

文件 sd_diskio.c 中的函数 SD_status()关联通用 Disk IO 函数 disk_status(),用于检测 SD 卡的状态。文件 sd_diskio.c 中函数 SD_status()和相关函数的代码如下。函数中的参数 lun 表示逻辑驱动器编号,只有一个驱动器时 lun 就是 0。

```
DSTATUS SD_status(BYTE lun)          //检查SD卡状态
{
    return SD_CheckStatus(lun);
}

static DSTATUS SD_CheckStatus(BYTE lun)    //检查SD卡状态
{
    Stat = STA_NOINIT;
    if(BSP_SD_GetCardState() == MSD_OK)    //调用相应的BSP函数
    {
        Stat &= ~STA_NOINIT;
    }
    return Stat;
}
```

函数 SD_CheckStatus()调用了 BSP 函数 BSP_SD_GetCardState(),文件 bsp_driver_sd.c 中,这个函数的代码如下:

```
__weak uint8_t BSP_SD_GetCardState(void)    //检测SD卡状态
{
    return ((HAL_SD_GetCardState(&hsd) == HAL_SD_CARD_TRANSFER ) ? SD_TRANSFER_OK :
SD_TRANSFER_BUSY);
}
```

函数 BSP_SD_GetCardState()调用 SD 驱动函数 HAL_SD_GetCardState()检测 SD 卡状态。如果状态为 HAL_SD_CARD_TRANSFER,函数就返回 SD_TRANSFER_OK,表示 SD 卡处于空闲状态;否则,函数返回 SD_TRANSFER_BUSY,表示 SD 卡有未完成的操作。

4. 函数 SD_initialize()的实现

文件 sd_diskio.c 中的函数 SD_initialize()关联通用 Disk IO 函数 disk_initialize(),用于 SD 卡的初始化。文件 sd_diskio.c 中,函数 SD_initialize()的代码如下,其中去掉了条件编译不成立部分的代码:

```
DSTATUS SD_initialize(BYTE lun)              //SD卡初始化
{
    Stat = STA_NOINIT;
    if(BSP_SD_Init() == MSD_OK)              //调用相应BSP函数
        Stat = SD_CheckStatus(lun);          //检查SD卡状态
    return Stat;
}
```

函数 SD_initialize()调用 BSP 函数 BSP_SD_Init()进行 SD 卡初始化。文件 bsp_driver_sd.c 中,函数 BSP_SD_Init()以及相关函数的代码如下:

```
__weak uint8_t BSP_SD_Init(void)             //完成SDIO接口和SD卡初始化过程
{
    uint8_t sd_state = MSD_OK;
    if (BSP_SD_IsDetected() != SD_PRESENT)    //检测SD卡是否插入了卡槽
        return MSD_ERROR;

    sd_state = HAL_SD_Init(&hsd);             //SDIO接口和SD卡初始化
    if (sd_state == MSD_OK)
```

```
        {       //配置 SD 总线宽度为 4 位
            if (HAL_SD_ConfigWideBusOperation(&hsd, SDIO_BUS_WIDE_4B) != HAL_OK)
                sd_state = MSD_ERROR;
        }
        return sd_state;
    }

    /* 检测 SD 卡是否插入了卡槽，因为没有 CD 信号引脚，所以总是返回 SD_PRESENT   */
    __weak uint8_t BSP_SD_IsDetected(void)
    {
        __IO uint8_t status = SD_PRESENT;
        return status;
    }
```

函数 BSP_SD_Init()首先调用了函数 BSP_SD_IsDetected()，检测 SD 卡是否已插入卡槽。由于开发板上没有卡检测信号 CD，在 CubeMX 里没有配置卡检测信号引脚（见图 14-6），所以函数 BSP_SD_IsDetected()总是返回 SD_PRESENT，也就是默认卡槽里有 SD 卡。

函数 BSP_SD_Init()还调用了 HAL_SD_Init()和 HAL_SD_ConfigWideBusOperation()，也就是完成了函数 MX_SDIO_SD_Init()里没有完成的 SDIO 接口和 SD 卡初始化。

5. 函数 SD_ioctl()的实现

文件 sd_diskio.c 中的函数 SD_ioctl()关联通用 Disk IO 函数 disk_ioctl()，用于响应 SD 卡的一些 IO 控制指令。函数 SD_ioctl()的代码如下：

```
DRESULT SD_ioctl(BYTE lun, BYTE cmd, void *buff)
{
    DRESULT res = RES_ERROR;
    BSP_SD_CardInfo CardInfo;                  //SD 卡信息结构体变量
    if (Stat & STA_NOINIT) return RES_NOTRDY;

    switch (cmd)
    {
    /*  确保没有被挂起的写操作过程   */
    case CTRL_SYNC :
        res = RES_OK;
        break;

    /*  获取扇区（sector）个数，返回值类型为 DWORD   */
    case GET_SECTOR_COUNT :
        BSP_SD_GetCardInfo(&CardInfo);              //获取 SD 卡信息
        *(DWORD*)buff = CardInfo.LogBlockNbr;       //扇区个数就是 SD 卡的逻辑块个数
        res = RES_OK;
        break;

    /*  获取扇区大小，字节数，返回值类型为 WORD   */
    case GET_SECTOR_SIZE :
        BSP_SD_GetCardInfo(&CardInfo);              //获取 SD 卡信息
        *(WORD*)buff = CardInfo.LogBlockSize;       //扇区大小就是逻辑块的大小，默认为 512 字节
        res = RES_OK;
        break;

    /*  FAT 以块（Block）为单位擦除介质，获取以扇区为单位的擦除块的大小，  =1   */
    case GET_BLOCK_SIZE :
        BSP_SD_GetCardInfo(&CardInfo);              //获取 SD 卡信息
        *(DWORD*)buff = CardInfo.LogBlockSize / SD_DEFAULT_BLOCK_SIZE;
        //FAT 块大小= SD 卡逻辑块大小/SD 卡数据块默认大小
        res = RES_OK;
        break;
```

```
        default:
            res = RES_PARERR;
    }
    return res;
}
```

在上述程序中，多处使用了函数 BSP_SD_GetCardInfo()获取 SD 卡信息。文件 bsp_driver_sd.c 中实现的这个函数的代码如下，其功能就是调用函数 HAL_SD_GetCardInfo()获取 SD 卡信息。我们在第 13 章介绍过这个函数的用法，也介绍过结构体 HAL_SD_CardInfoTypeDef 各成员变量的意义。

```
__weak void BSP_SD_GetCardInfo(HAL_SD_CardInfoTypeDef *CardInfo)
{
    HAL_SD_GetCardInfo(&hsd, CardInfo);      //获取 SD 卡信息
}
```

从函数 SD_ioctl()的代码可以看出 FAT 的参数与 SD 卡的参数之间的关系。
- GET_SECTOR_COUNT 指令的响应代码返回 FAT 的扇区（Sector）个数。从代码可以看出：FAT 的扇区个数就是 SD 卡的逻辑块个数，而 SD 卡的逻辑块个数一般就等于实际的数据块个数。
- GET_SECTOR_SIZE 指令的响应代码返回 FAT 扇区大小，单位是字节。从代码可以看出：FAT 扇区大小就等于 SD 卡逻辑块的大小，也就是 512 字节。
- GET_BLOCK_SIZE 指令的响应代码返回 FAT 块的大小，单位是扇区个数。FAT 擦除存储介质的最小单位是块，不要与 SD 卡的数据块混淆。从代码可以看出：FAT 块的大小等于 SD 卡逻辑块大小除以 SD 卡默认块大小，而 CardInfo.LogBlockSize 和 SD_DEFAULT_BLOCK_SIZE 的值都是 512，所以计算出来的 FAT 块大小就是 1。

所以，FAT 的一个扇区就等于 SD 卡的一个数据块，扇区大小就是 512 字节，FAT 擦除数据的最小单位就是一个 SD 卡数据块。

6. 函数 SD_read()的实现

文件 sd_diskio.c 中的函数 SD_read()关联通用 Disk IO 函数 disk_read()，用于从 SD 卡读取数据。读取数据的最小单位是扇区，也就是 SD 卡的数据块，可以一次读取一个或多个扇区的数据。函数 SD_read()的代码如下：

```
DRESULT SD_read(BYTE lun, BYTE *buff, DWORD sector, UINT count)
{
    DRESULT res = RES_ERROR;
    if(BSP_SD_ReadBlocks((uint32_t*)buff, (uint32_t) (sector),
        count, SD_TIMEOUT) == MSD_OK)
    {   /* 等待读取操作完成 */
        while(BSP_SD_GetCardState()!= MSD_OK) {
            }
        res = RES_OK;
    }
    return res;
}
```

上述程序调用了 BSP 函数 BSP_SD_ReadBlocks()。文件 bsp_driver_sd.c 中实现的这个函数的代码如下，其原理就是调用 SD 的 HAL 驱动函数 HAL_SD_ReadBlocks()读取 SD 卡的数据块。我们第 13 章介绍了这个函数的用法，在此不再赘述。

```
    __weak uint8_t BSP_SD_ReadBlocks(uint32_t *pData, uint32_t ReadAddr,
                    uint32_t NumOfBlocks, uint32_t Timeout)
{
    uint8_t sd_state = MSD_OK;
    if (HAL_SD_ReadBlocks(&hsd, (uint8_t *)pData, ReadAddr,
                          NumOfBlocks, Timeout) != HAL_OK)
        sd_state = MSD_ERROR;
    return sd_state;
}
```

7. 函数 SD_write()的实现

文件 sd_diskio.c 中的函数 SD_write()关联通用 Disk IO 函数 disk_write()，用于向 SD 卡写入数据。写入数据的最小单位是扇区，也就是 SD 卡的数据块，可以一次写入一个或多个扇区的数据。函数 SD_write()的代码如下：

```
DRESULT SD_write(BYTE lun, const BYTE *buff, DWORD sector, UINT count)
{
    DRESULT res = RES_ERROR;
    if(BSP_SD_WriteBlocks((uint32_t*)buff, (uint32_t)(sector),
            count, SD_TIMEOUT) == MSD_OK)
    {   /* 等待写操作完成 */
        while(BSP_SD_GetCardState() != MSD_OK) {
        }
        res = RES_OK;
    }
    return res;
}
```

上述程序调用了 BSP 函数 BSP_SD_WriteBlocks()。文件 bsp_driver_sd.c 中实现的这个函数的代码如下，其原理就是调用 SD 的 HAL 驱动函数 HAL_SD_WriteBlocks()向 SD 卡写入数据。

```
    __weak uint8_t BSP_SD_WriteBlocks(uint32_t *pData, uint32_t WriteAddr, uint32_t
NumOfBlocks, uint32_t Timeout)
{
    uint8_t sd_state = MSD_OK;
    if (HAL_SD_WriteBlocks(&hsd, (uint8_t *)pData, WriteAddr,
                           NumOfBlocks, Timeout) != HAL_OK)
        sd_state = MSD_ERROR;
    return sd_state;
}
```

14.2.4 SD 卡文件管理功能的实现

1. 主程序功能

有了 CubeMX 生成的代码，我们就可以直接使用 FatFS 的 API 函数管理 SD 卡上的文件系统了。与第 12 章的示例 Demo12_1FlashFAT 类似，本示例在主程序中创建两级菜单，在 SD 卡上测试使用文件管理功能。

让我们将 PublicDrivers 目录下的驱动程序目录 TFT_LCD、KEY_LED 和 FILE_TEST 添加到项目的搜索路径（操作方法见附录 A）。其中，FILE_TEST 目录下包含文件 file_opera.h 和 file_opera.c，这是在第 12 章编写的 FatFS 文件操作测试函数，本章继续使用其中的函数，或添加新的测试函数。

添加用户功能代码后的主程序代码如下：

```c
/* 文件: main.c  --------------------------------------------------------------*/
#include "main.h"
#include "fatfs.h"
#include "rtc.h"
#include "sdio.h"
#include "gpio.h"
#include "fsmc.h"

/* Private includes ----------------------------------------------------------*/
/* USER CODE BEGIN Includes */
#include "tftlcd.h"
#include "keyled.h"
#include "file_opera.h"
/* USER CODE END Includes */

int main(void)
{
    HAL_Init();
    SystemClock_Config();
    /* Initialize all configured peripherals */
    MX_GPIO_Init();
    MX_FSMC_Init();
    MX_FATFS_Init();
    MX_RTC_Init();
    MX_SDIO_SD_Init();

    /* USER CODE BEGIN 2 */
    TFTLCD_Init();           //LCD 初始化
    LCD_ShowStr(10,10,(uint8_t*)"Demo14_1: FatFS on SD card");
    FRESULT res=f_mount(&SDFatFS, "0:", 1);      //挂载SD 卡文件系统
    if (res==FR_OK)          //挂载成功
        LCD_ShowStr(10,LCD_CurY+LCD_SP10,(uint8_t*)"FatFS is mounted, OK");
    else
        LCD_ShowStr(10,LCD_CurY+LCD_SP10,(uint8_t*)"No file system, to format");

    uint16_t MenuStartPosY=LCD_CurY+LCD_SP15; //菜单项起始行，用于绘制第 2 组菜单时清除区域
//第1 组菜单
    LCD_ShowStr(10,LCD_CurY+LCD_SP15,(uint8_t*)"[1]KeyUp   =Format SD card");
    LCD_ShowStr(10,LCD_CurY+LCD_SP10,(uint8_t*)"[2]KeyLeft =FAT disk info");
    LCD_ShowStr(10,LCD_CurY+LCD_SP10,(uint8_t*)"[3]KeyRight=SD card info");
    LCD_ShowStr(10,LCD_CurY+LCD_SP10,(uint8_t*)"[4]KeyDown =Next menu page");

    uint16_t InfoStartPosY=LCD_CurY+LCD_SP15;              //信息显示起始行
    KEYS waitKey;
    while(1)
    {
        waitKey=ScanPressedKey(KEY_WAIT_ALWAYS);
        LCD_ClearLine(InfoStartPosY, LCD_H,LcdBACK_COLOR);           //清除信息显示区
        LCD_CurY= InfoStartPosY;

        if (waitKey == KEY_UP)         //KeyUp   =Format SD card
        {
            BYTE  workBuffer[4*BLOCKSIZE];     //工作缓冲区
            DWORD clusterSize=0;    //cluster 大小必须大于或等于1 个扇区，0 就是自动设置
            LCD_ShowStr(10,LCD_CurY,(uint8_t*)"Formatting (10secs)...");
            FRESULT res=f_mkfs("0:", FM_FAT32, clusterSize,  workBuffer, 4*BLOCKSIZE);
            if (res ==FR_OK)
                LCD_ShowStr(10,LCD_CurY+LCD_SP10,(uint8_t*)"Format OK, to reset");
            else
                LCD_ShowStr(10,LCD_CurY+LCD_SP10,(uint8_t*)"Format fail, to reset");
```

```
            }
            else if(waitKey == KEY_LEFT)            //KeyLeft =FAT disk info
                fatTest_GetDiskInfo();
            else if (waitKey == KEY_RIGHT)          //KeyRight=SD card info"
                SDCard_ShowInfo();
            else
                break;                  //到下一级菜单

            LCD_ShowStr(10,LCD_CurY+LCD_SP15,(uint8_t*)"Reselect menu item or reset");
            HAL_Delay(500);             //延时，消除按键抖动影响
        }
//第2组菜单
        LCD_ClearLine(MenuStartPosY, LCD_H, LcdBACK_COLOR);     //清除一级菜单和显示区
        LCD_CurY= MenuStartPosY;                //菜单项起始行，用于绘制第2组菜单时清除区域

        LCD_ShowStr(10,LCD_CurY,            (uint8_t*)"[5]KeyUp   =Write files");
        LCD_ShowStr(10,LCD_CurY+LCD_SP10,(uint8_t*)"[6]KeyLeft =Read a TXT file");
        LCD_ShowStr(10,LCD_CurY+LCD_SP10,(uint8_t*)"[7]KeyRight=Read a BIN file");
        LCD_ShowStr(10,LCD_CurY+LCD_SP10,(uint8_t*)"[8]KeyDown =Get a file info");
        InfoStartPosY=LCD_CurY+LCD_SP15;        //信息显示起始行
        HAL_Delay(500);             //延时，消除按键抖动影响
        while(2)
        {
            waitKey=ScanPressedKey(KEY_WAIT_ALWAYS);
            LCD_ClearLine(InfoStartPosY, LCD_H,LcdBACK_COLOR);
            LCD_CurY=InfoStartPosY;

            if (waitKey==KEY_UP )
            {   //测试使用长文件名
                fatTest_WriteTXTFile("SD_readme.txt",2019,10,11);
                fatTest_WriteTXTFile("SD_help.txt",2016,12,21);
                fatTest_WriteBinFile("SD_ADC2000.dat",30,2000);
                fatTest_WriteBinFile("SD_ADC1000.dat",100,1000);
                f_mkdir("0:/SD_SubDirectory");
                f_mkdir("0:/SD_Documents");
            }
            else if (waitKey==KEY_LEFT )
                fatTest_ReadTXTFile("SD_readme.txt");
            else if (waitKey==KEY_RIGHT)
                fatTest_ReadBinFile("SD_ADC2000.dat");
            else if (waitKey==KEY_DOWN)
                fatTest_GetFileInfo("SD_ADC1000.dat");

            LCD_ShowStr(10,LCD_CurY+LCD_SP15,(uint8_t*)"Reselect menu item or reset");
            HAL_Delay(500);             //延时，消除按键抖动影响
        }
    /* USER CODE END 2 */

    /* Infinite loop */
    while (1)
    {
    }
}
```

在完成外设初始化后，执行函数 f_mount()立即挂载 SD 卡文件系统，即

```
FRESULT res=f_mount(&SDFatFS, "0:", 1);     //挂载SD卡文件系统
```

其中，SDFatFS 是在文件 fatfs.c 中定义的 FATFS 类型变量，表示 SD 卡上的文件系统。系统

中只有一个驱动器，驱动器号是"0:"。这样挂载后，SDFatFS 就表示逻辑驱动器 0 上的文件系统。

如果函数 f_mount() 的返回值为 FR_OK，就表示驱动器挂载成功，SD 卡已经被格式化过，可以进行文件系统的操作了；否则，就可能是没有文件系统，需要先执行函数 f_mkfs() 进行 SD 卡格式化操作。

不管函数 f_mount() 的返回结果是什么，程序都会在 LCD 上显示一组菜单，内容如下：

```
[1]KeyUp    =Format SD card
[2]KeyLeft  =FAT disk info
[3]KeyRight=SD card info
[4]KeyDown  =Next menu page
```

使用开发板上的 4 个按键进行选择操作，函数 ScanPressedKey() 是文件 keyled.h 中定义的轮询方式检测按键的函数。按下 KeyDown 键后会显示第二组菜单，内容如下：

```
[5]KeyUp    =Write files
[6]KeyLeft  =Read a TXT file
[7]KeyRight=Read a BIN file
[8]KeyDown  =Get a file info
```

按下某个按键就会执行相应的操作，在某一级菜单中可以重新按键选择操作。在第 2 组菜单界面无法返回到第 1 组菜单，只能按开发板上的复位键重新开始运行。

第 2 组菜单的选项与示例 Demo12_1FlashFAT 中的第 2 组菜单的选项相同，代码也基本相同，只是为了测试使用长文件名。本示例在第 2 组菜单的响应代码中使用了长文件名，也就是文件名或目录名称长度超过 8 个字符。第 2 组菜单的响应代码中用到的几个"fatTest_"开头的函数是在文件 file_opera.c 中实现的，本示例就不再重复介绍这些函数代码了，可以查看 12.5 节的代码和解释。

2. SD 卡格式化

要在 SD 卡上使用 FAT 文件系统，必须先使用函数 f_mkfs() 在 SD 卡上创建文件系统，也就是进行 SD 卡格式化操作。在主程序中，响应菜单项[1]KeyUp=Format SD card，对 SD 卡进行格式化操作的代码如下：

```
BYTE   workBuffer[4*BLOCKSIZE];           //工作缓冲区
DWORD  clusterSize=0;      //cluster 大小必须大于或等于 1 个扇区，0 就是自动设置
LCD_ShowStr(10,LCD_CurY,(uint8_t*)"Formatting (10secs)...");
FRESULT res=f_mkfs("0:", FM_FAT32, clusterSize, workBuffer, 4*BLOCKSIZE);
```

在 FAT 文件系统中，簇（Cluster）的大小必须是扇区的整数倍，在调用函数 f_mkfs() 进行 SD 卡格式化时，如果设置簇大小为 0，就由 FatFS 自动确定簇的大小。由于测试中使用的 SD 卡容量是 16GB，不能再使用 FAT12 或 FAT16 文件系统，而只能使用 FAT32 文件系统，因此在函数 f_mkfs() 中指定文件系统类型为 FM_FAT32。

 不超过 32GB 的 SD 卡可以使用 FAT32 文件系统，超过 32GB 的 SD 卡在 Windows 平台上只能使用 exFAT 文件系统，虽然 FAT32 支持的最大容量是 2TB。

3. 获取 FAT 磁盘信息

将 SD 卡格式化后，我们就可以通过 FatFS 的 API 函数 f_getfree() 获取 FAT 磁盘信息。菜单项[2]KeyLeft=FAT disk info 的响应代码就是调用了测试函数 fatTest_GetDiskInfo()。12.5.3 节有这个函数的代码和解释，这里就不再介绍了。但需要注意一点，对于 SD 卡，参数 _MAX_SS

和 _MIN_SS 都等于 512。

在已经执行菜单项[5]KeyUp=Write files 创建了 4 个文件和 2 个目录后，一个 16GB 的 SD 卡的磁盘信息在 LCD 上显示的内容如下：

```
FAT type=3
[1=FAT12,2=FAT16,3=FAT32,4=exFAT]
Sector size(bytes)=512
Cluster size(sectors)=64
Total cluster count=475716
Total sector count=30445824
Total space(MB)=14866
Free cluster count=475709
Free sector count=30445376
Free space(MB)=14865
```

4. 获取 SD 卡信息

菜单项[3]KeyRight=SD card info 用于获取 SD 卡的原始参数信息，包括 SD 卡类型、数据块个数、容量等信息。这个菜单项的响应代码调用了文件 mian.h/.c 中定义和实现的函数 SDCard_ShowInfo()，而这个函数的代码就是从示例 Demo13_1SDRaw 的文件 main.c 中的同名函数里复制来的。

函数 SDCard_ShowInfo()显示的是 SD 卡的原始信息，即使 SD 卡没有被格式化，也可以返回这些信息。所以，使用同一张 SD 卡时，本示例显示的 SD 卡信息与示例 Demo13_1SDRaw 显示的内容是一样的。函数 SDCard_ShowInfo()的代码见 13.4.3 节，此处不再展示。执行此菜单项后，在 LCD 上显示的信息如下：

```
Card Type= 1
Card Version= 1
Card Class= 1461
Relative Card Address= 7
Block Count= 30449664
Block Size(Bytes)= 512
LogiBlockCount= 30449664
LogiBlockSize(Bytes)= 512
SD Card Capacity(MB)= 14868
```

14.3 示例二：以 DMA 方式访问 SD 卡

14.3.1 示例功能和 CubeMX 项目设置

在本节中，我们将创建一个示例 Demo14_2SD_DMA_FAT，演示 SDIO 以 DMA 方式访问 SD 卡时，如何使用 FatFS 管理 SD 卡的文件系统。在 FreeRTOS 中使用 FatFS 管理 SD 卡的文件系统（见第 17 章）时，SDIO 只能选择用 DMA 方式访问 SD 卡。

本节的项目 Demo14_2SD_DMA_FAT 与前一项目 Demo14_1SD_FAT 的 CubeMX 设置和主程序代码基本相同，所以，本项目从项目 Demo14_1SD_FAT 复制而来（复制项目的操作方法见附录 B）。在 CubeMX 中，打开项目复制后的文件 Demo14_2SD_DMA_FAT.ioc，基本设置都不变，SDIO 的模式和基本参数也不变，只需设置 SDIO 的 DMA。

先在 SDIO 的配置界面为 DMA 请求 SDIO_RX 和 SDIO_TX 设置 DMA 流，如图 14-11 所示。设置的 DMA 流的中断会被自动打开，且不能关闭。DMA 的参数与 13.5 节的设置一样。

14.3 示例二：以 DMA 方式访问 SD 卡

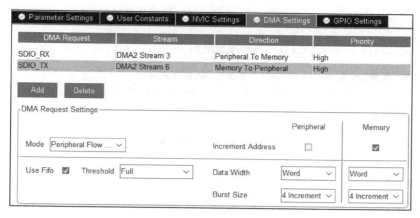

图 14-11 SDIO 的 DMA 设置

在 NVIC 中，开启 SDIO 的全局中断，并且 SDIO 全局中断的抢占优先级高于两个 DMA 流的抢占优先级，设置结果如图 14-12 所示。

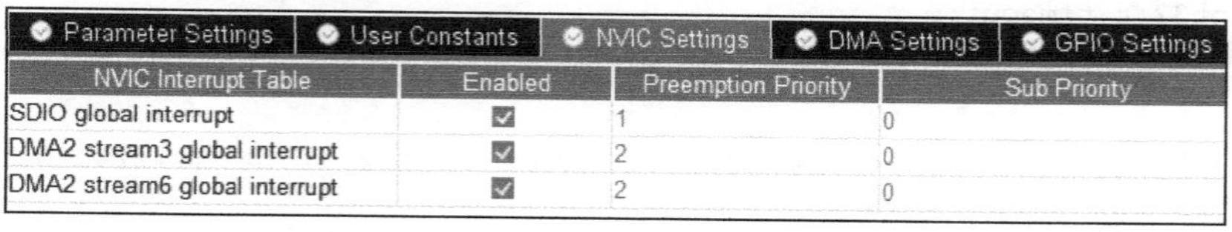

图 14-12 SDIO 的全局中断和两个 DMA 流的中断优先级的设置结果

FatFS 的模式和参数设置与原项目相同，只是在 Advanced Settings 页面，需要将 Use dma template 设置为 Enabled，如图 14-13 所示，这样，就会在 FatFS 中启用 DMA 方式访问 SD 卡的相关设置和程序。

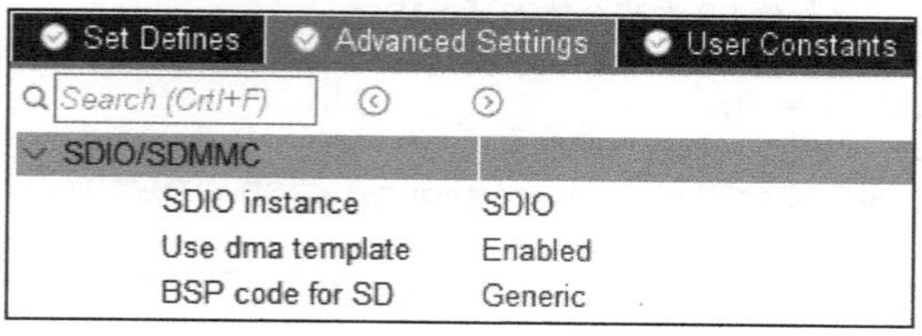

图 14-13 在 FatFS 的设置中启用 Use dma template

14.3.2 Disk IO 函数实现代码分析

由 CubeMX 生成代码，生成的 CubeIDE 项目的文件组成与项目 Demo14_1SD_FAT 的基本相同，只是多了文件 dma.h 和 dma.c，这是 DMA 外设初始化程序文件。FatFS 的 Disk IO 函数的移植主要在文件 bsp_driver_sd.h/.c 和 sd_diskio.h/.c 中。

1. 文件 sd_diskio.c 中的代码

下面我们以文件 sd_diskio.c 中函数 SD_read() 为例，分析 DMA 方式下 Disk IO 函数的实现原理。文件 sd_diskio.c 中的相关代码如下，为了使程序结构更清晰，这里省略了一些不相关的代码，删除了条件编译指令。

```c
/* 文件：sd_diskio.c ------------------------------------------------------------*/
#define SD_TIMEOUT  30 * 1000
#define SD_DEFAULT_BLOCK_SIZE 512
static volatile DSTATUS Stat = STA_NOINIT;

//定义的两个变量用于在 DMA 中断回调函数里表示 DMA 操作完成
static volatile  UINT  WriteStatus = 0, ReadStatus = 0;

void BSP_SD_WriteCpltCallback(void)
{
    WriteStatus = 1;         //表示 DMA 发送操作完成
}

void BSP_SD_ReadCpltCallback(void)
{
    ReadStatus = 1;          //表示 DMA 接收操作完成
}

/*  读取 SD 卡数据块的 Disk IO 函数，DMA 方式访问 SD 卡   */
DRESULT SD_read(BYTE lun, BYTE *buff, DWORD sector, UINT count)
{
    DRESULT res = RES_ERROR;
    uint32_t timeout;
    if (SD_CheckStatusWithTimeout(SD_TIMEOUT) < 0)
        return res;

    if(BSP_SD_ReadBlocks_DMA((uint32_t*)buff,(uint32_t) (sector),count) == MSD_OK)
    {
        ReadStatus = 0;
        /* 等待，直到读操作完成或超时 */
        timeout = HAL_GetTick();
        while((ReadStatus == 0) && ((HAL_GetTick() - timeout) < SD_TIMEOUT))
        {   }

        if (ReadStatus == 0)          //如果发生超时
            res = RES_ERROR;
        else         //等待 SD 卡状态变为空闲状态
        {
            ReadStatus = 0;
            timeout = HAL_GetTick();
            while((HAL_GetTick() - timeout) < SD_TIMEOUT)
            {
                if (BSP_SD_GetCardState() == SD_TRANSFER_OK)
                {
                    res = RES_OK;
                    break;
                }
            }
        }
    }
    return res;
}
```

上述代码定义了两个初值为 0 的全局变量 WriteStatus 和 ReadStatus。函数 BSP_SD_WriteCpltCallback()里 WriteStatus 置为 1，函数 BSP_SD_ReadCpltCallback()将 ReadStatus 置为 1。

Disk IO 函数 SD_read()调用函数 BSP_SD_ReadBlocks_DMA()以 DMA 方式读取 SD 卡的数据。这个函数在文件 bsp_driver_sd.c 里实现，其实现代码就是调用了 HAL 驱动函数

HAL_SD_ReadBlocks_DMA()。

DMA 方式是非阻塞式操作,执行函数 BSP_SD_ReadBlocks_DMA()返回后,只表示 DMA 传输启动成功,并不表示 DMA 数据传输完成。函数 SD_read()调用 BSP_SD_ReadBlocks_DMA() 之后,立刻将 ReadStatus 设置为 0,然后一直延时等待 ReadStatus 变为 1 或超时。如果 ReadStatus 变为 1,还要查询 SD 卡的状态,等待其变为空闲状态,才算完成了一次 DMA 方式数据读取操作。

2. 文件 bsp_driver_sd.c 中的代码

文件 sd_diskio.c 中定义的函数 BSP_SD_WriteCpltCallback()和 BSP_SD_ReadCpltCallback(),实际上是文件 bsp_driver_sd.c 中两个同名的弱函数的重新实现。文件 bsp_driver_sd.c 中几个相关函数的代码如下:

```
//SDIO_TX 关联的 DMA 流传输完成中断的回调函数,表示写操作完成
void HAL_SD_TxCpltCallback(SD_HandleTypeDef *hsd)
{
    BSP_SD_WriteCpltCallback();
}

// SDIO_RX 关联的 DMA 流传输完成中断的回调函数,表示读操作完成
void HAL_SD_RxCpltCallback(SD_HandleTypeDef *hsd)
{
    BSP_SD_ReadCpltCallback();
}

__weak void BSP_SD_WriteCpltCallback(void)
{

}

__weak void BSP_SD_ReadCpltCallback(void)
{

}
```

由第 13 章 SDIO 的 DMA 方式程序原理已知,HAL_SD_TxCpltCallback()是 DMA 方式数据发送完成时的中断回调函数,HAL_SD_RxCpltCallback()是 DMA 方式数据接收完成时的中断回调函数。文件 bsp_driver_sd.c 重新实现了这两个回调函数,并在代码里分别调用了另外两个 BSP 函数,而这两个 BSP 函数是用__weak 修饰符定义的弱函数,并且函数代码里为空。

文件 sd_diskio.c 重新实现了弱函数 BSP_SD_WriteCpltCallback()和 BSP_SD_ReadCpltCallback(),用于将标志变量 WriteStatus 和 ReadStatus 置为 1,也就是在 DMA 流的中断回调函数里,将这两个标志变量置为 1。

文件 sd_diskio.c 中,函数 SD_write()的实现原理也与此类似。其他 Disk IO 函数的实现代码和原理与项目 Demo14_1SD_FAT 中的基本相同,此处不再赘述。

14.3.3 SD 卡文件管理功能的实现

本示例与示例 Demo14_1SD_FAT 的主要区别在于 FatFS 的 Disk IO 函数的实现方式不同,本示例的这些底层函数的实现使用了 SDIO 的 DMA 传输方式,而示例 Demo14_1SD_FAT 使用的是 SDIO 的阻塞式访问方式。两个示例的主程序功能,也就是应用层的功能,是相同的,所以本示例的主程序只是做了很小的修改。主程序代码如下:

```c
/* 文件: main.c --------------------------------------------------------------*/
#include "main.h"
#include "dma.h"
#include "fatfs.h"
#include "rtc.h"
#include "sdio.h"
#include "gpio.h"
#include "fsmc.h"
/* USER CODE BEGIN Includes */
#include "tftlcd.h"
#include "keyled.h"
#include "file_opera.h"
/* USER CODE END Includes */

int main(void)
{
    HAL_Init();
    SystemClock_Config();
    /* Initialize all configured peripherals */
    MX_GPIO_Init();
    MX_DMA_Init();             //DMA 初始化
    MX_FSMC_Init();
    MX_FATFS_Init();           //FatFS 初始化
    MX_RTC_Init();
    MX_SDIO_SD_Init();         //SDIO 接口和 SD 卡初始化

    /* USER CODE BEGIN 2 */
    TFTLCD_Init();
    LCD_ShowStr(10,10,(uint8_t*)"Demo14_2: FatFS on SD card(DMA)");
    FRESULT res=f_mount(&SDFatFS, "0:", 1);      //挂载 SD 卡文件系统
    if (res==FR_OK)            //挂载成功
        LCD_ShowStr(10,LCD_CurY+LCD_SP10,(uint8_t*)"FatFS is mounted, OK");
    else
        LCD_ShowStr(10,LCD_CurY+LCD_SP10,(uint8_t*)"No file system, to format");
    uint16_t MenuStartPosY=LCD_CurY+LCD_SP15;       //菜单项起始行

//第 1 组菜单
    LCD_ShowStr(10,LCD_CurY+LCD_SP15,(uint8_t*)"[1]KeyUp   =Format SD card");
    LCD_ShowStr(10,LCD_CurY+LCD_SP10,(uint8_t*)"[2]KeyLeft =FAT disk info");
    LCD_ShowStr(10,LCD_CurY+LCD_SP10,(uint8_t*)"[3]KeyRight=SD card info");
    LCD_ShowStr(10,LCD_CurY+LCD_SP10,(uint8_t*)"[4]KeyDown =Next menu page");
    uint16_t InfoStartPosY=LCD_CurY+ LCD_SP15;           //信息显示起始行
    KEYS waitKey;
    while(1)
    {
        waitKey=ScanPressedKey(KEY_WAIT_ALWAYS);
        LCD_ClearLine(InfoStartPosY, LCD_H,LcdBACK_COLOR);          //清除信息显示区
        LCD_CurY= InfoStartPosY;

        if  (waitKey == KEY_UP)       //KeyUp   =Format SD card
        {
            BYTE  workBuffer[4*BLOCKSIZE];           //工作缓冲区
            DWORD clusterSize=0;      //cluster 大小必须大于或等于 1 个扇区,0 就是自动设置
            LCD_ShowStr(10,LCD_CurY,(uint8_t*)"Formatting (10secs)...");
            FRESULT res=f_mkfs("0:", FM_FAT32, clusterSize, workBuffer, 4*BLOCKSIZE);
            if (res ==FR_OK)
                LCD_ShowStr(10,LCD_CurY+LCD_SP10,(uint8_t*)"Format OK, to reset");
            else
```

14.3 示例二：以 DMA 方式访问 SD 卡

```
                LCD_ShowStr(10,LCD_CurY+LCD_SP10,(uint8_t*)"Format fail, to reset");
        }
        else if(waitKey == KEY_LEFT)           //KeyLeft =FAT disk info
            fatTest_GetDiskInfo();
        else if (waitKey == KEY_RIGHT)         //KeyRight=SD card info"
            SDCard_ShowInfo();
        else
            break;                  //到下一级菜单

        LCD_ShowStr(10,LCD_CurY+ LCD_SP15,(uint8_t*)"Reselect menu item or reset");
        HAL_Delay(500);             //延时，消除按键抖动影响
    }

//第 2 组菜单
    LCD_ClearLine(MenuStartPosY, LCD_H, LcdBACK_COLOR);    //清除一级菜单和屏幕
    LCD_CurY= MenuStartPosY;         //菜单项起始行

    LCD_ShowStr(10,LCD_CurY,           (uint8_t*)"[5]KeyUp  =Write files ");
    LCD_ShowStr(10,LCD_CurY+LCD_SP10,(uint8_t*)"[6]KeyLeft =Read a TXT file");
    LCD_ShowStr(10,LCD_CurY+LCD_SP10,(uint8_t*)"[7]KeyRight=Read a BIN file");
    LCD_ShowStr(10,LCD_CurY+LCD_SP10,(uint8_t*)"[8]KeyDown =Get a file info");
    InfoStartPosY=LCD_CurY+LCD_SP15;         //信息显示起始行
    HAL_Delay(500);             //延时，消除按键抖动影响
    while(2)
    {
        waitKey=ScanPressedKey(KEY_WAIT_ALWAYS);
        LCD_ClearLine(InfoStartPosY, LCD_H,LcdBACK_COLOR);
        LCD_CurY=InfoStartPosY;

        if (waitKey==KEY_UP )
        {
            fatTest_WriteTXTFile("DMA_readme.txt",2019,3,5);
            fatTest_WriteTXTFile("DMA_help.txt",2016,11,15);
            fatTest_WriteBinFile("DMA_ADC500.dat",20,500);
            fatTest_WriteBinFile("DMA_ADC1000.dat",50,1000);
            f_mkdir("0:/DMA_SubDir1");
            f_mkdir("0:/DMA_MyDocs");
        }
        else if (waitKey==KEY_LEFT )
            fatTest_ReadTXTFile("DMA_readme.txt");
        else if (waitKey==KEY_RIGHT)
            fatTest_ReadBinFile("DMA_ADC500.dat");
        else if (waitKey==KEY_DOWN)
            fatTest_GetFileInfo("DMA_ADC1000.dat");

        LCD_ShowStr(10,LCD_CurY+ LCD_SP15,(uint8_t*)"Reselect menu item or reset");
        HAL_Delay(500);             //延时，消除按键抖动影响
    }
  /* USER CODE END 2 */

  /* Infinite loop */
  while (1)
  {
  }
}
```

SDIO 的 DMA 初始化过程可参考示例 Demo13_2SD_DMA，SDIO 接口和 SD 卡的初始化过程可参考示例 Demo14_1SD_FAT，本示例相当于是这两个示例的综合，这里就不再介绍相关

代码了，可参看配套资源中的示例源码。

本示例的两组菜单与示例 Demo14_1SD_FAT 的完全相同，响应代码也相同，只是底层的 SD 卡数据传输方式变了一下，所以，主程序各菜单功能的实现代码也不再重复介绍了。

第 15 章 用 FatFS 管理 U 盘文件系统

STM32F4 处理器上有两个 USB-OTG 接口，作为 USB Host 时，可以连接 U 盘，并通过 FatFS 管理 U 盘上的文件系统。本章先介绍 USB 的一些基本概念，然后介绍如何使用 FatFS 管理 U 盘上的文件系统。

15.1 USB 概述

15.1.1 USB 协议

通用串行总线（Universal Serial Bus，USB）是一种支持热插拔的外部传输总线。USB 传输协议是 1994 年由 IBM、Intel、Microsoft 等多家公司联合提出研发和制定的。USB 1.0 标准于 1996 年 1 月发布，最新的 USB4 标准于 2019 年 4 月发布。经过多年的发展，USB 已经成为一种处于绝对领先地位的硬件外部总线，在计算机、手机、嵌入式设备上广泛使用，是各种设备必备的接口之一。

USB 总线包括传输协议和硬件接口，USB 协议的发展历史见表 15-1。1996 年推出的 USB 1.0 的最大数据传输速率只有 1.5Mbit/s，2000 年推出的 USB 2.0 的数据传输速率达到 480Mbit/s。从 USB 2.0 开始，USB 才开始得到广泛承认和应用。2008 年推出的 USB 3.0 的数据传输速率达到 5.0Gbit/s，现在一般的移动硬盘都是 USB 3.0 接口。2019 年 4 月推出了 USB4（注意，其命名就是没有空格），其最大数据传输速率达到 40Gbit/s，是面向下一代的 USB 传输协议。目前，USB 由一个非盈利性组织 USB Implementers Forum（USB-IF）运营和管理，该组织负责 USB 协议的制定、认证和相关管理工作。

表 15-1 USB 协议的发展历史

USB 协议版本	发布年份	后来更名的名称	最大数据传输速率	最大输出电流
USB 1.0	1996	USB 2.0 低速（Low-Speed）	1.5Mbit/s	5V/500mA
USB 1.1	1998	USB 2.0 全速（Full-Speed）	12Mbit/s	5V/500mA
USB 2.0	2000	USB 2.0 高速（High-Speed）	480Mbit/s	5V/500mA
USB 3.0	2008	USB 3.2 Gen 1（第 1 代）	5.0Gbit/s	5V/900mA
USB 3.1	2013	USB 3.2 Gen 2（第 2 代）	10Gbit/s	20V/5A
USB 3.2	2017	USB 3.2 Gen 2x2	20Gbit/s	20V/5A
USB4	2019		40Gbit/s	—

USB 协议版本历经多次更名，USB 1.0 和 1.1 都更名为 USB 2.0，所以，USB 2.0 按照数据

传输速率分为以下 3 种。
- USB 2.0 LS，低速 USB 2.0，数据传输速率为 1.5Mbit/s。
- USB 2.0 FS，全速 USB 2.0，数据传输速率为 12Mbit/s。
- USB 2.0 HS，高速 USB 2.0，数据传输速率为 480Mbit/s。

带 USB 接口的 STM32 MCU 一般只支持到 USB 2.0 的协议版本，因为 USB 2.0 的各种数据传输速率能满足一般嵌入式设备的应用需求，例如，USB 接口的鼠标、键盘等并不需要多高的数据传输速率。

15.1.2　USB 设备类型

USB 通信是一种主从结构，USB 系统包括 USB 主机（USB host）、USB 外设（USB device）以及 USB 连接 3 个部分。其中，USB 外设又分为 USB 功能（USB Function）外设和 USB 集线器（USB Hub）。

- USB 主机：一个 USB 系统中只有一个 USB 主机，主机系统的 USB 接口被称为主机控制器。
- USB 外设：实现具体功能，并受主机控制的外部 USB 设备。
- USB 集线器：是扩展 USB 主机端口个数的设备。主机可以连接 USB 集线器，扩展 USB 端口个数，最多可连接 127 个 USB 外设。

例如，计算机主板上一般有一个 USB 主机和一个 USB 根集线器，主板引出多个 USB 接口，可以连接多个 USB 外设，通过 USB 接口连接到计算机上的 U 盘、键盘和鼠标都是 USB 外设。开发板上的 STM32 处理器的 USB 接口没有连接 USB 集线器，所以开发板作为 USB 主机时，只能连接一个 USB 外设，例如，连接一个 U 盘。

在 USB 2.0 的基础上还扩展定义了一种 USB-OTG（on-the-go）协议和接口标准。USB-OTG 设备通过 USB 接口上的一个 ID 信号线的电平决定作为 USB 主机或 USB 外设，所以 USB-OTG 设备不能同时作为 USB 主机或外设，只是易于进行角色的切换。

STM32Cube 为 USB 接口提供了 3 种驱动库，分别是 USB-Host、USB-Device 和 USB-OTG 驱动库，USB 接口作为某个角色就应该使用相应的驱动库。USB 通信协议和驱动程序是非常复杂的，别说自己写驱动程序，仅是将驱动程序结构和原理搞明白就很难，一般来说，我们只要熟悉如何使用 USB 驱动程序就可以了。

使用 USB 接口的设备类型多样，如 U 盘、鼠标、键盘、打印机、移动硬盘等，USB 规范将 USB 设备分为几大类，根据设备类型特点设计 USB 驱动程序。USB 设备（主机和外设）在驱动程序上分为以下几大类。

- 音频设备类（Audio Device Class），如 USB 接口的蓝牙耳机适配器。
- 通信设备类（Communication Device Class，CDC），如虚拟串口。
- 下载固件升级类（Download Firmware Update Class，DFU）。
- 人机接口设备类（Human Interface Device Class，HID），如键盘和鼠标。
- 大容量存储类（Mass Storage Class，MSC），如 U 盘和移动硬盘。

15.1.3　USB 接口类型

USB 接口是指 USB 主机或 USB 外设的外部硬件接口，随着 USB 版本的演化，出现了多种 USB 接口类型，各种 USB 接口类型及其适应的 USB 协议版本见表 15-2。

表 15-2　各种 USB 接口类型及其适应的 USB 协议版本

USB 版本	USB 1.0/1.1	USB 2.0	USB-OTG 2.0	USB3.0	USB 3.1	USB 3.2	USB4
数据传输速率和输出电流	1.5/12Mbit/s 5V/500mA	480Mbit/s 5V/500mA	480Mbit/s 5V/500mA	5.0Gbit/s 5V/500mA	10Gbit/s 20V/5A	20Gbit/s 20V/5A	40Gbit/s
标准接口	Type-A			Type-A Super Speed	不再使用		
标准接口	Type-B			Type-B Super Speed	不再使用		
标准接口	N/A（Not Available）			Type-C			
Mini 接口	N/A	Mini-A		不再使用			
Mini 接口	N/A	Mini-B		不再使用			
Mini 接口	N/A		Mini-AB	不再使用			
Micro 接口	N/A	Micro-A		不再使用			
Micro 接口	N/A	Micro-B		Micro-B Super Speed	不再使用		
Micro 接口	N/A		Micro-AB	不再使用			

其中，标准 USB 接口分为 Type-A、Type-B 和 Type-C 这 3 种，具体如下。

- Type-A 接口是最早出现的 USB 接口，例如，计算机上的 USB 接口一般是 Type-A 接口，U 盘的接口也是 Type-A 接口，只是计算机上的是 Type-A 母口，U 盘上的是 Type-A 公口。USB 2.0 Type-A 接口和 USB 3.0 Type-A 接口的区别是：USB 2.0 的 Type-A 接口有 4 根引线，接口中心是黑色的；USB 3.0 的 Type-A 接口有 9 根引线，接口中心是蓝色的。

- Type-B 接口一般用在打印机、扫描仪等较大的设备上。USB 2.0 和 USB 3.0 的 Type-B 接口形状不一样,其接口中心也和 Type-A 一样有黑色和蓝色之分。
- Type-C 接口是在 USB 3.1 之后才出现的,有很多新增的特性,供电能达到 20V/5A,也就是最高 100W,所以 Type-C 接口可用作 USB PD(USB Power Delivery,USB 供电)。Type-C 接口综合了以往各种 USB 接口的特性,所以从 USB 3.2 开始只支持 Type-C 接口。

MiniUSB 和 MicroUSB 接口是为支持硬件小型化出现的 USB 接口,老式的手机就使用 MiniUSB 或 MicroUSB 接口,现在新式的手机基本都使用 Type-C 接口。支持 USB 3.0 的 Micro-B 接口形状比较特别,支持 USB 3.0 的移动硬盘都使用这种接口。

MiniUSB 和 MicroUSB 接口又分为 A、B 和 AB 这 3 种类型。USB-OTG 协议将设备分为 A 类、B 类和 AB 类,A 类就是 USB 主机,B 类就是 USB 外设,AB 类就是双角色设备。AB 类在同一时刻只能作为 A 或 B,只是易于进行角色切换。

15.2 STM32F407 的 USB–OTG 接口

15.2.1 USB-OTG 概述

STM32F407 上有两个 USB-OTG 接口(见图 15-1),都支持 USB 2.0 规范。一个是 USB-OTG HS,其最大数据传输速率为 480Mbit/s;另一个是 USB-OTG FS,其最大数据传输速率为 12Mbit/s。USB-OTG 接口可以配置为 USB 主机、USB 外设或双角色设备。

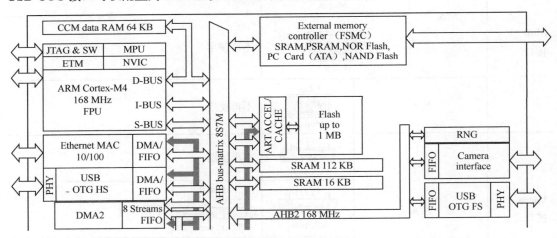

图 15-1 STM32F407 上的两个 USB 控制器 USB-OTG HS 和 USB-OTG FS

两个 USB-OTG 都有内置的 PHY(端口物理层),无须外接 PHY 硬件。USB 数据线上传输的是差分电压信号,而不是普通的高低电平信号。PHY 的主要功能就是进行 USB 数据线上的差分信号与普通数字电平信号之间的转换。

普中 STM32F407 开发板上只引出了 USB-OTG FS,并且提供了 2 个 USB 接口。一个是 Type-A 母口,将开发板作为 USB 主机,可以连接 U 盘进行 U 盘读写,这一功能的实现参见本章示例。另一个是 Micro-B 母口,可以将开发板作为 USB 外设,例如,可以通过 USB 数据线连接开发板和计算机,将开发板作为一个读卡器,在计算机上读取开发板上 SD 卡的文件,

15.2 STM32F407 的 USB-OTG 接口

这一功能的实现参见第 16 章的示例。

STM32F407 处理器上的 USB-OTG FS 和 USB-OTG HS 的硬件结构和工作原理基本相同，下面我们就以 USB-OTG FS 为例，介绍 USB-OTG 的一些基本原理。

15.2.2 USB-OTG FS

1. 功能概述

STM32F407 处理器上的 USB-OTG FS 的结构框图如图 15-2 所示，USB-OTG FS 主要由 OTG FS 内核和 OTG FS PHY 组成。

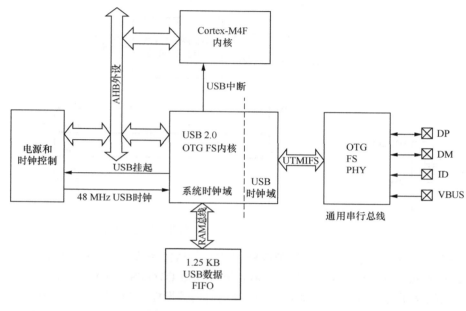

图 15-2 USB-OTG FS 的结构框图

- OTG FS 内核通过 AHB 外设总线与 CPU 通信，并产生相应的 USB 中断信号，以 1.25 KB 专用 RAM 作为 USB 数据 FIFO。OTG FS 内核需要 48MHz 时钟信号用于 USB 通信的 PHY。
- OTG FS PHY 用于实现物理层信号转换和接口控制功能。物理层信号转换就是实现 USB 数据总线上的差分电压信号与数字电平之间的转换，接口控制包括 ID 信号检测、电源 VBUS 的控制和检测。

USB-OTG FS 的硬件接口有 4 个信号引脚，它们的功能描述如下。

- DP 和 DM 是 USB 的数据信号引脚，传输的是差分信号，而不是普通的电平信号。PHY 的功能之一就是进行 USB 差分信号与数字电平信号之间的转换。
- ID 信号用于识别连接在 USB-OTG FS 接口上的外部 USB 设备的类型，是一个输入信号引脚。PHY 内部为 ID 信号集成了上拉电阻，只有当 USB-OTG FS 作为双角色设备时，ID 信号才有用。
- VBUS 是外部 5V 电源监测引脚，当 USB-OTG FS 作为外设或双角色设备时，此引脚才有用。例如，USB-OTG FS 仅作为外设时，通过 USB 连接器上的 VBUS 获取 5V 电源，并通过 USB-OTG FS 的 VBUS 引脚监测这个 5V 电源的电压。

USB-OTG 可以仅作为 USB 主机，也可以仅作为 USB 外设，还可以作为 OTG 双角色设备。USB-OTG FS 的设备类型不同，USB-OTG FS 接口的连接电路也不同，下面我们分别对其予以介绍。

2. 仅作为 USB 主机

我们可以通过软件配置将 USB-OTG FS 仅作为 USB 主机，例如，通过开发板上的标准 USB Type-A 接口连接 U 盘时，开发板就仅作为主机。作为 USB 主机时，MCU 的 USB-OTG FS 接口与标准 USB Type-A 接口（或称为连接器）之间的电路连接如图 15-3 所示。

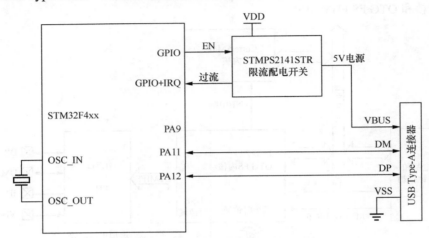

图 15-3　USB-OTG FS 仅作为 USB 主机时的电路连接

当 MCU 作为 USB 主机时，USB-OTG FS 的 DM（PA11 引脚）和 DP（PA12 引脚）分别连接 USB Type-A 接口的 DM 和 DP 引脚，不需要使用 USB-OTG FS 的 ID 和 VBUS 信号。

USB 主机需要通过 Type-A 接口上的 VBUS 引脚向外设提供 5V 电源，这个 5V 电源来自于单独的电源器件，还可以使用电源开关芯片进行通断控制。例如，图 15-3 中用一个 GPIO 引脚连接电源开关芯片 STMPS2141STR 的 EN 信号引脚，可以控制 VBUS 的通断，这样，在不需要使用 USB 外设时，可以关闭 VBUS 电源以降低功耗。

注意，USB 2.0 接口的 VBUS 电压是 5V，电流不能超过 500mA。电源开关芯片 STMPS2141STR 具有过电流检测功能，可以将 STMPS2141STR 的过流信号引脚接入 MCU 的某个 EXTI 引脚，实现 USB 设备的过电流保护。

STM32 MCU 固件库中的中间件 USB_HOST，是 USB 主机类设备的驱动程序，其模式和参数可以在 CubeMX 里配置。

3. 仅作为 USB 外设

我们可以通过软件配置将 USB-OTG FS 仅作为 USB 外设。作为 USB 外设时，MCU 的 USB-OTG FS 引脚与标准 USB Type-B 接口（或称为连接器）的电路连接如图 15-4 所示。

当 MCU 作为 USB 外设时，USB-OTG FS 的 DM（PA11 引脚）和 DP（PA12 引脚）分别连接 USB Type-B 接口的 DM 和 DP 引脚，不需要用到 ID 信号。图 15-4 中 Type-B 接口上的 VBUS 对于 MCU 来说是个输入信号，VBUS 连接到 USB-OTG FS 的 VBUS 引脚（PA9 引脚），MCU 通过 PA9 引脚的输入监测 VBUS 电压的有无，以及 VBUS 电压的变化。

15.2 STM32F407 的 USB-OTG 接口

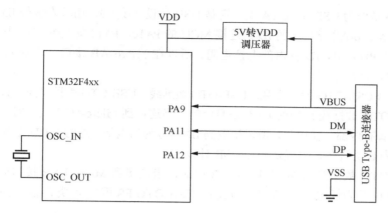

图 15-4 USB-OTG FS 仅作为 USB 外设时的电路连接

USB 外设可以从 USB 接口的 VBUS 获取工作电源，但是需要用一个调压器芯片将 VBUS 的 5V 电压转换为 MCU 工作的 VDD 电压（一般是 3.3V）。但要注意，USB 接口的 VBUS 最多只能提供 500mA 的电流，所以功耗大的 USB 外设需要自己提供工作电源。例如，打印机有自己的工作电源，只是通过 USB 数据线与计算机进行数据传输；而 USB 接口的鼠标耗电流小，就可以直接从 USB 接口获取工作电源。

STM32 MCU 固件库中的中间件 USB_DEVICE，是 USB 外设类设备的驱动程序，其模式和参数可以在 CubeMX 里配置。

4. OTG 双角色设备

USB-OTG FS 还可以配置为双角色设备（Dual Role Device, DRD），A 类设备就是 USB 主机，B 类设备就是 USB 外设，通过检测 USB 接口上 ID 信号的电平，自动决定 USB-OTG FS 的角色类型（A 类或 B 类）。USB-OTG FS 作为双角色设备时的电路连接如图 15-5 所示。DRD 设备必须使用 ID 信号，也就必须使用 Mini-AB 接口或 Micro-AB 接口，因为标准 Type-A 接口和 Type-B 接口没有 ID 信号线。

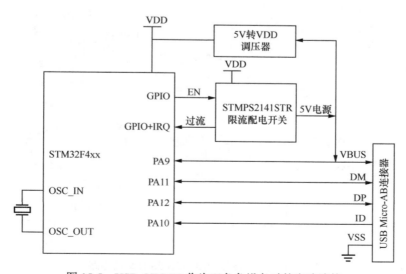

图 15-5 USB-OTG FS 作为双角色设备时的电路连接

DRD 设备是作为 USB 主机（A 类）还是 USB 外设（B 类），由输入信号 ID 的电平决定。在图 15-5 中，Micro-AB 接口上的 ID 线连接 MCU 的 PA10，PA10 就是图 15-2 中 USB-OTG FS 的 ID 信号。在 PHY 中，ID 有内部上拉电阻，所以在 Micro-AB 接口上未插入 USB 设备时，MCU 的 ID 输入是高电平。

有专门配合 USB-OTG 接口使用的 USB-OTG 数据线，USB-OTG 数据线分为 B 端和 A 端。

- USB-OTG 数据线 B 端的 ID 线是悬空的，当连接到 Micro-USB 接口时，因为 MCU 的 ID 引脚有内部上拉电阻，所以检测到 ID 信号为高电平，这时 MCU 上的 USB-OTG FS 用作为 B 类设备，也就是作为 USB 外设。
- USB-OTG 数据线 A 端的 ID 线是接地的，当连接到 Micro-USB 接口时，MCU 检测到 ID 信号为低电平，这时 MCU 上的 USB-OTG FS 用作 A 类设备，也就是作为 USB 主机。

STM32 MCU 固件库中有 USB-OTG 的驱动程序，但是不能在 CubeMX 里进行可视化配置，需要自己编程处理。

一般的 STM32 MCU 上的 USB 模块都支持 USB 2.0 规范，但有的只是 USB 外设接口，有的是 USB-OTG，在设计选型时要搞清楚它们的区别。USB-OTG 支持作为主机、外设或双角色设备，但是 USB 外设接口就只能作为外设。例如，常用的 STM32F103 有 USB 接口，但是只支持作为 USB 外设，所以使用 STM32F103 的 USB 接口就不能直接连接 U 盘进行读写。

15.2.3 开发板上的 USB 接口电路

普中 STM32F407 开发板上引出了 USB-OTG FS 接口，其电路如图 15-6 所示。USB-OTG FS 连接了两个 USB 接口，实物照片如图 15-7 所示。

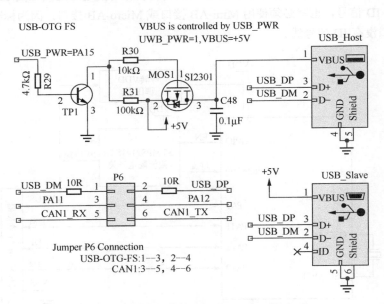

图 15-6 开发板上 USB-OTG FS 接口的电路

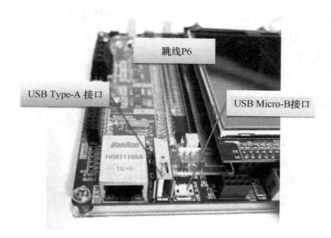

图 15-7 开发板上与 USB-OTG FS 连接的两个 USB 接口

STM32F407 的 USB-OTG FS 和 CAN1 共用引脚 PA11 和 PA12，所以这两个模块不能同时使用。开发板上的跳线 P6 用于这两个模块的选择。当跳线 P6 的 3-5 短接、4-6 短接时，引脚 PA11 和 PA12 作为 CAN1 模块的 CAN1_RX 和 CAN1_TX 引脚；当跳线 P6 的 1-3 短接、2-4 短接时，引脚 PA11 和 PA12 作为 USB-OTG FS 的 USB_DM 和 USB_DP 引脚。

USB-OTG FS 的 USB_DM 和 USB_DP 引脚连接到了两个 USB 接口上。一个是 Type-A 接口 USB_Host，如果开发板作为 USB 主机，则可以用这个 Type-A 接口连接 U 盘。另一个是 Micro-B 接口 USB_Slave，如果开发板作为 USB 外设，则可以通过 USB 数据线连接计算机的 USB 接口。注意，开发板上的这两个 USB 接口不能同时使用，且这两个接口都没有 ID 引脚，所以不能使用 USB-OTG 规范，也就是开发板不能作为双角色设备。

如果开发板作为 USB 主机，则需要为 Type-A 接口提供 VBUS 电源。开发板用一个 NPN 三极管 TP1 和一个 MOS 场效应管 SI2301 组成了一个电源通断控制电路。MCU 使用 GPIO 输出引脚 PA15 作为 VBUS 电源控制信号 USB_PWR，当 USB_PWR 输出高电平时，VBUS 接通+5V 电源，当 USB_PWR 输出低电平时，VBUS 断电。

当开发板作为 USB 主机，在 Type-A 接口连接一个 U 盘时，不要用数据线连接计算机的 USB 接口和附录 C 图 C-2 中的【2-1】MicroUSB 接口，为开发板供电。因为 USB 2.0 接口提供的最大电流只有 500mA，计算机 USB 接口输出的电流可能不够开发板和 U 盘的消耗。这种情况下，应该使用图 C-2 中的【2-2】5V DC 电源，或使用输出电流达到 1000mA 的 USB 接口充电头连接【2-1】供电。

15.3 作为 USB Host 读写 U 盘

15.3.1 示例功能和 CubeMX 项目设置

在本章中，我们将设计一个示例 Demo15_1UDisk_FAT，展示将 USB-OTG FS 作为 USB 主机时的用法。USB-OTG FS 作为 USB 主机时，在开发板的 USB Type-A 接口上连接一个 U 盘，通过 USB Host 驱动程序和 FatFS 实现 U 盘文件系统管理。

第 15 章 用 FatFS 管理 U 盘文件系统

U 盘使用的也是 Flash 存储器，其底层的数据读写与 SD 卡类似，这里我们就不从底层开始分析 USB 的通信协议和 U 盘数据读写的原理了。ST 提供了一个中间件 USB_HOST，作为 USB 主机的驱动程序，直接使用即可。

1. 基本设置

本示例要用 LCD 和 4 个按键，所以选择 CubeMX 模板项目文件 M4_LCD_KeyLED.ioc 创建本项目的 CubeMX 文件 Demo15_1UDisk_FAT.ioc（操作方法见附录 A）。我们可以删除 2 个 LED 的 GPIO 引脚设置，然后做如下设置。

- 将 PA15 引脚设置为 GPIO 推挽输出模式，无上拉或下拉，设置用户标签为 USB_PWR，初始输出为高电平。该引脚用于控制 USB Type-A 接口的 VBUS 电源输出。
- 启用 RTC 的时钟源和日历，随便设置一个初始日期和时间，本示例要用 RTC 为 FatFS 提供时间戳数据。在 RCC 组件中启用 LSE，在时钟树上，将 RTC 的时钟源设置为 LSE。

2. USB-OTG FS 设置

在 Connectivity 分组里找到 USB_OTG_FS，对 USB-OTG FS 进行模式和参数设置，如图 15-8 所示。在模式设置（Mode）部分，有个模式选择下拉列表框，其中有如下几个选项。

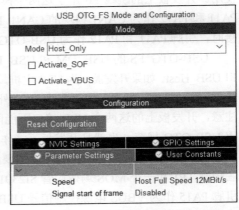

图 15-8　USB-OTG FS 的模式和参数设置

- Disable，不使用 USB-OTG FS。
- OTG/Dual-Role_Device，作为 OTG 设备，即双角色设备。CubeMX 还不支持此模式的可视化配置，但仍然可以选择此模式，只是用户需要在生成代码的项目里，自己编写代码进行配置。
- Host_Only，仅作为 USB 主机，可以在 Middleware 分组里使用中间件 USB_HOST 对 USB 主机进行具体的软件设置。本示例将 USB-OTG FS 用作 USB 主机，所以选择 Host_Only。
- Device_Only，仅作为 USB 外设，可以在 Middleware 分组里使用中间件 USB_DEVICE 对 USB 外设进行具体的软件设置。

在模式设置部分还有两个复选框，涉及以下两个引脚的设置。

- Activate_SOF，是否启用帧的起始（Start of Frame，SOF）信号引脚。如果勾选此项，会在 PA8 引脚输出 SOF 信号。SOF 信号是脉冲信号，此功能尤其适用于自适应音频时钟的生成。本示例不使用 SOF 信号。
- Activate_VBUS，是否启用 MCU 的 VBUS 引脚。仅作为 USB 主机时，MCU 不需要使用 VBUS 引脚（见图 15-3）。如果 MCU 作为 USB 外设，则可以启用 MCU 的 VBUS 引脚，其功能是监测 USB 接口上是否有 VBUS 电源，以及监测 VBUS 电源的电压。如果勾选了此项，PA9 将作为 VBUS 引脚。本示例不需要使用 VBUS 引脚。

当 USB-OTG FS 仅作为 USB 主机时，Parameter Settings 部分只有图 15-8 所示的 2 个参数需要设置，具体如下。

- Speed，设置 USB 通信的数据传输速率，有两个选项：Host Full Speed 12Mbit/s，即全速 12Mbit/s；Host Low Speed 1.5Mbit/s，即低速 1.5Mbit/s。本示例要读写 U 盘，所以选择全速 12Mbit/s。
- Signal start of frame，是否产生 SOF 信号。如果在模式设置部分勾选了 Activate_SOF，这个参数只能设置为 Enabled，因为要启用 SOF 引脚，必须产生 SOF 信号；如果在模式设置部分未勾选 Activate_SOF，这个参数可设置为 Enabled 或 Disabled。本示例将此参数设置为 Disabled，也不勾选 Activate_SOF。

这样设置后，CubeMX 会自动设置 USB-OTG FS 的 GPIO 引脚，设置结果如图 15-9 所示，只有 DM 和 DP 两个信号引脚。CubeMX 还会自动启用 USB-OTG FS 全局中断，而且不能关闭该中断。

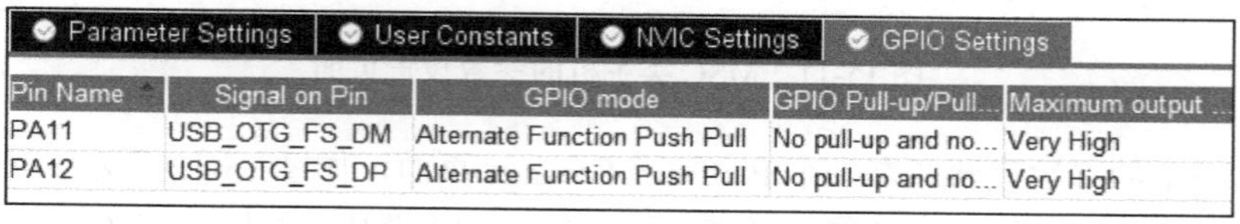

图 15-9　USB-OTG FS 引脚的 GPIO 设置结果

3. 中间件 USB_HOST 的设置

在 Middleware 分组中，有 USB_HOST 和 USB_DEVICE 两个中间件，就是 USB 主机和 USB 外设的驱动程序。请务必先设置 USB-OTG 硬件的模式，再设置相应的中间件。本示例将 USB-OTG FS 设置作为主机，所以使用中间件 USB_HOST。

中间件 USB_HOST 的模式设置页面如图 15-10 所示。这个界面中有两个下拉列表框，分别用于设置 USB-OTG HS 和 USB-OTG FS 主机设备类型。本示例没有启用 USB-OTG HS，所以不能设置 Class for HS IP。图 15-10 截取了 Class for FS IP 下拉列表框的全部选项，各选项的意义如下。

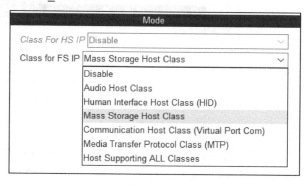

- Audio Host Class，音频主机类。
- Human Interface Host Class (HID)，人机接口主机类。

图 15-10　中间件 USB_HOST 的模式设置页面

- Mass Storage Host Class (MSC)，大容量存储主机类。
- Communication Host Class (Virtual Port Com)，通信主机类（虚拟 COM 口）。
- Media Transfer Protocol Class (MTP)，媒介传输协议类。
- Host Supporting ALL Classes，支持所有类型的主机类。

因为 USB 设备类型很多，不同类型的设备工作原理相差较大，所以每一类设备有相应的驱动程序，也就有不同的参数设置内容。本示例将 USB-OTG FS 作为主机连接 U 盘，所以是 MSC 类型的主机。

将 Class for FS IP 设置为 Mass Storage Host Class 后，MSC 类主机的参数设置页面如图 15-11 所示。这些参数都对应于生成代码中的宏定义参数，这些参数涉及 USB 底层协议的一些概念，这些概念的详细解释可以参考文献《USB 系统开发——基于 ARM Cortex-M3》，在此就不详细解释了，使用其默认设置即可。其中，最后一个参数 USBH_USE_OS 表示是否使用 RTOS 系统，本示例没有使用 FreeRTOS，所以设置为 Disabled。

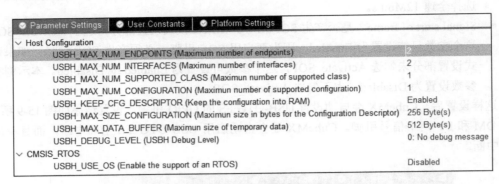

图 15-11　MSC 类主机的参数设置页面

USB_HOST 的参数设置还有一个 Platform Settings 页面，如图 15-12 所示，可供设置 USB Type-A 接口的 VBUS 电源的控制信号引脚。在图 15-6 的电路中，如果 USB-OTG FS 作为主机，将 PA15 作为 USB_PWR，用于控制给 USB 外设供电。这样设置后，USB_HOST 就会自动管理 USB_PWR 的输出电平。如果实际电路中没有控制 VBUS 电源的 GPIO 引脚，例如，VBUS 直接连接 5V 电源，那么不做这个设置也是没问题的，只是生成代码时会出现一个提示对话框，继续生成代码即可。

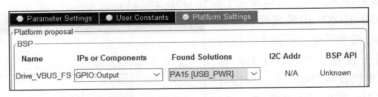

图 15-12　USB_HOST 的 Platform Settings 设置页面

4. FatFS 设置

在设置了 USB-OTG FS 硬件接口和 USB_HOST 驱动库后，在 FatFS 的模式设置中，我们就可以选择 USB Disk 作为存储介质了，如图 15-13 所示。

FatFS 的参数设置如图 15-14 所示，大部分参数设置保留默认值。在图 15-14 中，只是设置了代码页为简体中文、使用长文件名、MAX_SS 和 MIN_SS 都自动设置为 512。图 15-14 所示的设置结果与示例 Demo14_1SD_FAT 中使用 SD 卡时 FatFS 的设置相同，因为 U 盘使用的也是 Flash 存储器，数据块的大小也是 512 字节。

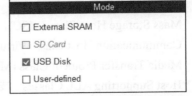

图 15-13　在 FatFS 的模式设置中选择 USB Disk

参数设置的 Advanced Settings 页面如图 15-15 所示，两个参数都是自动设置的，且没有其他选项。很多参数或宏都以 "USBH" 为前缀，USBH 表示 USB Host。

15.3 作为 USB Host 读写 U 盘

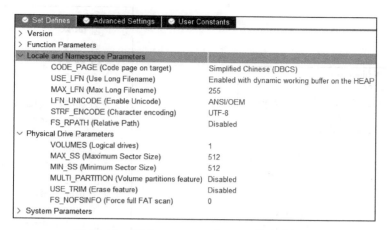

图 15-14 使用 USB Disk 时 FatFS 的参数设置

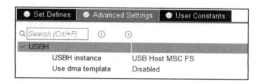

图 15-15 FatFS 的 Advanced Settings 设置页面

15.3.2 项目文件组成和初始代码分析

1. 项目文件组成

完成设置后，CubeMX 会自动生成代码，在项目中增加 USB-OTG FS 硬件驱动和 USB_HOST 中间件的程序文件。这个项目用到了 FatFS 和 USB_HOST 两个中间件，项目的 Middlewares 目录下的目录结构和文件如图 15-16 所示。

FatFS 属于第三方中间件，在\Third_Party\FatFS 目录下。我们已经在前几章介绍过 FatFS，此处不再赘述。USB_HOST 是 ST 公司自己的中间件，在\ST\STM32_USB_Host_Library 目录下，这个目录下又有以下两个子目录。

- \Class\MSC 目录下是 MSC 类主机的 USB_HOST 驱动程序文件，因为在 CubeMX 中设置了设备类型为 MSC（见图 15-10），这个目录下的文件的前缀都是"usbh_msc"。
- \Core 目录下是 USB_HOST 的核心文件，也就是各类 USB 主机共用的一些驱动文件，这些文件都以"usbh_"为前缀。

项目根目录下的 Src 和 Inc 目录下的文件如图 15-17 所示，与 USB-OTG FS 接口和 USB_HOST 相关的文件有以下几个。

- usb_host.h/.c 是中间件 USB_HOST 的初始化程序文件，包含初始化函数 MX_USB_HOST_Init()，在 main()函数里初始化外设时会调用这个函数。
- usbh_conf.h/.c 是中间件 USB_HOST 的配置程序文件，也就是对应于图 15-11 中的 USB_HOST 的设置而生成的程序文件，还包括 DP 和 DM 的 GPIO 引脚初始化程序。
- usbh_platform.h/.c 是与 USB_HOST 的平台设置相关的程序文件，也就是对应于图 15-12 的设置而生成的一个函数 MX_DriverVbusFS()，这个函数会在 USB_HOST 驱动程序中被调用。

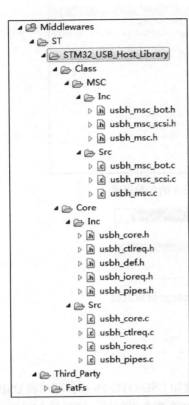

图 15-16 Middlewares 目录下的目录结构和文件

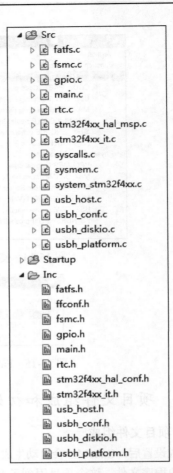

图 15-17 项目 Src 和 Inc 目录下的文件

FatFS 使用了 U 盘作为存储介质，生成的代码针对 U 盘自动完成了 Disk IO 访问层的移植。与 FatFS 相关的文件有以下几个。

- fatfs.h/.c，包含 FatFS 的初始化函数 MX_FATFS_Init()，以及一些相关定义。
- ffconf.h，是与 FatFS 配置相关的头文件。
- usbh_diskio.h/.c，是针对 USB Host MSC 设备的 Disk IO 访问层的移植程序文件。

2. 初始主程序

不添加任何用户代码的主程序代码如下：

```
/* 文件：main.c -----------------------------------------------------------*/
#include "main.h"
#include "fatfs.h"
#include "rtc.h"
#include "usb_host.h"
#include "gpio.h"
#include "fsmc.h"

/* Private function prototypes -------------------------------------------*/
void MX_USB_HOST_Process(void);    //在usb_host.h中定义的一个函数，无须在此声明

int main(void)
{
```

```
    HAL_Init();
    SystemClock_Config();
    /* Initialize all configured peripherals */
    MX_GPIO_Init();
    MX_FSMC_Init();
    MX_FATFS_Init();           //FatFS 初始化
    MX_RTC_Init();
    MX_USB_HOST_Init();        //USB Host 初始化

    /* Infinite loop */
    while (1)
    {
        MX_USB_HOST_Process();     //USB Host 的背景任务,用于检测 U 盘的插入或拔出
    }
}
```

函数 MX_FATFS_Init()用于 FatFS 初始化,其代码和功能与使用 SD 卡时的 FatFS 初始化函数类似。

函数 MX_USB_HOST_Init()用于 USB Host 的初始化,这是在文件 usb_host.h 中定义的一个函数。函数的功能包括底层 USB 硬件接口的初始化、USB_HOST 驱动库的初始化、注册 USBH MSC 硬件类型、启动 USB Host 内核程序。注意,在执行完函数 MX_USB_HOST_Init()后,还不能调用 FatFS 的函数操作 U 盘,例如,执行函数 f_mount()时总是返回不能挂载,即使 U 盘已经被正常格式化过了。

在主程序的 while 死循环里,循环执行函数 MX_USB_HOST_Process(),这个函数也是在文件 usb_host.h 中定义的,是 USB Host 的背景任务。在函数 MX_USB_HOST_Init()中启动 USB Host 内核后,需要周期性地运行这个函数,更新 USB 状态机的状态,才能在插入、拔出 U 盘时自动更新 USB Host 的状态。只有当 USB Host 的状态变为 APPLICATION_READY 时,才可以用 FatFS 操作 U 盘。

3. FatFS 初始化

函数 MX_FATFS_Init()用于初始化 FatFS,这个函数在文件 fatfs.h/.c 中定义和实现。文件 fatfs.h 的代码如下:

```
/* 文件: fatfs.h    ------------------------------------------------------------*/
#include "ff.h"
#include "ff_gen_drv.h"
#include "usbh_diskio.h"          //包含 USBH 驱动器的 Disk IO 函数,定义了 USBH_Driver

extern uint8_t retUSBH;           //USBH 相关函数的返回值
extern char USBHPath[4];          //USBH 逻辑驱动器路径,即"0:/"
extern FATFS USBHFatFS;           //USBH 逻辑驱动器的文件系统对象
extern FIL USBHFile;              //USBH 文件系统的文件对象

void MX_FATFS_Init(void);
```

在 FatFS 中,USB Host 的 MSC 设备被称为 USBH 驱动器。这里声明了 4 个变量,都是在文件 fatfs.c 中定义的。文件 fatfs.c 的完整代码如下,其中函数 get_fattime()用于获取 RTC 时间,作为创建文件或修改文件时的时间戳数据。这里直接调用了文件 file_opera.h 中定义的函数 fat_GetFatTimeFromRTC(),这个函数的实现代码见 12.5.9 节。

```
/* 文件: fatfs.c    ------------------------------------------------------------*/
#include "fatfs.h"
uint8_t retUSBH;              //USBH 相关函数的返回值
```

```
    char USBHPath[4];              //USBH 逻辑驱动器路径，即"0:/"
    FATFS USBHFatFS;               //USBH 逻辑驱动器的文件系统对象
    FIL USBHFile;                  //USBH 文件系统的文件对象

    /* USER CODE BEGIN Variables */
    #include "file_opera.h"
    /* USER CODE END Variables */

    void MX_FATFS_Init(void)
    {
        /*## FatFS: 连接 USBH 驱动器 ########################*/
        retUSBH = FATFS_LinkDriver(&USBH_Driver, USBHPath);
    }

    DWORD get_fattime(void)             //获取 RTC 时间作为文件系统的时间戳数据
    {
        /* USER CODE BEGIN get_fattime */
        return fat_GetFatTimeFromRTC();
        /* USER CODE END get_fattime */
    }
```

函数 MX_FATFS_Init()用于 FatFS 的初始化，只有一行代码，即

```
    retUSBH = FATFS_LinkDriver(&USBH_Driver, USBHPath);
```

USBH_Driver 是在文件 usbh_diskio.c 中定义的一个 Diskio_drvTypeDef 结构体类型的变量，用于将 Disk IO 访问的函数指针指向文件 usbh_diskio.c 中实现的 U 盘访问的 Disk IO 函数。执行这行代码的作用就是将 USBH_Driver 链接到系统的驱动器列表，以及为 USBHPath 赋值。执行此行代码后，USBHPath 被赋值为"0:/"。

4. USB_HOST 初始化函数

在 main()函数的外设初始化部分，调用函数 MX_USB_HOST_Init()进行 USB Host 初始化，这个函数是在文件 usb_host.h 中定义的，这个文件同时还定义了 USBH 背景任务函数 MX_USB_HOST_Process()。头文件 usb_host.h 的代码如下：

```
/* 文件: usb_host.h  -------------------------------------------------*/
#include "stm32f4xx.h"
#include "stm32f4xx_hal.h"
/* USER CODE BEGIN INCLUDE */
#include "usbh_def.h"                       //这个文件定义了类型 USBH_HandleTypeDef
extern USBH_HandleTypeDef hUsbHostFS;       //文件 usb_host.c 里定义的变量，公开这个变量
/* USER CODE END INCLUDE */

/*    应用程序状态枚举类型定义   */
typedef enum {
    APPLICATION_IDLE = 0,
    APPLICATION_START,
    APPLICATION_READY,                  //就绪状态，可以使用 U 盘了
    APPLICATION_DISCONNECT              //已断开连接的状态
}ApplicationTypeDef;

/* Exported functions ----------------------------------------------*/
void MX_USB_HOST_Init(void);            //USB Host 初始化函数
void MX_USB_HOST_Process(void);         //USB Host 背景任务函数
```

我们稍微修改了这个文件的代码，在/* USER CODE BEGIN/END INCLUDE */沙箱段内用 extern 声明了变量 hUsbHostFS。这是在文件 usb_host.c 内定义的一个变量，如此声明后，就变为公共变量。因为文件 ffconf.h 定义的一个替代性宏要用到这个变量，即

```
#define hUSB_Host hUsbHostFS
```

所以，如果不在文件 usb_host.h 中公开变量 hUsbHostFS，构建项目时就会出错，即显示文件 ffconf.h 中这行宏定义语句中的变量 hUsbHostFS 没有被定义。

文件 usb_host.h 还定义了一个枚举类型 ApplicationTypeDef，这是 USB Host 状态机的状态变化时表示的应用程序状态。只有当应用程序状态为 APPLICATION_READY 时，才可以用 FatFS 操作 U 盘。

文件 usb_host.c 的完整代码如下：

```c
/* 文件: usb_host.c -----------------------------------------------------------*/
#include "usb_host.h"
#include "usbh_core.h"
#include "usbh_msc.h"

/* USB Host core handle declaration */
USBH_HandleTypeDef  hUsbHostFS;                  //表示USB-OTG FS 的USB Host 外设对象的变量
ApplicationTypeDef  Appli_state = APPLICATION_IDLE;    //应用程序状态

/* USBH 背景任务的用户回调函数声明 */
static void USBH_UserProcess(USBH_HandleTypeDef *phost, uint8_t id);

/**初始化 USB Host 库、所支持的 MSC 类别、启动 USB Host */
void MX_USB_HOST_Init(void)
{
    /* Init host Library, add supported class and start the library. */
    if (USBH_Init(&hUsbHostFS, USBH_UserProcess, HOST_FS) != USBH_OK)
    {   //初始化USB Host 库
        Error_Handler();
    }
    if (USBH_RegisterClass(&hUsbHostFS, USBH_MSC_CLASS) != USBH_OK)
    {   //注册USBH_MSC_CLASS 类别
        Error_Handler();
    }
    if (USBH_Start(&hUsbHostFS) != USBH_OK)              //启动USB Host
    {
        Error_Handler();
    }
}

/*  在USBH 背景任务里，当状态机的状态变化时调用的用户回调函数  */
static void USBH_UserProcess(USBH_HandleTypeDef *phost, uint8_t id)
{
    /* USER CODE BEGIN CALL_BACK_1 */
    switch(id)
    {
    case HOST_USER_SELECT_CONFIGURATION:
        break;

    case HOST_USER_DISCONNECTION:
        Appli_state = APPLICATION_DISCONNECT;
        break;

    case HOST_USER_CLASS_ACTIVE:
        Appli_state = APPLICATION_READY;
        break;

    case HOST_USER_CONNECTION:
        Appli_state = APPLICATION_START;
```

```
            break;

        default:
            break;
    }
    /* USER CODE END CALL_BACK_1 */
}

/*  USBH 背景任务函数  */
void MX_USB_HOST_Process(void)
{
    /* USB Host Background task */
    USBH_Process(&hUsbHostFS);
}
```

这个文件定义了一个 USBH_HandleTypeDef 类型的变量 hUsbHostFS，这是表示 USB-OTG FS 的 USB Host 外设对象变量，USB_HOST 驱动库的一些函数需要使用这个变量作为传递参数。

初始化函数 MX_USB_HOST_Init() 调用了 3 个函数执行了一些操作。

（1）调用函数 USBH_Init() 进行 USB Host 的初始化，执行的函数代码如下：

```
USBH_Init(&hUsbHostFS, USBH_UserProcess, HOST_FS)
```

第 1 个参数 hUsbHostFS 是 USB Host 对象指针；第 2 个变量是用户回调函数指针，这里指向函数 USBH_UserProcess()；第 3 个变量是 USB 的 ID，宏常数 HOST_FS 的值为 1，表示 USB-OTG FS。

成功执行这个函数后，我们就完成了对 USB-OTG FS 的 USB Host 的初始化，并且注册了一个用户回调函数 USBH_UserProcess()，这个函数会在 USB Host 的状态发生变化时被调用。

（2）调用 USBH_RegisterClass() 注册了 USB Host 设备类别，执行的函数代码如下：

```
USBH_RegisterClass(&hUsbHostFS, USBH_MSC_CLASS)
```

这是向 USB Host 对象 hUsbHostFS 注册设备类别 USBH_MSC_CLASS，也就是将 MSC 相关的驱动程序连接到 USB Host 内核。

（3）调用 USBH_Start() 启动 USB Host 内核，执行的函数代码如下：

```
USBH_Start(&hUsbHostFS)
```

启动 USBH 内核后，USBH 的内核由状态机驱动，必须在程序中不断地执行 USB Host 的背景任务函数 MX_USB_HOST_Process()，监测 USB 的硬件和软件状态变化，并更新应用程序状态。

函数 MX_USB_HOST_Init() 调用的这 3 个函数都是 usbh_core.h 中定义的函数，属于 USBH 内核的函数。此处不予分析函数的原型定义和实现原理，感兴趣的读者可以自己跟踪代码进行分析。

5. USB_HOST 背景任务函数和用户回调函数

USB Host 的背景任务函数是 MX_USB_HOST_Process()，在 USBH 内核启动后，需要不断地调用这个函数，监测 USB 的硬件和软件状态变化，当 USB Host 的状态发生变化时，会执行用户回调函数。在函数 MX_USB_HOST_Init() 的代码中，将用户回调函数指向函数 USBH_UserProcess()。这两个函数的源代码见前面展示的文件 usb_host.c 的源代码。

背景任务函数 MX_USB_HOST_Process() 的代码只有一行语句，即

```
USBH_Process(&hUsbHostFS);
```

函数 USBH_Process()是在文件 usbh_core.h 中定义的函数，其源代码较长，功能就是监测 USB-OTG FS 的硬件和软件状态，状态发生变化时，调用回调函数 USBH_UserProcess()。

从函数 USBH_UserProcess()的代码可以看到，它将参数 id 表示的 USB 状态机的一些状态转换为应用程序的状态 Appli_state。用户代码可以监测 Appli_state 的变化，从而进行一些操作。

在实际运行中，只有当 Appli_state 的值变为 APPLICATION_READY 时，才可以开始用 FatFS 操作 U 盘。在 main()函数中，执行完函数 MX_USB_HOST_Init()后，还不能立刻使用 FatFS 操作 U 盘。

6. U 盘的 FatFS Disk IO 函数移植

CubeMX 生成的代码自动完成了 FatFS 读写 U 盘的 Disk IO 函数的移植，程序文件是 usbh_diskio.h 和 usbh_diskio.c。文件 usbh_diskio.h 的代码如下，只是导出了 USBH 驱动器对象 USBH_Driver 的定义：

```
/* 文件: usbh_diskio.h ------------------------------------------------*/
#include "usbh_core.h"
#include "usbh_msc.h"

extern const Diskio_drvTypeDef  USBH_Driver;    //USBH 驱动器对象
```

文件 usbh_diskio.c 所包含的是 Disk IO 函数的实现，完整代码如下。为了使程序结构更清晰，这里省略了一些不成立的条件编译代码，删除了对编译条件_USE_WRITE 和_USE_IOCTL 的判断，默认情况下，这两个参数都是 1。

```
/* 文件: usbh_diskio.c ------------------------------------------------*/
#include "ff_gen_drv.h"
#include "usbh_diskio.h"

#define USB_DEFAULT_BLOCK_SIZE 512              //U 盘的数据块大小，512 字节
extern USBH_HandleTypeDef hUSB_Host;            //hUSB_Host 就是 hUsbHostFS

/* Private function prototypes ---------------------------------------*/
DSTATUS USBH_initialize (BYTE);         //U 盘初始化
DSTATUS USBH_status (BYTE);             //U 盘状态
DRESULT USBH_read (BYTE, BYTE*, DWORD, UINT);        //读取 U 盘数据
DRESULT USBH_write (BYTE, const BYTE*, DWORD, UINT); //向 U 盘写入数据
DRESULT USBH_ioctl (BYTE, BYTE, void*);              //U 盘 IO 控制

const Diskio_drvTypeDef  USBH_Driver =
{
    USBH_initialize,    //函数指针 disk_initialize 指向函数 USBH_initialize()
    USBH_status,        //函数指针 disk_status 指向 USBH_status()
    USBH_read,          //函数指针 disk_read 指向 USBH_read()
    USBH_write,         //函数指针 disk_write 指向 USBH_write()
    USBH_ioctl,         //函数指针 disk_ioctl 指向 USBH_ioctl()
};

DSTATUS USBH_initialize(BYTE lun)
{
    /* 注意：这个函数不进行 USBH 接口和软件的初始化，必须在主程序里完成 USB Host 初始化 */
    return RES_OK;
}

DSTATUS USBH_status(BYTE lun)      //检查 U 盘是否已准备好
{
    DRESULT res = RES_ERROR;
```

```c
        if(USBH_MSC_UnitIsReady(&hUSB_Host, lun))
            res = RES_OK;
        else
            res = RES_ERROR;
        return res;
}

/*  从U盘读取数据  */
DRESULT USBH_read(BYTE lun, BYTE *buff, DWORD sector, UINT count)
{
    DRESULT res = RES_ERROR;
    MSC_LUNTypeDef info;
    if(USBH_MSC_Read(&hUSB_Host, lun, sector, buff, count) == USBH_OK)
        res = RES_OK;
    else
    {
        USBH_MSC_GetLUNInfo(&hUSB_Host, lun, &info);
        switch (info.sense.asc)
        {
        case SCSI_ASC_LOGICAL_UNIT_NOT_READY:
        case SCSI_ASC_MEDIUM_NOT_PRESENT:
        case SCSI_ASC_NOT_READY_TO_READY_CHANGE:
            USBH_ErrLog ("USB Disk is not ready!");
            res = RES_NOTRDY;
            break;

        default:
            res = RES_ERROR;
            break;
        }
    }
    return res;
}

/*  向U盘写入数据  */
DRESULT USBH_write(BYTE lun, const BYTE *buff, DWORD sector, UINT count)
{
    DRESULT res = RES_ERROR;
    MSC_LUNTypeDef info;
    if(USBH_MSC_Write(&hUSB_Host, lun, sector, (BYTE *)buff, count) == USBH_OK)
        res = RES_OK;
    else
    {
        USBH_MSC_GetLUNInfo(&hUSB_Host, lun, &info);
        switch (info.sense.asc)
        {
        case SCSI_ASC_WRITE_PROTECTED:
            USBH_ErrLog("USB Disk is Write protected!");
            res = RES_WRPRT;
            break;

        case SCSI_ASC_LOGICAL_UNIT_NOT_READY:
        case SCSI_ASC_MEDIUM_NOT_PRESENT:
        case SCSI_ASC_NOT_READY_TO_READY_CHANGE:
            USBH_ErrLog("USB Disk is not ready!");
            res = RES_NOTRDY;
            break;

        default:
            res = RES_ERROR;
            break;
```

```c
        }
    }
    return res;
}

/*  U 盘 IO 控制，也用于获取 U 盘的一些原始参数  */
DRESULT USBH_ioctl(BYTE lun, BYTE cmd, void *buff)
{
    DRESULT res = RES_ERROR;
    MSC_LUNTypeDef info;
    switch (cmd)
    {
    /*  确保没有被挂起的写操作过程  */
    case CTRL_SYNC:
        res = RES_OK;
        break;

    /*  获取 U 盘的扇区（sector）个数   */
    case GET_SECTOR_COUNT :
        if(USBH_MSC_GetLUNInfo(&hUSB_Host, lun, &info) == USBH_OK)
        {
            *(DWORD*)buff = info.capacity.block_nbr;
            res = RES_OK;
        }
        else
            res = RES_ERROR;
        break;

    /*  获取扇区大小，字节数   */
    case GET_SECTOR_SIZE :
        if(USBH_MSC_GetLUNInfo(&hUSB_Host, lun, &info) == USBH_OK)
        {
            *(DWORD*)buff = info.capacity.block_size;
            res = RES_OK;
        }
        else
            res = RES_ERROR;
        break;

    /*  FAT 以块（Block）为单位擦除介质，获取以扇区为单位的擦除块的大小， =1 */
    case GET_BLOCK_SIZE :
        if(USBH_MSC_GetLUNInfo(&hUSB_Host, lun, &info) == USBH_OK)
        {
            *(DWORD*)buff = info.capacity.block_size / USB_DEFAULT_BLOCK_SIZE;
            res = RES_OK;
        }
        else
            res = RES_ERROR;
        break;

    default:
        res = RES_PARERR;
    }
    return res;
}
```

U 盘的 Disk IO 函数主要是调用文件 usbh_msc.h 中的一些函数实现的。usbh_msc.h 是 MSC 类设备的驱动程序，包含 MSC 类设备访问的一些底层驱动函数。例如，在函数 USBH_read()中，调用 USBH_MSC_Read()读取 U 盘数据；在函数 USBH_write()中，调用函数 USBH_MSC_Write() 向 U 盘写入数据；在函数 USBH_ioctl()中，调用函数 USBH_MSC_GetLUNInfo()获取 U 盘的一些原始信息，如数据块个数、数据块大小等。

函数 USBH_MSC_GetLUNInfo() 也可以在用户代码里直接调用，用于获取 U 盘的原始容量信息，其原型定义如下：

```
USBH_StatusTypeDef USBH_MSC_GetLUNInfo(USBH_HandleTypeDef *phost, uint8_t lun,
MSC_LUNTypeDef *info)
```

其中，参数 phost 是 USB Host 对象指针，lun 是驱动器编号，info 是返回信息的 MSC_LUNTypeDef 结构体指针。结构体 MSC_LUNTypeDef 存储了 U 盘的一些信息，其原型定义如下：

```
typedef struct
{
    MSC_StateTypeDef                state;
    MSC_ErrorTypeDef                error;
    USBH_StatusTypeDef              prev_ready_state;
    SCSI_CapacityTypeDef            capacity;           //U盘容量信息，结构体
    SCSI_SenseTypeDef               sense;
    SCSI_StdInquiryDataTypeDef      inquiry;
    uint8_t                         state_changed;
}MSC_LUNTypeDef;
```

结构体 MSC_LUNTypeDef 的成员变量 capacity 是结构体类型 SCSI_CapacityTypeDef，表示 U 盘的容量信息。结构体类型 SCSI_CapacityTypeDef 的定义如下，包含数据块个数和数据块大小：

```
typedef struct
{
    uint32_t block_nbr;             //数据块个数
    uint16_t block_size;            //数据块大小，字节数
} SCSI_CapacityTypeDef;
```

U 盘使用的也是 Flash 存储器，数据块大小一般为 512 字节。知道了数据块个数和大小，我们就可以计算出 U 盘的总容量。

至于文件 usbh_diskio.c 中其他函数调用的一些 USBH_MSC 函数，这里就不具体介绍了，感兴趣的读者自己去跟踪代码分析即可。

15.3.3 USBH 状态变化测试

1. 程序修改

为了搞清楚 USBH 驱动程序的工作原理以及 USB Host 状态变化的规律，我们在自动生成的代码的基础上稍加修改，进行 USBH 状态变化测试。首先将 TFT_LCD 驱动程序目录添加到项目搜索路径，操作方法见附录 A，需要使用 LCD 显示信息。

在文件 usb_host.c 中，包含 LCD 驱动程序的头文件 tftlcd.h，将用户回调函数 USBH_UserProcess() 修改为如下的内容，也就是将函数参数 id 或变量 Appli_state 的字符串意义显示在 LCD 上。

```
/* 用户的 USB Host 回调函数 */
static void USBH_UserProcess(USBH_HandleTypeDef *phost, uint8_t id)
{
    /* USER CODE BEGIN CALL_BACK_1 */
    switch(id)
    {
    case HOST_USER_SELECT_CONFIGURATION:
        LCD_ShowStr(10,LCD_CurY+LCD_SP10, "id = HOST_USER_SELECT_CONFIGURATION");
        break;
```

```
    case HOST_USER_DISCONNECTION:
        Appli_state = APPLICATION_DISCONNECT;
        LCD_ShowStr(10,LCD_CurY+LCD_SP10, "Appli_state = APPLICATION_DISCONNECT");
        break;

    case HOST_USER_CLASS_ACTIVE:
        Appli_state = APPLICATION_READY;
        LCD_ShowStr(10,LCD_CurY+LCD_SP10, "Appli_state = APPLICATION_READY");
        break;

    case HOST_USER_CONNECTION:
        Appli_state = APPLICATION_START;
        LCD_ShowStr(10,LCD_CurY+LCD_SP10, "Appli_state = APPLICATION_START");
        break;

    default:
        LCD_ShowStr(10,LCD_CurY+LCD_SP10, "id = null");
        break;
    }
    /* USER CODE END CALL_BACK_1 */
}
```

在文件 main.c 中，包含 LCD 驱动程序的头文件 tftlcd.h，将 main()的代码修改为如下的内容，也就是增加 LCD 的软件初始化和示例项目名称显示。

```
int main(void)
{
    HAL_Init();
    SystemClock_Config();
    /* Initialize all configured peripherals */
    MX_GPIO_Init();
    MX_FSMC_Init();
    MX_FATFS_Init();          //FatFS 初始化
    MX_RTC_Init();
    MX_USB_HOST_Init();       //USB Host 初始化

    /* USER CODE BEGIN 2 */
    TFTLCD_Init();            //LCD 初始化
    LCD_ShowStr(10,10,(uint8_t*)"Demo15_1: FatFS on USB Disk");
    LCD_CurY +=20;
    /* USER CODE END 2 */

    /* Infinite loop */
    while (1)
    {
        MX_USB_HOST_Process();    //USBH 背景任务
    }
}
```

2. 状态变化测试

构建项目后，我们将其下载到开发板上，找一个用 FAT16 或 FAT32 文件系统格式化过的 U 盘，做如下的一些测试。

 不能使用 NTFS 文件系统格式化的 U 盘，因为 FatFS 不支持 NTFS。不能使用 USB 3.0 接口的 U 盘，因为 STM32F407 只支持 USB 2.0。另外，要确保开发板上的跳线 P6 是连接到了 USB 的一端。

第 1 步：在开发板电源关闭的状态下，将 U 盘插入开发板上的 USB Type-A 接口，然后打开电源。这种情况下，会看到 LCD 上显示如下 2 行信息（省略了示例标题）：

```
id = null
Appli_state = APPLICATION_READY
```

这说明，在 main()函数中，执行完函数 MX_USB_HOST_Init()后，USBH 并不是处于就绪状态，需要多次执行背景任务函数 MX_USB_HOST_Process()后，才会变为就绪状态。此外，USBH 处于就绪状态后，如果不拔下 U 盘，状态就不再变化了。

第 2 步：在上一步的基础上，待 USBH 状态稳定后拔下 U 盘，会看到如下的显示信息：

```
id = null
Appli_state = APPLICATION_READY
Appli_state = APPLICATION_DISCONNECT
```

前 2 行是第 1 步的显示信息，第 3 行是第 2 步操作的显示信息，显示 U 盘断开连接了。

第 3 步：在第 2 步的基础上，再次插入 U 盘，会看到新增如下 3 行显示，USBH 的最后状态也是稳定在就绪状态。

```
Appli_state = APPLICATION_START
id = null
Appli_state = APPLICATION_READY
```

3. USBH 状态变化规律总结

由以上的测试可以发现 USBH 背景任务函数、用户回调函数的作用，以及 USBH 状态变化的规律，具体如下。

- 如果周期性地调用 USBH 背景任务函数，就可以检测 USBH 的状态变化，在状态发生变化时，会自动调用用户回调函数，改变变量 Appli_state 的值，从而检测出 U 盘插入或拔出的情况。
- 在 U 盘已经插入的情况下，复位系统，执行函数 MX_USB_HOST_Init()完成 USB Host 的初始化后，USBH 并不是处于就绪状态，必须多次运行背景任务函数后，才会最终变为就绪状态。
- 无论 U 盘是冷插入（即总电源关闭时插入 U 盘），还是热插入（系统运行时插入 U 盘），只要连续运行 USBH 背景任务函数，最后都能处于就绪状态。

注意，只有当 USBH 处于就绪状态之后，才可以用 FatFS 操作 U 盘。所以，在 main()函数中，不能在执行完函数 MX_USB_HOST_Init()后立刻调用函数 f_mount()挂载 U 盘的文件系统，必须连续运行背景任务函数 MX_USB_HOST_Process()，等到 USBH 状态变为就绪状态后才可以用函数 f_mount()挂载 U 盘的文件系统。

在一个嵌入式设备中，如果 U 盘总是冷插入的，且不用考虑热拔除（即系统还在运行时拔除 U 盘）问题，那么，当 USBH 状态达到就绪状态后，就可以不必再运行 USBH 背景任务函数了。

15.3.4　U 盘文件管理功能实现

在搞清楚 USB Host 的驱动程序工作原理和基本流程，以及 FatFS 在 U 盘上的移植程序原理后，我们就可以编写代码，用 FatFS 对 U 盘进行文件管理了。本示例与示例 Demo14_1SD_FAT 类似，也要建立两个菜单界面，测试 U 盘文件管理和文件读写。首先我们要做如下处理。

- 将 PublicDrivers 目录下的子目录 KEY_LED 和 FILE_TEST 添加到项目搜索路径中，需要用到这两个目录下的驱动程序文件。
- 将文件 usb_host.c 中的函数 USBH_UserProcess()改回其原始状态，也就是注释掉 LCD 显示的语句。
- 在文件 fatfs.c 中，实现函数 get_fattime()的代码。

1. 主程序功能

类似于示例 Demo14_1SD_FAT 在主程序中设计两级菜单，完成后的主程序代码如下：

```c
/* 文件：main.c ----------------------------------------------------------*/
#include "main.h"
#include "fatfs.h"
#include "rtc.h"
#include "usb_host.h"
#include "gpio.h"
#include "fsmc.h"
/* USER CODE BEGIN Includes */
#include "tftlcd.h"
#include "keyled.h"
#include "file_opera.h"
/* USER CODE END Includes */

/* Private variables ----------------------------------------------------*/
/* USER CODE BEGIN PV */
#define  BLOCKSIZE  512            //U 盘数据块大小，512 字节
extern   ApplicationTypeDef Appli_state;     //文件 usb_host.c 中定义的变量
/* USER CODE END PV */

int main(void)
{
    HAL_Init();
    SystemClock_Config();
    /* Initialize all configured peripherals */
    MX_GPIO_Init();
    MX_FSMC_Init();
    MX_FATFS_Init();            //FatFS 初始化
    MX_RTC_Init();
    MX_USB_HOST_Init();         //USB Host 初始化

    /* USER CODE BEGIN 2 */
    TFTLCD_Init();              //LCD 初始化
    LCD_ShowStr(10,10,(uint8_t*)"Demo15_1: FatFS on USB Disk");
    while (1)
    {
        //USB Host 背景任务，USBH 初始化后，必须执行，直到达到就绪状态
        MX_USB_HOST_Process();
        if (Appli_state==APPLICATION_READY)
            break;
    }

    //USBH 就绪后，才可以挂载文件系统
    FRESULT res=f_mount(&USBHFatFS, "0:", 1);
    if (res==FR_OK)
        LCD_ShowStr(10,LCD_CurY+LCD_SP10,(uint8_t*)"FatFS is mounted, OK");
    else
        LCD_ShowStr(10,LCD_CurY+LCD_SP10,(uint8_t*)"No file system, to format");

    uint16_t MenuStartPosY=LCD_CurY+LCD_SP15;      //菜单项起始行
```

```c
//第1组菜单
    LCD_ShowStr(10,LCD_CurY+LCD_SP15,(uint8_t*)"[1]KeyUp   =Format USB Disk");
    LCD_ShowStr(10,LCD_CurY+LCD_SP10,(uint8_t*)"[2]KeyLeft =FAT disk info");
    LCD_ShowStr(10,LCD_CurY+LCD_SP10,(uint8_t*)"[3]KeyRight=USB disk info");
    LCD_ShowStr(10,LCD_CurY+LCD_SP10,(uint8_t*)"[4]KeyDown =Next menu page");

    uint16_t InfoStartPosY=LCD_CurY+LCD_SP15;       //信息显示起始行
    KEYS waitKey;
    while(1)
    {
        waitKey=ScanPressedKey(KEY_WAIT_ALWAYS);
        LCD_ClearLine(InfoStartPosY, LCD_H,LcdBACK_COLOR);   //清除信息显示区
        LCD_CurY= InfoStartPosY;

        if  (waitKey == KEY_UP)                 //KeyUp   =Format USB Disk
        {
            BYTE  workBuffer[4*BLOCKSIZE];      //工作缓冲区
            DWORD clusterSize=0;        //cluster 大小必须大于或等于1个扇区，0 就是自动设置
            LCD_ShowStr(10,LCD_CurY,(uint8_t*)"Formatting (10secs)...");
            FRESULT res=f_mkfs("0:", FM_FAT32, clusterSize,  workBuffer, 4*BLOCKSIZE);
            if (res ==FR_OK)
                LCD_ShowStr(10,LCD_CurY+LCD_SP10,(uint8_t*)"Format OK, to reset");
            else
                LCD_ShowStr(10,LCD_CurY+LCD_SP10,(uint8_t*)"Format fail, to reset");
        }
        else if(waitKey == KEY_LEFT)            //KeyLeft =FAT disk info
            fatTest_GetDiskInfo();
        else if (waitKey == KEY_RIGHT)          //KeyRight=USB disk info
            USBDisk_ShowInfo();
        else
            break;          //到下一级菜单

        LCD_ShowStr(10,LCD_CurY+LCD_SP15,(uint8_t*)"Reselect menu item or reset");
        HAL_Delay(500);         //延时，消除按键抖动影响
//        MX_USB_HOST_Process();              //若不进行USB插拔管理,不需要运行背景任务
    }

//第2组菜单
    LCD_ClearLine(MenuStartPosY, LCD_H, LcdBACK_COLOR);    //清除一级菜单和屏幕
    LCD_CurY= MenuStartPosY;
    LCD_ShowStr(10,LCD_CurY,           (uint8_t*)"[5]KeyUp   =Write files");
    LCD_ShowStr(10,LCD_CurY+LCD_SP10,(uint8_t*)"[6]KeyLeft =Read a TXT file");
    LCD_ShowStr(10,LCD_CurY+LCD_SP10,(uint8_t*)"[7]KeyRight=Read a BIN file");
    LCD_ShowStr(10,LCD_CurY+LCD_SP10,(uint8_t*)"[8]KeyDown =List all entries");
    InfoStartPosY=LCD_CurY+LCD_SP15;        //信息显示起始行
    HAL_Delay(500);        //延时，消除按键抖动影响

    while(2)
    {
        waitKey=ScanPressedKey(KEY_WAIT_ALWAYS);
        LCD_ClearLine(InfoStartPosY, LCD_H,LcdBACK_COLOR);
        LCD_CurY=InfoStartPosY;

        if (waitKey==KEY_UP )
        {   //使用了长文件名
            fatTest_WriteTXTFile("USB_readme.txt",2020,1,5);
            fatTest_WriteTXTFile("USB_help.txt",2018,5,12);
            fatTest_WriteBinFile("USB_DAQ3000.dat",50,3000);
            fatTest_WriteBinFile("USB_DAQ1500.dat",100,1500);
            f_mkdir("0:/USB_Data");
            f_mkdir("0:/USB_Documents");
```

```
            }
            else if (waitKey==KEY_LEFT )
                fatTest_ReadTXTFile("USB_readme.txt");
            else if (waitKey==KEY_RIGHT)
                fatTest_ReadBinFile("USB_DAQ3000.dat");
            else if (waitKey==KEY_DOWN)
                fatTest_ScanDir("0:/");              //列出根目录下的所有项

            LCD_ShowStr(10,LCD_CurY+LCD_SP15,(uint8_t*)"Reselect menu item or reset");
            HAL_Delay(500);                //延时，消除按键抖动影响
//          MX_USB_HOST_Process();         //若不进行USB插拔管理，不需要运行背景任务
        }
    /* USER CODE END 2 */

    /* Infinite loop */
    while (3)
    {
        MX_USB_HOST_Process();             //USB Host Background task
    }
}
```

上述程序定义了一个宏 BLOCKSIZE，表示 U 盘数据块的大小，其值为 512；声明了外部变量 Appli_state，这个变量在文件 usb_host.c 中定义，表示应用程序状态。

完成外设初始化后，在一个 while 循环里执行 USB Host 背景任务函数 MX_USB_HOST_Process()，直到应用程序状态变为就绪状态，也就是变量 Appli_state 的值变为 APPLICATION_READY。因为只有当 USB Host MSC 处于就绪状态后，才可以开始用 FatFS 管理 U 盘。

主程序后面的代码与示例 Demo14_1SD_FAT 就是相似的了，也是先用函数 f_mount() 挂载 U 盘的文件系统，然后创建两级菜单进行 U 盘文件系统管理。LCD 上显示的第 1 组菜单内容如下：

```
[1]KeyUp   =Format USB Disk
[2]KeyLeft =FAT disk info
[3]KeyRight=USB disk info
[4]KeyDown =Next menu page
```

使用开发板上的 4 个按键进行选择操作，按下 KeyDown 后，会显示第 2 组菜单，内容如下：

```
[5]KeyUp   =Write files
[6]KeyLeft =Read a TXT file
[7]KeyRight=Read a BIN file
[8]KeyDown =List all entries
```

按下某个按键就会执行相应的操作，在某一级菜单中，可以重新按键选择操作。在第 2 组菜单界面无法返回到第 1 组菜单，只能按开发板上的复位键重新开始运行。

第 2 组菜单的响应代码中，主要是用到了几个 "fatTest_" 开头的函数，这些函数是在文件 file_opera.c 中实现的。在 12.5 节显示过这些函数的代码，本节就不再重复介绍这些函数了。

2. U 盘格式化

我们可以在计算机上用 FAT16 或 FAT32 将 U 盘格式化之后，插入开发板上测试使用，也可以在开发板上用函数 f_mkfs() 格式化。在主程序中，菜单项[1]KeyUp=Format USB Disk 用于对 U 盘进行格式化操作，其响应代码如下：

```
BYTE   workBuffer[4*BLOCKSIZE];
DWORD  clusterSize=0;        //cluster 大小必须大于或等于 1 个扇区，0 就是自动设置
```

```
LCD_ShowStr(10,LCD_CurY,(uint8_t*)"Formatting (10secs)...");
FRESULT res=f_mkfs("0:", FM_FAT32, clusterSize, workBuffer, 4*BLOCKSIZE);
```

在调用函数 f_mkfs()格式化 U 盘时，如果设置簇的大小为 0，就由 FatFS 自动确定簇的大小。我们在测试中使用了一个 4G 大小的 U 盘，故使用 FAT32 文件系统。

 在用 f_mkfs()函数对 SD 卡或 U 盘进行格式化时，如果簇大小不设置为 0（例如 4 或 8），就会出现格式化失败的情况。所以一般就设置簇大小为 0，由 FatFS 自动确定簇的大小。

3. 获取 FAT 磁盘信息

通过 FatFS 的 API 函数 f_getfree()获取 FAT 磁盘信息。菜单项[2]KeyLeft =FAT disk info 用于获取 FAT 磁盘信息并在 LCD 上显示，其响应代码就是调用了测试函数 fatTest_GetDiskInfo()。对于 U 盘，参数_MAX_SS 和_MIN_SS 都等于 512。

本示例在已经执行了菜单项[5]KeyUp=Write files，创建了 4 个文件和 2 个目录，又从计算机上将一个较大的 MP3 文件复制到 U 盘上后，获取磁盘信息，在 LCD 上显示的内容如下：

```
FAT type=3
[1=FAT12,2=FAT16,3=FAT32,4=exFAT]
Sector size(bytes)=512
Cluster size(sectors)=64
Total cluster count=123247
Total sector count=7887808
Total space(MB)=3851
Free cluster count=122983
Free sector count=7870912
Free space(MB)=3843
```

4. 获取 U 盘容量信息

菜单项[3]KeyRight=USB disk info 用于获取 U 盘的原始容量信息，其响应代码就是调用函数 USBDisk_ShowInfo()。这是在文件 main.h 和 main.c 中定义和实现的一个函数，其源代码如下：

```
/* USER CODE BEGIN 4 */
void USBDisk_ShowInfo()        //显示 U 盘的基本信息
{
    MSC_LUNTypeDef  info;
    uint8_t lun=0;
    LCD_ShowStr(10,LCD_CurY,(uint8_t*)"*** USB disk info ***");
    if(USBH_MSC_GetLUNInfo(&hUSB_Host, lun, &info) == USBH_OK)
    {
        LcdFRONT_COLOR=lcdColor_WHITE;
        LCD_ShowStr(10,LCD_CurY+LCD_SP15,(uint8_t*)"Block count= ");
        LCD_ShowUint(LCD_CurX,LCD_CurY, info.capacity.block_nbr);

        LCD_ShowStr(10,LCD_CurY+LCD_SP10,(uint8_t*)"Block Size(Bytes)= ");
        LCD_ShowUint(LCD_CurX,LCD_CurY, info.capacity.block_size);

        LCD_ShowStr(10,LCD_CurY+LCD_SP10,(uint8_t*)"Disk capacity(MB)= ");
        uint32_t  cap=(info.capacity.block_nbr>>11);    //MB, 已知 BlockSize=512
        LCD_ShowUint(LCD_CurX,LCD_CurY, cap);
        LcdFRONT_COLOR=lcdColor_YELLOW;
    }
    else
        LCD_ShowStr(10,LCD_CurY+LCD_SP15,(uint8_t*)"Get Disk info fail.");
}
/* USER CODE END 4 */
```

这个函数的主要功能就是调用函数 USBH_MSC_GetLUNInfo()，获取 U 盘的数据块个数和数据块大小，然后计算总容量。函数 USBH_MSC_GetLUNInfo() 的原型定义在 15.3.2 节介绍过，在 U 盘的 Disk IO 函数实现中，也多处用到。

本示例测试时，使用的是一个 4GB 容量的 U 盘。执行函数 USBDisk_ShowInfo() 后，在 LCD 上显示的 U 盘的原始容量信息如下：

```
Block count= 7888895
Block Size(Bytes)= 512
Disk capacity(MB)= 3851
```

5. 显示根目录下的文件和目录列表

菜单项[8]KeyDown=List all entries 的响应代码是调用文件 file_opera.h 中定义的函数 fatTest_ScanDir()，显示 U 盘根目录下的所有文件和目录。我们在 12.5.4 节给出了这个函数源代码的展示和分析，此处不再赘述。执行这个菜单项后，在 LCD 上显示 U 盘根目录下的文件和目录，显示内容如下：

```
FILE    USB_readme.txt
FILE    USB_help.txt
FILE    USB_DAQ3000.dat
FILE    USB_DAQ1500.dat
DIR     USB_Data
DIR     USB_Documents
FILE    Alizee.mp3
```

其中，前 4 个文件和 2 个目录是执行菜单项[5]KeyUp=Write files 在 U 盘上创建的，最后一个文件 Alizee.mp3 是从计算机上复制的。这里显示的文件名和目录名并没有自动转换为大写，因为本示例中设置了 FatFS 使用长文件名。

构建项目后，我们将其下载到开发板上并运行测试，最好提前将 U 盘插在开发板的 USB Type-A 接口上，而且一定要注意，跳线 P6 需要短接在 USB 一端。程序运行测试没有问题，则说明可以读写 U 盘。

第16章　USB-OTG用作USB MSC外设

在第15章中，我们将USB-OTG FS用作USB主机，通过FatFS管理插在开发板USB Type-A接口上的U盘的文件系统。USB-OTG FS也可以用作USB外设，例如，作为一个USB MSC外设。本章介绍USB-OTG FS作为USB MSC外设的用法，将开发板作为SD卡的USB适配器，通过USB数据线连接计算机和开发板上的USB Micro-B接口，在计算机上，将开发板上的SD卡当作一个U盘来管理。

16.1　开发板作为USB MSC外设的原理

我们在第15章介绍过，USB-OTG既可以作为USB主机，也可以作为USB外设。USB-OTG FS仅作为USB外设时（见图15-4），设备可以从USB Type-B接口的VBUS获取电源。USB-OTG仅作为USB外设时，使用ST的中间件USB_DEVICE作为驱动库。USB外设的设备也分为多种类别，其中，MSC（Mass Storage Class）是可以利用开发板上的资源实现的。

使用SD卡作为存储器，将开发板作为USB MSC外设的硬件连接如图16-1所示。MCU的SDIO接口连接SD卡，USB-OTG FS用作USB MSC外设，通过USB Micro-B接口和USB数据线连接计算机。实物连接如图16-2所示。使用这样的硬件配置，再设计程序，就可以在计算机上检测到一个外部存储设备，将开发板作为一个U盘来使用，而U盘的存储空间是由开发板上的SD卡提供的。

如果将图16-1中的SD卡和SDIO接口换成Flash存储芯片W25Q128和SPI1接口，开发板也可以用作U盘，这时这个U盘的存储空间由W25Q128提供。

USB-OTG FS作为USB MSC外设使用时，相当于一个USB接口的读卡器，能以文件系统的形式管理开发板上的SD卡或SPI-Flash芯片上的存储内容。

在将开发板作为USB MSC外设时，MCU编程中可以不使用FatFS，也可以使用FatFS，具体区别如下。

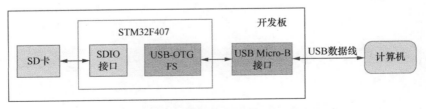

图16-1　开发板作为USB MSC外设时的硬件连接

16.1 开发板作为 USB MSC 外设的原理

图 16-2　开发板作为 USB MSC 外设时与计算机的实物连接

- 如果开发板的程序不使用 FatFS，这时开发板就只是一个 USB 接口的读卡器，通过计算机可以读写这个 U 盘的文件，但是 MCU 程序无法读写这个 U 盘的内容，例如，不能读写 SD 卡上的文件。
- 如果开发板的程序使用 FatFS，那么开发板的程序可以管理这个 U 盘的存储文件。例如，开发板的程序功能是用 ADC 进行数据采集，并且采集一段时间的数据后，就以新的文件保存到 SD 卡里，当开发板通过 USB 数据线连接计算机之后，就可以将 SD 卡里存储的文件复制到计算机里。

在本章中，我们将设计两个示例，演示 USB-OTG FS 作为 USB MSC 外设的使用方法。示例一，将 SD 卡作为存储介质，不使用 FatFS，开发板仅作为 USB 接口读卡器使用。示例二，将 SD 卡作为存储介质，使用 FatFS，在 MCU 程序里可以管理 SD 卡上的文件。

本章的示例将用到 SDIO 接口和 USB-OTG FS 接口，SDIO 接口的电路图如图 13-5 所示，USB-OTG FS 接口的电路如图 15-6 所示。USB-OTG FS 作为 USB 外设时，使用图 15-6 中的 USB_Slave 接口（USB Micro-B 接口）。注意，USB_Slave 接口的 VBUS 是计算机提供的+5V 电源，而+5V 电源连接在 AMS1117 的输入端，不受电源开关 SW6 控制（见图 16-3）。所以，用 USB 数据线连接计算机和开发板的 USB_Slave 接口时，最好将 DC_IN 接头的外接电源拔掉。

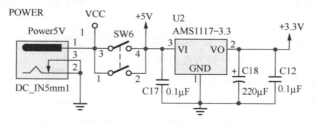

图 16-3　开发板的电源电路

16.2 示例一：SD 卡读卡器

16.2.1 示例功能和 CubeMX 项目设置

在本节中，我们将设计一个示例 Demo16_1SD_USB，以 SD 卡作为存储器，将 USB-OTG FS 用作 USB MSC 外设。开发板整体上就是一个 USB 接口的读卡器，通过 USB 数据线连接计算机后，可以在计算机端格式化 SD 卡，读写 SD 卡上的文件。本示例不使用 FatFS。

我们用 CubeMX 模板文件 M4_LCD_KeyLED.ioc 创建本示例的 CubeMX 文件 Demo16_1SD_USB.ioc（操作方法见附录 A）。本示例虽然用不到按键和 LED，但是本示例项目要复制为下一个项目，所以我们将保留 4 个按键的 GPIO 设置。

1. SDIO 设置

我们将 SDIO 模式设置为 SD 4 bits Wide bus，参数设置结果如图 16-4 所示，与 13.4 节示例的 SDIO 设置完全相同。使用 SDIO 后，时钟树上的 48MHz 时钟自动调整为 48MHz，这样 SDIO 的时钟频率就是 8MHz。本示例使用阻塞式数据传输函数读写 SD 卡，不使用 DMA。SDIO 设置的详细解释见 13.4 节。

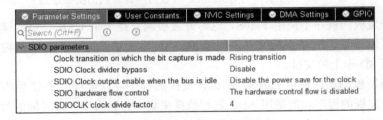

图 16-4 SDIO 参数设置结果

2. USB-OTG FS 设置

USB-OTG FS 的模式和参数设置如图 16-5 所示。模式设置为 Device_Only，不要勾选 Activate_SOF 和 Activate_VBUS 这两个复选框，因为实际电路中没有用到这两个引脚。

Parameter Settings 部分几个参数的设置结果和意义描述如下。

- Speed，USB 接口数据传输速率，只能选择 Device Full Speed 12MBit/s，即全速模式。
- Low power，是否使用低功耗功能，默认设置为 Disabled。如果设置为 Enabled，USB-OTG FS 内部将使用一些方法降低功耗，例如，在 USB-OTG FS 处于挂起状态时，停止 PHY 的时钟。
- Link Power Management，是否管理连接的电源，默认设置为 Disabled。

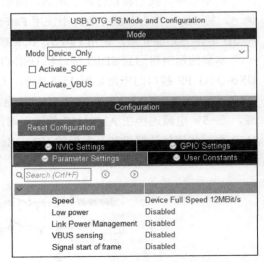

图 16-5 USB-OTG FS 的模式和参数设置

- VBUS sensing，是否具有 VBUS 电源传感功能，默认设置为 Disabled。本示例电路中没有 VBUS 电源传感输入引脚，所以设置为 Disabled。
- Signal start of frame，是否产生 SOF 信号，默认设置为 Disabled。

USB-OTG FS 的全局中断被自动打开，且不可关闭。USB-OTG FS 会自动使用 PA11 和 PA12 作为复用引脚，与实际电路一致。

3. 中间件 USB_DEVICE 设置

如果 USB-OTG FS 设置为 Device_Only，则需要使用中间件 USB_DEVICE 作为驱动库。USB_DEVICE 的模式设置页面如图 16-6 所示，Class For FS IP 下拉列表框用于选择 USB-OTG FS 作为 USB 外设时的类别。下拉列表框的选项与图 15-10 所示的相似，只是多了一个 Download Firmware Update Class (DFU)，即下载固件升级类。在本示例中，我们选择 Mass Storage Class，这样，USB-OTG FS 就是一个 USB MSC 外设。

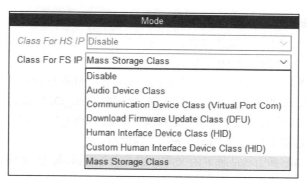

图 16-6　中间件 USB_DEVICE 的模式设置页面

中间件 USB_DEVICE 的参数设置页面如图 16-7 所示，Basic Parameters 组的参数都使用默认设置即可。Class Parameters 组里的 MSC_MEDIA_PACKET 表示介质输入/输出缓冲区大小，一般设置为一个扇区的大小，对于 SD 卡就是一个数据块的大小，即 512 字节。如果存储介质使用的是 SPI-Flash 芯片 W25Q128，其一个扇区是 4096 字节，就应该设置为 4096。

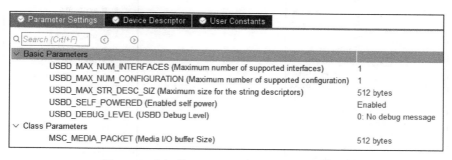

图 16-7　中间件 USB_DEVICE 的参数设置页面

中间件 USB_DEVICE 的设备描述设置页面如图 16-8 所示，用于设置设备描述的一些参数。VID(Vender IDentifier)和 PID(Product IDentifier)是可以修改的，设置范围是 0 到 65535。LANGID_STRING(Language Identifier)的选项里没有中文，所以使用默认的 English(United States)即可。其他都是一些设备描述的字符串，可以自己修改。

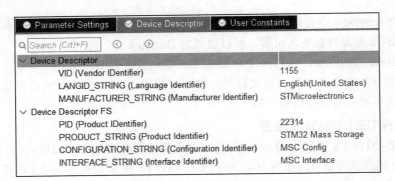

图 16-8 中间件 USB_DEVICE 的设备描述设置页面

16.2.2 项目文件组成和初始代码分析

1. 项目文件组成

完成设置后，CubeMX 会自动生成代码。这个项目用到了 FSMC、SDIO、USB-OTG FS 等硬件接口，还用到了中间件 USB_DEVICE。

中间件 USB_DEVICE 的文件在 Middlewares 目录下，如图 16-9 所示。USB_DEVICE 相关的文件分为 MSC 和 Core 两部分。\Core 目录下是中间件 USB_DEVICE 的核心文件，也就是各种类别的 USB 外设共有的核心程序文件，这些文件都以"usbd_"为前缀。\MSC 目录下是 MSC 类外设的程序文件，这些文件都以"usbd_msc"为前缀。

项目根目录下的\Src 和\Inc 目录下的文件如图 16-10 所示，与 USB 接口和 USB Device 相关的几个文件描述如下。

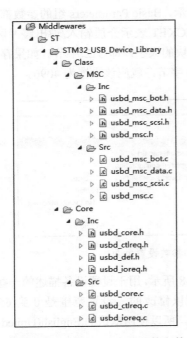

图 16-9 Middlewares 目录下的文件

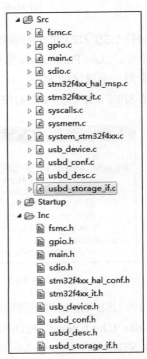

图 16-10 \Src 和\Inc 目录下的文件

- usb_device.h/use_device.c 是中间件 USB_DEVICE 的初始化程序文件,包含初始化函数 MX_USB_DEVICE_Init(),在 main()函数里初始化外设时会调用这个函数。
- usbd_conf.h/usbd_conf.c 是中间件 USB_DEVICE 的配置程序文件,也就是对应于图 16-7 中的 USB_DEVICE 的设置生成的程序文件,还包括 DP 和 DM 的 GPIO 引脚初始化程序。
- usbd_desc.h/usbd_desc.c 是 USB MSC 外设描述相关的程序文件,也就是对应于图 16-8 中的配置生成的程序文件。
- usbd_storage_if.h/usbd_storage_if.c 是 MSC 外设接口文件,也是 USB MSC 相关文件中唯一需要用户添加实现代码的文件。这个文件包含读写存储介质的一些函数,如同 FatFS 中的 Disk IO 函数一样。

本示例用到了 SDIO 接口,所以文件 sdio.h 包含 SDIO 外设初始化函数 MX_SDIO_SD_Init()。又因为本示例没有使用 FatFS,所以没有与 FatFS 相关的程序文件。

2. 初始主程序

CubeMX 生成代码后,不添加任何用户代码的主程序代码如下:

```
/* 文件:main.c ----------------------------------------------------------*/
#include "main.h"
#include "sdio.h"
#include "usb_device.h"
#include "gpio.h"
#include "fsmc.h"

int main(void)
{
    HAL_Init();
    SystemClock_Config();
    /* Initialize all configured peripherals */
    MX_GPIO_Init();
    MX_FSMC_Init();
    MX_SDIO_SD_Init();         //SDIO 和 SD 卡的完整初始化
    MX_USB_DEVICE_Init();      //USB-OTG FS 接口和 USB_DEVICE 初始化

    /* Infinite loop */
    while (1)
    {
    }
}
```

在外设初始化部分,MX_SDIO_SD_Init()是 SDIO 接口和 SD 卡的完整初始化,这个函数的代码参见 13.4.2 节,这里不再重复显示。MX_USB_DEVICE_Init()是 USB_DEVICE 的初始化函数。

注意,上述程序的 while 死循环里没有代码,也就是不存在 USB 外设的背景任务函数,这是与 USB Host 程序不同的一个地方。

3. USB_DEVICE 初始化

函数 MX_USB_DEVICE_Init()用于 USB_DEVICE 的初始化,包括 USB-OTG FS 接口的初始化配置以及 USB_DEVICE 的软件初始化。这个函数在文件 usb_device.h 中定义,这个头文件只定义了这一个函数。源程序文件 usb_device.c 的代码如下:

```
/* 文件:usb_device.c----------------------------------------------------*/
#include "usb_device.h"
#include "usbd_core.h"
```

```c
#include "usbd_desc.h"
#include "usbd_msc.h"
#include "usbd_storage_if.h"

/* USB Device Core handle declaration. */
USBD_HandleTypeDef  hUsbDeviceFS;                    //USB Device 内核对象变量

void MX_USB_DEVICE_Init(void)
{
    /* 初始化 USB Device 库，添加支持的设备类别，启动驱动库  */
    if (USBD_Init(&hUsbDeviceFS, &FS_Desc, DEVICE_FS) != USBD_OK)
        Error_Handler();              //初始化 USB Device 库

    if (USBD_RegisterClass(&hUsbDeviceFS, &USBD_MSC) != USBD_OK)
        Error_Handler();              //注册 USBD_MSC 设备类别

    if (USBD_MSC_RegisterStorage(&hUsbDeviceFS, &USBD_Storage_Interface_fops_FS) != USBD_OK)
        Error_Handler();              //注册存储访问接口函数

    if (USBD_Start(&hUsbDeviceFS) != USBD_OK)        //启动 USB Device 内核
        Error_Handler();
}
```

上述程序定义了一个 USBD_HandleTypeDef 类型的变量 hUsbDeviceFS，用于表示 USB_DEVICE 内核，这个变量并没有在文件 usb_device.h 中声明为全局变量。

函数 MX_USB_DEVICE_Init() 依次调用了 4 个函数，执行了如下操作。

- USBD_Init(&hUsbDeviceFS, &FS_Desc, DEVICE_FS)，用于初始化 USB Device 库。参数 FS_Desc 是在文件 usbd_desc.c 中定义的一个结构体变量，其成员变量都是函数指针，指向文件 usbd_desc.c 定义的一些用于获取 USB MSC 外设描述的函数。函数 USBD_Init() 里还调用函数 USBD_LL_Init() 进行 USB-OTG FS 硬件初始化，间接调用文件 usbd_conf.c 中的函数 HAL_PCD_MspInit() 对 DM 和 DP 信号引脚进行 GPIO 初始化。
- USBD_RegisterClass(&hUsbDeviceFS, &USBD_MSC)，用于注册 USBD_MSC 设备类别。
- USBD_MSC_RegisterStorage(&hUsbDeviceFS, &USBD_Storage_Interface_fops_FS)，用于注册存储器访问接口函数，USBD_Storage_Interface_fops_FS 是在文件 usbd_storage_if.c 中定义的一个结构体变量，其成员变量都是函数指针，指向文件 usbd_storage_if.c 中定义的存储器访问函数。
- USBD_Start(&hUsbDeviceFS)，启动 USB Device 内核。

对于这些函数的原型定义和具体实现，我们就不深入研究了，它们均为 CubeMX 自动生成的代码。

4. 存储介质访问函数

生成的 USB MSC 相关程序中，唯一需要用户编写部分代码的就是文件 usbd_storage_if.c 中的一些存储介质访问函数。函数 MX_USB_DEVICE_Init() 已经用 USBD_MSC_RegisterStorage() 注册了这些函数，这些函数的作用就类似于 FatFS 中的 Disk IO 函数。

文件 usbd_storage_if.c 的初始代码如下，删除了一些未使用的沙箱段和注释，增加了一些注释。很多代码在沙箱段内，这些也是 CubeMX 自动生成的代码，所以未将这些沙箱段用粗体显示，如下所示：

```c
/* 文件：usbd_storage_if.c ------------------------------------------------*/
#include "usbd_storage_if.h"
```

```c
#define STORAGE_LUN_NBR      1            //逻辑驱动器个数
#define STORAGE_BLK_NBR      0x10000      //存储介质数据块个数，65536
#define STORAGE_BLK_SIZ      0x200        //存储介质数据块大小，512 字节

/* USER CODE BEGIN INQUIRY_DATA_FS */
/** USB Mass storage Standard Inquiry Data. */
const int8_t STORAGE_Inquirydata_FS[] = {/* 36 */
        /* LUN 0 */
        0x00,
        0x80,
        0x02,
        0x02,
        (STANDARD_INQUIRY_DATA_LEN - 5),
        0x00,
        0x00,
        0x00,
        'S', 'T', 'M', ' ', ' ', ' ', ' ', ' ', /* Manufacturer : 8 bytes */
        'P', 'r', 'o', 'd', 'u', 'c', 't', ' ', /* Product      : 16 Bytes */
        ' ', ' ', ' ', ' ', ' ', ' ', ' ', ' ',
        '0', '.', '0' ,'1'                      /* Version      : 4 Bytes */
};
/* USER CODE END INQUIRY_DATA_FS */

extern USBD_HandleTypeDef hUsbDeviceFS;   //文件 usb_device.c 中定义的变量

static int8_t STORAGE_Init_FS(uint8_t lun);
static int8_t STORAGE_GetCapacity_FS(uint8_t lun, uint32_t *block_num, uint16_t *block_size);
static int8_t STORAGE_IsReady_FS(uint8_t lun);
static int8_t STORAGE_IsWriteProtected_FS(uint8_t lun);
static int8_t STORAGE_Read_FS(uint8_t lun, uint8_t *buf, uint32_t blk_addr, uint16_t blk_len);
static int8_t STORAGE_Write_FS(uint8_t lun, uint8_t *buf, uint32_t blk_addr, uint16_t blk_len);
static int8_t STORAGE_GetMaxLun_FS(void);

/* 下面的代码是定义变量 USBD_Storage_Interface_fops_FS，同时为其各个成员变量赋值，
 *   其成员变量都是函数指针，这样定义后，使各个函数指针指向本文件内定义的相应函数。
 *   结构体类型 USBD_StorageTypeDef 在文件 usbd_msc.h 中定义。
 */
USBD_StorageTypeDef  USBD_Storage_Interface_fops_FS =
{
    STORAGE_Init_FS,
    STORAGE_GetCapacity_FS,
    STORAGE_IsReady_FS,
    STORAGE_IsWriteProtected_FS,
    STORAGE_Read_FS,
    STORAGE_Write_FS,
    STORAGE_GetMaxLun_FS,
    (int8_t *)STORAGE_Inquirydata_FS
};

/* Private functions ---------------------------------------------------------*/
/* 存储器初始化 */
int8_t STORAGE_Init_FS(uint8_t lun)
{
    /* USER CODE BEGIN 2 */
    return (USBD_OK);
    /* USER CODE END 2 */
}
```

```c
/*   返回存储介质的块个数和块大小   */
int8_t STORAGE_GetCapacity_FS(uint8_t lun, uint32_t *block_num, uint16_t *block_size)
{
    /* USER CODE BEGIN 3 */
    *block_num  = STORAGE_BLK_NBR;
    *block_size = STORAGE_BLK_SIZ;
    return (USBD_OK);
    /* USER CODE END 3 */
}

/* 存储介质是否已准备好,返回 USBD_OK 或 USBD_FAIL   */
int8_t STORAGE_IsReady_FS(uint8_t lun)
{
    /* USER CODE BEGIN 4 */
    return (USBD_OK);
    /* USER CODE END 4 */
}

/*   存储介质是否开启了写保护   */
int8_t STORAGE_IsWriteProtected_FS(uint8_t lun)
{
    /* USER CODE BEGIN 5 */
    return (USBD_OK);
    /* USER CODE END 5 */
}

/*    读取存储介质的数据    */
int8_t STORAGE_Read_FS(uint8_t lun, uint8_t *buf, uint32_t blk_addr, uint16_t blk_len)
{
    /* USER CODE BEGIN 6 */
    return (USBD_OK);
    /* USER CODE END 6 */
}

/*    向存储介质写入数据    */
int8_t STORAGE_Write_FS(uint8_t lun, uint8_t *buf, uint32_t blk_addr, uint16_t blk_len)
{
    /* USER CODE BEGIN 7 */
    return (USBD_OK);
    /* USER CODE END 7 */
}

/*   返回最大的逻辑驱动器编号   */
int8_t STORAGE_GetMaxLun_FS(void)
{
    /* USER CODE BEGIN 8 */
    return (STORAGE_LUN_NBR - 1);
    /* USER CODE END 8 */
}
```

上述程序定义了一个 USBD_StorageTypeDef 结构体类型的变量 USBD_Storage_Interface_fops_FS。结构体 USBD_StorageTypeDef 是在文件 usbd_msc.h 中定义的,其成员变量均为函数指针。在定义变量 USBD_Storage_Interface_fops_FS 时,各函数指针就被指向了本文件中定义的 7 个私有函数。在函数 MX_USB_DEVICE_Init() 中调用函数 USBD_MSC_RegisterStorage() 时,USBD_Storage_Interface_fops_FS 就被注册到了 USB_DEVICE 内核。

上述程序定义了用于访问存储介质的 7 个函数,就类似于 FatFS 中的 Disk IO 函数。这 7 个函数都创建了代码框架,部分函数需要用户根据实际的存储介质进行改写。

- 函数 STORAGE_Init_FS()用于存储介质初始化。main()函数中调用的函数 MX_SDIO_SD_Init() 已经对 SDIO 接口和 SD 卡进行了完整的初始化，所以这个函数无须再改写。
- 函数 STORAGE_GetCapacity_FS()返回存储介质的数据块个数和数据块大小。这个函数需要予以改写，返回 SD 卡实际的数据块个数和数据块大小。
- 函数 STORAGE_IsReady_FS()用于表示存储介质是否已准备好。因为开发板上没有 SD 卡检测信号引脚，我们假设 SD 卡总是插在卡槽里的，所以这个函数也无须改写。
- 函数 STORAGE_IsWriteProtected_FS()用于表示存储介质是否开启了写保护，返回值其实只表示操作是否正常完成，经测试发现，返回 USBD_OK 也是没有问题的，所以不用改写。
- 函数 STORAGE_Read_FS()用于从存储介质读取数据，这个需要使用 SDIO 的驱动程序进行改写。
- 函数 STORAGE_Write_FS()用于向存储介质写入数据，这个需要使用 SDIO 的驱动程序进行改写。
- 函数 STORAGE_GetMaxLun_FS()返回最大的逻辑驱动器号，示例中只有一个逻辑驱动器，STORAGE_LUN_NBR 的值为 1，函数返回值为 0，不需要改写。

所以，这里只有 3 个函数是必须改写的。这几个函数的实现代码参见 16.2.3 节。

16.2.3 程序功能实现

1. 主程序

在搞清楚项目文件组成和需要重新实现的函数后，下面我们就来编写用户功能代码。首先将 TFT_LCD 驱动程序目录添加到项目搜索路径（操作方法见附录 A），实现功能后的主程序代码如下：

```c
/* 文件：main.c --------------------------------------------------------------*/
#include "main.h"
#include "sdio.h"
#include "usb_device.h"
#include "gpio.h"
#include "fsmc.h"
/* USER CODE BEGIN Includes */
#include "tftlcd.h"
/* USER CODE END Includes */

int main(void)
{
    HAL_Init();
    SystemClock_Config();
    /* Initialize all configured peripherals */
    MX_GPIO_Init();
    MX_FSMC_Init();
    MX_SDIO_SD_Init();          //SDIO 和 SD 卡完整的初始化
    MX_USB_DEVICE_Init();       //USB-OTG FS 接口和 USB_DEVICE 初始化

    /* USER CODE BEGIN 2 */
    TFTLCD_Init();
    LCD_ShowStr(10,10,(uint8_t*)"Demo16_1: USB MSC for SD card");
    LCD_ShowStr(10,LCD_CurY+LCD_SP10,(uint8_t*)"USB-OTG FS work as USB-Device");
    LCD_ShowStr(10,LCD_CurY+LCD_SP10,(uint8_t*)"SD card used for Mass Storage");
```

```
        HAL_SD_CardInfoTypeDef      cardInfo;              //用于获取 SD 卡信息
        HAL_StatusTypeDef res=HAL_SD_GetCardInfo(&hsd,&cardInfo);
        if (res==HAL_OK)
        {
            LCD_ShowStr(10,LCD_CurY+LCD_SP15,(uint8_t*)"***SD Card Capacity Info***");
            LCD_ShowStr(10,LCD_CurY+LCD_SP10,(uint8_t*)"Block Count= ");
            LCD_ShowUint(LCD_CurX,LCD_CurY, cardInfo.BlockNbr);
            LCD_ShowStr(10,LCD_CurY+LCD_SP10,(uint8_t*)"Block Size(Bytes)= ");
            LCD_ShowUint(LCD_CurX,LCD_CurY, cardInfo.BlockSize);

            LCD_ShowStr(10,LCD_CurY+LCD_SP10,(uint8_t*)"LogiBlockCount= ");
            LCD_ShowUint(LCD_CurX,LCD_CurY, cardInfo.LogBlockNbr);
            LCD_ShowStr(10,LCD_CurY+LCD_SP10,(uint8_t*)"LogiBlockSize(Bytes)= ");
            LCD_ShowUint(LCD_CurX,LCD_CurY, cardInfo.LogBlockSize);
        }
        /* USER CODE END 2 */

        /* Infinite loop */
        while (1)
        {
        }
    }
```

主程序的功能只是在外设初始化之后,使用函数 HAL_SD_GetCardInfo()查询 SD 卡的信息,将 SD 卡的数据块个数、数据块大小,以及逻辑块个数、逻辑块大小显示在 LCD 上。对于只有一个分区的 SD 卡,逻辑块个数等于数据块个数,逻辑块大小也等于数据块大小,均为 512 字节。显示这些信息是为了改写文件 usbd_storage_if.c 中的某些函数时提供数据。

2. 存储介质访问函数的实现

根据前面的分析,只需要改写文件 usbd_storage_if.c 中的 3 个函数。改写完成后,这 3 个函数的代码以及文件中的一些相关代码如下:

```
    /* 文件: usbd_storage_if.c -----------------------------------------------*/
    #include "usbd_storage_if.h"
    /* USER CODE BEGIN INCLUDE */
    #include "sdio.h"
    /* USER CODE END INCLUDE */

    #define STORAGE_LUN_NBR        1                //逻辑驱动器个数
    #define STORAGE_BLK_NBR        0x10000          //存储介质数据块个数,65536
    #define STORAGE_BLK_SIZ        0x200            //存储介质数据块大小,512 字节

    /*   返回存储介质的数据块个数和数据块大小      */
    int8_t STORAGE_GetCapacity_FS(uint8_t lun, uint32_t *block_num, uint16_t
    *block_size)
    {
        /* USER CODE BEGIN 3 */
        HAL_SD_CardInfoTypeDef    cardInfo;
        HAL_StatusTypeDef res=HAL_SD_GetCardInfo(&hsd,&cardInfo);
        if (res==HAL_OK)
        {
            *block_num  = cardInfo.BlockNbr;         //数据块的个数
            *block_size = cardInfo.BlockSize;        //数据块大小=512 字节
        }
        else
        {
            *block_num  = STORAGE_BLK_NBR;           //0x10000
            *block_size = STORAGE_BLK_SIZ;           //数据块大小=512 字节
        }
```

```
        return (USBD_OK);
    /* USER CODE END 3 */
}

/*   读取存储介质的数据,blk_addr 是起始块编号,blk_len 是数据块个数   */
int8_t STORAGE_Read_FS(uint8_t lun, uint8_t *buf, uint32_t blk_addr, uint16_t blk_len)
{
    /* USER CODE BEGIN 6 */
    uint32_t Timeout=10000;              //单位:节拍数
    HAL_StatusTypeDef res=HAL_SD_ReadBlocks(&hsd, buf, blk_addr, blk_len, Timeout);
    HAL_SD_CardStateTypeDef status=HAL_SD_CARD_RECEIVING;
    if (res==HAL_OK)
    {
        while(status !=HAL_SD_CARD_TRANSFER)            //等待传输完成
            status=HAL_SD_GetCardState(&hsd);
        return (USBD_OK);
    }
    else
        return (USBD_FAIL);
    /* USER CODE END 6 */
}

/*   向存储介质写入数据,blk_addr 是起始块编号,blk_len 是数据块的个数   */
int8_t STORAGE_Write_FS(uint8_t lun, uint8_t *buf, uint32_t blk_addr, uint16_t blk_len)
{
    /* USER CODE BEGIN 7 */
    uint32_t Timeout=10000;              //单位:节拍数
    HAL_StatusTypeDef res=HAL_SD_WriteBlocks(&hsd, buf, blk_addr, blk_len, Timeout);
    HAL_SD_CardStateTypeDef status=HAL_SD_CARD_SENDING;
    if (res==HAL_OK)
    {
        while(status !=HAL_SD_CARD_TRANSFER)            //等待传输完成
            status=HAL_SD_GetCardState(&hsd);
        return (USBD_OK);
    }
    else
        return (USBD_FAIL);
    /* USER CODE END 7 */
}
```

函数 STORAGE_GetCapacity_FS()需要返回存储介质的数据块个数和数据块大小,如果使用函数 HAL_SD_GetCardInfo()正确获取了 SD 卡容量信息,就返回 SD 卡实际的数据块个数和数据块大小。

函数 STORAGE_Read_FS()用于从 SD 卡将数据读取到缓冲区。参数 blk_addr 是要读取数据的起始块编号,blk_len 是要读取的数据块个数。上述程序使用 HAL_SD_ReadBlocks() 从 SD 卡读取数据,注意,调用这个函数读取数据后,还需要用函数 HAL_SD_GetCardState() 检测 SD 卡的状态,只有当返回状态变为 HAL_SD_CARD_TRANSFER 时,才表示传输完成了。

函数 STORAGE_Write_FS()用于将缓冲区的数据写入 SD 卡。上述程序使用 HAL_SD_WriteBlocks() 向 SD 卡写入数据,写入后,同样需要检测 SD 卡的状态,直到传输完成。

3. 程序运行测试

构建项目后,我们将其下载到开发板上。开发板与计算机之间用一根 USB 数据线按照图 16-2 所示的方式连接。注意,请关闭开发板上的 DC 电源,通过 USB 数据线由计算机给开发板供电。首次运行时,要重新插拔 USB 数据线,按开发板上的复位键无效。

在第一次连接计算机时，计算机上会提示发现新硬件并自动安装驱动程序，安装完成后，图 16-11 所示的提示对话框会出现在屏幕上。如果开发板上的 SD 卡没有格式化，还会提示要格式化。

图 16-11　提示设备驱动程序安装完成的对话框

一切正常后，Windows 资源管理器里就会显示这个可移动盘，可以当作 U 盘一样进行各种操作。例如，可以将计算机上的文件复制到这个 U 盘里，只是这个 U 盘的速度比较慢，因为 USB-OTG FS 作为 USB 外设时，接口的数据传输速率只有 12Mbit/s。

16.3　示例二：增加 FatFS 管理本机文件功能

16.3.1　示例功能和 CubeMX 项目设置

我们在前一个示例中实现了一个 USB 接口的 SD 卡读卡器，可以在计算机上读写开发板上 SD 卡里的文件，但是开发板上的程序并不能读写 SD 卡上的文件。在实际的嵌入式设备中，一般将 SD 卡用于本地数据存储，例如，将采集的数据以文件的形式保存到 SD 卡里。设备还提供一个 USB 接口，当用 USB 数据线连接计算机和嵌入式设备后，嵌入式设备作为 USB MSC 外设，计算机可以直接把嵌入式设备里的 SD 卡当作一个移动存储器访问，直接从中复制文件。例如，用 USB 数据线连接计算机和手机，从手机存储器中复制照片就是这样的操作。

在本节中，我们将设计一个示例，在前一示例的基础上增加 FatFS，可以在开发板的程序中读写 SD 卡上的文件，例如创建文件和删除文件。当用 USB 数据线连接开发板和计算机后，我们就可以在计算机上操作开发板 SD 卡里的文件。这个示例在实际的嵌入式系统设计中更加实用。

请将项目 Demo16_1SD_USB 复制为项目 Demo16_2SD_FAT_USB（复制项目的操作方法见附录 B），然后在 CubeMX 中做如下设置。

- 本示例需要用到 4 个按键，如果原来的项目中删除了 4 个按键的 GPIO 引脚设置，重新设置 4 个按键的 GPIO 引脚。
- 本示例需要用 RTC 为 FatFS 提供时间，启用 LSE 和 RTC，在时钟树上，将 LSE 作为 RTC 的时钟源，随便设置初始日期和时间。
- SDIO、USB-OTG FS、中间件 USB_DEVICE 的设置都保留，不需要做任何修改。
- FatFS 的模式设置为使用 SD Card，其参数设置如图 16-12 所示。大部分参数保留默认设置，只设置 CODE_PAGE 和 USE_LFN。这些参数的意义见 12.4.3 节的详细解释，此处不再赘述。

本示例用到的外设和中间件比较多，System View 界面显示了本项目用到的资源，如图 16-13 所示。

16.3 示例二：增加 FatFS 管理本机文件功能

```
Set Defines    Advanced Settings    User Constants    Platform Settings
> Function Parameters
∨ Locale and Namespace Parameters
      CODE_PAGE (Code page on target)           Simplified Chinese (DBCS)
      USE_LFN (Use Long Filename)               Enabled with dynamic working buffer on the HEAP
      MAX_LFN (Max Long Filename)               255
      LFN_UNICODE (Enable Unicode)              ANSI/OEM
      STRF_ENCODE (Character encoding)          UTF-8
      FS_RPATH (Relative Path)                  Disabled
∨ Physical Drive Parameters
      VOLUMES (Logical drives)                  1
      MAX_SS (Maximum Sector Size)              512
      MIN_SS (Minimum Sector Size)              512
      MULTI_PARTITION (Volume partitions feature)  Disabled
      USE_TRIM (Erase feature)                  Disabled
      FS_NOFSINFO (Force full FAT scan)         0
> System Parameters
```

图 16-12 FatFS 的参数设置

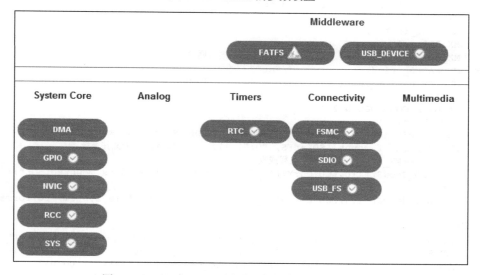

图 16-13 System View 界面显示的本示例用到的资源

16.3.2 程序功能实现

在前一个示例中，我们详细分析了 USB MSC 外设程序的文件组成和程序的基本原理，针对 SD 卡改写了文件 usbd_storage_if.c 中用于介质访问的几个接口函数。在本示例中，这些相关程序没有变化，我们对这一部分不再重复介绍。

在本示例中，我们增加了以 SD 卡为存储介质的 FatFS。FatFS 相关的文件组成和程序工作原理详见第 14 章。FatFS 访问 SD 卡的 Disk IO 函数是 CubeMX 自动生成的，我们只需要重新实现文件 fatfs.c 中的函数 get_fattime() 即可。这个函数读取 RTC 时间作为 FatFS 的时间戳，其代码就是直接调用文件 file_opera.h 中定义的函数 fat_GetFatTimeFromRTC()。文件 fatfs.c 的完整代码另见 14.2.2 节。

请将驱动程序目录 KEY_LED 和 FILE_TEST 添加到项目的搜索路径（操作方法见附录 A），完善主程序功能。添加用户功能代码后，主程序代码如下：

```c
/* 文件: main.c  -----------------------------------------------------------*/
#include "main.h"
#include "fatfs.h"
#include "rtc.h"
#include "sdio.h"
#include "usb_device.h"
#include "gpio.h"
#include "fsmc.h"

/* USER CODE BEGIN Includes */
#include "tftlcd.h"
#include "keyled.h"
#include "file_opera.h"
/* USER CODE END Includes */

int main(void)
{
    HAL_Init();
    SystemClock_Config();
    /* Initialize all configured peripherals */
    MX_GPIO_Init();
    MX_FSMC_Init();
    MX_RTC_Init();
    MX_SDIO_SD_Init();          //设置SDIO接口属性
    MX_FATFS_Init();            //FatFS初始化
    MX_USB_DEVICE_Init();       //USB_DEVICE初始化

    /* USER CODE BEGIN 2 */
    TFTLCD_Init();
    LCD_ShowStr(10,10,(uint8_t*)"Demo16_2: USB MSC for SD with FatFS");
    FRESULT res=f_mount(&SDFatFS, "0:", 1);    //挂载SD卡文件系统
    if (res==FR_OK)             //挂载成功
        LCD_ShowStr(10,LCD_CurY+LCD_SP10,(uint8_t*)"FatFS is mounted, OK");
    else
        LCD_ShowStr(10,LCD_CurY+LCD_SP10,(uint8_t*)"No file system, to format");

//菜单
    LCD_ShowStr(10,LCD_CurY+LCD_SP15,(uint8_t*)"[1]KeyUp   =Format SD card");
    LCD_ShowStr(10,LCD_CurY+LCD_SP10,(uint8_t*)"[2]KeyLeft =List all entries");
    LCD_ShowStr(10,LCD_CurY+LCD_SP10,(uint8_t*)"[3]KeyRight=Remove all entries");
    LCD_ShowStr(10,LCD_CurY+LCD_SP10,(uint8_t*)"[4]KeyDown =Write files");
    uint16_t InfoStartPosY=LCD_CurY+LCD_SP15;       //信息显示起始行
    KEYS waitKey;
    while(1)
    {
        waitKey=ScanPressedKey(KEY_WAIT_ALWAYS);
        LCD_ClearLine(InfoStartPosY, LCD_H,LcdBACK_COLOR);     //清除信息显示区
        LCD_CurY= InfoStartPosY;

        if (waitKey == KEY_UP)      //KeyUp   =Format SD card
        {
            BYTE    workBuffer[4*BLOCKSIZE];     //工作缓冲区
            DWORD   clusterSize=0;    //cluster大小必须大于或等于1个扇区，0就是自动设置
            LCD_ShowStr(10,LCD_CurY,(uint8_t*)"Formatting (10secs)...");
            FRESULT res=f_mkfs("0:", FM_FAT32, clusterSize, workBuffer, 4*BLOCKSIZE);
            if (res ==FR_OK)
                LCD_ShowStr(10,LCD_CurY+LCD_SP10,(uint8_t*)"Format OK, to reset");
            else
                LCD_ShowStr(10,LCD_CurY+LCD_SP10,(uint8_t*)"Format fail, to reset");
        }
```

16.3 示例二：增加FatFS管理本机文件功能

```
            else if(waitKey == KEY_LEFT)          //KeyLeft =List all entries
                fatTest_ScanDir("0:/");           //扫描根目录下的文件和目录
            else if (waitKey == KEY_RIGHT)        //KeyRight=Remove all entries
                fatTest_RemoveAll();
            else if (waitKey == KEY_DOWN)         //KeyDown =Write files
            {
                fatTest_WriteTXTFile("SDU_readme.txt",2019,10,11);
                fatTest_WriteTXTFile("SDU_help.txt", 2016,12,21);
                fatTest_WriteBinFile("SDU_ADC2000.dat",30, 2000);
                fatTest_WriteBinFile("SDU_ADC1000.dat",100,1000);
                f_mkdir("0:/SDU_SubDir");
                f_mkdir("0:/SDU_Documents");
            }
            LCD_ShowStr(10,LCD_CurYLCD_SP15,(uint8_t*)"Reselect menu item or reset");
            HAL_Delay(500);           //延时，消除按键抖动影响
        }
    /* USER CODE END 2 */

    /* Infinite loop */
    while (1)
    {
    }
}
```

在外设初始化部分，MX_SDIO_SD_Init()只设置了SDIO接口的属性，并未完成SDIO的初始化。函数MX_FATFS_Init()进行FatFS初始化设置，在FatFS的Disk IO函数SD_initialize()中才完成SDIO接口和SD卡的初始化，代码分析详见14.2节。

函数MX_USB_DEVICE_Init()进行USB-OTG FS接口初始化和USB_DEVICE的软件初始化，其代码分析见本章前一示例。

完成外设初始化后，程序会在SD卡上挂载文件系统，然后显示具有4个选项的菜单：

```
[1]KeyUp    =Format SD card
[2]KeyLeft  =List all entries
[3]KeyRight =Remove all entries
[4]KeyDown  =Write files
```

菜单项[1]用于在开发板上格式化SD卡，菜单项[2]用于在LCD上列出SD卡根目录下的所有目录和文件，菜单项[3]用于删除根目录下的所有目录和文件，菜单项[4]用于在SD卡根目录下创建4个文件和2个子目录。

除了菜单项[3]KeyRight=Remove all entries，其他3个菜单项的响应代码在前面的一些示例中都介绍过，此处不再赘述。菜单项[3]的响应代码是调用函数fatTest_RemoveAll()，这是在文件file_opera.h中新增的一个函数，其在文件file_opera.c中的源代码如下：

```
void fatTest_RemoveAll()    //删除根目录下的所有文件和目录
{
    DIR dir;            //目录对象
    FILINFO fno;        //文件信息
    FRESULT res = f_opendir(&dir, "0:");   //打开根目录
    if (res != FR_OK)
    {
        f_closedir(&dir);
        return;
    }

    LCD_ShowStr(10,LCD_CurY,(uint8_t *)"Remove all entries...");
```

```
            uint16_t  cnt=0;
            while(1)
            {
                res = f_readdir(&dir, &fno);     //读取目录下的一个项
                if (res != FR_OK || fno.fname[0] == 0)
                    break;                       //文件名为空，表示没有更多的项可读了
                f_unlink(fno.fname);             //删除1个文件或目录
                cnt++;
            }
            f_closedir(&dir);
            LCD_ShowStr(10,LCD_CurY+LCD_SP15,(uint8_t*)"Removed entries count= ");
            LCD_ShowUint(LCD_CurX,LCD_CurY,cnt);
}
```

这个函数的代码与函数 fatTest_ScanDir()的代码相似,也是在打开根目录后用函数 f_readdir()扫描目录下的所有项,只是这个函数是调用函数 f_unlink()删除扫描到的项。

16.3.3 运行测试

构建项目无误后,我们将其下载到开发板上并运行测试。假设拔除了开发板的 DC 电源,通过连接计算机的 USB 数据线给开发板供电。测试时发现的一些现象如下。

(1)用 USB 数据线连接计算机和开发板,开发板上电启动,稍微过几秒,就可以在计算机上发现开发板上的 SD 卡,并显示 SD 卡上的所有目录和文件。

(2)不管是否在计算机上用弹出移动盘的方式与开发板断开连接,在开发板上按系统复位键后,计算机都会重新检测到开发板上的 SD 卡。

(3)在计算机与开发板建立连接后,我们就可以在计算机上看到 SD 卡上的所有文件和目录,可以将 SD 卡上的文件复制到计算机上。如果在计算机上向 SD 卡复制一个文件,或删除 SD 卡上的一个文件,在开发板上执行菜单项[2]列出文件和目录时,会立刻显示这些文件的变化。

(4)在计算机与开发板已经建立连接,计算机上能显示 SD 卡的文件和目录后,如果在开发板上新建了文件,例如,执行菜单项[4]新建了文件和目录,执行菜单项[2]也能显示新建的文件和目录,但是不能在计算机端反应出来,计算机端仍然显示先前的文件列表,即使刷新,也不会显示 SD 卡上新建的文件。

(5)在第 4 步的基础上,如果使开发板复位,重新建立连接,计算机上就能显示 SD 卡上的最新内容。

(6)在第 4 步的基础上,如果在计算机端修改 SD 卡上的文件,例如删除了一个文件,那么在开发板上列文件时,就只会列出计算机端的文件列表,而没有之前执行菜单项[4]新增的文件。

所以,将开发板作为 USB MSC 外设,与计算机连接后,在计算机端管理 SD 卡的文件是没有问题的,此时开发板上的程序不应该再修改 SD 卡上的文件。

这个示例适用于一些需要独立存储数据的监测仪器,例如,将一个监测仪器放在野外独立监测一段时间,用文件形式将数据保存到采集器内部的 SD 卡里,取回监测仪器后,通过 USB 接口连接计算机,将存储的数据文件复制到计算机里。当然,对于 SD 卡,可能将卡取出来,用专门的读卡器读取数据速度更快,但如果监测仪器使用的是 SPI-Flash 存储芯片,这种方式就是非常合适的了。

第 17 章　在 FreeRTOS 中使用 FatFS

在前几章里，我们使用 FatFS 时都没有使用嵌入式操作系统，不用考虑函数的重入性问题。如果在 RTOS 中使用 FatFS，情况就会变得稍微复杂些，因为 RTOS 里有多任务，函数要考虑重入性问题。本章介绍在 FreeRTOS 中使用 FatFS 的方法，并以管理 SD 卡的文件系统为例，说明程序工作原理。

17.1　在 RTOS 中使用 FatFS 需考虑的问题

17.1.1　可重入性问题

在多任务 RTOS 中编程时，函数的重入性（reentrancy）问题是要考虑的。简单地说，一个可重入的函数就是可以被其他任务打断后继续正确执行的函数。例如，在 RTOS 中，一个函数 FunA 在任务 A 内运行，由于任务调度，在函数 FunA 运行过程中，CPU 切换去运行任务 B，切换回任务 A 后，继续运行函数 FunA，不会出现任何错误。一个函数是可重入的，也被称为是线程安全的。

可重入的函数还能理解为"可以在多个任务里被调用的函数"，相当于函数的多个副本在运行，而每个副本的运行是互不影响的，它们的运行结果都是正确的。

可重入的函数一般只使用自己的局部变量，不使用任何静态变量或全局变量，如果非要访问一些全局变量或静态变量，需要使用进程间通信技术（例如信号量或互斥量）对资源进行互斥访问。

不使用 RTOS 的系统是单线程的，函数不用考虑重入性问题。但在多任务 RTOS 里，调用不可重入的函数可能得不到正确的结果，甚至使系统崩溃。所以，在使用 RTOS 时要考虑函数的重入性问题，一个函数的 RTOS 版本，相对于无 RTOS 版本，可能需要做一些修改。

17.1.2　FatFS 的可重入性

FatFS 可以在没有 RTOS 的环境里使用，也可以在带有 RTOS 的环境里使用。FatFS 的 API 函数的源代码考虑了函数的可重入性问题——有一个全局参数 _FS_REENTRANT 用于配置代码的重入性。如果没有 RTOS，则将这个参数设置为 0；如果带有 RTOS，则将这个参数设置为 1。FatFS 的源代码中，有一些以 _FS_REENTRANT 为条件的条件编译代码段，使得 FatFS 的 API 函数适用于带有 RTOS 的环境。

在使用 RTOS 时，只有在 FatFS 的长文件名参数 _USE_LFN 设置为 0、2 或 3 的情况下，两个任务使用 FatFS 的 API 函数对两个不同的卷进行文件操作时，FatFS 的 API 函数才总是可重入的。长文件名（LFN）参数_USE_LFN 设置为 1，也就是使用静态工作缓冲区时，FatFS 的 API 函数是不可重入的。

- _USE_LFN 设置为 0 时，表示不使用 LFN。
- _USE_LFN 设置为 2 时，使用栈空间作为 LFN 的动态工作缓冲区。
- _USE_LFN 设置为 3 时，使用堆空间作为 LFN 的动态工作缓冲区。

在全局参数_FS_REENTRANT 设置为 0 的情况下（默认值为 0），FatFS 的 API 函数对同一个卷进行文件操作时，不是线程安全的。所以在使用 RTOS 时，参数_FS_REENTRANT 必须设置为 1。在这种情况下，FatFS 的代码会增加一些依赖于 RTOS 的同步控制函数，包括创建同步对象的函数 ff_cre_syncobj()，删除同步对象的函数 ff_del_syncobj()，获取同步对象的函数 ff_req_grant() 和释放同步对象的函数 ff_rel_grant()等。CubeMX 生成代码时，会自动生成这些代码，同步对象使用的是信号量或互斥量，在后面的示例里，会以使用信号量为例，具体分析这些函数的代码。

当_FS_REENTRANT 设置为 1 后，FatFS 的代码引入 RTOS 的进程间通信机制，对一个逻辑卷访问时，使用进程间通信机制。在 RTOS 中，FatFS 的 API 函数访问一个逻辑卷时的原理如图 17-1 所示。在这个结构里，逻辑卷相当于一个共享硬件资源，任何时候只能有一个任务访问它——FatFS 自动创建了一个全局的信号量用于访问控制。例如，任务 TaskA 用函数 f_read()访问逻辑卷时，函数 f_read()就会先申请信号量，在获取信号量的情况下，才能对卷进行读操作，在读操作完成后，函数 f_read()内部会释放信号量。函数 f_write()等文件操作 API 函数的工作流程都是如此。如果对于 RTOS 的进程间通信和信号量不了解，可先阅读本书第 4 章和第 5 章的内容。

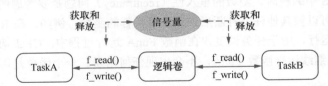

图 17-1　使用 RTOS 时 FatFS 的 API 函数访问一个逻辑卷时的原理

FatFS 的 API 函数内部在申请信号量时会自动设置一个超时等待时间，这个超时等待时间由全局参数_FS_TIMEOUT 设置，默认值是 1000，单位是节拍数。在 RTOS 中使用 FatFS 的文件操作 API 函数时，如果函数的返回值是 FR_TIMEOUT，就可能是申请信号量超时，例如，函数 f_read()在读取数据时，如果返回值是 FR_TIMEOUT，就可能是申请信号量超时了。

函数 f_mount()和 f_mkfs()的可重入性是个例外，这两个函数对同一个卷操作时，总是不可重入的。如果这两个函数在执行，应避免让其他任务访问卷。

参数_FS_REENTRANT 控制的是 API 函数的重入性，底层 Disk IO 函数没有使用进程间通信机制。底层 Disk IO 函数对于访问不同的卷应该保证可重入性，一般不使用静态变量或全局变量即可。表 17-1 表示了这些底层 Disk IO 函数在不同情况下的可重入性，Yes 表示可重入，No 表示不可重入。

表 17-1　底层 Disk IO 函数在不同情况下的可重入性

函数	同一个卷	同一驱动器上不同的卷	不同驱动器上不同的卷
disk_status()	Yes	Yes	Yes
disk_initialize()	No	Yes	Yes
disk_read()	No	Yes	Yes

续表

函数	同一个卷	同一驱动器上不同的卷	不同驱动器上不同的卷
disk_write()	No	Yes	Yes
disk_ioctl()	No	Yes	Yes
get_fattime()	No	Yes	Yes

从表 17-1 可以看到，在访问同一个卷时，disk_read()等大部分函数是不可重入的，表示在两个任务里不能同时使用函数 disk_read()。但是这些底层函数一般是由 API 函数调用的，例如，函数 f_read()会调用函数 disk_read()，而函数 f_read()通过申请信号量获得了卷的排他性使用权，那么 f_read()调用函数 disk_read()就不会出现重入的情况，所以这些底层函数的使用是安全的。

17.2 FreeRTOS 中使用 FatFS 的示例

17.2.1 示例功能和 CubeMX 项目设置

在本节中，我们将创建一个示例 Demo17_1RTOS_V2，使用 FatFS 管理 SD 卡文件系统，并且使用 FreeRTOS，演示在 FreeRTOS 中使用 FatFS 的程序原理。

本示例要用到 LCD 和 4 个按键，所以使用 CubeMX 模板文件 M4_LCD_KeyLED.ioc 创建本示例文件 Demo17_1RTOS_V2.ioc（操作方法见附录 A）。本示例要用到的接口和资源较多，完成配置后 System View 界面显示如图 17-2 所示。

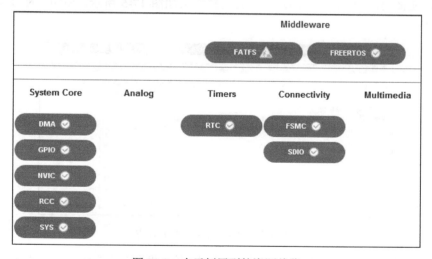

图 17-2 本示例用到的资源总览

1. 基础设置

本示例要使用 RTC 为 FatFS 提供时间戳数据。在 RTC 模式设置中，只需开启 RTC 的时钟源和日历，为 RTC 随便设置个初始日期和时间，无须开启其他功能。在 RCC 组件中，开启 LSE，在时钟树上，将 RTC 的时钟源设置为 LSE。

本示例要用到 FreeRTOS，所以还需要在 SYS 组件模式配置中，设置 Timebase Source 为 TIM6，如图 17-3 所示。设置这个基础时钟源的原因见 11.1 节。

在配置 SDIO 后，要保证时钟树上 48MHz 的时钟信号频率为 48MHz。

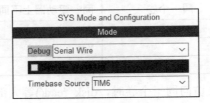

图 17-3　SYS 组件的设置

2. SDIO 设置

SDIO 的模式设置为 SD 4 bits Wide Bus，其参数设置如图 17-4 所示，需要将参数 SDIOCLK clock divide factor 设置为 4。SDIO 参数设置的具体原理见 13.4 节。

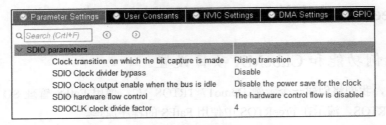

图 17-4　SDIO 的参数设置

注意，在使用 FreeRTOS 时，FatFS 管理 SD 卡的文件系统只能使用 SDIO 的 DMA 传输方式。所以，还需要配置 SDIO 的 DMA，其设置结果如图 17-5 所示。SDIO 的 DMA 配置原理见 13.5 节。

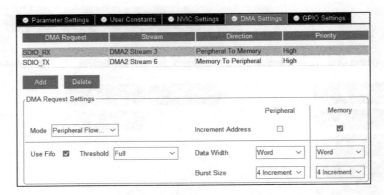

图 17-5　SDIO 的 DMA 的设置

开启 SDIO 的全局中断，在 NVIC 中设置优先级，抢占优先级设置为 5（因为要用到 FreeRTOS 的功能），两个 DMA 流的抢占优先级设置为 6，设置结果如图 17-6 所示。

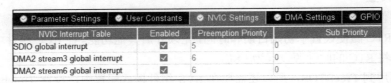

图 17-6　SDIO 的 NVIC 设置

3. FreeRTOS 设置

在 FreeRTOS 模式设置部分，我们将 Interface 设置为 CMSIS_V2。注意，在 CubeMX 5.5 中，要在使用 FatFS 时使用 FreeRTOS，Interface 只能设置为 CMSIS_V1，否则，在 FatFS 的模式设置中将不能选择 SD 卡。CubeMX 5.6 已经解决了这个问题，FreeRTOS 的 Interface 可以设置为 CMSIS_V2。之前介绍 FreeRTOS 时，我们都是将 Interface 设置为 CMSIS_V2，所以这里也设置为 CMSIS_V2。

FreeRTOS 的 Config Parameters 和 Include Parameters 页面的参数设置都保留默认值，这些参数的具体意义见 1.3.3 节。在这里，我们不创建新的任务，将默认的任务更名为 TaskMain，栈空间大小设置为 1024，设置结果如图 17-7 所示。注意，本示例中，栈空间的大小必须设置得比较大。

在使用 FreeRTOS 时，FatFS 为保证 API 函数的可重入性，会使用 FreeRTOS 的进程间通信技术，会用到信号量或互斥量，但这是由 FatFS 自动创建的，不需要在 FreeRTOS 的参数配置界面创建。

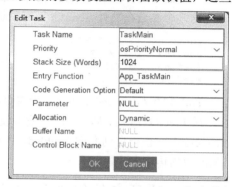

4. FatFS 设置

请先开启 FreeRTOS，再设置 FatFS。在 FatFS 的模式设置部分选择 SD Card，参数设置如图 17-8 所示。

图 17-7　任务 TaskMain 的设置

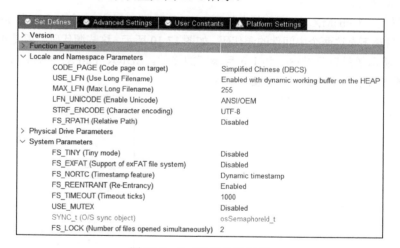

图 17-8　FatFS 的参数设置

在启用 FreeRTOS 的情况下，参数 FS_REENTRANT 只能选择为 Enabled，也就是开启代码的可重入性；参数 USE_LFN 的静态缓冲区选项消失了，只能设置为动态工作缓冲区（Enabled with dynamic working buffer on the HEAP），这是为了保证 FatFS 代码的可重入性；再将 CODE_PAGE 设置为简体中文，其他参数都保留默认值即可。

在图 17-8 中，还有如下 3 个与使用 FreeRTOS 相关的参数。

- USE_MUTEX，对应于文件 ffconf.h 中的宏参数 _USE_MUTEX。这个参数决定了 FatFS 中为解决函数重入性而自动创建的进程间通信对象的类型，当 USE_MUTEX 设置为 Disabled 时，使用信号量；当 USE_MUTEX 设置为 Enabled 时，使用互斥量。

- SYNC_t(O/S sync object)，对应于文件 ffconf.h 中的宏定义_SYNC_t，这是在 FatFS 中自动创建的用于进程间通信的对象类型。当 USE_MUTEX 设置为 Disabled 时，这个类型是 osSemaphoreId_t，即信号量；当 USE_MUTEX 设置为 Enabled 时，这个类型是 osMutexId_t，即互斥量。osSemaphoreId_t 和 osMutexId_t 是 CMSIS-RTOS V2 中定义的对象类型。
- FS_TIMEOUT(Timeout ticks)，对应于文件 ffconf.h 中的宏参数_FS_TIMEOUT，这是 FatFS 文件操作 API 函数内部申请信号量的超时等待时间，默认值是 1000，单位是节拍数。

这几个参数在文件 ffconf.h 都有默认的宏定义，默认的宏定义代码如下：

```
#define  _FS_REENTRANT    1                //0:Disable or 1:Enable
#define  _USE_MUTEX       0                //0:Disable or 1:Enable
#define  _FS_TIMEOUT      1000             //Timeout period in unit of time ticks
#define  _SYNC_t          osSemaphoreId_t
```

FatFS 的 Advanced Settings 设置页面如图 17-9 所示。在启用 FreeRTOS 后，即使 SDIO 没有设置 DMA，参数 Use dma template 也会自动变成 Enabled。所以，SDIO 必须使用 DMA 数据传输方式。

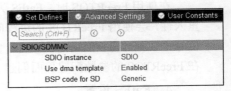

图 17-9 FatFS 的 Advanced Settings 设置页面

17.2.2 项目文件组成和初始代码分析

1. 项目文件组成

完成设置后，CubeMX 会自动生成代码。本项目用到了中间件 FatFS 和 FreeRTOS，在 \Middlewares 目录下有这两个中间件的源代码，如图 17-10 所示，这些源代码一般是不允许修改的。

图 17-11 所示的是项目的 \Src 和 \Inc 目录下的文件，SDIO、FatFS、FreeRTOS 的相关文件都在前面的章节和示例里介绍过，此处不再赘述。

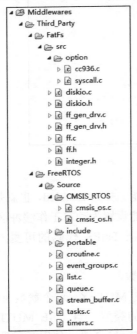

图 17-10 Middlewares 目录下的文件

图 17-11 \Src 和 \Inc 目录下的文件

2. 初始主程序

未添加任何用户代码的初始主程序代码如下：

```c
/* 文件: main.c  -----------------------------------------------------------*/
#include "main.h"
#include "cmsis_os.h"
#include "dma.h"
#include "fatfs.h"
#include "rtc.h"
#include "sdio.h"
#include "gpio.h"
#include "fsmc.h"
/* Private function prototypes --------------------------------------------*/
void MX_FREERTOS_Init(void);     //在文件 freertos.c 中实现的函数

int main(void)
{
    HAL_Init();
    SystemClock_Config();
    /* Initialize all configured peripherals */
    MX_GPIO_Init();
    MX_DMA_Init();                //DMA 初始化
    MX_FSMC_Init();
    MX_FATFS_Init();              //FatFS 初始化
    MX_RTC_Init();
    MX_SDIO_SD_Init();            //SDIO 属性设置，没有初始化

    osKernelInitialize();         //FreeRTOS 内核初始化
    MX_FREERTOS_Init();           //创建 FreeRTOS 中的任务等对象
    osKernelStart();              //启动 FreeRTOS 的调度器

    /* 下面的代码不会被执行，因为 FreeRTOS 的调度器接管了系统  */
    while (1)
    {
    }
}
```

上述代码是使用 FreeRTOS 的主程序框架。在完成各个外设的初始化后，调用函数 MX_FREERTOS_Init()创建任务，执行函数 osKernelStart()启动 FreeRTOS 内核后，系统就由 FreeRTOS 内核接管了，所以最后的 while()死循环不会被执行。

3. FreeRTOS 初始化

文件 freertos.c 定义了 FreeRTOS 初始化函数 MX_FREERTOS_Init()，在这个函数里创建了任务 TaskMain。文件里还有任务 TaskMain 的任务函数代码框架。文件 freertos.c 没有对应的头文件 freertos.h，其完整初始代码如下：

```c
/* 文件: freertos.c--------------------------------------------------------*/
#include "FreeRTOS.h"
#include "task.h"
#include "main.h"
#include "cmsis_os.h"

/* Private variables ------------------------------------------------------*/
/* 任务 TaskMain 的定义 */
osThreadId_t TaskMainHandle;                    //任务 TaskMain 的句柄
const osThreadAttr_t TaskMain_attributes = {    //任务属性定义
      .name = "TaskMain",
      .priority = (osPriority_t) osPriorityNormal,
```

第 17 章　在 FreeRTOS 中使用 FatFS

```
        .stack_size = 1024 * 4
};

/* Private function prototypes -----------------------------------------------*/
void App_TaskMain(void *argument);
void MX_FREERTOS_Init(void);

void MX_FREERTOS_Init(void)
{
    /* 创建任务 TaskMain */
    TaskMainHandle = osThreadNew(App_TaskMain, NULL, &TaskMain_attributes);
}

void App_TaskMain(void *argument)
{
    /* USER CODE BEGIN App_TaskMain */
    /* Infinite loop */
    for(;;)
    {
        osDelay(1);
    }
    /* USER CODE END App_TaskMain */
}
```

4. FatFS 的 Disk IO 函数代码分析

本示例中，SDIO 使用了 DMA，同时，还使用了 FreeRTOS，FatFS 的 Disk IO 函数的实现与 14.3 节使用 DMA 方式时的类似，但是又有些差别。在 14.3 节，不使用 FreeRTOS 时，通过在 DMA 的中断回调函数中将一个全局变量置 1 来表示 DMA 数据传输完成，而在本章使用 FreeRTOS 的示例中，DMA 中断的回调函数里通过向一个队列发送消息来表示 DMA 数据传输完成。

下面我们简要分析使用 FreeRTOS 时 FatFS 的 Disk IO 函数的实现原理。

文件 sd_diskio.c 定义了如下的 3 个宏和 1 个变量。变量 SDQueueID 是一个消息队列的指针，这里还没有创建队列，3 个宏的作用见代码注释。

```
/* Private define ------------------------------------------------------------*/
#define QUEUE_SIZE              (uint32_t) 10       //队列大小
#define READ_CPLT_MSG           (uint32_t) 1        //消息类型：接收完成
#define WRITE_CPLT_MSG          (uint32_t) 2        //消息类型：发送完成

static osMessageQueueId_t  SDQueueID = NULL;        //一个消息队列的句柄变量
```

消息队列 SDQueueID 是在函数 SD_initialize()中创建的，这个函数的代码如下。为使程序结构清晰，我们省略了条件编译不成立的代码段。

```
static volatile DSTATUS Stat = STA_NOINIT;          //文件内的静态变量，表示驱动器状态

DSTATUS SD_initialize(BYTE lun)
{
    Stat = STA_NOINIT;
    if(osKernelGetState() == osKernelRunning)       //RTOS 运行起来后，才进行初始化
    {
        if(BSP_SD_Init() == MSD_OK)                 //SDIO 接口和 SD 卡初始化
            Stat = SD_CheckStatus(lun);

        if (Stat != STA_NOINIT)
        {
```

```
            if (SDQueueID == NULL)
                SDQueueID = osMessageQueueNew(QUEUE_SIZE, 2, NULL);       //创建队列
            if (SDQueueID == NULL)
                Stat |= STA_NOINIT;
        }
    }

    return Stat;
}
```

Stat 是文件 sd_diskio.c 中定义的一个表示驱动器状态的静态变量。从代码可以清晰地看到，只有 FreeRTOS 启动内核后，才会进行 Disk IO 初始化。函数 BSP_SD_Init() 会完成 SDIO 接口和 SD 卡的初始化，程序调用函数 osMessageQueueNew() 创建了消息队列 SDQueueID，队列元素个数为 QUEUE_SIZE。

函数 SD_ioctl() 和 SD_status() 未使用队列，这两个函数的代码与示例 Demo14_1SD_FAT 中的相同，源代码和分析见 14.2.3 节，此处不再展示和解释。

函数 SD_read() 和 SD_write() 用到了队列 SDQueueID。函数 SD_write() 的代码如下，为了使程序结构清晰，我们删除了条件编译不成立的代码段，只需看懂此函数代码的基本流程即可。函数 SD_read() 的代码与此类似，此处不予展示。

```
DRESULT SD_write(BYTE lun, const BYTE *buff, DWORD sector, UINT count)
{
    DRESULT res = RES_ERROR;
    uint32_t timer;
    uint16_t event;
    osStatus_t status;

    if (SD_CheckStatusWithTimeout(SD_TIMEOUT) < 0)
        return res;

    if(BSP_SD_WriteBlocks_DMA((uint32_t*)buff, (uint32_t) (sector), count) == MSD_OK)
    {   //以 DMA 方式发送数据后，等待队列的消息
        status = osMessageQueueGet(SDQueueID, (void *)&event, NULL, SD_TIMEOUT);
        if ((status == osOK) && (event == WRITE_CPLT_MSG))
        {
            timer = osKernelGetTickCount();
            /*  阻塞直到 SDIO 模块就绪或超时   */
            while(osKernelGetTickCount() - timer < SD_TIMEOUT)
            {
                if (BSP_SD_GetCardState() == SD_TRANSFER_OK)
                {
                    res = RES_OK;
                    break;
                }
            }   //end while
        }
    }

    return res;
}
```

函数 SD_write() 调用 BSP_SD_WriteBlocks_DMA() 以 DMA 方式向 SD 卡发送数据后，就调用函数 osMessageQueueGet() 获取队列 SDQueueID 里的消息。如果在限定的时间 SD_TIMEOUT 之内，读取到的队列里的消息类型是 WRITE_CPLT_MSG，就表明以 DMA 发送的数据写入了 SD 卡。

而向队列 SDQueueID 里写入消息 WRITE_CPLT_MSG 是在函数 BSP_SD_WriteCpltCallback() 里完成的,这个函数是 HAL_SD_TxCpltCallback() 里调用的,也就是以 DMA 方式向 SD 卡写入数据完成后调用的回调函数。文件 sd_diskio.c 里,向队列写入消息的两个回调函数代码如下:

```
void BSP_SD_WriteCpltCallback(void)
{
    const uint16_t msg = WRITE_CPLT_MSG;            //消息类型:发送完成
    osMessageQueuePut(SDQueueID, (const void *)&msg, NULL, 0);       //写入队列
}

void BSP_SD_ReadCpltCallback(void)
{
    const uint16_t msg = READ_CPLT_MSG;             //消息类型:接收完成
    osMessageQueuePut(SDQueueID, (const void *)&msg, NULL, 0);       //写入队列
}
```

SDIO 使用 DMA 传输方式时,SDIO_TX 和 SDIO_RX 关联的两个 DMA 流的传输完成中断回调函数与这两个 BSP 函数的关系详见 14.3.2 节的分析。

17.2.3 FatFS API 函数的重入性实现原理

1. 用于进程间通信的同步对象

当参数 _FS_REENTRANT 设置为 1 时,FatFS 为了实现 API 函数的可重入性,在文件 syscall.c 中实现了 4 个函数。这个文件是图 17-10 中\Middlewares\FatFS\src\option 目录下的 syscall.c。

FatFS 使用进程间通信技术实现 API 函数的可重入性,当参数 _USE_MUTEX 为 1 时,使用互斥量,否则使用信号量。参数 _USE_MUTEX 可在 CubeMX 中设置,默认是使用信号量。这 4 个函数的代码如下,为使程序清晰易懂,我们删除了参数 _USE_MUTEX 为 0 时的条件编译代码段,删除了过多的注释。这些函数代码是 CubeMX 自动生成的,并且是在 FatFS 的 API 函数里被调用的,用户无须在编程中直接使用这些函数。

```
/* 文件:syscall.c-------------------------------------------------------*/
#include "../ff.h"

#if _FS_REENTRANT
/* Create a Synchronization Object,创建一个同步对象 */
int ff_cre_syncobj (BYTE vol, _SYNC_t *sobj)
{
    int ret;
    *sobj = osSemaphoreNew(1, 1, NULL);     //创建信号量,是个二值信号量
    ret = (*sobj != NULL);
    return ret;
}

/* Delete a Synchronization Object,删除同步对象 */
int ff_del_syncobj(_SYNC_t sobj)
{
    osSemaphoreDelete(sobj);       //删除信号量
    return 1;
}

/* Request Grant to Access the Volume,申请访问卷 */
int ff_req_grant(_SYNC_t sobj)
{
    int ret = 0;
    if(osSemaphoreAcquire(sobj, _FS_TIMEOUT) == osOK)       //申请信号量
```

```
            ret = 1;
        return ret;
}

/* Release Grant to Access the Volume,释放对卷的访问  */
void ff_rel_grant(_SYNC_t sobj)
{
    osSemaphoreRelease(sobj);          //释放信号量
}
#endif
```

这几个函数都是在参数_FS_REENTRANT 不为 0 时，才会被编译的。
- 函数 ff_cre_syncobj()用于创建一个二值信号量，用于进程间同步。这个函数在使用函数 f_mount()挂载文件系统时会被调用。
- 函数 ff_del_syncobj()用于删除函数 ff_cre_syncobj()所创建的信号量。这个函数在使用函数 f_mount()卸载文件系统时会被调用。
- 函数 ff_req_grant()用于申请信号量，以获得卷的访问权。
- 函数 ff_rel_grant()用于释放信号量，以释放卷的访问权。

信号量是进程间通信的一种基本方法，如果了解了信号量的作用和用法，这些函数的代码就很容易理解了。如果不了解进程间通信和信号量，可阅读本书第 4 章和第 5 章。

2. 进程间同步对象和几个基础函数

使用函数 f_mount()挂载一个卷的文件系统时，其内部会调用 ff_cre_syncobj()创建一个用于进程间通信的同步对象。其他的 FatFSAPI 函数要使用这个同步对象实现可重入性，也就是要使用函数 ff_req_grant()获取这个同步对象，使用函数 ff_rel_grant()释放这个同步对象。使用函数 f_mount()卸载一个卷的文件系统时，其内部会调用 ff_del_syncobj()删除这个同步对象。

文件 ff.c 基于函数 ff_req_grant()和 ff_rel_grant()定义了两个更通用的函数 lock_fs()和 unlock_fs()，这两个函数是在参数_FS_REENTRANT 为 1 时才存在的。这两个函数的代码如下：

```
#if _FS_REENTRANT
static int lock_fs(FATFS* fs )         //锁定文件系统，也就是获得卷的访问权
{
    return (fs && ff_req_grant(fs->sobj)) ? 1 : 0;
}

static void unlock_fs(FATFS* fs, FRESULT res)    //解除文件系统锁定，也就是释放卷的访问权
{
    if (fs && res != FR_NOT_ENABLED && res != FR_INVALID_DRIVE && res != FR_TIMEOUT)
        ff_rel_grant(fs->sobj);
}
#endif
```

文件 ff.c 还定义了两个宏，对函数 lock_fs()和 unlock_fs()进行封装，代码如下：

```
#if _FS_REENTRANT
    #define         ENTER_FF(fs)         { if (!lock_fs(fs)) return FR_TIMEOUT; }
    #define         LEAVE_FF(fs, res)    { unlock_fs(fs, res); return res; }
#else
    #define         ENTER_FF(fs)
    #define         LEAVE_FF(fs, res)    return res
#endif
```

文件 ff.c 还定义了一个函数 validate()，用于检查一个文件或目录是否存在，其代码中同时也调用了函数 lock_fs()，以获得卷的访问权。FatFS 的很多 API 函数中都调用函数 validate()，

代码如下:

```c
static FRESULT validate(_FDID* obj,FATFS** fs)
{
    FRESULT res = FR_INVALID_OBJECT;

    if (obj && obj->fs && obj->fs->fs_type && obj->id == obj->fs->id)
    {   /* Test if the object is valid */
#if _FS_REENTRANT
        if (lock_fs(obj->fs))     /* Obtain the filesystem object */
        {
            if (!(disk_status(obj->fs->drv) & STA_NOINIT))
                res = FR_OK;
            else
                unlock_fs(obj->fs, FR_OK);
        }
        else
            res = FR_TIMEOUT;
#else
        if (!(disk_status(obj->fs->drv) & STA_NOINIT))
            res = FR_OK;
#endif
    }
    *fs = (res == FR_OK) ? obj->fs : 0;     /* Corresponding filesystem object */
    return res;
}
```

函数 f_mount() 可以创建或删除用于进程间通信的对象,代码如下:

```c
FRESULT f_mount (FATFS* fs,      const TCHAR* path,      BYTE opt)
{
    FATFS *cfs;
    int vol;
    FRESULT res;
    const TCHAR *rp = path;

    /* Get logical drive number */
    vol = get_ldnumber(&rp);
    if (vol < 0)
        return FR_INVALID_DRIVE;
    cfs = FatFs[vol];              /* Pointer to fs object */

    if (cfs) {
#if _FS_LOCK != 0
        clear_lock(cfs);
#endif
#if _FS_REENTRANT                  /* Discard sync object of the current volume */
        if (!ff_del_syncobj(cfs->sobj))
            return FR_INT_ERR;
#endif
        cfs->fs_type = 0;          /* Clear old fs object */
    }

    if (fs) {
        fs->fs_type = 0;           /* Clear new fs object */
#if _FS_REENTRANT                  /* Create sync object for the new volume */
        if (!ff_cre_syncobj((BYTE)vol, &fs->sobj))
            return FR_INT_ERR;
#endif
    }
    FatFs[vol] = fs;               /* Register new fs object */
```

```
    if (!fs || opt != 1)
        return FR_OK;                   /* Do not mount now, it will be mounted later */
    res = find_volume(&path, &fs, 0);   /* Force mounted the volume */
    LEAVE_FF(fs, res);
}
```

从代码中可以看到,当参数 _FS_REENTRANT 不为 0 时,它在挂载文件系统时,调用函数 ff_cre_syncobj()创建一个同步对象,在卸载文件系统时,调用函数 ff_del_syncobj()删除这个同步对象。这个同步对象是保存在卷的 FATFS 对象中的,结构体 FATFS 中有如下的一个定义:

```
typedef struct {
//……省略其他定义
#if _FS_REENTRANT
    _SYNC_t         sobj;       /* 用于进程间同步的对象 */
#endif
//……省略其他定义
} FATFS;
```

所以,使用函数 f_mount()挂载一个文件系统,就创建了用于进程间通信的同步对象,FatFS 的其他 API 函数可以使用这个同步对象实现函数的可重入性。

3. 进程间同步对象的作用

基于函数 f_mount()挂载文件系统时创建的进程间同步对象,FatFS 的 API 函数可以通过进程间同步技术实现函数的可重入性。例如,用于读取目录的函数 f_readdir()的代码如下:

```
FRESULT f_readdir(DIR* dp,FILINFO* fno)
{
    FRESULT res;
    FATFS *fs;
    DEF_NAMBUF

    res = validate(&dp->obj, &fs);      /* 检查目录的有效性,同时申请同步对象 */
    if (res == FR_OK) {
        if (!fno) {
            res = dir_sdi(dp, 0);       /* Rewind the directory object */
        } else {
            INIT_NAMBUF(fs);
            res = dir_read(dp, 0);      /* Read an item */
            if (res == FR_NO_FILE) res = FR_OK;  /* Ignore end of directory */
            if (res == FR_OK) {                  /* A valid entry is found */
                get_fileinfo(dp, fno);           /* Get the object information */
                res = dir_next(dp, 0);           /* Increment index for next */
                if (res == FR_NO_FILE) res = FR_OK;  /* Ignore end of directory now */
            }
            FREE_NAMBUF();
        }
    }
    LEAVE_FF(fs, res);          //释放同步对象
}
```

从代码可以看到,程序首先调用函数 validate()检查一个目录的有效性,也就是通过申请同步对象获得卷的访问权。在执行完功能代码后,最后执行函数 LEAVE_FF()释放对卷的访问权,也就是释放同步对象。

其他的 FatFS API 函数实现重入性的原理与此基本类似,都是直接或间接地调用函数 lock_fs()和 unlock_fs(),最终也就是调用函数 ff_req_grant()和 ff_rel_grant(),通过同步对象(信号量或互斥量)的方法实现函数的可重入性。

17.2.4 添加用户功能代码

1. 主程序

搞清楚初始程序的原理后，我们就可以添加用户功能代码，测试在 FreeRTOS 环境下，FatFS 管理 SD 卡文件系统的功能了。在本项目中，我们将 PublicDrivers 目录下的子目录 TFT_LCD、KEY_LED、FILE_TEST 添加到项目的搜索路径（操作方法见附录 A）。添加功能代码后的主程序代码如下：

```c
/* 文件：main.c -----------------------------------------------------------*/
#include "main.h"
#include "cmsis_os.h"
#include "dma.h"
#include "fatfs.h"
#include "rtc.h"
#include "sdio.h"
#include "gpio.h"
#include "fsmc.h"
/* USER CODE BEGIN Includes */
#include "tftlcd.h"
/* USER CODE END Includes */

/* Private function prototypes -------------------------------------------*/
void SystemClock_Config(void);
void MX_FREERTOS_Init(void);

int main(void)
{
    HAL_Init();
    SystemClock_Config();
    /* Initialize all configured peripherals */
    MX_GPIO_Init();
    MX_DMA_Init();
    MX_FSMC_Init();
    MX_FATFS_Init();
    MX_RTC_Init();
    MX_SDIO_SD_Init();

    /* USER CODE BEGIN 2 */
    TFTLCD_Init();
    LCD_ShowStr(10,10,(uint8_t*)"Demo17_1: FatFS on SD with RTOS");
    /* USER CODE END 2 */

    osKernelInitialize();
    MX_FREERTOS_Init();
    osKernelStart();
    /* Infinite loop */
    while (1)
    {
    }
}
```

主程序里添加的用户代码只是进行了 LCD 软件初始化和项目信息显示，其他功能的实现都放到了 FreeRTOS 的任务函数里。

 在启动 FreeRTOS 内核之前，请勿使用函数 f_mount()挂载文件系统，因为函数 f_mount()需要调用函数 ff_cre_syncobj()，创建用于进程间通信的同步对象，而且 FatFS 的 SD 驱动器初始化函数 SD_initialize()需要检测到 FreeRTOS 内核启动后，才执行初始化。所以，必须将函数 f_mount()放到任务函数里执行。

2. 实现 FatFS 的 get_fattime()函数

FatFS 几个主要的 Disk IO 函数都是在文件 sd_diskio.c 中自动生成的代码。另外，在文件 fatfs.c 中，还有一个函数 get_fattime()需要填写代码，这是用于获取 RTC 时间为 FatFS 提供时间戳数据的函数。添加代码后，文件 fatfs.c 的完整代码如下：

```c
/* 文件：fatfs.c  -----------------------------------------------------------*/
#include "fatfs.h"

uint8_t retSD;              //用于一般函数返回值
char SDPath[4];             //SD 逻辑驱动器路径，即"0:/"
FATFS SDFatFS;              //SD 逻辑驱动器文件系统对象
FIL SDFile;                 //SD 卡上的文件对象

/* USER CODE BEGIN Variables */
#include "file_opera.h"
/* USER CODE END Variables */

void MX_FATFS_Init(void)
{
    /*## FatFS: Link the SD driver ###########################*/
    retSD = FATFS_LinkDriver(&SD_Driver, SDPath);
}

DWORD get_fattime(void)
{
    /* USER CODE BEGIN get_fattime */
    return  fat_GetFatTimeFromRTC();
    /* USER CODE END get_fattime */
}
```

函数 get_fattime()就是调用了文件 file_opera.h 定义的一个函数 fat_GetFatTimeFromRTC()，这个函数的实现代码见 12.5.9 节 。

3. 任务函数代码

在文件 freertos.c 中，为任务 TaskMain 的任务函数 App_TaskMain()添加功能代码，完成后的任务函数代码如下：

```c
/* 文件：freertos.c -----------------------------------------------*/
#include "FreeRTOS.h"
#include "task.h"
#include "main.h"
#include "cmsis_os.h"

/* USER CODE BEGIN Includes */
#include "tftlcd.h"
#include "ff.h"
#include "fatfs.h"
#include "file_opera.h"
#include "keyled.h"
/* USER CODE END Includes */

void App_TaskMain(void const * argument)
{
    /* USER CODE BEGIN App_TaskMain */
    //挂载文件系统
    FRESULT res=f_mount(&SDFatFS, "0:", 1);     //挂载SD卡文件系统
    if (res==FR_OK)             //挂载成功
```

```c
            LCD_ShowStr(10,LCD_CurY+LCD_SP10,(uint8_t*)"FatFS is mounted, OK");
    else
            LCD_ShowStr(10,LCD_CurY+LCD_SP10,(uint8_t*)"No file system, to format");

//菜单
    LCD_ShowStr(10,LCD_CurY+LCD_SP15,(uint8_t*)"[1]KeyUp   =Format SD card");
    LCD_ShowStr(10,LCD_CurY+LCD_SP10,(uint8_t*)"[2]KeyLeft =Create files");
    LCD_ShowStr(10,LCD_CurY+LCD_SP10,(uint8_t*)"[3]KeyRight=List all entries");
    LCD_ShowStr(10,LCD_CurY+LCD_SP10,(uint8_t*)"[4]KeyDown =Delete files");
    uint16_t InfoStartPosY=LCD_CurY+LCD_SP15;           //信息显示起始行
    KEYS waitKey;
    for(;;)             //扫描按键并做处理
    {
        waitKey=ScanPressedKey(50);              //等待按键 50ms,不能无限等待
        if (waitKey==KEY_NONE)                   //没有按键按下
        {
            vTaskDelay(10);
            continue;
        }

        LCD_ClearLine(InfoStartPosY, LCD_H, LcdBACK_COLOR);   //清除信息显示区
        LCD_CurY= InfoStartPosY;
        if  (waitKey == KEY_UP)              //KeyUp=Format SD card
        {
            BYTE workBuffer[4*BLOCKSIZE];       //工作缓冲区
            DWORD clusterSize=0;      //cluster 大小必须大于或等于1个扇区,0就是自动设置
            LCD_ShowStr(10,LCD_CurY,(uint8_t*)"Formatting (10secs)...");
            FRESULT res=f_mkfs("0:", FM_FAT32, clusterSize, workBuffer, 4*BLOCKSIZE);
            if (res ==FR_OK)
                LCD_ShowStr(10,LCD_CurY+LCD_SP10,(uint8_t*)"Format OK, to reset");
            else
                LCD_ShowStr(10,LCD_CurY+LCD_SP10,(uint8_t*)"Format fail, to reset");
        }
        else if(waitKey == KEY_LEFT)
        {
            fatTest_WriteTXTFile("RTOS_readme.txt",2019,10,11);
            fatTest_WriteTXTFile("RTOS_help.txt",  2018,9, 21);
            fatTest_WriteBinFile("RTOS_ADC2000.dat",30,500);
            fatTest_WriteBinFile("RTOS_ADC1000.dat",50,200);
            f_mkdir("0:/RTOS_SubDir");
            f_mkdir("0:/RTOS_Doc");
        }
        else if (waitKey == KEY_RIGHT)
            fatTest_ScanDir("0:/");
        else if (waitKey == KEY_DOWN)
            fatTest_RemoveAll();

        LCD_ShowStr(10,LCD_CurY+LCD_SP15,(uint8_t*)"Reselect menu item or reset");
        vTaskDelay(500);         //延时,消除按键抖动影响
    }
    /* USER CODE END App_TaskMain */
}
```

程序在进入 for 死循环之前,调用函数 f_mount()挂载文件系统,这个时候是可以挂载文件系统的,因为 FreeRTOS 内核已经运行起来了。

程序在显示一组菜单后进入 for 死循环,调用函数 ScanPressedKey()获取按键。但是要注意,这里没有使用无限等待的方式获取按键,而是设置了超时等待时间 50ms,因为函数 ScanPressedKey()里没有针对 FreeRTOS 使用延时函数 vTaskDelay(),不能在空闲时进行任务切换。

17.2 FreeRTOS 中使用 FatFS 的示例

程序运行时,LCD 上显示一组菜单,菜单选项如下:

```
[1]KeyUp    =Format SD card
[2]KeyLeft  =Create files
[3]KeyRight=List all entries
[4]KeyDown  =Delete files
```

通过开发板上的 4 个按键可以执行相应的响应代码。这些响应代码在前面章节的示例里都介绍过,函数 fatTest_ScanDir() 的代码见 12.5.4 节,函数 fatTest_RemoveAll() 的代码见 16.3.2 节,这里就不再重复展示和解释了。

构建项目无误后,我们将其下载到开发板并运行测试,然后发现这几个菜单项的响应都是正确的。

本示例没有测试在多个任务里对 SD 卡进行访问,但是 FatFS 的移植代码已经实现了多任务访问时的可重入性,所以在 FreeRTOS 中使用多任务访问 SD 卡的文件系统是没有问题的。

第三部分 图片的获取与显示

- 第 18 章 BMP 图片
- 第 19 章 JPG 图片
- 第 20 章 电阻式触摸屏
- 第 21 章 电容式触摸屏
- 第 22 章 DCMI 接口和数字摄像头

第 18 章 BMP 图片

BMP 图片是一种格式比较简单的图片文件,容易读取并在 LCD 上显示。在本章中,我们先介绍在 LCD 上显示图片数据的原理和操作,再介绍 BMP 图片文件格式,编程实现从 SD 卡上读取 BMP 图片在 LCD 上显示,并且将 LCD 屏幕截屏保存为 BMP 图片文件。

18.1 LCD 显示图片的原理

18.1.1 像素颜色的表示

我们在《基础篇》第 8 章介绍过 TFT LCD 显示的基本原理,LCD 是通过控制每个像素的颜色来显示内容的。任何颜色都是红、绿、蓝三基色的组合,颜色通常有以下几种表示方式。

- RGB888,即红、绿、蓝各用 1 字节表示,一个像素的颜色占用 3 字节,这就是常说的 24 位真彩色。
- RGBA,在 RGB888 的基础上,又多了 1 字节的 Alpha 值,所以一个像素用 4 字节表示。Alpha 值一般作为不透明度参数,Alpha 为 0 表示完全透明,Alpha 为 100 表示完全不透明。
- RGB565,用 16 位二进制数表示一个像素的颜色,其中,红色占 5 位,绿色占 6 位,蓝色占 5 位,一个像素只需用 2 字节就可以表示,见表 18-1。TFT LCD 通常用 RGB565 表示像素的颜色,以节省存储空间。

表 18-1 RGB565 的表示

红色占 5 位					绿色占 6 位						蓝色占 5 位				
Bit15	Bit14	Bit13	Bit12	Bit11	Bit10	Bit9	Bit8	Bit7	Bit6	Bit5	Bit4	Bit3	Bit2	Bit1	Bit0
R4	R3	R2	R1	R0	G5	G4	G3	G2	G1	G0	B4	B3	B2	B1	B0

18.1.2 根据图片的 RGB565 数据显示图片

用 FSMC 驱动的 TFT LCD 就使用 RGB565 数据表示一个像素点的颜色。在 LCD 的驱动程序中,函数 LCD_WriteData_Color()用于写入一个像素点的颜色,其原型定义如下,其中的参数 color 就是 RGB565 格式的像素颜色数据。

```
void LCD_WriteData_Color(uint16_t color);
```

我们在《基础篇》第 8 章分析 LCD 驱动程序的函数工作原理时讲过,所有的文字显示、绘图等函数最终都是调用函数 LCD_WriteData_Color()进行像素点的颜色设置。例如,显示一个 16×16 点阵的字符,实际上,就是设置 16×16 个像素阵列中每个像素的颜色。

18.1 LCD 显示图片的原理

在前面章节的示例中，LCD 主要是用于文字的显示。LCD 当然也可以显示图片，只要提供图片的点阵数据即可。LCD 驱动程序中有一个函数 LCD_ShowPicture()，其源代码如下：

```
void LCD_ShowPicture(uint16_t x, uint16_t y, uint16_t width, uint16_t height, uint8_t *pic)
    {
    LCD_Set_Window(x, y, x+width-1, y+height-1);     //设置 LCD 显示窗口

    uint16_t RGB565 = 0;
    uint32_t pos=0;
    for(uint16_t row=0; row<height; row++)
        for(uint16_t col=0; col<width; col++)
            {
            RGB565 = pic[pos + 1];                   //读取高字节
            RGB565 = RGB565 << 8;
            RGB565 = RGB565 | pic[pos];              //读取低字节
            LCD_WriteData_Color(RGB565);             //逐点显示
            pos += 2;
            }
    }
```

其中，参数 x 和 y 是图片在 LCD 上显示的左上角坐标点，参数 width 和 height 是图片的宽度和高度，单位是像素，参数 pic 是图片颜色数据缓冲区指针。

此函数的代码原理是：首先用函数 LCD_Set_Window() 在 LCD 上设置图片显示的窗口区域，然后逐行逐列地读取图片中每个像素的 RGB565 数据，并调用函数 LCD_WriteData_Color() 将像素颜色数据写入 LCD。

从函数 LCD_ShowPicture() 的代码可以看出：图片数据是个一维数组，数据是按照从上到下逐行逐列存储的。每个像素的 RGB565 颜色数据占用 2 字节，相当于一个 uint16_t 类型的数按小端字节序存储，如表 18-2 所示。其中，LSB 表示 Least Significant Byte，即低字节；MSB 表示 Most Significant Byte，即高字节。

表 18-2 图片的 RGB565 数据存储顺序

	第 1 列		第 2 列		……	第 width 列	
第 1 行	LSB	MSB	LSB	MSB	……	LSB	MSB
第 2 行	LSB	MSB	LSB	MSB	……	LSB	MSB
……	……	……	……	……	……	……	……
第 height 行	LSB	MSB	LSB	MSB	……	LSB	MSB

所以，要用函数 LCD_ShowPicture() 在 LCD 上显示一个图片，需要先用 RGB565 数据表示图片中各像素的颜色，并按照表 18-2 的顺序存储为一个数组。

开发板附带的资料里，一般会提供将图片转换为 RGB565 数组数据的工具软件。例如，将一个 64×64 像素的 BMP 图标文件 clock.bmp 转换为 RGB565 图片数据数组，应该共有 8192 字节，转换后保存为文件 IconClock.h，文件里包含的就是一个数组，图 18-1 显示了数组的前 10 行。赋初值且使用了 const 定义的数组，在编译后，占用的是 Flash 代码空间，不会占用内存。

我们将所有需要在 LCD 上显示的图片提前转换为这样的 RGB565 图片数据数组，然后就可以使用函数 LCD_ShowPicture() 显示图片了。例如，要在左上角(10, 20)的位置显示这个 64×64 像素的图标数据 gImage_IconClock，就可以执行下面的代码：

```
LCD_ShowPicture(10,20,64,64, gImage_IconClock);
```

第 18 章 BMP 图片

```
const unsigned char gImage_IconClock[8192] = {
0XFF,0XFF,0XFF,0XFF,0XFF,0XFF,0XFF,0XFF,0XFF,0XFF,0XFF,0XFF,0XFF,0XFF,0XFF,0XFF,
0XFF,0XFF,0XFF,0XFF,0XFF,0XFF,0XFF,0XFF,0XFF,0XFF,0XFF,0XFF,0XFF,0XFF,0XFF,0XFF,
0XFF,0XFF,0XFF,0XFF,0XFF,0XFF,0XFF,0XFF,0XFF,0XFF,0XFF,0XFF,0XFF,0XFF,0XFF,0XFF,
0XFF,0XFF,0XFF,0XFF,0XFF,0XFF,0XFF,0XFF,0XFF,0XFF,0XFF,0XFF,0XFF,0XFF,0XFF,0XFF,
0XFF,0XFF,0X9D,0XFF,0XD8,0XEE,0X33,0XE6,0XD1,0XDD,0XB0,0XDD,0XAF,0XDD,0XB0,0XDD,
0XD0,0XDD,0X33,0XE6,0XD7,0XEE,0X9D,0XFF,0XFF,0XFF,0XFF,0XFF,0XFF,0XFF,0XFF,0XFF,
0XFF,0XFF,0XFF,0XFF,0XFF,0XFF,0XFF,0XFF,0XFF,0XFF,0XFF,0XFF,0XFF,0XFF,0XFF,0XFF,
0XFF,0XFF,0XFF,0XFF,0XFF,0XFF,0XFF,0XFF,0XFF,0XFF,0XFF,0XFF,0XFF,0XFF,0XFF,0XFF,
0XFF,0XFF,0XFF,0XFF,0XFF,0XFF,0XFF,0XFF,0XFF,0XFF,0XFF,0XFF,0XFF,0XFF,0XFF,0XFF,
```

图 18-1 图片的 RGB565 数据数组

18.2 图片显示示例

18.2.1 示例功能与 CubeMX 项目配置

在本节中，我们将创建一个示例 Demo18_1ShowImage，用于在 LCD 上显示一个背景图片，并显示 9 个图标。在随书实例第 5 部分目录下，有一个\ImageResource\BMP 文件夹，其中的 BMP 图片文件如图 18-2 所示。这个文件夹里有 2 个不同大小的背景图片和一些 64×64 像素的图标文件，其中，2 个背景图片的大小和适用的 LCD 型号如下。

- back35.bmp 是 480×320 像素的图片，适用于分辨率为 480×320 像素的 LCD，如 3.5 英寸的 ILI9486 和 ILI9481。
- back43.bmp 是 800×480 像素的图片，适用于分辨率为 800×480 像素的 LCD，如 4.3 英寸的 NT35510。

图 18-2 示例用到的 BMP 图片文件

我们先用工具软件将这些图片转换为 RGB565 数据数组，并保存为头文件。然后在 LCD 上显示，在分辨率为 480×320 像素的 3.5 英寸 LCD 上显示的效果如图 18-3 所示，类似于一个 GUI 界面。这个示例只是显示了这样一个 GUI 界面，在第 20 章，我们会介绍如何通过触摸屏操作实现 GUI 界面的交互响应。

本示例只需用到 LCD，所以我们用 CubeMX 模板文件 M3_LCD_Only.ioc 创建本项目 CubeMX 文件 Demo18_1ShowImage.ioc（操作方法见附录 A）。本示例无须再使用其他资源或外设，保存文件后，即可生成 CubeIDE 项目代码。

图 18-3　本示例在 3.5 英寸 LCD 上显示的效果

18.2.2　程序功能实现

1. 主程序

完成设置后，CubeMX 会自动生成代码。我们在 CubeIDE 里打开项目，先将 TFT_LCD 驱动程序目录添加到项目的搜索路径，然后在项目的根目录下创建一个文件夹 Resource，用工具软件将图 18-2 所示的 BMP 图片文件转换为 RGB565 数据数组文件，并保存到 Resource 目录下，如图 18-4 所示。Resource 目录下还有文件 res.h 和 res.c，这是用户程序文件，其功能参见后文介绍。Resource 目录也需要添加到项目的搜索路径。添加用户功能代码后，主程序代码如下：

```
/* 文件：main.c -------------------------------*/
#include "main.h"
#include "gpio.h"
#include "fsmc.h"
/* USER CODE BEGIN Includes */
#include "tftlcd.h"
#include "res.h"
/* USER CODE END Includes */

int main(void)
{
    HAL_Init();
    SystemClock_Config();
    /* Initialize all configured peripherals */
    MX_GPIO_Init();
    MX_FSMC_Init();

    /* USER CODE BEGIN 2 */
    TFTLCD_Init();
    BackImageIni();              //初始化背景图片数据
```

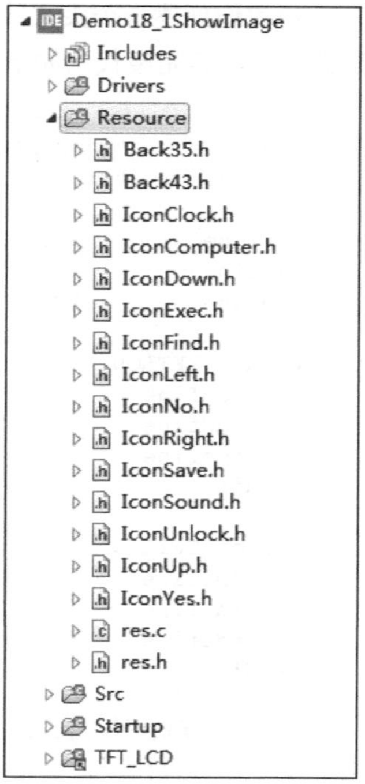

图 18-4　项目的 Resource 文件夹

第 18 章　BMP 图片

```
    IconGroupIni();          //初始化图标阵列数据
    DrawGUI();               //绘制 GUI 界面
    LCD_ShowStr(10,10,(uint8_t*)"Demo18_1: Show image data");
    /* USER CODE END 2 */

    while (1)
    {
    }
}
```

在用户代码部分调用的几个函数都是在文件 res.h 中定义的。函数 BackImageIni()用于初始化背景图片；函数 IconGroupIni()用于初始化图标阵列；函数 DrawGUI()用于绘制 GUI 界面，也就是绘制背景图片和 9 个图标。

注意，在本示例程序中，我们应该将 LCD 驱动程序头文件 tftlcd.h 中的宏定义参数 SHOW_STR_MERGE 的值设置为 1，即修改为如下的定义：

```
//LCD_ShowStr()显示模式，1=融合模式，不清除背景；0=清除背景
#define         SHOW_STR_MERGE         1
```

参数 SHOW_STR_MERGE 用于控制函数 LCD_ShowStr()显示字符串时的显示模式。如果这个参数值为 0，则先用背景色清除字符串所占的矩形区域，再绘制字符串；如果这个参数为 1，则只改变字符串所占的像素点的颜色，不清除背景。

前面的很多示例只是在 LCD 上显示文字，所以都是将 SHOW_STR_MERGE 设置为 0。本示例在背景图片上显示字符串"Demo18_1: Show image data"，如果还是将 SHOW_STR_MERGE 设置为 0，字符串所占的矩形区域就会显示黑色背景，而不是图片背景了。所以，本示例需要将参数 SHOW_STR_MERGE 设置为 1，这样，函数 LCD_ShowStr()就是在背景图片上显示文字。

2. 文件 res.h

让我们创建一个头文件 res.h，将其保存在 Resource 目录下。res.h 是图片和图标等资源的定义文件，其完整代码如下：

```
/* 文件: res.h ----------------------------------------------------------*/
#include      "stm32f4xx_hal.h"
#include      "tftlcd.h"

#define       ICON_ROWS            3           //3 行图标，3*3 图标矩阵
#define       ICON_COLUMNS         3           //3 列图标
#define       ICON_SIZE            64          //图标大小，64*64 像素

#ifdef TFTLCD_ILI9481              //3.5 英寸电阻屏，480*320
    #define       ICON_SPACE       32          //图标之间的间隙
    #define       ICON_START_X     32
    #define       ICON_START_Y     70          //第 1 个图标的左上角坐标
#endif

#ifdef TFTLCD_NT35510              //4.3 英寸电容屏，800*480
    #define       ICON_SPACE       72          //图标之间的间隙
    #define       ICON_START_X     72
    #define       ICON_START_Y     100         //第 1 个图标的左上角坐标
#endif

//LCD 显示的图片的定义
typedef struct
{
    uint16_t PosX;                 //左上角 LCD 坐标 X
```

```
            uint16_t  PosY;                //左上角 LCD 坐标 Y
            uint16_t  ImageWidth;          //图片宽度，如 240 像素
            uint16_t  ImageHeight;         //图片高度，如 400 像素
            uint16_t  IconSize;            //图标大小，如 64 表示 64*64 像素
            uint8_t   *ImageData;          //图片数据指针
        } ImageShowDef;
        extern  ImageShowDef    backImage;              //背景图片
        extern  ImageShowDef    iconGroup[ICON_ROWS][ICON_COLUMNS];    //3*3 图标数组

        void    BackImageIni();        //初始化背景图片
        void    DrawBackImage();       //绘制背景图片
        void    IconGroupIni();        //初始化图标阵列
        void    DrawIconGroup();       //绘制图标阵列
        void    DrawGUI();             //绘制 GUI 界面
```

这个文件定义了几个宏，表示一些参数，包括图标行数 ICON_ROWS、图标列数 ICON_COLUMNS 和图标大小 ICON_SIZE。

程序还根据 LCD 类型，使用条件编译定义了 3 个宏，其中，ICON_SPACE 是图标之间的间距，ICON_START_X 和 ICON_START_Y 是第 1 个图标的左上角坐标。程序要适用于不同分辨率大小的 3.5 英寸 LCD 和 4.3 英寸 LCD。

程序定义了一个结构体 ImageShowDef，用于记录一个图片或图标的左上角坐标、宽度、高度，或图标大小，还有一个 uint8_t 类型指针，指向图片的 RGB565 数据数组。

文件 res.h 定义了 5 个接口函数，用于背景图片和图标的数据初始化和绘图。这几个函数定义了一个框架，在后面几章的示例程序里，只需做很小的修改就可使用，使各个示例程序具有基本相同的程序框架。

3. 文件 res.c

文件 res.c 是头文件 res.h 对应的源程序文件，其完整代码如下：

```
/* 文件: res.c --------------------------------------------------------*/
#include     "res.h"
//图标和图片 RGB565 数据数组所在文件
#include     "IconClock.h"          //64*64
#include     "IconUp.h"             //64*64
#include     "IconComputer.h"       //64*64

#include     "IconLeft.h"           //64*64
#include     "IconDown.h"           //64*64
#include     "IconRight.h"          //64*64

#include     "IconSound.h"          //64*64
#include     "IconUnlock.h"         //64*64
#include     "IconSave.h"           //64*64

#ifdef TFTLCD_ILI9481
    #include    "Back35.h"          //480*320，背景图片
#endif

#ifdef TFTLCD_NT35510
    #include    "Back43.h"          //800*480，背景图片
#endif
ImageShowDef    backImage;           //背景图片
ImageShowDef    iconGroup[ICON_ROWS][ICON_COLUMNS];     //3*3 图标数组

void  BackImageIni()    //初始化背景图片
{
```

```c
    backImage.PosX=0;
    backImage.PosY=0;
    backImage.ImageWidth=LCD_W;              //背景图片宽度等于LCD宽度
    backImage.ImageHeight=LCD_H;             //背景图片高度等于LCD高度
#ifdef TFTLCD_ILI9481
    backImage.ImageData=gImage_Back35;       //图片数据指针,480*320,背景图片
#endif

#ifdef TFTLCD_NT35510
    backImage.ImageData=gImage_Back43;       //图片数据指针,800*480,背景图片
#endif
}

void DrawBackImage()      //绘制背景图片
{
    LCD_ShowPicture(0, 0, LCD_W, LCD_H, backImage.ImageData);
}

void IconGroupIni()       //初始化图标阵列
{
    //构建图标的坐标数据
    uint16_t X=ICON_START_X, Y=ICON_START_Y;   //第1个图标左上角坐标
    for(uint8_t i=0; i<ICON_ROWS; i++)
    {
        X=ICON_START_X;
        for(uint8_t j=0; j<ICON_COLUMNS; j++)
        {
            iconGroup[i][j].PosX=X;
            iconGroup[i][j].PosY=Y;
            iconGroup[i][j].ImageWidth=ICON_SIZE;
            iconGroup[i][j].ImageHeight=ICON_SIZE;
            iconGroup[i][j].IconSize=ICON_SIZE;
            X= X+ICON_SIZE+ICON_SPACE;
        }
        Y=Y+ICON_SIZE+ICON_SPACE;
    }

    //图片数据数组指针赋值
    iconGroup[0][0].ImageData=gImage_IconClock;
    iconGroup[0][1].ImageData=gImage_IconUp;
    iconGroup[0][2].ImageData=gImage_IconComputer;

    iconGroup[1][0].ImageData=gImage_IconLeft;
    iconGroup[1][1].ImageData=gImage_IconDown;
    iconGroup[1][2].ImageData=gImage_IconRight;

    iconGroup[2][0].ImageData=gImage_IconSound;
    iconGroup[2][1].ImageData=gImage_IconLock;
    iconGroup[2][2].ImageData=gImage_IconSave;
}

void DrawIconGroup()     //绘制图标阵列
{
    uint8_t *imageData;           //临时指针
    for(uint8_t i=0; i<ICON_ROWS; i++)
        for(uint8_t j=0; j<ICON_COLUMNS; j++)
        {
            uint16_t PosX=iconGroup[i][j].PosX;
            uint16_t PosY=iconGroup[i][j].PosY;
            imageData= iconGroup[i][j].ImageData;              //图标数据数组指针
            LCD_ShowPicture(PosX, PosY,ICON_SIZE,ICON_SIZE,imageData);   //绘制图标
        }
```

```
}
void  DrawGUI()                    //绘制GUI界面
{
    DrawBackImage();      //绘制背景图片
//      LCD_Clear(lcdColor_BLUE);        //清屏
    DrawIconGroup();       //绘制图标阵列
}
```

文件的开头部分包含了用到的图标和图片数据的头文件。每个文件里都有一个类似于图 18-1 所示的数组。使用了条件编译的方法，根据 LCD 的型号包含不同的背景图片数据头文件。

程序定义了背景图片对象 backImage 和图标二维数组 iconGroup，元素类型是 ImageShowDef。

函数 BackImageIni()用于为背景图片对象变量 backImage 赋值，这里假设 LCD 是竖屏的。根据 LCD 型号为 backImage.ImageData 赋值，将其指向相应的背景图片数据头文件里的数组。

函数 DrawBackImage()用于绘制背景图片，就是用函数 LCD_ShowPicture()绘制 backImage.ImageData 指向的数组里的数据，使其填充整个 LCD 屏幕。

函数 IconGroupIni()用于初始化图标阵列的数据，就是计算每个图标的左上角坐标，为图片像素大小参数赋值。然后，将每个图标的 ImageData 指针指向具体的 RGB565 数据数组。

函数 DrawIconGroup()用于绘制图标阵列。因为每个图标的 ImageShowDef 对象存储了图标的左上角坐标、图标像素大小和数据数组指针，所以很容易在程序里调用函数 LCD_ShowPicture()绘制图标。

函数 DrawGUI()用于绘制 GUI 界面，就是先调用函数 DrawBackImage()绘制背景图片，再调用函数 DrawIconGroup()绘制图标阵列。如果不绘制背景图片，可以使用函数 LCD_Clear()用某种颜色清屏，然后绘制图标阵列。

4. 运行与测试

构建项目后，我们将其下载到开发板上并运行测试，在 3.5 英寸 LCD 上，会显示图 18-3 所示的效果。使用 4.3 英寸 LCD 时，会根据条件编译自动更换背景图片，自动更改第 1 个图标的左上角坐标，以及图标之间的间隙大小，显示的效果与图 18-3 所示的类似，并且能适应 4.3 英寸 LCD 的大小。

这个示例绘制了一个有背景图片和 9 个图标的界面，像一个 GUI 界面，但是它现在没有响应功能。在第 20 章介绍触摸屏时，我们再加入响应功能。

这个示例绘制图片很容易，但是需要将图片预先转换为 RGB565 数据数组，编译后将其下载到 MCU 上。图片是比较占存储空间的，例如，对于分辨率为 800×480 像素的 4.3 英寸 LCD，背景图片数据数组编译后，需要使用 800×480×2=768000 字节，而 STM32F407ZGT6 总的 Flash 存储空间只有 1024KB。此外，图片被构建到固件后，就无法更换了，如要更换背景图片或图标，则需要重新修改程序并构建下载。

所以，如果要显示的图片比较大、比较多，可以将图片文件存储在 SD 卡上，直接读取图片文件后在 LCD 上显示。这样，既不占用 MCU 的 Flash 存储空间，又方便管理图片。本章第二个示例将实现与本示例完全相同的显示效果，但是使用的是 SD 卡上存储的 BMP 图片文件，还可以将 LCD 屏幕截屏保存为 BMP 图片文件。FatFS 管理 SD 卡文件系统的功能在第 14 章介绍过，要实现第二个示例的功能，还需要搞清楚 BMP 文件的格式，以便直接读写 BMP 文件。

18.3 BMP 图片文件的格式

18.3.1 BMP 图片文件的数据分段

BMP 图片文件也称为位图（bitmap），是一种广泛使用的图像文件格式。它不对图像做任何变换，保存图像每个像素的原始颜色数据，读写比较方便。根据一个像素的颜色表示方式的不同，BMP 图片分为以下几种。

- 单色图，一个像素只用一个位表示，只能表示黑白两色。
- 16 色位图，一个像素的颜色用 4 位二进制数表示，只有 16 种颜色。
- 256 色位图，一个像素的颜色用 8 位二进制数表示，只有 256 种颜色。
- 24 位位图，一个像素用 3 字节的 BGR888 数据表示。

BMP 图片文件的数据从头到尾可以分为 4 段，4 段数据的意义见表 18-3。

表 18-3　BMP 图片文件的数据段划分

数据段名称	数据长度	存储的数据
位图文件头	14 字节	存储了文件类型、位图文件大小，以及像素数据在文件中的起始位置
位图信息头	40 字节	存储了图片的宽度、高度、每个像素的表示位数等信息
调色板	由颜色索引数决定	只有 16 色和 256 色的位图有调色板，24 位位图没有调色板
位图数据	由图像尺寸和每个像素数据的字节数决定	24 位位图每个像素是 3 字节的 BGR888 数据，像素存储顺序是按行从下往上、按列从左往右存储

计算机上的 BMP 彩色图片一般是 24 位位图，每个像素用 3 字节的 BGR888 数据表示。24 位位图没有调色板数据段，位图信息头之后就是位图数据。但要注意，位图数据是从下往上逐行存储的，也就是位图数据段的第 1 个 BGR888 数据是位图左下角第 1 个像素的颜色数据。

为了简化程序，在本书的示例程序中，我们只考虑 24 位 BMP 图片文件的读写。如果 BMP 图片文件不是 24 位的，只需在计算机上用软件转换一下格式就可以了，例如，用 Windows 自带的"画图"软件就可以进行图片文件格式转换。

18.3.2 位图文件头

位图文件的前 14 字节是位图文件头，这 14 字节数据分为多个变量，各变量的存储位置及其意义见表 18-4。对于位图文件读写和显示不重要的变量，忽略了其变量名。

表 18-4　位图文件头各变量的存储位置及其意义

偏移地址	字节数	数据类型	变量名	数据意义
0x0000	2	uint16_t	bfType	文件类型，值 0x4D42 表示 Windows 上的 BMP 图片文件
0x0002	4	uint32_t	bfSize	该位图文件的总大小，单位：字节
0x0006	2	uint16_t	—	保留，必须设置为 0
0x0008	2	uint16_t	—	保留，必须设置为 0
0x000A	4	uint32_t	bfOffset	图像数据起始点偏移地址

我们可以使用一些能以十六进制显示文件数据的编辑器分析 BMP 文件头。HxD 就是一个

非常好用的、免费的文件十六进制查看软件。图 18-5 所示的是在 HxD 中显示的 clock.bmp 文件的内容，注意，最开始的 2 字节，若用字符表示就是"BM"，若以 uint16_t 类型读取出来就是 0x4D42，因为在 Windows 上，数据是以小端字节序存储的。

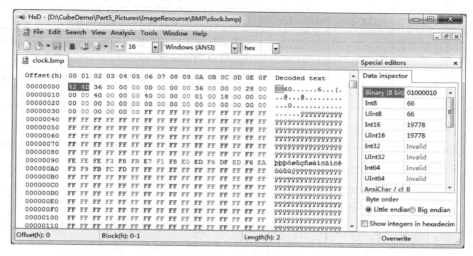

图 18-5　使用软件 HxD 分析 BMP 文件的文件头

图 18-5 中，地址 0x0002 开始的 4 字节按照 uint32_t 数据读出来就是 0x00003036，也就是 12342，这是整个文件的字节数。clock.bmp 是 64×64 像素的 24 位位图，像素数据是 64×64×3=12288 字节，再加上位图文件头 14 字节和位图信息头 40 字节，就正好是 12342。

从地址 0x000A 开始的 4 字节按照 uint32_t 数据读出来就是 0x00000036，也就是 54。表示文件内位图数据是从偏移地址 54 开始的，也就是跳过 14 字节位图文件头和 40 字节的位图信息头之后，就是位图数据段了。

18.3.3　位图信息头

从偏移地址 0x000E 开始的 40 字节数据就是位图信息头，位图信息头各变量的存储位置及其意义见表 18-5。对于位图文件读写和显示不重要的变量，忽略了其变量名。

表 18-5　位图信息头各变量的存储位置及其意义

偏移地址	字节数	数据类型	变量名	数据意义
0x000E	4	uint32_t	biSize	位图信息头所占字节数，在 Windows 上就是固定的 40 字节
0x0012	4	uint32_t	biWidth	位图的宽度，单位是像素
0x0016	4	int32_t	biHeight	位图的高度，单位是像素。如果该值是正数，说明图像是倒向的，即数据是从下往上逐行存储的；如果该值为负数，则图像是正向的。默认情况下，高度值是正数
0x001A	2	uint16_t	—	BMP 图片的平面数，其数值总是 1
0x001C	2	uint16_t	biBitCount	每个像素所用比特数，其值有 1、4、8、16、24 或 32
0x001E	4	uint32_t	—	图像数据压缩类型，数值为 0 表示不压缩，BMP 图片一般不压缩
0x0022	4	uint32_t	—	全部像素数据的大小，单位是字节

偏移地址	字节数	数据类型	变量名	数据意义
0x0026	4	int32_t	—	水平分辨率，值为 0 表示默认分辨率
0x002A	4	int32_t	—	垂直分辨率，值为 0 表示默认分辨率
0x002E	4	uint32_t	—	位图实际使用的调色板中的颜色索引数，值为 0 时表示使用所有调色板项
0x0032	4	uint32_t	—	对图像显示有重要影响的颜色索引的数目，值为 0 时表示都重要

在位图信息头部分，比较重要的变量就是位图宽度 biWidth、位图高度 biHeight 和每个像素所用比特数 biBitCount。我们只考虑 24 位位图，所以 biBitCount 的值为 24。位图的高度 biHeight 默认是正数，所以位图是倒向的，即数据是从下往上逐行存储的。

从图 18-5 所示的文件 clock.bmp 的十六进制内容，我们可以分析位图信息头的一些关键参数。例如，地址 0x0012 开始的 4 字节数是 0x00000040，也就是 64，表示位图宽度为 64 像素；地址 0x0016 开始的 4 字节数也是 0x00000040，表示位图的高度是 64 像素；地址 0x001C 开始的 2 字节数是 0x0018，也就是 24，说明位图的一个像素用 24 位二进制数表示。

18.3.4 位图数据

位图文件头中，变量 bfOffset 表示了位图数据起始偏移地址，对于 24 位位图，bfOffset 的值就是 54，也就是从地址 0x0036 开始，就是位图数据了。

对于 24 位位图来说，一个像素的颜色用 3 字节 BGR888 数据表示。注意，是 Blue、Green、Red 的顺序，每种颜色占 1 字节。要在 LCD 上显示，必须将一个像素的 BGR888 数据转换为 RGB565 数据。

另外，计算机上保存的 24 位位图数据一般是倒向的，也就是从图像的下方开始，向上逐行存储像素颜色数据。如果 MCU 程序顺序读取 BMP 文件中的位图数据，并在 LCD 上从上往下逐行显示（这样显示效率最高），在 LCD 上显示的就正好是上下颠倒的图像。要解决此问题，可以在 LCD 上从下往上逐行显示图像数据，但这样会导致 LCD 显示速度大大降低。最简单的方法是在计算机上将 BMP 图片上下翻转后保存，这样，MCU 程序顺序读取 BMP 文件中的位图数据，并在 LCD 上从上往下逐行显示时，显示的就是一个正向的图片了。

18.4 BMP 图片文件的读写操作示例

18.4.1 示例功能和 CubeMX 项目设置

在本节中，我们将设计一个示例 Demo18_2BmpFile，在 LCD 上显示与图 18-3 所示相同的 GUI 界面，但是显示的图片都来源于 SD 卡上的 BMP 图片文件，而且可以将 LCD 屏幕截屏保存为 BMP 图片，存储到 SD 卡上。为此，我们需要准备一张 SD 卡，并且在 SD 卡根目录下创建一个文件夹\BMP，将需要用到的 BMP 图片都复制到此文件夹里，如图 18-6 所示。注意，这些图片都是 24 位位图，且在原始图片的基础上进行了上下翻转。第 18 章至第 21 章示例用到的一些 BMP 和 JPG 图片文件，存放在本书源程序目录\Part5_Pictures\ImageResource 下。

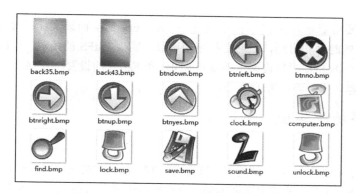

图 18-6　SD 卡的\BMP 目录下的图片文件

该示例的具体功能和操作流程如下。
- 使用 FatFS 管理 SD 卡的文件系统。
- 先用一个字符界面菜单显示 SD 卡上的 BMP 文件列表和 BMP 图片文件信息。
- 再读取 SD 卡上的 BMP 图片文件，在 LCD 上绘制背景图片和图标阵列。
- 可以将 LCD 屏幕截屏保存为 BMP 图片文件。

本示例要用到按键和 LED，所以我们使用 CubeMX 模板项目文件 M4_LCD_KeyLED.ioc 创建本示例 CubeMX 文件 Demo18_2BmpFile.ioc（操作方法见附录 A），然后配置 SDIO 和 FatFS。

1. SDIO 的设置

SDIO 的模式设置为 SD 4 bits Wide bus，其参数设置如图 18-7 所示。其中，参数 SDIOCLK clock divide factor 必须设置为 6，使 SDIOCLK 为 6 MHz 才能保证写入截屏图片文件时比较稳定，SDIOCLK 的频率太高会导致写入文件失败。SDIO 的参数设置原理详见 13.4 节。

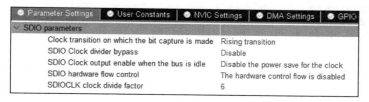

图 18-7　SDIO 的参数设置

2. FatFS 设置

FatFS 的模式设置为 SD Card，其参数设置如图 18-8 所示。只需将 CODE_PAGE 设置为简体中文，并使用长文件名（USE_LFN），其他参数都保持默认设置。

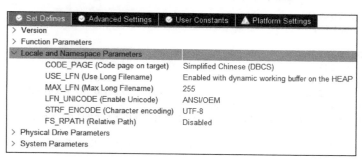

图 18-8　FatFS 的参数设置

第 18 章 BMP 图片

因为本示例要用到驱动程序文件\FILE_TEST\file_opera.h，而该文件包含头文件 rtc.h，所以还需要开启 RTC 的时钟和日历，虽然在程序中可以不实现 FatFS 的函数 get_fattime()。

这个示例的 CubeMX 项目设置主要就是 SDIO 和 FatFS 的设置，与 14.2 节示例的设置内容相同，其设置内容和原理可参考 14.2 节。

18.4.2 程序功能实现

1. 主程序

完成设置后，CubeMX 会自动生成代码。我们在 CubeIDE 中打开项目，将 TFT_LCD、FILE_TEST、KEY_LED 驱动程序目录添加到项目的搜索路径（操作方法见附录 A）。

在项目根目录下创建一个文件夹 Resource，将示例 Demo18_1ShowImage 中 Resource 目录下的文件 res.h 和 res.c 复制到本项目，在这两个文件的基础上进行修改。

在项目根目录下创建一个文件夹 IMG_BMP，在此文件夹下创建 BMP 图片文件读写和截屏的驱动程序文件 bmp_opera.h 和 bmp_opera.c。

将项目根目录下的文件夹 Resource 和 IMG_BMP 也添加到项目的搜索路径。文件 res.h/res.c 和 bmp_opera.h/bmp_opera.c 的具体实现在后面逐渐介绍。添加用户功能代码后，主程序代码如下：

```c
/* 文件：main.c ----------------------------------------------------------*/
#include "main.h"
#include "fatfs.h"
#include "rtc.h"
#include "sdio.h"
#include "gpio.h"
#include "fsmc.h"
/* USER CODE BEGIN Includes */
#include "tftlcd.h"
#include "keyled.h"
#include "file_opera.h"
#include "bmp_opera.h"
#include "res.h"
#include <stdio.h>
/* USER CODE END Includes */

int main(void)
{
    HAL_Init();
    SystemClock_Config();
    /* Initialize all configured peripherals */
    MX_GPIO_Init();
    MX_FSMC_Init();
    MX_SDIO_SD_Init();
    MX_FATFS_Init();
    MX_RTC_Init();

    /* USER CODE BEGIN 2 */
    TFTLCD_Init();
    LCD_ShowStr(10,10,(uint8_t*)"Demo18_2: BMP Files");
    FRESULT res=f_mount(&SDFatSS, "0:", 1);      //挂载SD卡文件系统
    if (res==FR_OK)            //挂载成功
        LCD_ShowStr(10,LCD_CurY+LCD_SP10,(uint8_t*)"FatFS is mounted on SD");
    else
        LCD_ShowStr(10,LCD_CurY+LCD_SP10,(uint8_t*)"No file system on SD card");

    BackImageIni();            //初始化背景图片数据
```

```c
        IconGroupIni();              //初始化图标阵列数据
//第1部分：文字菜单界面
    LCD_ShowStr(10,LCD_CurY+LCD_SP15, "[1]KeyUp   =List BMP files");
    LCD_ShowStr(10,LCD_CurY+LCD_SP10, "[2]KeyLeft =Background file info");
    LCD_ShowStr(10,LCD_CurY+LCD_SP10, "[3]KeyRight=Icon image file info");
    LCD_ShowStr(10,LCD_CurY+LCD_SP10, "[4]KeyDown =Show GUI screen");

    uint16_t InfoStartPosY=LCD_CurY+LCD_SP15;       //信息显示起始行
    KEYS waitKey;
    BMPFileInfoDef bmpFileInfo;     //BMP 文件信息
    while(1)
    {
        waitKey=ScanPressedKey(KEY_WAIT_ALWAYS);
        LCD_ClearLine(InfoStartPosY, LCD_H,LcdBACK_COLOR);
        LCD_CurY= InfoStartPosY;
        switch(waitKey)
        {
        case  KEY_UP:           //列出 SD 卡 BMP 目录下的所有文件
            fatTest_ScanDir("0:/BMP");
            break;
        case KEY_LEFT:{         //显示背景 BMP 图片的文件信息
            uint8_t ret=ReadBmpFileInfo(backImage.Filename, &bmpFileInfo);
            if (ret)
            {
                LCD_ShowStr(10,LCD_CurY, "BMP file info of ");
                LCD_ShowStr(LCD_CurX,LCD_CurY,backImage.Filename);
                LCD_CurY +=LCD_SP10;
                ShowBmpFileInfo(&bmpFileInfo);
            }
            break;
            }
        case  KEY_RIGHT:{       //显示一个图标 BMP 文件信息
            uint8_t ret=ReadBmpFileInfo(iconGroup[0][1].Filename, &bmpFileInfo);
            if (ret)
            {
                LCD_ShowStr(10,LCD_CurY, "BMP file info of ");
                LCD_ShowStr(LCD_CurX,LCD_CurY,iconGroup[1][0].Filename);
                LCD_CurY +=LCD_SP10;
                ShowBmpFileInfo(&bmpFileInfo);
            }
            break;
            }
        case  KEY_DOWN:{
            DrawGUI();           //绘制 GUI 界面
            LCD_ShowStr(10,10, "Demo18_2: Show BMP Files");
            LCD_ShowStr(10,LCD_CurY+LCD_SP15,"Press KeyUp to snap screen");
            }
        }

        if (waitKey ==KEY_DOWN)
            break;               //跳出 while(1)循环
        LCD_ShowStr(10,LCD_CurY+LCD_SP15,"Reselect menu item or reset");
        HAL_Delay(300);          //延时，消除按键抖动影响
    }
    /* USER CODE END 2 */

    /* Infinite loop */
    /* USER CODE BEGIN WHILE */
//第2部分：GUI 界面
    uint8_t count=1;             //计数变量
    uint8_t snapfile[20];        //截屏文件名称
```

```
        while (2)
        {
            waitKey=ScanPressedKey(KEY_WAIT_ALWAYS);
            if (waitKey !=KEY_UP)
            {
                HAL_Delay(300);             //消除按键抖动影响
                continue;
            }
    //KeyUp 时截屏
            for(uint8_t i=0; i<4;i++)       //开始时 LED1 闪烁
            {
                LED1_Toggle();
                HAL_Delay(200);
            }
            sprintf((char *)snapfile,"Screen%d.bmp",count);    //保存的图片文件名称
            if (SnapScreenBMP(snapfile))
            {
                for(uint8_t i=0; i<10;i++)      //结束时 LED2 闪烁
                {
                    LED2_Toggle();
                    HAL_Delay(200);
                }
            }
            count++;
    /* USER CODE END WHILE */
        }
    }
```

这个主程序的代码比较长，其主要功能可以分为以下几个部分。

（1）挂载 SD 卡文件系统和图像数据初始化。在完成外设初始化和 LCD 软件初始化之后，使用函数 f_mount()挂载 SD 卡的文件系统。如果 SD 卡的文件系统挂载成功，就调用函数 BackImageIni()进行背景图片对象的初始化，调用函数 IconGroupIni()进行图标阵列对象的初始化。这两个函数都是在文件 res.h 中定义的，其实现代码与本章前一示例相似，但有修改。

（2）文字菜单操作。在 LCD 上显示如下的文字菜单，通过 4 个按键进行操作。

```
[1]KeyUp   =List BMP files
[2]KeyLeft =Background file info
[3]KeyRight=Icon image file info
[4]KeyDown =Show GUI screen
```

按下 KeyUp 键，会执行函数 fatTest_ScanDir("0:/BMP")，显示 SD 卡的\BMP 目录下的文件。函数 fatTest_ScanDir()是在文件 file_opera.h 中定义的，其实现代码见 12.5.4 节。

按下 KeyLeft 键，会调用函数 ReadBmpFileInfo()，读取背景图片对象的 BMP 文件信息，并在 LCD 上显示。

按下 KeyRight 键，会调用函数 ReadBmpFileInfo()，读取一个图标对象的 BMP 文件信息，并在 LCD 上显示。函数 ReadBmpFileInfo()和 ShowBmpFileInfo()都是在文件 bmp_opera.h 中定义的，其实现代码参见后文。

按下 KeyDown 键，会调用函数 DrawGUI()，绘制 GUI 界面，并退出文字菜单响应的 while 循环。函数 DrawGUI()是在文件 res.h 中定义的，其功能是读取 SD 卡上的 BMP 图片，显示背景图片和图标。

（3）GUI 界面的操作。在显示 GUI 界面后，还是会检测按键，若 KeyUp 键被按下，就调用函数 SnapScreenBMP()将 LCD 屏幕的当前显示内容保存为一个 BMP 图片，并保存到 SD

卡的根目录下。截屏操作大概需要 2s。函数 SnapScreenBMP() 是在文件 bmp_opera.h 中定义的。

2. 文件 res.h 和 res.c

本示例\Resource 目录下只有文件 res.h 和 res.c，这是从前一项目复制过来的，但是我们根据本示例的功能需求进行了修改。文件 res.h 的完整代码如下：

```c
/* 文件: res.h ----------------------------------------------------------*/
#include "stm32f4xx_hal.h"
#include "tftlcd.h"

#define         ICON_ROWS         3           //3 行图标，3*3 图标矩阵
#define         ICON_COLUMNS      3           //3 列图标
#define         ICON_SIZE         64          //图标大小，64*64 像素

#ifdef TFTLCD_ILI9481           //3.5 英寸电阻屏，480*320
    #define     ICON_SPACE        32          //图标之间的间隙
    #define     ICON_START_X      32
    #define     ICON_START_Y      70          //第 1 个图标的左上角坐标
#endif

#ifdef TFTLCD_NT35510           //4.3 英寸电容屏，800*480
    #define     ICON_SPACE        72          //图标之间的间隙
    #define     ICON_START_X      72
    #define     ICON_START_Y      100         //第 1 个图标的左上角坐标
#endif

//LCD 显示的图片对象的定义
typedef struct
{
    uint16_t PosX;              //左上角 LCD 坐标 X
    uint16_t PosY;              //左上角 LCD 坐标 Y
    uint16_t ImageWidth;        //图片宽度，例如 240
    uint16_t ImageHeight;       //图片高度，例如 400
    uint16_t IconSize;          //图标大小，例如 64 表示 64*64 像素

    uint8_t  *ImageData;        //图片数据指针
    uint8_t  Filename[40];      //BMP 图片文件名称，本示例新增定义
} ImageShowDef;

extern  ImageShowDef    backImage;          //背景图片
extern  ImageShowDef    iconGroup[ICON_ROWS][ICON_COLUMNS];    //3*3 图标数组

void    BackImageIni();         //初始化背景图片
void    DrawBackImage();        //绘制背景图片
void    IconGroupIni();         //初始化图标阵列
void    DrawIconGroup();        //绘制图标阵列
void    DrawGUI();              //绘制 GUI 界面
```

与前一示例的文件 res.h 的代码对比，本示例的 res.h 只是在结构体 ImageShowDef 的定义中增加了一个文件名变量 Filename[40]，用于存储图片对象关联的图片文件名称。为了使程序不至于复杂，这里使用了固定长度的数组。文件 res.c 的完整代码如下：

```c
/* 文件: res.c ----------------------------------------------------------*/
#include     "res.h"
#include     "bmp_opera.h"
#include     <string.h>

ImageShowDef     backImage;              //背景图片对象
```

```c
    ImageShowDef    iconGroup[ICON_ROWS][ICON_COLUMNS];    //3*3 图标对象数组

void BackImageIni()        //初始化背景图片
{
    //初始化背景图片
    backImage.PosX=0;
    backImage.PosY=0;
    backImage.ImageWidth=LCD_W;
    backImage.ImageHeight=LCD_H;
#ifdef    TFTLCD_ILI9481        //3.5 英寸 480*320
    strcpy((char *)backImage.Filename, (char *)"0:/BMP/back35.bmp");   //BMP 图片文件名
#endif

#ifdef    TFTLCD_NT35510        //4.3 英寸 800*480
    strcpy((char *)backImage.Filename, (char *)"0:/BMP/back43.bmp");   //BMP 图片文件名
#endif
}

void DrawBackImage()       //绘制背景图片
{
    DrawBmpFile(0, 0, backImage.Filename);              //用 BMP 文件绘图
}

void IconGroupIni()        //初始化图标阵列对象
{
    //构建图标的坐标数组
    uint16_t  X=ICON_START_X, Y=ICON_START_Y;           //0 行 0 列图标的左上角坐标
    for(uint8_t i=0; i<ICON_ROWS; i++)
    {
        X=ICON_START_X;
        for(uint8_t j=0; j<ICON_COLUMNS; j++)
        {
            iconGroup[i][j].PosX=X;
            iconGroup[i][j].PosY=Y;
            iconGroup[i][j].ImageWidth=ICON_SIZE;
            iconGroup[i][j].ImageHeight=ICON_SIZE;
            iconGroup[i][j].IconSize=ICON_SIZE;
            iconGroup[i][j].ImageData=NULL;             //无图像数据数组
            X= X+ICON_SIZE+ICON_SPACE;
        }
        Y=Y+ICON_SIZE+ICON_SPACE;
    }

    //图标文件名赋值
    strcpy((char *)iconGroup[0][0].Filename, (char *)"0:/BMP/clock.bmp");
    strcpy((char *)iconGroup[0][1].Filename, (char *)"0:/BMP/btnup.bmp");
    strcpy((char *)iconGroup[0][2].Filename, (char *)"0:/BMP/computer.bmp");

    strcpy((char *)iconGroup[1][0].Filename, (char *)"0:/BMP/btnleft.bmp");
    strcpy((char *)iconGroup[1][1].Filename, (char *)"0:/BMP/btndown.bmp");
    strcpy((char *)iconGroup[1][2].Filename, (char *)"0:/BMP/btnright.bmp");

    strcpy((char *)iconGroup[2][0].Filename, (char *)"0:/BMP/sound.bmp");
    strcpy((char *)iconGroup[2][1].Filename, (char *)"0:/BMP/unlock.bmp");
    strcpy((char *)iconGroup[2][2].Filename, (char *)"0:/BMP/save.bmp");
}

void DrawIconGroup()       //绘制图标阵列
{
    for(uint8_t i=0; i<ICON_ROWS; i++)
        for(uint8_t j=0; j<ICON_COLUMNS; j++)
```

```
        {
            uint16_t  PosX=iconGroup[i][j].PosX;
            uint16_t  PosY=iconGroup[i][j].PosY;
            DrawBmpFile(PosX, PosY,iconGroup[i][j].Filename);    //64*64 图标
        }
}
void  DrawGUI()              //绘制 GUI 界面
{
    DrawBackImage();     //绘制背景图片
//    LCD_Clear(lcdColor_BLUE);
    DrawIconGroup();     //绘制图标阵列
}
```

函数 BackImageIni()为背景图片对象 backImage 赋值,将 backImage.Filename 设置为 SD 卡上某个 BMP 图片文件名,例如,对于 3.5 英寸 LCD,背景图片文件是"0:/BMP/back35.bmp"。

函数 DrawBackImage()绘制背景图片,就是执行 DrawBmpFile(0, 0, backImage.Filename),读取 backImage.Filename 指定的 BMP 图片,并绘制在 LCD 上。函数 DrawBmpFile()是在文件 bmp_opera.h 中定义的,在后面会介绍其代码实现。

函数 IconGroupIni()对图标阵列对象初始化时,也是将每个图标对象的 Filename 设置为具体的 BMP 图片文件名。函数 DrawIconGroup()绘制图标时,调用函数 DrawBmpFile()根据图标对象的左上角坐标和关联文件名在 LCD 上绘图。

函数 DrawGUI()还是依次调用函数 DrawBackImage()绘制背景图片,调用函数 DrawIconGroup()绘制图标。

18.4.3 BMP 文件操作驱动程序

我们在项目根目录下创建一个文件夹 IMG_BMP,然后创建文件 bmp_opera.h 和 bmp_opera.c,并将其保存在此目录下。这两个文件实现 BMP 文件读写和图像显示等功能,由于文件 bmp_opera.c 的实现代码较多,单独作为一节来介绍。

1. 驱动程序接口定义

文件 bmp_opera.h 是 BMP 文件读写驱动程序的头文件,其完整代码如下:

```
/* 文件: bmp_opera.h --------------------------------------------------*/
#include    "main.h"

typedef struct    //BMP 文件主要信息结构体
{
    //1. 文件信息头
    uint16_t    bfType;          //开头 2 字节,文件类型,必须是 0x4D42
    uint32_t    bfSize;          //文件大小,单位:字节
    uint32_t    bfOffset;        //像素数据起始偏移地址,单位:字节

    //2. 位图信息头
    uint32_t    biSize;          //信息头字节数,一般就是 40
    uint32_t    biWidth;         //BMP 图宽度,像素
    uint32_t    biHeight;        //BMP 图高度,像素
    uint16_t    biBitCount;      //每个像素的比特数
} BMPFileInfoDef;

//读取一个 BMP 图片文件的文件头信息
uint8_t  ReadBmpFileInfo(uint8_t *Filename, BMPFileInfoDef *BmpFileInfo);
```

```c
//根据 BMP 文件头显示 BMP 文件基本信息
void     ShowBmpFileInfo(const BMPFileInfoDef *BmpFileInfo);

//在 LCD 上绘制整个 BMP 图片
uint8_t  DrawBmpFile(const uint16_t PosX, const uint16_t PosY, uint8_t *Filename);

//截屏,保存为 BMP 文件
uint8_t  SnapScreenBMP(uint8_t *Filename);
```

bmp_opera.h 文件定义了一个结构体类型 BMPFileInfoDef,用于存储 BMP 文件的主要参数,包括像素数据起始偏移地址 bfOffset、图片宽度 biWidth、图片高度 biHeight、每个像素的比特数 biBitCount 等。

bmp_opera.h 文件还定义了 4 个接口函数,这 4 个函数的功能见注释。下面我们分别介绍每个函数的功能实现。

2. 公用缓冲区定义

SD 卡的数据读写基本单位是块,一个块是 512 字节,在读写 SD 卡的文件时,不能像 PC 上编程那样,对文件逐个变量地读写,这会导致读写速度慢。在读写 SD 卡上的文件时,我们推荐定义一个大的缓冲区,缓冲区大小是块的整数倍。读取文件时,先从 SD 卡读入缓冲区,再从缓冲区读取出变量;要写入数据时,先将数据写入缓冲区,然后将缓冲区内容一次性写入 SD 卡。这样可以减少读写 SD 卡的次数,提高文件读写的效率。

文件 bmp_opera.c 定义了几个宏和两个全局缓冲区,如下所示:

```c
/* 文件: bmp_opera.c -----------------------------------------------------*/
#include    "bmp_opera.h"
#include    "tftlcd.h"
#include    "ff.h"
#include    "fatfs.h"

//定义两个全局数组作为 SD 卡数据读写缓冲区,避免在函数里使用大的堆栈空间
//BMP 文件头读写缓冲区定义
#define    HEAD_SIZE     54                  //BMP 文件头和信息头总字节数,固定为 54
uint8_t    headBuf[HEAD_SIZE];               //文件头和信息头数据

//数据区读写缓冲区定义
#define    SD_BLOCK_SIZE    512               //SD 卡数据块大小,固定为 512 字节
#define    DATA_BUF_SIZE    (SD_BLOCK_SIZE*3) //缓冲区大小,SD 卡以块为单位读写
uint8_t    dataBuf[DATA_BUF_SIZE];            //一个像素是 3 字节,因此需要是 3 和 512 的公倍数
```

这里定义了两个数组作为全局缓冲区。数组 headBuf 是文件头数据缓冲区,长度 54 字节,用于存储 BMP 文件的文件头和信息头。数组 dataBuf 是像素数据缓冲区,长度是 512×3 字节。因为在 24 位 BMP 图片中,一个像素的颜色数据是 3 字节,SD 卡块的大小是 512 字节,所以缓冲区长度需要是 3 和 512 的最小公倍数。

将这两个数组定义为全局变量,而不是定义在函数里,这样虽然会占用一些全局内存,但是能避免在函数里频繁地分配和释放内存,避免在函数里使用较大的堆栈空间。

3. 读取 BMP 图片信息的函数 ReadBmpFileInfo()

函数 ReadBmpFileInfo()用于读取一个 BMP 图片文件的信息,其原型定义如下:

```c
uint8_t  ReadBmpFileInfo(uint8_t *Filename, BMPFileInfoDef *BmpFileInfo)
```

其中,Filename 是需要读取的 BMP 文件名指针,读取的 BMP 文件信息会保存到指针 BmpFileInfo 指向的 BMPFileInfoDef 结构体变量里。

18.4 BMP 图片文件的读写操作示例

函数 ReadBmpFileInfo()以及相关的几个函数代码如下，相关的几个函数未在文件 bmp_opera.h 中定义，是文件 bmp_opera.c 的私有函数，所以将它们的代码放在了函数 ReadBmpFileInfo() 之前。

```c
//2 字节转换为 uint16_t 类型，BT0 是低字节，BT1 是高字节
uint16_t BT2_Uint16(uint8_t BT0, uint8_t BT1)
{
    uint16_t res=BT1;
    res= res<<8 | BT0;
    return res;
}

//4 字节转换为 uint32_t 类型数据，BT0 是最低字节，BT3 是最高字节
uint32_t BT4_Uint32(uint8_t BT0, uint8_t BT1, uint8_t BT2, uint8_t BT3)
{
    uint32_t  res=BT3;
    res =res<<8 | BT2;
    res= res<<8 | BT1;
    res= res<<8 | BT0;
    return res;
}

//读取文件头和信息头，主要参数保存到*bmpInfo 里
void ReadBmpHeader(FIL *file, BMPFileInfoDef *bmpInfo)
{
    uint16_t k=0;
    UINT RealReadOut=0;              //实际读取字节数
    f_read(file, headBuf, HEAD_SIZE, &RealReadOut); //一次读取 54 字节数据保存到缓冲区 headBuf

    //1. 文件信息头
    bmpInfo->bfType=BT2_Uint16(headBuf[k],headBuf[k+1]);      //文件类型
    k +=2;

    bmpInfo->bfSize=BT4_Uint32(headBuf[k],headBuf[k+1],
          headBuf[k+2],headBuf[k+3]);             //文件大小，字节为单位
    k +=8;          //Reserved1 和 Reserved2，共 8 字节

    bmpInfo->bfOffset=BT4_Uint32(headBuf[k],headBuf[k+1],
          headBuf[k+2],headBuf[k+3]);         //数据起始偏移量
    k +=4;

    //2. 位图信息头
    bmpInfo->biSize=BT4_Uint32(headBuf[k],headBuf[k+1],
          headBuf[k+2],headBuf[k+3]);             //信息头字节数，一般就是 40
    k +=4;

    bmpInfo->biWidth=BT4_Uint32(headBuf[k],headBuf[k+1],
          headBuf[k+2],headBuf[k+3]);         //BMP 图宽度，像素
    k +=4;

    bmpInfo->biHeight=BT4_Uint32(headBuf[k],headBuf[k+1],
          headBuf[k+2],headBuf[k+3]);         //BMP 图高度，像素
    k +=4;

    k +=2;     //biPlanes

    bmpInfo->biBitCount=BT2_Uint16(headBuf[k],headBuf[k+1]);      //每个像素的比特数
}
```

```c
//读取BMP文件信息,将文件信息保存到指针BmpFileInfo指向的变量
uint8_t ReadBmpFileInfo(uint8_t *Filename, BMPFileInfoDef *BmpFileInfo)
{
    FIL file;
    FRESULT res=f_open(&file, (char *)Filename, FA_READ);
    if(res != FR_OK)
    {
        f_close(&file);
        return 0;
    }
    ReadBmpHeader(&file, BmpFileInfo);           //读取文件头信息
    f_close(&file);
    return 1;
}
```

函数 ReadBmpFileInfo()在用函数 f_open()打开文件后,就调用函数 ReadBmpHeader()读取文件信息。

函数 ReadBmpHeader()从文件对象里一次性读取 54 字节,即下面的代码:

```c
f_read(file, headBuf, HEAD_SIZE, &RealReadOut);
```

这样读出的 54 字节数据,保存到了缓冲区 headBuf 里,然后按照表 18-4 和表 18-5 所示的变量存储位置,从数组 headBuf 里读取各主要参数,并保存到指针 bmpInfo 指向的 BMPFileInfoDef 结构体变量里。

数组 headBuf 里的数据是按照文件里的小端字节序的顺序存储的,为了读取 uint16_t 和 uint32_t 变量的数值,定义了两个函数 BT2_Uint16()和 BT4_Uint32()。函数 BT2_Uint16()用于将 2 字节组合成 uint16_t 类型数据,函数 BT4_Uint32()用于将 4 字节组合成 uint32_t 类型数据。

4. 显示 BMP 图片信息的函数 ShowBmpFileInfo()

函数 ShowBmpFileInfo()用于显示已经读出的 BMP 图片信息,其代码如下:

```c
//显示BMP文件信息,BmpFileInfo是BMP文件信息结构体指针
void ShowBmpFileInfo(const BMPFileInfoDef *BmpFileInfo)
{
    uint16_t IncY=LCD_SP10;              //行坐标递增量
    uint16_t StartX=20;
    LcdFRONT_COLOR=lcdColor_WHITE;

    LCD_ShowStr(StartX,LCD_CurY,(uint8_t *)"File type= ");
    LCD_ShowUintHex(LCD_CurX,LCD_CurY,BmpFileInfo->bfType, 1);      //应该是0x4D42

    LCD_ShowStr(StartX,LCD_CurY+IncY,(uint8_t *)"File size(bytes)= ");
    LCD_ShowUint(LCD_CurX,LCD_CurY,BmpFileInfo->bfSize);

    LCD_ShowStr(StartX,LCD_CurY+IncY,(uint8_t *)"Data Offset(bytes)= ");
    LCD_ShowUint(LCD_CurX,LCD_CurY,BmpFileInfo->bfOffset);

    LCD_ShowStr(StartX,LCD_CurY+IncY,(uint8_t *)"Image width= ");
    LCD_ShowUint(LCD_CurX,LCD_CurY,BmpFileInfo->biWidth);

    LCD_ShowStr(StartX,LCD_CurY+IncY,(uint8_t *)"Image height= ");
    LCD_ShowUint(LCD_CurX,LCD_CurY,BmpFileInfo->biHeight);

    LCD_ShowStr(StartX,LCD_CurY+IncY,(uint8_t *)"Bits per pixel= ");
    LCD_ShowUint(LCD_CurX,LCD_CurY,BmpFileInfo->biBitCount);
    LcdFRONT_COLOR=lcdColor_YELLOW;
}
```

函数的传入参数 BmpFileInfo 是用函数 ReadBmpFileInfo()读取出的 BMP 文件信息结构体指针,这个函数的功能就是在 LCD 上显示读取的 BMP 文件的主要参数。在 main()函数中的文字菜单界面,响应 KeyRight 键读取图标文件信息的代码如下:

```
uint8_t ret=ReadBmpFileInfo(iconGroup[0][1].Filename, &bmpFileInfo);
if (ret)
{
    LCD_ShowStr(10,LCD_CurY,(uint8_t*)"BMP file info of ");
    LCD_ShowStr(LCD_CurX,LCD_CurY,iconGroup[1][0].Filename);
    LCD_CurY +=LCD_SP10;
    ShowBmpFileInfo(&bmpFileInfo);
}
```

其功能就是先用函数 ReadBmpFileInfo()读取一个图标的 BMP 文件信息,保存到变量 bmpFileInfo 里,然后调用 ShowBmpFileInfo(&bmpFileInfo)显示结构体变量 bmpFileInfo 的信息。在文字菜单操作界面按 KeyRight 键后,在 LCD 上显示的信息如下:

```
BMP file info of 0:/BMP/btnleft.bmp
 File type= 0x4D42
 File size(bytes)= 12342
 Data Offset(bytes)= 54
 Image width= 64
 Image height= 64
 Bits per pixel= 24
```

这些信息与 64×64 像素的 24 位位图的信息是吻合的。在文字菜单界面,按 KeyLeft 键显示背景图片的 BMP 文件基本信息,会发现显示的信息与文件实际参数也是吻合的。

5. 绘制 BMP 图片的函数 DrawBmpFile()

函数 DrawBmpFile()用于读取一个 BMP 图片文件,绘在 LCD 的指定位置上。函数 DrawBmpFile()内部会调用另一个函数 DrawBmp(),而函数 DrawBmp()并未在文件 bmp_opera.h 中声明。这两个函数的代码如下:

```
//在 LCD 上绘制 BMP 图片
void DrawBmp(const uint16_t  PosX, const uint16_t PosY,
        FIL *file, BMPFileInfoDef *fileInfo)
{
    uint16_t stopX=PosX + fileInfo->biWidth  -1;
    uint16_t stopY=PosY + fileInfo->biHeight -1;
    LCD_Set_Window(PosX, PosY, stopX, stopY);          //设置 LCD 窗口

//读取完整缓冲区
    uint32_t pixCount=fileInfo->biWidth * fileInfo->biHeight;    //总像素个数
    uint32_t DataBytes=3*pixCount;          //每个像素 3 字节,总数据字节数
    uint16_t NeedBufCount=DataBytes/DATA_BUF_SIZE;      //完整读取的缓冲区个数
    uint16_t LastbufSize=DataBytes % DATA_BUF_SIZE;     //最后一次读取的数据字节数

    uint8_t  Blue,Green,Red;
    uint16_t RGB565, k=0;
    UINT  RealReadOut=0;       //实际读取字节数
    f_lseek(file, fileInfo->bfOffset);          //直接跳转到数据起始处
    for(uint16_t i=0; i<NeedBufCount; i++)
    {
        f_read(file, dataBuf, DATA_BUF_SIZE, &RealReadOut); //读取一个完整的缓冲区
        k=0;
        for (uint16_t j=0; j<SD_BLOCK_SIZE; j++)     //一个缓冲区就是 512 个像素的数据
        {
```

```c
            Blue=dataBuf[k++];              //24位位图是BGR888存储顺序
            Green=dataBuf[k++];
            Red=dataBuf[k++];

            RGB565=(Red>>3);                //BGR888转换为RGB565
            RGB565 = (RGB565<<6) | (Green>>2);
            RGB565= (RGB565<<5) | (Blue>>3);
            LCD_WriteData_Color(RGB565);    //向LCD写入一个像素点的颜色
        }
    }
    //读取最后一个缓冲区,实际字节数是LastbufSize
    if (LastbufSize==0)
        return;
    f_read(file, dataBuf, LastbufSize, &RealReadOut);
    k=0;
    uint16_t pointCount=LastbufSize/3;      //像素点个数
    for(uint16_t i=0; i<pointCount; i++)
    {
        Blue=dataBuf[k++];
        Green=dataBuf[k++];
        Red=dataBuf[k++];

        RGB565=(Red>>3);
        RGB565 = (RGB565<<6) | (Green>>2);
        RGB565= (RGB565<<5) | (Blue>>3);
        LCD_WriteData_Color(RGB565);
    }
}

//在LCD上绘制整个BMP图片,返回值为0时表示绘图成功
uint8_t DrawBmpFile(const uint16_t PosX, const uint16_t PosY, uint8_t *Filename)
{
    uint8_t result=0;
    FIL  file;
    FRESULT res=f_open(&file, (char *)Filename, FA_READ);
    if(res != FR_OK)
    {
        f_close(&file);
        return 1;       //文件不存在,或有错误
    }

    BMPFileInfoDef  fileInfo;
    ReadBmpHeader(&file, &fileInfo);        //读取BMP文件信息
    if (fileInfo.biBitCount == 24)          //24位RGB图片,可以显示,不支持其他格式
        DrawBmp(PosX, PosY, &file, &fileInfo);
    else
        result=3;       //不是24位RGB图片,不支持

    f_close(&file);
    return result;
}
```

函数DrawBmpFile()用于在LCD上绘制参数Filename所表示的BMP图片文件。图片在LCD上的左上角位置是(PosX, PosY),绘图的宽度和高度由BMP图片的大小决定。

函数DrawBmpFile()的功能就是用函数f_open()打开文件,然后调用函数ReadBmpHeader()读取BMP文件信息,再调用函数DrawBmp()读取BMP文件的像素数据在LCD上绘图。

函数DrawBmp()的输入参数中,file是FIL类型指针,是FatFS的文件对象,fileInfo是BMP

文件信息结构体指针，存储了读取出的 BMP 文件基本参数。函数 DrawBmp()的代码较长，但是主要分为以下几个步骤。

（1）根据传递的参数 PosX 和 PosY，以及 fileInfo 中的 BMP 图片宽度和高度参数，调用函数 LCD_Set_Window()设置 LCD 上的窗口范围，后面的绘图就是用函数 LCD_WriteData_Color()往 LCD 里逐个写入像素点的 RGB565 颜色数据。

（2）计算需要读取的完整缓冲区个数和最后一次需要读取的数据字节数。缓冲区 dataBuf 的大小是 512×3 字节，实际就是 512 个像素点的数据。BMP 文件中的像素点个数不一定是 512 的整数倍，例如，64×64=4096 个像素的图标数据，需要完整读取的缓冲区个数是

$$NeedBufCount= (4096×3)/(512×3)=8$$

而最后一次需要读取的数据字节数是

$$LastbufSize= (4096×3) \% (512×3)=0$$

（3）读取 NeedBufCount 个完整缓冲区数据。执行 f_lseek(file, fileInfo->bfOffset)将文件读写指针直接定位到像素数据的起始处，然后循环读取 NeedBufCount 个缓冲区的数据。缓冲区 dataBuf 一次存储 512 个像素点的 BGR888 数据，需要将 BGR888 数据转换为 RGB565 数据，然后用函数 LCD_WriteData_Color()将 RGB565 颜色数据写入 LCD。

（4）读取最后一次实际需要读取的数据。如果 LastbufSize 不为 0，就实际读取 LastbufSize 个字节数据，保存到缓冲区 dataBuf，然后处理这 LastbufSize/3 个像素点的数据。

文件 res.c 中的函数 DrawBackImage()就是调用函数 DrawBmpFile()在 LCD 上绘制背景图片，其代码如下：

```
void  DrawBackImage()           //绘制背景图片
{
    DrawBmpFile(0, 0, backImage.Filename);       //用 BMP 文件绘图
}
```

backImage.Filename 存储的是背景图片文件名，如"0:/BMP/back35.bmp"。从 LCD 的(0,0)点绘图，图片的宽度正好等于 LCD 的宽度，图片的高度正好等于 LCD 的高度，就能绘制填充整个 LCD 的背景图片。

文件 res.c 中的函数 DrawIconGroup()也是调用函数 DrawBmpFile()，在 LCD 上绘制每个图标的图片。

6. LCD 截屏函数 SnapScreenBMP()

函数 SnapScreenBMP()用于截取 LCD 屏幕当前的显示内容，并将其保存为一个 BMP 图片文件。函数 SnapScreenBMP()和相关函数代码如下，相关的函数是没有在 bmp_opera.h 中声明的，所以写在函数 SnapScreenBMP()之前。

```
//将 uint32_t 类型数据分解为 4 字节，按照小端字节序写入缓冲区
//pos 是缓冲区内的起始地址，dataBuf 是缓冲区指针
void  writeU4(uint32_t value, uint16_t  pos, uint8_t* dataBuf)
{
    uint8_t  BT;
    for(uint8_t i=0; i<4; i++)      //小端字节序
    {
        BT=value & 0x000000FF;
        *(dataBuf+pos)=BT;
        value = value>>8;
        pos++;
```

```c
    }
}

//将 uint16_t 类型数据分解为 2 字节，按照小端字节序写入缓冲区
//pos 是缓冲区内的起始地址，dataBuf 是缓冲区指针
void writeU2(uint16_t value, uint16_t pos, uint8_t* dataBuf)
{
    uint8_t BT=value & 0x00FF;
    *(dataBuf+pos)=BT;

    BT= value>>8;
    *(dataBuf+pos+1)=BT;
}

//向已经创建的文件中写入 54 字节文件头
UINT  WriteBmpHeader(FIL *file)
{
//文件头缓冲区 headBuf 清零
    for(uint8_t i=0; i<HEAD_SIZE; i++)
        headBuf[i]=0;          //初始化为 0

    uint16_t U2;      //2 字节整数
    uint32_t U4;      //4 字节整数
//第 1 部分：14 字节文件信息头，小端字节序
    U2=0x4D42;
    writeU2(U2, 0x0000, headBuf);      //地址：0x0000，文件类型，固定为 0x4D42

    U4=LCD_H*LCD_W*3+HEAD_SIZE;        //文件总大小，每个像素 3 字节，BGR888，再加 54 字节文件头
    writeU4(U4,0x00002,headBuf);       //地址：0x0002，文件总大小

    U4=54;            //数据偏移起始地址
    writeU4(U4,0x000A,headBuf);        //地址：0x000A，数据偏移起始地址

//第 2 部分：40 字节位图信息头
    U4=40;            //位图信息头字节数，固定为 40
    writeU4(U4,0x000E,headBuf);        //地址：0x000E，位图信息头字节数，固定为 40

    U4=LCD_W;
    writeU4(U4,0x0012,headBuf);        //地址：0x0012，图像宽度，像素

    U4=LCD_H;
    writeU4(U4,0x0016,headBuf);        //地址：0x0016，图像高度，像素

    U2=1;
    writeU2(U2, 0x001A, headBuf);      //地址：0x001A，总是 1

    U2=24;
    writeU2(U2, 0x001C, headBuf);      //地址：0x001C，每个像素的数据位数，24 位表示 BGR888

    U4=LCD_H*LCD_W*3;
    writeU4(U4,0x0022,headBuf);        //地址：0x0022，图像大小，以字节为单位

    UINT bw=0;        //实际写入字节数
    f_write(file, headBuf, HEAD_SIZE, &bw);    //写 54 字节文件头

    return bw;
}

//将 LCD 屏幕所有像素数据按照 BGR888 写入 BMP 文件数据区
```

```
void WriteBmpData(FIL *file)
{
    uint16_t PT;           //一个像素点的 RGB565 数据
    uint8_t Red, Blue, Green;

    UINT k=0, bw;
    for(uint16_t y=0; y<LCD_H; y++)
        for(uint16_t x=0; x<LCD_W; x++)
        {
            PT=LCD_ReadPoint(x,y);          //一个像素点的 RGB565 数据

            //RGB565 转换为 BGR888 的 3 字节
            Red=(PT & 0xF800)>>8;           //Red8
            Green=(PT & 0x07E0)>>3;         //Geen8
            Blue=(PT & 0x001F)<<3;          //Blue8

            dataBuf[k++]=Blue;              //保存数据为 BGR888
            dataBuf[k++]=Green;
            dataBuf[k++]=Red;
            if (k>=DATA_BUF_SIZE)           //写满一个缓冲区就写入 SD 卡一次
            {
                f_write(file, dataBuf, DATA_BUF_SIZE, &bw);   //写入 SD 卡
                k=0;        //缓冲区位置指针归零
            }
        }

    if ((k>0) && (k<DATA_BUF_SIZE))         //最后一个不够一整个缓冲区
        f_write(file, dataBuf, k, &bw);
}

//LCD 截屏，保存为 BMP 图片文件 Filename
uint8_t SnapScreenBMP(uint8_t *Filename)
{
    FIL  file;
    FRESULT res=f_open(&file,(TCHAR*)Filename, FA_CREATE_ALWAYS | FA_WRITE);
    if(res != FR_OK)
    {
        f_close(&file);
        return 0;              //创建文件错误
    }
    WriteBmpHeader(&file);          //写入 54 字节文件头
    WriteBmpData(&file);            //写入像素 BGR888 数据
    f_close(&file);
    return 1;
}
```

（1）函数 SnapScreenBMP()的功能。函数 SnapScreenBMP()用于截取 LCD 屏幕的内容，并将其保存为参数 Filename 设置的 BMP 文件。其代码先用函数 f_open()创建文件对象 file，然后调用 WriteBmpHeader(&file)写入 54 字节文件头，再调用 WriteBmpData(&file)将 LCD 屏幕的所有像素的颜色，以 BGR888 的格式写入 BMP 文件。

（2）写入文件头的函数 WriteBmpHeader()。函数 WriteBmpHeader()的功能是将 BMP 图片的各信息变量写入缓冲区 headBuf，然后再将 headBuf 的内容写入 SD 卡，需要写入文件头的变量的偏移地址和意义见表 18-4 和表 18-5。

上述程序还定义了 2 个函数，用于向缓冲区写入 uint16_t 和 uint32_t 类型数据。例如，函数 writeU4()用于将一个 uint32_t 数据分解为 4 字节，按照小端字节序写入缓冲区，其原型定义如下：

```
void writeU4(uint32_t value, uint16_t pos, uint8_t* dataBuf)
```
其中，value 是需要写入的 uint32_t 类型数据，pos 是数据写入缓冲区的起始地址，dataBuf 是缓冲区指针。其代码功能就是将 value 从低到高分解为 4 字节，依次写入缓冲区。

（3）写入像素颜色数据的函数 WriteBmpData()。函数 WriteBmpData()的功能就是从上向下逐行、从左向右逐列读取 LCD 的像素颜色 RGB565 数据，将其转换为 BGR888 数据的 3 字节，然后写入缓冲区 dataBuf。缓冲区 dataBuf 写满之后，就写入 SD 卡一次，然后缓冲区存储位置归零，继续读取下一个点，直到扫描完 LCD 上的所有像素点。

在 main()函数中，在 GUI 界面下按 KeyUp 键，就会调用函数 SnapScreenBMP()截取 LCD 屏幕的内容，保存为 SD 卡根目录下的一个 BMP 文件，如 Screen1.bmp。截屏操作大约需要 3s，所以开始执行时，让 LED1 闪烁两下，结束后，让 LED2 闪烁几下。

构建项目后，我们将其下载到开发板上并运行测试，可以看到截屏功能运行正常。在 3.5 英寸 480×320 分辨率的 LCD 上运行时的截屏图片如图 18-9 所示。注意，截屏的原始图片是上下颠倒的，复制到计算机上之后，需要对图片进行一次上下翻转处理。

图 18-9　3.5 英寸 LCD 的截屏图片

7．作为 BMP 公共驱动程序

本项目中创建的文件 bmp_opera.h 和 bmp_opera.c 实现了 BMP 图片文件的数据读取和显示，以及 LCD 截屏，这些是比较通用的功能，可以在其他项目里使用。所以，我们将文件夹 IMG_BMP 整个复制到公共驱动程序目录 PublicDrivers 下，以便在其他项目里使用——第 20 章使用触摸屏的示例，就会用到 BMP 驱动程序函数。

第 19 章 JPG 图片

JPG 是一种常见的图片文件格式，是对图像的原始色彩数据经过压缩后得到的图片文件。它在保证较高图片质量的情况下，具有极高的压缩率，是一种应用非常广泛的图片文件格式。某些 STM32 MCU 的固件库中有一个中间件 LIBJPEG，能以纯软件的方式读写 JPG 图片文件。本章就介绍基于 LIBJPEG 的 JPG 图片文件的读写和显示。

19.1 JPEG 和 LIBJPEG

JPEG 是 Joint Photographic Experts Group（联合图像专家组）的缩写，是一种图像压缩标准，采用 JPEG 标准压缩的图片的文件扩展名是.jpg 或.jpeg，这两种扩展名的文件其实并无区别。JPEG 是一种有损压缩格式，可以在保持较高图像质量的情况下，使文件大小减小很多，从而节省存储空间。例如，一个 24 位 BMP 图片转换为 JPG 图片后，JPG 文件大小通常只有 BMP 文件的 10%左右。因为 JPG 图片具有压缩率高的显著优点，所以得到广泛应用，在存储空间有限的嵌入式设备中，更适合使用 JPG 格式图片。

LIBJPEG 是 Independent JPEG Group 开发的一个免费的开源 JPG 文件处理库，几乎是 JPG 图片处理的一个标准库，在各种开发平台中得到广泛使用。LIBJPEG 被作为一个中间件打包在 STM32 MCU 的固件库中，在 CubeMX 组件面板的 Middleware 分组中就有 LIBJPEG，如图 19-1 所示。所以，在 STM32Cube 开发方式中，我们可以很方便地使用 LIBJPEG，为系统增加 JPG 文件读写功能。

图 19-1 CubeMX 中的 LIBJPEG 中间件

在 STM32 MCU 中使用 LIBJPEG 可以实现以下两个主要的功能。

- 解压 JPG 文件。使用 LIBJPEG 读取 JPG 图片文件，将图片的像素颜色数据解压为 RGB888 格式，再转换为 RGB565 格式，就可以在 LCD 上显示图片了。
- 将图像压缩为 JPG 格式的文件。使用 LIBJPEG 的 JPG 压缩功能，将图像保存为 JPG 文件，例如，将 LCD 屏幕显示的内容截屏保存为 JPG 图片。

LIBJPEG 的源程序文件比较多，JPEG 的压缩和解压算法也比较复杂。互联网上有许多关于 JPEG 压缩的技术原理的资料可供参考。我们使用 LIBJPEG 库的主要目的一般就是实现上述的两个功能，实现的过程就直接通过示例来讲解了。

19.2 JPG 图片文件的读写操作示例

19.2.1 示例功能和 CubeMX 项目设置

在本节中，我们将设计一个示例 Demo19_1JPGFile，实现与示例 Demo18_2BmpFile 相似的功能，只是使用的全部是 JPG 图片文件。为此，我们在 SD 卡根目录下创建一个文件夹\JPG，将图 18-6 中的 BMP 图片文件在计算机上用图片处理软件转换为 JPG 格式的图片，然后保存到 SD 卡的\JPG 文件夹里。注意，JPG 图片是从上向下逐行存储的，所以无须进行上下翻转。

该示例的具体功能和操作流程如下。
- 使用 FatFS 管理 SD 卡的文件系统。
- 用一个字符界面菜单显示 SD 卡上的 JPG 文件列表和 JPG 图片文件信息。
- 读取 SD 卡上的 JPG 图片文件，在 LCD 上绘制背景图片和图标阵列。
- 可以将 LCD 屏幕截屏保存为 JPG 图片文件。

让我们将项目 Demo18_2BmpFile 整个复制为项目 Demo19_1JPGFile（项目复制的操作方法见附录 B），保留原项目的所有设置，只需增加 LIBJPEG 的设置。

LIBJPEG 的模式和参数设置界面如图 19-2 所示。LIBJPEG 的模式设置只需勾选 Enabled 复选框即可，这样就启用了 LIBJPEG。参数设置也很简单，只有一个可设置参数 Data Stream management type（数据流管理类型），因为已经启用了 FatFS，所以这个参数会自动设置为 FatFS，也就是通过 FatFS 管理数据流。如果没有启用 FatFS，这个参数会被自动设置为 Stdio。

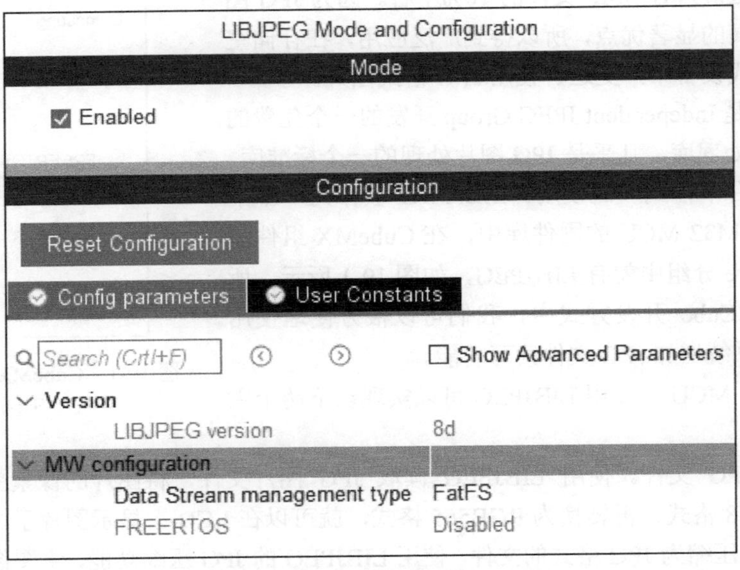

图 19-2 LIBJPEG 的模式和参数设置界面

在图 19-2 所示的参数设置部分，有一个复选框 Show Advanced Parameters，如果勾选了此复选框，参数设置部分显示的内容如图 19-3 所示。

19.2 JPG 图片文件的读写操作示例

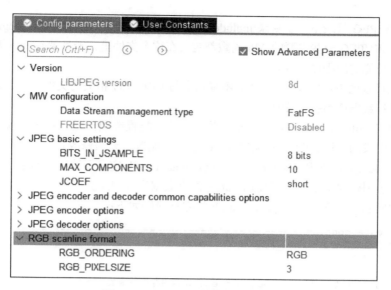

图 19-3　LIBJPEG 的高级参数设置

这里显示了 LIBJPEG 的一些高级参数的设置，这些参数涉及 JPEG 压缩和解压算法方面的专业知识，一般就保持默认设置即可。其中，最后一组参数 RGB scanline format 用于设置扫描行的 RGB 数据格式，两个参数的意义如下。

- RGB_ORDERING，RGB 顺序。这是解压出来或送入压缩的像素颜色数据的顺序，有 RGB 和 BGR 两个选项。使用默认的 RGB 即可。若要便于与 BMP 图片文件进行转换，可选择 BGR，因为 24 位 BMP 图片的像素颜色存储顺序是 BGR888。
- RGB_PIXELSIZE，RGB 像素大小，也就是一个像素占用的字节数。此参数为 3，表示 RGB888 或 BGR888。此参数只能设置为 3 或 4，设置为 4 字节时，有一个额外的哑元（dummy）字节，并无什么作用，所以设置为 3 即可。

19.2.2　程序功能实现

1. 项目中 LIBJPEG 相关的文件

完成设置后，CubeMX 会自动生成代码。我们在 CubeIDE 中打开项目，保留项目根目录下的 Resource 文件夹，删除项目中原有的文件夹 IMG_BMP，暂时不导入其他驱动程序目录。

项目中 LIBJPEG 相关的文件分布如图 19-4 所示。LIBJPEG 库的头文件和源程序文件在\Middlewares\

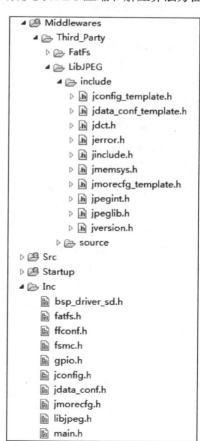

图 19-4　项目中 LIBJPEG 相关的文件分布

Third_Party\LibJPEG 目录下。子目录\include 包含的都是一些头文件，其中，jpeglib.h 是最主要的一个文件，LIBJPEG 一些主要的 API 函数都定义在这个文件里。子目录\source 里是实现 JPEG 压缩和解压等功能的源程序文件。

在项目根目录的\Inc 和\Src 目录下，还有几个与 LIBJPEG 相关的文件，主要是 LIBJPEG 的配置相关文件和数据读写接口文件。

（1）文件 jconfig.h。这个文件包含与系统相关的配置选项，是一些宏定义。这个文件是 CubeMX 自动生成的，已经针对 STM32 MCU 进行了配置，无须修改。

（2）文件 jdata_conf.h 和 jdata_conf.c。文件 jdata_conf.h 定义了读写 JPG 图片文件的数据流访问函数。因为在图 19-2 中设置了使用 FatFS 作为数据流管理工具，所以这个文件里使用 FatFS 的文件对象访问图片数据。文件 jdata_conf.h 的完整代码如下：

```
/* 文件：jdata_conf.h ---------------------------------------------------------*/
/* FatFS 作为文件管理工具 */
#include "ff.h"

/* 定义内存分配函数，使用 malloc()和 free()作为内存管理函数  */
#define JMALLOC    malloc              //分配内存的宏
#define JFREE      free                //释放内存的宏

/* 定义数据管理对象，使用 FatFS 的 FIL 作为文件对象 */
#define JFILE      FIL

//定义文件读写函数，使用 FatFS 的文件读写功能
size_t read_file(FIL *file, uint8_t *buf, uint32_t sizeofbuf);
size_t write_file(FIL *file, uint8_t *buf, uint32_t sizeofbuf);

//将 LIBJPEG 内部使用的宏函数定义为本文件定义的函数
#define JFREAD(file,buf,sizeofbuf)   read_file(file,buf,sizeofbuf)
#define JFWRITE(file,buf,sizeofbuf)  write_file(file,buf,sizeofbuf)
```

这个文件定义了 LIBJPEG 进行内存管理和文件数据流读写的函数。JMALLOC 和 JFREE 是 LIBJPEG 内部源代码使用的分配内存和释放内存的宏，这里定义为 malloc 和 free，也就是使用系统提供的内存管理函数 malloc()和 free()。

文件定义了函数 read_file()，用于将文件数据读取到缓冲区，定义了函数 write_file()，用于将缓冲区数据写入文件，这两个函数都使用 FatFS 的文件读写功能实现。文件中定义的宏函数 JFREAD()就是调用函数 read_file()，定义的宏函数 JFWRITE()就是调用函数 write_file()，而 JFREAD()和 JFWRITE()是 LIBJPEG 内部源代码进行数据流管理时使用的函数。

文件 jdata_conf.c 包含函数 read_file()和 write_file()的实现代码，这两个函数就是用 FatFS 的文件读写函数 f_read()和 f_write()进行数据流读写，代码如下：

```
#include "jdata_conf.h"

size_t read_file (FIL *file, uint8_t *buf, uint32_t sizeofbuf)
{
    static size_t BytesReadfile ;
    f_read(file, buf , sizeofbuf, &BytesReadfile);
    return BytesReadfile;
}

size_t write_file (FIL *file, uint8_t *buf, uint32_t sizeofbuf)
{
    static size_t BytesWritefile;
```

```
        f_write(file, buf , sizeofbuf, &ByteWritefile);
        return BytesWritefile;
}
```

（3）文件 jmorecfg.h。这个文件包含 LIBJPEG 里更多的基本宏定义，如数据类型符号的定义、逻辑符号 TRUE 和 FALSE 的宏定义等。

（4）文件 libjpeg.h 和 libjpeg.c。文件 libjpeg.h 包含 LIBJPEG 的外设初始化函数 MX_LIBJPEG_Init()，在 main()函数的外设初始化部分会调用这个函数，但是文件 libjpeg.c 中函数 MX_LIBJPEG_Init()的实现代码是空的。

从 LIBJPEG 相关的这些文件可以看到，CubeMX 对 LIBJPEG 可视化设置的内容会自动生成初始代码，在生成代码后，不需要再对 LIBJPEG 的程序文件做什么修改。

2. 主程序

在 CubeIDE 中打开项目后，我们将 TFT_LCD、FILE_TEST、KEY_LED 驱动程序目录添加到项目的搜索路径（操作方法见附录 A），保留项目根目录下的\Resource 文件夹。在本项目中，我们会对\Resource 目录下的文件 res.h 和 res.c 稍作修改。

我们在项目根目录下创建一个文件夹\IMG_JPG，并在这个目录下创建两个文件 jpg_opera.h 和 jpg_opera.c，用于实现 JPG 图片文件的读取和显示，以及 LCD 截屏保存为 JPG 图片的功能。

项目根目录下的\Resource 和\IMG_JPG 文件夹也需要添加到项目的搜索路径里。完成功能后的主程序代码如下：

```c
/* 文件：main.c----------------------------------------------------------*/
#include "main.h"
#include "fatfs.h"
#include "libjpeg.h"
#include "rtc.h"
#include "sdio.h"
#include "gpio.h"
#include "fsmc.h"
/* USER CODE BEGIN Includes */
#include "tftlcd.h"
#include "keyled.h"
#include "file_opera.h"
#include "jpg_opera.h"
#include "res.h"
/* USER CODE END Includes */

int main(void)
{
    HAL_Init();
    SystemClock_Config();
    /* Initialize all configured peripherals */
    MX_GPIO_Init();
    MX_FSMC_Init();
    MX_SDIO_SD_Init();
    MX_FATFS_Init();
    MX_RTC_Init();
    MX_LIBJPEG_Init();           //LIBJPEG 初始化，这个函数是个空函数

  /* USER CODE BEGIN 2 */
    TFTLCD_Init();
    LCD_ShowStr(10,10,(uint8_t*)"Demo19_1: JPG Files");
    FRESULT res=f_mount(&SDFatFS, "0:", 1);          //挂载 SD 卡文件系统
    if (res==FR_OK)             //挂载成功
        LCD_ShowStr(10,LCD_CurY+LCD_SP10,(uint8_t*)"FatFS is mounted on SD");
```

第 19 章　JPG 图片

```c
    else
        LCD_ShowStr(10,LCD_CurY+LCD_SP10,(uint8_t*)"No file system on SD card");

    BackImageIni();         //初始化背景图片数据
    IconGroupIni();         //初始化图标阵列图片数据
//文字菜单界面
    LCD_ShowStr(10,LCD_CurY+LCD_SP15,"[1]KeyUp   =List JPG files");
    LCD_ShowStr(10,LCD_CurY+LCD_SP10,"[2]KeyLeft =Background file info");
    LCD_ShowStr(10,LCD_CurY+LCD_SP10,"[3]KeyRight=Icon JPG file info");
    LCD_ShowStr(10,LCD_CurY+LCD_SP10,"[4]KeyDown =Show GUI screen");
    uint16_t InfoStartPosY=LCD_CurY+LCD_SP15;         //信息显示起始行
    KEYS waitKey;

    JPGFileInfoDef  jpgFileInfo;        //JPG 文件信息
    while(1)
    {
        waitKey=ScanPressedKey(KEY_WAIT_ALWAYS);
        LCD_ClearLine(InfoStartPosY, LCD_H,LcdBACK_COLOR);
        LCD_CurY= InfoStartPosY;
        switch(waitKey)
        {
        case    KEY_UP:         //KeyUp   =List JPG files
            fatTest_ScanDir("0:/JPG");
            break;

        case    KEY_LEFT:       //KeyLeft =Background file info
            if (ReadJPGFileInfo(backImage.Filename, &jpgFileInfo))
            {
                LCD_ShowStr(10,LCD_CurY,(uint8_t*)"JPG file info of ");
                LCD_ShowStr(LCD_CurX,LCD_CurY, backImage.Filename);
                LCD_CurY +=LCD_SP10;
                ShowJPGFileInfo(&jpgFileInfo);
            }
            break;

        case    KEY_RIGHT:      //KeyRight=Icon JPG file info
            if (ReadJPGFileInfo(iconGroup[0][1].Filename, &jpgFileInfo))
            {
                LCD_ShowStr(10,LCD_CurY,(uint8_t*)"JPG file info of ");
                LCD_ShowStr(LCD_CurX,LCD_CurY,iconGroup[1][0].Filename);
                LCD_CurY +=LCD_SP10;
                ShowJPGFileInfo(&jpgFileInfo);
            }
            break;

        case    KEY_DOWN:{      //KeyDown =Show GUI screen
            DrawGUI();          //绘制 GUI 界面
            LCD_ShowStr(10,10, "Demo19_1: JPG Files");
            LCD_ShowStr(10,LCD_CurY+LCD_SP15, "Press KeyUp to snap screen");
            }
        }

        if (waitKey ==KEY_DOWN)
            break;              //跳出 while(1)循环
        LCD_ShowStr(10,LCD_CurY+LCD_SP15, "Reselect menu item or reset");
        HAL_Delay(300);         //延时，消除按键抖动影响
    }
  /* USER CODE END 2 */

  /* Infinite loop */
  /* USER CODE BEGIN WHILE */
```

19.2 JPG图片文件的读写操作示例

```
//GUI 界面下,按 KeyUp 截屏保存为 JPG 图片文件
uint8_t  count=1;                   //计数变量
uint8_t  snapfile[20];              //截屏保存的 JPG 图片的文件名
while (2)
{
    waitKey=ScanPressedKey(KEY_WAIT_ALWAYS);
    if (waitKey !=KEY_UP)
    {
        HAL_Delay(300);             //消除按键抖动影响
        continue;
    }
    //KeyUp 时截屏
    for(uint8_t i=0; i<4;i++)       //LED1 闪烁,表示开始
    {
        LED1_Toggle();
        HAL_Delay(200);
    }
    sprintf(snapfile,"Screen%d.jpg",count);   //保存的文件名
    if (SnapScreenJPG(snapfile))              //截屏保存为 JPG 文件
    {
        for(uint8_t i=0; i<8;i++)             //LED2 闪烁,表示结束
        {
            LED2_Toggle();
            HAL_Delay(200);
        }
    }
    count++;
/* USER CODE END WHILE */
}
}
```

这个主程序的功能结构与示例 Demo18_2BmpFile 主程序的功能结构相似,也分为以下几个部分。

(1)挂载 SD 卡文件系统和初始化图像数据。在完成外设初始化和 LCD 软件初始化之后,使用函数 f_mount()挂载 SD 卡的文件系统。如果 SD 卡的文件系统挂载成功,就调用函数 BackImageIni()进行背景图片对象的初始化,调用函数 IconGroupIni()进行图标阵列对象的初始化。

(2)文字菜单操作。在 LCD 上显示如下的文字菜单,通过 4 个按键进行操作。

```
[1]KeyUp    =List JPG files
[2]KeyLeft  =Background file info
[3]KeyRight =Icon JPG file info
[4]KeyDown  =Show GUI screen
```

按下 KeyUp 键,会执行 fatTest_ScanDir("0:/JPG"),显示 SD 卡的\JPG 目录下的文件。

按下 KeyLeft 键,会调用函数 ReadJPGFileInfo(),读取背景图片对象的 JPG 文件信息,并在 LCD 上显示。

按下 KeyRight 键,会调用函数 ReadJPGFileInfo(),读取一个图标对象的 JPG 文件信息,并在 LCD 上显示。函数 ReadJPGFileInfo()和 ShowJPGFileInfo()都是在文件 jpg_opera.h 中定义的,其实现代码参见后文。

按下 KeyDown 键,会调用函数 DrawGUI()绘制 GUI 界面,并退出文字菜单响应的 while 循环。函数 DrawGUI()是在文件 res.h 中定义的,其功能是读取 SD 卡上的 JPG 文件,显示背景图片和图标。

（3）GUI 界面下的操作。在显示 GUI 界面后，还是会检测按键，KeyUp 键处于按下状态，调用函数 SnapScreenJPG()将 LCD 屏幕的当前显示内容保存为一个 JPG 图片，并保存到 SD 卡的根目录下。截屏操作大概需要 2s。函数 SnapScreenJPG()是在文件 jpg_opera.h 中定义的，其实现代码参见后文。

3. 文件 res.h 和 res.c

本项目的 \Resource 目录下只有文件 res.h 和 res.c，其中文件 res.h 的代码与示例 Demo18_2BmpFile 的完全相同，这里就不重复展示了，详见 18.4.2 节文件 res.h 的完整代码。

让我们对文件 res.c 的代码加以修改，其完整代码如下：

```c
/* 文件: res.c ------------------------------------------------------------*/
#include     "res.h"
#include     "jpg_opera.h"
#include     <string.h>              //用到 strcpy()函数

ImageShowDef     backImage;          //背景图片对象
ImageShowDef     iconGroup[ICON_ROWS][ICON_COLUMNS];    //3*3 图标对象数组

void  BackImageIni()          //初始化背景图片对象
{
    backImage.PosX=0;
    backImage.PosY=0;
    backImage.ImageWidth=LCD_W;
    backImage.ImageHeight=LCD_H;

#ifdef    TFTLCD_ILI9481         //3.5 英寸 480*320
    strcpy((char *)backImage.Filename, (char *)"0:/JPG/back35.jpg");   //JPG 图片文件名
#endif

#ifdef    TFTLCD_NT35510         //4.3 英寸 800*480
    strcpy((char *)backImage.Filename, (char *)"0:/JPG/back43.jpg");   //JPG 图片文件名
#endif
}

void  DrawBackImage()         //绘制背景图片
{
    DrawJPGFile(0, 0, backImage.Filename);              //用 JPG 文件绘图
}

void  IconGroupIni()          //初始化图标阵列对象
{
    //构建图标的坐标数组
    uint16_t  X=ICON_START_X, Y=ICON_START_Y;           //0 行 0 列图标的左上角坐标
    for(uint8_t i=0; i<ICON_ROWS; i++)
    {
        X=ICON_START_X;
        for(uint8_t j=0; j<ICON_COLUMNS; j++)
        {
            iconGroup[i][j].PosX=X;
            iconGroup[i][j].PosY=Y;
            iconGroup[i][j].ImageWidth=ICON_SIZE;
            iconGroup[i][j].ImageHeight=ICON_SIZE;
            iconGroup[i][j].IconSize=ICON_SIZE;
            iconGroup[i][j].ImageData=NULL;
            X= X+ICON_SIZE+ICON_SPACE;
        }
        Y=Y+ICON_SIZE+ICON_SPACE;
    }
```

```c
    //图标文件名赋值
    strcpy(iconGroup[0][0].Filename, "0:/JPG/clock.jpg");
    strcpy(iconGroup[0][1].Filename, "0:/JPG/btnup.jpg");
    strcpy(iconGroup[0][2].Filename, "0:/JPG/computer.jpg");

    strcpy(iconGroup[1][0].Filename, "0:/JPG/btnleft.jpg");
    strcpy(iconGroup[1][1].Filename, "0:/JPG/btndown.jpg");
    strcpy(iconGroup[1][2].Filename, "0:/JPG/btnright.jpg");

    strcpy(iconGroup[2][0].Filename, "0:/JPG/sound.jpg");
    strcpy(iconGroup[2][1].Filename, "0:/JPG/unlock.jpg");
    strcpy(iconGroup[2][2].Filename, "0:/JPG/save.jpg");
}

void DrawIconGroup()              //绘制图标阵列
{
    for(uint8_t i=0; i<ICON_ROWS; i++)
       for(uint8_t j=0; j<ICON_COLUMNS; j++)
        {
            uint16_t PosX=iconGroup[i][j].PosX;
            uint16_t PosY=iconGroup[i][j].PosY;
            DrawJPGFile(PosX, PosY,iconGroup[i][j].Filename);    //64*64 图标
        }
}

void DrawGUI()            //绘制 GUI 界面
{
    DrawBackImage();      //绘制背景图片
    DrawIconGroup();      //绘制图标阵列
}
```

函数 BackImageIni()为背景图片对象 backImage 赋值,将 backImage.Filename 设置为 SD 卡上某个 JPG 图片文件名。函数 DrawBackImage()用于绘制背景图片,这里执行 DrawJPGFile(0, 0, backImage.Filename),读取 backImage.Filename 指定的 JPG 图片并绘制在 LCD 上。

函数 IconGroupIni()对图标阵列对象初始化时,也是将每个图标对象的 Filename 设置为具体的 JPG 图片文件名。函数 DrawIconGroup()绘制图标时,调用函数 DrawJPGFile()根据图标对象的左上角坐标和关联文件名在 LCD 上绘图。

函数 DrawGUI()依次调用函数 DrawBackImage()绘制背景图片,调用函数 DrawIconGroup()绘制图标。

文件 res.c 里绘制图片的函数都是调用函数 DrawJPGFile(),实现读取 JPG 图片并在 LCD 上绘图,函数 DrawJPGFile()是在文件 jpg_opera.h 中定义的,其具体实现代码参见后文。

19.2.3 JPG 文件操作驱动程序

我们在项目根目录下创建一个文件夹\IMG_JPG,创建文件 jpg_opera.h 和 jpg_opera.c 并将其保存在此目录下。这两个文件实现 JPG 文件信息读取、在 LCD 上显示 JPG 文件的图像、LCD 截屏保存为 JPG 图片文件等功能。

1. 驱动程序接口定义

文件 jpg_opera.h 定义了接口函数和信息结构体,其完整代码如下:

```c
/* 文件:jpg_opera.h ----------------------------------------------------- */
#include "main.h"
```

```
//JPG 文件主要参数结构体
typedef struct
{
    uint32_t  image_width;              //原始图片宽度，像素
    uint32_t  image_height;             //原始图片高度，像素

    uint32_t  out_width;                //解压后图片宽度，像素
    uint32_t  out_height;               //解压后图片高度，像素

    uint8_t   out_components;           //每个像素的字节数，3=RGB， 1=灰度图
} JPGFileInfoDef;

//读取 JPG 文件信息，将信息返回给指针 JPGFileInfo 指定的变量
uint8_t  ReadJPGFileInfo(uint8_t *Filename, JPGFileInfoDef *JPGFileInfo);

//显示 JPG 文件信息
void  ShowJPGFileInfo(const JPGFileInfoDef *JpgFileInfo);

//在 LCD 上绘制整个 JPG 图片
uint8_t  DrawJPGFile(const uint16_t PosX, const uint16_t PosY, uint8_t *Filename);

//LCD 截屏，保存为 JPG 文件
uint8_t  SnapScreenJPG(uint8_t *Filename);
```

文件定义了一个结构体 JPGFileInfoDef，用于存储 JPG 图片的主要参数，各成员变量的意义见注释。在解压 JPG 图片时，缩小比例是可以设置的，解压出的图片可以是原始图片的 1/1、1/2、1/4 或 1/8，所以有原始图片大小和解压后图片大小两组参数。

JPGFileInfoDef 的成员变量 out_components 表示解压后一个像素的颜色表示所用的字节数。如果设置解压后的颜色空间是 RGB，out_components 为 3 的意义就是一个像素用 3 字节 RGB 数据表示。至于是 RGB888 还是 BGR888，则与图 19-3 中的参数 RGB_ORDERING 有关，默认是 RGB888。

文件定义了 4 个接口函数，这 4 个函数的功能见注释，下面我们分别介绍每个函数的功能实现。

2. 读取 JPG 图片信息的函数 ReadJPGFileInfo()

函数 ReadJPGFileInfo()可以读取一个 JPG 图片文件的基本信息，并不读取图片数据。文件 jpg_opera.c 的开头部分以及函数 ReadJPGFileInfo()的代码如下：

```
/* 文件：jpg_opera.c -------------------------------------------------- */
#include  "jpg_opera.h"
#include  "tftlcd.h"
#include  "ff.h"
#include  "fatfs.h"
#include  "jpeglib.h"

//读取 JPG 文件信息，Filename 是文件名缓冲区，返回信息保存在*JPGFileInfo 里
uint8_t  ReadJPGFileInfo(uint8_t *Filename, JPGFileInfoDef *JPGFileInfo)
{
    //1. 打开 JPG 文件，获取文件对象
    FIL   file;
    FRESULT res=f_open(&file, (TCHAR*)Filename, FA_READ);       //打开文件
    if(res != FR_OK)
    {
        f_close(&file);
        return   0;             //打开文件失败
    }
```

19.2　JPG 图片文件的读写操作示例

```
//2.获取文件头信息
struct jpeg_decompress_struct jpgInfo;         //JPG 解压信息结构体
struct jpeg_error_mgr jpgErr;                  //错误处理结构体
jpgInfo.err = jpeg_std_error(&jpgErr);         //错误处理

jpeg_create_decompress(&jpgInfo);              //初始化 JPEG 解压缩对象
jpeg_stdio_src(&jpgInfo, &file);               //指定解压缩数据源,以便进行数据流管理
boolean require_image=FALSE;                   //无须读取图像数据
jpeg_read_header(&jpgInfo,require_image);      //读取文件头

jpgInfo.scale_num=1;          //解压图像缩放比例,仅有 1:1、1:2、1:4 和 1:8
jpgInfo.scale_denom=1;
jpgInfo.out_color_space=JCS_RGB;               //解压输出颜色空间
jpeg_calc_output_dimensions(&jpgInfo);         //计算解压后图像的参数

JPGFileInfo->image_width=jpgInfo.image_width;        //原始图像宽度
JPGFileInfo->image_height=jpgInfo.image_height;      //原始图像高度
JPGFileInfo->out_width=jpgInfo.output_width;         //解压后图像宽度
JPGFileInfo->out_height=jpgInfo.output_height;       //解压后图像高度
JPGFileInfo->out_components=jpgInfo.output_components;   //像素颜色数据字节数
jpeg_destroy_decompress(&jpgInfo);             //销毁解压操作,释放临时分配的内存空间

//3.关闭文件
f_close(&file);
return 1;           //返回 1 表示操作成功
}
```

函数 ReadJPGFileInfo()的参数中,Filename 是指向 JPG 文件名缓冲区的指针,JPGFileInfo 是 JPGFileInfoDef 结构体类型指针,读出的 JPG 文件信息保存在 JPGFileInfo 指向的变量里。

函数 ReadJPGFileInfo()的代码就是使用 FatFS 和 LIBJPEG 的相关函数读取 JPG 文件的信息。函数代码的流程描述如下。

(1) 用函数 f_open()打开文件,获得文件对象 file。

(2) 定义一个 jpeg_decompress_struct 结构体类型变量 jpgInfo,定义一个错误处理结构体变量 jpgErr,并且为 LIBJPEG 的错误处理方法赋值,即执行下面的代码:

```
jpgInfo.err = jpeg_std_error(&jpgErr);         //错误处理
```

这样,就可以使用 LIBJPEG 预定义的错误处理方法,在程序运行出错时进行处理,例如,自动中断处理过程,而不至于使系统崩溃。

(3) 执行 jpeg_create_decompress(&jpgInfo)初始化 JPEG 解压缩对象,在执行此函数之前,必须先执行函数 jpeg_std_error()设定错误处理方法。

(4) 使用函数 jpeg_stdio_src()设置解压数据源,执行的代码如下:

```
jpeg_stdio_src(&jpgInfo, &file);
```

其中,file 就是用 f_open()函数打开的 FIL 文件对象。这样,LIBJPEG 内部就可以通过这个 FIL 文件对象进行文件数据的读取了。

(5) 使用函数 jpeg_read_header()读取文件头,执行的代码如下:

```
boolean require_image=FALSE;              //无须读取图像数据
jpeg_read_header(&jpgInfo,require_image); //读取文件头
```

这个函数会一直读取到 JPEG 数据流开始处,读取的图像参数返回到变量 jpgInfo 里,第 2 个参数 require_image 表示是否需要读取图像数据,读取图像信息时无须读取图像数据。

（6）执行 jpeg_calc_output_dimensions(&jpgInfo) 计算解压后图像的参数。调用函数 jpeg_calc_output_dimensions() 之前，可以设置 JPEG 解压参数，主要是设置解压比例和颜色空间，涉及结构体 jpeg_decompress_struct 的以下几个成员变量。

- scale_num 和 scale_denom，解压缩放比的分子和分母，解压缩放比只能设置为 1∶1、1∶2、1∶4 或 1∶8。如果设置为 1∶1，就是解压为原图大小。
- out_color_space 是解压后图片的颜色空间，有多种颜色空间可选，其中，JCS_RGB 表示 RGB 颜色空间，也是适合在 LCD 上显示的颜色表示方式。

（7）获取 JPEG 图像参数。执行 jpeg_calc_output_dimensions(&jpgInfo) 后，获取的 JPEG 图像信息就保存在变量 jpgInfo 里了。结构体 jpeg_decompress_struct 的成员变量很多，程序从变量 jpgInfo 里获取了几个表示图像主要参数的变量，并存储到自定义的图像信息结构体变量 JPGFileInfo 里。结构体 jpeg_decompress_struct 的几个主要成员变量如下。

- image_width，原始图像的宽度，单位是像素。
- image_height，原始图像的高度，单位是像素。
- output_width，解压之后的图像宽度，单位是像素。如果解压缩放比为 1∶1，就等于 image_width。
- output_height，解压之后的图像高度，单位是像素。如果解压缩放比为 1∶1，就等于 image_height。
- output_components，解压后一个像素颜色数据所用的字节数。

（8）使用函数 jpeg_destroy_decompress() 销毁解压过程，释放临时分配的内存空间。

（9）使用函数 f_close() 关闭文件。

3. 显示 JPG 图片信息的函数 ShowJPGFileInfo()

函数 ShowJPGFileInfo() 用于显示 ReadJPGFileInfo() 读取到的 JPG 图片信息，其代码如下：

```
//显示 JPG 图片信息
void ShowJPGFileInfo(const JPGFileInfoDef *JpgFileInfo)
{
    uint16_t IncY=LCD_SP10;              //行间距
    uint16_t StartX=20;
    LcdFRONT_COLOR=lcdColor_WHITE;
    LCD_ShowStr(StartX,LCD_CurY,(uint8_t *)"image width= ");
    LCD_ShowUint(LCD_CurX,LCD_CurY,JpgFileInfo->image_width);

    LCD_ShowStr(StartX,LCD_CurY+IncY,(uint8_t *)"image height= ");
    LCD_ShowUint(LCD_CurX,LCD_CurY,JpgFileInfo->image_height);

    LCD_ShowStr(StartX,LCD_CurY+IncY,(uint8_t *)"output width= ");
    LCD_ShowUint(LCD_CurX,LCD_CurY,JpgFileInfo->out_width);

    LCD_ShowStr(StartX,LCD_CurY+IncY,(uint8_t *)"output height= ");
    LCD_ShowUint(LCD_CurX,LCD_CurY,JpgFileInfo->out_height);

    LCD_ShowStr(StartX,LCD_CurY+IncY,(uint8_t *)"output components= ");
    LCD_ShowUint(LCD_CurX,LCD_CurY,JpgFileInfo->out_components);
    LcdFRONT_COLOR=lcdColor_YELLOW;
}
```

在 main() 函数的文字菜单界面，按 KeyLeft 键会读取 JPG 背景图片的信息并显示，main() 函数中的响应代码如下：

```
    if (ReadJPGFileInfo(backImage.Filename, &jpgFileInfo))
    {
        LCD_ShowStr(10,LCD_CurY,(uint8_t*)"JPG file info of ");
        LCD_ShowStr(LCD_CurX,LCD_CurY, backImage.Filename);
        LCD_CurY +=LCD_SP10;
        ShowJPGFileInfo(&jpgFileInfo);            //显示 JPG 图片信息
    }
```

例如，使用 4.3 英寸 800×480 分辨率的 LCD，背景图片是 "0:/JPG/back43.jpg"，则 LCD 上显示的 JPG 背景图片的信息如下：

```
JPG file info of 0:/JPG/back43.jpg
 image width= 480
 image height= 800
 output width= 480
 output height= 800
 output components= 3
```

4. 绘制 JPG 图片的函数 DrawJPGFile()

函数 DrawJPGFile()用于读取一个 JPG 图片文件，解压后绘在 LCD 上。该函数的代码如下：

```
uint8_t DrawJPGFile(const uint16_t PosX, const uint16_t PosY, uint8_t *Filename)
{
    //1. 打开 JPG 文件，获取文件对象
    FIL file;
    FRESULT res=f_open(&file, (TCHAR*)Filename, FA_READ);       //打开文件
    if(res != FR_OK)
    {
        f_close(&file);
        return   0;
    }

    //2. 创建 JPEG 解压缩对象
    struct jpeg_decompress_struct jpgInfo;          //JPG 文件信息结构体
    struct jpeg_error_mgr jpgErr;                   //错误处理结构体
    jpgInfo.err = jpeg_std_error(&jpgErr);          //先设置错误处理

    jpeg_create_decompress(&jpgInfo);               //初始化 JPEG 对象
    jpeg_stdio_src(&jpgInfo, &file);                //指定解压缩数据源
    boolean require_image=TRUE;
    jpeg_read_header(&jpgInfo,require_image);       //读取图像信息

    //3. 设置解压参数，开始解压
    jpgInfo.scale_num=1;             //解压缩放比，仅有 1:1、1:2、1:4 和 1:8
    jpgInfo.scale_denom=1;
    jpgInfo.out_color_space=JCS_RGB;         //解压输出颜色空间，RGB888
    jpeg_start_decompress(&jpgInfo);         //开始解压缩
    uint16_t  width=jpgInfo.output_width;            //解压后图像宽度，单位：像素
    uint16_t  height=jpgInfo.output_height;          //解压后图像高度，单位：像素
    uint16_t  depth=jpgInfo.output_components;       //每个像素的字节数=3

    //4. 读取解压出的图像数据
    JSAMPARRAY rowBuf;           //用于存取一行数据
    rowBuf = (*jpgInfo.mem->alloc_sarray)((j_common_ptr)&jpgInfo, JPOOL_IMAGE,
width*depth, 1);              //分配一行数据空间

    uint16_t stopX=PosX + width -1;
    uint16_t stopY=PosY + height-1;
    LCD_Set_Window(PosX, PosY, stopX, stopY);           //设置 LCD 窗口
    uint8_t  Red,Green,Blue;
```

```
            uint16_t RGB565, k=0;
            while (jpgInfo.output_scanline <height)          //逐行读取解压数据
            {
                uint16_t max_lines=1;           //最多读取的行数
                jpeg_read_scanlines(&jpgInfo, rowBuf, max_lines);        //读取 1 行数据
                k=0;
                for(uint16_t i=0; i<width; i++)         //横向像素点个数,每个像素 3 字节
                {   //已指定解压为 RGB888
                    Red=rowBuf[0][k++];
                    Green=rowBuf[0][k++];
                    Blue=rowBuf[0][k++];

                    RGB565=(Red>>3);
                    RGB565 = (RGB565<<6) | (Green>>2);
                    RGB565= (RGB565<<5) | (Blue>>3);
                    LCD_WriteData_Color(RGB565);        //逐点显示
                }
            }

            //5. 结束解压
            jpeg_finish_decompress(&jpgInfo);           //结束解压操作
            jpeg_destroy_decompress(&jpgInfo);          //销毁解压缩对象,释放临时分配的内存
            f_close(&file);
            return 1;       //返回 1 表示操作成功
        }
```

这个函数的输入参数中,(PosX, PosY)是图像要在 LCD 显示的左上角位置坐标,Filename 是文件名缓冲区指针。函数返回值为 1 表示操作成功。函数 DrawJPGFile()的代码大致分为以下几个步骤。

(1) 使用函数 f_open()打开 JPG 图片文件,获取文件对象。

(2) 创建 JPEG 解压缩对象,指定解压数据源,读取 JPG 文件头,用到的函数和执行过程与函数 ReadJPGFileInfo()中的一样。

(3) 设置解压参数,开始解压。解压参数主要是设置缩放比和颜色空间,程序中设置缩放比为 1:1,使用 RGB 颜色空间,然后执行 jpeg_start_decompress(&jpgInfo)开始解压。执行 jpeg_start_decompress(&jpgInfo)之后,会更新变量 jpgInfo 中输出图像的宽度、高度、每个像素数据所用字节数等参数,读取出这 3 个参数,用于图像数据的读取和显示。其中,depth 的值为 3,因为转换出的一个像素点的数据是 RGB888。

(4) 读取解压出的图像数据。LIBJPEG 解压一个 JPG 图像,数据是从上往下逐行输出的。程序定义了一个数组,用于存储转换后一行像素点的颜色数据,即

```
    JSAMPARRAY rowBuf;          //用于存取一行数据
    rowBuf = (*jpgInfo.mem->alloc_sarray)((j_common_ptr)&jpgInfo, JPOOL_IMAGE,
width*depth, 1);        //分配一行数据空间
```

rowBuf 就是一个 uint8_t 类型的二维数组,但是只有 1 行,列数是 width×depth。

根据输入坐标(PosX, PosY)以及解压后图像的宽度 width 和高度 height,计算 LCD 上的显示范围,使用函数 LCD_Set_Window()设置显示窗口,然后逐行读取解压缩后的 RGB888 数据,转换为 RGB565 数据后写到 LCD 上。

使用函数 jpeg_read_scanlines()读取 1 行解压数据,执行的代码如下:

```
    uint16_t  max_lines=1;      //最多读取的行数
    jpeg_read_scanlines(&jpgInfo, rowBuf, max_lines);       //读取 1 行数据
```

读出的数据保存在数组 rowBuf 里，这个数组只有 1 行，存储的是 width 个像素点的 RGB888 数据。将每个像素点的 RGB888 数据转换为 RGB565 数据，用 LCD_WriteData_Color()依次写入 LCD 即可。

（5）结束解压。读取出全部行的解压数据后，执行下面两行代码，结束解压并销毁解压缩对象，释放临时分配的内存。

```
jpeg_finish_decompress(&jpgInfo);           //结束解压操作
jpeg_destroy_decompress(&jpgInfo);          //销毁解压缩对象，释放临时分配的内存
```

最后，再调用函数 f_close()关闭文件。

注意，不要在程序中显式地执行 free(rowBuf)释放动态创建的数组 rowBuf，这会导致程序出错。因为 LIBJPEG 会在执行 jpeg_finish_decompress()后，自动释放 rowBuf 占用的内存。

使用函数 DrawJPGFile()可以在 LCD 上绘制一个 JPG 图片，例如，文件 res.c 中的函数 DrawIconGroup()在 LCD 上绘制图标阵列，就是调用函数 DrawJPGFile()读取每个图标的 JPG 图片绘制在 LCD 上，其实现代码如下：

```
void  DrawIconGroup()
{
    for(uint8_t i=0; i<ICON_ROWS; i++)
        for(uint8_t j=0; j<ICON_COLUMNS; j++)
        {
            uint16_t PosX=iconGroup[i][j].PosX;
            uint16_t PosY=iconGroup[i][j].PosY;
            DrawJPGFile(PosX, PosY, iconGroup[i][j].Filename);          //64*64 图标
        }
}
```

5. LCD 截屏函数 SnapScreenJPG()

函数 SnapScreenJPG()用于截取 LCD 屏幕当前的显示内容，并将其保存为一个 JPG 图片文件，该函数的代码如下：

```
//LCD 截屏，保存为 JPG 文件。返回值为 1 表示操作成功
uint8_t  SnapScreenJPG(uint8_t *Filename)
{
    //1. 创建 JPG 文件
    FIL  file;
    FRESULT res=f_open(&file,(TCHAR*)Filename, FA_CREATE_ALWAYS | FA_WRITE);
    if(res != FR_OK)
    {
        f_close(&file);
        return 0;      //创建文件错误
    }

    //2. 创建 JPEG 压缩对象
    struct jpeg_compress_struct jpgInfo;           //JPG 文件信息结构体
    struct jpeg_error_mgr jpgErr;                  //错误处理结构体
    jpgInfo.err = jpeg_std_error(&jpgErr);         //错误处理
    jpeg_create_compress(&jpgInfo);                //初始化 JPEG 对象
    jpeg_stdio_dest(&jpgInfo, &file);              //设置压缩输出对象

    //3. 设置压缩参数并开始压缩
    jpgInfo.image_width=LCD_W;                     //输入图像宽度
    jpgInfo.image_height=LCD_H;                    //输入图像高度
    jpgInfo.in_color_space=JCS_RGB;                //输入图像颜色空间为 RGB
    jpgInfo.input_components=3;                    //3=RGB888
```

```
            jpeg_set_defaults(&jpgInfo);              //设置JPEG压缩默认参数
            jpeg_set_quality(&jpgInfo, 90, TRUE);           //设置压缩质量为90%

            boolean write_all_tables=TRUE;
            jpeg_start_compress(&jpgInfo,write_all_tables);      //开始压缩

    //4. 输入图像原始数据，进行JPEG压缩
            uint16_t  width=LCD_W;              //原始图像宽度
            uint16_t  height=LCD_H;             //原始图像高度
            uint16_t  depth=3;                  //每个像素颜色数据的字节数
            JSAMPARRAY rowBuf;                  //用于存储一行像素原始数据的二维数组
            rowBuf = (*jpgInfo.mem->alloc_sarray)((j_common_ptr)&jpgInfo, JPOOL_IMAGE,
width*depth, 1);          //为二维数组 rowBuf 分配存储空间，只有1行

            uint8_t  Red,Green,Blue;
            uint16_t PT,k=0;
            for (uint16_t y=0; y<height; y++)       //从上向下逐行输入原始图片的像素颜色数据
            {
                k=0;
                for(uint16_t x=0; x<width; x++)     //横向像素点个数，每个像素3字节
                {
                    PT=LCD_ReadPoint(x,y);          //读取屏幕上一个点的颜色，RGB565
                    //RGB565 分解为 RGB888
                    Red=(PT & 0xF800)>>8;
                    Green=(PT & 0x07E0)>>3;
                    Blue=(PT & 0x001F)<<3;

                    rowBuf[0][k++]=Red;             //按照RGB888的顺序写入缓冲区
                    rowBuf[0][k++]=Green;
                    rowBuf[0][k++]=Blue;
                }
                jpeg_write_scanlines(&jpgInfo, rowBuf, 1);      //写入1行原始数据，进行压缩
            }
    //5. 结束压缩操作
            jpeg_finish_compress(&jpgInfo);         //结束JPEG压缩，释放rowBuf占用的内存
            jpeg_destroy_compress(&jpgInfo);        //销毁JPEG压缩对象
            f_close(&file);
            return 1;
    }
```

此函数的输入参数 Filename 是要截屏保存的 JPG 文件名的字符串指针，函数返回值为 1 表示操作成功。函数 SnapScreenJPG()使用了 JPEG 压缩功能，有一套用于 JPEG 压缩的函数。函数 SnapScreenJPG()的代码大致分为以下几个步骤。

（1）使用函数 f_open()创建文件，获取文件对象。函数 f_open()打开文件时的选项是 FA_CREATE_ALWAYS|FA_WRITE，如果文件已经存在，会覆盖原来的文件。

（2）定义一个 jpeg_compress_struct 结构体类型变量 jpgInfo 和一个错误处理结构体变量 jpgErr，执行函数 jpeg_std_error()为 LIBJPEG 的错误处理方法赋值。

（3）执行 jpeg_create_compress(&jpgInfo)初始化 JPEG 压缩对象。

（4）使用函数 jpeg_stdio_dest()设置压缩数据输出对象。执行的代码如下：

```
jpeg_stdio_dest(&jpgInfo, &file);
```

其中，file 就是用 f_open()函数创建的 FIL 文件对象。这样，LIBJPEG 内部就可以通过这个 FIL 文件对象，将压缩后的数据写入文件。

(5) 设置 JPEG 压缩参数并开始压缩。

通过结构体变量 jpgInfo 设置 JPEG 压缩参数,需要设置的参数主要有以下几个。
- image_width,输入图像的宽度,单位是像素,程序中就设置为 LCD 的宽度。
- image_height,输入图像的高度,单位是像素,程序中就设置为 LCD 的高度。
- in_color_space,输入图像的颜色空间,这里设置为 JCS_RGB,表示输入图像的像素颜色是 RGB 颜色空间。
- input_components,输入图像的一个像素的颜色数据所用的字节数。程序中设置为 3,表示输入数据是 RGB888。具体是 RGB888 还是 BGR888,由图 19-3 中的参数 RGB_ORDERING 决定,默认是 RGB 顺序。

除了这几个必须由用户程序设置的与输入图像相关的参数,执行 jpeg_set_defaults(&jpgInfo) 可以为 jpgInfo 设置 JPEG 压缩相关的默认参数,如缩放比默认设置为 1∶1,压缩质量默认设置为 75%。

可以单独调用函数 jpeg_set_quality() 设置 JPEG 压缩质量,其原型定义如下:

```
jpeg_set_quality(j_compress_ptr cinfo, int quality, boolean force_baseline)
```

其中,参数 cinfo 是 jpeg_compress_struct 指针类型;参数 quality 是压缩质量,数值 0 到 100 表示 0%到 100%;参数 force_baseline 表示在量化表中是否使用基线,默认为 TRUE。

设置好 JPEG 压缩参数后,就使用函数 jpeg_start_compress() 开始压缩,程序中执行的代码如下:

```
boolean write_all_tables=TRUE;
jpeg_start_compress(&jpgInfo,write_all_tables);    //开始压缩
```

参数 write_all_tables 表示是否写入全部量化表,最好是设置为 TRUE。

(6) 输入图像原始数据。启动 JPEG 压缩后,需要从上向下逐行将图像的原始数据用函数 jpeg_write_scanlines() 写入 JPEG 压缩对象。为此,程序定义了一个 uint8_t 型二维数组 rowBuf,它只有 1 行,列数是 width×depth。数组 rowBuf 用来存储图像内一行像素的 RGB888 数据。

对 LCD 从上下向下逐行处理。在处理其中一行像素时,用函数 LCD_ReadPoint() 读取 LCD 上一个像素点的 RGB565 颜色数据,分解为 Red、Green、Blue 后,按照 RGB888 的顺序写入数组 rowBuf。填满数组 rowBuf 后,执行下面的代码,将数组 rowBuf 的数据写入 JPEG 压缩对象进行压缩。函数中的最后一个参数表示数据只有 1 行像素。

```
jpeg_write_scanlines(&jpgInfo, rowBuf, 1);
```

(7) 结束压缩操作。从上向下逐行扫描 LCD,通过函数 jpeg_write_scanlines() 写完 LCD 上所有像素的数据后,就可以结束 JPEG 压缩。执行下面两行代码结束压缩,并销毁 JPEG 压缩对象。

```
jpeg_finish_compress(&jpgInfo);       //结束 JPEG 压缩,释放 rowBuf 占用的内存
jpeg_destroy_compress(&jpgInfo);      //销毁 JPEG 压缩对象
```

注意,执行函数 jpeg_finish_compress() 会自动释放为数组 rowBuf 分配的内存,执行销毁 JPEG 压缩对象的函数 jpeg_destroy_compress() 时,会释放在压缩过程中临时分配的一些内存。

程序最后还必须使用函数 f_close() 关闭文件。

6. 运行测试

构建项目后,让我们将其下载到开发板上并运行测试,还需要在 SD 卡上准备好\JPG 文件夹

和图片文件。经测试，程序功能运行正常，绘制 GUI 界面的速度较快，与示例 Demo18_2BmpFile 中使用 BMP 图片绘制 GUI 的速度差不多。截屏保存为 JPG 图片的操作耗时大概是 2s，也与截屏保存为 BMP 图片的速度差不多。

使用一个 4.3 英寸 800×480 分辨率的 LCD，截取的屏幕图像如图 19-5 所示。JPEG 图片是有损压缩的，图像质量会比 BMP 图片差一些，但差别也是极小的，对于一般的图像质量要求来说是足够的，但是 JPG 文件的大小远远小于 BMP 图片。

图 19-5 在 4.3 英寸 LCD 上截取的屏幕图像

7. 作为 JPG 公共驱动程序

本项目中创建的文件 jpg_opera.h 和 jpg_opera.c，实现了 JPG 图片文件的信息读取和显示，以及 LCD 截屏等功能，可以在其他项目里使用。所以，我们将文件夹 IMG_JPG 整个复制到公共驱动程序目录 PublicDrivers 下，以便其他项目使用。

第 20 章 电阻式触摸屏

触摸屏是嵌入式设备广泛使用的交互方式,使用 GUI 界面和触摸屏可以实现功能丰富的交互式操作。触摸屏主要分为电阻式和电容式两类。在本章中,我们先介绍电阻式触摸屏的原理、软硬件接口和编程使用方法,随后在第 21 章再介绍电容式触摸屏的用法。在前两章已经实现图片显示的基础上,本章的示例实现简单的触摸式 GUI 应用。

20.1 电阻式触摸屏的工作原理

触摸屏又称为触摸面板(touch panel),它实际上是 LCD 上的一个透明面板传感器,硬件上与 LCD 显示屏没有直接连接。在触摸面板上进行的单击等操作,会被传感器转换为电阻或电容的变化量,这个变化量被检测出来后,会转换为与 LCD 显示屏对应的坐标,从而达到 LCD 坐标和手势检测的作用,实现交互操作。

根据传感原理的不同,触摸屏主要分为电阻式触摸屏和电容式触摸屏两大类。这两类触摸屏有各自不同的技术原理和特点。

电阻式触摸屏的基本工作原理可用图 20-1 来说明。电阻式触摸屏有两层面板,下层是玻璃基板,上层是可变形的塑料薄膜。玻璃基板和可变形的塑料薄膜上有 ITO(导电+透明+均匀压降)涂层,一般是氧化铟锡。两个 ITO 涂层之间有很多绝缘支撑点,未按压塑料薄膜时,两个 ITO 层之间是不接触的。在两个基板的 ITO 涂层上引出 X 和 Y 两个电压测量回路,按压塑料薄膜层产生变形,使上下两个 ITO 层接触,会导致回路的电阻发生变化。X 和 Y 回路测量的电压与触摸点坐标相关,通过测量 X 和 Y 回路的电压,就可以计算出触摸点的坐标,也就对应于 LCD 上的坐标。

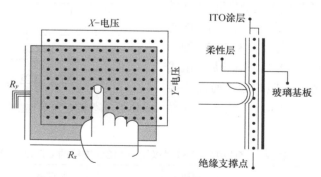

图 20-1 电阻式触摸面板的基本结构和工作原理

电阻式触摸面板一般与 LCD 做成一体的 LCD 模块,有专门进行触摸面板控制的芯片,例如,普中 STM32F407 开发板配套的 3.5 英寸 LCD 模块就带有电阻式触摸面板,使用的触摸板控制芯片是 XPT2046。XPT2046 输出的是 X 和 Y 两个方向回路测量电压的数字量，还需要用程序计算对应的 LCD 坐标点。LCD 屏幕上的坐标点与触摸板测量出的 X 和 Y 方向之间的电压满足式（20-1）的线性关系

$$\begin{cases} Lx = f_x * Vx + a_x \\ Ly = f_y * Vy + a_y \end{cases} \quad (20\text{-}1)$$

其中，(Lx, Ly) 是 LCD 上的坐标点，(Vx, Vy) 是触摸屏输出的 X 和 Y 方向的电压。f_x 和 f_y 是比例因子，a_x 和 a_y 是偏移量。我们把式（20-1）中的比例因子和偏移量统称为触摸屏的计算参数。

因为电阻式触摸屏输出的是电压 (Vx, Vy)，所以需要用程序根据式（20-1）计算 LCD 上的坐标点 (Lx, Ly)。对于每个 LCD 模块，都需要预先计算式（20-1）中的比例因子和偏移量，也就是根据 LCD 上已知坐标的几个点的检测电压计算比例因子和偏移量，这就是电阻式触摸屏的校准问题。电阻式触摸屏在首次使用之前必须校准，以计算出式（20-1）中的比例因子和偏移量，计算好的参数可以保存在开发板的 EEPROM 芯片里，之后在系统启动时，就可以载入这些参数，直接使用式（20-1）和检测的电压 (Vx, Vy) 计算 LCD 上的坐标 (Lx, Ly)。

电阻式触摸屏造价便宜，能适应较恶劣的环境，但是它只支持单点触摸，也就是说，一次只能检测面板上一个触点位置。电阻式触摸屏不是必须用手指按压，只需用硬物按压使表面的塑料面板产生微小形变即可，但是因为表面是塑料材质，长久使用容易磨损。

20.2 电阻式触摸屏的软硬件接口

与开发板配套的 3.5 英寸或 3.6 英寸 LCD 都带有电阻式触摸面板，只是在前面各章的示例中都没有使用 LCD 模块的触摸面板功能。型号为 ILI9481 或 ILI9486 的 3.5 英寸 LCD，型号为 HX8352C 的 3.6 英寸 LCD，它们使用的电阻式触摸面板的驱动芯片型号都是 XPT2046，这个芯片采用 SPI 通信接口。

开发板上 34 针连接电阻式触摸屏 LCD 模块的接口如图 20-2 所示。图中用于与 LCD 连接的 FSMC 接口在《基础篇》第 8 章有详细介绍，以 "T_" 为前缀命名的几个信号是电阻式触摸面板的接口信号。电阻式触摸面板的接口信号以及与 MCU 连接的 GPIO 引脚的设置见表 20-1。

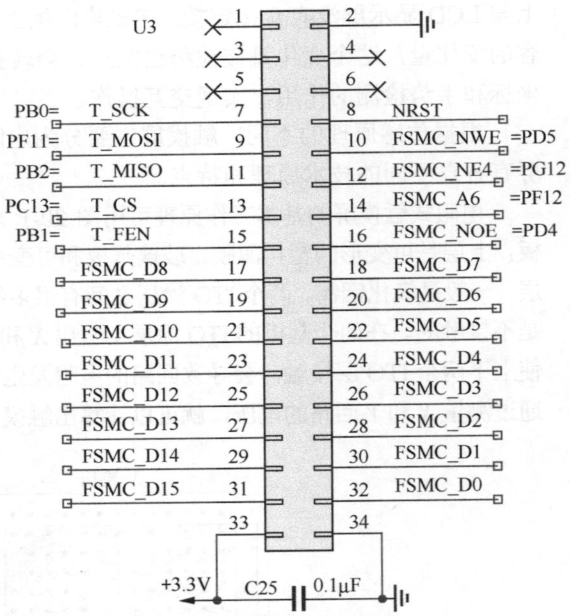

图 20-2 开发板上 34 针连接电阻式触摸 LCD 模块的接口

表 20-1 电阻式触摸面板的接口信号以及与 MCU 连接的 GPIO 引脚的设置

触摸屏信号	信号功能	GPIO 引脚	GPIO 模式	上拉或下拉	初始输出	输出速率
T_SCK	SPI 时钟信号	PB0	推挽输出	无	低电平	Very High
T_MOSI	主机输出	PF11	推挽输出	无	低电平	Very High

续表

触摸屏信号	信号功能	GPIO 引脚	GPIO 模式	上拉或下拉	初始输出	输出速率
T_MISO	主机接收	PB2	输入	上拉	—	—
T_CS	从机片选信号，低有效	PC13	推挽输出	无	高电平	Low
T_PEN	笔中断信号，下跳沿有效	PB1	输入	上拉	—	—

T_PEN 是 XPT2046 的笔中断信号，发生下跳变时表示有触摸操作，接 MCU 的 PB1。若使用中断方式检测触摸屏操作，需要将 PB1 设置为 EXTI1 中断。

在 STM32F407ZG 上，与 XPT2046 的 SPI 接口连接的 PB0、PF11 和 PB2 并不是硬件 SPI 接口，所以在编程时需要通过软件模拟 SPI 接口通信。

XPT2046 通信的主要功能就是通过 SPI 接口读取触摸面板的 X 方向和 Y 方向的电压 ADC 转换结果数据，XPT2046 的 SPI 通信在示例里通过具体代码介绍。

20.3 示例一：轮询方式检测触摸屏输出

20.3.1 示例功能

在本节中，我们将设计一个示例 Demo20_1TouchRes，使用型号为 ILI9481 的 3.5 英寸 LCD，并使用其电阻式触摸面板的功能。示例具有如下的功能和操作流程。

- 使用开发板上的 EEPROM 芯片 24C02 存储触摸面板的计算参数，在系统启动时会读取这些参数。
- 系统启动后显示一个文字菜单，选择显示触摸屏的计算参数、进行触摸屏校准，或进入 GUI 界面。
- 用 BMP 图片绘制 GUI 界面，在 GUI 界面，可以通过触摸单击图标进行一些操作。
- 每个图标都有自己的回调函数，单击图标时会执行其回调函数。例如，第 1 行第 3 列图标的回调函数的功能是截屏保存为 BMP 图片，截取的屏幕图片如图 20-3 所示。

为了不使项目内的文件结构太过复杂，本项目使用 BMP 图片创建 GUI 界面，而不使用 JPG 图片和 LIBJPEG 库。本示例不仅演示电阻式触摸面板的功能，还演示如何为 GUI 界面上的图标设计必要的参数和回调函数，使得图标被单击时，其回调函数被执行。搞清楚这些功能的实现原理后，即使不使用专门的 GUI 库，也可以自己设计简单的 GUI 嵌入式应用。

图 20-3 通过单击图标执行截屏操作保存的图片

20.3.2 CubeMX 项目设置

因为本示例要用到按键、LED 和蜂鸣器，所以我们使用 CubeMX 模板项目文件 M5_LCD_KeyLED_Buzzer.ioc 创建本示例 CubeMX 文件 Demo20_1TouchRes.ioc（操作方法见附录 A）。在时钟树上，HCLK 为 168MHz，要确保 APB1 的定时器时钟信号频率为 84MHz，然后做如下设置。

1. 设置 SDIO

本示例要使用 SD 卡中存储的 BMP 图片绘制 GUI 界面，要使用 SDIO 接口。SDIO 的模式设置为 SD 4 bits Wide bus，其参数设置如图 20-4 所示。SDIO 的参数设置原理详见 13.4 节。

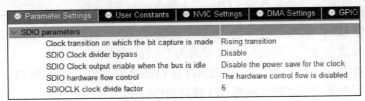

图 20-4　SDIO 的参数设置

我们需要在 SD 卡上创建一个文件夹\BMP，将图 18-6 中的 BMP 图片复制到这个文件夹下，用于程序运行时绘制 GUI 界面。这些 BMP 图片在本书源程序目录\Part5_Pictures\ImageResource 下。

2. 设置 FatFS

我们将使用 FatFS 管理 SD 卡上的文件系统。在 FatFS 的模式设置中选择 SD Card，其参数设置如图 20-5 所示。只需设置 CODE_PAGE 为简体中文，并使用长文件名（USE_LFN），其他参数都保持默认设置。但是注意，本示例无须开启 RTC，在项目中不重新实现 FatFS 的函数 get_fattime()。

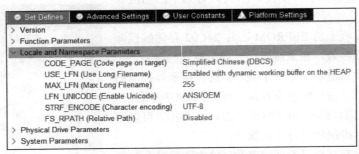

图 20-5　FatFS 的参数设置

3. 设置 I2C1 接口

我们需要用 I2C1 接口连接 EEPROM 芯片 24C02，将 I2C1 的模式设置为 I2C。与 EEPROM 芯片连接的 I2C1 接口的参数设置如图 20-6 所示。EEPROM 芯片 24C02 的原理以及 I2C 接口的设置原理详见《基础篇》第 17 章。

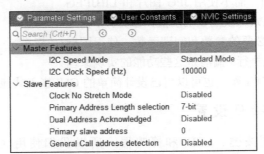

图 20-6　与 EEPROM 芯片连接的 I2C1 接口的参数设置

4. 设置与触摸面板连接的 GPIO

需要设置几个 GPIO 引脚与图 20-2 中所示的触摸面板信号连接，用于模拟 SPI 接口，控制 XPT2046 的片选信号以及查询 T_PEN 信号。本示例中与触摸面板连接的 GPIO 引脚设置结果如图 20-7 所示。

Pin Na...	User Label	GPIO mode	GPIO Pull-up/Pull-down	GPIO output level	Maximum output ..
PB0	T_SCK	Output Push Pull	No pull-up and no pull-down	Low	Very High
PB1	T_PEN	Input mode	Pull-up	n/a	n/a
PF11	T_MOSI	Output Push Pull	No pull-up and no pull-down	Low	Very High
PB2	T_MISO	Input mode	Pull-up	n/a	n/a
PC13-...	T_CS	Output Push Pull	No pull-up and no pull-down	High	Low

图 20-7　本示例中与触摸面板连接的 GPIO 引脚设置结果

5. 设置定时器 TIM7

使用 GPIO 引脚模拟 SPI 接口与 XPT2046 通信时，需要用到微秒级延时函数，为此本示例使用基础定时器 TIM7 实现微秒级延时。激活定时器 TIM7，其参数设置结果如图 20-8 所示。设置分频系数为 83，使 TIM7 计数器的时钟频率为 1MHz。这里无须开启 TIM7 的全局中断。定时器参数设置的具体原理见《基础篇》第 9 章。

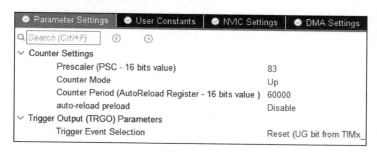

图 20-8　定时器 TIM7 的参数设置结果

20.3.3　主程序功能实现

完成设置后，CubeMX 会自动生成代码。我们在 CubeIDE 中打开项目，将 PublicDrivers 目录下的 TFT_LCD、EEPROM、KEY_LED、IMG_BMP 文件夹添加到项目的搜索路径（操作方法见附录 A）。

我们将示例 Demo18_2BmpFile 项目里的 Resource 文件夹复制到本项目里，会对其中的文件 res.h 和 res.c 进行修改；在项目根目录下创建一个文件夹 TOUCH_RES，创建的电阻式触摸屏驱动程序文件 touch.h 和 touch.c 会保存到此目录下。项目根目录下的 Resource 和 TOUCH_RES 文件夹也需要添加到项目的搜索路径。

添加用户功能代码后，完整的主程序代码如下：

```
/* 文件：main.c ------------------------------------------------------------*/
#include "main.h"
#include "fatfs.h"
#include "i2c.h"
#include "sdio.h"
#include "tim.h"
#include "gpio.h"
#include "fsmc.h"
```

```c
/* USER CODE BEGIN Includes */
#include "tftlcd.h"
#include "touch.h"
#include "keyled.h"
#include "24cxx.h"
#include "res.h"
#include <stdio.h>
/* USER CODE END Includes */

int main(void)
{
    HAL_Init();
    SystemClock_Config();
    /* Initialize all configured peripherals */
    MX_GPIO_Init();              //GPIO 初始化，包括与 XPT2046 通信的几个 GPIO 引脚
    MX_FSMC_Init();
    MX_TIM7_Init();              //用于微秒级延时
    MX_I2C1_Init();              //用于 EEPROM 芯片 24C02 的访问
    MX_SDIO_SD_Init();
    MX_FATFS_Init();

    /* USER CODE BEGIN 2 */
    TFTLCD_Init();
    LCD_ShowStr(10,10,(uint8_t*)"Demo20_1:Touch-Res and GUI");
    FRESULT res=f_mount(&SDFatFS, "0:", 1);       //挂载 SD 卡文件系统
    if (res==FR_OK)
        LCD_ShowStr(10,LCD_CurY+LCD_SP15,(uint8_t*)"FatFS is mounted on SD");
    else
        LCD_ShowStr(10,LCD_CurY+LCD_SP15,(uint8_t*)"No file system on SD card");

//===1. 读取保存在 EEPROM 中的电阻式触摸屏参数
    EP24C_ReadBytes(TOUCH_PARA_ADDR, &TouchPara.isSaved, sizeof(TouchPara));
    if (TouchPara.isSaved ==TOUCH_PARA_SAVED)
        LCD_ShowStr(10,LCD_CurY+LCD_SP15, "Touch-Res has been calibrated");
    else
        LCD_ShowStr(10,LCD_CurY+LCD_SP15,"Touch-Res has not been calibrated");

//===2. 文字菜单
    LCD_ShowStr(10,LCD_CurY+LCD_SP15, (uint8_t*)"[1]KeyUp  = Show parameters");
    LCD_ShowStr(10,LCD_CurY+LCD_SP10, (uint8_t*)"[2]KeyLeft= To calibrate");
    LCD_ShowStr(10,LCD_CurY+LCD_SP10, (uint8_t*)"[3]KeyDown= Enter GUI screen");
    uint16_t InfoStartPosY=LCD_CurY+LCD_SP15;         //信息显示起始行
    uint8_t EnterGUI=0;
    KEYS  curKey;
    while(1)
    {
        curKey=ScanPressedKey(KEY_WAIT_ALWAYS);
        LCD_ClearLine(InfoStartPosY, LCD_H, LcdBACK_COLOR);     //清除信息显示区
        LCD_CurY= InfoStartPosY;

        switch(curKey)
        {
        case KEY_UP:{         //[1]KeyUp = Show parameters
            if (TouchPara.isSaved == TOUCH_PARA_SAVED)
                ShowTouchPara();
            else
                LCD_ShowStr(10,LCD_CurY,"Touch-Res has not been calibrated");
            break;
            }
        case KEY_LEFT:{       //[2]KeyLeft= To calibrate
            TouchCalibrate();             //触摸屏校准，会清屏，然后进入 GUI
            EnterGUI=1;
```

```c
            break;
        }
        case KEY_DOWN:              //[3]KeyDown= Enter GUI screen
            EnterGUI=1;
        }   //end switch

        if (EnterGUI)
            break;                  //退出while(1)循环，进入GUI
        else
            HAL_Delay(300);
    }   //end while(1)

//===3. 进入GUI界面
    BackImageIni();                 //初始化背景图片对象
    IconGroupIni();                 //初始化图标阵列对象
    DrawGUI();                      //绘制GUI界面
    LcdFRONT_COLOR=lcdColor_RED;
    LCD_ShowStr(10,10,(uint8_t*)"Demo20_1:Touch-Res and GUI");
    LCD_ShowStr(10,LCD_CurY+LCD_SP15,(uint8_t*)"Try to click an icon");
    InfoStartPosY=iconGroup[ICON_ROWS-1][0].PosY+ICON_SIZE+ICON_SPACE;  //信息显示起始行
    /* USER CODE END 2 */

    /* Infinite loop */
    /* USER CODE BEGIN WHILE */

//===4. GUI界面响应
    uint8_t  IndRow,IndCol;
    uint8_t  IconStr[50];
    while (2)
    {
        if (TOUCH_Scan() !=0)       //没有触摸操作
            continue;

//重绘信息显示区的背景图片，以清除先前显示的文本
        LCD_ShowPartBackImage(0, InfoStartPosY, LCD_W,
                    LCD_H-InfoStartPosY, backImage.ImageData);
//      LCD_ClearLine(InfoStartPosY, LCD_H, lcdColor_BLUE);     //使用单色背景时调用

        LCD_CurY=InfoStartPosY;              //设置信息显示起始行
        LCD_ShowStr(10,LCD_CurY,(uint8_t*)"Touched LCD_X= ");
        LCD_ShowInt(LCD_CurX, LCD_CurY,TouchPoint.Lcdx);
        LCD_ShowStr(10,LCD_CurY+LCD_SP10,(uint8_t*)"Touched LCD_Y= ");
        LCD_ShowInt(LCD_CurX, LCD_CurY,TouchPoint.Lcdy);
//直接检查触摸点是否落在图标iconGroup[2][2]上
        if (CheckIconPressed(TouchPoint.Lcdx, TouchPoint.Lcdy, &iconGroup[2][2]))
            LCD_ShowStr(10,LCD_CurY+LCD_SP10,(uint8_t*)"Icon[2][2] is pressed");
        else
            LCD_ShowStr(10,LCD_CurY+LCD_SP10,(uint8_t*)"Icon[2][2] is not pressed");

//查找触摸点落在哪个图标上
        if (FindIconIndex(TouchPoint.Lcdx,TouchPoint.Lcdy, &IndRow, &IndCol))
        {
            sprintf((char *)IconStr,(char *)"Pressed Icon Index=(%d,%d)",
                    IndRow, IndCol);
            LCD_ShowStr(10,LCD_CurY+LCD_SP10,IconStr);
            sprintf((char *)IconStr,(char *)"Pressed Icon.Tag=%d",
                    iconGroup[IndRow][IndCol].Tag);
            LCD_ShowStr(10,LCD_CurY+LCD_SP10,IconStr);
//获取图标的参数和图标对象指针，执行图标的回调函数
            uint16_t  PosX=iconGroup[IndRow][IndCol].PosX;
            uint16_t  PosY=iconGroup[IndRow][IndCol].PosY;
```

```
            ImageShowDef *curIcon=&iconGroup[IndRow][IndCol];    //获取图标对象指针
            if (curIcon->IconCallback != NULL)
                curIcon->IconCallback(PosX, PosY, curIcon);      //执行图标的回调函数
        }
        HAL_Delay(300);                //消除抖动影响,触摸操作也有抖动
    /* USER CODE END WHILE */
    }   //end while(2)
}
```

在外设初始化部分,函数 MX_GPIO_Init()会对与 XPT2046 连接的几个 GPIO 引脚进行初始化,这是因为与 XPT2046 连接的 SPI 通信接口是用普通 GPIO 模拟的。外设初始化部分的几个函数的代码此处不予展示了,它们都是 CubeMX 自动生成的,具体代码见配套资源中的示例源代码。

程序在完成外设初始化和 LCD 软件初始化之后,加载 SD 卡的文件系统,然后程序的功能分为以下几个部分。

(1) 读取 EEPROM 芯片 24C02 里存储的触摸屏计算参数。函数 EP24C_ReadBytes()是 24C02 芯片驱动程序头文件 24cxx.h 中定义的一个函数,其功能是从 24C02 的任意地址开始,读取多个字节的数据,其原型定义如下:

```
HAL_StatusTypeDef  EP24C_ReadBytes(uint16_t memAddress, uint8_t *pBuffer, uint16_t bufferLen)
```

其中,memAddress 是数据的起始地址,可以是不超过范围(0 到 255)的任意地址;pBuffer 是保存读出数据的缓冲区的指针;bufferLen 是需要读取的数据的字节数,可以超过 8 字节。24C02 有 256 字节存储空间,一个页是 8 字节,函数 EP24C_ReadBytes()可以从任意地址开始读取任意长度的数据。

主程序中读取触摸屏计算参数的代码如下:

```
EP24C_ReadBytes(TOUCH_PARA_ADDR, &TouchPara.isSaved, sizeof(TouchPara));
```

TOUCH_PARA_ADDR 是在触摸屏驱动程序头文件 touch.h 中定义的宏,其值为 80。TouchPara 是在文件 touch.c 中定义的一个 TouchParaDef 类型的结构体变量,&TouchPara.isSaved 用于取 TouchPara 的首地址。

从 EEPROM 读取出的数据保存到结构体变量 TouchPara 后,如果 TouchPara.isSaved 的值等于宏定义常数 TOUCH_PARA_SAVED,就说明参数被保存过。TOUCH_PARA_SAVED 是在文件 touch.h 中定义的一个宏,其值等于字符 'S'。

(2) 文字菜单操作。程序会显示一个文字菜单,菜单内容如下:

```
[1]KeyUp   = Show parameters
[2]KeyLeft = To calibrate
[3]KeyDown = Enter GUI screen
```

按 KeyUp 键会调用函数 ShowTouchPara()显示触摸屏计算参数,当然,触摸屏必须是校准过的。

按 KeyLeft 键会调用函数 TouchCalibrate()进行触摸屏校准,校准时会清除屏幕,依次在屏幕的 4 个角上显示红色十字符号,用户按压后获取 XPT2046 输出电压值,根据式(20-1)计算触摸屏的计算参数。在后面介绍触摸屏驱动程序时,我们会介绍函数 TouchCalibrate()的具体代码实现。

按 KeyDown 键，退出第 1 个 while 循环，进入 GUI 界面。

（3）进入 GUI 界面。调用函数 BackImageIni()初始化背景图片对象，调用函数 IconGroupIni()初始化图标阵列对象，然后调用 DrawGUI()绘制 GUI 界面。这几个函数是在文件 res.h 中定义的，其实现与示例 Demo18_2BmpFile 中的相似，但是在图片对象的结构体 ImageShowDef 定义中增加了几个成员变量，以便于进行交互处理。后面会介绍文件 res.h 和 res.c 的完整代码。

（4）GUI 界面响应。程序用轮询的方式检测是否有触摸操作，函数 TOUCH_Scan()返回值为 0 时表示有触摸操作。电阻式触摸屏只能检测单击屏幕操作，当检测到有单击操作时，会在 LCD 上显示触摸点的 LCD 坐标。

函数 CheckIconPressed()能检测触摸点 LCD 坐标是否在某个图标对象上。

函数 FindIconIndex()能检测触摸点 LCD 坐标落在哪个图标上。如果触摸点是在某个图标上，会获取被单击图标在图标对象数组 iconGroup 中的索引 IndRow 和 IndCol，通过此索引就可以获取图标对象指针 curIcon。每个图标有一个回调函数指针 IconCallback，如果回调函数指针不是 NULL，就可以执行图标的回调函数。

20.3.4　GUI 界面的创建与交互操作

1. 文件 res.h

我们先介绍 GUI 界面的创建和交互功能的实现，假设电阻式触摸面板的驱动程序已经设计好了。电阻式触摸屏驱动程序的实现详见 20.3.5 节。

文件 res.h 定义了创建 GUI 界面，以及进行 GUI 界面交互操作相关的结构体、变量和接口函数，文件 res.h 的完整代码如下：

```
/* 文件：res.h ------------------------------------------------------------ */
#include "stm32f4xx_hal.h"
#include "tftlcd.h"

#define  ICON_ROWS        3          //3 行图标，3*3 图标矩阵
#define  ICON_COLUMNS     3          //3 列图标
#define  ICON_SIZE        64         //图标大小，64*64 像素

#ifdef TFTLCD_ILI9481                //3.5 英寸电阻屏，480*320
    #define  ICON_SPACE       32     //图标之间的间隙
    #define  ICON_START_X     32
    #define  ICON_START_Y     70     //第 1 个图标的左上角坐标
#endif

#ifdef TFTLCD_NT35510                //4.3 英寸电容屏，800*480
    #define  ICON_SPACE       72     //图标之间的间隙
    #define  ICON_START_X     72
    #define  ICON_START_Y     100    //第 1 个图标的左上角坐标
#endif

//图片和图标对象结构体
typedef struct
{
    uint16_t PosX;              //左上角 LCD 坐标
    uint16_t PosY;              //左上角 LCD 坐标
    uint16_t ImageWidth;        //图片宽度，例如 240
    uint16_t ImageHeight;       //图片高度，例如 400
    uint16_t IconSize;          //图标大小，例如 64 表示 64 像素*64 像素
```

```
    uint8_t  *ImageData;            //图片数据指针
    uint8_t  Filename[40];          //图片文件名称
//以下是为 GUI 交互新增的定义
    uint8_t  IsChecked;             //复选状态
    uint32_t Tag;                   //一个标记变量,由用户决定用途
    uint8_t  Label[10];             //文字标签
    uint8_t  Hint[30];              //提示信息
    void     (*IconCallback) (uint16_t, uint16_t, void *);     //回调函数指针
} ImageShowDef;

extern ImageShowDef     backImage;                      //背景图片对象
extern ImageShowDef     iconGroup[ICON_ROWS][ICON_COLUMNS];   //3*3 图标对象数组
void      BackImageIni();           //背景图片初始化
void      DrawBackImage();          //绘制背景图片
void      IconGroupIni();           //图标阵列初始化
void      DrawIconGroup();          //绘制图标阵列
void      DrawGUI();                //绘制 GUI 界面

//====以下是本示例新增的定义
//根据 LCD 坐标查找图标索引
uint8_t  FindIconIndex(uint16_t LcdX, uint16_t LcdY, uint8_t *IndRow, uint8_t *IndCol);
//检查一个坐标(LcdX, LcdY)是否在某个图标对象上
uint8_t  CheckIconPressed(uint16_t LcdX, uint16_t LcdY, ImageShowDef *Icon);

//图标的回调函数
void      IconLeftCallback(uint16_t LcdX, uint16_t LcdY,    void *ImgObject);
void      IconRightCallback(uint16_t LcdX, uint16_t LcdY,   void *ImgObject);
void      IconUpCallback(uint16_t LcdX, uint16_t LcdY,      void *ImgObject);
void      IconDownCallback(uint16_t LcdX, uint16_t LcdY,    void *ImgObject);

void      IconClockCallback(uint16_t LcdX, uint16_t LcdY,   void *ImgObject);
void      IconLockCallback(uint16_t LcdX, uint16_t LcdY,    void *ImgObject);
void      IconSnapCallback(uint16_t LcdX, uint16_t LcdY,    void *ImgObject);
```

为了绘制 GUI 界面和进行 GUI 交互操作,我们在结构体 ImageShowDef 中增加了以下几个成员变量。

- uint8_t IsChecked,可以表示图标的复选状态,让某些图标可以像复选框一样具有两种逻辑状态。
- uint32_t Tag,图标的一个数字标签,可以用于表示图标的唯一性 ID,其用途可由用户决定。
- uint8_t Label[10],图标的文字标签,例如,可以在图标的下方显示此标签。
- uint8_t Hint[30],图标的提示信息字符串,可以简单地说明图标的用途。
- void (*IconCallback) (uint16_t, uint16_t, void *),一个函数指针,可以将此指针指向一个具体的函数,作为图标的回调函数。回调函数具有固定的函数原型,其中,前两个 uint16_t 类型数值变量表示图标左上角坐标,第 3 个参数 void 指针可以指向任何对象,例如,可以是一个图标对象的指针。

文件 res.h 在最后定义了好几个具体的回调函数,都是用于在函数 IconGroupIni()中赋值给图标对象的回调函数指针,例如,用于第 1 行第 1 列图标的回调函数如下:

```
    void      IconClockCallback(uint16_t LcdX, uint16_t LcdY, void *ImgObject);
```

其中的参数 LcdX、LcdY 和 ImgObject 只是定义了类型,并不具有固定的意义。例如,在

调用图标的回调函数时,可以为 LcdX、LcdY 传递图标的左上角坐标,也可以传递触摸点的坐标,ImgObject 可以是图标对象指针,也可以是其他对象指针。参数的具体意义由用户决定。

例如,在主程序中,执行图标的回调函数的代码如下:

```
uint16_t PosX=iconGroup[IndRow][IndCol].PosX;
uint16_t PosY=iconGroup[IndRow][IndCol].PosY;
ImageShowDef *curIcon=&iconGroup[IndRow][IndCol];    //获取图标对象
if (curIcon->IconCallback != NULL)
    curIcon->IconCallback(PosX, PosY, curIcon);      //执行图标的回调函数
```

上述代码给图标的回调函数传递的参数就是图标的左上角坐标 PosX 和 PosY,以及图标对象指针 curIcon。

除了为图标准备的回调函数,文件 res.h 还新增了以下两个函数。
- 函数 FindIconIndex()可以根据 LCD 的点坐标查找被单击的图标的索引。
- 函数 CheckIconPressed()可以直接检查 LCD 的点坐标是否落在某个图标对象上。

2. GUI 界面的创建和图标的回调函数

文件 res.c 中,用于背景图片对象初始化、图标阵列对象初始化以及绘制 GUI 相关的定义和函数代码如下:

```
/* 文件: res.c ----------------------------------------------------------- */
#include "res.h"
#include "bmp_opera.h"
#include "keyled.h"
#include <string.h>

// 背景图片数据数组文件
#ifdef TFTLCD_ILI9481
    #include "Back35.h"      //3.5英寸LCD,320*480,背景图片
#endif

#ifdef TFTLCD_NT35510
    #include "Back43.h"      //4.3英寸LCD,800*480,背景图片
#endif
ImageShowDef  backImage;      //背景图片对象
ImageShowDef  iconGroup[ICON_ROWS][ICON_COLUMNS];      //3*3 图标对象数组

void BackImageIni()           //背景图片对象初始化
{
    backImage.PosX=0;
    backImage.PosY=0;
    backImage.ImageWidth=LCD_W;
    backImage.ImageHeight=LCD_H;
#ifdef TFTLCD_ILI9481
    backImage.ImageData=gImage_Back35;          //图片数据数组指针,320*480,背景图片
    strcpy((char *)backImage.Filename, (char *)"0:/BMP/back35.bmp");   //BMP 图片文件名
#endif

#ifdef   TFTLCD_NT35510
    backImage.ImageData=gImage_Back43;          //图片数据数组指针,800*480,背景图片
    strcpy((char *)backImage.Filename, (char *)"0:/BMP/back43.bmp");   //BMP 图片文件名
#endif
}

void DrawBackImage()          //绘制背景图片
{
    LCD_ShowPicture(0, 0, LCD_W, LCD_H, backImage.ImageData);      //使用图片数据绘图
```

```c
//      DrawBmpFile(0, 0, backImage.Filename);            //用 BMP 文件绘图
}

void IconGroupIni()          //图标阵列对象初始化
{
    //构建图标的坐标数组
    uint16_t  X=ICON_START_X, Y=ICON_START_Y;    //第1行第1列图标左上角坐标
    uint32_t  tag=1000;                           //数值标签
    for(uint8_t i=0; i<ICON_ROWS; i++)
    {
        X=ICON_START_X;
        for(uint8_t j=0; j<ICON_COLUMNS; j++)
        {
            iconGroup[i][j].PosX=X;
            iconGroup[i][j].PosY=Y;
            iconGroup[i][j].ImageWidth=ICON_SIZE;
            iconGroup[i][j].ImageHeight=ICON_SIZE;
            iconGroup[i][j].IconSize=ICON_SIZE;

            iconGroup[i][j].IsChecked=0;              //复选状态
            iconGroup[i][j].IconCallback=NULL;        //回调函数
            iconGroup[i][j].Tag=tag++;                //标签 tag
            X= X+ICON_SIZE+ICON_SPACE;
        }
        Y=Y+ICON_SIZE+ICON_SPACE;
    }

    //图标文件名赋值
    strcpy((char *)iconGroup[0][0].Filename, (char *)"0:/BMP/clock.bmp");
    strcpy((char *)iconGroup[0][1].Filename, (char *)"0:/BMP/btnup.bmp");
    strcpy((char *)iconGroup[0][2].Filename, (char *)"0:/BMP/computer.bmp");

    strcpy((char *)iconGroup[1][0].Filename, (char *)"0:/BMP/btnleft.bmp");
    strcpy((char *)iconGroup[1][1].Filename, (char *)"0:/BMP/btndown.bmp");
    strcpy((char *)iconGroup[1][2].Filename, (char *)"0:/BMP/btnright.bmp");

    strcpy((char *)iconGroup[2][0].Filename, (char *)"0:/BMP/sound.bmp");
    strcpy((char *)iconGroup[2][1].Filename, (char *)"0:/BMP/unlock.bmp");
    strcpy((char *)iconGroup[2][2].Filename, (char *)"0:/BMP/save.bmp");

    //图标回调函数指针赋值,指向具体的函数
    iconGroup[0][0].IconCallback=IconClockCallback;
    iconGroup[0][1].IconCallback=IconUpCallback;
    iconGroup[0][2].IconCallback=IconSnapCallback;

    iconGroup[1][0].IconCallback=IconLeftCallback;
    iconGroup[1][1].IconCallback=IconDownCallback;
    iconGroup[1][2].IconCallback=IconRightCallback;

    iconGroup[2][1].IconCallback=IconLockCallback;
}

void DrawIconGroup()          //绘制图标阵列
{
    for(uint8_t i=0; i<ICON_ROWS; i++)
        for(uint8_t j=0; j<ICON_COLUMNS; j++)
        {
            uint16_t  PosX=iconGroup[i][j].PosX;
            uint16_t  PosY=iconGroup[i][j].PosY;
            DrawBmpFile(PosX, PosY,iconGroup[i][j].Filename);    //64*64 图标
        }
}
```

```c
void DrawGUI()                //绘制 GUI 界面
{
    DrawBackImage();          //绘制背景图片
//  LCD_Clear(lcdColor_BLUE);                //使用单色背景
    DrawIconGroup();          //绘制图标阵列
}
```

（1）背景图片的绘制和局部重绘。在本示例中，绘制背景图片时使用背景图片数据数组，也就是示例 Demo18_1ShowImage 中的方法，所以我们需要将示例 Demo18_1ShowImage 的 Resource 目录下的文件 Back35.h 和 Back43.h 复制到本项目的 Resource 目录下。

之所以要用图片数据，而不是直接用 BMP 图片绘制背景，是因为在 GUI 界面上交互操作时，需要在下方的信息显示区显示一些文字，在单击一个图标后，需要先清除之前显示的文字。在有背景图片时，清除先前显示的内容就是重新绘制显示区域的背景图片，main()函数中执行下面的代码重新绘制 LCD 上一个矩形区域的背景图片。

```c
LCD_ShowPartBackImage(0, InfoStartPosY, LCD_W, LCD_H-InfoStartPosY,
backImage.ImageData);
```

函数 LCD_ShowPartBackImage()是在文件 tftlcd.h 中专门定义的，其实现代码如下：

```c
void LCD_ShowPartBackImage(uint16_t x, uint16_t y, uint16_t width, uint16_t height,uint8_t *pic)
{   //不一定整行或整列，需特别处理
    uint16_t stopX=x+width-1;
    uint16_t stopY=y+height-1;
    LCD_Set_Window(x, y, stopX, stopY);

    uint16_t RGBData = 0;     //像素颜色数据
    uint32_t DataPos;         //数据点在图片数组中的位置
    for (uint16_t j=y; j<=stopY; j++)         //像素点坐标，按行扫描
    {
        DataPos=(j*LCD_W+x)*2;
        for (uint16_t i=x; i<=stopX; i++)     //像素点坐标，列
        {
            RGBData = pic[DataPos + 1];
            RGBData = RGBData << 8;
            RGBData = RGBData | pic[DataPos];
            LCD_WriteData_Color(RGBData);     //逐点显示
            DataPos += 2;
        }
    }
}
```

其中，参数(x, y)是在 LCD 上显示的起点，参数 width 和 height 是要刷新显示的矩形区域的宽度和高度，pic 是背景图片数据数组指针。

使用背景图片数据数组，我们可以比较容易地重新绘制 LCD 上局部矩形区域的背景图片，而使用 BMP 图片绘图实现起来就比较麻烦。所以，本示例使用背景图片数据数组。

（2）图标对象的回调函数。函数 IconGroupIni()在初始化图标对象时，除了基本成员变量的赋值和图片文件名的赋值，还为几个图标对象的函数指针赋值，使其指向具体的回调函数。这些回调函数的具体代码如下：

```c
//iconGroup[1][0]的回调函数
void IconLeftCallback(uint16_t LcdX, uint16_t LcdY, void *ImgObject)
{
    LED1_Toggle();
}
```

```c
//iconGroup[1][2]的回调函数
void IconRightCallback(uint16_t LcdX, uint16_t LcdY, void *ImgObject)
{
    LED2_Toggle();
}

//iconGroup[0][1]的回调函数
void IconUpCallback(uint16_t LcdX, uint16_t LcdY, void *ImgObject)
{
    LED1_Toggle();
    LED2_Toggle();
}

//iconGroup[1][1]的回调函数
void IconDownCallback(uint16_t LcdX, uint16_t LcdY, void *ImgObject)
{
    LED1_OFF();
    LED2_OFF();
}

//iconGroup[0][0]的回调函数
void IconClockCallback(uint16_t LcdX, uint16_t LcdY, void *ImgObject)
{
    Buzzer_Toggle();
}

//iconGroup[2][1]的回调函数,具有复选效果的图标切换
void IconLockCallback(uint16_t LcdX, uint16_t LcdY, void *ImgObject)
{
    ImageShowDef *Icon=(ImageShowDef *)ImgObject;      //获取图标对象
    Icon->IsChecked= !Icon->IsChecked;                 //改变复选状态
    if (Icon->IsChecked)
        strcpy(Icon->Filename, (char *)"0:/BMP/lock.bmp");     //BMP 图片文件名
    else
        strcpy(Icon->Filename, (char *)"0:/BMP/unlock.bmp");   //BMP 图片文件名
    DrawBmpFile(Icon->PosX, Icon->PosY,Icon->Filename);        //重新绘制图标
}

//iconGroup[0][2]的回调函数,截屏保存为 BMP 图片文件
void IconSnapCallback(uint16_t LcdX, uint16_t LcdY, void *ImgObject)
{
    static uint8_t snapCount=0;          //截屏计数器,需定义为静态变量
    for(uint8_t i=0; i<4;i++)            //开始时 LED1 闪烁
    {
        LED1_Toggle();
        HAL_Delay(200);
    }

    snapCount++;
    uint8_t snapfile[20];
    sprintf((char *)snapfile,"Snap%d.bmp",snapCount);
    if (SnapScreenBMP(snapfile))
    {
        LCD_ShowStr(10,LCD_CurY+LCD_SP10,"Screen snapped: ");
        LCD_ShowStr(LCD_CurX,LCD_CurY,snapfile);

        for(uint8_t i=0; i<8;i++)        //结束时 LED2 闪烁
        {
            LED2_Toggle();
            HAL_Delay(200);
        }
```

          }
    }
4 个方向箭头图标以及闹钟图标的回调函数都很简单，就是控制 LED 和蜂鸣器的输出翻转。

iconGroup[2][1]图标的回调函数 IconLockCallback()用到了 void 指针参数 ImgObject。main() 函数执行图标的回调函数时，给这个参数传递的是图标对象指针，所以，在回调函数里，我们可以将这个 void 指针转换为 ImageShowDef 类型指针，指向图标对象结构体，再修改图标对象的复选状态变量 IsChecked，即

```
ImageShowDef *Icon=(ImageShowDef *)ImgObject;      //获取图标对象
Icon->IsChecked= !Icon->IsChecked;                 //改变复选状态
```

根据 IsChecked 的取值，程序再使用不同的图标重新绘制图标对象。SD 卡的 BMP 目录下准备了 lock.bmp 和 unlock.bmp 两个图片，这两个图片如图 18-6 所示。程序运行时，单击第 3 行第 2 列的图标，会看到显示的图标交替变化。

iconGroup[0][2]图标的回调函数是 IconSnapCallback()，其功能是调用 BMP 驱动程序文件 bmp_opera.h 中的函数 SnapScreenBMP()，将 LCD 截屏保存为 BMP 图片。

3. 触摸点坐标与图标对象的关联

通过触摸屏的驱动函数可以检测单击屏幕时的 LCD 坐标，我们还需要通过 LCD 坐标确定是哪个图标被选中，从而执行这个图标的回调函数。文件 res.h 定义了两个通过 LCD 坐标检测图标对象的函数，具体如下。

- 函数 FindIconIndex()，可以根据 LCD 的点坐标查找被单击的图标的索引。
- 函数 CheckIconPressed()，可以直接检查 LCD 点坐标是否落在某个图标对象上。

文件 res.c 中这两个函数的实现代码如下，调用这两个函数的代码见 main()函数的代码。

```
//根据 LCD 的坐标（LcdX，LcdY）查找图标索引，返回值非 0 表示找到
//如果 LCD 坐标落在某个图标上，返回值*IndRow 表示图标行编号，*IndCol 表示图标列编号
uint8_t FindIconIndex(uint16_t LcdX, uint16_t LcdY, uint8_t *IndRow, uint8_t *IndCol)
{
    uint16_t X, Y, HW;
    uint8_t  i, FindX=0, FindY=0;
    for (i=0; i<ICON_ROWS; i++)
    {
        Y=iconGroup[i][0].PosY;            //起点 Y
        HW=iconGroup[i][0].IconSize;       //图标大小
        if ((LcdY >= Y) && (LcdY <= Y+HW))
        {
            FindY=1;
            *IndRow=i;
            break;
        }
    }

    for (i=0; i<ICON_COLUMNS; i++)
    {
        X=iconGroup[0][i].PosX ;           //起点 X
        HW=iconGroup[0][i].IconSize;       //图标大小
        if ((LcdX >= X) && (LcdX <= X+HW))
        {
            FindX=1;
            *IndCol=i;
            break;
```

```
            }
        }
        return (FindX && FindY);
}

//检查一个坐标（LcdX，LcdY）是否在某个图标对象上，Icon 是图标对象指针
uint8_t CheckIconPressed(uint16_t LcdX, uint16_t LcdY, ImageShowDef *Icon)
{
    uint16_t X0=Icon->PosX;                              //X 起点
    uint16_t Y0=Icon->PosY;                              //Y 起点
    uint16_t X1=Icon->PosX+ Icon->ImageWidth-1;          //X 终点
    uint16_t Y1=Icon->PosY+ Icon->ImageHeight-1;         //Y 终点

    if ((LcdX>=X0 && LcdX<=X1) &&(LcdY>=Y0 && LcdY<=Y1))
        return 1;
    else
        return 0;
}
```

4. 运行测试

假设触摸屏驱动程序已经设计好，构建项目无误后，我们将其下载到开发板上并运行测试。在 GUI 界面上单击 LCD 屏幕上的图标，会执行图标关联的回调函数。例如，单击第 1 行 1 列的图标会使蜂鸣器输出翻转，单击第 1 行第 3 列的图标会将 LCD 屏幕截屏保存为一个 BMP 图片文件，单击第 3 行第 2 列的图标会使显示的图标交替变化。

从这个示例的功能可以看出，在实现了触摸屏的功能后，我们就可以使用 GUI 界面进行交互式操作了。本示例并没有使用专门的 GUI 库，但是使用的方法已经具有 GUI 程序的特点，采用这样的方法可以实现一些简单的 GUI 应用。

20.3.5 电阻式触摸屏驱动程序

1. 驱动程序头文件

基于 XPT2046 芯片的电阻式触摸屏的驱动程序文件是 touch.h 和 touch.c，保存在项目的子目录 TOUCH_RES 里。文件 touch.h 是驱动程序的接口定义，该文件完整代码如下：

```
/* 文件: touch.h ---------------------------------------------------------- */
#include "main.h"
#include "tftlcd.h"

//触摸点数据结构体定义
typedef struct
{
    uint16_t Vx;           //XPT2046 输出的 X 轴电压值
    uint16_t Vy;           //XPT2046 输出的 Y 轴电压值
    uint16_t Lcdx;         //计算的 LCD 坐标 X
    uint16_t Lcdy;         //计算的 LCD 坐标 Y
} TouchPointDef;
extern TouchPointDef TouchPoint;              //触摸点数据全局变量

//电阻式触摸屏的计算参数，需要保存到 EEPROM 中
typedef struct{
    uint8_t isSaved;       //参数是否已保存到 EEPROM
    int16_t xOffset;       //偏移量
    int16_t yOffset;
    float xFactor;         //相乘因子
```

```c
    float yFactor;
} TouchParaDef;
extern  TouchParaDef  TouchPara;           //触摸屏参数全局变量

#define  TOUCH_PARA_SAVED    'S'           //表示触摸屏参数准备好了
#define  TOUCH_PARA_ADDR     80            //触摸屏参数在24C02中的首地址，必须是页的起始地址

//触摸屏校正，会清除屏幕，依次在屏幕4个角上显示红色十字符号，单击进行测试。
//计算的参数保存在变量TouchPara里，并保存到EEPROM
void  TOUCH_Adjust(void);

//触摸屏扫描，返回值为0表示有触摸操作，触摸点保存到变量TouchPoint里
uint8_t  TOUCH_Scan(void);

//显示触摸屏参数，即全局变量TouchPara的数据
void  ShowTouchPara();

//进行触摸屏测试，内部会调用TOUCH_Adjust()
void  TouchCalibrate();
```

结构体 TouchPointDef 存储了触摸点的数据，包括 XPT2046 输出的 ADC 转换值 V_x 和 V_y，以及经过式（20-1）计算的 LCD 屏幕坐标 $Lcdx$ 和 $Lcdy$。文件 touch.c 定义了 TouchPointDef 结构体变量 TouchPoint 用于存储触摸点数据。

结构体 TouchParaDef 用于存储式（20-1）中的触摸屏计算参数，包括偏移量 xOffset 和 yOffset，相乘因子 xFactor 和 yFactor，还有一个成员变量 isSaved，表示这些参数是否已经存储到 EEPROM。文件 touch.c 定义了 TouchParaDef 结构体变量 TouchPara，用于存储这些参数。在系统启动时，程序会从 EEPROM 中读取这些参数，在执行函数 TouchCalibrate()进行触摸屏校准后，会将这些参数保存到 EEPROM 里。

头文件中有两个宏常数 TOUCH_PARA_SAVED 和 TOUCH_PARA_ADDR。TOUCH_PARA_SAVED 是用于给 TouchParaDef.isSaved 赋值的常数，如果从 EEPROM 中读出的 TouchParaDef.isSaved 的值为 TOUCH_PARA_SAVED，就表示是经过校准的参数。TOUCH_PARA_ADDR 是参数在 EEPROM 中的起始存储地址，必须是页的起始地址，也就是 8 的整数倍。因为结构体 TouchParaDef 的字节数超过 8 个，需要跨页保存。

头文件中有4个函数，这4个函数的功能简述如下，它们的代码实现参见后文。

- 函数 TOUCH_Adjust()用于进行触摸屏校准，执行这个函数时，会清除 LCD 屏幕，依次在 LCD 的 4 个角上显示红色十字符号，用户单击十字符号后，获取 LCD 坐标点($Lcdx, Lcdy$)对应的 XPT 输出电压(V_x, V_y)。读取4组数据后，通过式（20-1）反算公式中的比例因子 f_x、f_y 和偏移量 a_x、a_y，计算出来的参数会保存到全局变量 TouchPara 里。这个过程就是科学计算中的模型参数反演。

- 函数 TOUCH_Scan()用于检测是否有触摸操作，返回值为0时表示有触摸操作。函数内会读取 XPT2046 的输出电压 V_x 和 V_y，然后根据式（20-1）和触摸屏已知的计算参数，计算 LCD 上的坐标（Lx, Ly）。触摸点的数据 V_x 和 V_y、L_x 和 L_y 会保存到全局变量 TouchPoint 里。这个过程就是科学计算中的模型正演计算。

- 函数 ShowTouchPara()用于在 LCD 上显示全局变量 TouchPara 各成员变量的值，也就是触摸屏的计算参数。

- 函数 TouchCalibrate()用于执行一个完整的触摸屏校准过程，在 main()函数里响应文字

菜单进行触摸屏校准时，此函数会被调用。

2. 软件模拟 SPI 接口通信

在图 20-2 中，与 XPT2046 的 SPI 接口连接的几个 GPIO 引脚并不是硬件 SPI 接口，所以需要用软件模拟 SPI 接口通信。所谓软件模拟 SPI 通信，就是按照 SPI 通信的时序，用普通 GPIO 口模拟 SPI 接口 3 个信号线的输入/输出时序。

在软件模拟 SPI 通信时，需要用到微秒级延时，HAL 库中没有微秒级延时的函数，HAL_Delay() 是毫秒级延时函数。为此，我们用定时器 TIM7 实现一个微秒级延时函数，在 tim.h 中定义函数 Delay_us()，实现代码如下：

```c
/* USER CODE BEGIN 1 */
//使用 TIM7 进行微秒级延时，参数 delay 是延时时间，单位：微秒
void  Delay_us(uint16_t  delay)
{
    __HAL_TIM_DISABLE(&htim7);              //禁止 TIM7
    __HAL_TIM_SET_COUNTER(&htim7, 0);       //设置计数器初值为 0
    __HAL_TIM_ENABLE(&htim7);
    uint16_t curCnt=0;
    while(1)
    {
        curCnt=__HAL_TIM_GET_COUNTER(&htim7);
        if (curCnt>=delay)
            break;
    }
    __HAL_TIM_DISABLE(&htim7);              //禁止 TIM7
}
/* USER CODE END 1 */
```

CubeMX 已经将 TIM7 计数器的时钟频率设置为 1MHz，所以其计数值变化 1 就是 1μs。这个函数的实现代码中用到的一些函数参见《基础篇》第 9 章，代码的实现原理就不讲解了。

文件 touch.c 的 include 部分，与 SPI 通信相关的宏函数以及两个基本的 SPI 读写操作函数的代码如下：

```c
/* 文件: touch.c ----------------------------------------------------------- */
#include  "touch.h"
#include  "tftlcd.h"
#include  "keyled.h"
#include  "tim.h"                    //用到函数 Delay_us()
#include  "24cxx.h"                  //EEPROM 驱动

//电阻屏 SPI 接口的基本输入输出，用于软件模拟 SPI，GPIO 引脚的端口和引脚宏在 main.h 中定义
//T_MISO=PB2
#define  MISO_Read()      HAL_GPIO_ReadPin(T_MISO_GPIO_Port,T_MISO_Pin)
//T_MOSI=PF11
#define  MOSI_Out0() HAL_GPIO_WritePin(T_MOSI_GPIO_Port,T_MOSI_Pin,GPIO_PIN_RESET)
#define  MOSI_Out1() HAL_GPIO_WritePin(T_MOSI_GPIO_Port,T_MOSI_Pin,GPIO_PIN_SET)
//T_SCK=PB0
#define  SCK_Out0()  HAL_GPIO_WritePin(T_SCK_GPIO_Port,T_SCK_Pin,GPIO_PIN_RESET)
#define  SCK_Out1()  HAL_GPIO_WritePin(T_SCK_GPIO_Port,T_SCK_Pin,GPIO_PIN_SET)
//T_CS=PC13
#define  TCS_Out0()  HAL_GPIO_WritePin(T_CS_GPIO_Port,T_CS_Pin,GPIO_PIN_RESET)
#define  TCS_Out1()  HAL_GPIO_WritePin(T_CS_GPIO_Port,T_CS_Pin,GPIO_PIN_SET)

//读 XPT2046 输出数据的两个指令代码
#define  TOUCH_X_CMD     0xD0          //读取 X 轴命令
```

```c
#define  TOUCH_Y_CMD    0x90            //读取 Y 轴命令

//模拟 SPI 时序，向触摸屏写入 1 字节数据
void TOUCH_Write_Byte(uint8_t num)
{
    uint8_t count=0;
    for(count=0;count<8;count++)
    {
        if(num & 0x80)
            MOSI_Out1();
        else
            MOSI_Out0();
        num<<=1;
        SCK_Out0();
        Delay_us(1);
        SCK_Out1();              //上升沿有效
    }
}

//模拟 SPI 时序，从触摸屏读取 ADC 值
//CMD：指令，CMD=0xD0 是读取 X 方向结果，CMD=0x90 是读取 Y 方向结果
//返回值：读到的数据，12 位有效
uint16_t TOUCH_Read_AD(uint8_t CMD)
{
    uint8_t count=0;
    uint16_t Num=0;

    SCK_Out0();              //先拉低时钟
    MOSI_Out0();             //拉低数据线
    TCS_Out0();              //选中触摸屏，片选有效
    TOUCH_Write_Byte(CMD);          //发送命令字
    Delay_us(6);             //延时，等待 ADC 转换结束

    SCK_Out0();
    Delay_us(1);
    SCK_Out1();              //给 1 个时钟信号，清除 BUSY
    Delay_us(1);
    SCK_Out0();

    for(count=0;count<16;count++)   //读出 16 位数据，只有高 12 位有效
    {
        Num<<=1;
        SCK_Out0();          //下降沿有效
        Delay_us(1);
        SCK_Out1();
        if (MISO_Read())
            Num++;
    }
    Num>>=4;                 //只有高 12 位有效，所以右移 4 位
    TCS_Out1();              //TCS=1
    return(Num);
}
```

上述程序定义了一些宏函数，如 MISO_Read()、MOSI_Out0()、MOSI_Out1()等，这些是与 XPT2046 相连的 GPIO 引脚的基本输入/输出宏函数，使用这些宏函数就容易模拟 SPI 通信的时序。宏函数中用到的表示 GPIO 引脚的端口和引脚号的宏是在文件 main.h 中定义的，是 CubeMX 根据 GPIO 引脚的用户标签自动生成的宏定义。文件 main.h 中与 XPT2046 连接的几个 GPIO 引脚的宏定义如下：

```
#define    T_SCK_Pin              GPIO_PIN_0      //T_SCK=PB0
#define    T_SCK_GPIO_Port        GPIOB

#define    T_MOSI_Pin             GPIO_PIN_11     //T_MOSI=PF11
#define    T_MOSI_GPIO_Port       GPIOF

#define    T_MISO_Pin             GPIO_PIN_2      //T_MISO=PB2
#define    T_MISO_GPIO_Port       GPIOB

#define    T_CS_Pin               GPIO_PIN_13     //T_CS=PC13
#define    T_CS_GPIO_Port         GPIOC

#define    T_PEN_Pin              GPIO_PIN_1      //T_PEN=PB1
#define    T_PEN_GPIO_Port        GPIOB
```

函数 TOUCH_Write_Byte()模拟 SPI 的时序向 SPI 从机写入一个字节的数据，就是将待输出的一个字节数据分解为 8 位，通过 8 个时钟周期输出。每次在 T_MOSI 引脚（PF11）输出 1 位（0 或 1），用 T_SCK 引脚（PB0）产生一个上跳沿时钟，SPI 从机就可以在时钟的上跳沿读取这 1 位数据。XPT2046 的 SPI 接口的时序图请参考 XPT2046 的数据手册。

函数 TOUCH_Read_AD(uint8_t CMD)用于从 XPT2046 读取 X 方向或 Y 方向的 ADC 转换结果数据。参数 CMD 为 0xD0 表示读取 X 方向的数据，为 0x90 表示读取 Y 方向的数据，这两个指令代码被定义为了两个宏常数，即 TOUCH_X_CMD 和 TOUCH_Y_CMD。函数的代码也是用 GPIO 引脚模拟 SPI 的通信时序，先发送指令字节数据，再读取 16 位输出结果。因为 XPT2046 是 12 位 ADC，只有 12 位数据是有效的。函数返回值就是 12 位的 ADC 转换值。

有了 TOUCH_Write_Byte()和 TOUCH_Read_AD()这两个软件模拟 SPI 通信的基础函数，触摸屏的其他功能就容易实现了。触摸屏校准和触摸屏扫描都是基于这两个基础函数实现的。

3. 触摸屏校准

知道了触摸屏校准的工作和计算原理，有了读取 XPT2046 输出数据的基础函数 TOUCH_Read_AD()之后，我们就很容易实现触摸屏校准的功能。

函数 TouchCalibrate()是在 main()函数中响应文字菜单项[2]KeyLeft=To calibrate 调用的函数，其完整代码如下：

```
//进行触摸屏测试，根据 4 个测试点，计算触摸屏的计算参数
void TouchCalibrate()
{
    LCD_ShowStr(10,LCD_CurY,(uint8_t*)"**Touch screen calibration");
    LCD_ShowStr(10,LCD_CurY+LCD_SP15,(uint8_t*)"A red cross will display on");
    LCD_ShowStr(10,LCD_CurY+LCD_SP10,(uint8_t*)"the 4 corners of LCD. ");
    LCD_ShowStr(10,LCD_CurY+LCD_SP10,(uint8_t*)"Touch red cross one by one.");
    LCD_ShowStr(10,LCD_CurY+LCD_SP15,(uint8_t*)"Press any key to start...");

    KEYS  curKey=ScanPressedKey(KEY_WAIT_ALWAYS);
    if (curKey != KEY_NONE)
    {
        TOUCH_Adjust();          //触摸屏校正时会清屏
        EP24C_WriteLongData(TOUCH_PARA_ADDR, &TouchPara.isSaved, sizeof(TouchPara));

        LCD_CurY=40;
        ShowTouchPara();         //显示触摸屏计算参数

        LCD_ShowStr(10,LCD_CurY+LCD_SP15,(uint8_t*)"Press any key to enter GUI");
        ScanPressedKey(KEY_WAIT_ALWAYS);
```

```
            return;
    }
}
```

这个函数的主要功能是调用函数 TOUCH_Adjust()进行触摸屏测试。函数 TOUCH_Adjust()执行时会清除屏幕，依次在 LCD 的 4 个角上显示红色十字符号，需要用户单击这 4 个十字符号。然后，程序会根据采集的 4 组数据计算触摸屏的计算参数，并保存到全局变量 TouchPara 里。执行完函数 TOUCH_Adjust()后，程序将全局变量 TouchPara 的内容保存到 EEPROM 里，即执行下面的语句：

```
EP24C_WriteLongData(TOUCH_PARA_ADDR, &TouchPara.isSaved, sizeof(TouchPara));
```

程序又调用了函数 ShowTouchPara()显示变量 TouchPara 各成员变量的值，这个函数的代码很简单，此处不再赘述。

函数 TOUCH_Adjust()执行具体的校准过程，它的工作过程和计算原理已经清楚了，其代码比较长，涉及多级函数的调用，此处不再赘述。读者如有兴趣，可以查看项目的源代码进行分析。

4. 读取触摸坐标点

函数 TOUCH_Scan()用于检测是否有触摸操作，返回值为 0 表示有触摸操作。函数 TOUCH_Scan()的代码如下：

```
uint8_t  TOUCH_Scan(void)
{
    if(TOUCH_ReadXY(&TouchPoint.Vx, &TouchPoint.Vy))    //没有触摸
        return 0xFF;

    /* 根据触摸屏输出的 ADC 转换值，计算 LCD 坐标*/
    TouchPoint.Lcdx = TouchPoint.Vx * TouchPara.xFactor + TouchPara.xOffset;
    TouchPoint.Lcdy = TouchPoint.Vy * TouchPara.yFactor + TouchPara.yOffset;

    if(TouchPoint.Lcdx > LcdPara.width)
        TouchPoint.Lcdx = LcdPara.width;
    if(TouchPoint.Lcdy > LcdPara.height)
        TouchPoint.Lcdy = LcdPara.height;
    return 0;
}
```

上述程序首先执行 TOUCH_ReadXY(&TouchPoint.Vx, &TouchPoint.Vy)读取 XPT2046 的 X 和 Y 方向输出，并将其保存为 TouchPoint.Vx 和 TouchPoint.Vy。如果函数 TOUCH_ReadXY()返回值不为 0，就表示没有触摸操作。如果函数 TOUCH_ReadXY()返回值表明有触摸操作，就用式（20-1）根据 TouchPoint.Vx 和 TouchPoint.Vy 以及 TouchPara 中的参数计算出 TouchPoint.Lcdx 和 TouchPoint.Lcdy。

函数 TOUCH_ReadXY()用于同时读取 XPT2046 的 X 和 Y 方向的 ADC 输出结果，其代码和文件 touch.c 中的几个相关宏定义如下：

```
#define TOUCH_MAX        20          //预期差值
#define TOUCH_X_MAX      4000        //X 轴最大值
#define TOUCH_X_MIN      100         //X 轴最小值
#define TOUCH_Y_MAX      4000        //Y 轴最大值
#define TOUCH_Y_MIN      100         //Y 轴最小值

//返回值为 0 表示有触摸操作
uint8_t  TOUCH_ReadXY(uint16_t *xValue, uint16_t *yValue)
```

```c
{
    uint16_t xValue1, yValue1, xValue2, yValue2;
//X 和 Y 的输出各读取 2 次
    xValue1 = TOUCH_Read_AD(TOUCH_X_CMD);
    yValue1 = TOUCH_Read_AD(TOUCH_Y_CMD);
    xValue2 = TOUCH_Read_AD(TOUCH_X_CMD);
    yValue2 = TOUCH_Read_AD(TOUCH_Y_CMD);

    /* 查看两个点之间的采样值差距 */
    if(xValue1 > xValue2)
        *xValue = xValue1 - xValue2;
    else
        *xValue = xValue2 - xValue1;

    if(yValue1 > yValue2)
        *yValue = yValue1 - yValue2;
    else
        *yValue = yValue2 - yValue1;

    /* 判断采样差值是否在可控范围内 */
    if((*xValue > TOUCH_MAX) || (*yValue > TOUCH_MAX))
        return 0xFF;
    *xValue = (xValue1 + xValue2)/2;              //平均值
    *yValue = (yValue1 + yValue2)/2;

    /* 判断得到的值,是否在取值范围之内 */
    if((*xValue > TOUCH_X_MAX) || (*xValue < TOUCH_X_MIN)
            || (*yValue > TOUCH_Y_MAX) || (*yValue < TOUCH_Y_MIN))
        return 0xFF;
    else
        return 0;            //读取成功,有触摸操作
}
```

函数 TOUCH_ReadXY() 首先调用函数 TOUCH_Read_AD() 读取触摸屏的 X 和 Y 方向输出各两次。如果有触摸操作且读出的数值在合理范围之内,则将两次读出的值求平均后返回给变量 *xValue 和*yValue,函数返回 0 表示读取成功。

如果没有触摸操作,函数 TOUCH_Read_AD() 两次读出值的差值不在合理范围之内,或读出值超过范围,函数 TOUCH_ReadXY() 就返回 0xFF,就表示没有触摸操作。

在 main() 函数中,程序在 while() 循环里以轮询方式调用函数 TOUCH_Scan()。如果有触摸操作,触摸点的 LCD 坐标保存到全局变量 TouchPoint 里,就可以根据 LCD 坐标检测被单击的图标,进行交互操作了。

5. 作为公共驱动程序

我们可以将本项目的文件夹 TOUCH_RES 复制到公共驱动程序目录 PublicDrivers 下,以便在其他项目里使用电阻式触摸屏的驱动程序。

20.4 示例二:中断方式获取触摸屏输出

20.4.1 示例功能和 CubeMX 项目设置

在图 20-2 所示的触摸屏接口电路中,T_PEN 信号是 XPT2046 的笔中断信号,如果 T_PEN 发生下跳变,就表示有触摸操作。前面的示例使用轮询的方式扫描触摸屏是否有操作,而使用

20.4 示例二：中断方式获取触摸屏输出

中断方式可减少 CPU 负担。要使用中断方式检测触摸屏输入，需要将与 T_PEN 连接的 PB1 引脚设置为 GPIO_EXTI1，也就是作为外部中断引脚。

在本节中，我们创建一个示例 Demo20_2TouchRes_INT，将 T_PEN 作为外部中断输入，在发生中断时，再去读取触摸屏的坐标数据，然后进行处理。本示例的功能与前一示例基本相同，所以将项目 Demo20_1TouchRes 整个复制为 Demo20_2TouchRes_INT（复制项目的操作方法见附录 B）。

在 CubeMX 中，我们只需修改 T_PEN 引脚，也就是 PB1 的设置。我们在引脚视图上将其设置为 GPIO_EXTI1 信号，然后在 GPIO 组件设置中，将 PB1 的模式设置为下跳沿触发外部中断，并且设置内部上拉。

在 NVIC 中，我们将 EXTI line1 interrupt 的抢占优先级设置为 1，因为在其中断回调函数里需要用到延时函数 HAL_Delay()。CubeMX 里的其他设置都无须再做任何修改。

20.4.2 程序功能实现

1. 主程序

完成设置后，CubeMX 会自动生成代码。我们在 CubeIDE 里打开项目，将项目根目录下的 TOUCH_RES 子目录删除，将 PublicDrivers 目录下的 EEPROM、IMG_BMP、KEY_LED、TOUCH_RES、TFT_LCD 等驱动程序目录添加到项目搜索路径，将项目根目录下的 Resource 目录添加到项目搜索路径。

添加用户功能代码后，主程序代码如下：

```
/* 文件: main.c -----------------------------------------------------------*/
#include "main.h"
#include "fatfs.h"
#include "i2c.h"
#include "sdio.h"
#include "tim.h"
#include "gpio.h"
#include "fsmc.h"
/* USER CODE BEGIN Includes */
#include "tftlcd.h"
#include "touch.h"
#include "keyled.h"
#include "24cxx.h"
#include "res.h"
#include <stdio.h>
/* USER CODE END Includes */

/* Private variables -----------------------------------------------------*/
/* USER CODE BEGIN PV */
uint16_t InfoStartPosY;          //信息显示起始行
/* USER CODE END PV */

int main(void)
{
    HAL_Init();
    SystemClock_Config();
    /* Initialize all configured peripherals */
    MX_GPIO_Init();
    MX_FSMC_Init();
    MX_TIM7_Init();
    MX_I2C1_Init();
```

第 20 章 电阻式触摸屏

```c
        MX_SDIO_SD_Init();
        MX_FATFS_Init();

    /* USER CODE BEGIN 2 */
        HAL_NVIC_DisableIRQ(EXTI1_IRQn);     //先关闭EXTI1中断,在进入GUI界面后再开启
        TFTLCD_Init();
        LCD_ShowStr(10,10,(uint8_t*)"Demo20_2:Touch-Res and GUI(Int)");
        FRESULT res=f_mount(&SDFatFS, "0:", 1);      //挂载SD卡文件系统
        if (res==FR_OK)
            LCD_ShowStr(10,LCD_CurY+LCD_SP15,(uint8_t*)"FatFS is mounted on SD");
        else
        {
            LCD_ShowStr(10,LCD_CurY+LCD_SP15,(uint8_t*)"No file system on SD card");
            while(1){}       //死循环,无法继续
        }

    //===1. 读取保存在EEPROM中的电阻式触摸屏参数,或进行触摸屏校准
        EP24C_ReadBytes(TOUCH_PARA_ADDR, &TouchPara.isSaved, sizeof(TouchPara));
        if (TouchPara.isSaved==TOUCH_PARA_SAVED)
        {
            LCD_ShowStr(10,LCD_CurY+LCD_SP15,(uint8_t*)"TP has been calibrated");
            HAL_Delay(2000);     //延时2秒后进入GUI界面
        }
        else
        {
            LCD_ShowStr(10,LCD_CurY+LCD_SP15,(uint8_t*)"TP has not been calibrated");
            LCD_CurY += LCD_SP15;
            TouchCalibrate();    //会清屏,进行触摸屏校准,然后进入GUI
        }

    //====2. 进入GUI界面
        BackImageIni();          //背景图片对象初始化
        IconGroupIni();          //图标阵列对象初始化
        DrawGUI();               //绘制GUI界面
        LcdFRONT_COLOR=lcdColor_RED;
        LCD_ShowStr(10,10,(uint8_t*)"Demo20_2:Touch-Res and GUI(Int)");
        LCD_ShowStr(10,30,(uint8_t*)"Touch an icon for test");
        InfoStartPosY=iconGroup[ICON_ROWS-1][0].PosY+ICON_SIZE+ICON_SPACE;
        HAL_NVIC_EnableIRQ(EXTI1_IRQn);           //开启外部中断,允许触摸屏响应
    /* USER CODE END 2 */

        /* Infinite loop */
        while (2)
        {
        }
    }
```

本示例对主程序的功能进行了简化,去除了文字菜单。在加载了 SD 卡的文件系统,成功读取到保存在 EEPROM 中的触摸屏参数后,就直接进入 GUI 界面。如果没有进行过触摸屏校准,就调用函数 TouchCalibrate()执行触摸屏校准过程,校准完成后也进入 GUI 界面。

GUI 界面的创建以及各图标的回调函数的实现与前一示例的完全相同,此处不再赘述。

在 main()函数里,完成外设初始化之后,执行下面的语句关闭外部中断 EXTI1:

```c
HAL_NVIC_DisableIRQ(EXTI1_IRQn);
```

这样可避免在进入 GUI 界面之前对触摸屏做出响应。在进入 GUI 界面之后,再执行下面的语句开启此外部中断:

```c
HAL_NVIC_EnableIRQ(EXTI1_IRQn);
```

2. 外部中断响应

外部中断的回调函数是 HAL_GPIO_EXTI_Callback()，在文件 main.c 中重新实现这个回调函数，其代码如下：

```
/* USER CODE BEGIN 4 */
void HAL_GPIO_EXTI_Callback(uint16_t GPIO_Pin)
{
    HAL_Delay(20);                  //延时，触摸屏也有抖动
    TOUCH_ScanAfterINT();           //稳定后直接读取坐标
    //重绘信息显示区的背景图片，以清除先前显示的文字
    LCD_ShowPartBackImage(0, InfoStartPosY, LCD_W, LCD_H-InfoStartPosY,
backImage.ImageData);

    LCD_CurY=InfoStartPosY;
    LCD_ShowStr(10,LCD_CurY,(uint8_t*)"Touched LCD_X= ");
    LCD_ShowInt(LCD_CurX, LCD_CurY, TouchPoint.Lcdx);
    LCD_ShowStr(10,LCD_CurY+LCD_SP10,(uint8_t*)"Touched LCD_Y= ");
    LCD_ShowInt(LCD_CurX, LCD_CurY, TouchPoint.Lcdy);
    //直接检查触摸点是否落在图标 iconGroup[2][2]上
    if (CheckIconPressed(TouchPoint.Lcdx, TouchPoint.Lcdy, &iconGroup[2][2]))
        LCD_ShowStr(10,LCD_CurY+LCD_SP10,(uint8_t*)"Icon[2][2] is pressed");
    else
        LCD_ShowStr(10,LCD_CurY+LCD_SP10,(uint8_t*)"Icon[2][2] is not pressed");

    uint8_t  IndRow, IndCol;
    uint8_t  IconStr[50];
    if (FindIconIndex(TouchPoint.Lcdx, TouchPoint.Lcdy, &IndRow, &IndCol))
    {
        sprintf((char *)IconStr,(char *)"Pressed Icon Index=(%d,%d)",IndRow,IndCol);
        LCD_ShowStr(10,LCD_CurY+20,IconStr);
        uint16_t PosX=iconGroup[IndRow][IndCol].PosX;
        uint16_t PosY=iconGroup[IndRow][IndCol].PosY;
        ImageShowDef *curIcon=&iconGroup[IndRow][IndCol];     //获取图标对象
        if (curIcon->IconCallback != NULL)
            curIcon->IconCallback(PosX, PosY, curIcon);        //执行图标的回调函数
    }
    HAL_Delay(200);                 //延时，消除抖动影响，触摸屏也有抖动
}
```

如果 T_PEN 信号发生下跳沿变化，就表示有了触摸操作。触摸屏的触摸操作与物理按键一样，也是有抖动的，所以，在进入回调函数后先延时 20ms，等待触摸操作稳定，在退出回调函数前也延时 200ms，避免触摸抖动的影响。

因为在 T_PEN 发生中断时肯定是有触摸操作的，所以不需要调用函数 TOUCH_Scan()去判断是否有触摸操作。文件 touch.h 新定义了一个函数 TOUCH_ScanAfterINT()，用于在中断后直接读取触摸屏的输出数据并计算 LCD 坐标。函数 TOUCH_ScanAfterINT()的实现代码如下：

```
void TOUCH_ScanAfterINT(void)           //T_PEN 中断后读取
{
    TouchPoint.Vx = TOUCH_Read_AD(TOUCH_X_CMD);
    TouchPoint.Vy = TOUCH_Read_AD(TOUCH_Y_CMD);
    /* 根据触摸屏输出的ADC转换值，计算 LCD 坐标*/
    TouchPoint.Lcdx = TouchPoint.Vx * TouchPara.xFactor + TouchPara.xOffset;
    TouchPoint.Lcdy = TouchPoint.Vy * TouchPara.yFactor + TouchPara.yOffset;

    if(TouchPoint.Lcdx > LcdPara.width)
        TouchPoint.Lcdx = LcdPara.width;
```

```
        if(TouchPoint.Lcdy > LcdPara.height)
            TouchPoint.Lcdy = LcdPara.height;
}
```

还有一点需要注意，因为 T_PEN 信号是有抖动的，类似于物理按键的抖动，所以需要修改 HAL 库中外部中断的通用处理函数 HAL_GPIO_EXTI_IRQHandler() 的代码。打开文件 stm32f4xx_it.c，找到 EXTI1 的 ISR，即下面的函数：

```
void EXTI1_IRQHandler(void)
{
    HAL_GPIO_EXTI_IRQHandler(GPIO_PIN_1);
}
```

通过 F3 快捷键跟踪函数 HAL_GPIO_EXTI_IRQHandler() 的代码，将其更改为如下的内容：

```
void HAL_GPIO_EXTI_IRQHandler(uint16_t GPIO_Pin)
{
    /* EXTI line interrupt detected */
    if(__HAL_GPIO_EXTI_GET_IT(GPIO_Pin) != RESET)
    {
        HAL_GPIO_EXTI_Callback(GPIO_Pin);         //先执行回调函数再清除中断标志
        __HAL_GPIO_EXTI_CLEAR_IT(GPIO_Pin);
    }
}
```

原始的代码是先清除中断标志，再执行回调函数。对于有抖动的外部中断信号，如物理按键和触摸屏操作，就会对一次操作做出多次中断响应。所以，将其调整为先执行回调函数，再清除中断标志。此外，我们在 EXTI 中断的回调函数的最后部分延时了 200ms，就是为了避免信号抖动的影响。关于按键抖动、外部中断的原理详见《基础篇》第 6 章和第 7 章。

注意，函数 HAL_GPIO_EXTI_IRQHandler() 是 HAL 库的代码，所做的修改并没有写在代码沙箱段内，所以，CubeMX 重新生成代码后，函数 HAL_GPIO_EXTI_IRQHandler() 的代码又会还原为原始的状态，要记得再次修改。

读取触摸点的 LCD 坐标后，再进行 GUI 交互操作的代码和原理与前一示例的就是相同的了。

第 21 章　电容式触摸屏

电容式触摸屏是另一种常用的触摸屏，它无须校准，输出的直接是 LCD 坐标，且具有多点触摸检测功能，能检测左滑、右滑等多种手势操作，所以多应用于手机、平板电脑等设备。在本章中，我们将介绍电容式触摸屏的工作原理、软硬件接口和编程使用方法。

21.1　电容式触摸屏的工作原理

电容式触摸屏是通过检测面板上的电容变化来检测屏幕坐标的，电容式触摸屏的基本结构和工作原理如图 21-1 所示。

电容式触摸屏有上下两层玻璃面板，两层玻璃面板上都有 ITO 涂层，但是 ITO 涂层不是全覆盖的，而是以菱形样式覆盖。上下两个涂层之间是绝缘的，两层的菱形正好互相补缺（见图 21-1）。在驱动信号作用下，相邻的菱形之间形成电容。当手指触摸屏幕时，因为手指的电流感应现象会吸走部分电流，导致触摸点附近的电容发生微小变化，电路检测出电容变化的点就可以确定触摸点。

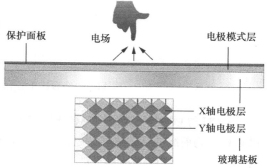

图 21-1　电容式触摸屏的基本结构和工作原理

电容式触摸屏也是由专门的芯片驱动的，例如，与普中 STM32F407 开发板配套的 4.3 英寸电容触摸屏，其触摸驱动芯片是 GT5663。因为触摸屏的微小电容是覆盖在整个 LCD 上的，检测到的电容变化点就对应于 LCD 的屏幕坐标，所以电容式触摸屏输出的就是 LCD 上的坐标，不像电阻式触摸屏那样需要进行预先校准。电容式触摸屏支持多点触摸检测，除了检测最简单的单击，还可以检测双击和多种手势，如左滑、右滑、上滑、下滑等。

电容屏造价较高，屏幕表面如果有水汽，就会影响触摸操作。但是电容式触摸屏响应更灵敏，支持多点触摸和手势检测，所以在手机、平板电脑等消费类电子产品上，用的都是电容式触摸屏。

21.2　电容式触摸屏的软硬件接口

21.2.1　电容式触摸屏接口

与开发板配套的 LCD 也有带电容式触摸屏的，如型号为 NT35510 的 4.3 英寸 LCD 就是一个电容式触摸 LCD 模块，电容式触摸屏的驱动芯片型号是 GT5663。

电容式触摸屏的数字通信接口是 I2C 接口，还有一个复位信号和一个中断信号。4.3 英寸的 LCD 模块仍然通过 LCD 插槽插到开发板上，开发板上 34 针的 LCD 插槽的信号连接如图 21-2 所示。

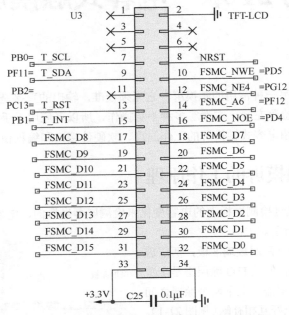

图 21-2　开发板上连接电容式触摸 LCD 模块的接口

MCU 与 LCD 仍然通过 FSMC 接口连接，与电容式触摸屏通过 4 个信号线连接，即图 21-2 中以"T_"为前缀的几个信号。电容式触摸屏的接口信号以及 MCU 连接的 GPIO 引脚的设置见表 21-1。

表 21-1　电容式触摸屏的接口信号以及与 MCU 连接的 GPIO 引脚的设置

触摸屏信号	信号功能	GPIO 引脚	GPIO 模式	上拉或下拉	初始输出	输出速率
T_SCL	I2C 接口时钟信号	PB0	推挽输出	上拉	高电平	Medium
T_SDA	I2C 接口数据线	PF11	推挽输出	上拉	高电平	Medium
T_RST	GT5663 的复位信号，低有效	PC13	推挽输出	无	高电平	Low
T_INT	GT5663 的中断输出信号，可配置为上跳沿或下跳沿有效	PB1	输入	无	—	—

- 与 T_SCL 和 T_SDA 连接的 PB0 和 PF11 不是硬件 I2C 接口，所以在实际通信中，要用软件模拟 I2C 接口通信。使用软件模拟 I2C 时，作为 T_SDA 线的 PF11 需要在程序里动态改变输入/输出方向。
- GT5663 的中断输出信号 T_INT 可以配置为上跳沿或下跳沿有效，MCU 连接此信号时，GPIO 引脚不能设置为上拉或下拉。本章示例未使用外部中断方式检测 T_INT 信号。

- T_RST 是 GT5663 的复位信号，T_RST 持续为低电平 100μs 以上，可使 GT5663 复位。
- 在使用电容式触摸屏 LCD 模块时，与 LCD 插槽上连接的 PB2 没有用处，因为电容式触摸屏只需 4 根控制线。

21.2.2 电容式触摸屏控制芯片功能

型号为 NT35510 的 4.3 英寸 LCD 带有电容式触摸屏，触摸屏的控制芯片型号为 GT5663，在 LCD 模块的接口上只有 4 根信号线，如图 21-2 所示。触摸屏的控制主要是通过 I2C 接口设置触摸屏的参数，读取触摸点数据。电容式触摸屏输出的是触摸点的坐标数据，无须像电阻式触摸屏那样预先进行校准。

GT5663 有很多功能，除了常规的多点触控检测，还具有手势检测、近场通信等功能。GT5663 有大量的寄存器，通过 I2C 通信，可以设置和读取这些寄存器的内容。本书只介绍 GT5663 多点触控检测的基本功能以及一些主要寄存器的读写操作。

1. I2C 通信的设备地址

MCU 与 GT5663 之间通过 I2C 接口通信，GT5663 具有如下两组 8 位 I2C 设备地址。
- 第 1 组：写地址 0xBA，读地址 0xBB。
- 第 2 组：写地址 0x28，读地址 0x29。

在使 GT5663 复位时，通过控制 T_RST 和 T_INT 信号的时序选择具体使用哪一组 I2C 地址。

图 21-3 所示的是设置 I2C 地址为 0x28/0x29 时的复位时序。在 T_RST 信号变为高电平之前，我们需要将 T_INT 设置为输出，并持续输出高电平至少 100μs。在 T_RST 变为高电平之后，T_INT 需要继续输出高电平，持续时间为 5ms 至 10ms。然后，T_INT 变为输出低电平，持续至少 50ms 之后，T_INT 设置为悬浮输入，当作正常的中断输入信号使用。

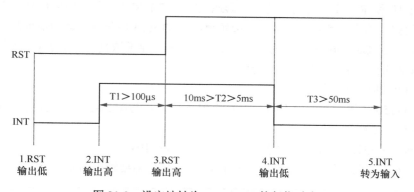

图 21-3 设定地址为 0x28/0x29 的复位时序

图 21-4 所示的是设置 I2C 地址为 0xBA/0xBB 时的复位时序。在 T_RST 信号变为高电平之前，我们需要将 T_INT 设置为输出，并持续输出低电平至少 100μs。在 T_RST 变为高电平之后，T_INT 继续输出低电平，持续时间在 5ms 和 10ms 之间。然后，T_INT 继续持续输出低电平至少 50ms。之后，将 T_INT 设置为悬浮输入，当作正常的中断输入信号使用。

由两个时序图可以看到，设置 I2C 地址为 0xBA/0xBB 的时序更简单一些，所以我们在程序中使用地址 0xBA/0xBB。

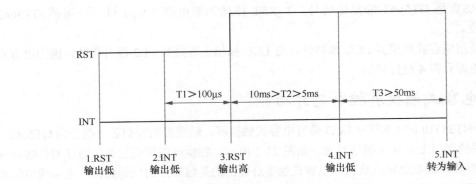

图 21-4 设定地址为 0xBA/0xBB 的复位时序

2. GT5663 的 I2C 通信时序

主机与 GT5663 之间通过 I2C 接口进行通信。因为图 21-2 中与 GT5663 的 I2C 接口连接的 PB0 和 PF11 不是硬件 I2C 接口，需要用软件模拟 I2C 接口通信，所以必须搞清楚 GT5663 的 I2C 通信时序。

主机对 GT5663 进行写操作的时序如图 21-5 所示，图中的几个元素符号意义如下。

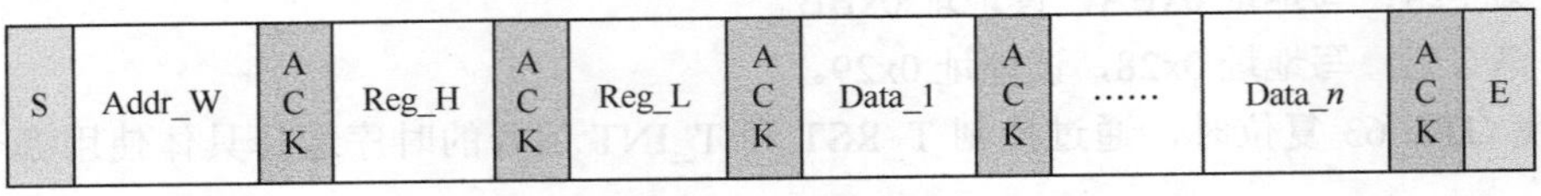

| S | Addr_W | ACK | Reg_H | ACK | Reg_L | ACK | Data_1 | ACK | …… | Data_n | ACK | E |

图 21-5 主机对 GT5663 进行写操作的时序

- S：I2C 通信的起始信号。
- Addr_W：GT5663 的 I2C 写操作设备地址，即 0xBA。
- ACK：应答信号。
- Reg_H 和 Reg_L：待写入的寄存器地址的高字节和低字节。如果是要连续写入多个字节数据，这个地址是写入数据的起始地址。GT5663 内部寄存器的地址是 16 位的。
- Data_1 到 Data_n：要写入的数据字节。写入多个字节数据时，GT5663 会自动将数据从起始地址开始向后递增地址存储。
- E：I2C 通信的停止信号。

主机对 GT5663 进行读取操作的时序如图 21-6 所示，与图 21-5 中相同的符号意义也相同，两个新符号的意义如下。

- Addr_R：GT5663 的 I2C 读操作设备地址，即 0xBB。
- NACK：非应答信号。读完最后一个字节，MCU 需要输出 NACK 信号。

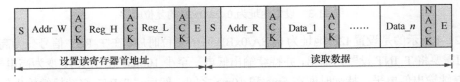

图 21-6 主机对 GT5663 进行读取操作的时序

这两个时序图中的 S、E、ACK、NACK 等是 I2C 通信中的时序基本单元，具体意义见《基础篇》第 17 章，或 STM32F407 参考手册的 I2C 接口一章。

21.2 电容式触摸屏的软硬件接口

在使用软件模拟 I2C 通信时，我们需要用普通 GPIO 引脚模拟出 S、E、ACK、NACK 等基本 I2C 通信时序单元；然后，再根据图 21-5 的时序编写出写寄存器数据的函数，根据图 21-6 的时序编写出读寄存器数据的函数，那么 GT5663 的操作就容易了，主要就是寄存器数据的读写。

3. GT5663 的模式设置

GT5663 有多种工作模式，一个时刻只能是一种工作模式，模式之间可以切换。GT5663 的这几种工作模式描述如下。

- 正常模式。就是读取触摸点坐标的模式，在 GT5663 复位后，向指令寄存器（地址 0x8040）写入 0x00 就进入正常模式。正常模式下检测多点触摸，最多可检测 10 点触摸。最快的坐标刷新周期是 5ms 到 20ms，这是可设置的。
- 绿色模式。在正常模式下，当一段时间（0 到 15s，可设置）无触摸操作时，自动进入绿色模式，以降低功耗。在绿色模式下，若有触摸操作发生，将自动进入正常模式。
- 手势模式。在此模式下，电容式触摸屏可以检测手指在屏幕上的左滑、右滑、上滑、下滑等滑动操作，还有双击、书写特定字符等。通过发送进入手势模式的指令，并且 T_INT 输出特定时序，电容式触摸屏进入手势模式。
- 休眠模式。通过发送关屏指令，并且使 T_INT 输出特定时序，电容式触摸屏可进入休眠模式。
- 近场通信模式。近场通信有接近、发送、接收等 3 种模式，用于近场通信。

GT5663 的寄存器地址是 16 位的，指令寄存器（地址 0x8040）是一个重要的寄存器，GT5663 工作模式的切换和一些主要的功能操作都涉及这个寄存器。本书只考虑正常模式，在 GT5663 复位后，我们需要向指令寄存器依次写入如下的两个指令数据。

- 向指令寄存器写入 0x02，使 GT5663 进行软复位。
- 向指令寄存器写入 0x00，使 GT5663 进行正常模式，也就是多点触摸读取坐标点的模式。

GT5663 还有很多寄存器，用于触摸屏的特性设置，例如，设置坐标更新周期、设置触摸屏去抖动参数、设置滤波特性等。这些寄存器在复位后都有默认设置，使用默认设置即可。

4. 主要的可读写数据寄存器

在正常模式下，程序的主要任务是查询是否有触摸点，以及读取触摸点的坐标数据。GT5663 中几个主要的需要读写的寄存器见表 21-2。在 GT5663 中，寄存器地址是 16 位，寄存器数据是 8 位。表中"访问模式"一列中，R 表示只读，R/W 表示可读可写。

表 21-2 GT5663 中几个主要的需要读写的寄存器

寄存器地址	访问模式	Bit7	Bit6	Bit5	Bit4	Bit3	Bit2	Bit1	Bit0
0x8140	R	产品 ID 第 1 个字节，ASCII 码，如 '5'							
0x8141	R	产品 ID 第 2 个字节，ASCII 码，如 '6'							
0x8142	R	产品 ID 第 3 个字节，ASCII 码，如 '6'							
0x8143	R	产品 ID 第 4 个字节，ASCII 码，如 '3'							
0x814E	R/W	Buffer Status	Large Detect	Proximity Valid	HaveKey	Number of Touch Points			
0x814F	R	Touch Status	Hotknot	Reserved	track_id				

续表

寄存器地址	访问模式	Bit7	Bit6	Bit5	Bit4	Bit3	Bit2	Bit1	Bit0
0x8150	R	第 1 个触摸点的 X 坐标，低字节								
0x8151	R	第 1 个触摸点的 X 坐标，高字节								
0x8152	R	第 1 个触摸点的 Y 坐标，低字节								
0x8153	R	第 1 个触摸点的 Y 坐标，高字节								
0x8154	R	第 1 个触摸点的大小，宽度								
0x8155	R	第 1 个触摸点的大小，高度								

（1）触摸屏控制芯片的 ID。从地址 0x8140 开始的 4 字节是芯片的产品 ID，用 ASCII 码表示。在触摸屏复位后，程序可以读取这 4 字节，看触摸屏主控芯片的型号是否是 GT5663。

（2）触摸点缓冲区状态和个数。地址为 0x814E 的寄存器很重要，它表示当前是否有可读取的坐标数据，以及触摸点个数。

- Buffer Status 位为 1，表示坐标（或按键）数据已经准备好，MCU 可以读取；Buffer Status 为 0，表示未就绪，数据无效。MCU 读取完坐标数据后，需要将此位写 0，或整个寄存器写入 0。
- Number of Touch Points，最低 4 位是触摸点个数，为 0，表示无触摸点；为 2，表示有 2 个点被同时按下。GT5663 支持最多 10 点同时触摸，所以这个值最大为 10。

注意，在程序实际调试中发现，即使 Buffer Status 为 1，后面的触摸点个数也可能是 0。所以，要判断是否存在有效的触摸点，Buffer Status 必须为 1，且触摸点个数大于 0。如果 Buffer Status 为 1，而触摸点个数为 0，就必须清除 0x814E 寄存器；否则，GT5663 不会更新触摸点数据。

（3）单个触摸点的数据。地址为 0x814F 的寄存器存储的是第 1 个触摸点的状态信息，具体如下。

- Touch Status，值为 1 或 0，1 表示高灵敏度触摸坐标，0 表示正常灵敏度触摸坐标。
- Hotknot，值为 1 或 0，1 表示 Hotknot 接近信息，0 表示非 Hotknot 接近信息。
- track_id，触摸点的 ID 号，也就是有多个触摸点时的顺序号。一般会从第 1 个触摸点数据寄存器顺序存储。

地址为 0x8150 和 0x8151 的寄存器，存储第 1 个触摸点 X 坐标数据的低字节和高字节。地址为 0x8152 和 0x8153 的寄存器，存储第 1 个触摸点 Y 坐标数据的低字节和高字节。地址为 0x8154 的寄存器存储第 1 个触摸点的宽度，地址为 0x8155 的寄存器存储第 1 个触摸点的高度。这些数据的单位都是像素，直接与 LCD 屏对应。

GT5663 支持最多 10 点同时触摸，也就是同时在屏幕上按下 10 个点，可检测到这 10 个点的坐标。每个触摸点都有类似于从 0x814F 到 0x8155 的一组寄存器。一般情况下用不到这么多触摸点，可能 2 到 3 个就足够了。在正常模式下，一般直接从 X 坐标数据的低字节开始读取数据。在程序中，我们可以将前 5 个触摸点的 X 坐标低字节寄存器地址定义为宏，例如：

```
#define GT_TP1_REG        0X8150          //第 1 个触摸点 X 坐标低字节寄存器地址
#define GT_TP2_REG        0X8158          //第 2 个触摸点 X 坐标低字节寄存器地址
```

```
#define GT_TP3_REG      0X8160      //第 3 个触摸点 X 坐标低字节寄存器地址
#define GT_TP4_REG      0X8168      //第 4 个触摸点 X 坐标低字节寄存器地址
#define GT_TP5_REG      0X8170      //第 5 个触摸点 X 坐标低字节寄存器地址
```

5. 中断信号 T_INT

在正常模式下，GT5663 的 T_INT 作为中断输出信号，可配置为上跳沿或下跳沿有效。地址为 0x8056 的寄存器最低 2 位用于配置中断触发方式：00 是上跳沿触发；01 是下跳沿触发；02 是低电平查询；03 是高电平查询。

GT5663 的 T_INT 信号不仅是中断信号，有时还需要配置为输出，用于复位时设置 I2C 设备地址（见图 21-3 和图 21-4）、控制模式切换等操作。

21.3 电容触摸屏的使用示例

21.3.1 示例功能和 CubeMX 项目设置

在本章中，我们设计一个示例 Demo21_1TouchCap，使用 4.3 英寸电容触摸屏（触摸屏驱动芯片是 GT5663），演示触摸屏基本驱动程序的编写以及电容式触摸屏的使用。本示例实现与示例 Demo20_1TouchRes 相似的 GUI 界面，只是改用 4.3 英寸电容式触摸屏操作。

本示例需要用到 LED 和蜂鸣器，为此我们使用 CubeMX 模板项目文件 M5_LCD_KeyLED_Buzzer.ioc 创建本示例 CubeMX 文件 Demo21_1TouchCap.ioc（操作方法见附录 A）。本示例不需要用到 4 个物理按键，所以可以删除 4 个按键的 GPIO 设置。时钟树上的 HCLK 为 168MHz，确保 APB1 的定时器时钟信号频率为 84MHz，然后做如下的设置。

1. 设置 SDIO

本示例要使用 SD 卡中存储的 BMP 图片绘制 GUI 界面，要使用 SDIO 接口。SDIO 的模式设置为 SD 4 bits Wide bus，其参数设置如图 21-7 所示。SDIO 的参数设置原理详见 13.4 节。

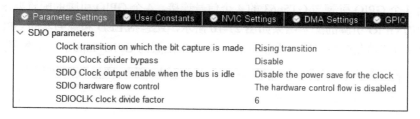

图 21-7　SDIO 的参数设置

我们需要在 SD 卡上创建一个文件夹\BMP，将图 18-6 中的 BMP 图片复制到这个文件夹下，用于程序运行时绘制 GUI 界面。这些 BMP 图片在本书源程序目录\Part5_Pictures\ImageResource 下。

2. 设置 FatFS

我们使用 FatFS 管理 SD 卡上的文件系统。FatFS 的模式设置中，请选择 SD Card，其参数设置如图 21-8 所示。只需设置 CODE_PAGE 为简体中文，并使用长文件名（USE_LFN），其他参数都保持默认设置。但是注意，本示例无须开启 RTC，因为在项目中不重新实现 FatFS 的 get_fattime()函数。

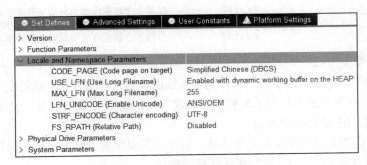

图 21-8 FatFS 的参数设置

3. 设置定时器 TIM7

在使用 GPIO 引脚模拟 I2C 接口与 GT5663 通信时,我们需要用到微秒级延时函数,故使用定时器 TIM7 实现微秒级延时。激活定时器 TIM7,其参数设置如图 21-9 所示。设置分频系数为 83,使 TIM7 计数器的时钟频率为 1MHz。定时器参数设置的具体原理见《基础篇》第 9 章。

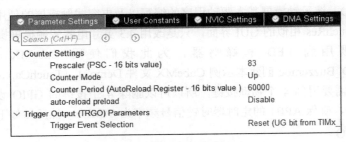

图 21-9 定时器 TIM7 的参数设置

4. 设置与 GT5663 连接的 4 个 GPIO 引脚

我们用 4 个 GPIO 引脚与 GT5663 的 4 个信号连接。4 个 GPIO 引脚的配置要求见表 20-1,CubeMX 中的 GPIO 引脚的配置结果如图 21-10 所示,还包括 LED 和蜂鸣器的 GPIO 引脚。本示例使用轮询方式检测触摸屏的触摸点,所以,T_INT 配置为 GPIO_Input,而不配置为外部中断。

Pin Name	User Label	GPIO mode	GPIO Pull-up/Pull-...	GPIO output level	Maximum output ...
PF11	T_SDA	Output Push Pull	Pull-up	High	Medium
PB0	T_SCL	Output Push Pull	Pull-up	High	Medium
PC13-A...	T_RST	Output Push Pull	No pull-up and no ...	High	Low
PB1	T_INT	Input mode	No pull-up and no ...	n/a	n/a
PF10	LED2	Output Push Pull	No pull-up and no ...	Low	Low
PF9	LED1	Output Push Pull	No pull-up and no ...	Low	Low
PF8	Buzzer	Output Push Pull	No pull-up and no ...	High	Low

图 21-10 CubeMX 中的 GPIO 引脚的配置结果

21.3.2 程序功能实现

1. 主程序

完成设置后,CubeMX 会自动生成代码。我们在 CubeIDE 中打开项目,先将 PublicDrivers 目录下的 TFT_LCD、KEY_LED、IMG_BMP 驱动程序文件夹添加到项目的搜索路径中。

注意,本示例需要使用 4.3 英寸的电容屏,其驱动芯片型号为 NT35510。所以,我们需

要在 **tftlcd.h** 中解除型号 NT35510 的宏定义注释,并将前面常用型号 ILI9481 的宏定义注释掉,即改为如下的定义:

```
#define TFTLCD_NT35510              //4.3英寸电容屏,800*480
//#define TFTLCD_ILI9481            //3.5英寸电阻屏,分辨率480*320
```

如果开发板上的 LCD 不是驱动芯片型号为 NT35510 的 4.3 英寸电容屏,本示例将无法正常运行,不要强行将本示例下载到使用电阻屏的开发板上。

接下来,我们将项目 Demo20_1TouchRes 目录下的 Resource 文件夹复制到本项目下(稍后会修改其中的文件 res.h 和 res.c),在项目根目录下创建一个文件夹 TOUCH_CAP,用于存放电容式触摸屏的驱动程序文件。

在主程序中添加用户功能代码,完成后的主程序代码如下:

```c
/* 文件: main.c -----------------------------------------------------------*/
#include "main.h"
#include "fatfs.h"
#include "sdio.h"
#include "tim.h"
#include "gpio.h"
#include "fsmc.h"
/* USER CODE BEGIN Includes */
#include "tftlcd.h"
#include "touch.h"
#include "keyled.h"
#include "gt5663.h"
#include "res.h"
#include <stdio.h>
/* USER CODE END Includes */

int main(void)
{
    HAL_Init();
    SystemClock_Config();
    /* Initialize all configured peripherals */
    MX_GPIO_Init();          //GPIO引脚初始化,包括与GT5663通信的4个GPIO引脚的初始化
    MX_FSMC_Init();
    MX_TIM7_Init();          //TIM7初始化
    MX_SDIO_SD_Init();
    MX_FATFS_Init();

    /* USER CODE BEGIN 2 */
    TFTLCD_Init();
    LCD_ShowStr(10,10,(uint8_t*)"Demo21_1:Capacitive touch panel");

//====1.触摸屏初始化后,读取PID和提示信息
    Touch_Init();            //触摸屏初始化
    uint8_t  PID[5]={0,0,0,0,0};
    Touch_ReadPID(PID);               //读取触摸屏控制芯片ProductID,"5663\0"
    LCD_ShowStr(10,LCD_CurY+LCD_SP15,(uint8_t*)"Product ID of Touch Panel= ");
    LCD_ShowStr(LCD_CurX,LCD_CurY,PID);

    LCD_ShowStr(10,LCD_CurY+LCD_SP15,(uint8_t*)"Try to press screen with 1-5 fingers");
    LCD_ShowStr(10,LCD_CurY+LCD_SP15,(uint8_t*)"Enter GUI when TP count>=4");
    uint8_t  TP_Count=0;              //触摸点个数
    uint16_t InfoStartPosY=LCD_CurY+LCD_SP20;
    uint8_t  TPStr[30];               //用于显示触摸点坐标

//===2.多点触摸测试,坐标数据读取与显示
```

```c
    while(1)
    {
        TP_Count=Touch_ScanAll();        //多点触摸检测,返回值为触摸点个数
        if (TP_Count>0)
        {
            LCD_ClearLine(InfoStartPosY,LCD_H,LcdBACK_COLOR);    //清除显示区
            LCD_CurY=InfoStartPosY;
            LCD_ShowStr(10,LCD_CurY,(uint8_t*)"TP count= ");
            LCD_ShowUint(LCD_CurX, LCD_CurY,TP_Count);

            for(uint8_t i=0; i<TouchPoint.TPCount;i++)
            {    //显示触摸点坐标
                sprintf(TPStr,"TP%d=(%d,%d)",i,TouchPoint.TPx[i], TouchPoint.TPy[i]);
                LCD_ShowStr(20,LCD_CurY+LCD_SP10,TPStr);
            }
            HAL_Delay(200);              //消除抖动,触摸操作也有抖动
            Touch_ClearStatus();         //清除触摸点缓冲区状态,才能更新坐标
        }

        if(TP_Count>=4)                  //4个触摸点时退出while(1)循环,进入GUI界面
            break;
        HAL_Delay(10);
    }

//=====3. 挂载文件系统
    FRESULT res=f_mount(&SDFatFS, "0:", 1);      //挂载SD卡文件系统
    if (res !=FR_OK)           //SD卡没有文件系统
    {
        LCD_ShowStr(10,LCD_CurY+LCD_SP15,(uint8_t*)"No file system on SD card");
        LCD_ShowStr(10,LCD_CurY+LCD_SP15,(uint8_t*)"Can not enter GUI");
        LCD_ShowStr(10,LCD_CurY+LCD_SP15,(uint8_t*)"Please power off ");
        LCD_ShowStr(10,LCD_CurY+LCD_SP15,(uint8_t*)"and insert SD card");
        while(1) {}              //无SD卡,无法绘制GUI,死循环
    }

//=====4. 进入GUI界面
    BackImageIni();              //初始化背景图片对象
    IconGroupIni();              //初始化图标阵列对象
    LcdBACK_COLOR=lcdColor_GRAY;           //灰色背景
    LcdFRONT_COLOR=lcdColor_YELLOW;        //黄色文字
    DrawGUI();                   //绘制GUI界面
    LCD_ShowStr(10,10,(uint8_t*)"Demo21_1:Capacitive touch panel");
    LCD_ShowStr(10,LCD_CurY+LCD_SP15,(uint8_t*)"Try to click an icon");
    InfoStartPosY=iconGroup[ICON_ROWS-1][0].PosY+2*ICON_SIZE;    //信息显示起始行
    /* USER CODE END 2 */

    /* Infinite loop */
    /* USER CODE BEGIN WHILE */
//====5. GUI界面响应
    uint8_t IndRow,IndCol;
    uint8_t IconStr[50];
    while (2)
    {
        if (Touch_ScanOne() ==0)       //只检查单点触摸坐标
        {
            HAL_Delay(10);             //无触摸操作时,10ms查询一次
            continue;
        }

        LCD_ClearLine(InfoStartPosY, LCD_H, LcdBACK_COLOR);      //清除信息显示区
```

```c
            LCD_CurY=InfoStartPosY;
            LCD_ShowStr(10,LCD_CurY,(uint8_t*)"Touched LCD_X= ");
            LCD_ShowInt(LCD_CurX, LCD_CurY,TouchPoint.Lcdx);
            LCD_ShowStr(10,LCD_CurY+LCD_SP10,(uint8_t*)"Touched LCD_Y= ");
            LCD_ShowInt(LCD_CurX, LCD_CurY,TouchPoint.Lcdy);

//直接检查触摸点是否落在图标iconGroup[2][0]上
            if (CheckIconPressed(TouchPoint.Lcdx, TouchPoint.Lcdy, &iconGroup[2][0]))
                LCD_ShowStr(10,LCD_CurY+LCD_SP10,(uint8_t*)"Icon[2][0] is pressed");
            else
                LCD_ShowStr(10,LCD_CurY+LCD_SP10,(uint8_t*)"Icon[2][0] is not pressed");

            if (FindIconIndex(TouchPoint.Lcdx,TouchPoint.Lcdy, &IndRow, &IndCol))
            {
                sprintf(IconStr,"Pressed Icon Index=(%d,%d)",IndRow,IndCol);
                LCD_ShowStr(10,LCD_CurY+LCD_SP10,IconStr);
                sprintf(IconStr,"Pressed Icon.Tag=%d", iconGroup[IndRow][IndCol].Tag);
                LCD_ShowStr(10,LCD_CurY+LCD_SP10,IconStr);

                uint16_t PosX=iconGroup[IndRow][IndCol].PosX;
                uint16_t PosY=iconGroup[IndRow][IndCol].PosY;
                ImageShowDef *curIcon=&iconGroup[IndRow][IndCol];       //获取图标对象
                if (curIcon->IconCallback != NULL)
                    curIcon->IconCallback(PosX, PosY, curIcon);         //执行图标的回调函数
            }
            HAL_Delay(200);                 //消除抖动影响,触摸操作也有抖动
            Touch_ClearStatus();            //清除触摸点缓冲区状态,才会再次更新触摸点坐标
    /* USER CODE END WHILE */
    }
}
```

在外设初始化部分,函数 MX_GPIO_Init()进行 GPIO 引脚的初始化,包括与 GT5663 通信的 4 个 GPIO 引脚的初始化。

电容式触摸屏的驱动程序文件在项目的子目录 TOUCH_CAP 里,有 touch.h/.c、gt5663.h/.c、soft_i2c.h/.c 等文件。这里,我们先使用其中的驱动函数,后面再介绍电容式触摸屏驱动程序的编写。

完成外设初始化和 LCD 初始化后的程序分为以下几个步骤。

(1)触摸屏初始化。执行函数 Touch_Init()进行触摸屏的软件初始化,然后调用函数 Touch_ReadPID()读取触摸屏主控芯片的型号字符串,如果是"5663",就说明型号与驱动程序是匹配的。

(2)多点触摸测试。在一个 while()循环里,用函数 Touch_ScanAll()进行多点触摸检测,函数的返回值就是触摸点个数。如果触摸点个数大于 0,Touch_ScanAll()会自动读取至多 5 个触摸点的坐标数据,并将其保存到全局变量 TouchPoint 里。程序会显示检测到的至多 5 个触摸点的坐标数据。

注意,触摸操作也是有抖动的,所以在读取触摸点坐标数据并显示后,需要延时 200ms,并且在延时后调用 Touch_ClearStatus()函数清除触摸点缓冲区状态,也就是向地址为 0x814E 的寄存器写入 0。寄存器 0x814E 中的 Buffer Status 位类似于外部中断的标志位,应该先读取触摸点坐标、进行处理、适当延时至抖动结束,然后再清除 Buffer Status 位。这样,可以避免一次触摸响应 2 次以上。

程序运行时,若用 1 根手指单击屏幕,会显示 1 个触摸点及其坐标;若用 2 根或 3 根手指同时单击屏幕,会显示 2 个或 3 个触摸点及其坐标数据。如果触摸点个数大于等于 4,就退出

多点触摸测试的 while 循环，准备进入 GUI 界面。

（3）挂载 SD 卡文件系统。因为绘制 GUI 界面的 BMP 图片文件在 SD 卡的\BMP 目录下，所以如果没有 SD 卡，就没有用于绘制 GUI 的图片，程序就会进入死循环。

（4）进入 GUI 界面。准备背景图片对象和图标阵列对象后，执行函数 DrawGUI() 绘制 GUI 界面。注意，在本示例中，我们绘制 GUI 界面时没有使用背景图片，而是直接用背景颜色清屏。因为 4.3 英寸的 LCD 分辨率是 800×480 像素，若使用图片数据绘制背景图片，图片数据将占据 800×480×4=768000 字节，而 STM32F407ZG 总的 Flash 空间才 1024KB，所以本示例直接使用背景颜色清屏。

（5）GUI 界面响应。在 while(2) 循环里，调用函数 Touch_ScanOne() 检测一个触摸点，即使有多点触摸，也只读取第 1 个触摸点的数据。当检测到有触摸点后，函数 Touch_ScanOne() 将读取的坐标数据保存在全局变量 TouchPoint 里，通过坐标数据查找图标索引、调用回调函数等操作与示例 Demo20_1TouchRes 就是一样的了。

在处理一个触摸点后，需要做的是延时 200ms 以消除抖动的影响，然后调用函数 Touch_ClearStatus() 清除触摸点缓冲区状态。

2. GUI 界面的创建与响应

我们将项目 Demo20_1TouchRes 目录下的 Resource 文件夹复制到本项目，对文件 res.h 和 res.c 稍作修改。

本项目绘制 GUI 界面时，不使用图片文件数据绘制背景图片，因为图片文件数据太大。又不能使用 BMP 图片文件绘制背景，因为要在背景上显示文字，需要清除文字显示区域，而使用 BMP 图片文件绘制背景时，难以清除部分背景区域。所以，在绘制背景图片时，我们直接用背景颜色清屏。

头文件 res.h 无须修改，其完整代码见 20.3.4 节，这里不再重复展示。文件 res.c 中，我们将包含图片数据文件的语句注释掉，修改函数 BackImageIni()、DrawBackImage() 和 DrawGUI() 的代码。修改后文件 res.c 的定义部分以及这 3 个函数的代码如下：

```c
/* 文件：res.c ------------------------------------------------------------*/
#include     "res.h"
#include     "bmp_opera.h"
#include     "keyled.h"
#include     <string.h>
#include     <stdio.h>

ImageShowDef    backImage;                  //背景图片对象
ImageShowDef    iconGroup[ICON_ROWS][ICON_COLUMNS];    //3*3 图标对象数组

void  BackImageIni()    //初始化背景图片对象
{
    backImage.PosX=0;
    backImage.PosY=0;
    backImage.ImageWidth=LCD_W;
    backImage.ImageHeight=LCD_H;
    strcpy((char *)backImage.Filename, (char *)"0:/BMP/back43.bmp");  //BMP 图片文件名
}

void  DrawBackImage()    //绘制背景图片
{
    DrawBmpFile(0, 0, backImage.Filename);        //用 BMP 文件绘图
}
```

```
void DrawGUI()                    //绘制 GUI 界面
{
    LCD_Clear(LcdBACK_COLOR);     //直接用背景颜色清屏
    DrawIconGroup();              //绘制图标阵列
}
```

其实，BackImageIni()和 DrawBackImage()这两个函数在本项目中已经没有用处，但为了程序结构的统一，以及以后可能的程序改写，保留了它们。文件 res.c 里，其他函数的代码保持不变，其他函数的代码和解释见 20.3 节的示例，这里不再重复展示和解释。

构建项目后，我们将其下载到开发板并运行测试——开始的文字界面上就可以进行触摸操作，在 LCD 上会显示触摸点个数及其坐标。如果同时有 4 个触摸点，程序就会进入 GUI 界面，图 21-11 所示的是 LCD 界面的截图，在此 GUI 界面上，我们可以单击图标，看到相应的显示信息，并让图标的回调函数得以执行。GUI 界面的创建，通过触摸点获取图标对象，图标的回调函数及其执行等功能的实现，与示例 Demo20_1TouchRes 相同，代码和分析见 20.3 节，此处不再赘述。

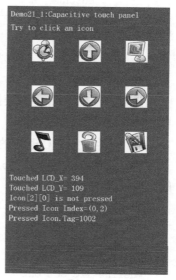

图 21-11　本示例运行时
LCD 界面的截图

21.3.3　电容触摸屏驱动程序

1. 驱动程序概述

在本项目根目录下，我们创建一个文件夹 TOUCH_CAP，用于存放电容触摸屏的驱动程序文件。这个目录下有以下几个文件。

- 文件 soft_i2c.h 和 soft_i2c.c，这两个文件定义和实现了软件模拟 I2C 通信的一些基本操作。
- 文件 gt5663.h 和 gt5663.c，这两个文件定义和实现了 GT5663 的一些常用操作的函数，涉及的 I2C 通信就调用文件 soft_i2c.h 中的接口函数实现。
- 文件 touch.h 和 touch.c，这两个文件定义和实现了电容触摸屏的一些功能函数，供用户应用程序调用，这些函数依赖于文件 gt5663.h 的接口函数。

用户程序只调用 touch.h 里的函数，而不直接调用 gt5663.h 里的函数。如果更换了其他驱动芯片的触摸屏，只需用新型号的器件驱动文件替代 gt5663.h 和 gt5663.c，修改 touch.c 里的函数实现代码，而用户的应用程序可能不需要怎么修改。

2. 微秒级延时函数的实现

在软件模拟 I2C 通信时，我们需要用到微秒级延时，HAL 库中没有微秒级延时的函数，HAL_Delay()是毫秒级函数。我们在 CubeMX 中启用定时器 TIM7，并且设置其计数器时钟信号频率为 1MHz。用定时器 TIM7 实现一个微秒级延时函数，在 tim.h 中定义函数 Delay_us()，在 tim.c 中实现的这个函数代码如下：

```
/* USER CODE BEGIN 1 */
void Delay_us(uint16_t delay)                //使用 TIM7 进行微秒级延时
{
    __HAL_TIM_DISABLE(&htim7);               //禁止 TIM7
    __HAL_TIM_SET_COUNTER(&htim7, 0);        //设置初值为 0
```

```
    __HAL_TIM_ENABLE(&htim7);
    uint16_t curCnt=0;
    while(1)
    {
        curCnt=__HAL_TIM_GET_COUNTER(&htim7);
        if (curCnt>=delay)
            break;
    }
    __HAL_TIM_DISABLE(&htim7);              //禁止 TIM7
}
/* USER CODE END 1 */
```

函数的参数 delay 是需要的延迟时间，单位是微秒。TIM7 的计数器时钟频率为 1MHz，所以其计数值变化 1 就是 1μs。

3. 软件模拟 I2C 通信的实现

文件 soft_i2c.h 和 soft_i2c.c 定义和实现了软件模拟 I2C 通信的一些基本操作。文件 soft_i2c.h 的完整代码如下：

```
/* 文件: soft_i2c.h -------------------------------------------------------*/
#include "main.h"               //GPIO 的端口和引脚宏在 main.h 中定义

//IO 基本操作宏函数
//T_SCL =PB0
    #define I2C_SCL_Out0()  HAL_GPIO_WritePin(T_SCL_GPIO_Port, T_SCL_Pin, GPIO_PIN_RESET)
    #define I2C_SCL_Out1()  HAL_GPIO_WritePin(T_SCL_GPIO_Port, T_SCL_Pin, GPIO_PIN_SET)

//T_SDA =PF11, SDA 输出
    #define I2C_SDA_Out0()  HAL_GPIO_WritePin(T_SDA_GPIO_Port, T_SDA_Pin, GPIO_PIN_RESET)
    #define I2C_SDA_Out1()  HAL_GPIO_WritePin(T_SDA_GPIO_Port, T_SDA_Pin, GPIO_PIN_SET)

//T_SDA =PF11, SDA 输入
    #define I2C_SDA_READ()  HAL_GPIO_ReadPin(T_SDA_GPIO_Port, T_SDA_Pin)

//更改 SDA 方向的函数
    void SoftI2C_SDA_OUT();         //SDA 改为输出方向
    void SoftI2C_SDA_IN();          //SDA 改为输入方向

//I2C 通信时序用到的基本函数
    void    SoftI2C_Start(void);                //发送 I2C 开始信号
    void    SoftI2C_Stop(void);                 //发送 I2C 停止信号
    void    SoftI2C_SendByte(uint8_t txd);      //I2C 发送一个字节
    uint8_t SoftI2C_ReadByte(uint8_t ack);      //I2C 读取一个字节
    uint8_t SoftI2C_WaitAck(void);              //I2C 等待 ACK 信号
    void    SoftI2C_Ack(void);                  //I2C 发送 ACK 信号
    void    SoftI2C_NAck(void);                 //I2C 发送 NACK 信号
```

上述程序定义了软件模拟 I2C 通信时用到的所有基本功能。

SDA 和 SCL 的输入输出定义为宏函数，宏函数中用到的表示引脚端口和引脚号的宏是在文件 main.h 中定义的，是 CubeMX 根据引脚的用户标签自动生成的宏定义。文件 main.h 中与 GT5663 连接的 4 个 GPIO 引脚的宏定义如下：

```
#define T_SCL_Pin               GPIO_PIN_0
#define T_SCL_GPIO_Port         GPIOB               //T_SCL=PB0

#define T_SDA_Pin               GPIO_PIN_11
```

```
#define T_SDA_GPIO_Port         GPIOF              //T_SDA=PF11

#define T_INT_Pin               GPIO_PIN_1
#define T_INT_GPIO_Port         GPIOB              //T_INT=PB1

#define T_RST_Pin               GPIO_PIN_13
#define T_RST_GPIO_Port         GPIOC              //T_RST=PC13
```

在 I2C 通信中，SDA 是双向的。在软件模拟 I2C 通信时，我们需要在程序中动态调整 T_SDA 的方向，所以定义了 2 个函数用于更改 T_SDA 的方向，即 SoftI2C_SDA_OUT()和 SoftI2C_SDA_IN()。

其他函数是 I2C 通信时序中的一些基本时序单元，如图 21-5 和图 21-6 所示。文件 soft_i2c.h 和 soft_i2c.c 定义和实现了软件模拟 I2C 通信的完整功能，这两个文件完全可以用于其他需要使用软件模拟 I2C 通信的项目，只需修改 IO 基本操作宏函数中 GPIO 引脚的宏定义即可。文件 soft_i2c.c 的完整代码如下，代码实现的详细原理此处不再赘述，可参考《基础篇》第 17 章对 I2C 通信原理的介绍，或 STM32F407 数据手册中对 I2C 通信时序的描述。

```
/* 文件：soft_i2c.c ------------------------------------------------------------*/
#include     "soft_i2c.h"
#include     "main.h"
#include     "tim.h"             //用到 Delay_us()
#define      CT_Delay()    Delay_us(5)

//更改 SDA 方向为输出
void  SoftI2C_SDA_OUT(void)
{    //SDA 设置为输出，上拉
    GPIO_InitTypeDef GPIO_InitStruct = {0};
    GPIO_InitStruct.Pin = T_SDA_Pin;
    GPIO_InitStruct.Mode = GPIO_MODE_OUTPUT_PP;
    GPIO_InitStruct.Pull = GPIO_PULLUP;
    GPIO_InitStruct.Speed = GPIO_SPEED_FREQ_VERY_HIGH;
    HAL_GPIO_Init(T_SDA_GPIO_Port, &GPIO_InitStruct);
}

//更改 SDA 方向为输入
void  SoftI2C_SDA_IN(void)
{    //SDA 设置为输入，上拉
    GPIO_InitTypeDef GPIO_InitStruct = {0};
    GPIO_InitStruct.Mode = GPIO_MODE_INPUT;
    GPIO_InitStruct.Pin = T_SDA_Pin;
    GPIO_InitStruct.Pull = GPIO_PULLUP;
    HAL_GPIO_Init(T_SDA_GPIO_Port, &GPIO_InitStruct);
    }

//产生 I2C 起始信号
void  SoftI2C_Start(void)
{
    SoftI2C_SDA_OUT();      //SDA 线输出
    I2C_SDA_Out1();         //SDA=1
    I2C_SCL_Out1();         //SCL=1
    Delay_us(30);

    I2C_SDA_Out0();         //SDA=0
    CT_Delay();
    I2C_SCL_Out0();         //SCL=0
}

//产生 I2C 停止信号
void  SoftI2C_Stop(void)
```

```c
{
    SoftI2C_SDA_OUT();      //SDA 线输出
    I2C_SCL_Out1();         //SCL=1
    Delay_us(30);
    I2C_SDA_Out0();         //SDA=0
    CT_Delay();
    I2C_SDA_Out1();         //SDA=1
}

//等待应答信号到来,返回值:1=接收应答失败;0=接收应答成功
uint8_t SoftI2C_WaitAck(void)
{
    uint8_t ucErrTime=0;
    SoftI2C_SDA_IN();       //SDA 设置为输入
    I2C_SDA_Out1();         //SDA=1
    I2C_SCL_Out1();         //SCL=1
    CT_Delay();
    while(I2C_SDA_READ())
    {
        ucErrTime++;
        if(ucErrTime>250)
        {
            SoftI2C_Stop();
            return 1;
        }
        CT_Delay();
    }
    I2C_SCL_Out0();         //SCL=0
    return 0;
}

//产生 ACK 信号
void SoftI2C_Ack(void)
{
    I2C_SCL_Out0();         //SCL=0
    SoftI2C_SDA_OUT();
    CT_Delay();
    I2C_SDA_Out0();         //SDA=0
    CT_Delay();
    I2C_SCL_Out1();         //SCL=1
    CT_Delay();
    I2C_SCL_Out0();         //SCL=0
}

//产生 NACK 信号
void SoftI2C_NAck(void)
{
    I2C_SCL_Out0();         //SCL=0
    SoftI2C_SDA_OUT();
    CT_Delay();
    I2C_SDA_Out1();         //SDA=1
    CT_Delay();
    I2C_SCL_Out1();         //SCL=1
    CT_Delay();
    I2C_SCL_Out0();         //SCL=0
}

//I2C 发送一个字节,返回值表示从机有无应答,1 表示有应答,0 表示无应答
void SoftI2C_SendByte(uint8_t txd)
{
    uint8_t t;
```

```c
        SoftI2C_SDA_OUT();
        I2C_SCL_Out0();              //SCL=0，拉低时钟开始数据传输
        CT_Delay();
        for(t=0;t<8;t++)
        {
            if ((txd & 0x80)>>7)
                I2C_SDA_Out1();
            else
                I2C_SDA_Out0();

            txd<<=1;
            I2C_SCL_Out1();          //SCL=1
            CT_Delay();
            I2C_SCL_Out0();          //SCL=0
            CT_Delay();
        }
    }

//读一个字节，ack=1 时，发送 ACK；ack=0，发送 NACK
uint8_t  SoftI2C_ReadByte(uint8_t ack)
{
    uint8_t receive=0;
    SoftI2C_SDA_IN();                //SDA 设置为输入
    Delay_us(30);
    for(uint8_t i=0; i<8; i++ )
    {
        I2C_SCL_Out0();              //SCL=0
        CT_Delay();
        I2C_SCL_Out1();              //SCL=1
        receive<<=1;
        if(I2C_SDA_READ())
            receive++;
    }

    if (!ack)
        SoftI2C_NAck();              //发送 NACK
    else
        SoftI2C_Ack();               //发送 ACK
    return receive;
}
```

4. GT5663 的驱动程序

gt5663.h 是电容触摸屏驱动芯片 GT5663 驱动程序的头文件，其完整代码如下：

```c
/* 文件：gt5663.h ------------------------------------------------------------*/
#include "main.h"
//T_RST=PC13，复位引脚
#define GT_RST_Out1() HAL_GPIO_WritePin(T_RST_GPIO_Port, T_RST_Pin, GPIO_PIN_SET);
#define GT_RST_Out0() HAL_GPIO_WritePin(T_RST_GPIO_Port, T_RST_Pin, GPIO_PIN_RESET);

//I2C 设备地址
#define GT_I2C_ADDR_WR      0XBA    //I2C 写设备地址
#define GT_I2C_ADDR_RD      0XBB    //I2C 读设备地址

//GT5663 部分寄存器定义
#define GT_CTRL_REG         0X8040  //GT5663 控制寄存器
#define GT_PID_REG          0X8140  //GT5663 产品 ID 寄存器
```

```
#define GT_GSTID_REG          0X814E            //缓冲区状态和触摸点个数寄存器地址
#define GT_TP1_REG            0X8150            //第 1 个触摸点 X 坐标低字节寄存器地址
#define GT_TP2_REG            0X8158            //第 2 个触摸点 X 坐标低字节寄存器地址
#define GT_TP3_REG            0X8160            //第 3 个触摸点 X 坐标低字节寄存器地址
#define GT_TP4_REG            0X8168            //第 4 个触摸点 X 坐标低字节寄存器地址
#define GT_TP5_REG            0X8170            //第 5 个触摸点 X 坐标低字节寄存器地址

//寄存器读写基本函数
uint8_t   GT_WriteReg(uint16_t reg,uint8_t *buf,uint8_t len);
void      GT_ReadReg(uint16_t reg, uint8_t *buf,uint8_t len);

void      GT_INT_AsOutput();          //T_INT 配置为输出, 且输出低电平
void      GT_INT_AsInput();           //T_INT 配置为输入
void      GT_Init(void);              //GT5663 初始化函数
void      GT_ReadPID(uint8_t* PID_Str);          //读取产品 ID

uint8_t   GT_CheckTouch();            //检查是否有触摸点
void      GT_ClearStatus();           //清除 0x814E 寄存器
//读取一个触摸点的坐标数据
void      GT_ReadPointXY(const uint16_t PointAddr, uint16_t *PointX, uint16_t *PointY);
```

最前面两个宏函数用于控制 T_RST 引脚输出高电平或低电平,T_RST 是 GT5663 的复位信号。

上述程序还定义了 I2C 设备地址的宏常数,在 GT5663 的初始化函数 GT_Init()中,采用图 21-4 所示的复位时序,使 GT5663 的 I2C 写设备地址为 0xBA,读设备地址为 0xBB。

随后给出的是 GT5663 中一些常用寄存器地址的宏定义——这些寄存器会在程序中用到。

接口函数可以分为几组,下面我们分别介绍它们的实现代码。

(1) 寄存器读写基本函数。函数 GT_WriteReg()按照图 21-5 所示的时序,向 GT5663 的某个寄存器地址开始写入指定字节数的数据;函数 GT_ReadReg()按照图 21-6 所示的时序,从 GT5663 的某个寄存器地址开始读取指定字节数的数据。这两个函数是 GT5663 其他功能函数的基础。

文件 gt5663.c 的开头定义部分以及上述两个函数的代码如下。请参考代码中的注释以及图 21-5 和图 21-6 以理解这两个函数的代码。

```
/* 文件: gt5663.c ----------------------------------------------------------*/
#include    "gt5663.h"
#include    "touch.h"
#include    "soft_i2c.h"
#include    "main.h"
#include    <string.h>

//向 GT5663 写入一次数据
//reg: 起始寄存器地址; buf: 数据缓冲区; len: 写数据长度
//返回值: 0 表示成功; 1 表示失败
uint8_t   GT_WriteReg(uint16_t reg, uint8_t *buf, uint8_t len)
{
    SoftI2C_Start();                        //开始 I2C 通信
    SoftI2C_SendByte(GT_I2C_ADDR_WR);       //发送 I2C 写设备地址
    SoftI2C_WaitAck();

    SoftI2C_SendByte(reg>>8);               //发送寄存器地址的高字节
    SoftI2C_WaitAck();

    SoftI2C_SendByte(reg & 0xFF);           //发送寄存器地址的低字节
    SoftI2C_WaitAck();
```

21.3 电容触摸屏的使用示例

```c
    uint8_t ret=0;
    for(uint8_t i=0;i<len;i++)
    {
        SoftI2C_SendByte(buf[i]);           //每次发送1字节数据
        ret=SoftI2C_WaitAck();
        if(ret)                             //返回值为1的时候表示失败
            break;
    }
    SoftI2C_Stop();                         //停止I2C通信
    return ret;
}

//从GT5663读出一次数据
//reg：起始寄存器地址；buf：数据缓冲区；len：读数据长度
void  GT_ReadReg(uint16_t reg,uint8_t *buf,uint8_t len)
{
    SoftI2C_Start();        //开始I2C通信
    SoftI2C_SendByte(GT_I2C_ADDR_WR);       //发送I2C写设备地址
    SoftI2C_WaitAck();

    SoftI2C_SendByte(reg>>8);               //发送寄存器地址的高字节
    SoftI2C_WaitAck();

    SoftI2C_SendByte(reg & 0xFF);           //发送寄存器地址的低字节
    SoftI2C_WaitAck();

    SoftI2C_Start();
    SoftI2C_SendByte(GT_I2C_ADDR_RD);       //发送I2C读设备地址
    SoftI2C_WaitAck();

    uint8_t    ack=1;
    for(uint8_t i=0;i<len;i++)
    {
        if (i==(len-1))
            ack=0;
        else
            ack=1;
        buf[i]=SoftI2C_ReadByte(ack);       //每次读取1字节
    }
    SoftI2C_Stop();             //停止I2C通信
}
```

（2）GT5663 的初始化。函数 GT_Init() 用于对 GT5663 进行复位和初始化，函数 GT_Init() 和相关函数代码如下：

```c
//初始化GT5663
void  GT_Init(void)
{
//1. 使GT5663复位，配置I2C地址为0xBA/0xBB
    GT_INT_AsOutput();          //配置T_INT为输出方向，且输出低电平
    GT_RST_Out0();              //T_RST输出低电平，使GT5663复位
    HAL_Delay(10);              //延时10ms
    GT_RST_Out1();
    HAL_Delay(100);             //延时需要大于50ms，配置I2C地址为0xBA/0xBB
    GT_INT_AsInput();           //配置T_INT为输入方向

//2. 软复位
    uint8_t  regValue=0X02;
    GT_WriteReg(GT_CTRL_REG,&regValue,1);      //寄存器地址=0x8040，软复位GT5663

//3. 进入Normal模式
```

```
        HAL_Delay(10);
        regValue=0X00;                    //写入0，Normal模式，读取坐标
        GT_WriteReg(GT_CTRL_REG,&regValue,1);
    }

    //T_INT=PB1 配置为输出，且输出低电平
    void GT_INT_AsOutput()
    {
        GPIO_InitTypeDef GPIO_InitStruct = {0};
        HAL_GPIO_WritePin(T_INT_GPIO_Port, T_INT_Pin, GPIO_PIN_RESET);

        GPIO_InitStruct.Pin = T_INT_Pin;
        GPIO_InitStruct.Mode = GPIO_MODE_OUTPUT_PP;
        GPIO_InitStruct.Pull = GPIO_NOPULL;
        GPIO_InitStruct.Speed = GPIO_SPEED_FREQ_LOW;
        HAL_GPIO_Init(T_INT_GPIO_Port, &GPIO_InitStruct);
    }

    //T_INT=PB1 配置为输入
    void GT_INT_AsInput()
    {
        GPIO_InitTypeDef GPIO_InitStruct = {0};
        GPIO_InitStruct.Pin = T_INT_Pin;
        GPIO_InitStruct.Mode = GPIO_MODE_INPUT;
        GPIO_InitStruct.Pull = GPIO_NOPULL;
        HAL_GPIO_Init(T_INT_GPIO_Port, &GPIO_InitStruct);
    }
```

函数 GT_Init()首先使 GT5663 复位，在复位的过程中控制 T_INT 为输出方向，并且一直输出低电平。T_RST 变为高电平之后，延时 100ms，再使 T_INT 变为输入方向。这是图 21-4 的复位过程，所以 GT5663 的 I2C 地址配置为 0xBA/0xBB。

函数 GT_INT_AsOutput()用于将 T_INT 引脚（PB1）配置为输出方向，并且输出低电平。函数 GT_INT_AsInput()用于将 T_INT 引脚配置为输入方向。

（3）读取触摸屏产品 ID。函数 GT_ReadPID()用于读取触摸屏控制芯片的产品 ID，其代码如下：

```
    void GT_ReadPID(uint8_t* PID_Str)
    {
        GT_ReadReg(GT_PID_REG,PID_Str,4);
    }
```

这个函数就是读取起始地址为 0x8140 的 4 字节的数据，返回到指针 PID_Str 指向的缓冲区里。如果触摸屏控制芯片是 GT5663，读取出来的就应该是字符串"5663"。

（4）读取缓冲区状态和触摸点个数。我们在 21.2.2 节介绍过地址为 0x814E 的寄存器的作用。这个寄存器的 Bit7 位表示缓冲区的数据是否已准备好，最后 4 个位表示了触摸点个数。函数 GT_CheckTouch()用于读取寄存器 0x814E，判断是否有触摸点，函数 GT_ClearStatus()用于清除寄存器 0x814E。这两个函数的代码如下：

```
    //检查是否有触摸点，返回值为触摸点个数，0 表示无触摸点
    uint8_t GT_CheckTouch()
    {
        uint8_t regValue=0;
        GT_ReadReg(GT_GSTID_REG, &regValue, 1);    //地址=0x814E，读取缓冲区状态和触摸点个数
        if ((regValue & 0x80) ==0)                  //Bit7 位表示缓冲区状态
            return 0;               //数据没有准备好
```

```c
    //即使Bit7位为1，触摸点个数也可能为0，此时无效
    regValue= (regValue & 0x0F);       //触摸点个数
    if (regValue==0)                   //BufferStatus==1,但触摸点个数为0
        GT_ClearStatus();              //这种情况下，请务必清除状态，否则坐标数据不会更新

    //注意：如果regValue>=1，需要在外部读取触摸点数据后调用GT_ClearStatus()
    return regValue;
}

//清除寄存器0x814E
void  GT_ClearStatus()
{
    uint8_t  value=0x00;
    GT_WriteReg(GT_GSTID_REG,&value,1);    //向0x814E写入0，清除触摸点缓冲区
}
```

注意，寄存器 0x814E 的 Bit7 位是缓冲区状态，即使 Bit7 位是 1，Bit[3:0]的触摸点个数也可能是 0。这种情况下，我们必须调用函数 GT_ClearStatus()清除寄存器 0x814E。因为当 Bit7 位为 1 时，即使有新的触摸点，也不会更新触摸点坐标数据。

如果 Bit7 位是 1 且 Bit[3:0]的触摸点个数大于 0，则表示存在有效的触摸点数据，这时，不能在函数 GT_CheckTouch()里调用函数 GT_ClearStatus()清除寄存器 0x814E。程序需要先在外部调用函数 GT_ReadPointXY()读取各触摸点坐标数据，再调用函数 GT_ClearStatus()清除寄存器 0x814E，以便能写入新的触摸点数据。

（5）读取触摸点坐标数据。函数 GT_ReadPointXY()用于读取一个触摸点的 X 和 Y 坐标数据，其代码如下：

```c
void GT_ReadPointXY(const uint16_t PointAddr, uint16_t *PointX, uint16_t *PointY)
{
    uint16_t tmpX=0, tmpY=0;
    uint8_t  tmpBT[2];

    uint16_t regAddr=PointAddr;        //X坐标数据地址
    GT_ReadReg(regAddr,tmpBT,2);       //触摸点的X数据，2字节
    tmpX=tmpBT[1];                     //tmpBT[1]是高字节
    tmpX= (tmpX<<8) | tmpBT[0];        //tmpBT[0]是低字节
    *PointX=tmpX;

    regAddr += 2;                      //Y坐标数据地址
    GT_ReadReg(regAddr,tmpBT,2);       //触摸点的Y数据，2字节
    tmpY=tmpBT[1];
    tmpY= (tmpY<<8) | tmpBT[0];
    *PointY=tmpY;
//    GT_ClearStatus();    //不能在此清除，因为可能连续读取多个触摸点，需要全部读完后再清除
}
```

在函数的参数中，PointAddr 是触摸点的 X 坐标数据低字节寄存器的地址，例如，第 1 个触摸点的 X 坐标数据低字节地址是 0x8150，见表 21-2。头文件 gt5663.h 定义了 5 个宏常数，表示 5 个触摸点的 X 坐标低字节寄存器地址。

从表 21-2 可以看出，一个触摸点的 X 和 Y 坐标数据各占用 2 个寄存器，且低字节数据在前。函数 GT_ReadPointXY()按照表 21-2 中的存储顺序读取 X 和 Y 坐标数据，并将读出的数据保存在函数参数 PointX 和 PointY 指向的变量里。

函数 GT_ReadPointXY()只是读取 1 个触摸点的坐标数据，如果有多个触摸点，需要多次调用这个函数读出各触摸点的坐标数据。读出所有触摸点的坐标数据后，程序应该调用函数

GT_ClearStatus()清除寄存器 0x814E。

5. 触摸屏操作驱动程序

文件 touch.h 定义了电容触摸屏操作的一些通用函数，这是对 gt5663.h 中一些函数的封装。用户应用程序是调用 touch.h 中的函数操作触摸屏，而不是直接调用 gt5663.h 中的函数。这样，如果更换了触摸屏控制芯片，就只需要更改 touch.c 中的函数实现代码，而不用更改用户应用程序代码。此外，这种更改驱动芯片型号后更改代码的操作，通常是在程序中使用条件编译指令，只需修改某个宏的定义即可，例如 TFT LCD 的驱动程序。文件 touch.h 的完整代码如下：

```c
/* 文件: touch.h -------------------------------------------------------------*/
#include "main.h"

#define  CT_MAX_TOUCH    10           //电容屏最多有10组坐标
/* 触摸点坐标数据结构体类型 */
typedef struct
{
    uint16_t Lcdx;           //第1个触摸点的 X
    uint16_t Lcdy;           //第1个触摸点的 Y

    uint16_t TPx[CT_MAX_TOUCH];           //多点坐标数组
    uint16_t TPy[CT_MAX_TOUCH];           //多点坐标数组
    uint8_t  TPCount;    //实际触摸点个数, TPCount>=1 时才有意义
} TouchPointDef;
extern TouchPointDef  TouchPoint;      //全局变量, 存储触摸点坐标数据

void     Touch_Init(void);            //触摸屏初始化
void     Touch_ReadPID(uint8_t* PID_Str);      //读取触摸屏控制芯片 PID
void     Touch_ClearStatus();          //清除触摸点缓冲区状态

uint8_t Touch_ScanOne(void);      //只检测一个触摸点
uint8_t Touch_ScanAll(void);      //检测全部触摸点
```

上述程序定义了一个宏 CT_MAX_TOUCH，其值为 10，这是 GT5663 最多能检测的触摸点个数。

上述程序定义了一个结构体 TouchPointDef，其中，Lcdx 和 Lcdy 是第 1 个触摸点的坐标数据，TPx 和 TPy 是坐标数据数组，TPCount 是实际的触摸点个数。全局变量 TouchPoint 用于存储触摸点的坐标数据。

文件 touch.h 定义了 5 个函数，前 3 个都是对 gt5663.h 中某个函数的直接调用，后 2 个函数用于检测触摸点，并读取数据保存到全局变量 TouchPoint 里。文件 touch.c 的完整代码如下：

```c
/* 文件: touch.c -------------------------------------------------------------*/
#include "touch.h"
#include "gt5663.h"
TouchPointDef TouchPoint;                //用于存储触摸点坐标数据

//电容触摸屏初始化, 也就是控制芯片的初始化
void Touch_Init(void)
{
    GT_Init();
}

//读取触摸屏控制芯片的产品 ID
void Touch_ReadPID(uint8_t* PID_Str)
{
    return  GT_ReadPID(PID_Str);
```

21.3 电容触摸屏的使用示例

```c
}

//清除触摸点缓冲区，清除后才可以更新坐标数据
void Touch_ClearStatus()
{
    GT_ClearStatus();         //也就是清除 GT5663 的寄存器 0x814E
}

//检测触摸屏，只读取第 1 个触摸点
//返回值：0=无触摸点；1=读取了第 1 个触摸点
uint8_t Touch_ScanOne(void)
{
    uint8_t TP_Count=GT_CheckTouch();          //检测是否有触摸点
    if (TP_Count==0)
        return 0;

    uint16_t X,Y;
    GT_ReadPointXY(GT_TP1_REG, &X, &Y);        //读取第 1 个触摸点坐标
    TouchPoint.Lcdx=X;
    TouchPoint.Lcdy=Y;
    return 1;            //读取成功
}

//检测多点触摸，最多读取 5 个触摸点
//返回值为触摸点个数（不超过 5），0 表示无触摸点
uint8_t Touch_ScanAll(void)
{
    uint8_t TP_Count=GT_CheckTouch();          //检测是否有触摸点
    if (TP_Count==0)
        return 0;

    uint8_t count=TP_Count;           //实际触摸点个数
    if(count>5)
        count=5;                      //最多读取 5 个触摸点
    TouchPoint.TPCount=count;

    const uint16_t GT5663_TPX_TBL[5]={GT_TP1_REG,GT_TP2_REG,
            GT_TP3_REG,GT_TP4_REG,GT_TP5_REG};   //触摸点1到5的数据寄存器起始地址
    uint16_t X,Y;
    for (uint8_t i=0; i<count;i++)
    {
        GT_ReadPointXY(GT5663_TPX_TBL[i], &X, &Y);   //读取第 1 个点
        TouchPoint.TPx[i]=X;
        TouchPoint.TPy[i]=Y;
    }
    return count;             //实际读取触摸点个数
}
```

函数 Touch_ScanOne()用于检测触摸屏，并且在有触摸点时读取第 1 个触摸点的坐标数据，即使触摸点个数大于 1，也只读取第 1 个，读出的坐标数据保存在 TouchPoint.Lcdx 和 TouchPoint.Lcdy 里。这个函数适合于检测触摸屏上的单击操作，例如，在 main()函数中，在 GUI 界面上检测触摸屏输入就使用了这个函数。

函数 Touch_ScanAll()用于检测多触摸点操作，但是最多只读取 5 个触摸点的坐标数据。读取的坐标数据保存在数组 TouchPoint.TPx 和 TouchPoint.TPy 里，而 TouchPoint.TPCount 表示有效触摸点个数。在 main()函数中，在系统复位后的触摸屏测试界面，就使用了这个函数。

注意，在函数 Touch_ScanOne()和 Touch_ScanAll()的内部，都没有调用函数 GT_ClearStatus()

清除寄存器 0x814E，而是在 main()函数的程序里读取坐标点数据，进行处理并延时 200ms 之后，才调用函数 Touch_ClearStatus()进行清除。因为寄存器 0x814E 中的缓冲区状态位（Bit7 位）类似于外部中断标志位，而触摸屏操作也是有抖动的，如果读取坐标数据后立即清除寄存器 0x814E，会导致一次单击出现两次响应。

6. 作为公共驱动程序

我们将本项目里的文件夹 TOUCH_CAP 复制到公共驱动程序目录 PublicDrivers 下，以供其他需要使用电容触摸屏的项目使用。这个文件夹中的软件模拟 I2C 通信的文件 soft_i2c.h 和 soft_i2c.c 也比较通用，在其他需要使用软件模拟 I2C 接口的项目里，只需稍作修改就可以使用。

第 22 章 DCMI 接口和数字摄像头

数字摄像头是嵌入式系统中的一种重要的输入设备，可用于获取图像。STM32F4 系列 MCU 上有专门用于连接数字摄像头的 DCMI 接口，可高效地进行图像数据采集。在本章中，我们以 OV7670 为例，先介绍数字图像传感器的接口和数据传输原理，再介绍 DCMI 接口的原理和 HAL 驱动，然后以一个 OV7670 数字摄像头模块为例，介绍摄像头模块与 MCU 之间的连接，以及编程实现图像采集和显示的方法。

22.1 数字摄像头

22.1.1 数字摄像头概述

数字摄像头是使用半导体图像传感器，能连续拍摄图像并将图像转换为数字信号输出的设备。数字摄像头在手机、机器人、安防等嵌入式设备上应用广泛，是非常重要的外部输入设备。

数字摄像头的核心器件是图像传感器，图像传感器分为电荷耦合器件（Charge Coupled Device，CCD）和互补金属氧化物半导体（Complementary Metal Oxide Semiconductor，CMOS）两大类。这两类图像传感器都是利用感光二极管进行光电转换。图像传感器的一个感光点称为一个像素。

CCD 图像传感器在灵敏度、噪声方面的性能略优于 CMOS 图像传感器，以前高端数码相机都使用 CCD 图像传感器。但是随着技术的发展，现在 CMOS 图像传感器的性能已经非常好了，而且 CMOS 图像传感器的成本低、功耗低，所以目前各种图像设备使用的基本上是 CMOS 图像传感器。

OmniVision 公司是一家专业开发高度集成 CMOS 影像技术产品的公司，其 OV 系列 CMOS 图像传感器性能优良，应用广泛。OmniVision 公司的 CMOS 图像传感器就是一个高集成度的芯片，如图 22-1 所示。基于 OV 系列 CMOS 图像传感器开发的摄像头模块，就是为 CMOS 图像传感器增加了外围电路和镜头等硬件的电路模块，如图 22-2 所示。摄像头模块为嵌入式设备开发带来了便利，例如，本章要用到的 OV7670 摄像头模块，就是基于 OV7670 图像传感器的。

图 22-1　CMOS 图像传感器

图 22-2　基于 OV 系列 CMOS 图像传感器开发的摄像头模块

22.1.2 OV7670 图像传感器的功能和接口

使用 OV7670 图像传感器的摄像头模块，不管它们增加的外围硬件是怎样的，其核心都是 OV7670 图像传感器，所以，我们先来介绍 OV7670 的基本工作原理和接口。

OV7670 是 CMOS 图像传感器，其主要特性参数如下。

- 感光阵列有效分辨率为 640×480 像素，即 VGA 分辨率。
- VGA 分辨率输出时，最大输出帧率为 30 帧/秒（frames per second，f/s）。
- 支持多种输出格式，包括 RawRGB、GRB4:2:2、RGB565/555/444、YUV4:2:2 和 YCbCr4:2:2。
- 支持图像缩放。
- 标准的串行摄像头控制总线（Serial Camera Control Bus，SCCB）通信接口，兼容 I2C 接口。
- 具有自动图像控制功能，包括自动曝光控制、自动增益控制、自动白平衡等。
- 可设置各种图像质量控制参数，包括颜色饱和度、色调、锐度等。
- 支持 LED 和闪光灯控制。

OV7670 图像传感器是一种 24 球针芯片级封装（24-ball chip scale package），类似于 BGA。为了便于绘图和理解 OV7670 的引脚功能，我们将其绘制为图 22-3 所示的引脚图，并且为几个信号绘制了典型的外围连接电路。OV7670 主要引脚的功能描述见表 22-1。

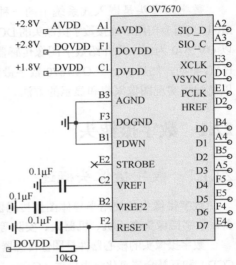

图 22-3 OV7670 器件的引脚图

表 22-1 OV7670 主要引脚的功能描述

信号	功能	IO 方向	功能描述
AVDD	内部模拟电路的电源	—	范围 2.45V~3.0V，典型的可使用 2.8V
DOVDD	IO 接口的电源	—	范围 1.7V~3.0V，为了与 MCU 的 3.3V IO 兼容，可使用 2.8V
DVDD	数字内核的电源	—	范围 1.62V~1.98V，一般使用 1.8V
PDWN	掉电模式控制信号	输入	0：正常工作模式；1：掉电模式
STROBE	闪光灯控制信号	输出	不用时悬空
VREF1	参考电压	—	接一个 0.1μF 电容后接地，固定接法
VREF2	参考电压	—	接一个 0.1μF 电容后接地，固定接法
RESET	复位信号	输入	低电平使器件复位，正常时接高电平
SIO_D	SCCB 接口的数据线	双向	SCCB 与 I2C 兼容，可连接硬件 I2C 接口的 SDA 线
SIO_C	SCCB 接口的时钟线	输入	SCCB 与 I2C 兼容，可连接硬件 I2C 接口的 SCL 线
XCLK	系统时钟输入	输入	芯片工作的系统时钟，频率范围 10~48MHz
VSYNC	帧同步信号	输出	也称为垂直同步信号，表示一帧数据的起始/结束

信号	功能	IO 方向	功能描述
PCLK	像素时钟	输出	每一个 PCLK 脉冲在 D[7:0]引脚输出一个 8 位数据
HREF	行同步信号	输出	也称为水平同步信号,表示一行像素数据的起始/结束
D[7:0]	像素数据线	输出	8 位数据

22.1.3 OV7670 数据输出时序和格式

OV7670 开始工作后,就在 D[7:0]引脚输出数据,并通过像素时钟信号 PCLK、行同步信号 HREF 和帧同步信号 VSYNC 进行同步,这 3 个时钟信号都是 OV7670 的输出信号。OV7670 输出数据是逐行逐列输出的,例如,像素颜色为 RGB565 格式时,输出一行像素数据的时序如图 22-4 所示。

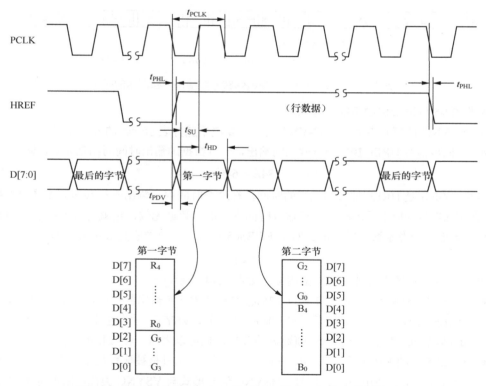

图 22-4 像素颜色为 RGB565 格式时,输出一行像素数据的时序

从图 22-4 可以看到如下的工作原理。
- HREF 的上跳沿表示一行像素数据的开始,HREF 的下跳沿表示一行像素数据的结束。在 HREF 为高电平期间,传输了一行的像素数据。
- 在 PCLK 的下跳沿,OV7670 更新 D[7:0]引脚上的数据,MCU 应该在 PCLK 的上跳沿读取数据。每个 PCLK 脉冲在 D[7:0]引脚上输出 8 位数据。
- 使用 RGB565 格式时,一个像素的数据是 2 字节,需要 2 个 PCLK 脉冲输出一个像素的 2 字节数据。2 字节 RGB565 数据的组成如图 22-4 所示。

当 OV7670 输出图像的分辨率为 640×480 像素时，输出一帧图像的时序如图 22-5 所示。

 图像的分辨率常用一些缩略词表示，其中 VGA 是 640×480，即 480 行 640 列；QVGA（Quarter VGA）是 320×240，即 VGA 的 1/4，是 240 行 320 列。

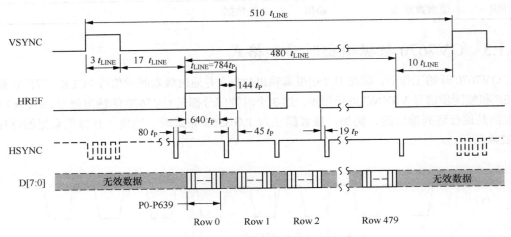

图 22-5 VGA 分辨率（640×480）时输出一帧图像的时序

从图 22-5 可以看出如下的工作原理。

- VSYNC 是帧同步信号，VSYNC 的一个高电平脉冲表示一帧的开始/结束。
- 行同步信号 HREF 控制一行数据的输出，一行数据的输出时间周期是 t_{LINE}，即

$$t_{LINE} = 784 t_P = 640 t_P + 144 t_P \tag{22-1}$$

其中，$640 t_P$ 是 HREF 维持高电平的时间，在这个时间内，输出一行共 640 个像素的数据；$144 t_P$ 是 HREF 维持低电平的时间，在这段时间内，端口数据无效，也就是行数据的间隔时间。

t_P 是输出一个像素数据的时间。对于 RGB565 格式，一个像素是 2 字节，即

$$t_P = 2 t_{PCLK} \tag{22-2}$$

其中，t_{PCLK} 是像素时钟 PCLK 的周期，如图 22-4 所示。

- VSYNC 下跳变之后，需要经过 $17 t_{LINE}$ 的时间才开始输出数据；在结束一帧数据传输，HREF 变为低电平后，需要经过 $10 t_{LINE}$ 的时间，VSYNC 才发生上跳变。所以，VSYNC 的高电平脉冲既可以表示一帧数据的开始，也可以表示一帧数据的结束。
- 图 22-5 中的 HREF 和 HSYNC 是同一个信号引脚，只是被配置为不同的信号输出形式，一般情况下，使用 HREF 信号。HSYNC 信号形式与 VSYNC 类似，用低电平脉冲表示一行数据的开始/结束。

如果要使用 OV7670 直接与 MCU 的 DCMI 接口连接，就必须搞清楚图 22-4 和图 22-5 所示的两个时序图。

22.1.4 SCCB 通信

SCCB 是 OV 系列 CMOS 图像传感器使用的通信接口，该接口用于 OV 图像传感器与 MCU 之间进行通信，实现内部寄存器的读写，从而对 OV 图像传感器进行各种配置。

SCCB 是兼容 I2C 的通信接口，只有 2 根信号线，SIO_D 是双向数据线，SIO_C 是时钟信号

线。在实际使用中，我们可以使用 MCU 的 GPIO 引脚软件模拟 SCCB 的时序进行 SCCB 通信，GPIO 引脚需要设置上拉；也可以使用硬件 I2C 接口与 OV 图像传感器的 SCCB 接口连接，通过 I2C 的 HAL 驱动程序进行通信。SCCB 与 I2C 的唯一区别是：SCCB 一次只能传输 1 字节的数据。

SCCB 是类似于 I2C 的多设备总线，每个设备有一个地址，OV 图像传感器总是作为从设备。例如，OV7670 的设备地址是 0x42，即写操作地址是 0x42，读操作地址是 0x43。

SCCB 用于读写 OV 传感器内部的寄存器。OV 传感器内部有很多寄存器，每个寄存器有个 8 位地址。OV7670 在初始化时需要设置很多有关寄存器的内容，各个寄存器的地址和功能详见 OV7670 的数据手册。

1. 写寄存器操作

写寄存器操作就是向 OV7670 的某个寄存器写入 1 字节的数据，写寄存器操作是个三段式操作，如图 22-6 所示。

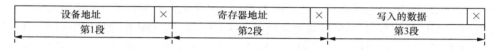

图 22-6 三段式写寄存器操作

每一段（phase）传输 9 位，前 8 位是 1 字节数据，最后一位是无关位（Don't-Care bit），即图 22-6 中"×"表示的位。无关位类似于 I2C 通信中的 ACK 位或 NACK 位。

在图 22-6 的三段式通信中，第一段是写设备地址，对于 OV7670 就是 0x42；第二段是寄存器地址，例如，通用寄存器 COM7 的地址是 0x12；第三段是需要设置的寄存器数据。注意，SCCB 一次只能向 1 个寄存器写入 1 字节的数据，即使多个寄存器地址是连续的，也需要按照三段式操作分别写入。

2. 读寄存器操作

读寄存器操作就是读取一个寄存器的内容，读寄存器操作需要分解为 2 个两段式操作。

第一步是写入需要读取的寄存器地址，如图 22-7 所示。其中，第一段是写设备地址，对于 OV7670，就是 0x42；第二段是需要读取的寄存器的地址，例如，产品 ID 寄存器 PID 的地址是 0x0A。

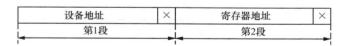

图 22-7 两段式写操作，写寄存器地址

第二步是两段式读操作，如图 22-8 所示。其中，第一段是读设备地址，对于 OV7670 就是 0x43；第二段是返回的寄存器的数据，寄存器就是前一步两段式写操作所设置的寄存器。

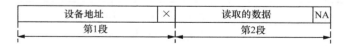

图 22-8 两段式读操作，读寄存器的数据

3. 每一段的操作时序

SCCB 的每一段传输 8 位数据和 1 个无关位，SCCB 的时序与 I2C 时序相同，一段的传输时序如图 22-9 所示。

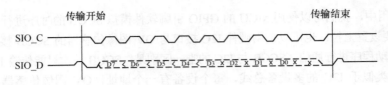

图 22-9　一段的传输时序

- 在 SIO_C 为高电平时，SIO_D 的下跳变表示段传输的开始。
- 在 SIO_C 为高电平时，SIO_D 的上跳变表示段传输的结束。
- 在 SIO_C 为低电平时，SIO_D 更新数据；MCU 可在 SIO_C 为高电平时读取 SIO_D 的数据。
- 无关位可根据通信规则设置为 0 或 1。

MCU 可以使用 GPIO 引脚模拟图 22-9 所示的时序，实现 SCCB 通信，只是要注意，用作 SIO_C 和 SIO_D 的 GPIO 引脚必须上拉。图 22-9 中一些关键的时间长度，参见 SCCB 数据手册。

SCCB 与 I2C 是兼容的，MCU 也可以使用硬件 I2C 接口与 OV 图像传感器的 SCCB 接口连接，使用 I2C 的 HAL 驱动程序进行 SCCB 通信。只是要注意，一次只能读或写 1 个寄存器的数据。

22.1.5　OV7670 的寄存器

OV7670 内部有很多寄存器。在 OV7670 初始化时，我们需要设置很多寄存器的内容，才能完成 OV7670 的初始化配置，例如，设置图像分辨率大小、像素颜色数据输出格式、图像处理的一些参数等。OV7670 寄存器列表的示例见表 22-2，这里只列出了几个寄存器用于说明，完整的寄存器列表参见 OV7670 的数据手册。注意，在查阅 OV7670 寄存器列表时，推荐查看英文版数据手册，因为中文的 OV7670 数据手册中有一些错误。

表 22-2　OV7670 寄存器列表的示例

地址	寄存器名	默认值	读/写	描述
0x0A	PID	0x76	只读	产品 ID 高字节
0x0B	VER	0x73	只读	产品 ID 低字节
0x11	CLKRC	0x80	读写	内部时钟设置 Bit[7]：保留位 Bit[6]：直接使用外部时钟，内部不分频 Bit[5:0]：使用内部时钟分频 内部时钟频率=输入时钟频率 XCLK/(Bit[5:0]+1)
0x15	COM10	0x00	读写	通用控制寄存器 10 Bit[7]：保留位 Bit[6]：HREF 转换为 HSYNC Bit[5]：PCLK 输出选项 　　0：自由运行的 PCLK 　　1：PCLK 在行输出无效期间不变化

续表

地址	寄存器名	默认值	读/写	描述
0x15	COM10	0x00	读写	Bit[4]：PCLK 反向 Bit[3]：HREF 反向 Bit[2]：VSYNC 选项 　　0：VSYNC 在 PCLK 的下跳沿变化 　　1：VSYNC 在 PCLK 的上跳沿变化 Bit[1]：VSYNC 低有效 Bit[0]：HSYNC 低有效

在建立 SCCB 通信后，我们可以读取产品 ID 寄存器的内容，以验证 SCCB 通信是否正确。产品 ID 有两个寄存器，其地址分别是 0x0A 和 0x0B。对于 OV7670，这两个寄存器读出的内容应该是 0x76 和 0x73。

OV7670 的很多寄存器是用于配置 OV7670 特性的，例如，寄存器 COM10 用于配置 VSYNC、HREF、PCLK 的特性。该寄存器默认值为 0x00，根据表 22-2 中的描述，其默认状态下使用 HREF 信号。VSYNC、HREF、PCLK 的极性如图 22-4 和图 22-5 所示，即 VSYNC 有效电平为高电平，HREF 有效电平为低电平，PCLK 在下跳沿刷新数据，MCU 应该在 PCLK 的上跳沿捕获数据。

在 OV7670 初始化时，我们会对很多寄存器进行设置。鉴于 OV7670 寄存器的初始化程序比较复杂，可使用厂家提供的配置初始化程序。如果要理解每个寄存器设置的意义，就需要查阅 OV7670 的寄存器列表，搞清楚每条寄存器设置语句的意义。

22.2 DCMI 接口

22.2.1 DCMI 接口概述

STM32F407 上有一个 DCMI（Digital Camera Interface）接口，即数字摄像头接口，专门用于与数字摄像头连接。DCMI 是一个同步并行接口，能够接收外部 8 位、10 位、12 位或 14 位 CMOS 摄像头模块发出的高速（可达 54MB/s）数据流。

DCMI 的主要特性如下。

- 8 位、10 位、12 位或 14 位并行数据接口。
- 内嵌码同步，或外部硬件信号同步。
- 连续模式或快照模式。
- 具有裁剪功能，即只截取图像一部分区域的数据。
- 支持以下数据格式。
  ✧ 8/10/12/14 位逐行视频（progressive video）：单色或原始拜尔（raw bayer）格式。
  ✧ YCbCr 4:2:2 逐行视频。
  ✧ RGB565 逐行视频。
  ✧ JPEG 压缩数据。

DCMI 接口的信号线及其功能描述见表 22-3，表中还给出了与 OV7670 连接的信号。

表 22-3 DCMI 接口的信号线及其功能描述

引脚名称	信号名称	连接 OV7670 信号	功能描述
D[13:0]	数据线	D[7:0]	可配置为 8 位、10 位、12 位或 14 位
HSYNC	行同步（水平同步）	HREF	表示一行数据的开始/结束
VSYNC	帧同步（垂直同步）	VSYNC	表示一帧数据的开始/结束
PIXCLK	像素同步时钟	PCLK	极性可配置，可以在像素时钟的上跳沿或下跳沿捕获数据

注意，DCMI 接口的数据位可以配置为 8 位、10 位、12 位或 14 位，例如，与 OV7670 连接时，应配置为 8 位。如果使用的位数少于 14，未使用的 DCMI 数据引脚就不能通过 GPIO 设置为 DCMI 的复用功能引脚。

DCMI 在像素时钟信号 PIXCLK 的上跳沿或下跳沿捕获数据端口的数据，具体使用哪个跳变沿可以配置。例如，在图 22-4 所示的时序中，MCU 应该在 PCLK 的上跳沿捕获数据。

MCU 的 DCMI 接口与数字摄像头的连接示意图如图 22-10 所示，该图来自于 ST 官方应用笔记 *Digital camera interface (DCMI) for STM32 MCUs*，该应用笔记详细介绍了 DCMI 相关的问题，是非常有用的参考资料。MCU 的 DCMI 接口与数字摄像头的数据线和 3 个同步时钟连接，还通过 I2C 接口与数字摄像头的 SCCB 连接，用于对摄像头进行寄存器读写。

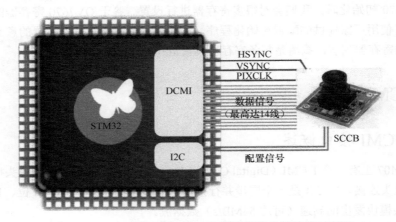

图 22-10 MCU 的 DCMI 接口与数字摄像头的连接示意图

22.2.2 DCMI 接口传输时序

对于 MCU 来说，DCMI 接口的数据线和 3 个同步信号线都是输入信号，DCMI 接口的传输时序如图 22-11 所示。假设 DCMI 连接的是 OV7670，数据线是 8 位。

DCMI 的 PIXCLK 连接 OV7670 的 PCLK 信号，是像素时钟信号，PIXCLK 每 1 个脉冲传输 8 位数据。我们可以配置为在 PIXCLK 的上跳沿或下跳沿捕获数据，称为 PIXCLK 的极性。MCU 上 PIXCLK 的极性配置需要与 OV7670 的输出时序对应。例如，图 22-4 中 OV7670 在 PCLK 的下跳沿更新端口数据，MCU 就应该配置为在 PIXCLK 的上跳沿捕获数据。

DCMI 的 HSYNC 连接 OV7670 的 HREF 信号，是行同步信号，表示一行数据的开始/结束。在图 22-11 中，若 HSYNC 为低电平，则传输像素数据；若 HSYNC 为高电平，即使有 PIXCLK 脉冲，端口的数据也是无效的，这段无效时间段称为水平消隐（horizontal blanking）。

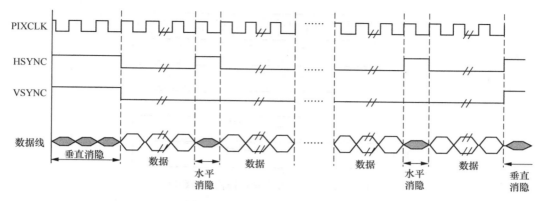

图 22-11　DCMI 接口的传输时序

MCU 中可配置 HSYNC 的有效电平，HSYNC 的有效电平就是产生水平消隐时 HSYNC 的电平，例如，图 22-11 中 HSYNC 的有效电平是高电平。在 MCU 中配置的 HSYNC 有效电平，应该与 OV7670 实际输出的 HREF 信号对应，例如，在图 22-5 中，只有 HREF 为高电平，才能输出有效像素数据，相当于 HREF 的有效电平是低电平，这与图 22-11 中的正好相反。

DCMI 的 VSYNC 连接 OV7670 的 VSYNC 信号，是帧同步信号，表示一帧数据的开始/结束。在图 22-11 中，当 VSYNC 为高电平时，端口的数据是无效的，这段时间称为垂直消隐（Vetical blanking）。

MCU 中可以配置 VSYNC 的有效电平，也就是产生垂直消隐时 VSYNC 的电平，图 22-11 中 VSYNC 的有效电平为高电平。在 MCU 中配置的 VSYNC 有效电平，应该与 OV7670 实际输出的 VSYNC 对应，例如，在图 22-5 中，当 VSYNC 为高电平时，数据无效，所以 VSYNC 的有效电平是高电平，这与图 22-11 所示的是一致的。

在 OV7670 中，我们可以通过设置寄存器的内容配置 PCLK、HREF、VSYNC 的极性，相关详细说明见表 22-2 中寄存器 COM10。MCU 中可以配置 DCMI 接口中这 3 个信号的极性。在实际使用中，请一定要保证 DCMI 和 OV 摄像头两边的配置是对应的，如果 MCU 理解的时序与 OV7670 实际输出的时序不对应，就无法正确传输数据。

22.2.3　DCMI 数据存储格式

DCMI 有一个 32 位数据寄存器 DCMI_DR，当采用 8 位数据线和 RGB565 格式时，数据寄存器一次可以存储 2 个像素的数据。DCMI 每接收到一个完整的 32 位数据，就会产生一次 DMA 请求，所以 DCMI 的 DMA 传输数据宽度是 32 位。

当采用 8 位数据线和 RGB565 格式时，DCMI 的 32 位数据寄存器存储的 RGB565 格式的像素数据如表 22-4 所示。

表 22-4　DCMI 的 32 位数据寄存器存储的 RGB565 格式的像素数据

位地址	31:27	26:21	20:16	15:11	10:5	4:0
数据	R_{n+1}	G_{n+1}	B_{n+1}	R_n	G_n	B_n

OV7670 是逐行逐列输出数据的，表 22-4 中，第 n 个像素是先于第 $n+1$ 个像素输出的。OV7670 像素扫描输出的顺序如图 22-12 所示。

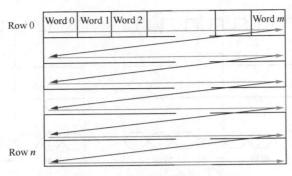

图 22-12　OV7670 像素扫描输出的顺序

由于 DCMI 接口数据传输量大,最高可达 54MB/s,在实际使用 DCMI 接口时,我们只能使用 DMA 方式先将一帧图像数据存入缓冲区,然后再显示或处理。在后面的示例里,我们会介绍具体的设置和编程方法。

22.2.4　DCMI 图像采集方式

DCMI 图像采集有 2 种模式:快照模式和连续抓取模式。我们可以通过 DCMI 的控制寄存器 DCMI_CR 中的 CM(Capture Mode,捕获模式)位设置采用哪种采集模式。

DCMI 的控制寄存器 DCMI_CR 中的 Capture 位用于启动 DCMI 图像采集,当 Capture 位置 1 时开始图像采集,当 Capture 位置 0 时停止图像采集。

1.　快照模式

快照(snapshot)模式就是单帧捕获模式,控制寄存器 DCMI_CR 中的 CM 位设置为 1 即为快照模式。快照模式适用于拍摄单张图片。

快照模式下单帧捕获的时序如图 22-13 所示。在快照模式下,将 Capture 位设置为 1 后,DCMI 接口会捕获一个完整帧的数据,然后自动将 Capture 位清零,停止图像采集。

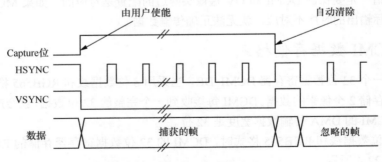

图 22-13　快照模式单帧捕获的时序

2.　连续抓取模式

连续抓取(continuous grab)模式就是一帧一帧连续采集图像的模式,控制寄存器 DCMI_CR 中的 CM 位设置为 0 即为连续抓取模式。

连续抓取模式的时序如图 22-14 所示。在连续抓取模式下,若将 Capture 位设置为 1,则 DCMI 将一帧一帧地捕获数据,帧与帧之间有消隐时间段;若将 Capture 位设置为 0,则停止采集。

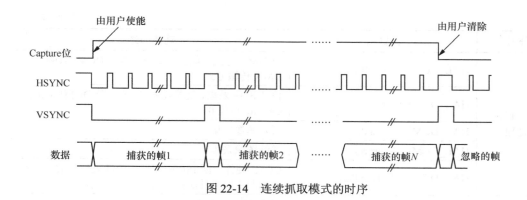

图 22-14 连续抓取模式的时序

22.2.5 DCMI 的中断

DCMI 有一个硬件中断号,有 5 个中断事件源,所有中断事件源可以单独打开或关闭。这 5 个中断的名称、触发中断的事件描述,以及 HAL 驱动程序中关联的回调函数见表 22-5。其中,IT_OVR 和 IT_ERR 共用一个回调函数。

表 22-5 DCMI 的中断事件

中断名称	中断事件描述	中断事件的回调函数
IT_LINE	接收完一行数据时,发生的中断事件	HAL_DCMI_LineEventCallback()
IT_FRAME	接收完一帧图像数据后,发生的中断事件	HAL_DCMI_FrameEventCallback()
IT_VSYNC	VSYNC 信号每次由无效电平变为有效电平时,发生的中断事件	HAL_DCMI_VsyncEventCallback()
IT_OVR	DMA 来不及传输数据产生的数据溢出中断事件	HAL_DCMI_ErrorCallback()
IT_ERR	未能按正确顺序接收到内嵌同步码产生的中断事件	HAL_DCMI_ErrorCallback()

DCMI 还具有图像裁剪功能,即只捕获图像一部分区域的数据。DCMI 接口还可以使用内嵌码进行数据同步,甚至可以接收 JPEG 图像数据,这些功能本书就不详细介绍了,相关内容参见 STM32F407 的数据手册或 DCMI 的应用笔记。

22.3 DCMI 的 HAL 驱动

22.3.1 主要驱动函数概述

DCMI 的驱动程序在文件 stm32f4xx_hal_dcmi.h 和 stm32f4xx_hal_dcmi_ex.h 中定义,其主要的功能函数见表 22-6,几个中断事件的回调函数见表 22-5。

表 22-6 DCMI 的驱动程序的主要功能函数

分组	函数名	功能描述
初始化	HAL_DCMI_Init()	DCMI 初始化函数
	HAL_DCMI_MspInit()	DCMI 的 MSP 初始化函数

续表

分组	函数名	功能描述
采集控制与中断处理	HAL_DCMI_Start_DMA()	以 DMA 方式开始图像数据采集，DCMI 只能采用 DMA 传输方式
	HAL_DCMI_Stop()	停止图像采集，就是将控制寄存器 DCMI_CR 的 Capture 位置 0
	HAL_DCMI_Suspend()	暂停图像采集
	HAL_DCMI_Resume()	继续图像采集
	HAL_DCMI_IRQHandler()	DCMI 硬件中断 ISR 中调用的中断处理函数，内部会判断中断事件源并调用相应的回调函数
其他功能	HAL_DCMI_ConfigCrop()	图像裁剪功能配置
	HAL_DCMI_EnableCrop()	开启图像裁剪功能
	HAL_DCMI_DisableCrop()	禁止图像裁剪功能
	HAL_DCMI_ConfigSyncUnmask()	嵌入式同步分隔码（delimiter）设置

22.3.2 DCMI 接口初始化

DCMI 接口的初始化函数是 HAL_DCMI_Init()，其原型定义如下：

```
HAL_StatusTypeDef HAL_DCMI_Init(DCMI_HandleTypeDef *hdcmi);
```

其中，hdcmi 是 DCMI_HandleTypeDef 类型的 DCMI 外设对象指针。CubeMX 生成的 DCMI 初始化程序文件会自动定义一个 DCMI 外设对象变量，即

```
DCMI_HandleTypeDef  hdcmi;           //DCMI 外设对象变量
```

结构体 DCMI_HandleTypeDef 用于定义 DCMI 外设对象变量，其完整定义如下，各成员变量的意义见注释。

```
typedef struct __DCMI_HandleTypeDef
{
    DCMI_TypeDef              *Instance;              //DCMI 寄存器基址
    DCMI_InitTypeDef          Init;                   //DCMI 参数
    HAL_LockTypeDef           Lock;                   //DCMI 锁定对象
    __IO HAL_DCMI_StateTypeDef   State;               //DCMI 状态
    __IO uint32_t             XferCount;              //DMA 传输计数器
    __IO uint32_t             XferSize;               //DMA 传输大小
    uint32_t                  XferTransferNumber;     //DMA 传输编号
    uint32_t                  pBuffPtr;               //指向 DMA 输出缓冲区
    DMA_HandleTypeDef         *DMA_Handle;            //DMA 流对象指针
    __IO uint32_t             ErrorCode;              //DCMI 错误码
}DCMI_HandleTypeDef;
```

其中，DCMI_InitTypeDef 结构体变量 Init 表示 DCMI 接口的各种参数，DCMI_InitTypeDef 的完整定义如下，各成员变量的意义见注释，某些变量的意义在示例中进行 CubeMX 配置时再详细介绍。

```
typedef struct
{
    uint32_t   SynchroMode;       //同步模式，硬件同步或内嵌同步码同步
    uint32_t   PCKPolarity;       //像素时钟信号 PCLK 的极性，上跳沿或下跳沿
    uint32_t   VSPolarity;        //VSYNC 信号的极性，高电平或低电平
    uint32_t   HSPolarity;        //HSYNC 信号的极性，高电平或低电平
```

```
    uint32_t   CaptureRate;                    //帧捕获频率,全部、1/2 或 1/4
    uint32_t   ExtendedDataMode;               //数据宽度,8、10、12 或 14 位
    DCMI_CodesInitTypeDef  SyncroCode;         //表示帧起始内嵌分隔码
    uint32_t   JPEGMode;                       //是否使用 JPEG 模式
}DCMI_InitTypeDef;
```

22.3.3 DCMI 的采集控制

DCMI 接口传输的数据量大,且只能使用 DMA 方式进行数据传输。我们可以在 CubeMX 中为 DCMI 配置 DMA,在程序中使用函数 HAL_DCMI_Start_DMA()启动图像数据采集,这个函数的原型定义如下:

```
HAL_StatusTypeDef HAL_DCMI_Start_DMA(DCMI_HandleTypeDef* hdcmi, uint32_t DCMI_Mode,
uint32_t pData, uint32_t Length)
```

其中,hdcmi 是 DCMI 外设对象指针,DCMI_Mode 是图像采集方式,可使用的个宏常数有如下两个。

- DCMI_MODE_SNAPSHOT,快照模式。
- DCMI_MODE_CONTINUOUS,连续抓取模式。

参数 pData 是 DMA 传输数据缓冲区的起始地址,注意,这个参数不是指针,而是一个 uint32_t 数。参数 Length 是捕获帧的数据长度,单位是字。

假设 DCMI 输出图像分辨率为 QVGA,即 320×240 像素,像素数据格式是 RGB565,则 1 帧的数据大小就是

$$320 \times 240 \times 2B = 153600B = 38400 \ 字$$

在实际使用中,因为 STM32F407ZG 的片上 RAM 只有 192KB,所以需要使用外部 SRAM 存储芯片作为 DMA 传输数据缓冲区。

如果以快照模式启动 DCMI 图像采集,在捕获一帧图像数据后,DCMI 就自动停止图像采集了。如果以连续抓取模式启动 DCMI 图像采集,启动图像采集后,DCMI 就会一帧一帧地传输图像数据。另外 3 个控制 DCMI 图像采集过程的函数的原型定义如下,这 3 个函数都只需要 DCMI 外设对象指针作为参数。

```
HAL_StatusTypeDef HAL_DCMI_Stop(DCMI_HandleTypeDef* hdcmi);          //停止
HAL_StatusTypeDef HAL_DCMI_Suspend(DCMI_HandleTypeDef* hdcmi);       //暂停
HAL_StatusTypeDef HAL_DCMI_Resume(DCMI_HandleTypeDef* hdcmi);        //继续
```

22.4 DCMI 和摄像头使用示例

22.4.1 摄像头模块

OV 图像传感器是芯片级别的,在设计嵌入式系统时,一般不会直接拿 OV 图像传感器来用,而是购买商品化的 OV 摄像头模块。摄像头模块分为有 FIFO 存储器的和无 FIFO 存储器的,要想与 MCU 的 DCMI 接口直接连接,必须使用不带 FIFO 的摄像头模块。例如,本节示例用到了一个无 FIFO 的 OV7670 摄像头模块,它引出了 18 线排针接口,接口定义如图 22-15 所示。

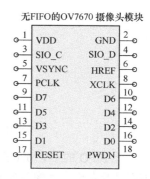

图 22-15 一个 OV7670 摄像头模块的接口定义

与图 22-3 所示的 OV7670 传感器的引脚图对比,我们可以

发现，这个无 FIFO 的 OV7670 摄像头模块，就是将 OV7670 传感器的一些主要信号线引出，同时，为 OV7670 传感器连接了必要的外围电路。图 22-15 中各引脚的定义如下。

- VDD 为模块提供电源，需要接+3.3V。由图 22-3 可知，OV7670 传感器还需要+1.8V 和+2.8V 电源，在摄像头模块上，有将+3.3V 转换为+1.8V 和+2.8V 的电源芯片。
- SIO_C 和 SIO_D 是 SCCB 通信接口，就是 OV7670 相应信号线的引出。
- VSYNC、HREF、PCLK 也是 OV7670 相应同步信号线的引出。
- XCLK 是 OV7670 的系统时钟信号，需要外部为 OV7670 提供一个时钟信号，频率范围为 10～48MHz。
- D[7:0]是 8 位数据线，是 OV7670 数据线的引出。
- RESET 是 OV7670 的信号引出，低电平使 OV7670 复位，正常使用时设置为 1。
- PWDN 是 OV7670 的信号引出，高电平使 OV7670 掉电，正常使用时设置为 0。

22.4.2 开发板与摄像头模块的连接

普中 STM32F407 开发板上有一个摄像头接口插座，就是附录 C 图 C-2 中的【3-10】。这个插座连接了 DCMI 接口的引脚，但是普中配套的 OV7670 摄像头模块是带 FIFO 的，插上后，不能直接使用 DCMI 接口操作摄像头，而是要使用普通 GPIO 口操作摄像头。

无 FIFO 的 OV7670 摄像头模块的 18 针接口如图 22-15 所示，它与开发板上的摄像头插座的引脚不匹配，只能通过杜邦线将摄像头模块与开发板的 MCU 引出引脚连接，如图 22-16 所示。

图 22-16 无 FIFO 的 OV7670 摄像头模块与开发板的连接

无 FIFO 的 OV7670 摄像头模块与 MCU 的具体连接如图 22-17 所示，这里用到的 MCU 引脚都是开发板上摄像头插座用到的引脚，这样可以尽量避免与其他器件所用引脚发生冲突。图 22-17 中各引脚的连接整理为表 22-7，根据这个表进行 CubeMX 配置很方便。

22.4 DCMI 和摄像头使用示例

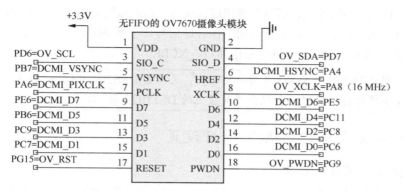

图 22-17 无 FIFO 的 OV7670 摄像头模块与 MCU 的引脚连接

表 22-7 无 FIFO 的 OV7670 摄像头模块与 MCU 的引脚连接

信号分组	模块 MCU 信号	MCU 引脚	I/O 方向	描述
DCMI 接口	DCMI_VSYNC	PB7	输入	帧同步信号，设置为高电平有效
	DCMI_HSYNC	PA4	输入	行同步信号，设置为低电平有效
	DCMI_PIXCLK	PA6	输入	像素时钟信号，设置为上跳沿捕获
	DCMI_D0	PC6	输入	—
	DCMI_D1	PC7	输入	DCMI_D[7:0]的部分引脚与 SDIO 接口共用，最好取出 SD 卡
	DCMI_D2	PC8	输入	—
	DCMI_D3	PC9	输入	—
	DCMI_D4	PC11	输入	—
	DCMI_D5	PB6	输入	—
	DCMI_D6	PE5	输入	—
	DCMI_D7	PE6	输入	—
SCCB 接口	OV_SDA	PD7	双向	软件模拟 SCCB 通信接口，推挽输出，上拉
	OV_SCL	PD6	输出	推挽输出，上拉
控制信号	OV_RST	PG15	输出	使 OV7670 复位的信号，推挽输出，初始输出 1
	OV_PWDN	PG9	输出	使 OV7670 掉电的信号，推挽输出，初始输出 0 与 DS18B20 共用 PG9 引脚，需要拔除 DS18B20
工作时钟	OV_XCLK	PA8	输出	MCO1 输出 16MHz 时钟作为 OV7670 的工作时钟信号

- 使用了 MCU 的硬件 DCMI 接口，包括 3 个同步信号和 8 个数据线。要注意，DCMI 接口的部分引脚与 SDIO 接口是共用的，所以在使用摄像头时，最好将 SD 卡插槽里的 SD 卡取出。
- SCCB 通信使用 GPIO 引脚 PD6 和 PD7 进行软件模拟，没有使用硬件 I2C 接口。这是因为开发板上的摄像头插座就使用 PD6 和 PD7 进行软件模拟 SCCB，为了与带 FIFO 的 OV7670 摄像头模块的程序兼容，也使用这两个 GPIO 引脚模拟 SCCB 接口。
- OV_RST 和 OV_PWDN 是控制 OV7670 的两个信号，用两个普通 GPIO 引脚即可。PG15 和 PG9 是开发板的摄像头插座上用到的 2 个 GPIO 引脚。要注意，PG9 同时还连接 DS18B20 的数据线，所以在使用摄像头时，最好拔除开发板上的 DS18B20。
- OV_XCLK 是为 OV7670 提供的工作时钟信号，使用 MCU 的 MCO1（Master clock output 1）输出 16MHz 时钟信号作为 OV_XCLK。

 因为 DCMI 与 SDIO 共用一些引脚，又与 DS18B20 共用引脚 PG9，所以在使用摄像头模块时，最好预先取出开发板上的 DS18B20 和 SD 卡。

22.4.3 示例功能与 CubeMX 项目设置

1. 示例功能和项目创建

在本节中，我们将创建一个示例 Demo22_1OV7670_DCMI，演示使用 DCMI 接口连接数字摄像头的使用方法。这个示例具有如下功能。

- 使用 DCMI 接口连接 OV7670 摄像头，设置分辨率为 QVGA，即 320×240 像素，输出格式为 RGB565。
- 使用外部 SRAM 芯片作为 DCMI 的 DMA 数据缓冲区，因为使用 QVGA 分辨率时，一帧图像所需存储空间为 320×240×2=153600B=150KB，而 STM32F407ZG 的 RAM 才 192KB，所以必须使用外部的 SRAM。开发板上有一个外部 SRAM 芯片 IS62WV51216，容量是 1024KB。
- 按 KeyRight 键拍照，也就是以快照模式启动图像采集，拍摄单帧照片后，在 LCD 上显示。
- 按 KeyUp 键是图像预览，也就是以连续抓拍模式启动图像采集，捕获一帧图像后，就在 LCD 上刷新显示。
- 按 KeyLeft 键暂停图像采集，按 KeyDown 键继续图像采集。

本示例要用到 LCD 和 SRAM，为此我们用 CubeMX 模板项目文件 M6_LCD_KeyLED_SRAM.ioc 创建本示例 CubeMX 文件 Demo21_1OV7670_DCMI.ioc（操作方法见附录 A）。

2. 时钟设置

根据图 22-17 所示的连接，MCU 需要向 OV7670 提供一个时钟信号 OV_XCLK，作为 OV7670 的系统时钟信号，这个时钟信号的范围是 10~48MHz。我们可以在 RCC 模块中开启主时钟输出，为外部提供时钟信号，如图 22-18 所示。系统有 MCO1 和 MCO2 两个输出时钟，MCO1 使用 PA8 引脚，MCO2 使用 PC9 引脚。因为 PC9 引脚要作为 DCMI_D3，所以只能使用 MCO1。

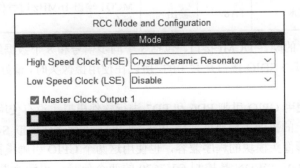

图 22-18 在 RCC 的模式设置中开启 MCO1

在时钟树设置上,系统还是使用 8MHz 的 HSE,HCLK 设置为 168MHz。MCO1 最合适的设置就是使用 HSI 作为时钟源,如图 22-19 所示。这样,就可以在 PA8 引脚上输出一个 16MHz 的时钟信号。

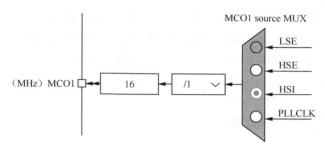

图 22-19　MCO1 的设置,输出 16MHz 时钟信号

3. SCCB 等 GPIO 引脚设置

这里使用 PD6 和 PD7 模拟 SCCB 接口,使用 PG15 作为 OV_RST、PG9 作为 OV_PWDN,这几个 GPIO 引脚以及系统中 LED 和按键的 GPIO 引脚的设置结果如图 22-20 所示。

Pin Name	User Label	GPIO mode	GPIO Pull-up/...	GPIO output level	Maximum output...
PD7	OV_SDA	Output Push Pull	Pull-up	High	High
PD6	OV_SCL	Output Push Pull	Pull-up	High	High
PG15	OV_RST	Output Push Pull	No pull-up and...	High	Low
PG9	OV_PWDN	Output Push Pull	No pull-up and...	Low	Low
PF10	LED2	Output Push Pull	No pull-up and...	Low	Low
PF9	LED1	Output Push Pull	No pull-up and...	Low	Low
PA0-WKUP	KeyUp	Input mode	Pull-down	n/a	n/a
PE2	KeyRight	Input mode	Pull-up	n/a	n/a
PE4	KeyLeft	Input mode	Pull-up	n/a	n/a
PE3	KeyDown	Input mode	Pull-up	n/a	n/a

图 22-20　系统中 GPIO 引脚的设置结果

注意,SCCB 是类似于 I2C 的接口,所以 OV_SDA 和 OV_SCL 的 GPIO 引脚应该设置为上拉,输出速率设置为 High。其中,OV_SDA 要在程序中动态改变输入/输出方向。

OV_RST 初始输出高电平,OV_PWDN 初始输出低电平,使 OV7670 能正常工作。

4. 定时器 TIM7 设置

软件模拟 SCCB 通信时序时,需要用到微秒级延时,为此我们使用定时器 TIM7 生成微秒级延时函数。TIM7 是基础定时器,在模式设置中启用 TIM7 即可,其参数设置如图 22-21 所示。

图 22-21　定时器 TIM7 的参数设置

TIM7 在总线 APB1 上，APB1 定时器时钟频率为 84MHz，设置预分频寄存器值为 83，则进入 TIM7 计数器的时钟信号频率为 1MHz，计数值变化 1 就是 1μs。无须开启 TIM7 的中断。

5. SRAM 芯片接口设置

1024KB 外部 SRAM 芯片 IS62WV51216 通过 FSMC 接口与 MCU 连接，使用 FSMC Bank1 的子区 3，1024KB 存储空间的地址范围是 0x6800 0000 至 0x680F FFFF。

FSMC Bank1 子区 3 连接 IS62WV51216 的模式设置如图 22-22 所示，其参数设置如图 22-23 所示。这些设置的具体原理详见《基础篇》第 19 章。

图 22-22　FSMC Bank1 子区 3 连接 IS62WV51216 的模式设置

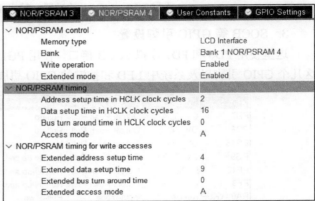

图 22-23　FSMC Bank1 子区 3 的参数设置

6. DCMI 接口设置

DCMI 接口的模式和参数设置如图 22-24 所示。DCMI 模式设置只需选择 DCMI 接口数据位数和同步信号类型，DCMI 模式设置的下拉列表框有如下几个选项。

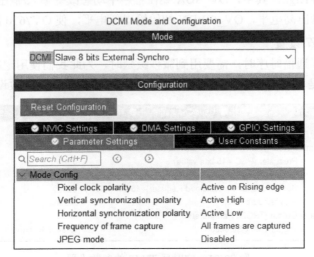

图 22-24　DCMI 的模式和参数设置

- Disable，不使用 DCMI 接口。
- Slave 8 bits Embedded Synchro，8 位数据线，使用内嵌码同步，只有 8 位数据线时才可以使用内嵌码同步。
- Slave 8 bits External Synchro，8 位数据线，使用外部同步信号，即本示例选择的选项。
- Slave 10 bits External Synchro，10 位数据线，使用外部同步信号。
- Slave 12 bits External Synchro，12 位数据线，使用外部同步信号。
- Slave 14 bits External Synchro，14 位数据线，使用外部同步信号。

参数设置部分只有 5 个参数。3 个同步信号的极性设置非常关键，必须与 OV7670 实际输出信号的极性匹配，否则就无法正确读取图像数据。OV7670 初始化配置时，我们可以设置这 3 个同步信号的极性，见表 22-2 中寄存器 COM10 的定义。所以，要搞清楚 OV7670 初始化配置的这 3 个同步信号的极性是什么，如果有条件，最好用数字示波器测量一下这 3 个同步信号的时序。

（1）Pixel clock polarity，像素时钟极性。这个参数决定在 PCLK 时钟信号的哪个跳变沿捕获数据，可选择上跳沿或下跳沿。根据图 22-4 所示的时序，本示例选择上跳沿。

（2）Vertical synchronization polarity，垂直同步极性。这个参数就是使并口数据无效时的 VSYNC 电平，也就是垂直消隐（帧消隐）时的 VSYNC 电平。根据图 22-5 所示的时序，这个参数设置为高电平。

（3）Horizontal synchronization polarity，水平同步极性。这个参数就是使并口数据无效时的 HREF 电平，也就是水平消隐（行消隐）时的 HREF 电平。根据图 22-5 所示的时序，这个参数设置为低电平。

（4）Frequency of frame capture，捕获帧的频率。这个参数决定捕获帧的频率，即捕获全部帧，或只捕获 1/2 或 1/4 的帧。如果 OV7670 输出速率较快，MCU 来不及处理，就可以只捕获部分帧。例如，设置为捕获 1/4 帧，表示 OV7670 每输出 4 帧数据，DCMI 接口才捕获其中的 1 帧。

 如果设置为捕获 1/2 或 1/4 帧，OV7670 在输出每一帧时还是会产生 IT_FRAME 中断事件，MCU 需要结合捕获帧频率进行相应处理。

（5）JPEG mode，JPEG 模式。这个参数表示 OV7670 输出的图像数据是否为 JPEG 格式。如果 OV7670 输出的是 JPEG 图像数据，DCMI 接口应该开启 JPEG 模式。

在配置 DCMI 的模式为 Slave 8 bits External Synchro 之后，CubeMX 将自动分配 DCMI 接口的 GPIO 引脚。DCMI 接口的 GPIO 引脚分配和定义如图 22-25 所示，这与表 22-7 中的引脚定义是对应的。

Pin Name	Signal on Pin	GPIO mode	GPIO Pull-up/...	Maximum output speed
PC6	DCMI_D0	Alternate Function Push Pull	No pull-up and...	Very High
PC7	DCMI_D1	Alternate Function Push Pull	No pull-up and...	Very High
PC8	DCMI_D2	Alternate Function Push Pull	No pull-up and...	Very High
PC9	DCMI_D3	Alternate Function Push Pull	No pull-up and...	Very High
PC11	DCMI_D4	Alternate Function Push Pull	No pull-up and...	Very High
PB6	DCMI_D5	Alternate Function Push Pull	No pull-up and...	Very High
PE5	DCMI_D6	Alternate Function Push Pull	No pull-up and...	Very High
PE6	DCMI_D7	Alternate Function Push Pull	No pull-up and...	Very High
PA4	DCMI_HSYNC	Alternate Function Push Pull	No pull-up and...	Very High
PA6	DCMI_PIXCLK	Alternate Function Push Pull	No pull-up and...	Very High
PB7	DCMI_VSYNC	Alternate Function Push Pull	No pull-up and...	Very High

图 22-25　DCMI 接口的 GPIO 引脚分配和定义

第 22 章　DCMI 接口和数字摄像头

DCMI 必须使用 DMA 传输方式，还需要为 DCMI 配置 DMA，其配置结果如图 22-26 所示。DMA 模式需要设置为循环（Circular）模式，外设和存储器数据宽度都是 Word，因为 DCMI 数据寄存器是 32 位的。此外，这里需要开启存储器地址自增，即选择 Memory 复选框。

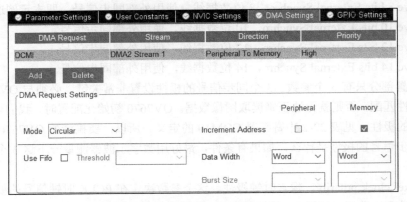

图 22-26　DCMI 的 DMA 设置

为了在 DMA 传输完成事件中断里进行图像数据显示，我们还必须打开 DCMI 的全局中断。DCMI 的 NVIC 设置如图 22-27 所示，所配置的 DMA 中断会自动打开。

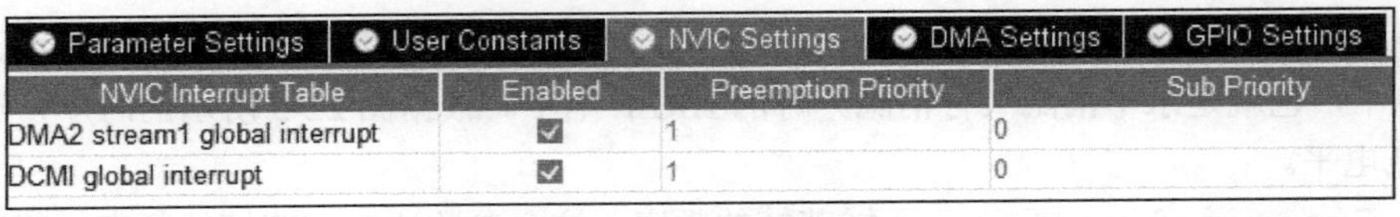

图 22-27　DCMI 的 NVIC 设置

22.4.4　程序功能实现

1. 主程序

完成配置后，CubeMX 会自动生成代码。我们在 CubeIDE 中打开项目，先将 PublicDrivers 目录下的 TFT_LCD 和 KEY_LED 目录添加到项目搜索路径（操作方法见附录 A）。添加用户功能代码，完成后的主程序代码如下：

```
/* 文件：main.c -------------------------------------------------------------*/
#include "main.h"
#include "dcmi.h"
#include "dma.h"
#include "tim.h"
#include "gpio.h"
#include "fsmc.h"
/* Private includes --------------------------------------------------------*/
/* USER CODE BEGIN Includes */
#include "sccb.h"
#include "tftlcd.h"
#include "ov7670_dcmi.h"
#include "keyled.h"
/* USER CODE END Includes */

/* Private define ----------------------------------------------------------*/
/* USER CODE BEGIN PD */
```

22.4 DCMI 和摄像头使用示例

```c
#define  SRAM_ADDR_BEGIN    0x68000000UL    //FSMC Bank1 子区 3 的 SRAM 起始地址
/* USER CODE END PD */

int main(void)
{
    HAL_Init();
    SystemClock_Config();
    /* Initialize all configured peripherals */
    MX_GPIO_Init();         //OV_RST、OV_PWDN、OV_SCL、OV_SDA 等 GPIO 引脚的初始化
    MX_DMA_Init();          //DMA 初始化
    MX_FSMC_Init();         //FSMC 初始化，连接了 TFT LCD 和外部 SRAM
    MX_TIM7_Init();         //TIM7 初始化，TIM7 用于实现微秒级延时函数 Delay_us()
    MX_DCMI_Init();         //DCMI 初始化

    /* USER CODE BEGIN 2 */
    TFTLCD_Init();
    LCD_ShowStr(10,10,(uint8_t*)"Demo22_1: OV7670 via DCMI");
    OV7670_Init();          //OV7670 初始化设置，输出分辨率为 QVGA(320*240)，RGB565

//读取 PID 和 VER，检验 SCCB 通信是否正确
    uint8_t PID=OV7670_ReadPID();           //读取产品 ID
    uint8_t VER=OV7670_ReadVER();           //读取产品 VER
    LCD_ShowStr(10,LCD_CurY+LCD_SP15,(uint8_t*)"Camera PID= ");
    LCD_ShowUintHex(LCD_CurX,LCD_CurY,PID,1);       //十六进制显示
    LCD_ShowStr(10,LCD_CurY+LCD_SP10,(uint8_t*)"Camera VER= ");
    LCD_ShowUintHex(LCD_CurX,LCD_CurY,VER,1);       //十六进制显示

    LCD_ShowStr(10,LCD_CurY+LCD_SP15,(uint8_t*)"KeyUp   = Continuous");
    LCD_ShowStr(10,LCD_CurY+LCD_SP10,(uint8_t*)"KeyLeft = Suspend");
    LCD_ShowStr(10,LCD_CurY+LCD_SP10,(uint8_t*)"KeyDown = Resume");
    LCD_ShowStr(10,LCD_CurY+LCD_SP10,(uint8_t*)"KeyRight= Snapshot");
    __HAL_DCMI_DISABLE_IT(&hdcmi, DCMI_IT_FRAME);//关闭 IT_FRAME 中断，不影响 DMA 中断响应
    /* USER CODE END 2 */

    /* Infinite loop */
    /* USER CODE BEGIN WHILE */
    uint32_t  BufSize=320*240*2/4;          //DMA 缓冲区长度 =38400 字
    while (1)
    {
        KEYS  curKey=ScanPressedKey(KEY_WAIT_ALWAYS);
        switch(curKey)
        {
        case KEY_UP:            //连续采集和显示
            HAL_DCMI_Start_DMA(&hdcmi,DCMI_MODE_CONTINUOUS,
                        (uint32_t)SRAM_ADDR_BEGIN, BufSize);
            break;

        case KEY_LEFT:          //暂停
            HAL_DCMI_Suspend(&hdcmi);
            break;

        case KEY_DOWN:          //继续
            HAL_DCMI_Resume(&hdcmi);
            break;

        case KEY_RIGHT:         //单帧快照
            HAL_DCMI_Start_DMA(&hdcmi,DCMI_MODE_SNAPSHOT,
                        (uint32_t)SRAM_ADDR_BEGIN, BufSize);
            break;
        }
```

```
        HAL_Delay(500);           //消除按键抖动影响
        /* USER CODE END WHILE */
    }
}
```

上述程序定义了一个宏 SRAM_ADDR_BEGIN，其值为 0x68000000UL，这是外部 SRAM 芯片 IS62WV51216 存储空间的起始地址。在 DCMI 使用 DMA 方式开始图像采集时，DMA 传输数据缓冲区的起始地址就设置为 SRAM_ADDR_BEGIN。

在外设初始化部分，函数 MX_FSMC_Init()进行 FSMC 接口的初始化，FSMC 的 Bank1 子区 3 连接的是外部 SRAM，Bank1 子区 4 连接的是 TFT LCD。函数 MX_FSMC_Init()的代码不再展示和解释，可查看《基础篇》第 19 章的内容。

函数 MX_GPIO_Init()完成图 22-20 中定义的 GPIO 引脚的初始化，这里就不展示其具体代码了，详见示例项目源代码。函数 MX_DCMI_Init()用于 DCMI 接口的初始化，详细解释参见后文。

完成外设初始化后，程序在用户代码部分执行了一个函数 OV7670_Init()，用于 OV7670 的初始化设置，就是设置 OV7670 各个寄存器的值。配置的结果是 OV7670 输出图像分辨率为 QVGA，即 320×240 像素，像素颜色数据格式为 RGB565。PCLK、HREF、VSYNC 的极性与图 22-24 中的设置对应。

完成 OV7670 初始化配置后，程序调用函数 OV7670_ReadPID()和 OV7670_ReadVER()读取 OV7670 的 PID 和 VER 的值，返回产品 ID 和版本号。如果 SCCB 通信正常，返回的 PID 应该是 0x76，返回的 VER 应该是 0x73。

程序显示了一个文字菜单，用 4 个按键控制 OV7670 摄像头模块的操作。

- 按下 KeyUp 键时，执行下面的代码开始连续模式图像采集：

```
HAL_DCMI_Start_DMA(&hdcmi,DCMI_MODE_CONTINUOUS,(uint32_t)SRAM_ADDR_BEGIN,BufSize);
```

其中，第 3 个参数(uint32_t)SRAM_ADDR_BEGIN 是 DMA 传输数据缓冲区的起始地址，也就是外部 SRAM 的起始地址；第 4 个参数 BufSize 是 DMA 缓冲区的大小，以字为单位。设置 OV7670 输出分辨率为 320×240 像素，每个像素 RGB565 数据是 2 字节，所以 BufSize 的值是 38400。

- 按下 KeyLeft 键时，调用 HAL_DCMI_Suspend(&hdcmi)暂停图像采集。
- 按下 KeyDown 键时，调用 HAL_DCMI_Resume(&hdcmi)继续图像采集。注意，只有帧捕获频率设置为 1/2 或 1/4，控制暂停和继续的这两个函数才有用。
- 按下 KeyRight 键时，用快照模式启动图像数据采集，即执行下面的代码：

```
HAL_DCMI_Start_DMA(&hdcmi,DCMI_MODE_SNAPSHOT,(uint32_t)SRAM_ADDR_BEGIN, BufSize);
```

2. DMA 传输完成中断处理和图像显示

不管以哪种模式启动 DCMI 图像采集，在完成一帧图像数据的传输之后，都会产生 DMA 传输完成事件中断，而 DMA 传输完成事件中断关联的回调函数是 HAL_DCMI_FrameEventCallback()。至于 DMA 传输完成中断事件是如何关联 DCMI 的 IT_FRAME 中断事件的回调函数的，读者可以参考《基础篇》第 13 章的方法，自己分析，这里就不具体分析了。

在 main()函数中，即使执行如下的代码关闭了 DCMI 的 DCMI_IT_FRAME 中断事件，也不影响 DMA 的中断响应，但是 DCMI 的全局中断必须打开。

```
__HAL_DCMI_DISABLE_IT(&hdcmi, DCMI_IT_FRAME);
```

22.4 DCMI 和摄像头使用示例

我们在文件 main.c 中重新实现回调函数 HAL_DCMI_FrameEventCallback()。在这个函数里，我们读取 DMA 缓冲区里一帧图像的数据，然后在 LCD 上显示。这个回调函数以及调用的自定义函数 DrawPhoto() 的代码如下，代码都写在 /* USER CODE BEGIN/END 4 */ 沙箱段内，函数 DrawPhoto() 在文件 main.h 中声明了原型定义。

```
/* USER CODE BEGIN 4 */
void HAL_DCMI_FrameEventCallback(DCMI_HandleTypeDef *hdcmi)
{
    LED1_Toggle();
    DrawPhoto();
}

//显示一帧图像，分辨率为QVGA(320*240)，RGB565
void DrawPhoto()
{
    const uint16_t  imgHeight=240, imgWidth=320;      //图片的行数和列数
    uint16_t startRow=260,startCol=20;                //图片的左上角坐标
    LCD_Set_Window(startCol, startRow, startCol+imgWidth-1,startRow+imgHeight-1);

    uint16_t PixelHigh, PixelLow;
    uint8_t  BT;
    uint8_t  *imgAddr=(uint8_t *)SRAM_ADDR_BEGIN;     //缓冲区指针
    for(uint16_t i=0; i<imgHeight; i++)               //逐行扫描
       for(uint16_t j=0; j<(imgWidth/2); j++ )
       {
          BT=*imgAddr;   //不能直接读uint16_t，直接读是小端字节序，实际存储相当于是大端字节序
          imgAddr++;
          PixelHigh=BT;
          BT=*imgAddr;
          imgAddr++;
          PixelHigh= (PixelHigh<<8) | BT;    //第2N+1个像素，RGB565数据

          BT=*imgAddr;
          imgAddr++;
          PixelLow = BT;
          BT=*imgAddr;
          imgAddr++;
          PixelLow= (PixelLow<<8) | BT;      //第2N个像素，RGB565数据

          LCD_WriteData_Color(PixelLow);
          LCD_WriteData_Color(PixelHigh);
       }
}
/* USER CODE END 4 */
```

主要的代码在函数 DrawPhoto() 中，这个函数的功能就是读取 DMA 缓冲区里一帧图像的数据，在 LCD 上显示。缓冲区的起始地址就是外部 SRAM 的起始地址，程序用下面的代码定义缓冲区指针：

```
uint8_t  *imgAddr=(uint8_t *)SRAM_ADDR_BEGIN;           //缓冲区指针
```

要注意，DCMI 的 32 位数据寄存器一次存储 2 个像素的数据，然后写入缓冲区，这两个像素的 RGB565 数据在 32 位寄存器中存储的顺序见表 22-4。那么，一行像素的数据在缓冲区中的存储顺序见表 22-8，存储序号是按存储地址顺序，一个存储地址是半字（half-word），也就是一个像素的 2 字节数据。根据这个表，我们就很容易理解函数 DrawPhoto() 的代码了。

表 22-8 一行像素的数据在缓冲区中的存储顺序

存储序号	0	1	2	3	……	4	5	……	318	319
像素数据	像素 1	像素 0	像素 3	像素 2	……	像素 2N+1	像素 2N	……	像素 319	像素 318

3. DMA 和 DCMI 的初始化

mian()函数中，外设初始化部分调用的函数 MX_DMA_Init()用于 DMA 的初始化，这个函数在文件 dma.c 中定义，其代码如下。

```
void MX_DMA_Init(void)
{
    /* DMA2 控制器时钟使能 */
    __HAL_RCC_DMA2_CLK_ENABLE();

    /* DMA 中断初始化 */
    /* DMA2_Stream1_IRQn 中断配置 */
    HAL_NVIC_SetPriority(DMA2_Stream1_IRQn, 1, 0);
    HAL_NVIC_EnableIRQ(DMA2_Stream1_IRQn);
}
```

这个函数的功能就是开启 DMA2 控制器的时钟，设置 DMA 流 DMA2_Stream1 的中断优先级，这个 DMA 流会与 DCMI 的 DMA 请求关联。

mian()函数中，外设初始化部分调用的函数 MX_DCMI_Init()用于 DCMI 接口的初始化，文件 dcmi.c 中 DCMI 初始化相关的代码如下：

```
/* 文件：dcmi.c ----------------------------------------------------------*/
#include "dcmi.h"

DCMI_HandleTypeDef hdcmi;                    //DCMI 外设对象变量
DMA_HandleTypeDef  hdma_dcmi;                //与 DCMI 的 DMA 请求关联的 DMA 流对象变量

/* DCMI 初始化函数 */
void MX_DCMI_Init(void)
{
    hdcmi.Instance = DCMI;                   //DCMI 寄存器基址
    hdcmi.Init.SynchroMode = DCMI_SYNCHRO_HARDWARE;      //同步模式，硬件信号同步
    hdcmi.Init.PCKPolarity = DCMI_PCKPOLARITY_RISING;    //PCLK 极性，上跳沿捕获数据
    hdcmi.Init.VSPolarity = DCMI_VSPOLARITY_HIGH;        //VSYNC 信号极性，高电平消隐
    hdcmi.Init.HSPolarity = DCMI_HSPOLARITY_LOW;         //HSYNC 信号极性，低电平消隐
    hdcmi.Init.CaptureRate = DCMI_CR_ALL_FRAME;          //捕获频率，全部帧
    hdcmi.Init.ExtendedDataMode = DCMI_EXTEND_DATA_8B;   //数据位数，8 位
    hdcmi.Init.JPEGMode = DCMI_JPEG_DISABLE;             //不使用 JPEG 模式
    if (HAL_DCMI_Init(&hdcmi) != HAL_OK)
        Error_Handler();
}

void HAL_DCMI_MspInit(DCMI_HandleTypeDef* dcmiHandle)
{
    GPIO_InitTypeDef GPIO_InitStruct = {0};
    if(dcmiHandle->Instance==DCMI)
    {
        /* DCMI 时钟使能 */
        __HAL_RCC_DCMI_CLK_ENABLE();
        __HAL_RCC_GPIOE_CLK_ENABLE();
        __HAL_RCC_GPIOA_CLK_ENABLE();
        __HAL_RCC_GPIOC_CLK_ENABLE();
        __HAL_RCC_GPIOB_CLK_ENABLE();
```

22.4 DCMI和摄像头使用示例

```c
/**DCMI GPIO 引脚配置
PE5     ------> DCMI_D6
PE6     ------> DCMI_D7
PA4     ------> DCMI_HSYNC
PA6     ------> DCMI_PIXCLK
PC6     ------> DCMI_D0
PC7     ------> DCMI_D1
PC8     ------> DCMI_D2
PC9     ------> DCMI_D3
PC11    ------> DCMI_D4
PB6     ------> DCMI_D5
PB7     ------> DCMI_VSYNC    */
    GPIO_InitStruct.Pin = GPIO_PIN_5|GPIO_PIN_6;
    GPIO_InitStruct.Mode = GPIO_MODE_AF_PP;
    GPIO_InitStruct.Pull = GPIO_NOPULL;
    GPIO_InitStruct.Speed = GPIO_SPEED_FREQ_VERY_HIGH;
    GPIO_InitStruct.Alternate = GPIO_AF13_DCMI;
    HAL_GPIO_Init(GPIOE, &GPIO_InitStruct);

    GPIO_InitStruct.Pin = GPIO_PIN_4|GPIO_PIN_6;
    GPIO_InitStruct.Mode = GPIO_MODE_AF_PP;
    GPIO_InitStruct.Pull = GPIO_NOPULL;
    GPIO_InitStruct.Speed = GPIO_SPEED_FREQ_VERY_HIGH;
    GPIO_InitStruct.Alternate = GPIO_AF13_DCMI;
    HAL_GPIO_Init(GPIOA, &GPIO_InitStruct);

    GPIO_InitStruct.Pin = GPIO_PIN_6|GPIO_PIN_7|GPIO_PIN_8|GPIO_PIN_9
            |GPIO_PIN_11;
    GPIO_InitStruct.Mode = GPIO_MODE_AF_PP;
    GPIO_InitStruct.Pull = GPIO_NOPULL;
    GPIO_InitStruct.Speed = GPIO_SPEED_FREQ_VERY_HIGH;
    GPIO_InitStruct.Alternate = GPIO_AF13_DCMI;
    HAL_GPIO_Init(GPIOC, &GPIO_InitStruct);

    GPIO_InitStruct.Pin = GPIO_PIN_6|GPIO_PIN_7;
    GPIO_InitStruct.Mode = GPIO_MODE_AF_PP;
    GPIO_InitStruct.Pull = GPIO_NOPULL;
    GPIO_InitStruct.Speed = GPIO_SPEED_FREQ_VERY_HIGH;
    GPIO_InitStruct.Alternate = GPIO_AF13_DCMI;
    HAL_GPIO_Init(GPIOB, &GPIO_InitStruct);

    /* DCMI DMA 初始化 */
    hdma_dcmi.Instance = DMA2_Stream1;                       //DMA 流
    hdma_dcmi.Init.Channel = DMA_CHANNEL_1;                  //DMA 通道，即 DMA 请求
    hdma_dcmi.Init.Direction = DMA_PERIPH_TO_MEMORY;         //DMA 方向
    hdma_dcmi.Init.PeriphInc = DMA_PINC_DISABLE;
    hdma_dcmi.Init.MemInc = DMA_MINC_ENABLE;                 //存储器地址自增
    hdma_dcmi.Init.PeriphDataAlignment = DMA_PDATAALIGN_WORD;  //数据宽度：word
    hdma_dcmi.Init.MemDataAlignment = DMA_MDATAALIGN_WORD;    //数据宽度：word
    hdma_dcmi.Init.Mode = DMA_CIRCULAR;                      //循环工作模式
    hdma_dcmi.Init.Priority = DMA_PRIORITY_HIGH;
    hdma_dcmi.Init.FIFOMode = DMA_FIFOMODE_DISABLE;
    if (HAL_DMA_Init(&hdma_dcmi) != HAL_OK)
        Error_Handler();
    __HAL_LINKDMA(dcmiHandle,DMA_Handle,hdma_dcmi);          //DCMI 与 DMA 流关联

    /* DCMI 中断初始化 */
    HAL_NVIC_SetPriority(DCMI_IRQn, 1, 0);                   //DCMI 中断优先级
    HAL_NVIC_EnableIRQ(DCMI_IRQn);
  }
}
```

上述程序定义了 DCMI 外设对象变量 hdcmi,以及 DMA 流对象变量 hdma_dcmi,这个 DMA 流对象会与 DCMI 的 DMA 请求关联。

函数 MX_DCMI_Init()的功能就是设置 DCMI 外设对象变量 hdcmi 各成员变量的值,这些赋值语句与 CubeMX 中的设置是对应的,各参数的意义如图 22-24 中各参数的解释所示。对 hdcmi 各成员变量赋值后,执行 HAL_DCMI_Init(&hdcmi)对 DCMI 接口进行初始化配置。

函数 HAL_DCMI_Init()会调用 MSP 初始化函数 HAL_DCMI_MspInit(),重新实现的这个函数完成了 DCMI 的 GPIO 引脚初始化、DMA 流的初始化配置、DCMI 的 DMA 请求与 DMA 流的关联,以及 DCMI 中断的初始化。

完成 DCMI 和 DMA 的初始化配置后,在 main()函数中,执行函数 HAL_DCMI_Start_DMA() 以 DMA 方式启动 DCMI 图像采集时,DCMI 所关联的 DMA 流的 DMA 传输完成中断事件 (DMA_IT_TC)的回调函数就指向 DCMI 的 HAL 函数 HAL_DCMI_FrameEventCallback()。所设置的 DMA 缓冲区的大小正好是一帧图像的大小,当 DCMI 传输完一帧图像的数据时,DMA 流触发 DMA 传输完成事件中断,就会执行函数 HAL_DCMI_FrameEventCallback()。所以,在文件 main.c 里,重新实现这个回调函数,读取缓冲区的图像数据并在 LCD 上显示。

4. SCCB 通信的实现

MCU 使用 PD6 和 PD7 两个 GPIO 引脚与 OV7670 之间实现 SCCB 通信,需要用软件模拟 SCCB 通信时序,与软件模拟 I2C 通信是一样的。

我们在项目目录下创建一个文件夹 OV7670,将这个文件夹添加到项目的搜索路径,然后在这个目录下创建文件 sccb.h 和 sccb.c,这两个文件用于实现 SCCB 通信的基本功能。文件 sccb.h 的完整代码如下:

```
/* 文件: sccb.h ------------------------------------------------------------*/
#include "main.h"

//SCCB 通信时序基本操作
void    SCCB_Start(void);                   //段通信开始
void    SCCB_Stop(void);                    //段通信结束
void    SCCB_No_Ack(void);                  //NACK
uint8_t SCCB_WR_Byte(uint8_t dat);          //SCCB 写 1 字节
uint8_t SCCB_RD_Byte(void);                 //SCCB 读 1 字节

//读写寄存器的操作函数
void    SCCB_WR_Reg(uint8_t reg, uint8_t data);    //向一个寄存器写入数据
uint8_t SCCB_RD_Reg(uint8_t reg);                  //读取一个寄存器的数据
```

文件 sccb.h 首先定义了用于实现 SCCB 一个段(phase)时序的一些基本函数,包括起始函数 SCCB_Start()、结束函数 SCCB_Stop()和无关位函数 SCCB_No_Ack()。SCCB 的一个段时序用于写入或读取 1 字节,基本函数是 SCCB_WR_Byte()和 SCCB_RD_Byte()。

实际由用户调用对 OV7670 进行寄存器读写操作的函数是 SCCB_WR_Reg()和 SCCB_RD_Reg(), 它们是基于前面的基础函数实现的。

软件模拟 SCCB 通信时序要使用微秒级延时函数,使用定时器 TIM7 实现一个微秒级延时函数 Delay_us()。这个函数在文件 tim.h 和 tim.c 中定义和实现,其代码如下:

```
/* USER CODE BEGIN 1 */
void Delay_us(uint16_t delay)              //使用 TIM7 进行微秒级延时
{
    __HAL_TIM_DISABLE(&htim7);             //禁止 TIM7
```

```c
    __HAL_TIM_SET_COUNTER(&htim7, 0);        //设置初值为 0
    __HAL_TIM_ENABLE(&htim7);
    uint16_t  curCnt=0;
    while(1)
    {
        curCnt=__HAL_TIM_GET_COUNTER(&htim7);
        if (curCnt>=delay)
            break;
    }
    __HAL_TIM_DISABLE(&htim7);                //禁止 TIM7
}
/* USER CODE END 1 */
```

文件 sccb.c 的完整代码如下，它实现了文件 sccb.h 中定义的几个函数，还有几个内部宏定义和函数：

```c
/* 文件: sccb.c  ----------------------------------------------------------*/
#include "sccb.h"
#include "main.h"
#include "tim.h"          //用到延时函数 Delay_us()

// 用 PD6，PD7 软件模拟 SCCB
//SCL=PD6
#define SCCB_SCL_Out1() HAL_GPIO_WritePin(OV_SCL_GPIO_Port,OV_SCL_Pin, GPIO_PIN_SET)
#define SCCB_SCL_Out0() HAL_GPIO_WritePin(OV_SCL_GPIO_Port, OV_SCL_Pin, GPIO_PIN_RESET)

//SDA=PD7
#define SCCB_SDA_Out1() HAL_GPIO_WritePin(OV_SDA_GPIO_Port,OV_SDA_Pin, GPIO_PIN_SET)
#define SCCB_SDA_Out0() HAL_GPIO_WritePin(OV_SDA_GPIO_Port, OV_SDA_Pin, GPIO_PIN_RESET)
#define SCCB_READ_SDA() HAL_GPIO_ReadPin(OV_SDA_GPIO_Port,OV_SDA_Pin)

#define SCCB_ID     0X42     //OV7670 的设备地址，0x42=写操作地址，0x43=读操作地址

//SDA=PD7，设置为输出方向
void SCCB_SDA_OUT(void)
{
    GPIO_InitTypeDef GPIO_InitStruct = {0};
    GPIO_InitStruct.Pin = OV_SDA_Pin;
    GPIO_InitStruct.Mode = GPIO_MODE_OUTPUT_PP;
    GPIO_InitStruct.Pull = GPIO_PULLUP;
    GPIO_InitStruct.Speed = GPIO_SPEED_FREQ_HIGH;
    HAL_GPIO_Init(OV_SDA_GPIO_Port, &GPIO_InitStruct);
}

//PD7=SDA，设置为输入方向
void SCCB_SDA_IN(void)
{
    GPIO_InitTypeDef GPIO_InitStruct = {0};
    GPIO_InitStruct.Pin = OV_SDA_Pin;
    GPIO_InitStruct.Mode = GPIO_MODE_INPUT;
    GPIO_InitStruct.Pull = GPIO_PULLUP;
    HAL_GPIO_Init(OV_SDA_GPIO_Port, &GPIO_InitStruct);
}

//SCCB 起始信号，当 SCL 为高的时候，SDA 的下跳变为 SCCB 起始信号
//在激活状态下，SDA 和 SCL 均为低电平
void SCCB_Start(void)
{
    SCCB_SDA_Out1();       //SDA=1，数据线高电平
    SCCB_SCL_Out1();       //SCL=1，在时钟线高的时候数据线由高至低
    Delay_us(50);
```

```c
        SCCB_SDA_Out0();        //SDA=0
        Delay_us(50);
        SCCB_SCL_Out0();        //SCL=0,时钟线恢复低电平
}

//SCCB 停止信号,当 SCL 为高的时候,SDA 的上跳变为 SCCB 停止信号
//空闲状况下,SDA 和 SCL 均为高电平
void SCCB_Stop(void)
{
        SCCB_SDA_Out0();        //SDA=0
        Delay_us(50);
        SCCB_SCL_Out1();        //SCL=1
        Delay_us(50);
        SCCB_SDA_Out1();        //SDA=1
        Delay_us(50);
}

//产生 NAck 信号
void SCCB_No_Ack(void)
{
        Delay_us(50);
        SCCB_SDA_Out1();        //SDA=1
        SCCB_SCL_Out1();        //SCL=1
        Delay_us(50);
        SCCB_SCL_Out0();        //SCL=0
        Delay_us(50);
        SCCB_SDA_Out0();        //SDA=0
        Delay_us(50);
}

//SCCB 写入 1 字节
//返回值:0,成功;1,失败
uint8_t SCCB_WR_Byte(uint8_t dat)
{
        uint8_t j,res;
        for(j=0;j<8;j++)
        {
                if(dat&0x80)
                        SCCB_SDA_Out1();    //SDA=1
                else
                        SCCB_SDA_Out0();    //SDA=0
                dat<<=1;
                Delay_us(50);
                SCCB_SCL_Out1();            //SCL=1
                Delay_us(50);
                SCCB_SCL_Out0();            //SCL=0
        }

        SCCB_SDA_IN();          //设置 SDA 为输入
        Delay_us(50);
        SCCB_SCL_Out1();        //SCL=1,接收第 9 位,以判断是否发送成功
        Delay_us(50);
        if(SCCB_READ_SDA())
                res=1;          //SDA=1 发送失败,返回 1
        else
                res=0;          //SDA=0 发送成功,返回 0
        SCCB_SCL_Out0();        //SCL=0
        SCCB_SDA_OUT();         //设置 SDA 为输出
        return res;
}
```

```c
//SCCB 读取 1 字节，在 SCL 的上升沿更新并锁存一位数据，然后被读出
//返回值：读到的数据
uint8_t SCCB_RD_Byte(void)
{
    uint8_t temp=0,j;
    SCCB_SDA_IN();              //设置 SDA 为输入
    for(j=8;j>0;j--)
    {
        Delay_us(50);
        SCCB_SCL_Out1();        //SCL=1
        temp=temp<<1;
        if(SCCB_READ_SDA())
            temp++;
        Delay_us(50);
        SCCB_SCL_Out0();        //SCL=0
    }
    SCCB_SDA_OUT();             //设置 SDA 为输出
    return temp;
}

//写寄存器
//返回值：0，成功；1，失败
void SCCB_WR_Reg(uint8_t reg, uint8_t data)
{
    SCCB_Start();               //启动 SCCB 传输
    SCCB_WR_Byte(SCCB_ID);      //写器件 ID, 0x42
    Delay_us(100);
    SCCB_WR_Byte(reg);          //写寄存器地址
    Delay_us(100);
    SCCB_WR_Byte(data);         //写数据 data
    SCCB_Stop();
}

//读寄存器
//返回值：读到的寄存器值
uint8_t SCCB_RD_Reg(uint8_t reg)
{
    uint8_t val=0;
    SCCB_Start();               //启动 SCCB 传输
    SCCB_WR_Byte(SCCB_ID);      //写器件 ID
    Delay_us(100);
    SCCB_WR_Byte(reg);          //写寄存器地址
    Delay_us(100);
    SCCB_Stop();
    Delay_us(100);

    //设置寄存器地址后才是读
    SCCB_Start();
    SCCB_WR_Byte(SCCB_ID | 0X01);   //发送读命令, 0x43
    Delay_us(100);
    val=SCCB_RD_Byte();         //读取数据
    SCCB_No_Ack();
    SCCB_Stop();
    return val;
}
```

使用 GPIO 引脚 PD6 和 PD7 软件模拟 SCCB 的通信时序。文件开头部分定义了 PD6 和 PD7 引脚的基本操作宏函数。文件 main.h 定义了 PD6 和 PD7 引脚的宏定义符号，这是根据 CubeMX 中设置的引脚用户标签自动生成的定义，定义如下：

```
#define OV_SCL_Pin              GPIO_PIN_6      //PD6=OV_SCL
#define OV_SCL_GPIO_Port        GPIOD

#define OV_SDA_Pin              GPIO_PIN_7      //PD7=OV_SDA
#define OV_SDA_GPIO_Port        GPIOD
```

其中,OV_SDA 是双向数据线,在程序中需要动态改变输入输出方向。函数 SCCB_SDA_OUT() 用于将 OV_SDA 配置为输出方向,函数 SCCB_SDA_IN()用于将 OV_SDA 配置为输入方向。

SCCB 通信中,每个从设备有一个设备地址,OV7670 的设备地址是 0x42,定义为宏 SCCB_ID。0x42 是写操作的地址,读操作的地址是 0x43。

文件 sccb.c 中其他函数的实现代码不予具体解释了,只要查看 22.1.4 节 SCCB 通信的分段定义和时序描述,就容易理解代码了。

5. OV7670 的驱动程序

有了文件 sccb.h 中定义的 SCCB 通信函数,特别是读写寄存器的函数 SCCB_WR_Reg()和 SCCB_RD_Reg(),我们就可以对 OV7670 进行寄存器读写操作,实现各种功能了。例如,OV7670 的初始化设置、读取产品 ID、设置图像处理参数等。

我们在目录 OV7670 下,创建文件 ov7670_dcmi.h 和 ov7670_dcmi.c,作为 OV7670 的驱动程序文件。文件 ov7670_dcmi.h 定义了几个基本操作函数,其代码如下:

```
/* 文件:ov7670_dcmi.h  ---------------------------------------------------*/
#include "main.h"

void OV7670_Init();              //OV7670 初始化配置
void OV7670_SetWindow(uint16_t sx,uint16_t sy,uint16_t width,uint16_t height);

void OV7670_Reset();             //向寄存器 0x12 写入 0x80,使所有寄存器复位
uint8_t OV7670_ReadPID();        //读取寄存器 0x0A,产品 ID 高字节,应该返回 0x76
uint8_t OV7670_ReadVER();        //读取寄存器 0x0B,产品 ID 低字节,应该返回 0x73
```

函数 OV7670_Init()对 OV7670 进行初始化配置,就是设置一些寄存器的内容,这个函数是必需的。函数 OV7670_SetWindow()用于设置图像输出窗口,对 QVGA 分辨率输出是必需的。

另外 3 个函数实现简单的功能,就是通过读写相应寄存器实现的。用户可以根据自己的需要定义更多的功能函数,只需要熟悉 OV7670 寄存器的设置。

文件 ov7670_dcmi.c 的实现代码如下:

```
/* 文件:ov7670_dcmi.c  ---------------------------------------------------*/
#include "ov7670_dcmi.h"
#include "ov7670cfg.h"
#include "sccb.h"

//向寄存器 0x12 写入 0x80,使 OV7670 的所有寄存器复位
void OV7670_Reset()
{
    SCCB_WR_Reg(0x12, 0x80);
    HAL_Delay(100);
}

uint8_t OV7670_ReadPID()         //读取寄存器 0x0A,产品 ID,高字节
{
    return SCCB_RD_Reg(0x0A);
}

uint8_t OV7670_ReadVER()         //读取寄存器 0x0B,产品 ID,低字节
```

22.4 DCMI 和摄像头使用示例

```c
{
    return SCCB_RD_Reg(0x0B);
}

//OV7670 初始化配置，返回 0=成功，其他值=错误代码
void OV7670_Init()
{
    OV7670_Reset();                      //所有寄存器复位
//根据数组 ov7670_PZ 的内容进行寄存器配置
    uint16_t rowCount=sizeof(ov7670_PZ)/sizeof(ov7670_PZ[0]);
    for(uint16_t i=0; i<rowCount; i++)
        SCCB_WR_Reg(ov7670_PZ[i][0],ov7670_PZ[i][1]);
    OV7670_SetWindow(12,176,240,320);    //设置窗口
}

//设置图像输出窗口，对 QVGA 进行设置
void OV7670_SetWindow(uint16_t sx,uint16_t sy,uint16_t width,uint16_t height)
{
    uint16_t endx;
    uint16_t endy;
    uint8_t temp;
    endx=sx+width*2;
     endy=sy+height*2;
    if(endy>784)
        endy-=784;

    temp=SCCB_RD_Reg(0X03);                  //读取 Vref 之前的值
    temp&=0XF0;
    temp|=((endx&0X03)<<2)|(sx&0X03);
    SCCB_WR_Reg(0X03,temp);                  //设置 Vref 的 start 和 end 的最低 2 位
    SCCB_WR_Reg(0X19,sx>>2);                 //设置 Vref 的 start 的高 8 位
    SCCB_WR_Reg(0X1A,endx>>2);               //设置 Vref 的 end 的高 8 位

    temp=SCCB_RD_Reg(0X32);                  //读取 Href 之前的值
    temp&=0XC0;
    temp|=((endy&0X07)<<3)|(sy&0X07);
    SCCB_WR_Reg(0X17,sy>>3);                 //设置 Href 的 start 的高 8 位
    SCCB_WR_Reg(0X18,endy>>3);               //设置 Href 的 end 的高 8 位
}
```

前面 3 个函数的实现代码很简单，例如，函数 OV7670_ReadPID()用于读取产品 ID，就是读取寄存器 0x0A 的内容，只需调用函数 SCCB_RD_Reg()读取该寄存器的数据返回即可。

函数 OV7670_Init()用于对 OV7670 进行初始化配置，这些配置信息写在一个二维数组 ov7670_PZ 里，这个数组专门写在一个文件 ov7670cfg.h 中。文件 ov7670cfg.h 中数组 ov7670_PZ 的部分内容如下：

```c
#include "main.h"
const uint8_t ov7670_PZ[][2]=
{
    /*以下为 OV7670 QVGA RGB565 参数  */
    {0x3a, 0x04},//dummy
    {0x40, 0xd0},//RGB565 输出
    {0x12, 0x14},//QVGA, RGB 输出

    //输出窗口设置
    {0x32, 0x80},//HREF control
    {0x17, 0x16},// HSTART 行输出格式 行帧（HREF 列）起始的高 8 位（低 3 位在 HREF[2~0]）
    {0x18, 0x04},// HSTOP  行输出格式 行帧（HREF 列）结束的高位（低 3 位在 HREF[5~3]）
    {0x19, 0x02},// VSTRT  场输出格式 场帧（行）起始的高 8 位（低 2 位在 VREF[1~0]）
```

```
            {0x1a, 0x7b},//0x7a, VSTOP  场输出格式 场帧（行）结束的高 8 位（低 2 位在 VREF[3~2]）
            {0x03, 0x06},//0x0a, 帧竖直方向控制

            {0x0c, 0x00},
            {0x15, 0x00},//0x00
            {0x3e, 0x00},
            {0x70, 0x3a},
            {0x71, 0x35},
            {0x72, 0x11},
            {0x73, 0x00},

            {0xa2, 0x02},
            {0x11, 0x81},//时钟分频设置，0，不分频
            {0x7a, 0x20},
            {0x7b, 0x1c},
            {0x7c, 0x28},

//数组内容未显示完，此处省略了
};
```

二维数组 ov7670_PZ 的第一列是寄存器地址，第二列是设置的寄存器内容。数组 ov7670_PZ 的每一行就是一个设置项，总共有近 200 个设置项，这里并没有显示完。这些设置涉及很多寄存器的配置，这些寄存器的配置非常复杂，一般使用厂家提供的配置示例代码。本书使用的是摄像头示例程序中的配置文件，完整配置代码见本示例源代码。如果要搞清楚这些寄存器设置的意义，需要对照 OV7670 数据手册中寄存器的定义逐个查看。

6. 运行与测试

所有程序编写完成后，我们将程序下载到开发板并运行测试，注意，要预先拔除开发板上的 SD 卡和 DS18B20。系统运行时，按 KeyRight 键能以快照模式拍一张图像并在 LCD 上显示，按 KeyUp 键后 DCMI 连续采集图像并在 LCD 上显示，形成摄像头预览的效果。连续采集和显示时，即使将帧捕获频率设置为捕获全部帧，LCD 上显示的预览图像也很流畅，这表明 DCMI 接口连接数字摄像头的处理效率很高。

本示例只是将图像显示在 LCD 上，如果使用 USB-OTG 接口连接 U 盘，还可以将图像以 BMP 或 JPG 图片文件的形式保存到 U 盘上。注意，STM32F407 的 DCMI 与 SDIO 接口不能同时使用，所以不能使用 SD 卡。

对于带 DCMI 接口的 MCU，使用 DCMI 直接连接数字摄像头，处理效率很高，编程也方便。一些 MCU 没有 DCMI 接口，如果用软件模拟 DCMI 接口进行图像数据捕获，可能根本达不到数字摄像头的输出速率。所以，市面上还有带 FIFO 存储器的 OV 摄像头模块，能让没有 DCMI 接口的 MCU 也能获取摄像头捕获的图像数据。带 FIFO 的摄像头模块的接口不能与硬件 DCMI 接口连接，因此对这种模块的编程就是对 GPIO 口和中断的操作，本书就不介绍这种摄像头模块的使用了。

附录 A CubeMX 模板项目和公共驱动程序的使用

A.1 公共驱动程序的目录组成

本书将一些典型器件的驱动程序和一些常用的 CubeMX 项目文件整理到一个公共驱动程序目录下，以便在示例项目里使用。全书程序的根目录是"D:\CubeDemo"，公共驱动程序目录是"D:\CubeDemo\PublicDrivers"，建议读者将本书配套资源中的源代码复制到计算机上时，也放置在 D 盘同名目录下，因为在示例项目中设置驱动程序搜索路径时，使用了绝对路径，如果实际的驱动程序路径与项目中设置的绝对路径不一致，需要手动重新设置。

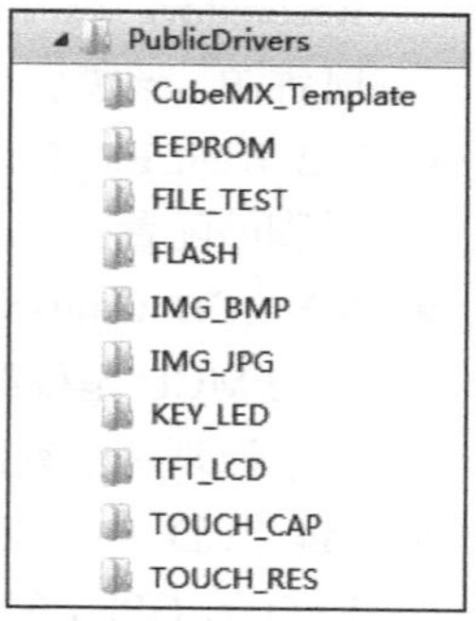

公共驱动程序目录"D:\CubeDemo\PublicDrivers"下有多个子目录，如图 A-1 所示。这里包括《基础篇》和《高级篇》中的所有驱动程序和 CubeMX 模板项目文件夹。

- CubeMX_Template，该目录下有多个 CubeMX 项目，可以复制为新项目，或在新建项目时导入。
- EEPROM，该目录下有文件 24cxx.h 和 24cxx.c，是 I2C 接口的 EEPROM 存储器芯片 24C02 的驱动程序文件，在《基础篇》第 17 章创建。

图 A-1 PublicDrivers 目录下的文件夹

- FILE_TEST，该目录下有文件 file_opera.h 和 file_opera.c，在《高级篇》讲 FatFS 文件管理的各章中用到。
- FLASH，该目录下有文件 w25flash.h 和 w25flash.c，是 SPI 接口的 Flash 存储芯片 W25Q128 的驱动程序文件，在《基础篇》第 16 章创建，在《高级篇》第 12 章中用到。
- IMG_BMP，该目录下有文件 bmp_opera.h 和 bmp_opera.c，包含读写 BMP 图片文件、在 LCD 上显示 BMP 图片、将 LCD 截屏保存为 BMP 图片等功能函数，在《高级篇》第 18 章创建，在《高级篇》第 20 章和第 21 章中用到。
- IMG_JPG，该目录下有文件 jpg_opera.h 和 jpg_opera.c，包含读写 JPG 图片文件、在 LCD 上显示 JPG 图片、将 LCD 截屏保存为 JPG 图片等功能函数，在《高级篇》第 19 章创建。
- KEY_LED，该目录下有文件 keyled.h 和 keyled.c，是蜂鸣器、4 个按键和 2 个 LED 的驱动程序，在《基础篇》第 6 章创建，会在很多示例里用到。

- TFT_LCD，该目录下有文件 tftlcd.h、tftlcd.h 和 font.h，是 TFT LCD 模块的驱动程序文件。在《基础篇》第 8 章创建，大部分示例需要使用 LCD 的驱动程序。
- TOUCH_CAP，该目录下是电容式触摸屏的驱动程序文件，在《高级篇》第 21 章创建。
- TOUCH_RES，该目录下是电阻式触摸屏的驱动程序文件，在《高级篇》第 20 章创建。

A.2 CubeMX 模板项目

在\PublicDrivers\CubeMX_Template 目录下，有整理好的多个 CubeMX 模板项目文件，如图 A-2 所示。这些 CubeMX 项目包含一些设计好的配置，例如，按键和 LED 的配置，或 FSMC 连接 TFT LCD 的配置。在新建 CubeMX 项目时，我们可以从某个 CubeMX 模板项目复制，或者从某个 CubeMX 模板项目文件导入。

图 A-2 中这些 CubeMX 模板项目文件包含的配置如下。

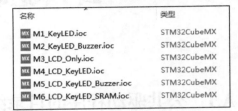

图 A-2 整理好的多个 CubeMX 模板项目文件

- M1_KeyLED.ioc，包含 4 个按键和 2 个 LED 的 GPIO 配置。项目使用 STM32F407ZG，包含 MCU 基础配置，即 Debug 接口设置为 Serial Wire，RCC 中 HSE 设置为 Crystal/Ceramic Resonator，在时钟树上设置 HSE 为 8MHz，HCLK 为 168MHz，设置 HSE 为主锁存器时钟源。该模板项目文件设置了 4 个按键和 2 个 LED 的 GPIO 引脚，定义了用户标签。
- M2_KeyLED_Buzzer.ioc，在文件 M1_KeyLED.ioc 的基础上，增加了蜂鸣器连接 GPIO 引脚的配置。
- M3_LCD_Only.ioc，包含 FSMC 连接 TFT LCD 的接口配置，还包含文件 M1_KeyLED.ioc 中的 MCU 基础配置，但是不包含按键和 LED 的 GPIO 配置。FSMC 连接 TFT LCD 的配置原理和配置结果见《基础篇》第 8 章。
- M4_LCD_KeyLED.ioc，在文件 M3_LCD_Only.ioc 的基础上，增加了 4 个按键和两个 LED 的 GPIO 配置。一般新建 CubeMX 项目时，都使用这个文件作为模板，或从这个文件导入。
- M5_LCD_KeyLED_Buzzer.ioc，在文件 M4_LCD_KeyLED.ioc 的基础上，增加了蜂鸣器的 GPIO 配置。
- M6_LCD_KeyLED_SRAM.ioc，在文件 M4_LCD_KeyLED.ioc 的基础上，增加了 FSMC 连接外部 SRAM 的配置。FSMC 连接外部 SRAM 的原理和配置结果见《基础篇》第 19 章。

A.3 新建 CubeMX 项目后导入模板项目的配置

在 CubeMX 中，我们可以使用导入功能，将一个已有的 CubeMX 文件中的配置导入新建的 CubeMX 项目中。例如，在需要使用 LCD、按键和 LED 的项目中，我们可以在 CubeMX 创建项目后首先导入 CubeMX 模板项目文件 M4_LCD_KeyLED.ioc 的内容。这样导入后，新项目就包含了 4 个按键、2 个 LED 以及 FSMC 连接 TFT LCD 的接口配置，只需在此基础上进行其他配置就可以了。

A.3 新建CubeMX项目后导入模板项目的配置

例如，第 4 章的示例项目 Demo4_1Queue 需要使用 LCD 和 4 个按键。我们可以按如下的操作导入 CubeMX 项目：在 CubeMX 中，选择 STM32F407ZG 创建一个项目，创建项目后，先不要做任何修改；单击菜单项 File→Import Project，打开图 A-3 所示的对话框；对话框最上方的文本框里显示的是要导入的项目的名称，单击右侧的按钮选择 CubeMX 模板项目文件 M4_LCD_KeyLED.ioc；界面上其他选项都用默认设置，不需要勾选 Import Project Settings。单击 OK 按钮就可以开始导入，导入完成后提示导入成功；对于不需要用到的 2 个 LED 的 GPIO 引脚，复位其配置即可，也就是在引脚的弹出菜单中单击 Reset_State。

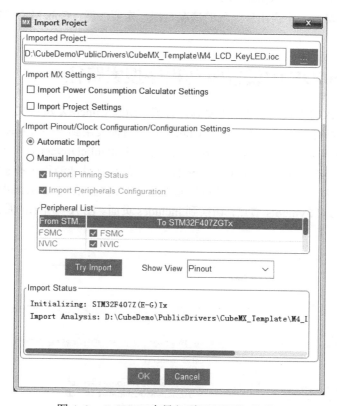

图 A-3 CubeMX 中导入项目配置的对话框

进行导入项目的操作时要注意的问题有以下几个。
- 只有在新建一个项目且没有做任何修改的情况下，才可以导入项目，导入后就不能再导入了。
- 成功导入项目后，新建项目会包含模板项目里的各种设置，但是时钟树上的 HSE 的数值不会自动导入，需要手动修改 HSE 为 8MHz。
- 新建项目选择的 MCU 型号必须与导入项目的 MCU 型号一致。
- 导入项目也有可能失败。在 CubeMX 5.6 中，导入包含 FSMC 连接 LCD 配置的项目就会出现失败，但是在 CubeMX 5.5 中，一直使用类似的导入操作就没问题。这应该是 CubeMX 5.6 的 bug，在未来版本中可能会得到解决。如果导入失败，就可以使用复制模板项目文件的方法新建项目。

A.4 复制模板项目以新建 CubeMX 项目

我们还可以用复制模板项目的方法新建项目，具体操作方法如下。
- 先为要新建的项目创建一个文件夹，文件夹名称就是新建项目的名称，例如，在第 4 章示例目录下，新建一个文件夹 Demo4_1Queue。
- 将 CubeMX 模板文件 M4_LCD_KeyLED.ioc 复制到文件夹 Demo4_1Queue 下面，然后将其更名为 Demo4_1Queue.ioc。

这种方式操作简单，不会出现失败的情况。但一定要注意，CubeMX 文件名称必须与文件夹同名。

A.5 在 CubeIDE 中设置驱动程序搜索路径

不管是采用导入的方式，还是采用复制的方式，新建 CubeMX 项目文件后，系统都可以进行进一步的配置，都可以生成代码。如果 CubeIDE 项目需要用到一些公共驱动程序，例如，很多 CubeIDE 项目中需要用到\PublicDrivers\KEY_LED 和\PublicDrivers\TFT_LCD 目录下的驱动程序，那么还需要将这两个目录添加到 CubeIDE 项目的头文件和源程序搜索路径里。

在 CubeIDE 里打开项目后，打开项目的属性设置对话框，在左侧目录树中单击节点 C/C++ General 下的 Paths and Symbols 节点，切换到 Includes 页面。图 A-4 所示的是添加了两个驱动程序路径的界面。

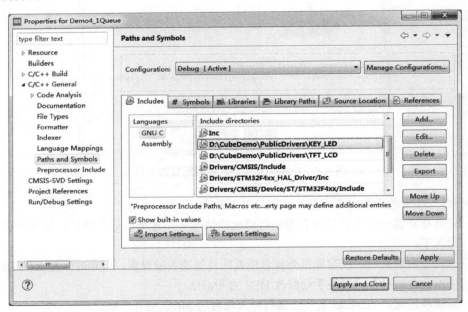

图 A-4 设置项目的头文件搜索路径

要添加头文件搜索路径，需要单击图 A-4 界面右侧的 Add 按钮，会打开图 A-5 所示的 Add directory path 对话框。在此对话框里，单击 File system 按钮，在弹出的对话框里选择\PublicDrivers\TFT_LCD 文件夹，其绝对路径为"D:\CubeDemo\PublicDrivers\TFT_LCD"，就可以将其添加到项目的头文件搜索路径里。

A.5 在 CubeIDE 中设置驱动程序搜索路径

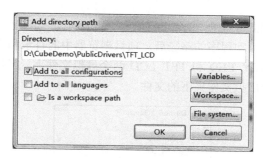

图 A-5 选择头文件目录

在图 A-5 中，如果勾选了 Add to all configurations 复选框，目录会被添加到 Debug 和 Release 两种模式的配置里。如果需要添加的目录是本项目的子目录，直接输入子文件夹名称即可。

我们还需要设置源程序搜索路径，切换到 Source Location 页面。图 A-6 所示的是添加了两个驱动程序目录的界面。

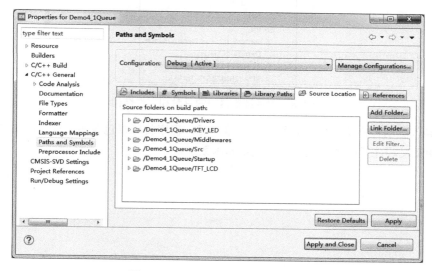

图 A-6 源程序搜索路径设置页面

要添加公共驱动程序的源程序路径，需要单击图 A-6 界面右侧的 Link Folder 按钮，打开图 A-7 所示的 New Folder 对话框。若是没有显示下半部分界面，单击 Advanced 按钮。在图 A-7 中单击 Browse 按钮，选择文件夹 "D:\CubeDemo\PublicDrivers\TFT_LCD"，再单击 OK 按钮即可。

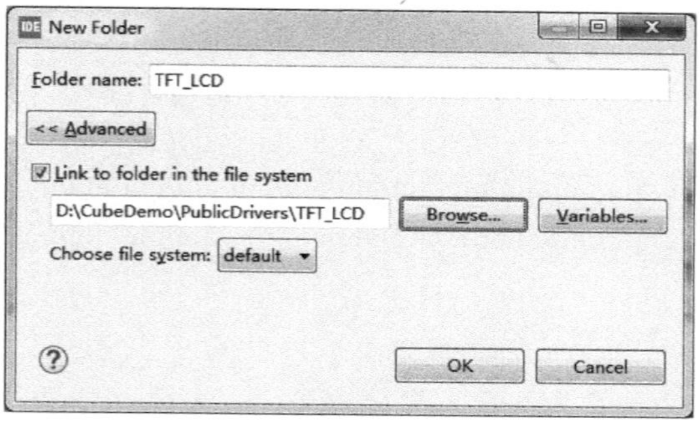

图 A-7 添加源程序路径的对话框

执行同样的操作，我们将目录"D:\CubeDemo\PublicDrivers\KEY_LED"添加到头文件和源程序搜索路径。添加两个驱动程序的路径后，项目浏览器中的目录和文件结构如图 A-8 所示。可以看到，项目中多了 KEY_LED 和 TFT_LCD 两个虚拟文件夹，可以显示文件夹里的文件，也可以打开和编辑这两个虚拟文件夹下的文件。

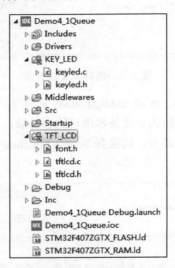

图 A-8　项目浏览器中的目录和文件结构

这样导入驱动程序头文件和源程序搜索路径后，程序就可以包含驱动程序的头文件，并在程序中使用驱动程序里的各种结构体、变量和函数了。

附录 B 复制一个项目

有时，需要设计的新项目的功能与已有项目的差不多，只需做少量修改，这时我们可以在原有项目的基础上复制一个项目，避免一些重复设置和编写代码的工作。在本节中，我们以从项目 Demo6_1PriorityInversion 复制为项目 Demo6_2Mutex 为例，说明项目复制的操作过程以及注意事项。

操作步骤如下。

（1）将项目 Demo6_1PriorityInversion 整个文件夹复制为文件夹 Demo6_2Mutex，两个项目文件夹可以不在同一个根目录下。

（2）将目录\Demo6_2Mutex 下的文件 Demo6_1PriorityInversion.ioc 更名为 Demo6_2Mutex.ioc，因为.ioc 文件的名称必须和项目文件夹同名。

（3）删除目录\Demo6_2Mutex 下原项目的项目管理相关文件，需要删除的文件就是图 B-1 中选中的文件，如果有 Release 模式的构建结果目录，还需要删除 Release 目录。

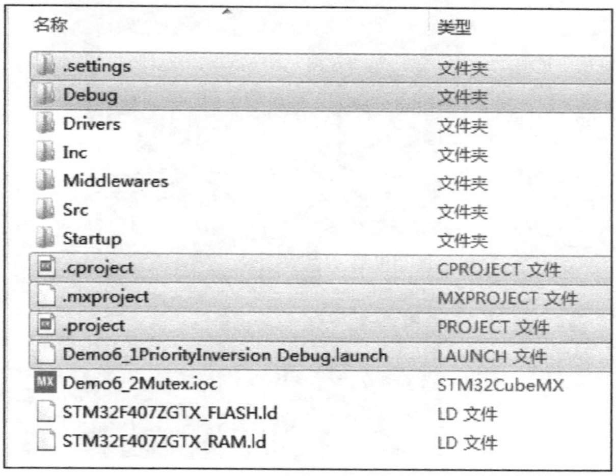

图 B-1 需要删除的原项目的文件

（4）在 CubeMX 里，打开 Demo6_2Mutex 目录下的文件 Demo6_2Mutex.ioc，会发现在项目管理器里自动设置了新项目名称和保存路径，单击 GENERATE CODE 按钮生成代码。然后我们就可以在 CubeMX 里更改 MCU 配置了。注意，一定要在 CubeMX 里重新生成一次代码，否则在 CubeIDE 里无法打开项目 Demo6_2Mutex。

（5）在 CubeIDE 里打开项目 Demo6_2Mutex，原项目里自己添加的头文件和源程序搜索路径设置都丢失了，需要重新设置（设置的方法参考附录 A）。

附录 C　开发板功能模块

本书的示例程序都是基于普中 STM32F407 开发板测试的，不带 LCD 的开发板如图 C-1 所示。开发板上有两个 MCU，一个是 STM32F407ZGT6 芯片（FPU+DSP，LQFP144 封装，1024KB Flash，196KB SRAM），另一个是 STM32F103C8T6 芯片（LQFP48 封装，64KB Flash，20KB SRAM）。开发板上有两个 MCU，适合于做一些双机主从通信的开发实验，如 USART 通信、SPI 主从通信。

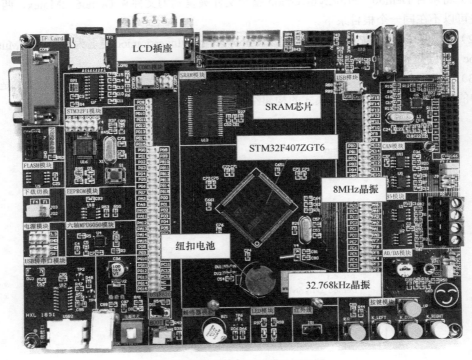

图 C-1　普中 STM32F407 开发板（不带 LCD）

图 C-1 中的 STM32F407ZGT6 芯片的上方有一个 SRAM 芯片，下方有一个纽扣电池安装座。SRAM 使用的芯片是 IS62WV51216，容量为 1024KB，适合用于需要大量内存的设计。纽扣电池用于给 STM32F407 的备份域提供电源，维持 RTC 运行。

SRAM 芯片的上方有一个 LCD 插座，可以使用各种尺寸的电阻式触摸屏或电容式触摸屏。插上 3.5 英寸电阻式触摸屏后的开发板如图 C-2 所示。

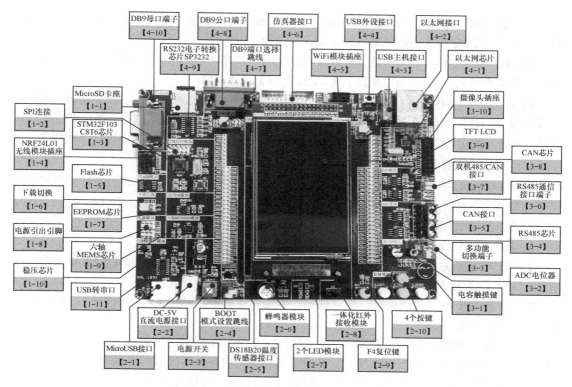

图 C-2　普中 STM32F407 开发板功能模块

我们在图 C-2 上标出了开发板上的各个主要功能模块和接口，下面按逆时针方向介绍标注的模块的功能。

1. 左侧标注的各模块

【1-1】MicroSD 卡座，可以插入 MicroSD 卡（也就是 TF 卡），一般用作外部文件存储器使用。

【1-2】STM32F103 和 STM32F407 处理器之间的 SPI 接口互连跳线设置，使用跳线帽进行短接，可以实现双机 SPI 通信。

【1-3】STM32F103C8T6 芯片，中等容量的 STM32F1 芯片，用于与 STM32F407 芯片之间进行双机通信。STM32F103C8T6 芯片附近有晶振和复位按键。

【1-4】NRF24L01 无线模块插座，可以直接插入一个 NRF24L01 2.4GHz 无线模块（需单独购买），用于无线通信应用。

【1-5】Flash 芯片，使用的芯片是 W25Q128，是一个 16MB 的 SPI 接口 Flash 存储芯片。

【1-6】下载切换，使用 USB 数据线通过【2-1】的 MicroUSB 接口连接计算机，可以使用普中专用的软件，向 STM32F407 或 STM32F103 处理器下载编译后的程序。这个跳线座用于选择向哪个 MCU 下载程序。注意，这个跳线设置对于仿真器接口【4-6】无效，通过仿真器只能向 STM32F407 下载程序。

【1-7】EEPROM 芯片，使用的是 I2C 接口的芯片 AT24C02，存储容量 256 字节。EEPROM 存储的数据掉电不丢失，通常用于存储重要的数据。

【1-8】电源引出引脚，提供 5V、3.3V、GND 接口，可用于为外接模块供电。

【1-9】六轴 MEMS 芯片 MPU6050，芯片里集成了一个三轴加速度传感器和一个三轴陀螺仪，并且带有 DMP（Digital Motion Processor）功能。

【1-10】稳压芯片，使用的是 AMS1117-3.3 芯片，将 5V 电源转换为 3.3V 稳定电压为电路板上的各器件供电。5V 电源可来自于【2-2】、【2-1】或【4-4】。

【1-11】USB 转串口，使用芯片 CH340，计算机上需要安装驱动程序。通过 MicroUSB 接口【2-1】和 USB 数据线与计算机相连后，可在计算机端发现一个虚拟串口，可以通过串口调试软件与开发板上 STM32F407 或 STM32F103 的串口直接通信，或者向某个 MCU 下载程序。

2. **下方标注的各模块**

【2-1】MicroUSB 接口，通过 USB 数据线连接计算机的 USB 接口后，可以在计算机端发现一个虚拟串口，可以给开发板供电，可以通过普中提供的专用软件向 MCU 下载编译后的程序，可以实现 PC 与开发板之间的串口通信。

【2-2】DC-5V 直流电源接口，用于使用外部 5V 电源给开发板供电。

【2-3】电源开关，用于打开或关闭开发板的电源。此开关对【2-1】和【2-2】接入的电源有效，对【4-4】接入的电源无效。

【2-4】BOOT 模式设置跳线，默认选择为系统存储器启动模式，即 BOOT1 短接 GND，BOOT0 短接 3.3V。

【2-5】DS18B20 温度传感器接口，可以插入一个 TO-92 封装的 DS18B20 器件做温度采集实验。注意 DS18B20 芯片的插入方向，器件的弧形面与电路板上的弧形线对应。

【2-6】蜂鸣器模块，使用的是有源蜂鸣器，控制简单，可以用于发出提示音。

【2-7】LED 模块，有两个 LED 与 STM32F407 的 GPIO 引脚连接，用于信号显示。

【2-8】一体化红外接收模块，用于红外通信。

【2-9】STM32F407 芯片的外部复位按键，按下后可使系统复位。

【2-10】4 个按键，其中 KeyUp 可作为待机唤醒功能或普通按键。

3. **右侧标注的各模块**

【3-1】电容触摸键，利用定时器的输入捕获功能和电容充放电时间的不同实现类似于普通机械按键的功能。

【3-2】ADC 电位器，用于调节 STM32F407 的 ADC1 输入电压的可调电位器。

【3-3】多功能切换端子，使用跳线帽短接不同的端子可实现多种功能的切换。

【3-4】RS485 芯片，STM32F407 和 STM32F103 都扩展了 RS485 模块，因此有 2 个 MAX3485 转换芯片，可在 STM32F407 和 STM32F103 之间进行 RS485 主机和从机之间的通信。

【3-5】CAN 接口，STM32F407 的 CAN 接口，可与外界的 CAN 设备通信。

【3-6】RS485 通信接口端子，可与外界的 RS485 设备通信。

【3-7】双机 485/CAN 接口，STM32F407 和 STM32F103 之间进行 485/CAN 通信的接口，通过跳线选择 485 或 CAN。

【3-8】CAN 芯片，STM32F407 和 STM32F103 都扩展了 CAN 模块，因此有 2 个 TJA1040 转换芯片，可用于 CAN 主机与从机之间通信。

【3-9】TFT LCD，可以是各种尺寸，如 3.5 英寸、3.6 英寸、4.3 英寸等，可以是电阻式触摸屏或电容式触摸屏。

【3-10】摄像头插座，可以连接配套的摄像头模块，如 OV7670 摄像头模块。

4. 上方标注的各模块

【4-1】以太网芯片，STM32F407 内含 MAC 控制，但还需要外部物理层（Physical Layer，PHY）芯片，使用的 PHY 芯片是 LAN8720A，实现 10/100M 网络支持。

【4-2】以太网接口，使用一根网线与路由器或计算机的以太网端口连接，就可以进行以太网应用开发。

【4-3】USB 主机接口，Type-A 型 USB 母口。开发板用作 USB 主机，可接 U 盘、USB 鼠标、USB 键盘等设备。

【4-4】USB 外设接口，MicroUSB 母口。开发板用作 USB 外设，例如，通过 USB 线连接计算机后，将开发板用作 SD 卡读卡器。

【4-5】WiFi 模块插座，可插入 WIFI-ESP8266 模块（需单独购买），用于 WiFi 网络通信程序开发。

【4-6】仿真器接口，可连接 ST-LINK 或 JLINK 仿真器，进行程序的下载和调试。

【4-7】DB9 端口选择跳线。有两个 DB9 接口，公口【4-8】和母口【4-10】，都连接到 STM32F407 的 USART3，需要通过跳线选择当前连接的 DB9 端口。

【4-8】DB9 公口端子，需设置跳线与【4-9】的输出端连接。

【4-9】RS232 电平转换芯片 SP3232，用于 STM32F407 的 USART3 接口电平与 RS232 电平之间的转换。SP3232 的 RS232 电平一侧接【4-8】或【4-10】。

【4-10】DB9 母口端子，需设置跳线与【4-9】的输出端连接。

附录 D 本书示例列表

本书示例项目列表如表 D-1 所示。

表 D-1 本书示例项目列表

章	示例项目	示例功能和知识点
第 1 章 FreeRTOS 基础	Demo1_1Basics	● FreeRTOS 的文件组成 ● 使用 FreeRTOS 的项目程序的基本结构
第 2 章 FreeRTOS 的 任务管理	Demo2_1MultiTasks	● 多任务程序设计的基本方法 ● 任务优先级的作用 ● 带时间片的抢占式任务调度方法的运行特点
	Demo2_2TaskInfo	● 多任务程序示例 ● 任务管理工具函数的使用 ● 栈空间高水位值的意义
第 3 章 FreeRTOS 的 中断管理	Demo3_1TaskISR	● FreeRTOS 可屏蔽中断和不可屏蔽中断的概念和作用 ● 中断 ISR 与任务函数之间的关系和影响
第 4 章 进程间通信与 消息队列	Demo4_1Queue	● 演示队列的用法 ● 在一个任务里检测 4 个按键,将按键值发送到队列 ● 在另一个任务读取队列里的按键值,在 LCD 上划线
第 5 章 信号量	Demo5_1Binary	● 演示二值信号量的用法 ● ADC 在 TIM3 的触发下每 500ms 转换一次,转换完成后,将结果数据写入缓存变量,释放二值信号量 ● 一个任务总是尝试获取这个二值信号量,在获取二值信号量后,显示 ADC 转换结果数据
	Demo5_2Counting	● 演示计数信号量的用法 ● 在 RTC 唤醒中断里周期性地释放信号量 ● 按 KeyRight 键获取信号量
第 6 章 互斥量	Demo6_1PriorityInversion	● 演示使用二值信号量时产生优先级翻转的现象 ● 3 个不同优先级任务向串口发送数据
	Demo6_2Mutex	● 演示使用互斥量解决优先级翻转的效果 ● 3 个不同优先级任务向串口发送数据
第 7 章 事件组	Demo7_1EventGroup	● 演示事件组同时触发 2 个任务的运行
	Demo7_2EventSync	● 通过事件组使 3 个任务在同步点实现同步运行

续表

章	示例项目	示例功能和知识点
第8章 任务通知	Demo8_1NotifyADC	• 通过任务通知将 ADC 转换结果直接发送给一个任务 • 定时器触发 ADC1 周期性转换
	Demo8_2NotifyCounting	• 用任务通知模拟计数信号量 • 用 RTC 周期唤醒中断
第9章 流缓冲区和 消息缓冲区	Demo9_1StreamBuffer	• 演示流缓冲区的用法 • 定时器触发 ADC1 转换,转换结果写入流缓冲区 • 一个任务读取流缓冲区里的多个 ADC 转换结果数据点,求平均后显示
	Demo9_2MessageBuffer	• 演示消息缓冲区的用法 • 在 RTC 唤醒中断里向一个消息缓冲区写入消息 • 在一个任务里从消息缓冲区读取消息
第10章 软件定时器	Demo10_1SoftTimer	• 演示 FreeRTOS 中的软件定时器的使用,包括单次定时器和连续定时器
第11章 空闲任务与 低功耗	Demo11_1TimeBase	• 用于分析 HAL 的基础时钟,以及 FreeRTOS 的基础时钟之间的区别和关系
	Demo11_2IdleHook	• 演示如何使用空闲任务的钩子函数实现低功耗
	Demo11_3Tickless	• 使用 FreeRTOS 自带的 Tickless 低功耗模式
	Demo11_4Normal	• 正常无低功耗模式的程序,用于与低功耗模式项目运行时进行功耗测量对比
第12章 FatFS 和文件 系统	Demo12_1FlashFAT	• 在 Flash 芯片 W25Q128 上进行 FatFS 的移植 • FatFS 的基本用法
第13章 直接访问 SD 卡	Demo13_1SDRaw	• SDIO 接口连接 SD 卡的原理和参数配置 • 使用 HAL 驱动程序访问 SD 卡,获取 SD 卡信息 • 使用 SDIO 的阻塞式数据传输 HAL 函数
	Demo13_2SD_DMA	• 使用 SDIO 的 DMA 方式访问 SD 卡
第14章 FatFS 管理 SD 卡文件系统	Demo14_1SD_FAT	• FatFS 管理 SD 卡文件系统 • 使用 SDIO 的阻塞式数据传输方式
	Demo14_2SD_DMA_FAT	• FatFS 管理 SD 卡文件系统 • 使用 SDIO 的 DMA 数据传输方式
第15章 用 FatFS 管理 U 盘文件系统	Demo15_1UDisk_FAT	• USB-OTG FS 接口直接连接 U 盘 • 使用中间件 USB_HOST,将 USB-OTG FS 用作 USB Host MSC • 用 FatFS 管理 U 盘的文件系统
第16章 USB-OTG 用 作 USB MSC 外设	Demo16_1SD_USB	• SDIO 接口连接 SD 卡 • USB-OTG FS 接口通过 USB 线连接计算机 • 使用中间件 USB_DEVICE,将 USB-OTG FS 用作 USB Device MSC,将 SD 卡作为存储介质 • 运行时,开发板就是 USB 接口的 SD 卡读卡器
	Demo16_2SD_FAT_USB	• 在示例 Demo16_1SD_USB 的基础上,增加 FatFS 管理 SD 卡的功能,开发板上的程序可以管理 SD 卡的内容

续表

章	示例项目	示例功能和知识点
第17章 在FreeRTOS 中使用FatFS	Demo17_1RTOS_V2	● 使用FatFS管理SD卡的文件系统 ● 使用FreeRTOS，并且是CMSIS V2接口
第18章 BMP图片	Demo18_1ShowImage	● 使用图片的RGB565数据数组在LCD上显示图片
	Demo18_2BmpFile	● 使用FatFS管理SD卡的文件系统 ● 读取SD卡上的BMP图片在LCD上绘图 ● 将LCD截屏保存为BMP图片文件，存储到SD卡上
第19章 JPG图片	Demo19_1JPGFile	● 使用FatFS管理SD卡的文件系统 ● 使用中间件LIBJPEG处理JPG图片的解压缩和压缩 ● 读取SD卡上的JPG图片在LCD上绘图 ● 将LCD截屏保存为JPG图片文件，存储到SD卡上
第20章 电阻式触摸屏	Demo20_1TouchRes	● 软件模拟SPI接口访问电阻式触摸屏 ● 轮询方式检测触摸屏的触摸操作 ● 使用I2C1接口连接的EEPROM芯片24C02存储电阻式触摸屏的计算参数 ● FatFS管理SD卡的文件系统，用BMP图片构造GUI界面 ● GUI交互程序的基本设计方法
	Demo20_2TouchRes_INT	● 通过外部中断检测触摸屏的触摸操作 ● 其他功能与Demo20_1TouchRes相同
第21章 电容式触摸屏	Demo21_1TouchCap	● 软件模拟I2C接口访问电容式触摸屏 ● 轮询方式检测触摸屏的触摸操作 ● FatFS管理SD卡的文件系统，用BMP图片构造GUI界面 ● GUI界面的交互操作
第22章 DCMI接口和 数字摄像头	Demo22_1OV7670_DCMI	● 硬件DCMI接口连接数字摄像头模块 ● 软件模拟SCCB通信 ● 单帧或连续采集摄像头图像在LCD上显示

附录 E　缩　略　词

ANSI	American National Standards Institute，美国国家标准协会
ANSI-C	美国国家标准协会制定的 C 语言标准
API	Application Programming Interface，应用程序接口
AWS	Amazon Web Service，亚马逊 Web 服务
BGA	Ball Grid Array，球阵列封装
BSP	Board Support Package，板级支持包
BSS	Block Started by Symbol，用于存放初始化值为 0 的全局变量或静态变量的内存区域
CCD	Charge Coupled Device，电荷耦合器件
CDC	Communication Device Class，通信设备类
CMOS	Complementary Metal Oxide Semiconductor，互补金属氧化物半导体
CMSIS	Cortex Microcontroller Software Interface Standard，Cortex 微控制器软件接口标准
CPU	Central Processing Unit，中央处理器单元
CRC	Cyclic Redundancy Check，循环冗余校验
DCMI	Digital Camera Interface，数字摄像头接口
DFU	Download Firmware Update Class，下载固件升级类
DRD	Dual Role Device，双角色设备
exFAT	extended File Allocation Table，扩展的文件分配表
FAT	File Allocation Table，文件分配表
FatFS	FAT File System，FAT 文件系统
FIFO	First Input First Output，先进先出
HAL	Hardware Abstract Layer，硬件抽象层
HID	Human Interface Device Class，人机接口设备类
IoT	Internet of Things，物联网
IP	Intellectual Property，知识产权
IPC	Interprocess Communication，进程间通信
ISR	Interrupt Service Routine，中断服务例程
LFN	Long File Name，长文件名
LIFO	Later Input First Output，后进先出
MCU	Microcontroller Unit，微控制器单元，也就是单片机
MIT	Massachusetts Institute of Technology，麻省理工学院

MMC	Multi-media Card，多媒体卡
MPU	Memory Protection Unit，内存保护单元
MPU	Microprocessor Unit，微处理器单元
MSC	Mass Storage Class，大容量存储类
MS-DOS	Microsoft Disk Operating System，微软磁盘操作系统
NVIC	Nested Vectored Interrupt Controller，嵌套向量中断控制器
NTFS	New Technology File System，新技术文件系统
OEM	Original Equipment Manufacturer，原厂委托制造，俗称代工
POSIX	Portable Operating System Interface，可移植操作系统接口
QVGA	Quarter VGA，1/4 VGA 分辨率，即 320×240 像素
RTOS	Real Time Operating System，实时操作系统
SCCB	Serial Camera Control Bus，串行摄像头控制总线
SDIO	Secure Digital Input/output，安全数字输入/输出
SPI	Serial Peripheral Interface，串行外设接口
TCB	Task Control Block，任务控制块
TFT LCD	Thin Film Transistor LCD，薄膜晶体管 LCD
UHS	Ultra-high Speed，超高速
USB	Universal Serial Bus，通用串行总线
USB OTG	USB on-the-go，一种既可做主机，又可做从机的 USB 接口和协议
USB-OTG HS	USB-OTG High Speed，高速 USB-OTG
USB-OTG FS	USB-OTG Full Speed，全速 USB-OTG
USB PD	USB Power Delivery，USB 供电
VGA	Video Graphics Array，视频图形阵列，也指 640×480 像素的分辨率

参考文献

[1] 刘火良，杨森. STM32 库（标准库）开发实战指南——基于 STM32F4[M]. 北京：机械工业出版社，2017.

[2] 张洋，刘军，严汉宇. 精通 STM32F4（库函数版）[M]. 北京：北京航空航天大学出版社，2019.

[3] 张洋，左忠凯，刘军. STM32F7 原理与应用——HAL 库版[M]. 北京：北京航空航天大学出版社，2017.

[4] 左忠凯，刘军，张洋. FreeRTOS 源码详解与应用开发——基于 STM32[M]. 北京：北京航空航天大学出版社，2017.

[5] 刘火良，杨森. FreeRTOS 内核实现与应用开发实战指南——基于 STM32[M]. 北京：机械工业出版社，2019.

[6] 王川北，刘强. USB 系统开发——基于 ARM Cortex-M3[M]. 北京：北京航空航天大学出版社，2012.

[7] ST 公司，Reference Manual RM0090，STM32F405/407 中文参考手册.

[8] ST 公司，Reference Manual RM0090，STM32F405/407 英文参考手册.

[9] FreeRTOS 官方文档，Mastering the FreeRTOS Real Time Kernel.

[10] FreeRTOS 官方文档，The FreeRTOS Reference Manual.

[11] Cortex-M4 内核技术手册，Cortex-M4 Devices Generic User Guide.

[12] ST 公司，应用笔记 AN5020，Digital camera interface (DCMI) for STM32 MCUs.